大学计算机基础实践教程

陈守满　王克刚　主　编
付争方　张洪江　副主编

科学出版社
北　京

内 容 简 介

本书是根据教育部计算机课程教学指导委员会提出的最新大学计算机基础教学要求，参照教育部最新计算机等级考试大纲的要求而编写。本书注重计算机应用技能培养，内容主要包括中文 Windows 7、中文 Word2010、中文 Excel 2010、中文 PowerPoint 2010、中文 Access 2010、多媒体技术、Dreamweaver 网页设计和 Internet 基本应用等。

本书以培养学生“计算思维能力”为切入点，从基本概念入手，围绕信息在计算机中的表示、存储、处理进行内容组织，让读者较全面、系统地了解计算机基础知识，培养学生利用计算机解决问题的思想和方法，并能在各自的专业领域自觉地应用计算机进行学习与研究。

本书可作为高等学校非计算机专业本科教材，也可以供其他读者学习使用。

图书在版编目(CIP)数据

大学计算机基础实践教程/陈守满，王克刚主编．—北京：科学出版社，2013.9

ISBN 978-7-03-038573-4

Ⅰ．①大…　Ⅱ．①陈…　②王…　Ⅲ．①电子计算机-高等学校-教材　Ⅳ．①TP3

中国版本图书馆 CIP 数据核字（2013）第 212884 号

责任编辑：祝　洁　杨向萍　/责任校对：韩　杨
责任印制：徐晓晨　/封面设计：穆赫兰道

科学出版社出版
北京东黄城根北街 16 号
邮政编码：100717
http://www.sciencep.com

北京中石油彩色印刷有限责任公司 印刷
科学出版社发行　各地新华书店经销
*
2013 年 9 月第　一　版　开本：787×1092　1/16
2020 年 8 月第七次印刷　印张：24 1/2
字数：550 000

定价：70.00 元

（如有印装质量问题，我社负责调换）

前　言

计算机技术的飞速发展和应用的普及，加快了社会信息化的进程。计算机技术正在影响和改变着人们的工作、学习和生活方式。计算机基础教学是培养大学生综合素质和创新能力不可或缺的重要环节，新形势下的计算机基础教育已踏上了新的台阶，步入了一个新的发展阶段，计算机课程教学的内涵也在快速提升和不断丰富。

大学计算机基础是非计算机专业高等教育课程体系中的第一门计算机基础课程，是学习其他计算机相关课程的前导和基础。将计算机仅仅作为一种工具的“狭义工具论”思想只注重计算机硬件工具或计算机软件工具的使用，缺乏对学生计算机应用素质的教育和展现计算之美的科学魅力与信息素质培养，“计算思维能力”的培养已成为当前计算机基础教育的核心任务。

本书以教育部计算机课程教学指导委员会提出的最新大学计算机基础教学要求为指导，以培养学生“计算思维能力”为切入点，从基本概念入手，围绕信息在计算机中的表示、存储、处理进行内容组织，让读者较全面、系统地了解计算机基础知识，培养学生利用计算机解决问题的意识，并能在各自的专业领域自觉地应用计算机进行学习与研究。

本书注重计算机应用技能培养，并符合教育部最新《全国计算机等级考试大纲》要求。其以任务驱动方式介绍了 Office 2010 办公软件、多媒体、互联网及网页制作方面的有关应用技能和操作方法，供课程实践教学环节使用，建议在计算机房以案例形式开展教学。全书共 13 章内容，分别是：

第 1 章介绍中文 Windows7 操作系统，主要包括中文 Windows7 的基本操作，Windows7 的文件管理与磁盘管理以及 Windows7 操作系统的设置与管理等。

第 2～5 章为中文 Word 2010 的应用，主要包括 Word 的基本应用、综合应用、高级应用以及 Word 中的邮件合并等。

第 6～8 章对中文 Excel 2010 的应用进行介绍，主要包括 Excel 的基本应用、综合应用、高级应用等。

第 9 章介绍了中文 PowerPoint 2010 的常用操作，主要包括幻灯片的创建、编辑、动画设置、超链接和幻灯片放映等。

第 10 章介绍了中文 Access 2010 的基本操作，主要包括数据库的基本概念、表的建立与表间关系的建立以及报表的基本操作等。

第 11 章为多媒体技术，主要介绍多媒体的基本概念、多媒体的格式标准、Windows7 媒体中心应用以及常用多媒体制作软件的使用等。

第 12 章介绍 Dreamweaver 网页设计，主要包括网页设计的理念与风格介绍、网页创意设计、HTML 网页设计和 Dreamweaver 网页设计方法等。

第 13 章为 Internet 基本应用，主要包括 Internet 信息搜索、浏览与获取，电子邮箱的申请与使用，Outlook 设置等。

本书作者多年从事一线计算机课程教学，具有较为丰富的教学经验。在编写时注重原理与实践紧密结合，注重实用性和可操作性，全书内容组织思路清晰、层次清楚、模块划分明显，便于教学组织。

本书第 1、第 11 章由王克刚编写，第 2～8 章由付争方编写，第 9、第 13 章由陈守满编写，第 10、第 12 章由张洪江编写。

作者在编写本书过程中参考了许多书刊与文献资料，在此向其作者表示感谢。现在许多高校都在积极开展关于计算思维的计算机课程教学研究，虽取得了一定进展，但尚未完全达成共识。本书内容涉及知识面较广，要将众多知识很好地贯穿起来，并将计算思维融入其中，难度较大，不足之处也在所难免。为便于以后的修订，恳请各位专家、教师及读者提出宝贵意见。

编 者

2013 年 6 月

目　　录

第 1 章　中文 Windows 7

教学目标

- ◆ 掌握 Windows7 的基本操作
- ◆ 掌握 Windows7 的文件管理与磁盘管理
- ◆ 掌握 Windows7 的设置与管理

1.1 Windows7 概述

1.1.1 Windows7 简介

Windows7 是由微软（Microsoft）公司开发的操作系统，其可供家庭及商业工作环境、笔记本电脑、平板电脑、多媒体中心等使用。微软公司 2009 年 10 月 22 日在美国、2009 年 10 月 23 日在中国正式发布 Windows7，其在 WindowsXP 的基础上大幅提高了系统的安全性能。Windows7 系列主要有 5 个版本，分别是 Windows7 旗舰版（Windows7 Ultimate），Windows7 企业版（Windows7 Enterprise），Windows7 专业版（Windows7 Professional），Windows7 家庭高级版（Windows7 Home Premium）和 Windows7 家庭普通版（Windows7 Home Basic）。各个不同版本的 Windows7 所包含的功能不尽相同，其中 Windows7 旗舰版包含所有功能，而 Windows7 家庭普通版则针对家庭普通用户需求将部分功能进行了缩减，不同版本之间功能的丰富程度如图 1-1 所示。

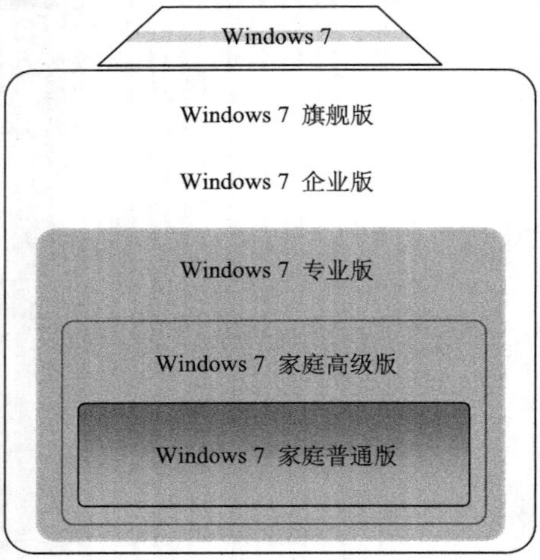

图 1-1 Windows7 主要版本

1.1.2 Windows7 特色

Windows7 操作系统与 Windows 发展历程中以前的产品相比较，进行了许多方便用户的设计，如快速最大化、窗口半屏显示、跳转列表、系统故障快速修复等，增强了系统的易用性，大幅缩减了 Windows 的启动时间和程序反应时间，提高了系统的运行速度。在 Windows7 中搜索和使用信息更加简单，包括对本地、网络和互联网的搜索功能，使用户的操作更简单。Windows7 还在系统安全性方面有了大幅改进，包括改进了的安全和功能合法性，对数据的保护和管理还可以扩展到外围设备。

另外，在界面的视觉效果上，Windows7 的 Aero 效果更为华丽，有碰撞、水滴等效果。Windows7 还提供丰富的桌面小工具，如桌面时钟、天气预报等。Windows7 不仅功能丰富，其资源消耗也比较低，因此在笔记本电脑上使用 Windows7 操作系统比使用以前的 WindowsXP、WindowsVista 等操作系统更节省电源的耗费，大幅增加笔记本电脑电池续航能力。

1.2 Windows7 基本操作

1. 桌面

桌面是打开计算机并登录到 Windows 之后看到的主屏幕区域，就像实际的桌面一样，它是您工作的平面。打开程序或文件夹时，它们便会出现在桌面上。还可以将一些项目（如文件和文件夹）放在桌面上，并且随意排列它们。

桌面主要由桌面图标、背景、任务栏组成，桌面图标的种类和数量是不固定的，用户可在日常使用过程中根据自己的需要进行增减，Windows7 刚安装好后的默认桌面只显示【回收站】图标。

任务栏一般位于屏幕的底部，也可以置于屏幕左、右或者顶部，任务栏中包括【开始】菜单、快速启动栏、输入法、通知区域、操作中心、网络中心、声音控制、日期及时间等操作要素，任务栏可显示正在运行的程序，并可以在它们之间进行切换。

（1）【开始】按钮。可用于访问程序、文件夹和进行计算机设置。

（2）桌面图标。可用于打开文件、文件夹或运行应用程序。

（3）任务栏。可用于显示和切换当前正在运行的应用程序。

（4）语言栏。可用于进行输入法的选择和设置。

（5）通知区域。用于显示系统通知，显示某一些正在运行程序的图标、进行声音控制的图标、系统日期和时间等。

（6）桌面背景。也可以被设置为纯色。

2. 用户界面主题

在 Windows7 中有两类截然不同的用户界面主题，一类是用于入门级系统的基本主题，另一类是具有半透明效果的 WindowsAero 主题，两者都可以帮助用户轻松运行、查找及管理用户的应用程序和文件。

基本主题是 Windows7 默认的系统用户界面，WindowsAero 主题是微软 Windows7 用户界面各种个性化定制内容的正式命名，如图 1-2 所示。桌面背景、AeroGlass 窗口皮肤、声音主题和屏保等，使 Aero 主题比基本主题更高级，为用户提供了下一代的桌面体验，是 Windows7 中效果最佳和性能最好的桌面体验，不过在使用该主题时，需要计算机硬件支持，如显卡应支持 Windows 显示驱动程序模型。

图 1-2　WindowsAero 主题

3. 桌面基本操作

（1）桌面的显示与隐藏

刚开始安装的 Windows7 系统桌面很简洁，一般只显示【回收站】图标和任务栏，用户在使用过程中可将一些经常使用的快捷图标和工具，甚至文件或文件夹放在桌面上。当使用计算机过程中打开较多的窗口时，如果需要查找桌面上的图标，则需要暂时隐藏所有已打开的窗口，下列两种操作都可以完成对 Windows7 桌面的显示/隐藏。

① 单击任务栏通知区域右侧的【显示桌面】按钮。

② Windows 徽标键 +D 组合键。

（2）添加桌面图标

添加 Windows7 桌面图标的方法较多，下列 3 种方法中第 1 种是添加系统图标，其余两种是添加任意图标。

① 添加系统图标。右击桌面空白位置，在弹出的快捷菜单（图 1-3）中选择【个性化】命令，将打开如图所示的【个性化】窗口（图 1-4），单击该窗口左侧的【更改桌面图标】后，打开如图所示的【桌面图标设置】对话框（图 1-5），在【桌面图标】选项区域单击勾选需要添加到桌面上的图标名称，最后单击【确定】按钮。

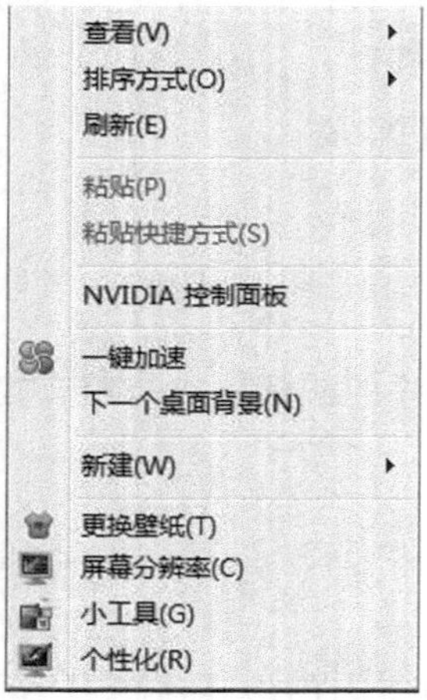

图 1-3　桌面快捷菜单

图 1-4　个性化窗口

② 单击【开始】按钮，在【开始】菜单中选择【所有程序】命令，按住键盘上 Ctrl 键，然后将某个菜单标题或子标题项拖动到桌面。

③ 按住键盘上 Ctrl 键，从文件夹窗口中拖动某一个文件夹或文件到桌面。

(3) 删除桌面上的图标

用户可以删除桌面上的图标，删除一般图标的方法有如下几种：

① 单击要删除的图标，然后按键盘上的 Delete 键。

图 1-5　桌面图标设置对话框

② 右击要删除的图标，然后在出现的快捷菜单中选择【删除】命令。

③ 将鼠标指针指向要删除的图标，按住左键不放，拖动该图标到【回收站】之后释放左键。

桌面上系统图标的删除方式不能采用上述方法删除系统图标即不让其在桌面显示，具体的操作方式与添加系统图标的操作方式步骤一样：右击桌面空白位置，在弹出的快捷菜单（图 1-3）中选择【个性化】命令，将打开如图所示的【个性化】窗口（图 1-4），单击该窗口左侧的【更改桌面图标】后，打开如图所示的【桌面图标设置】对话框（图 1-5），在【桌面图标】选项区域中单击取消勾选相应的图标名称，最后单击【确定】

按钮。

（4）桌面图标排列与查看

右击桌面的空白位置，在弹出的快捷菜单（图 1-3）中选择【查看】命令，会出现图 1-6的查看子菜单，其中有【自动排列图标】和【将图标与网格对齐】两项。

自动排列图标：如果勾选中该项，则图标会自动在桌面的左侧整齐排列，当用户在桌面上增加或删除一个图标后，图标都会自动排列整齐。

将图标与网格对齐：如果勾选中该项，则图标会对齐到屏幕网格。

桌面图标的排列方式有四种，分别是按名称、大小、项目类型、修改日期进行排列。

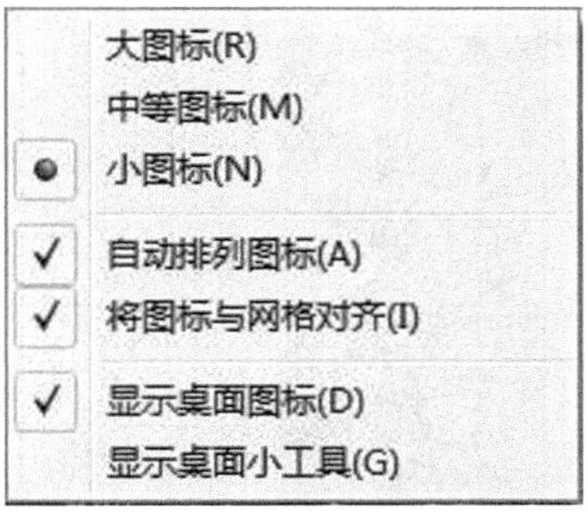

图 1-6　查看子菜单

图 1-7　排序方式子菜单

桌面图标排列时，只需要在图 1-3 所示的桌面快捷菜单中选择【排序方式】，然后在出现的查看子菜单（图 1-7）中选择相应的方式即可。

图标在桌面的显示方式有大图标、中等图标、小图标 3 种模式，可以控制桌面上显示图标的大小，用户可根据需要在图 1-6 所示的查看子菜单中根据需要进行选择。

（5）【开始】菜单

【开始】菜单是计算机进行程序、文件夹和系统设置等操作的主要门户。之所以称之为【菜单】，是因为它提供一个选项列表，就像餐馆里的菜单那样，命名为【开始】是因为用户通常需要启动程序或打开某项内容时，都可以从这里开始。【开始】菜单中主要包括：常用程序列表、搜索文本框、右侧窗格、【关机】按钮及其选项。

使用【开始】菜单可以执行下列常见操作：

- 启动程序
- 打开常用文件夹
- 搜索文件、文件夹和程序
- 调整计算机设置
- 获取有关 Windows 操作系统的帮助信息
- 关闭计算机
- 注销 Windows 或切换到其他用户帐户

打开【开始】菜单很简单，只需单击屏幕左下角的【开始】按钮。按键盘上的 Windows 徽标键也可以打开【开始】菜单。

【开始】菜单分为四个基本部分（图 1-8）：

左边大窗格： 左边的大窗格显示计算机上程序的一个短列表。计算机制造商也可以自定义此列表，所以在不同计算机上，其确切外观会有所不同。单击【所有程序】可显示程序的完整列表。

搜索框：左边大窗格的底部是搜索框，通过键入搜索项可在计算机上查找程序和文件。

右边窗格：右边窗格提供对常用文件夹、文件、设置和功能的访问。在这里还可注销 Windows 或关闭计算机。

关机按钮：单击【关机】按钮将直接关闭计算机，如果单击【关机】按钮右侧的小箭头，可在“切换用户”、“注销”、“锁定”、“重新启动”、“睡眠”、“休眠”几种操作中进行选择。

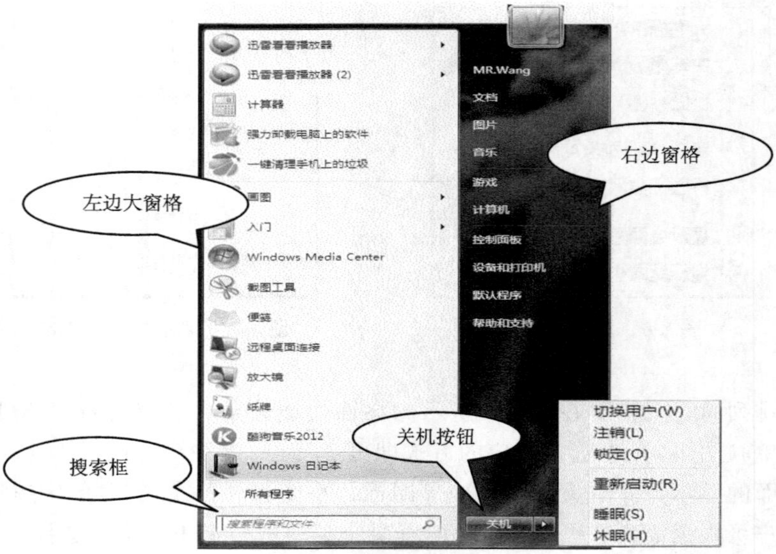

图 1-8　Windows7 开始菜单

(6) 启动程序或者打开窗口

在 Windows7 中，可以用多种方式启动程序或打开窗口。

① 双击桌面上的图标。

② 单击【开始】按钮，在出现的【开始】菜单中选择【所有程序】命令，然后选择某个菜单标题或子菜单下的某个标题，就可启动对应的程序。

③ 单击快速启动栏中的程序图标就可以启动对应的程序。

④ 在【开始】菜单中的搜索框里输入程序名称，在弹出的菜单中先把要运行的程序或文档打开（图 1-9）。

(7) 任务栏操作

任务栏一般在桌面的底部，也可以置于桌面的顶部或者左右两侧。当【锁定任务栏】没有被选中时，可以在单击任务栏的空白区域后按住鼠标左键不放，将任务栏拖动到目标位置后释放左键即可。图 1-10 所示任务栏位于桌面左侧位置。

右击任务栏空白处，会弹出如图 1-11 所示快捷菜单，其中的【锁定任务栏】被选中时，任务栏将不能被拖动到其他位置。

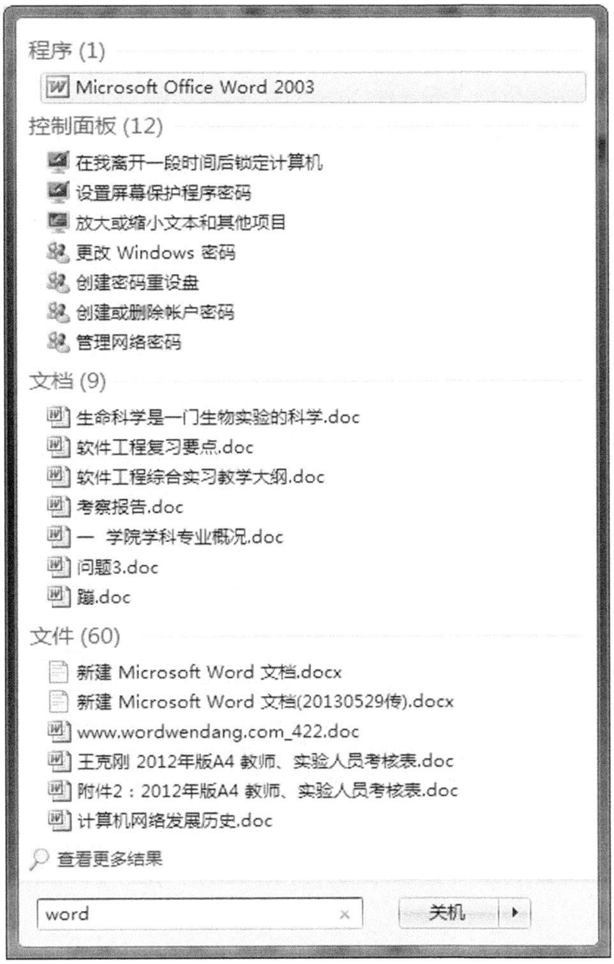

图 1-9　利用开始菜单搜索框运行程序或打开窗口

图 1-10　任务栏位于桌面左侧

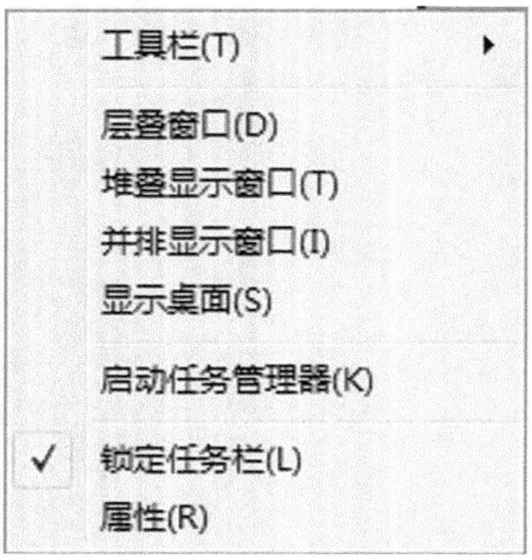

图 1-11　任务栏快捷菜单

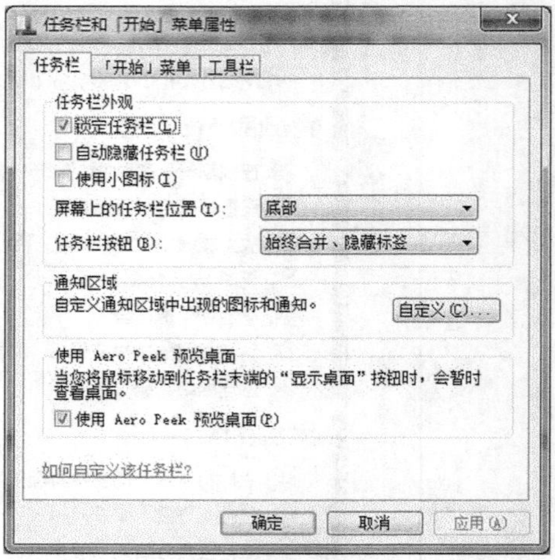

图 1-12　任务栏属性对话框

在图 1-11 所示的任务栏快捷菜单中，选择【属性】命令，将打开如图 1-12 所示的任务栏属性对话框，勾选其中的【自动隐藏任务栏】，然后单击【确定】按钮之后，任务栏会自动隐藏起来，留出来的桌面可以更多的显示其他信息。当需要使用任务栏时，只需将鼠标指针指向任务栏位置，系统将自动显示出任务栏。

4. 窗口基本操作

当打开一个程序、一个文件或者一个文件夹时，在屏幕上就会显示出一个窗口，窗口操作是使用 Windows7 的基础，大多数操作都是在窗口中完成。

(1) 窗口组成

如图 1-13 是 Windows7 的一个典型窗口，窗口由标题栏、地址栏、菜单栏、工具栏、工作区、导航区、状态栏等组成。

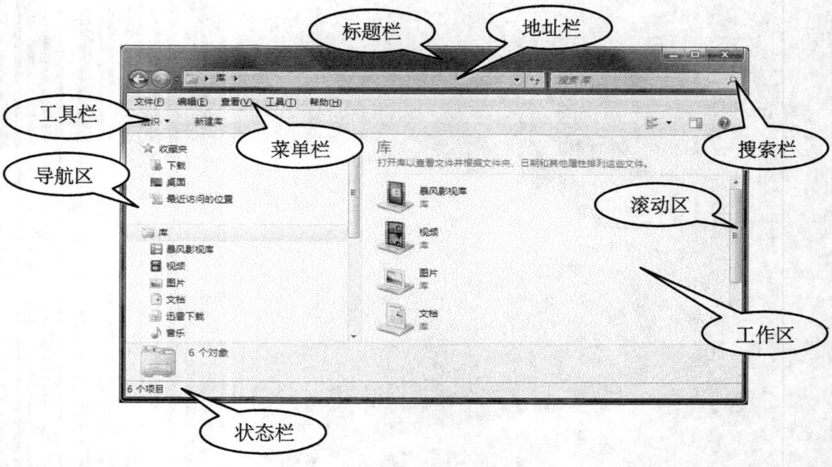

图 1-13　Windows7 窗口

标题栏：位于窗口最上方，在标题栏可以显示文档、程序或文件夹的名称，标题栏最左侧是控制菜单框，最右侧是【最小化】、【最大化/向下还原】、【关闭】按钮。

地址栏：位于窗口中标题栏下方，地址栏标明了当前窗口的位置。用户可以在地址栏输入一个表示文件位置的路径，则窗口的内容会显示为所输入路径位置的相关内容，如果在地址栏输入一个 Internet 网址，则可以直接从该窗口进入 Internet 访问。地址栏的左侧是【后退】和【前进】按钮，右侧是搜索栏。

菜单栏：包含了该窗口所对应程序的所有命令，可以通过选择其中的命令完成某个操作或实现某个功能。

工具栏：包括了一些常用的功能按钮，可从中直接选择执行相应功能。

工作区：窗口中所占面积最大的部分，是进行应用操作的主要区域。

导航区：包括了计算机中经常用到的一些文件存储位置。

状态栏：用于显示程序、文件或文件夹窗口的相关信息，位于窗口底部（图 1-14）。

滚动条：当窗口的尺寸较小，不能容纳下要显示的所有内容时，会出现滚动条，用户可利用鼠标拖动滚动条以查看窗口中当前没有显示出的内容。滚动条有垂直滚动条和水平滚动条两种。

窗口边框：利用鼠标通过拖动边框可以很方便地改变窗口大小，也可以通过拖动窗口的四个角改变窗口大小。

（2）打开与切换窗口

打开窗口可以有很多方法。例如，

① 单击【开始】按钮后，在弹出的【开始】菜单中单击命令、文档或文件夹就可以打开一个窗口。

② 双击桌面上的快捷图标可以打开一个窗口。

③ 双击应用程序图标或文档图标可以打开一个窗口。

当桌面上同时打开多个窗口时，用户当前正在进行操作的窗口称为当前窗口或活动窗口，其他窗口称为非当前窗口。非当前窗口的标题栏一般为灰色，当前窗口对应所运行的程序称为前台程序，非当前窗口对应所运行的程序称为后台程序，用户可以根据自己需要将当前窗口切换为非当前窗口中的某一个，具体可用下列方法中的某一个即可。

① 单击需切换到的窗口可见区域的任意位置。

② 单击需切换到的窗口的标题栏。

③ 反复使用 Alt＋Tab 组合键，可以在已打开的窗口之间轮流切换。

④ 反复使用 Alt＋Esc 组合键，也可以在已打开的窗口之间轮流切换（不包括最小化的窗口）。

⑤ 使用任务栏进行窗口切换。任务栏在默认情况下会分组显示不同程序窗口，当鼠标指针指向组图标时将会显示这些窗口的缩略图，单击该缩略图，即可打开相应的窗口。

Aero 三维窗口切换。Aero 三维窗口切换以三维堆栈排列窗口（图 1-15）切换的步骤为：

① 按住 Windows 徽标键的同时按 Tab 可打开三维窗口切换。

② 当按下 Windows 徽标健时，重复按 Tab 或滚动鼠标滚轮可以循环切换打开的窗口。还可以按“向右键”或“向下键”向前循环切换一个窗口，或者按“向左键”或“向上键”向后循环切换一个窗口。

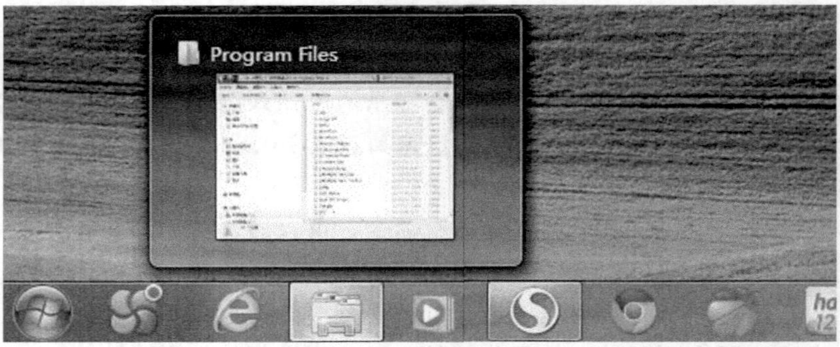

图 1-14　任务栏窗口缩略图

图 1-15　Windows7Aero 三维窗口切换

③ 释放 Windows 徽标键可以显示堆栈中最前面的窗口。或者单击堆栈中某个窗口的任意部分来显示该窗口。

(3) 关闭窗口

当太多的窗口打开时，会耗费较多系统资源，同时运行过多的程序会影响系统速度，因此当窗口不需要时，应及时关闭窗口，可有效节省系统资源。关闭窗口也有多种方法。

① 单击窗口左上角的【关闭】按钮。

② 双击窗口标题栏最左边的控制菜单框。

③ 单击窗口标题最左边的控制菜单框后，在出现的窗口【控制】菜单（图 1-16）中选择关闭命令。

④ 右击任务栏中该窗口对应的按钮，在弹出的快捷菜单（图 1-17）中选择【关闭窗口】命令。

⑤ Alt＋F4 可以关闭当前窗口。

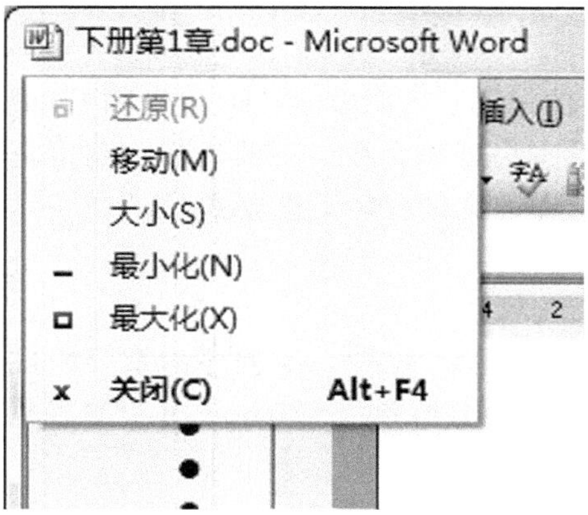

图 1-16 窗口控制菜单

图 1-17 任务栏窗口按钮快捷菜单

(4) 窗口大小调整

最大化窗口： 使窗口填满整个屏幕。单击窗口标题栏右侧的【最大化】按钮 ，或者双击该窗口的标题栏。

最小化窗口： 也称为隐藏窗口。如果要使窗口临时消失而不将其关闭，则可以将其最小化。若要最小化窗口，可单击窗口标题右侧的【最小化】按钮 ，窗口会从桌面中消失，只在任务栏上显示为按钮。

还原窗口： 将最大化的窗口还原到以前大小。可单击窗口右侧的【还原】按钮 （该按钮出现在【最大化】按钮的位置上），或者双击窗口的标题栏。

改变窗口大小： 当需要调整窗口的大小（使其变小或变大）时，将鼠标指针指向窗口的任意边框或角，当鼠标指针变成双箭头时（图 1-18），拖动边框或角可以缩小或放大窗口。

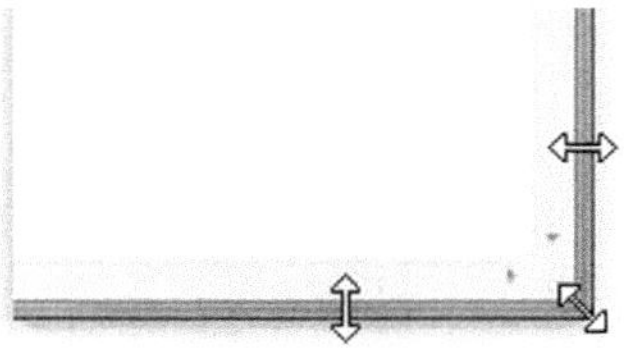

图 1-18 拖动边框或角调整窗口大小

(5) 窗口排列

用户可以通过拖动窗口标题栏的方式将窗口放置在桌面上某位置，在桌面上按自己喜欢的任何方式排列窗口。还可以按层叠、纵向堆叠或并排这三种方式（图 1-19）中的某一种使 Windows 自动排列窗口。

图 1-19 层叠方式（左）、纵向堆叠方式（中）、并排方式（右）示意图

层叠方式：将多个窗口按先后顺序依次排放在桌面上，每个窗口的标题栏和左侧边框可见。

纵向堆叠方式：各窗口并排显示，每个窗口大小相当的情况下，窗口尽量向水平方向伸展。

并排方式：各窗口并排显示，每个窗口大小相当的情况下，窗口尽量向垂直方向伸展。

窗口的自动排列操作方法为：右键单击任务栏的空白区域，在出现的快捷菜单中单击【层叠窗口】、【堆叠显示窗口】或【并排显示窗口】。（最小化的窗口不参加排列）

5. 菜单使用

菜单是 Windows 中一种使用非常频繁的界面元素，也是 Windows 程序的重要组成部分，菜单命令的使用可以完成程序中的大部分操作。图 1-20 所示为 Windows7 中的菜单例子，菜单中包括有若干个菜单项。

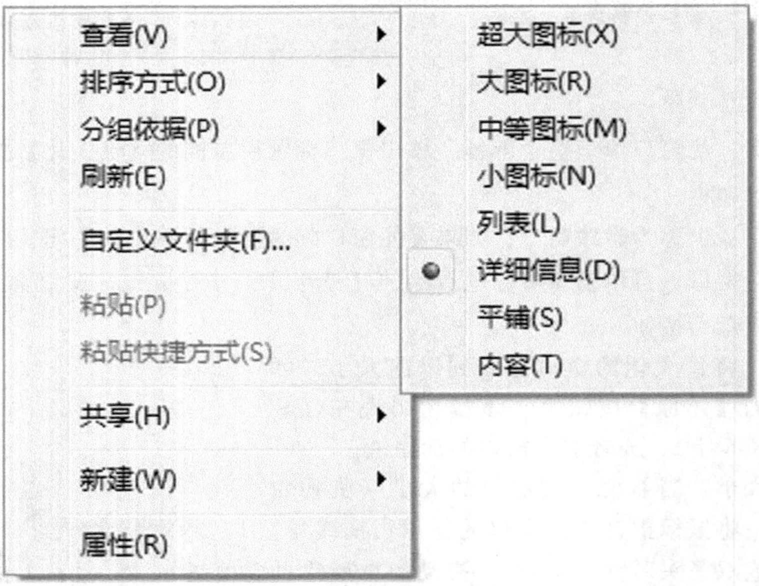

图 1-20　Windows7 的菜单

（1）菜单项的主要类别

① **正常菜单项：**标题为黑色字符，可以被用户选择。

② **无效菜单项：**标题为灰色字符，表示在当前条件下，该菜单项所代表的功能不能被执行，即无效菜单项在当前条件下不能被用户选择。

③ **带省略号"…"菜单项：**选择这种菜单项后将会打开一个对话框，要求用户输入某种信息或改变某些设置。

④ **右侧标记▶的菜单项：**表示在该菜单的下面还有下一级子菜单，当用户用鼠标指向该菜单项时，会自动出现下一级子菜单，图 1-20 的右侧即为"查看"的下一级子菜单。

⑤ **菜单分隔线：**按功能将菜单分成若干不同的组。

⑥ **前面标记 • 的菜单项：**表示该菜单是可以被选用的，但在该菜单所在的分组菜单中，

只能有一个且必定有一个菜单项被选中。

⑦ **前面标准√的菜单项**：表示该菜单所表示的功能当前处于有效状态，否则该功能处于无效状态。

（2）菜单的操作

菜单的操作有许多方法，以下列出最常用的几种：

① **弹出菜单**：通过单击菜单栏中的菜单名即可弹出相应的菜单，或者在操作对象上右击鼠标，即可弹出相应的快捷菜单。

② **撤消菜单**：弹出菜单后，若不想继续进行其中菜单项的操作，则可以在菜单以外任意空白位置单击就可撤消菜单，或者按键盘上 Esc 键。

③ **选择菜单项**：将鼠标指针移动到要选择的菜单项后单击，如果要选择的菜单项后带有字母，也可以在此时直接按键盘上相应字母键进行选择。

菜单的识别并非总是易事，因为并不是所有的菜单控件外观都相似，甚至也不会显示在菜单栏上。那么如何发现这些菜单呢？当看到单词或图片旁边有一个箭头时，则可能会有菜单控件。图 1-21 是一些示例。

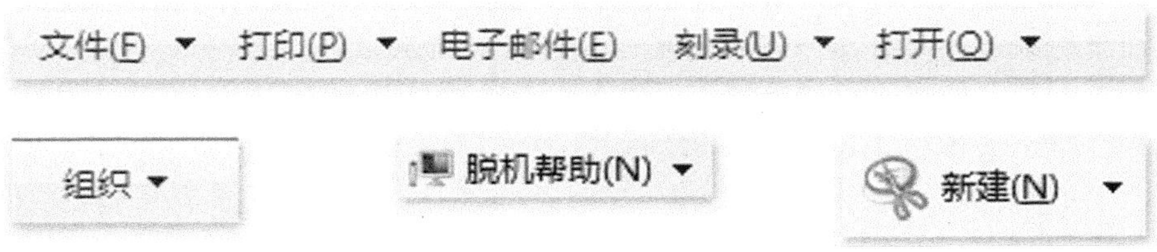

图 1-21　菜单控件示例

6. 使用滚动条

当文档、网页或图片超出窗口大小时，会出现滚动条，可用于查看当前处于视图之外的信息。图 1-22 显示滚动条的组成部分。

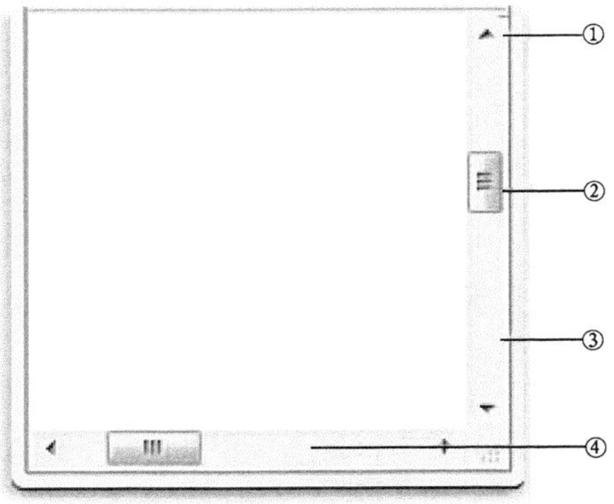

① 滚动箭头　② 滚动框

③ 垂直滚动栏　④ 水平滚动栏

图 1-22　水平与垂直滚动条

使用滚动条的方法有：

① 单击上下滚动箭头可以小幅度地上下滚动窗口内容。按住鼠标按钮可连续滚动。

② 单击滚动框上方或下方滚动条的空白区域可上下滚动一页。

③ 上下左右拖动滚动框可在该方向上滚动窗口。

④ 如果鼠标有滚轮，则可以用它来滚动文档和网页。若要向下滚动，向后（朝向自己方向）滚动滚轮。若要向上滚动，向前（远离自己方向）滚动滚轮。

7. 使用选项按钮

选项按钮可让用户在两个或多个选项中选择一个选项。选项按钮经常出现在对话框中。

图 1-23 显示了两个选项按钮。【彩色】选项处于选中状态。若要选择某一个选项，单击该选项按钮即可。但此时只能选择一个选项。

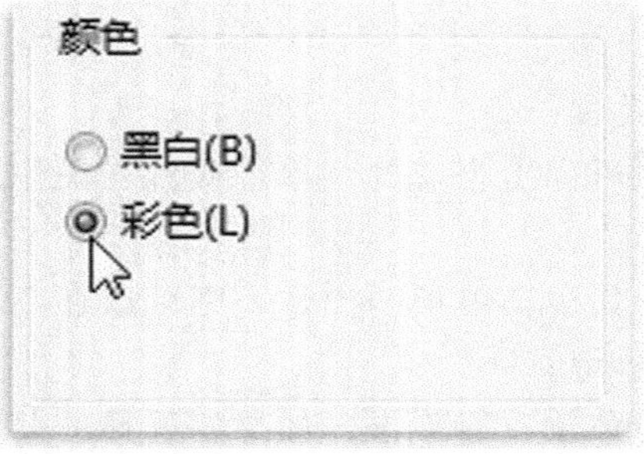

图 1-23　选项按钮

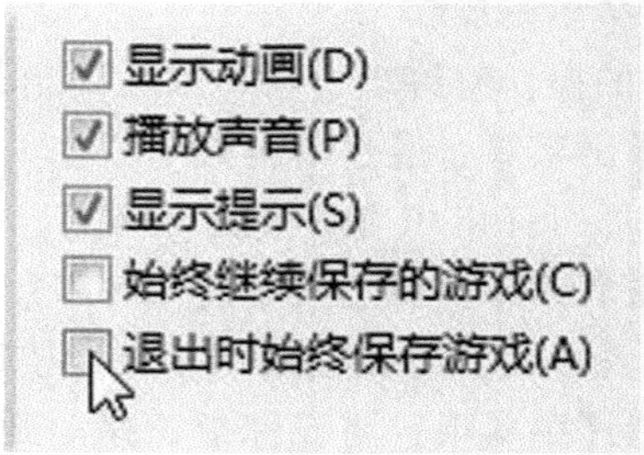

图 1-24　复选框

8. 使用复选框

复选框可让用户选择一个或多个独立选项。与选项按钮不同的是，选项按钮限制选择一个选项，而复选框可以同时选择多个选项，如图 1-24 所示。

单击空的方框可选择或启用该选项。正方形中出现复选标记，表示已选中该选项。若要禁用选项，通过单击该选项可清除（删除）复选标记。当前无法选择或清除的选项以灰色显示。

图 1-25　滑块

9. 使用滑块

滑块可让用户在值范围内调整设置。滑块的外观如图 1-25 所示。

滑块在滚动条上的位置表明当前选中的值。在图 1-25 所示的示例中，滑块位于“慢”和“快”的中间，表示指针速度为中等。用户使用滑块时，利用鼠标将滑块拖动到想要的值即可。

10. 使用文本框

文本框可让用户键入信息（如搜索条件或密码）。图 1-26 显示了包含文本框的对话框，文本框中已经输入了“熊”。

图 1-26　查找对话框

光标的闪烁垂直线表示键入文本的位置。在本示例中，可以看到光标在“熊”之后。可以通过单击新的位置轻松移动光标。

如果在文本框中没有看到光标，则表示该文本框无法输入内容。首先单击该框，然后开始键入信息。

通常，要求输入密码的文本框在键入密码时会隐藏密码，以防被其他人看到输入内容（图 1-27）。

图 1-27　输入密码的文本框

11. 使用下拉列表和列表框

下拉列表类似于菜单，但它不是单击命令，而是选择选项。下拉列表关闭后只显示当前选中的选项。除非单击该控件，否则其他可用的选项都会隐藏，如图 1-28 所示。

列表框显示可以从中选择的选项列表。与下拉列表不同的是，无须打开列表就可以看到某些或所有选项。图 1-29 为列表框示例。

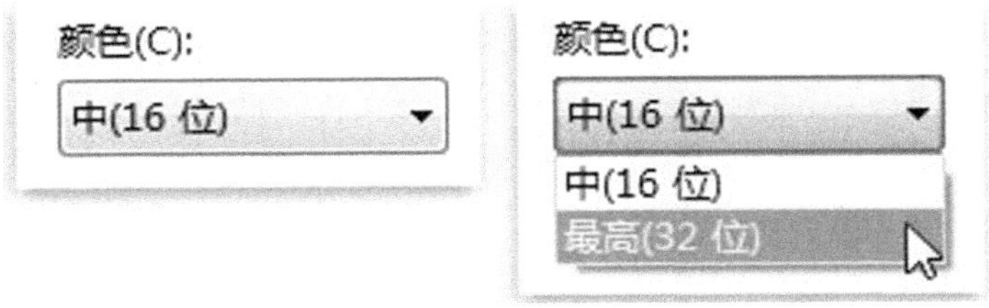

图 1-28　下拉列表（左为关闭状态，右为打开状态）

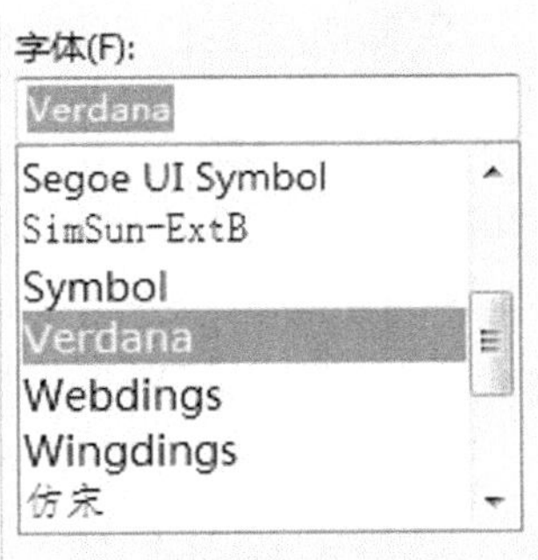

图 1-29　列表框

12. 使用选项卡

在一些对话框中，选项分为两个或多个选项卡（图 1-30）。一次只能查看一个选项卡或一组选项。

当前选定的选项卡将显示在其他选项卡的前面。若要切换到其他选项卡，只需单击该选项卡即可。

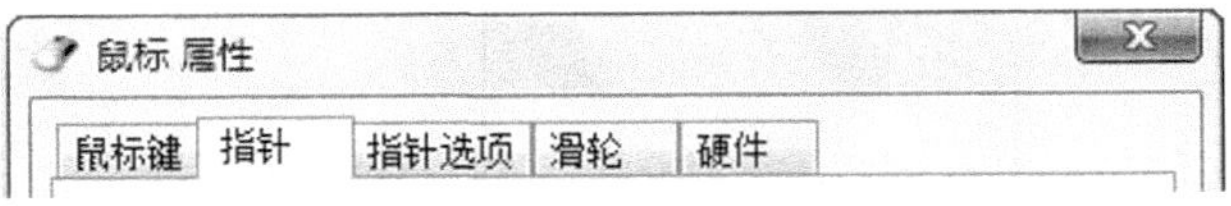

图 1-30　选项卡

13. 使用输入法

若要输入文字，就必须使用输入法，“”，Shift＋Ctrl 可切换输入法。

1.3 文件管理案例分析

对文件的管理是操作系统的基本功能之一，其包括文件的创建、查看、复制、移动、删除、搜索、重命名、加密等操作。在 Windows7 中，文件的管理可以通过【计算机】完成，也可以通过【资源管理器】来完成的。

1.3.1 任务的提出

公司秘书小李主要负责管理各部门员工的个人信息和社会保险的方面的文档资料。一开始他把这些文件都随意地放在计算机中，但随着公司业务的不断扩大，招聘的新员工越来越多，相关的信息文件也不断增多，加上其他的工具文件、娱乐文件等，一大堆文件显得杂乱无章，有时候为了查询某个员工的信息，连信息文件在哪里都找不到，弄得小李很烦恼。

因此，他希望能对计算机中的文件实现有序管理，但对于没有文件管理经验的小李来说，又不知道如何才能办到，于是他找到了公司电脑部的王老师，提出了自己的问题。

1.3.2 解决方案

根据小李的问题，王老师首先讲述了科学地管理文件的必要性。

① 要把成百上千的文件进行“分类存放”，比如可以按照公司部门、社保种类等整理文件。

② 一定要把重要的文件“备份”。“备份”其实就是把重要的文件复制到其他地方存放起来，以防原文件被损坏或丢失。王老师进一步说，比如你操作电脑的时候，不小心把一些社保资料删除了，或者文件被病毒感染了，而其他地方又没有这个文件，此时你该怎么办呢？所以说文件“备份”是非常重要的。

接着，王老师给小李提出了一套解决方案。

① 不要将重要的数据文件存放在 C 盘中，可以用 D 盘或其他盘作为数据盘，因为 C 盘一般作为系统盘，主要用于安装系统软件和各类应用程序。

② 在 D 盘中创建多个文件夹，用来分别存放员工信息、社保资料等不同类型的文件；文件和文件夹最好使用中文命名，使查阅者能够一目了然。

③ 每次必须把重要文件的最新结果进行“备份”，存放在另一个磁盘、U 盘或公司服务器上。

④ 在桌面上为经常访问的文件夹创建快捷方式，节约访问时间。

⑤ 经常清理计算机中的垃圾文件，定期清理回收站。

1.3.3 相关知识点

1. 文件和文件夹

（1）文件

文件是具有某种相关信息的数据的集合。文件可以是应用程序，也可以是应用程序创建的文档。文件的基本属性包括文件名、文件的大小、文件的类型和创建时间等。文件是通过文件名和文件类型进行区别的，每个文件都有不同的类型或不同的名字。

(2) 文件的命名规则

在 Windows7 中，文件的命名有如下规则：

• 文件的名称由文件名和扩展名组成，中间用“.”字符分隔，通常扩展名用于说明文件的类型，如表 1-1 所示。

表 1-1 常用扩展名

扩展名	说明	扩展名	说明
exe	可执行文件	sys	系统文件
com	命令文件	rar，zip	压缩文件
htm，html	网页文件	pdf	Adobe Acrobat 文档
txt	文本文件	wav	声音文件
Bmp，jpg，jpeg，gif	图像文件	cpp	C++语言源程序文件
swf	Flash 文件	java	Java 语言源程序文件

• 在 Windows7 操作系统中，文件名最多由 255 个字符组成。文件名可以包含字母、汉字、数字和部分符号，但不能包含“?”、“*”、“/”、“|”、“<>”等非法字符。

• 文件名不区分字母的大小写，文件名中最后一个“.”后的字符内容组成文件的扩展名。

(3) 文件夹

文件夹是 Windows 系统组织和管理文件的一种形式，文件夹又称为目录。

在计算机的磁盘上存放有大量的文件，为便于查找、存储和管理文件，用户可以将文件分门别类地存放在不同的文件夹里。文件夹也是通过名称进行标识的，命名规则与文件命名规则相同。不同的是，文件夹只有名称，没有扩展名。

(4) 树型文件夹管理

文件夹中既可以存放文件，也可以存放下一级的文件夹，但在同一文件夹的同一级位置，不能有文件名（包括扩展名）完全相同的文件和子文件夹。各级文件夹之间有从上至下的包含关系，从而使得所有文件夹形成了一个树状结构，称为文件夹树。例如，图 1-31 显示了计算机中磁盘 C 中目前的文件夹树。

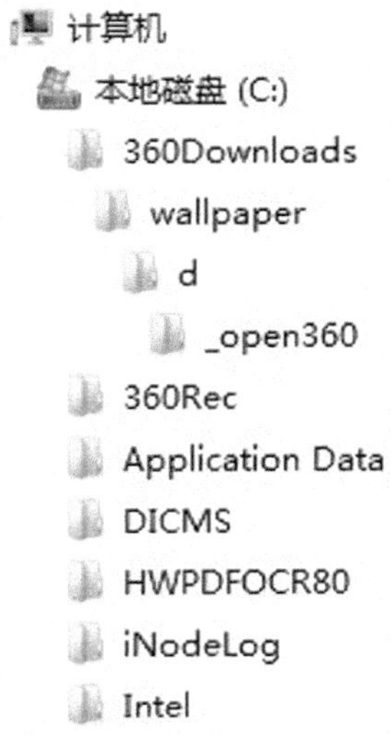

图 1-31 文件夹树

(5) 文件的路径

计算机磁盘上有很多文件，在对文件进行管理时，不仅需要知道文件的名称，还需要知道文件存放在什么位置，文件的存放位置可以通过路径来表示。路径即文件在文件夹树上的位置，路径由用反斜杠“\”分隔开的一系列子文件夹名称来表示，子文件夹名称按照由上层到下层的顺序排列。

路径可以准确提供文件在文件夹中具体的位置信息。路径可以有两种方式：绝对路径和相对路径。**绝对路径**是指从文件所在磁盘的根文件夹开始直到该文件所在的子文件夹为止的路径上所有文件夹名（磁盘根文件夹是本身就有的，以反斜杆“\”表示，子文件夹名称之间用“\”分隔开)。**相对路径**是指从该文件所在磁盘的当前文件夹开始直到该文件所在的文件夹为止的路径上所有文件夹名(子文件夹名称之间用“\”分隔开)。按照上述定义可以知道，文件的位置可以由绝对路径唯一标识，而相对路径表示了文件在文件夹树上相对于当前文件夹的位置。计算机中的磁盘(包括插接在电脑上的U盘等)一般用“单字母名:”形式表示。

例如，若某个文件的路径为“D:\Test\Debug”，即该文件存放在磁盘D的文件夹Test的子文件夹Debug中。若某个文件的路径为“File\Data”，则表示该文件存放在当前文件夹的File子文件夹中名称为Data的文件夹位置。

2. 回收站

主要用来存放用户临时删除的文档资料。可以在回收站中将误删除的文件或文件夹进行恢复，也可以清除回收站中的全部或部分文件实现对文件的彻底删除。其实，回收站是特殊的文件夹，默认在每个硬盘分区根目录下的RECYCLER文件夹中，而且是隐藏的。当用户将文件删除并移至回收站，实质上就是把它放到了这个文件夹，其仍然占用磁盘的空间，只有在回收站里删除它或清空回收站才能使文件真正的删除。

需要注意的是，常用的可随身携带的U盘没有【回收站】这个特殊的文件夹，所以U盘上的文件被误删除后是不能通过【回收站】进行恢复的。

3. 库

Windows7中使用库访问文件和文件夹。库(图1-32)是Windows7的一项新功能，用于管理文档、音乐、图片和其他文件。

在某些方面，库类似于文件夹，如打开库时将看到一个或多个文件。但与文件夹不同的是，库可以收集存储在多个位置中的文件。但是库实际上不存储项目，其只是收集不同位置的文件，并将其显示为一个集合，而无需从其存储位置移动这些文件。库监视包含项目的文件夹，并允许用户以不同的方式访问和排列这些项目。例如，如果在硬盘和外部驱动器上的文件夹中有音乐文件，则可以使用音乐库同时访问所有音乐文件。对库可以执行以下一些操作：

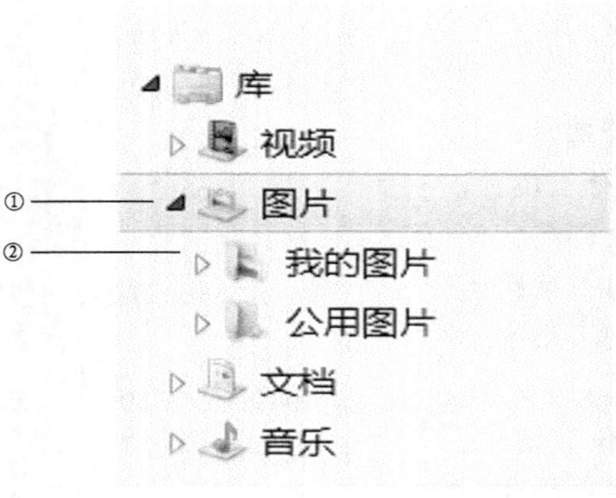

图1-32 Windows7的图片库
(①图片库；②图片库所包括的文件夹)

① 新建库。Windows7有四个默认库(文档、音乐、图片和视频)，但可以新建库用于其他集合。

② 按文件夹、日期和其他属性排列项目。可以使用【排列方式】菜单以不同方式排列库中的项目，该菜单位于任何打开库中的库面板(文件列表上方)内。例如，可以按艺术家排列音乐库，以便按特定艺术家快速查找音乐。

③ 包含或删除文件夹。库收集包含的文件夹或“库位置”中的内容。

④ 更改默认保存位置。默认保存位置确定将项目复制、移动或保存到库时的存储位置。

（1）创建新库

创建新库可按如下步骤进行：

① 单击【开始】按钮，单击用户名（将打开个人文件夹），然后单击左窗格中的【库】。如图 1-33。

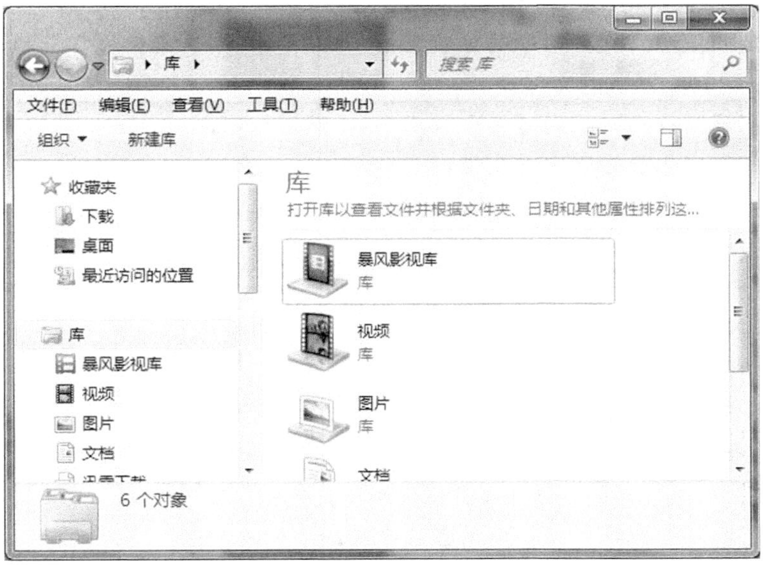

图 1-33 Windows7 的库

② 在【库】中的工具栏上，单击【新建库】。

③ 键入库的名称，然后按 Enter 键。

若要将文件复制、移动或保存到库，必须首先在库中包含一个文件夹，以便让库知道存储文件的位置。此文件夹将自动成为该库的默认保存位置。

（2）将文件夹包含到库中

可以将来自很多不同位置的文件夹包含到库中，如计算机的 C 驱动器、外部硬盘驱动器或网络等，如表 1-2。

表 1-2 常见位置文件夹包含到库中

文件夹存储位置	是否可将其包含到库中
在 C 驱动器上	是
在外部硬盘驱动器上	是。但如果驱动器断开连接，则内容将不可用
在计算机内的其他硬盘上	是
在 USB 闪存驱动器上	仅当设备显示在导航窗格中“计算机”下的“硬盘驱动器”部分时可以。其由设备制造商设置，在某些情况下可进行更改。如果驱动器断开连接，则内容将不可用
在可移动媒体（如 CD 或 DVD）上	否
在网络上	是。只要网络位置已加索引，或已使其脱机可用
在家庭组中的其他计算机上	是

① 将计算机上的文件夹包含到库中的步骤：

• 单击【开始】按钮，然后单击用户名。

• 右键单击要包含的文件夹，指向【包含到库中】，然后单击库。

② 将外部硬盘驱动器上的文件夹包含到库中的步骤：

• 在任务栏中，单击【Windows 资源管理器】按钮。

• 在所出现的资源管理窗口中的导航窗格（左窗格）中，单击【计算机】，然后导航到要包含的外部硬盘驱动器上的文件夹。

• 右键单击该文件夹，指向【包含到库中】，然后单击库。

③ 将网络文件夹包含到库中的步骤：

• 在任务栏中，单击【Windows 资源管理器】按钮。

• 在导航窗格（左窗格）中，单击【网络】，然后导航到要包含的网络上的文件夹。或者单击地址栏左侧的图标，键入网络的路径，按 Enter，然后导航到要包含的文件夹。

• 右键单击该文件夹，指向【包含到库中】，然后单击库。

④ 从库中删除文件夹

文件夹不需要再被包含到库中时，可以将其从库中删除。从库中删除文件夹时，不会从原始位置中删除该文件夹及其内容。具体操作如下：

• 在任务栏中，单击【Windows 资源管理器】按钮。

• 在导航窗格（左窗格）中，单击要从中删除文件夹的库。

• 在库窗格（文件列表上方）中，在【包含】旁边，单击【位置】。

• 在显示的对话框中，单击要删除的文件夹，单击【删除】，然后单击【确定】。

1.4 文件实现管理方法

根据王老师提出的解决方案，秘书小李准备采用以下方法实现文件管理。

① 在 D 盘的根目录下创建两个文件夹：“员工信息”和“社保资料”。

② 把“营销中心员工信息 . xls”及其相关文件保存在“员工信息”文件夹中，把“社保新规定 . doc”文件保存在“社保资料”文件夹中。

③ 将“员工信息”和“社保资料”两个文件夹保存在 U 盘上，作为文件备份。

④ 在桌面上创建“员工信息”文件夹的快捷方式，便于快速打开和浏览员工信息。

⑤ 搜索和清理磁盘中所有扩展名为 tmp 的文件，清理回收站。

⑥ 设置“网上邻居”，以便通过局域网方便地共享公司内部的文件资料。

1.4.1 浏览计算机的资源

在 Windows7 系统中提供了两种重要的资源管理工具——【计算机】和【资源管理器】。本节主要介绍在【资源管理器】中查看、管理计算机的各种资源。

【任务 1】使用【资源管理器】浏览计算机中的文件和文件夹。

可以通过以下几种方式打开【资源管理器】窗口。

① 在任务栏中，单击“Windows 资源管理器”按钮。

② 单击【开始】|【程序】|【附件】|【Windows 资源管理器】命令，打开【资源管理器】窗口。

③ 在【开始】按钮上右击，在弹出的快捷菜单中选择【打开 Windows 资源管理器】命令即可。

④ 右击桌面上【计算机】、【回收站】任意图标，在弹出的快捷菜单中选择【打开】即可。

在打开的【资源管理器】窗口中清楚地显示了驱动器、文件夹、文件、外部设备以及网络驱动器的结构。【资源管理器】采用双窗格显示结构，系统中的所有资源以分层树型的结构显示出来。当用户在左窗口中选择了一个驱动器或文件夹后，该驱动器或文件夹所包含的所有内容都会显示在右窗口中。若将鼠标指针置于左、右窗格分界处，指针形状会变成双向箭头 ⇔，此时按下鼠标左键拖动分界线可改变左右窗口的大小。

在左窗口中，当鼠标指针移动到某个驱动器或文件夹时，若其前面有“▹”，表示它有下一级子文件夹。单击该“▹”可展开其所包含的子文件夹，相应的“▹”会变成“◢”。

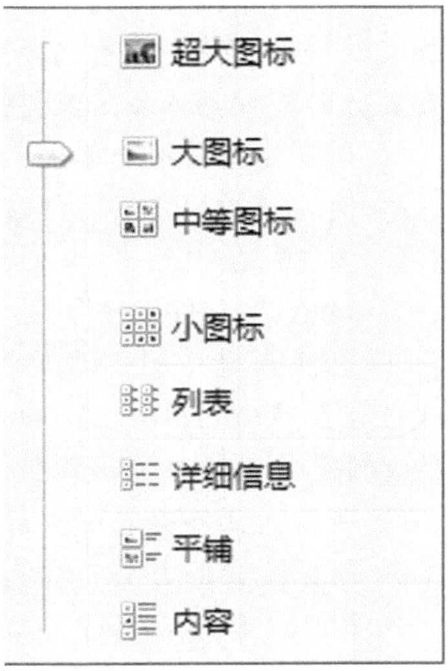

图 1-34　浏览视图模式选择菜单

单击【资源管理器】窗口中“更改您的视图”按钮右侧的下拉箭头，出现图 1-34 所示菜单，可以切换浏览方式，包括超大图标、大图标、中等图标、小图标、列表、详细信息、平铺、内容等几种模式。

图 1-35 所示为大图标方式浏览文件，对于图像文件，使用这种方式浏览比较直观方便。

图 1-35　以大图标方式浏览

1.4.2　创建文件和文件夹

(1) 创建文件

一般情况下，用户可通过应用程序新建文档。另外，在桌面空白处单击鼠标右键，在弹出的快捷菜单中选择【新建】级联菜单中的相应文件选项也可实现。

(2) 创建文件夹

创建文件夹的方法很多，最简单的就是在创建文件夹的目标位置，单击鼠标右键，在弹出的快捷菜单中选择【新建】|【文件夹】命令，编辑新建文件夹名即可。

【任务 2】在 D 盘根目录中分别创建文件夹“info”和“data”。

① 在【资源管理器】窗口中选择磁盘驱动器 D，在右侧窗口的空白处单击鼠标右键，在弹出的快捷菜单中选择【新建】|【文件夹】命令，建立一个默认名为“新建文件夹”的文件夹，此时直接输入新的文件夹名“info”。

② 在新建文件夹外单击鼠标，或按 Enter 键完成创建。

③ 使用同样的方法，创建“data”文件夹。

【任务 3】在“info”文件夹中创建“营销中心员工信息 . xls”Excel 文档并保存员工信息；在“data”文件夹中创建“社保新规定 . doc”Word 文档，用户保存相关内容。

① 打开 D 盘中的文件夹“info”，在窗口空白处单击鼠标右键，在弹出的快捷菜单中选择【新建】|【Microsoft Excel 工作表】命令，此时在窗口中出现一个新的 Excel 图标，输入新的文件名“营销中心员工信息 . xls”。

② 在新建文件夹外单击鼠标，或按 Enter 键完成创建。

③ 使用同样的方法，在文件夹“data”中创建“社保新规定 . doc”文档。

如图 1-36 所示，新建对象可以是文件夹、文件、快捷方式、波形声音等。用这种方式创建的文档实际是一个已经确定文件类型的空白文档。双击该文档图标后，即可打开关联的应用程序，进行文档的编辑操作。

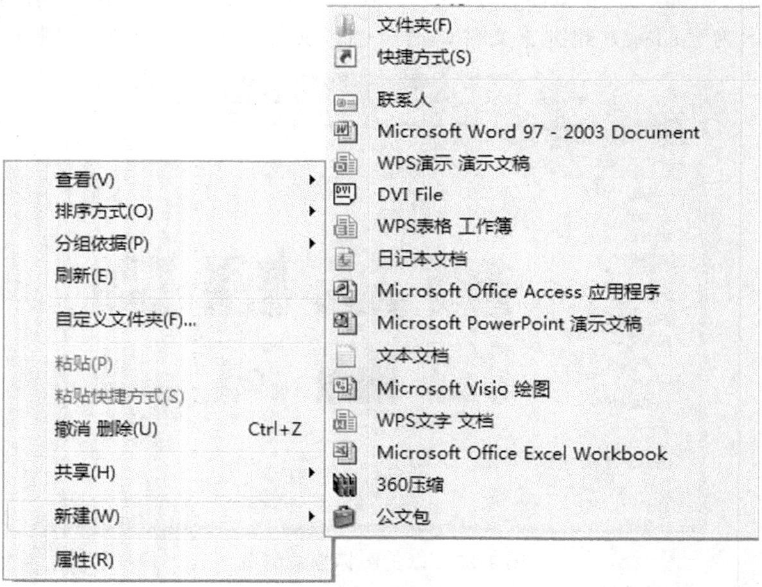

图 1-36 创建文件夹和各种文件

1.4.3 选取文件和文件夹

Windows 的操作特点是先选定操作对象，再执行操作命令。因此，用户在对文件和文件夹进行操作前，必须先选定。选取文件和文件夹的方法如下：

（1） 选取单个文件或文件夹

要选定单个文件或文件夹，只需用鼠标单击所要选取的对象即可。

（2） 选取多个连续的文件和文件夹

鼠标单击第一个要选取的文件或文件夹，然后按住 Shift 键，再单击最后一个文件或文件夹即可。也可用鼠标直接拖动选取多个连续的文件和文件夹。

（3） 选取多个不连续的文件和文件夹

鼠标单击第一个要选取的文件或文件夹，然后按住 Ctrl 键，再逐个单击其他要选取的文件和文件夹即可。

（4） 选取当前窗口中所有的文件和文件夹

单击【编辑】|【全选】命令，或按组合键 Ctrl＋A 完成操作。

1.4.4 重命名文件和文件夹

【任务 4】将 D 盘中的文件夹“info”更名为“员工信息”，文件夹“data”更名为“社保资料”。

① 打开 D 盘，选中文件夹“info”。

② 单击【文件】|【重命名】命令，或对该文件单击鼠标右键，在弹出的快捷菜单中选择【重命名】命令。

③ 输入新名称“员工信息”，按 Enter 键完成更名操作。

④ 使用同样的方法将文件夹“data”更名为“社保资料”。

技巧点滴

选中要更名的文件或文件夹，按 F2 键也可进行重命名操作。

温馨提示

① 当文件处于打开状态时，不能对文件进行“重命名”操作。

② 文件重命名时，如果要更改文件的扩展名，那么在确认扩展名时可能会弹出提示对话框，如图 1-37 所示。一般来说，文件 的扩展名是不能随便更改的，因为它关联到对应的应用程序。

③ 扩展名用于标识文件的类型，如果隐藏了文件的扩展名，可以将其重新显示，设置方法为：在文件所在的窗口菜单中单击【工具】|【文件夹选项】命令，在【文件夹选项】对话框中单击【查看】标签，在【高级设置】列表中取消【隐藏已知文件类型的扩展名】复选框，如图 1-38 所示。

1.4.5 复制、移动、删除文件和文件夹

1. 复制/移动文件和文件夹

（1） 使用菜单命令的操作步骤如下：

① 选定要复制或移动的文件和文件夹。

② 若进行复制操作，选择【编辑】|【复制】（Ctrl＋C）命令，若要进行移动操作，则选择【编辑】|【剪切】（Ctrl＋X）命令。

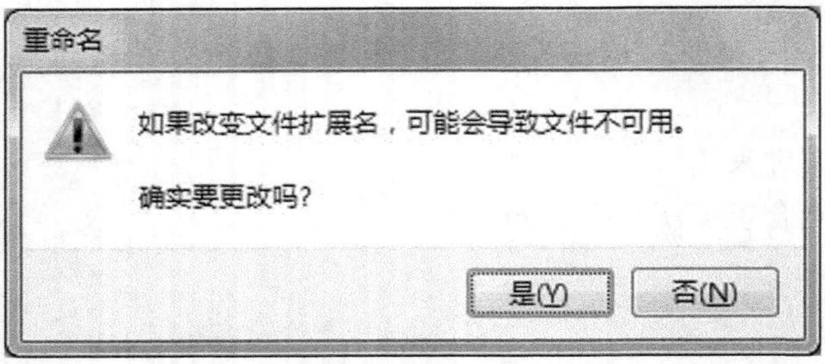

图 1-37　更改扩展名警告提示

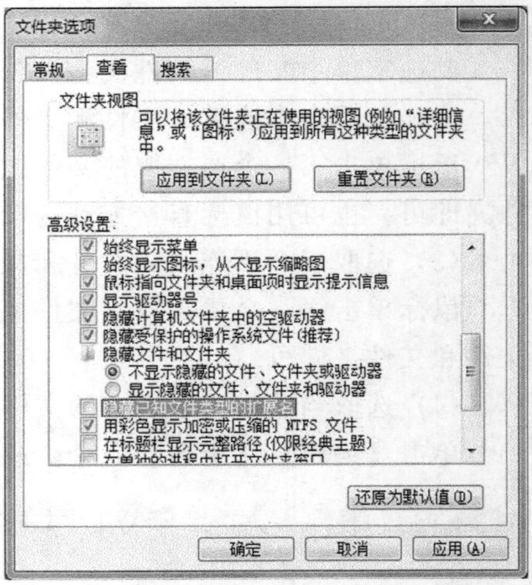

图 1-38　文件夹选项对话框

③ 选定目标位置。

④ 选择【编辑】|【粘贴】（Ctrl＋V）命令即可将选定的文件和文件夹复制或移动到目标位置。

（2）使用鼠标拖动

① 复制文件和文件夹。若被复制的文件和文件夹与目标位置不在同一驱动器，则用鼠标直接将其拖动到目标位置即可。否则，按住 Ctrl 键再拖动文件和文件夹到目标位置。

② 移动文件和文件夹。若被移动的文件和文件夹与目标位置在同一驱动器，则用鼠标直接将其拖动到目标位置即可。否则，按住 Shift 键再拖动文件和文件夹到目标位置。

（3）使用右键拖动

选取要操作的文件和文件夹，用鼠标右键将其拖动到目标位置，此时弹出如图 1-39 所示的快捷菜单，在菜单中根据需要选择【复制到当前位置】或【移动到当前位置】命令。

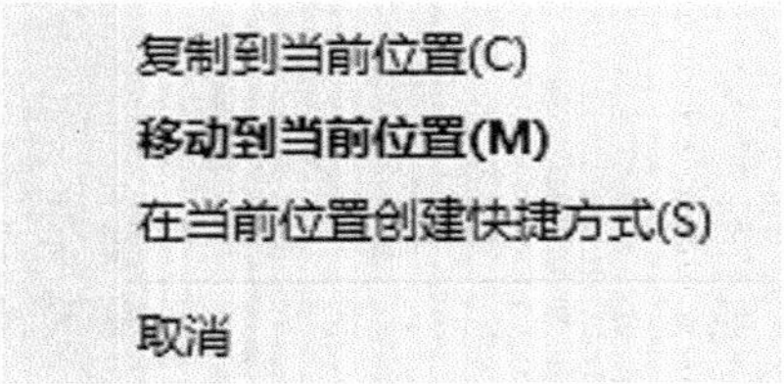

图 1-39　右键拖动后所示快捷菜单

【任务 5】将“营销中心员工信息 . xls”和“社保资料 . doc”两个文档复制到 U 盘中备份。

① 打开“员工信息”文件夹，右键单击“营销中心员工信息 . xls”文件，在弹出的快捷菜单中执行【复制】命令。

② 打开 U 盘，在窗口的空白处单击鼠标右键，在弹出的快捷菜单中执行【粘贴】命令即可。

③ 使用同样的方法，将“社保资料 . doc”文档复制到 U 盘中。

也可以直接在快捷菜单中单击【发送到】|【可移动磁盘】命令，将文档复制到 U 盘中。

2. 删除文件和文件夹

选取要删除的文件和文件夹后，使用下列方法将其删除：

① 用鼠标直接拖动到【回收站】图标即可。

② 直接按 Delete 键，弹出如图 1-40 的【删除文件】确认对话框，单击【是】按钮，即可将文件和文件夹放入回收站。

③ 选中某个文件或文件夹后，按 Shift＋Delete 组合键可以永久地删除该文件或文件夹，不放进回收站中，被删除的文件或文件夹也不能被还原。

图 1-40　删除文件确认对话框

温馨提示

在【回收站】中的文件没有从磁盘中永久删除，可以找回这些文件。

【任务 6】将误删除的文件“社保人员名单 . xls”从回收站中还原。

① 打开【回收站】窗口，选中要还原的文件“社保人员名单 . xls”。

② 单击窗口工具栏中的【还原此项目】按钮，即可将文件还原到删除之前的原始位置。

如果要清除回收站中的所有项目，可直接单击窗口工具栏中的【清空回收站】按钮，在弹出的确认删除对话框中单击【是】按钮即可。

温馨提示

不是所有被删除的文件或文件夹都能够被“还原”。一般来说，只有从硬盘中删除的对象才能被放入回收站中。以下几种情况是无法还原的。

①从可移动磁盘、软盘或网络驱动器中删除对象时，它们不是被放入回收站，而是直接被删除，是无法还原的。

②回收站使用的存储资源是硬盘。当回收站空间已满，系统将自动清除较早进入的对象，因此对于很久以前被删除的文件可能无法实现还原。

如果无法删除某个文件，则可能是当前运行的某个程序正在使用该文件。可尝试关闭该程序或重新启动计算机以解决该问题。

1.4.6　搜索文件和文件夹

搜索文件是按照文件的某种特征在计算机中查找相应的文件和文件夹，在 Windows7 中还可以搜索网络中的其他计算机。

【任务 7】在本机所有磁盘中搜索“社保附加说明 . doc”文档。

Windows7 提供了操作便捷、功能强大的搜索功能，一般可以用如下几种方法实现搜索操作：

① 单击【开始】按钮，在弹出的“开始”菜单中的“搜索程序和文件”文本框中输入要查找的文件或文件夹名称，此时在“开始”菜单上方会即时显示搜索结果。如果按 Enter

键，此时会打开搜索文件夹窗口并显示搜索结果，如图 1-41 所示。被搜索到的文件中与键入条件匹配的文件名字内容被强调显示。

图 1-41　搜索结果窗口

如果找不到匹配文件，则显示“没有与搜索条件匹配的项”。

② 可以按 Win＋F 组合键打开搜索框窗口，在该窗口的搜索栏中输入要搜索的内容即可。单击搜索栏之后，还可以设置更详细的搜索条件。

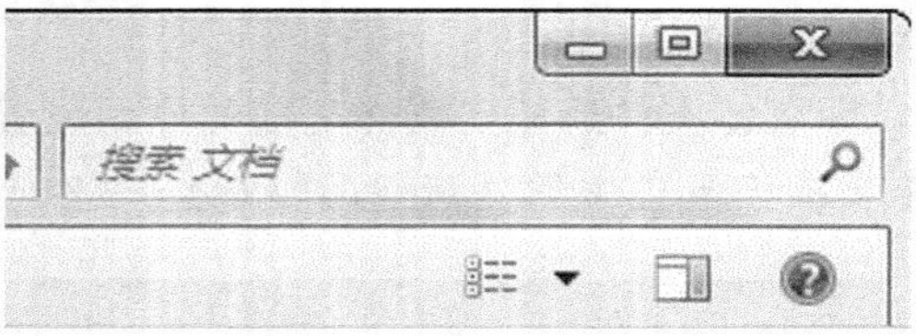

图 1-42　文档/库窗口的搜索框

③ 通常用户可能知道要查找的文件位于某个特定文件夹或库中，如文档或图片文件夹/库。也可以使用已打开窗口顶部的搜索框(图 1-42)，输入要搜索的内容进行搜索操作。

【任务 8】清理磁盘中所有扩展名为 tmp 的临时文件。

① 单击【开始】按钮，在弹出的“开始”菜单中的“搜索程序和文件”文本框中输入 *.tmp 后按回车，搜索结果如图 1-43。

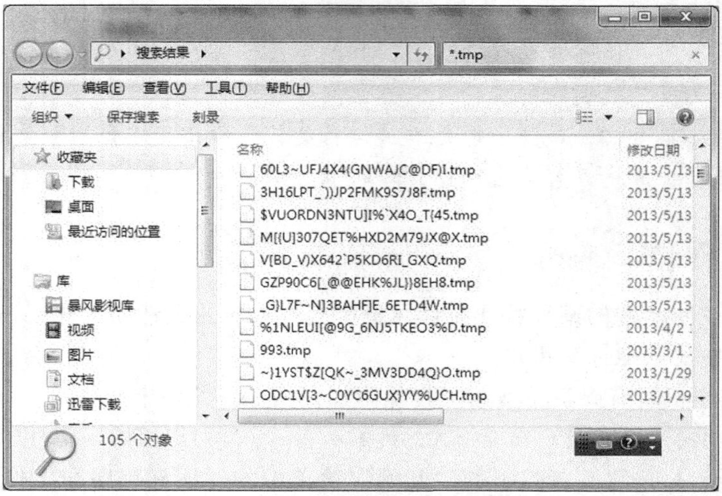

图 1-43　搜索 tmp 临时文件结果

② Ctr＋A 选中所有搜索出来的 tmp 文件，按 Delete 键删除。

温馨提示

在搜索文件时，文件名中可以使用通配符以表示某一类文件。通配符有两个，“*”和“?”，1个“*”可以代表文件名中若干个合法字符，1个“?”仅可以代表文件名中1个合法字符。例如，“*.tmp”就表示所有扩展名为 tmp 的文件，“a? .doc”就代表主文件名中有两个字符，其中第一个字符为 a 的 doc 文件。

1.4.7 加密文件和文件夹

加密是指将数据转换为其他人无法读取的格式。如果数据存储在硬盘上，用户可以使用 Windows7 中的加密文件系统（Encrypting File System，EFS）自动加密数据。加密文件系统（EFS）是 Windows 的一项功能，用于将信息以加密格式存储在硬盘上。加密是 Windows 所提供的保护信息安全的最强的保护措施。

温馨提示

用户只能在使用 NTFS 文件系统的卷上加密文件和文件夹。

【任务 9】将“社保资料”文件夹加密。

① 选中需要加密的“社保资料”文件夹，单击鼠标右键，在弹出的快捷菜单中选择【属性】命令。

② 在【常规】标签中单击【高级】按钮。

③ 打开【高级属性】对话框，选中【加密内容以便保护数据】复选框，然后依次单击【确定】按钮。

④ 在出现的如图 1-44 所示【确认属性更改】对话框中，执行下列步骤之一。

• 如果用户仅需要加密文件夹，则单击【将更改仅应用于该文件夹】单选项，然后单击【确定】按钮。

• 如果用户想加密文件夹和文件夹内容，则单击【将更改应用于该文件夹、子文件夹和文件】单选项，然后单击【确定】按钮。

EFS 加密的用户验证过程是在登录 Windows 时进行的，只要登录到 Windows，就可以打开任何一个被授权的加密文件。换句话说，EFS 加密系统对用户是透明的，如果你加密了一些数据，那么你对这些数据的访问将是完全被允许的，并不会受到任何限制。而其他非授权用户试图访问你加密过的数据时，就会收到“访问拒绝”的提示。例如，若非授权用户想打开一个加密文件夹中创建的 Microsoft Word 文档，将出现如图 1-45 所示的消息框。如果非授权用户想要删除该文件，将出现如图 1-46 所示的拒绝访问消息框。

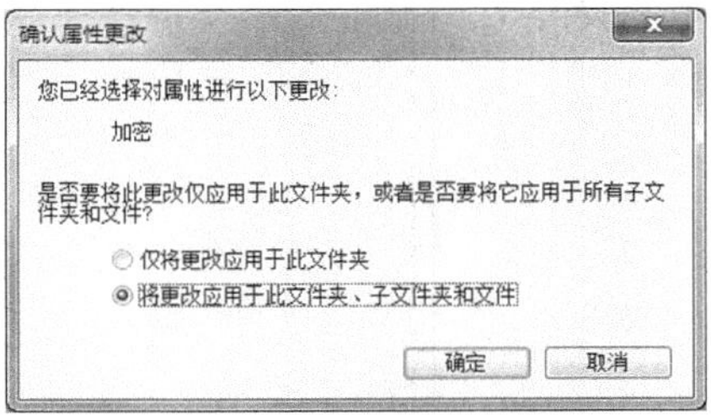

图 1-44　确认属性更改对话框

如果想取消文件或文件夹的加密状态，在【高级属性】对话框中，取消【加密内容以便保护数据】复选框，然后依次单击【确定】按钮即可。

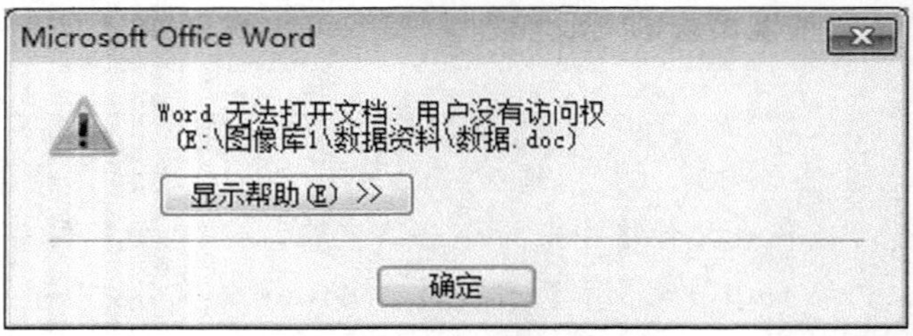

图 1-45　出错消息框

图 1-46　拒绝访问消息框

1.4.8　快捷方式和剪贴板

1. 创建快捷方式

小李在工作时，经常会查阅公司各部门的员工信息，如果每次都要到 D 盘的根目录中打开文件，他觉得非常麻烦，如何解决这个问题呢？

其实可以在桌面上为“员工信息”文件夹创建一个快捷方式，每次只要双击桌面上相应的快捷图标即可访问“员工信息”文件夹了。

【任务 10】在桌面上为“员工信息”文件夹创建一个快捷方式。

右键单击“员工信息”文件夹，在弹出的快捷菜单中选择【发送到】|【桌面快捷方式】命令（图 1-47），即可为选定的文件夹创建一个桌面快捷方式。

图 1-47　发送方式建立桌面快捷方式

温馨提示

通常，左下角带有小箭头的图标就是“快捷方式”。快捷方式是某个程序、文件或文件夹对象在快捷方式图标所在位置的一个映像文件，其扩展名为 lnk，占用很少的磁盘空间。它建立了与实际资源对象的链接，实际对象并不一定存放在快捷方式图标所在的位置。同样，删除快捷方式也只是删除了与实际对象的链接，并不能真正地删除对象。

2. 剪贴板

剪贴板是从一个地方复制或移动并打算在其他地方使用的信息的临时存储区域。可以选择文本或图形，然后使用“剪切”或“复制”命令将所选内容移至剪贴板，在使用“粘贴”命令将该内容插入到其他地方之前，它会一直存储在剪贴板中。例如，您可能要复制网站上的一部分文本，然后将其粘贴到电子邮件中。大多数 Windows 程序中都可以使用剪贴板。

在 Windows 中可以将整个桌面或当前窗口作为图片复制到剪贴板中，然后将剪贴板中的图片粘贴到图形处理程序中，以便裁剪、修改和使用；也可以直接粘贴到 Word、Excel 等文档中作为插图使用。

复制整个桌面图像到剪贴板的方法是：按 PrintScreen 键。

复制当前活动窗口图像到剪贴板的方法是：按 Alt＋PrintScreen 组合键。

【任务 11】将【控制面板】窗口复制到剪贴板中，并粘贴到【画图】程序中。

① 单击【开始】|【控制面板】命令，打开【控制面板】窗口。

② 按 Alt＋PrintScreen 组合键，将当前窗口复制到剪贴板中。

③ 单击【开始】|【所有程序】|【附件】|【画图】命令，打开【画图】窗口，执行 Ctrl＋V，将复制的图片粘贴到【画图】的程序窗口中，如图 1-48 所示。

图 1-48 复制当前窗口到画图程序

1.4.9 磁盘管理

1. 清理磁盘

计算机在使用一段时间后，在磁盘中会出现许多临时文件和缓冲文件，它们会占用大量的磁盘空间，影响计算机的性能。因此，计算机磁盘需要定期进行清理。使用 Windows7 自带的磁盘清理程序可以删除临时文件、缓冲文件，也可以压缩原有文件。

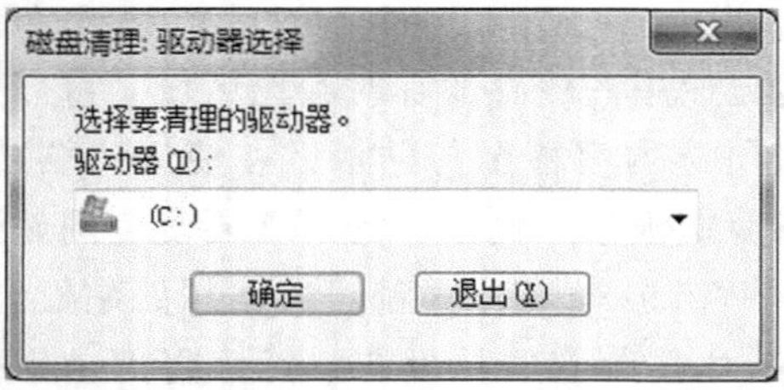

图 1-49　选择待清理驱动器

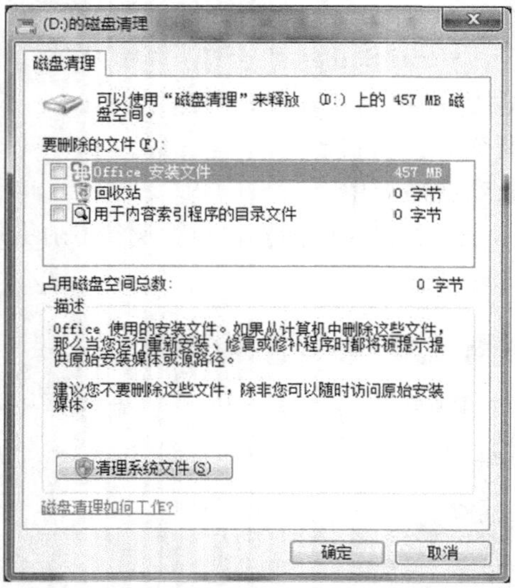

图 1-50　选择要清理的文件类型

【任务 12】清理磁盘 D。

① 单击【开始】|【所有程序】|【附件】|【系统工具】|【磁盘清理】命令。

② 打开【选择驱动器】对话框，在下拉列表中选择要进行清理的磁盘驱动器 D，如图 1-48 所示，单击【确定】按钮，弹出【磁盘清理】对话框。

③ 对话框中列出了可以删除的文件选项。在【要删除的文件】列表框中选中要删除文件前的复选框，单击【确定】按钮，如图 1-49 所示。弹出【磁盘清理】确认对话框，确定要删除则单击【确定】按钮即可。

2. 整理磁盘碎片

在使用磁盘的过程中，由于不断地添加、删除文件，磁盘中会形成一些地理位置不连续的文件——磁盘碎片，在读写文件时需要大量时间，从而影响计算机的运行速度。使用 Windows7 中的磁盘碎片整理程序可以分析磁盘上存储的所有数据、文件，将分散存放的文件和文件夹重新整理，从而提高文件的执行效率。

【任务 13】整理 D 盘中的磁盘碎片。

① 选择【开始】|【所有程序】|【附件】|【系统工具】|【磁盘碎片整理程序】命令。

② 打开【磁盘碎片整理程序】对话框，选择 D 盘，单击【分析磁盘】按钮，系统对 D 盘的空间占用情况进行分析。图 1-50 所示的窗口显示了碎片整理之前对磁盘空间使用情况的分析结果。不同的颜色代表不同的含义，系统根据分析结果，给出是否要进行磁盘碎片整理的建议。

③ 单击【磁盘碎片整理】按钮，即可开始整理磁盘碎片程序。

磁盘碎片整理需要花费较多时间，因此该项工作一般可放在计算机较空闲时进行，用户可以制定磁盘碎片整理的计划，让计算机根据计划自动进行碎片整理。具体方法为：在图 1-51 所示对话框中单击【配置计划】按钮，出现如图 1-52 所示的【磁盘碎片整理计划配置】对话框，可以设置碎片整理的频率、日期、时间和需要整理的磁盘。

图 1-51　磁盘碎片整理程序对话框

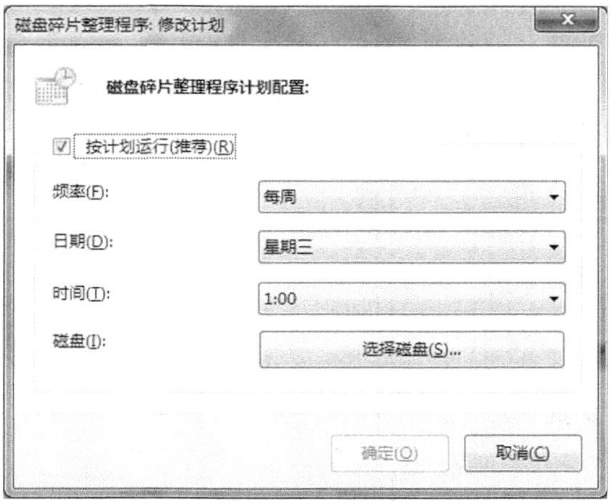

图 1-52　磁盘碎片整理计划配置对话框

1.4.10 案例小结

本章以任务驱动的方式，主要介绍了 Windows7 的基本操作，包括文件管理、磁盘管理，此外还介绍了快捷方式、剪贴板、资源搜索和回收站的使用。

学习 Windows 操作系统是操作计算机的起点，其中的文件管理是计算机最常用、最重要的操作。文件管理的关键是进行分类存放和备份。

对于文件管理的基本操作，主要包括以下内容：

① 创建文件夹，把不同的文件按类别分别存放到各个文件夹中，实现文件的“分类存放”。需要注意的是，通常不要在 C 盘（C 盘一般用于存放系统软件）中创建文件夹。

② 为文件或文件夹命名时，应尽量做到“见名知义”，能直接反映其中保存的内容；如果要对文件夹或文件更名，可使用【重命名】命令。

③ 对于重要的文件或文件夹要随时备份。可以把它们复制到其他磁盘中或上传到网络服务器中；如果文件的保存路径不对，应该将它们移动或复制到正确位置；当文件或文件夹已经没有任何用处了，应及时将它们删除。

④ 通过删除操作或定期清理回收站，及时清理计算机中的垃圾文件。但在删除文件或清理回收站时一定要慎重，以免将重要数据误删除。

⑤ 当硬盘中的数据被误删除后，可以到【回收站】中把被删除的文件“还原”到原来的位置。需要注意的是，从移动硬盘、U 盘、软盘或网络驱动器中删除数据时，它们不经过回收站，而是被直接永久删除，是不能被还原的。

⑥ 借助于剪贴板，可以把整个屏幕或当前活动窗口作为图片复制/粘贴到【画图】程序中，以供剪裁、修改和使用；也可以插入到 Word、Excel 等文档中。按 PrintScreen 键复制整个屏幕，按 Alt+PrintScreen 组合键复制当前活动窗口。

⑦ 如果需要频繁打开磁盘上的一个程序、文档或文件夹时，可以在桌面为它创建一个快捷方式，双击快捷方式即可进入它代表的对象。快捷方式是实际对象在桌面上的一个映射。

⑧ 使用 Windows 提供的搜索工具，可以按不同要求快速搜索文件或文件夹，此外还可以搜索计算机、网上邻居和 Internet 资源。

⑨ 对于计算机中一些重要的数据，可以使用 Windows 提供的 EFS（Encrypting File System）自动加密数据。

⑩ 计算机在使用一段时间后，在磁盘中会出现许多临时文件、缓冲文件和磁盘碎片，它们会影响计算机的访问速度和性能，可以定期进行磁盘清理和磁盘碎片整理，提高计算机的工作效率。

WindowsXP 将系统设置与管理功能集中在【控制面板】中。单击【开始】|【控制面板】命令，打开【控制面板】窗口，在该窗口中，双击某个图标可以进行相应的参数设置。

1.5 个性化 Windows7 定制案例分析

1.5.1 任务的提出

公司职员小赵配置了一台新电脑，在部门王老师的指导下已经可以完成 Windows 的基本操作。但是，随着操作的不断深入，小赵又遇到了许多新的问题。比如如何将桌面背景设置成自己喜欢的图片？如何设置显示器的显示属性？如何在计算机上安装第三方软件？如何为计算机添加新的硬件设备？如何设置输入法？如果多个用户共用一台计算机，如何对用户帐户进行管理？另外，对于一些小型的应用，如简单绘图、少量数据计算等，Windows 本身是否能提供应用程序？

1.5.2 解决方案

面对小赵遇到的新问题，王老师给他提出了如下方案：

① 使用 Windows7 的【控制面板】对计算机进行高级管理和设置，如用户帐户、网络和 Internet 连接、添加/删除程序、日期、时间和语言的设置等。

② 在 Windows7 的【附件】命令中集合了多个实用的小程序，比如画图、录音机、写字板、计算器、记事本等，使用它们可以快速实现常用操作。

1.5.3 相关知识点

1. 控制面板

用户可以使用【控制面板】更改 Windows 的设置。其几乎控制了有关 Windows 外观和工作方式的所有设置，并允许用户对 Windows 进行设置，使其适合用户需要。用户可以通过以下两种方法打开【控制面板】窗口。

① 通过【开始】按钮打开【控制面板】窗口。单击【开始】按钮，在弹出的【开始】菜单的右窗格中选择【控制面板命令】，打开【控制面板】窗口。

② 双击桌面上的【计算机】图标，在打开的【计算机】窗口中，单击工具栏中的【打开控制面板】按钮也可以打开【控制面板】窗口。

控制面板窗口（图 1-53）中显示了系统和安全、用户帐户、网络、外观和个性化、硬件和声音、时钟、语言和区域、程序、轻松访问等类别。用户可以通过单击不同的类别（如系统和安全、程序或轻松访问）并查看每个类别下列出的常用任务来浏览【控制面板】。或者在窗口右上方的【查看方式】下，单击【大图标】或【小图标】以查看所有【控制面板】项目的列表。

图 1-53　控制面板窗口

对于用户感兴趣的设置或要执行的任务项目，用户也可以通过在开始菜单的搜索框中输入相应单词或短语进行查找。例如，键入“声音”可查找与声卡、系统声音以及任务栏上音量图标的设置有关的特定任务。

2. 开始菜单和任务栏设置

用户可以控制要在【开始】菜单上显示的项目。例如，可以将喜欢的程序的图标附到【开始】菜单以便于访问，也可从列表中移除程序；还可以选择在开始菜单的右边窗格中隐藏或显示某些项目；可以将任务栏在不需要时自动隐藏，还可以定义任务栏通知区域的图标显示方式等。

3. 管理工具

管理工具是控制面板中的一个文件夹，它包含用于系统管理员和高级用户的工具。该文件夹中的很多工具是包含其自身的帮助主题的 Microsoft 管理控制台（MMC）管理单元。Microsoft 管理控制台（MMC）托管和显示由 Microsoft 和其他软件提供商创建的管理工具。这些工具称为管理单元，它们用于管理 Windows 的硬件、软件和网络组件。【控制面板】中【管理工具】文件夹内的几个工具（如计算机管理）就是 MMC 管理单元。

1.6 系统设置管理实现方法

1.6.1 设置任务栏和【开始】菜单

1. 设置任务栏

在使用计算机时，任务栏是最常使用的项目之一，可以通过设置任务栏方便地操作计算机。

【任务 1】将“腾讯 QQ”程序的快捷方式制作成任务栏中的快速启动按钮。

① 选定桌面上程序的快捷方式图标。

② 按住鼠标左键拖动“QQ”图标至任务栏中的空白位置，松开鼠标即可添加“QQ”程序图标按钮。

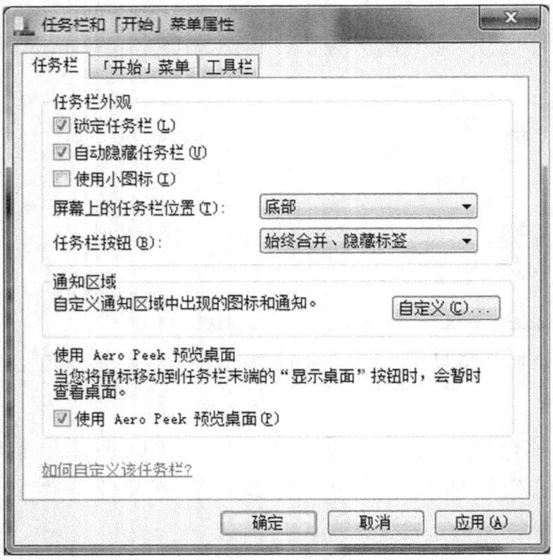

图 1-54 设置任务栏

【任务 2】在任务栏中将相似任务分组显示，并且在不使用任务栏时将其隐藏。

① 在任务栏的空白处单击鼠标右键，在弹出的快捷菜单中单击【属性】命令，打开【任务栏和「开始」菜单属性】对话框。

② 在【任务栏】标签中，单击选中【自动隐藏任务栏】，选择【任务栏按钮】下拉列表中的【始终合并、隐藏标签】，如图 1-54 所示。

2. 设置开始菜单

【开始】菜单可以使用户更易于查找常用的程序和文件夹。在【开始】菜单的列表中会存储最近打开的程序名，最近在开始菜单和任务栏中打开的项目也会被存储显示，以便让用户快速访问所需的程序和文档。如果不想让别人知道最近打开过哪些文档，可以将此列表清除。

（1）将程序图标锁定到【开始】菜单

如果定期使用程序，可以通过将程序图标锁定到【开始】菜单以创建程序的快速访问方式。锁定的程序图标将出现在【开始】菜单的左侧。具体方法为：

右键单击想要锁定到【开始】菜单的程序图标，然后单击【附到「开始」菜单】。如果要解锁程序图标，则用右键单击它，然后单击【从「开始」菜单解锁】。

如果需要更改【开始】菜单中项目的顺序，只需将程序图标拖动到列表中的新位置即可。

（2）从【开始】菜单删除程序图标

如果【开始】菜单中的程序图标不常使用，可将其从【开始】菜单中删除，具体方法为：

① 单击【开始】按钮。

② 右键单击要从【开始】菜单中删除的程序图标，然后单击【从列表中删除】。

程序图标从【开始】菜单中删除，仅表示该程序图标不在开始菜单中出现，但并不会将它从【所有程序】列表中删除或卸载了该程序。

(3) 清除【开始】菜单中最近打开的文件或程序

用户最近打开的文件或程序的名称会出现在开始菜单中，以方便用户访问，如果不想让别人知道最近打开过哪些文档和使用过哪些程序，可以清除它们，但清除【开始】菜单中最近打开的文件或程序并不是将它们从计算机中删除。具体步骤为：

① 右键单击【开始】按钮，选择所显示快捷菜单中的【属性】，打开如图 1-55 的【任务栏和「开始」菜单属性】对话框。

② 单击【「开始」菜单】选项卡。若要清除最近打开的程序，单击清除【存储并显示最近在「开始」菜单中打开的程序】复选框。若要清除最近打开的文件，单击清除【存储并显示最近在「开始」菜单和任务栏中打开的项目】复选框，然后单击【确定】按钮。

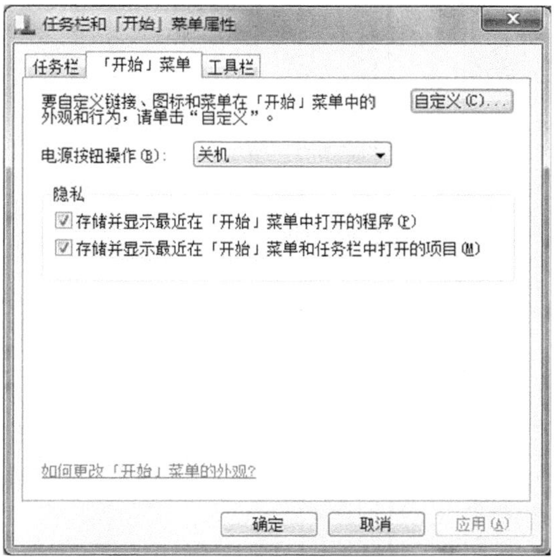

图 1-55　任务栏和「开始」菜单属性对话框

(4) 自定义【开始】菜单的右窗格

可以添加或删除出现在【开始】菜单右侧的项目，如计算机、控制面板和图片。还可以更改一些项目，以使它们显示为链接或菜单。

① 右键单击【开始】按钮，选择所显示快捷菜单中的【属性】，打开如图 1-54 的【任务栏和「开始」菜单属性】对话框。

② 单击【「开始」菜单】选项卡，然后单击对话框中的【自定义】按钮，打开如图 1-55 所示的【自定义「开始」菜单】对话框。

③ 在【自定义「开始」菜单】对话框中，从列表中选择所需选项，单击【确定】，然后再次单击【确定】(图 1-56)。

1.6.2 设置 Windows7 外观和主题

Windows7 的绚丽界面让人赏心悦目，并且允许每个用户为自己设置不同的个性化桌面风格，包括添加桌面背景、设置桌面保护程序、设置窗口颜色和设置声音等。用鼠标右击桌面空白处，在弹出的快捷菜单中选择【个性化】命令，打开如图 1-57 的 Windows7【个性化】窗口。

1. 设置桌面背景

在图 1-57 所示【个性化】窗口中单击【桌面背景】，在打开的如图 1-58 所示对话框中选择所需要的背景即可。选择背景图片过程中，可以即时预览效果，也可以单击对话框中的【浏览】按钮选择磁盘上的文件夹，并将其中的图片作为背景。背景图片显示位置有“填

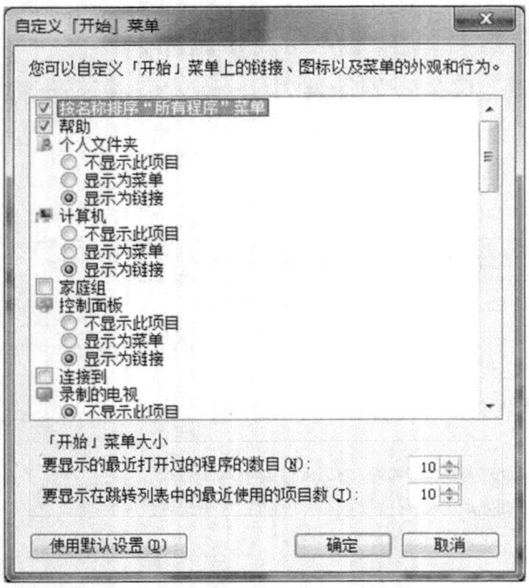

图 1-56 自定义开始菜单对话框

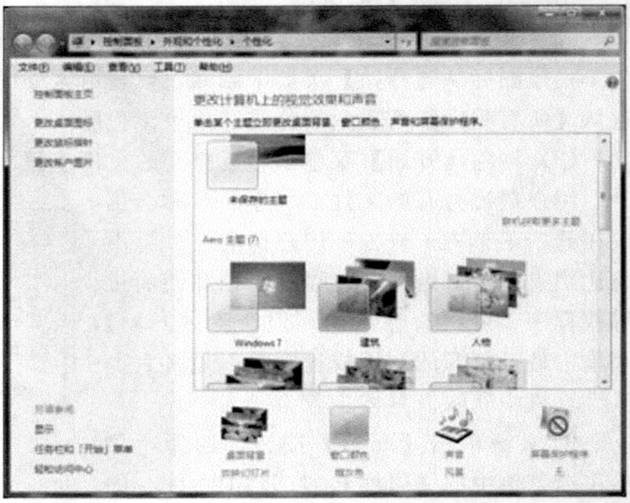

图 1-57 Windows7“个性化”窗口

充”、“适应”、“拉伸”、“平铺”和“居中”5 种。Windows7 支持多图片切换背景，用户只需单击勾选图片左上角的复选框，则可以选择多幅图片作为背景，而且还可以设置图片自动更换时间。

图 1-58 选择桌面背景对话框

2. 设置屏幕保护程序

屏幕保护程序可以避免计算机长时间固定显示某一画面而缩短显示器使用寿命，当计算机连续空闲时间达到了启动屏幕保护程序所设定的时间时，系统将自动运行屏幕保护程序。屏幕保护程序的画面可以是静态或动态的文字、图形或图像等。当用户再次有按键或移动鼠标等操作时，屏幕保护程序才会终止。屏幕保护程序还可以防止用户离开计算机的过程中他人查看计算机屏幕上的信息。

图 1-59　屏幕保护程序设置对话框

用户设置屏幕保护程序的操作如下：

① 在图 1-57 所示的【个性化】窗口中单击【屏幕保护程序】，出现如图 1-59 所示的【屏幕保护程序】设置对话框。

② 在【屏幕保护程序】下拉列表中选择一个屏幕保护程序。

③ 单击【设置】按钮对程序的动态效果参数进行设置，单击【预览】按钮可以预览屏幕保护程序效果。

④ 单击勾选【在恢复时显示登录屏幕】复选框。这样当运行屏幕保护程序后，系统将自动被锁定，只有使用用户密码才能解决锁定。

⑤ 单击【确定】按钮，完成设置。

温馨提示

屏幕保护开始运行后，如没有设置密码，则按键盘任意键或移动一下鼠标即可解除屏幕保护，此时移动鼠标或按 Ctrl 键最为安全，而按 Enter、Esc 或 Alt 键有可能会触发某些应用程序而导致误操作，但 Ctrl 键不会影响任何应用程序。

1.6.3　设置日期/时间

在默认状态下，Windows7 系统的时间显示在任务栏右侧的系统提示区中。系统时间值可以通过手动操作调整，也可以连接到 Internet 上，借助互联网的时间服务器更新计算机的时间。手动调整系统时间方法如下：

① 单击任务栏右端的时间区，在打开的如图 1-60 所示“日期和时间”窗口中，单击【更改日期和时间设置】超链接。

② 在打开的如图 1-61 所示【日期和时间】对话框，单击该对话框【日期和时间】标签中的【更改日期和时间】按钮，打开如图 1-62 所示的【日期和时间设置】对话框，在其中可以重新设置系统日期和时间。

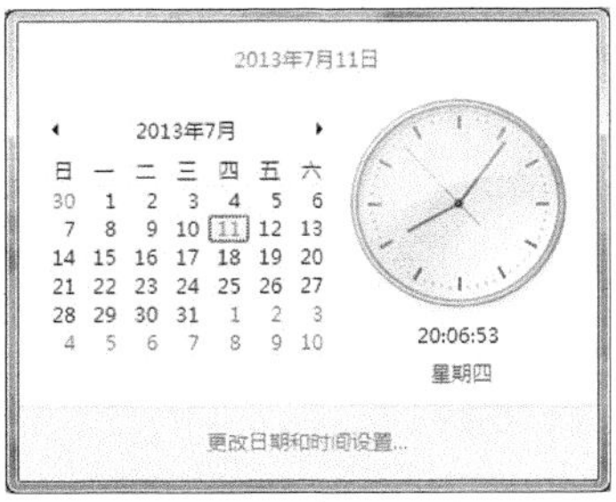

图 1-60　日期时间窗口

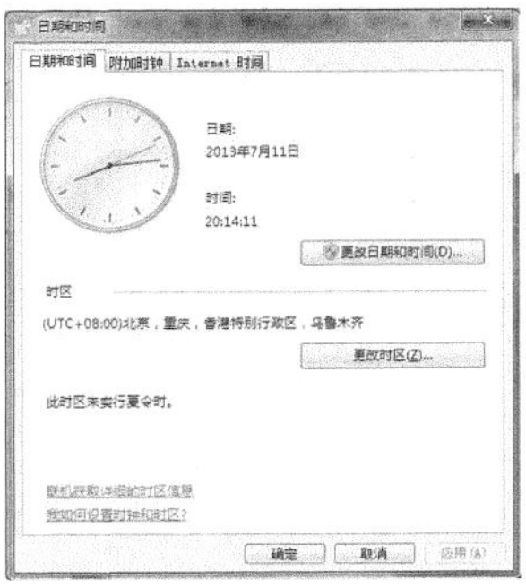
图 1-61　日期时间对话框

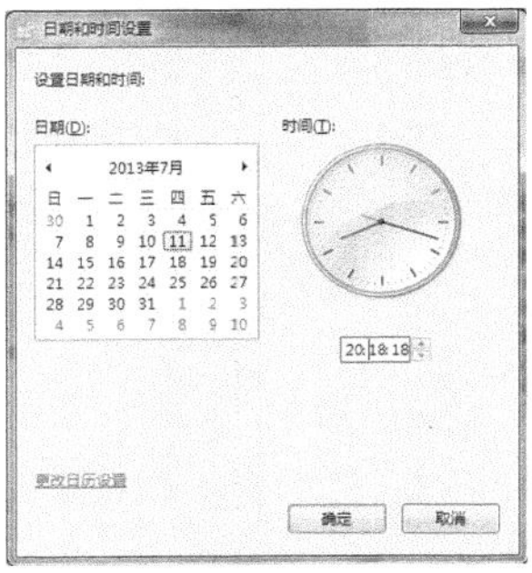
图 1-62　日期时间设置对话框

③ 单击【确定】按钮，保存调整后的日期和时间。

1.6.4 设置鼠标

1. 设置键盘

在【控制面板】窗口的“小图标”视图中，单击【键盘】项目，打开【键盘属性】对话框，如图 1-63 所示。

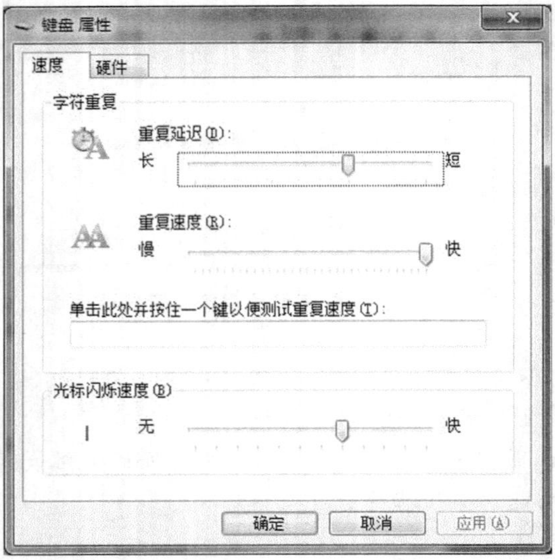

图 1-63 键盘属性对话框

① 单击【速度】标签，可以通过拖动滑块，分别改变键盘的响应速度。

② 重复延迟表示按下一个键后多长时间等同于再次按了该键。

③ 重复速度表示长时间按住一个键后重复录入该字符的速度。

④ 光标闪烁速度可以改变光标显示的快慢。

⑤ 单击【硬件】标签，可以显示键盘的信息和驱动程序等。

2. 设置鼠标

在【控制面板】窗口的【小图标】视图中，单击【鼠标】命令，打开【鼠标属性】对话框，如图 1-64 所示。

图 1-64 鼠标属性对话框

① 单击【按钮】标签，设置使用鼠标的左、右手习惯，还可以通过拖动滑块改变鼠标双击的时间间隔，并在右侧的“文件夹图标”上进行测试。

② 单击【指针】标签可以更改鼠标指针形状方案。

③ 单击【指针选项】标签，可以设置指针移动的速度和精度，设置是否显示鼠标移动的轨迹等。

④ 单击【滑轮】标签，可以设置滚动滑轮一个齿格时，屏幕垂直滚动的行数和水平滚动的字符数。

1.6.5　创建用户帐户

用户帐户是通知 Windows 用户可以访问哪些文件和文件夹，可以对计算机和个人首选项（如桌面背景或屏幕保护程序）进行哪些更改的信息集合。通过用户帐户，用户可以在拥有自己的文件和设置的情况下与多个人共享计算机。每个人都可以使用用户名和密码访问自己的用户帐户。

有三种类型的帐户，每种类型为用户提供不同的计算机控制级别。

- 标准帐户：适用于日常的一般应用。
- 管理员帐户：可以对计算机进行最高级别的控制，但应该只在必要时才使用。
- 来宾帐户：主要针对需要临时使用计算机的用户。

创建用户帐户的过程如下：

① 打开【控制面板】窗口，在“类别”视图下单击【添加或删除用户帐户】项目，打开如图 1-65 所示的【管理帐户】窗口，单击其左下角的【创建一个新帐户】命令，打开如图 1-66 所示的对话框。

② 在文本框中输入新帐户的名称，如“Dian”。

③ 选择帐户类型（默认为“标准用户”类型），然后单击“创建帐户”按钮。

在如图 1-65 所示的【管理帐户】窗口中单击刚创建的帐户 Dian，找开如图 1-67 所示的“更改帐户”窗口，在该窗口的左侧提供了更改帐户名称、创建帐户密码、更改帐户类型、删除帐户等操作命令，用于对所选择帐户进行管理。图 1-68 为创建帐户密码窗口。

图 1-65　管理帐户窗口

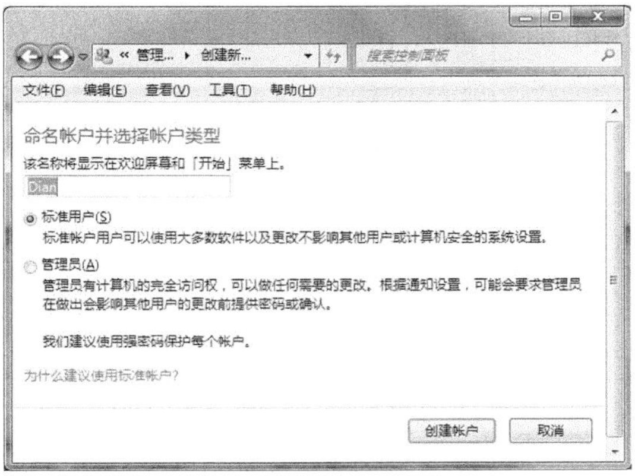

图 1-66　创建帐户

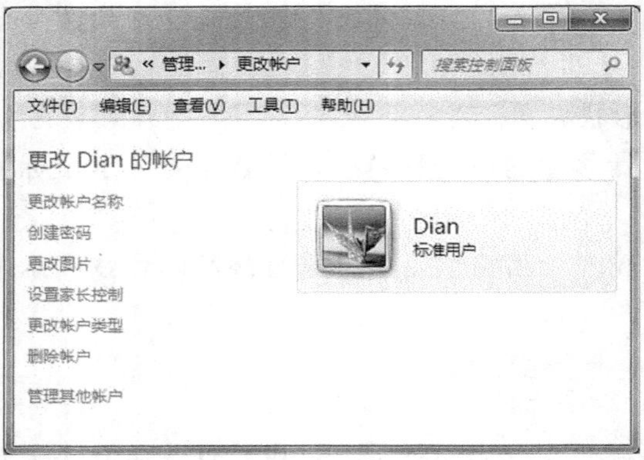

图 1-67 更改帐户窗口

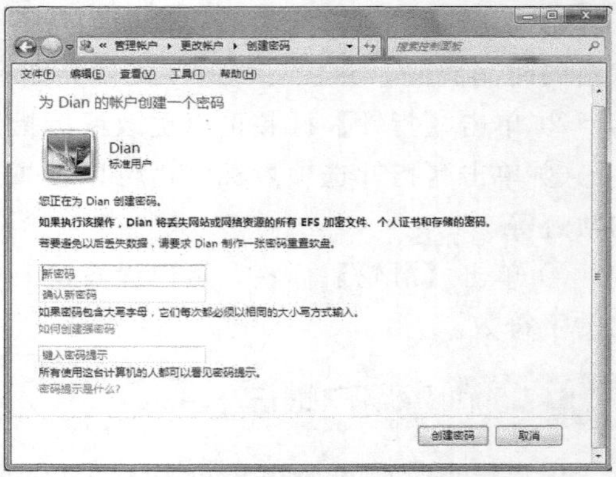

图 1-68 创建帐户密码

见多识广

计算机管理员能够访问所有的文件，能够创建、更改、删除用户帐户，能够安装、删除程序等。受限帐户只能被允许访问自己帐户范围内的文件，另外受限帐户用户在安装新软件时，可能因为不具备相应的权限而无法完成操作。

1.6.6 更改计算机名称

每台计算机都有一个名称，它是在安装 Windows7 时设定的。计算机的名称对于家庭计算机用户来说用处不是很大。但是，在一个企业网络中，可以通过计算机名称访问网络的共享资源。

为计算机更改名称的操作如下：

① 右键单击桌面上的【计算机】图标，在弹出的快捷菜单中单击【属性】命令，打开【系统】窗口，如图 1-69（左）所示，单击其中的【高级属性设置】，在出现的系统属性对话框中选择【计算机名】标签，如图 1-69（右）所示。

② 在【计算机描述】文本框中输入新的计算机名称，如“MRPC”，最后单击【确定】按钮即可完成计算机的更名操作。

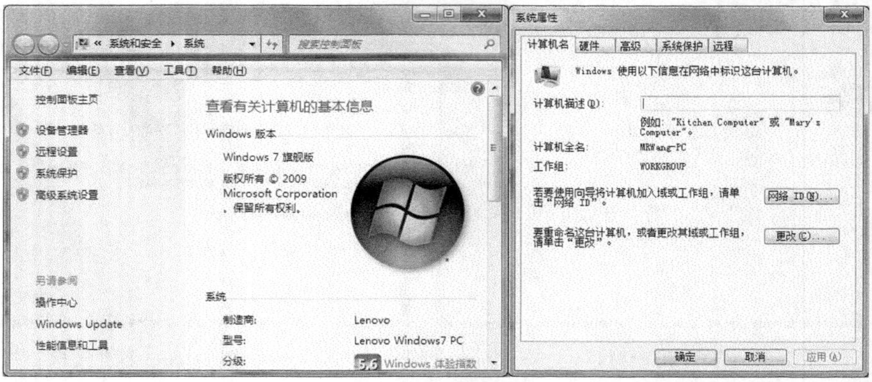

图 1-69 更改计算机名

温馨提示

计算机名称由长度不超过 15 个字符的字母、数字和“—”构成。更名后，只有重新启动计算机，新的计算机名才能起作用。

1.6.7 安装打印机

Windows7 几乎支持所有厂商生产的不同类型的打印机。使用打印机之前，需要将打印机连接到计算机上，并安装相应的打印机驱动程序。安装打印机包括安装本地打印机和安装网络打印机。本书以安装本地打印机为例进行具体介绍。

在连接打印机之前，首先把计算机关掉。打印机一般有两根线，一根是电源线，用于插到电源插座上，另一根线与计算机相连。现在的打印机数据线常用 USB 接口。USB 接口支持热插拔，所以连接时可不必关闭计算机，而将打印机的 USB 插头与主机的 USB 插口直接连接即可。

当连接好打印机，并打开打印机电源后，如果在任务栏右端的【系统提示区】显示“发现新硬件”，此时系统在驱动程序库中搜索相匹配的打印机驱动程序，自行完成安装。如果 Windows 没有提示找到打印机，那就必须先检查连接是否正确，打印机的电源是否打开，然后按下面的步骤手动安装打印机。

① 选择【开始】|【设备和打印机】命令，打开【设备和打印机】窗口。

② 单击工具栏中的【添加打印机】按钮，弹出【添加打印机向导】对话框，单击【添加本地打印机】项。

③ 选择打印机端口，注意所选择的端口必须与连接打印机的端口一致，否则打印机将无法工作。如果是非 USB 接口的较旧的打印机，一般选择“LPT1（推荐的打印机端口）”即可，如图 1-70 所示，选择完成后单击【下一步】按钮。

④ 选择打印机型号。从【厂商】列表中选择打印机的生产厂商［如“HP”（惠普）］，并从【打印机】型号列表中选择该打印机的型号［如“HP LaserJet 6L”］，如图 1-71 所示。

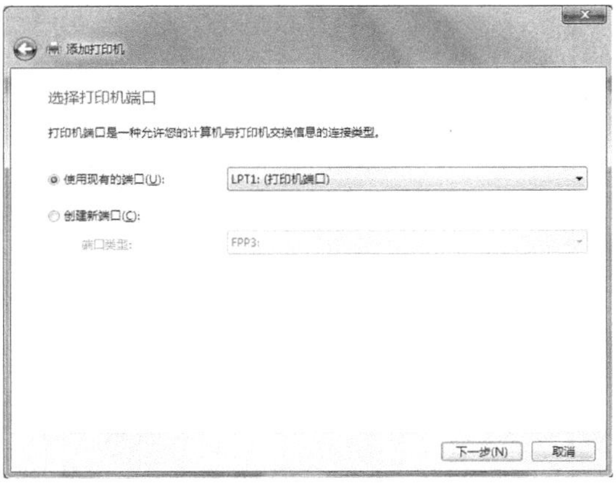

图 1-70　选择打印机端口

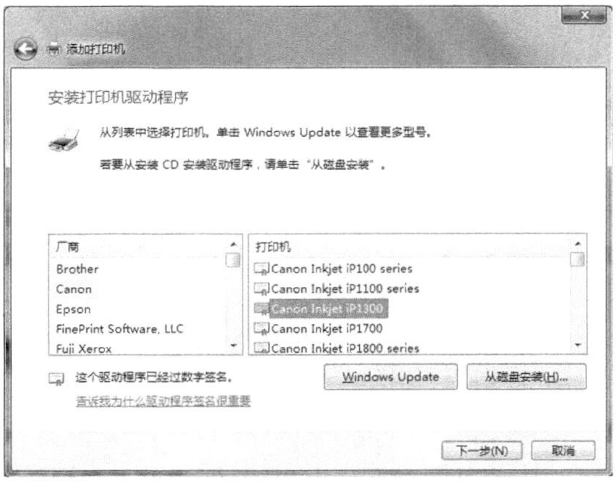

图 1-71　指定打印机型号

⑤ 单击【从磁盘安装】按钮，按照安装向导的提示继续完成后续的驱动程序安装过程。

⑥ 打印机安装完成后，打印机的图标会出现在【打印机和传真】窗口中。

1.6.8 打开或关闭 Windows 功能

Windows 附带的某些程序和功能（如 Internet 信息服务）必须打开才能使用。某些其他功能默认情况下是打开的，但可以在不使用它们时将其关闭。在 Windows 的早期版本中，若要关闭某个功能，必须从计算机上将其完全卸载。而在 Windows7 中，这些功能仍存储在硬盘上，以便在需要时可以重新打开它们。关闭某个功能不会将其卸载，并且不会减少 Windows 功能使用的硬盘空间量。

打开或关闭 Windows 功能的操作步骤如下：

① 依次单击【开始】按钮、【控制面板】、【程序】和【打开或关闭 Windows 功能】。显示如图 1-72 所示的“打开或关闭 Windows 功能”窗口。如果系统提示需要输入管理员密码或进行确认，则应该键入用户密码或提供确认。

② 若要打开某个 Windows 功能，需单击勾选该功能前的复选框。若要关闭某个 Windows 功能，则单击清除该复选框。最后单击【确定】。

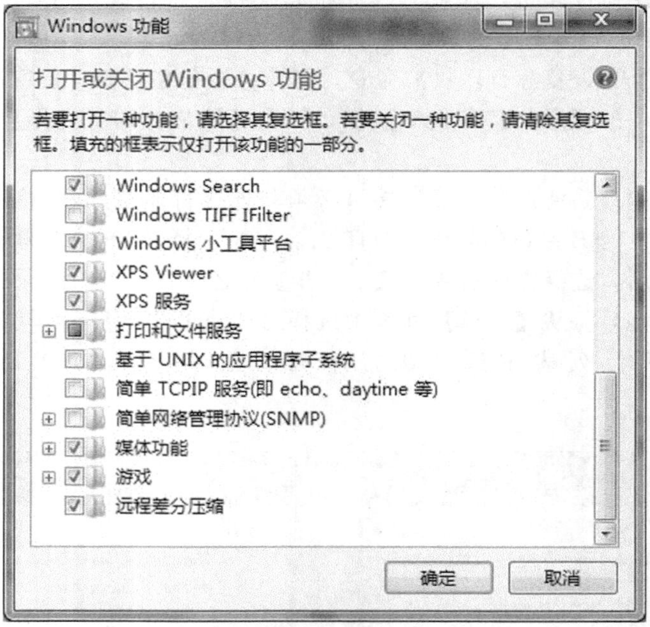

图 1-72　打开或关闭 Windows 功能

1.6.9 输入法的安装和设置

中文版 Windows7 提供了多种中文输入法，比如“微软拼音”、“郑码”、“智能 ABC”等。在使用过程中，可以根据需求添加或删除输入法，也可以设置中文输入法的快捷键。

【任务 3】安装“中文（简体）-郑码”输入法。

① 在【控制面板】窗口【小图标】浏览视图中，单击【区域和语言设置】项。在打开的窗口中，单击【键盘和语言】标签中的【更改键盘】按钮，打开如图 1-73 所示的【文本

服务和输入语言】对话框。

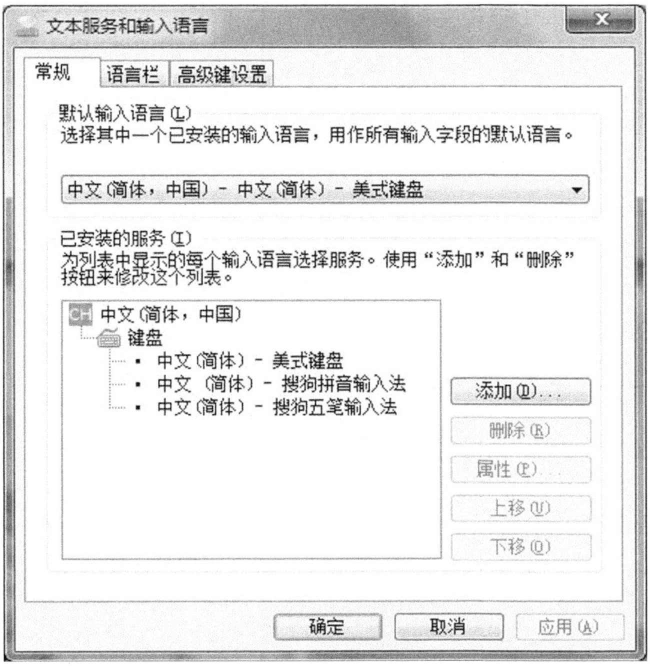

图 1-73 文本服务和输入语言对话框

② 单击【添加】按钮，打开如图 1-74 的【添加输入语言】对话框，在其中单击勾选所需要的输入法，然后单击【确定】按钮。

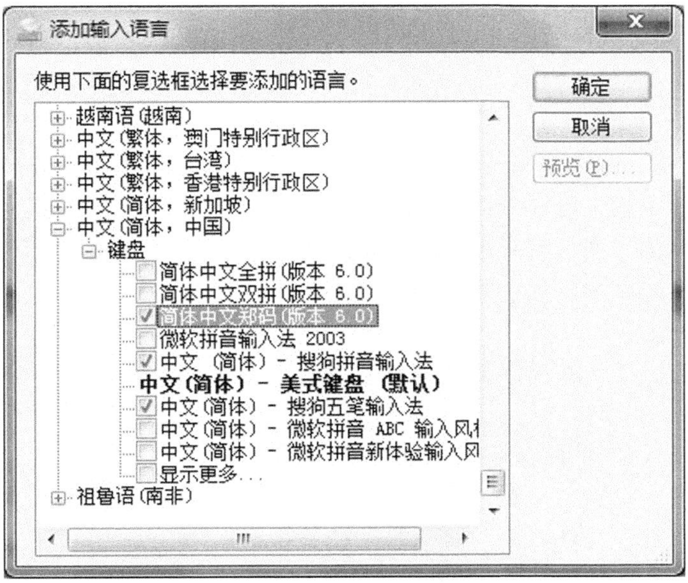

图 1-74 添加输入语言对话框

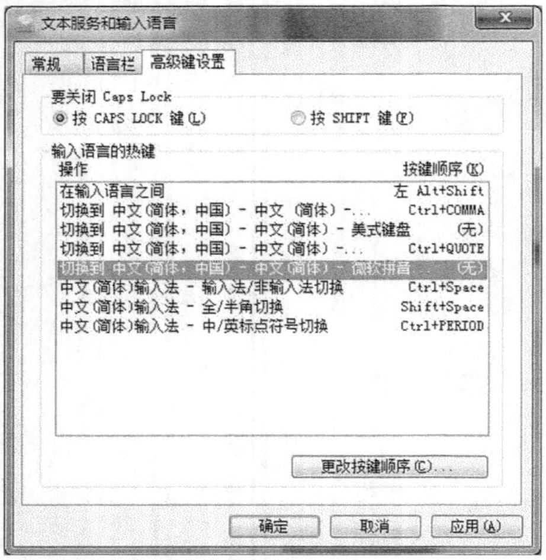

图 1-75　文本服务和输入语言对话框

如果要删除某种输入法，在图 1-73【文本服务和输入语言】对话框的【已安装的服务】列表中选中要删除的输入法，单击【删除】按钮即可。

【任务 4】为“中文（简体）-智能 ABC”设置切换的快捷键。

① 在图 1-73 所示的【文本服务和输入语言】对话框中，单击【高级键设置】标签。

② 在对话框的【输入语言的热键】列表中选择“中文（简体）-智能 ABC”，如图 1-75 所示。单击【更改按键顺序】按钮，打开【更改按键顺序】对话框。

③ 在对话框中选择【启用按键顺序】复选框，然后选中【左手 Alt】单选项，并在下拉列表框中选择“1”，如图 1-76 所示，最后单击【确定】按钮。以后，按左边的 Alt＋Shift＋1 组合键即可切换到智能 ABC 输入法。

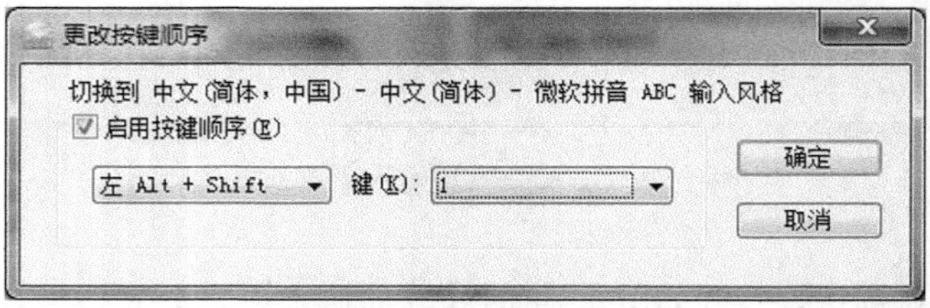

图 1-76　更改按键顺序对话框

1.6.10　附件程序的应用

1. 记事本

记事本是用来加工处理纯文本文件的工具。在记事本中，不能使用文字的字体、字形，不能插入图形、图像，只能输入文本。它只能用于编辑纯文本格式的文件，如批处理文件、源程序代码、网页文件等。

【任务 5】使用记事本编辑一段文字，并以“练习”为文件名保存在 D 盘中。

① 单击【开始】|【所有程序】|【附件】|【记事本】命令，打开【记事本】窗口。

②在窗口中录入如图 1-77 所示的文字内容。单击【文件】|【保存】命令，在打开的【另存为】对话框中，选择保存路径为 D 盘，文件名为“练习”，文件类型为“txt”。设置完成后，单击【保存】按钮。

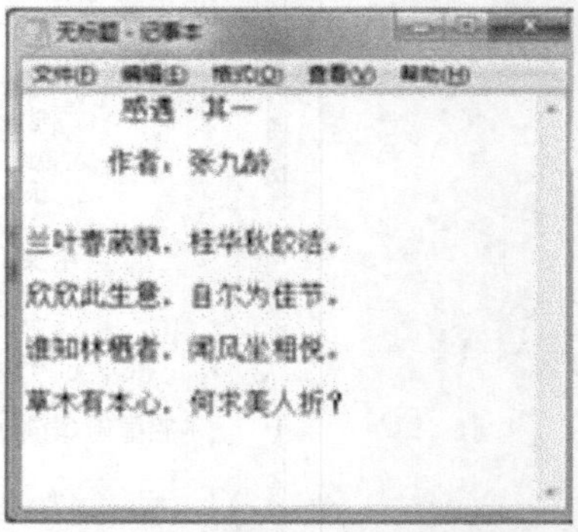

图 1-77　记事本录入练习

2. 画图

Windows7 系统中的【画图】程序是一个绘图工具，它提供了完整的绘图工具和选择颜色的调色板。使用【画图】程序，可以创建简单的图形，也可以在图中添加文字。

【任务 6】使用【画图】程序绘制月牙儿。

① 单击【开始】|【所有程序】|【附件】|【画图】命令，打开【画图】窗口。

② 绘图和涂色工具位于窗口顶部的功能区中。

③ 在【颜色】中将颜色 1 和颜色 2 都选为“黄色”，在【形状】中单击【椭圆】图标，并选择纯色填充形式。然后在绘图区拖动鼠标指针同时按住 Shift 键，即可绘制出一个黄色的正圆，如图 1-78 所示。

④ 按第③步再画一个“白色”圆，并且用该圆覆盖第一个黄色的圆，直到留下黄色的月牙儿让你满意为止，如图 1-79 所示。

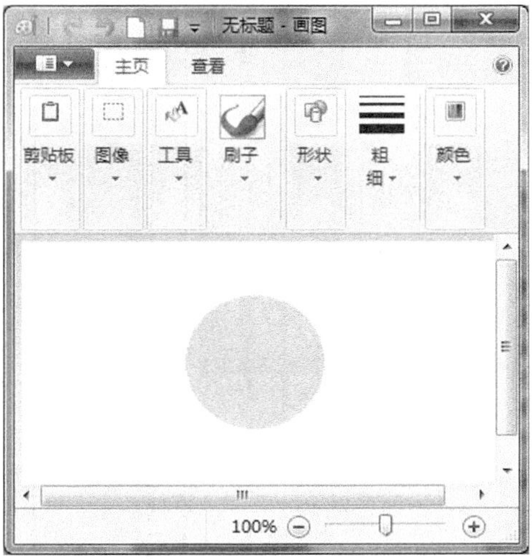

图 1-78　绘制黄色正圆

图 1-79　绘制月牙

⑤ 在工具箱中单击【文字】图标，按住鼠标左键，在绘图区拖出一个矩形文本框。在【颜色】选择“黑色”，然后在文本框中输入文字“弯弯的月亮”，最后调整文字的字形和字号，效果如图 1-79 所示。

⑥ 保存文件。

3. 计算器

计算器是 Windows7 在附件中的一个计算工具，它可以代替日常生活中的计算器。它不仅可以用于基本的算术计算，同时还可以进行高级的科学计算和统计计算。

单击【开始】|【所有程序】|【附件】|【计算器】命令，即可打开如图 1-80 所示的标准型计算器界面。Windows7 的计算器程序提供了“标准型”、“科学型”、“统计信息型”、“程序员型”4 种界面，

图 1-80　标准型界面

如图 1-80～图 1-83 所示，用户可根据工作需要进行选择，如单击【查看】|【科学型】命令，可以将计算器切换到如图 1-81 所示的科学型计算器界面。

例如，在“程序员型”计算器界面中键入十进制整数 896，再单击【八进制】单选按钮，可得到 896 的八进制数值为 1600。

图 1-81　科学型界面

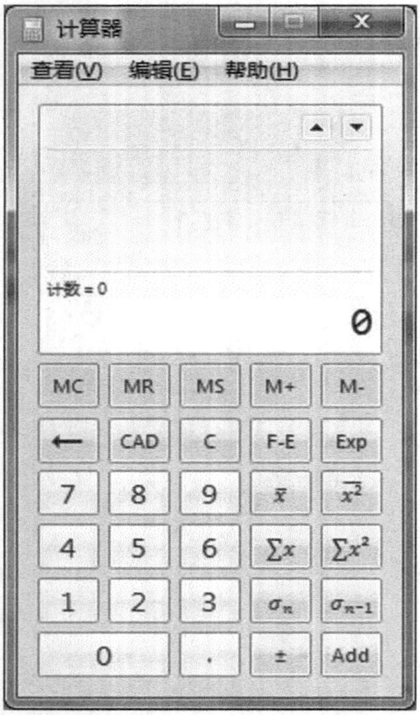

图 1-82　统计信息型界面

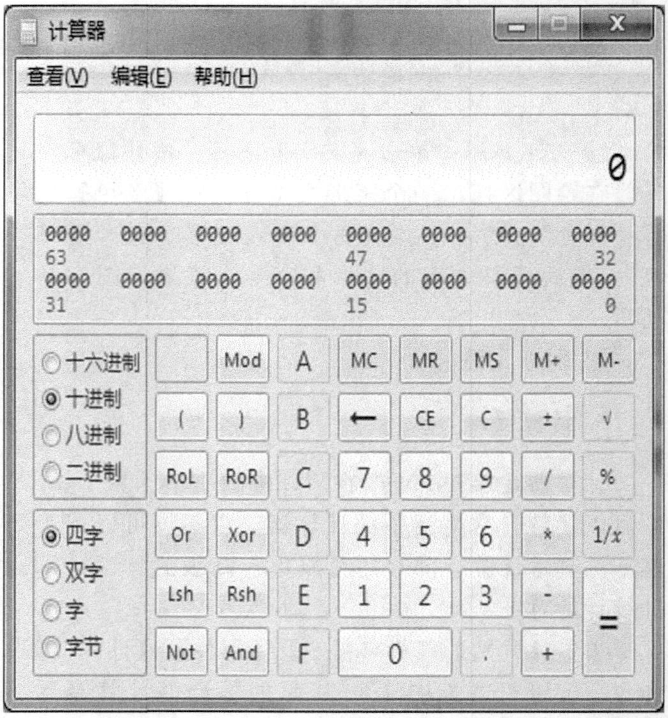

图 1-83　程序员型界面

1.6.11 案例小结

本章以 Windows7 操作系统为例，重点学习了操作系统的使用。通过本章的学习，要熟练掌握使用【控制面板】进行系统设置和管理的方法，能够独立解决操作中的问题；此外还讲解了 Windows7 自带的一些实用工具的使用方法。

1.7 习题

1.7.1 理论练习

1. 单选题

(1) Windows7 的文件夹系统采用的结构是________。

A. 树型结构　　B. 层次结构

C. 网状结构　　D. 嵌套结构

(2) 在“资源管理器”窗口中选定多个不连续的文件要使用________。

A. Shift+Alt 组合键　　B. Shift 键

C. Ctrl 键　　D. Ctrl+Alt 组合键

(3) 在 Windows 下，当一个应用程序窗口被最小化后，该应用程序________。

A. 终止运行　　B. 暂停运行

C. 继续在后台运行　　D. 继续在前台运行

(4) 下列关于快捷方式的叙述中，错误的是________。

A. 快捷方式是指向一个程序或文档的指针

B. 在完成某个操作任务的时候使用快捷方式可以节省时间

C. 快捷方式包含了指向对象的信息

D. 快捷方式被删除后，其指向的程序或文档也会被删除

(5) 下列关于 Windows7 文件名的说法中，不正确的是________。

A. Windows7 文件名可以用汉字

B. Windows7 文件名可以用空格

C. Windows7 文件名可以没有扩展名

D. Windows7 文件名可用各种标点符号

(6) Windows7 的菜单命令项后带有“…”，表示________。

A. 它有下级菜单　　B. 选择该命令可打开对话框

C. 文字太长，没有全部显示　　D. 暂时不可用

(7) 在 Windows7 的“回收站”中，存放的________。

A. 只是硬盘上被删除的文件或文件夹

B. 只能是 U 盘上被删除的文件或文件夹

C. 可以是硬盘或 U 盘上被删除的文件或文件夹

D. 可以是所有外存储器上被删除的文件或文件夹

2. 填空题

(1) 要在应用程序窗口之间进行切换，可以按____________组合键和____________组合键，后一种可以实现窗口之间的三维效果切换。

(2) 在“资源管理器”中，选择硬盘上的某一文件后，按 Delete 键，文件进入________。

(3) Windows7 中，选定多个不连续文件的操作是：单击第一个文件，然后按________键的同时，单击其他待选定的文件。

(4) 在 Windows7 中，启动/关闭汉字输入法的功能键是________。

(5) 扩展名是 bmp 的文件所代表的文件类型是________。

(6) 用 Windows7 的“记事本”所创建的文件的扩展名是________。

(7) 在 Windows7 中，“回收站”是________中的一块区域。

(8) 在 Windows7 中，为了弹出【显示属性】对话框，应用鼠标右键单击桌面空白处，然后在弹出的快捷菜单中选择________。

3. 简答题

(1) 在 Windows7 中，文件的查看方式有哪几种？各自的特点是什么？

(2) 如何把文件设置为隐藏？如何查看隐藏文件？

1.7.2 上机操作

1. 在 D 盘根目录下创建一个新的文件夹，并以自己的姓名命名。然后在该文件夹中新建两个子文件夹，分别命名为“01”和“02”。

2. 在 D 盘根目录下新建两个不同类型的文件，分别是文本文件“a1. txt”和 Word 文档文件“a2. doc”。

3. 将屏幕上的所有窗口都最小化，然后对当前桌面进行全屏抓图。

4. 打开“画图”程序，将抓取的桌面粘贴到“画图”窗口中，并在右下角输入自己的姓名和学号，将文件以“a3. bmp”为名保存在 D 盘根目录下，完成后关闭“画图”程序。

5. 打开名称为“a2. doc”的 Word 文档，在该文件中输入一首唐诗“望庐山瀑布”，输入完毕后保存并关闭该文件。

6. 将“a1. txt”和“a2. doc”移动到“01”的文件夹中。

7. 将“01”文件夹改名为“文学”，将此文件夹中的文件“a1. txt”改名为“a1. htm”，文件“a2. doc”改名为“唐诗 _ 望庐山瀑布 . doc”。

8. 将 D 盘根目录下的“02”文件夹中改名为“图像”，将“a3. bmp”复制到“图像”文件夹中，并重命名为“我的桌面 . bmp”，然后将 D 盘根目录下的“a3. bmp”放到回收站中。

9. 将“文学”文件夹中的文件“唐诗 . doc”的属性设置为“只读”，然后把“文学”文件夹的属性设置为“隐藏”。

10. 在“回收站”中将删除的文件还原，再把“文学”文件夹发送到 U 盘中保存。

11. 搜索“mspaint. exe”文件的位置，并将搜索到的“mspaint. exe”文件复制到“02”文件夹中，重命名为“画图 . exe”。

12. 利用“剪贴板”将 Windows 系统中“录音机”的界面复制到“写字板”程序中，保存在“文学”文件夹下，并以“Recorder. rtf”为文件名保存。

13. 将 Windows 中有关“打印文档”的帮助信息窗口中的所有文本内容复制到“记事本”，并以文件名“print. txt”保存到“文学”文件夹下。

14. 将 D 盘个人文件夹下的“图像”文件夹设置为“共享”。

15. 在桌面上为 Windows 的媒体播放器“Windows Media Player”和“计算器”创建快捷方式，并将“Windows Media Player”的快捷方式名称改为“WMP”。

16. 查看 D 盘的属性，看看还有多少可用空间，然后对 D 盘进行清理。

17. 设置显示属性，选择墙纸列表框中的图案为“Ascent”，并设置图片的方式为“拉伸”。

18. 添加硬件“HPLaserJet”打印机，端口为“LPT1”，不共享，不打印测试页，然后把打印机界面保存到“我的文档”文件夹中，命名为“Printer. bmp”，类型为“256 色位图”。

19. 创建一个新的计算机管理员帐户，帐户名为“JSJYH”。用户创建完成后，可以更改用户帐户的密码、图片等信息。

20. 利用 Windows 自带的计算器进行计算，将十进制数 56 转换成二进制数。

21. 利用 Windows 自带的写字板程序输入以下内容并保存为文件“西藏的天空 . txt”

西藏的天是湛蓝的，它犹如一块巨大的蓝布，紧紧地包裹着这块神秘的土地。一切在蓝天的映衬下显得是那样的清晰明快，即使是远方的物体亦可一览无余。我们来到西藏，突然进入这明亮的世界，着实有些不太适应，似乎一切都暴露在光天化日之下，就连一点点小小的隐私也无法避免阳光的照射。这是我们这些身处闹市、环境受到严重污染的内地人来到西藏的第一反应，更是西藏这块神奇的土地赐予我们的第一印象。

西藏的云是洁白的，它犹如一朵朵巨大的棉团悬挂在天上，时而聚集，时而分散，时而融进雪山，时而落在草原；它又像洁白的哈达，带着吉祥，散布在离天最近的地方。我们这些内地人久违了这如画的白云，以至于眼看着云朵，心中还在猜测这是真还是假，我常常为此感到尴尬，同时也为此感到幸运，因为在这里看到了真正的祥云。

西藏的山是真正的高山，即使是那些像山不是山的土丘，都有可观的海拔。西藏的山大抵可分三类：一类为洁白的雪山，二类为苍凉的秃山，三类为生机盎然的青山。这次我们有幸领略了它们各自的风采。

第 2 章　Word 2010 基本应用

——制作求职简历

教学目标

- ◆ 掌握字符格式的设置和格式刷的应用
- ◆ 掌握段落格式的设置
- ◆ 掌握表格的制作和图片的插入
- ◆ 掌握制表位的使用
- ◆ 掌握页面边框的设置
- ◆ 掌握文档的打印输出

2.1 制作求职简历案例分析

2.1.1 任务的提出

找工作，是竞争什么？最开始的竞争是简历。因为简历是招聘单位了解你的第一扇窗口，因此简历就成了与单位沟通的第一通道，也是招聘人员了解你的第一个途径，通过简历引起用人单位的兴趣是最重要的。一份好的简历，可以在众多求职简历中脱颖而出，给招聘人员留下深刻的印象，从而决定是否给你面试的机会，可以说是帮助你应聘成功的敲门砖。

小刘是一个刚毕业的大学生，正准备找工作，首先要做的就是制作一份求职简历。知道简历在求职中的重要性，小刘不敢怠慢，找到了自己的大学老师请教，老师根据小刘自身的情况，对求职简历的制作给出了建议。

2.1.2 解决方案

如何制作出一份精美的求职简历，老师给小刘提出了如下建议：

① 制作个人简历。可以用表格的形式完成，根据个人情况的不同，个人简历中包括的信息是不同的，个人简历的制作要清晰、整洁并且有条理。

② 制作自荐书。根据自荐书的内容对页面进行调整，使页面的布局合理，不要太紧凑也不要太分散。

③ 制作封面。第一页设计求职简历的封面，要尽量让封面美观，可以插入图片或用艺术字进行点缀。

通过老师的指导，小刘制作了一份自己满意的求职简历，如图 2-1 所示。

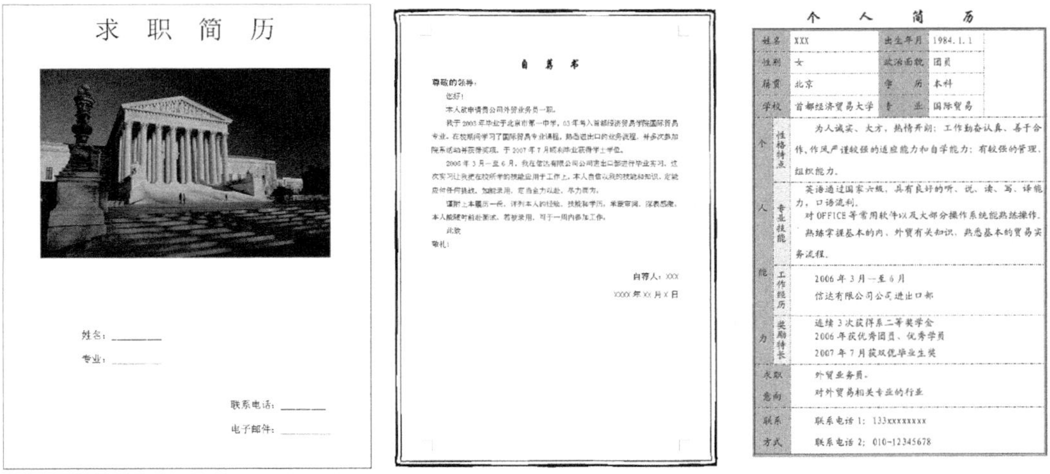

图 2-1　求职简历

2.1.3 相关知识点

1. 字符和段落的格式化

字符的格式化，包括对字符的大小、字体、字形、颜色、字符间距、字符之间的上下位置、文字效果等进行设置。

段落的格式化，包括对段落左右边界的定位、段落的对齐方式、缩进方式、行间距、段间距等进行设置。

2. 表格的制作

表格由若干行和若干列组成，行列的交叉处称为“单元格”，单元格中可以填入文字、数字以及图形。

文档中经常需要使用表格组织有规律的文字和数字，有时还需要用表格将文字段落并行排列。文字在单元格中的换行形式与在正文中的方式类似。

对表格的编辑，一是以表格为对象进行编辑，包括表格的移动、合并、拆分等；二是以单元格为对象进行编辑，包括选定单元格区域、单元格的插入、删除、移动和复制、单元格的合并和拆分、单元格的列宽/行高的调整以及单元格中对象的对齐方式等。

3. 制表位

制表位即水平标尺上的位置，指定文字缩进的距离或一栏文字开始之处。其能够向左、向右或居中对齐文本行，或者将文本与小数字符、竖线字符对齐。

4. 页面边框

页面边框是在页面四周的一个矩形边框，可以对页面边框的样式、颜色和应用范围进行设置。

5. 打印

在打印文档之前，可以使用【打印预览】功能预先看到文件的打印效果，并且可以对打印的范围、份数、纸张和是否双面打印等进行设置。

2.2 实现方法

制作如图 2-1 所示的“求职简历”，操作步骤如下：

① 制作自荐书，输入内容并进行排版。
② 制作“个人简历”表格，并设置相应的单元格属性。
③ 制作求职简历的封面页，插入图片并用制表符对齐封面的文字。
④ 在“求职简历”的自荐书页中添加页面边框。
⑤ 对“求职简历”进行打印预览，确定后打印。

2.2.1 制作“自荐书”

1. 建立 Word 文档并输入内容

【任务 1】新建 Word 文档，以“求职简历”命名并保存在桌面，然后在该文档中输入自荐书的内容。

① 执行【开始】|【程序】|【Microsoft Office】|【Microsoft Word 2010】启动 Word 2010。

② 执行【文件】|【新建】命令，新建一个空白文档，单击【文件】|【另存为】命令，或单击【快速访问】工具栏中的【保存】按钮，打开【另存为】对话框。

③ 在【保存位置】下拉列表框中选择【桌面】选项，在【文件名】文本框中输入“求职简历”，如图 2-2 所示。单击【保存】按钮即可保存成功。

④ 输入如图 2-3 所示的自荐书内容。在自荐书的最后输入日期时，单击【插入】|【日期和时间】命令，打开【日期和时间】对话框，如图 2-4 所示，选择日期和时间的格式即可。

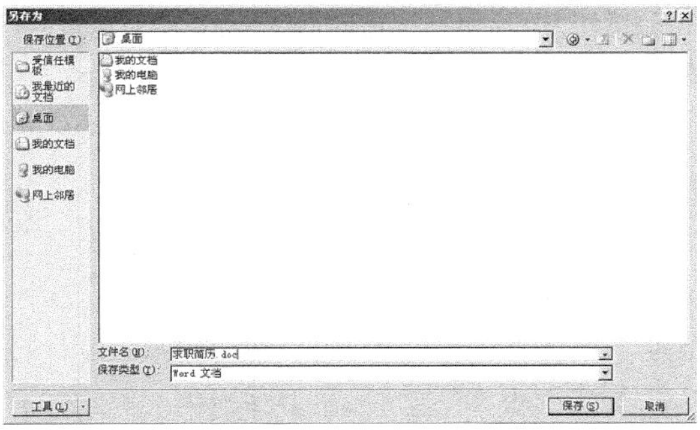

图 2-2　另存为对话框

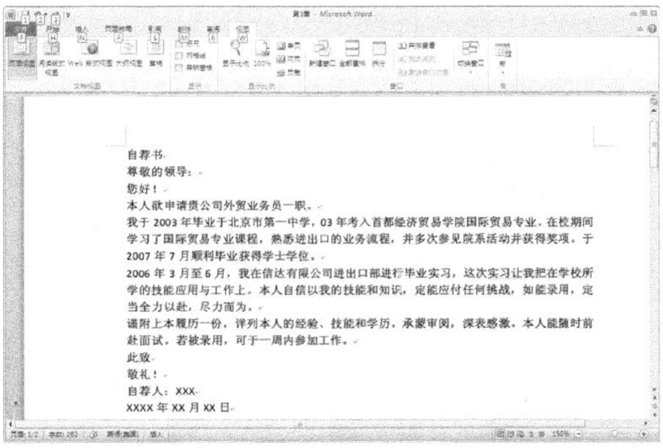

自荐书
尊敬的领导：
您好！
本人欲申请贵公司外贸业务员一职。
我于 2003 年毕业于北京市第一中学，03 年考入首都经济贸易学院国际贸易专业。在校期间学习了国际贸易专业课程，熟悉进出口的业务流程，并多次参见院系活动并获得奖项。于 2007 年 7 月顺利毕业获得学士学位。
2006 年 3 月至 6 月，我在信达有限公司进出口部进行毕业实习，这次实习让我把在学校所学的技能应用与工作上。本人自信以我的技能和知识，定能应付任何挑战，如能录用，定当全力以赴，尽力而为。
谨附上本履历一份，详列本人的经验、技能和学历。承蒙审阅，深表感激。本人能随时前赴面试。若被录用，可于一周内参加工作。
此致
敬礼！
自荐人：XXX
XXXX 年 XX 月 XX 日

图 2-3　自荐书内容

2. 设置字符格式

对已有文字设置字符格式，先选定需要改变格式的文字，再执行相应的字体格式命令。如果没有选定就进行了设置，表示为将要输入的文字预设了格式。

字符格式包括字符的颜色、字形、大小以及字符间距等属性。字符格式的设置，可以使用【开始】|【字体】分组中的按钮，也可以使用【字体】对话框来设置。

【任务 2】标题“自荐书”设置为“华文行楷、二号、加粗”显示，并且字符间距为“加宽、10 磅”。

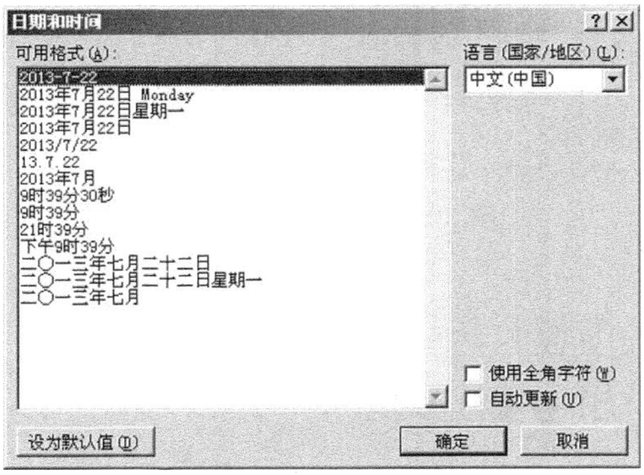

图 2-4　时间和日期对话框

① 选中标题“自荐书”，在【开始】|【字体】分组中的【字体】下拉列表中选择“华文行楷”，在【字号】下拉列表中选择“二号”，如图 2-5 所示。

② 单击【开始】|【字体】分组中的【加粗】按钮 **B** 。

图 2-5　设置字符格式

③ 单击【开始】|【字体】分组中右下角【字体】下拉三角按钮，打开【字体】对话框，单击【高级】标签，在【间距】下拉列表中选择“加宽”选项，对应的【磅值】框中输入“10 磅”，如图 2-6 所示。单击

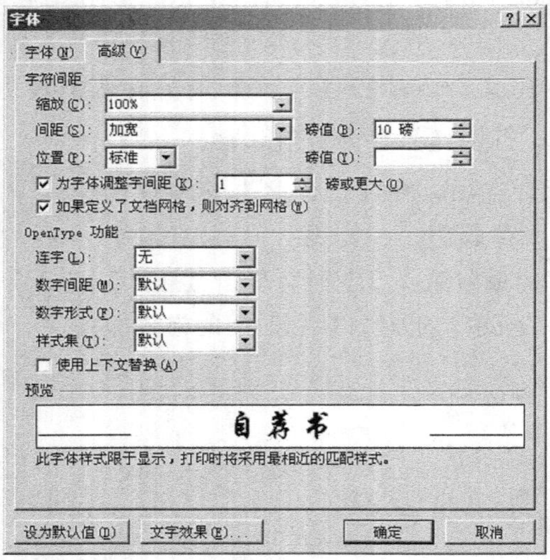

图 2-6　高级标签

【确定】按钮即可。

按照上述步骤设置标题的字符格式，完成后标题“自荐书”的显示效果如图 2-7 所示。

【开始】|【剪贴板】分组中的【格式刷】按钮是一种快速复制格式的好工具。在文档中，会有许多不连续的文本需要设置相同的格式，此时可以使用格式刷进行格式复制。具体操作是：先选定设置好格式的源文本，单击或双击【格式刷】按钮（单击只能复制一次；双击可以使用多次），此时的鼠标指针变成形状，在刷子上已经附着了源文本的格式，用它刷需要设置相同格式的文本即可。当不再使用格式刷时，需要再次单击【格式刷】按钮。

图 2-7　标题设置后效果

【任务 3】将自荐书中的“尊敬的领导”、“自荐人：×××”和“××××年××月××日”设置为“黑体”、“四号”；将其余的正文内容设置为“新宋体”、“小四”。

① 选中“尊敬的领导”，在【开始】|【字体】分组中的【字体】下拉列表中选择“黑体”，在【字号】下拉列表中选择“四号”，如图 2-8 所示。

② 单击【格式】工具栏中的【格式刷】按钮，鼠标指针变成形状。

③ 选中目标文本“自荐人：×××”和“××××年××月××日”，即可完成字符格式的复制。

④ 选中正文内容，在【开始】|【字体】分组中的【字体】下拉列表中选择“新宋体”，在【字号】下拉列表中选择“小四”，如图 2-9 所示。

图 2-8　设置字符格式

图 2-9　正文字符设置

按照上述操作设置字符格式后，“自荐书”显示效果如图 2-10 所示。

3. 设置段落格式

段落是一个文档的基本组成单位，是指以段落标记 ↵ 作为结束的一段文字。段落可以由任意数量的文字、图形、对象及其他内容组成。每次按 Enter 键时，就产生一个段落标记。段落标记不仅标识一个段落的结束，还保存段落的格式信息，包括段落对齐方式、缩进设置、段落间距等。

在设置段落格式前，必须先选中要设置格式的段落，如果只设置一个段落，可以将插入点移到该段落中，然后再开始对此段落进行格式设置。可以使用【开始】|【段落】分组中的按钮、【段落】对话框和水平标尺来设置段落的格式。

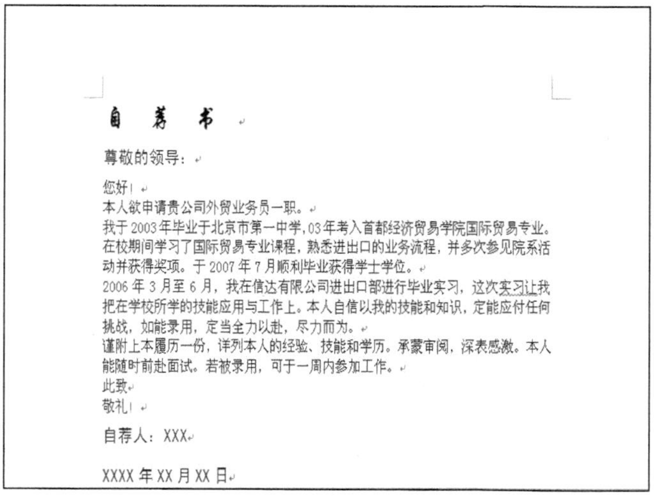
自 荐 书

尊敬的领导：

您好！

本人欲申请贵公司外贸业务员一职。

我于 2003 年毕业于北京市第一中学，03 年考入首都经济贸易学院国际贸易专业。在校期间学习了国际贸易专业课程，熟悉进出口的业务流程，并多次参见院系活动并获得奖项。于 2007 年 7 月顺利毕业获得学士学位。

2006 年 3 月至 6 月，我在信达有限公司进出口部进行毕业实习，这次实习让我把在学校所学的技能应用与工作上。本人自信以我的技能和知识，定能应付任何挑战，如能录用，定当全力以赴，尽力而为。

谨附上本履历一份，详列本人的经验、技能和学历。承蒙审阅，深表感激。本人能随时前赴面试。若被录用，可于一周内参加工作。

此致

敬礼！

自荐人：XXX

XXXX 年 XX 月 XX 日

图 2-10　设置字符格式后的效果

【任务 4】标题“自荐书”设置为“居中”显示，正文部分设置为“两端对齐”、“首行缩进 2 字符”并且以“1.5 倍行距”显示。

① 选中标题段落，将光标置于标题行“自荐书”段落中，单击【开始】|【段落】分组中的【居中】按钮。

② 选中正文部分，单击【开始】|【段落】分组中右下角【段落】下拉三角按钮，打开【段落】对话框，选择【缩进和间距】标签，在【对齐方式】下拉列表中选择【两端对齐】选项，在【特殊格式】下拉列表中选择“首行缩进”选项，在【度量值】框中输入“2 字符”，在【行距】下拉列表中选择“1.5 倍行距”选项，如图 2-11 所示。

③ 单击【确定】按钮即可，设置好段落格式后显示效果如图 2-12 所示。

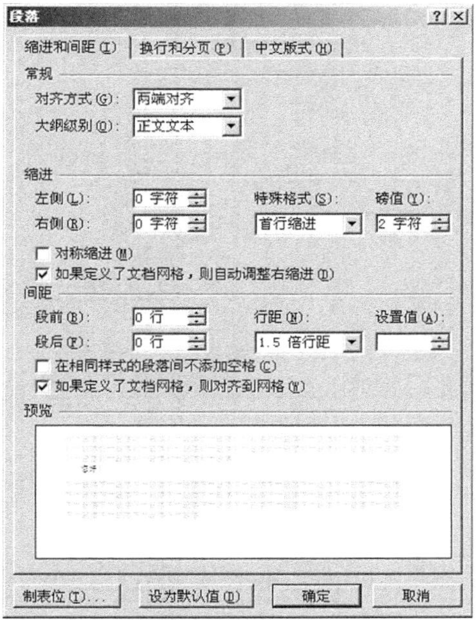

图 2-11　设置正文段落格式

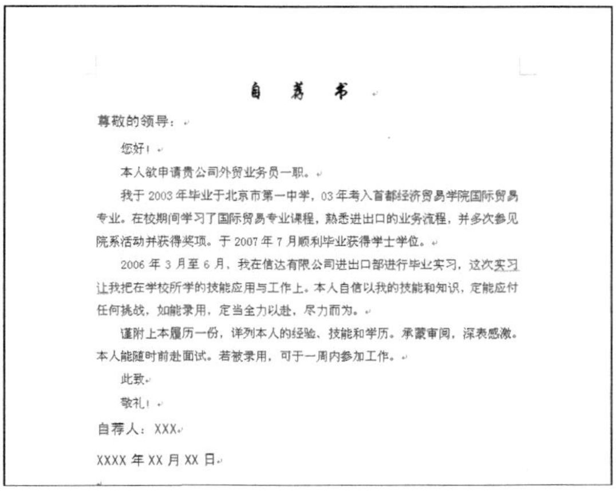
自 荐 书

尊敬的领导：

您好！

本人欲申请贵公司外贸业务员一职。

我于 2003 年毕业于北京市第一中学，03 年考入首都经济贸易学院国际贸易专业。在校期间学习了国际贸易专业课程，熟悉进出口的业务流程，并多次参见院系活动并获得奖项。于 2007 年 7 月顺利毕业获得学士学位。

2006 年 3 月至 6 月，我在信达有限公司进出口部进行毕业实习，这次实习让我把在学校所学的技能应用与工作上。本人自信以我的技能和知识，定能应付任何挑战，如能录用，定当全力以赴，尽力而为。

谨附上本履历一份，详列本人的经验、技能和学历。承蒙审阅，深表感激。本人能随时前赴面试。若被录用，可于一周内参加工作。

此致

敬礼！

自荐人：XXX

XXXX 年 XX 月 XX 日

图 2-12　设置段落格式后效果

用户使用水平标尺也可以快速和直观地设置段落的缩进，如图 2-13 所示。左缩进控制段落左边界的位置；右缩进控制段落右边界的位置；首行缩进控制段落的首行第一个字符的起始位置；悬挂缩进控制段落中第一行以外其他行的起始位置。

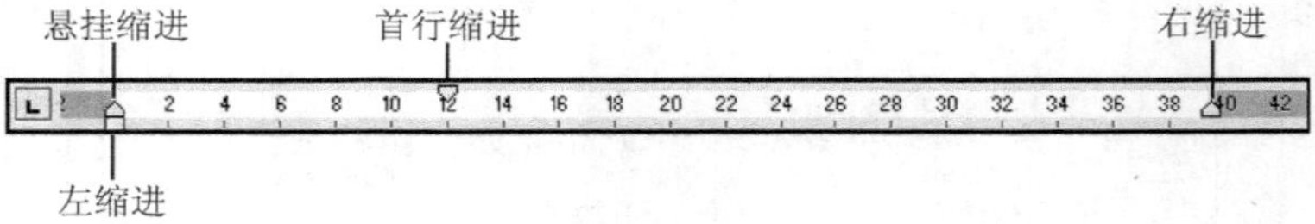

图 2-13　段落缩进标志

拖动标尺上的缩进标记，会有一条垂直虚线随着缩进标记的拖动而移动，指示出缩进位置，确定缩进位置后松开鼠标即可。

【任务 5】利用水平标尺，将正文中“敬礼!”段落的首行缩进设置取消。将“自荐人：×××”和“××××年××月×日”两个段落设置为“右对齐”，并且将“自荐人：×××”所在段落设置为“段前间距 25 磅”。

① 将光标定位在“敬礼!”段落任意处，向左拖动水平标尺中的【首行缩进】标记，拖到与【左缩进】处重叠即可，如图 2-14 所示。

② 选定“自荐人：×××”和“××××年××月×日”两个段落，单击【开始】|【段落】中的【右对齐】按钮。

③ 将光标定位在“自荐人：×××”段落任意处，单击【开始】|【段落】右下角三角下拉按钮，打开【段落】对话框，在【段前】框中输入“25 磅”，如图 2-15 所示。单击【确定】按钮即可。

字符格式和段落格式设置完成后，“自荐书”的显示效果如图 2-16 所示。

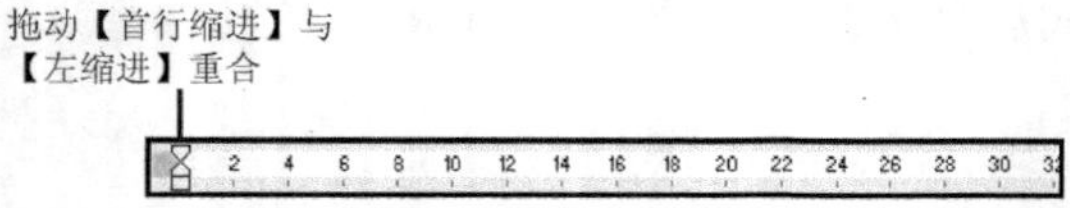

图 2-14　利用水平标尺取消首行缩进

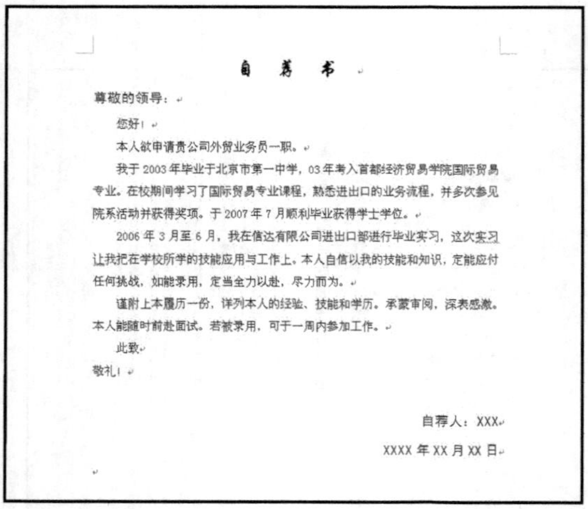

自 荐 书

尊敬的领导：

您好！

本人欲申请贵公司外贸业务员一职。

我于 2003 年毕业于北京市第一中学，03 年考入首都经济贸易学院国际贸易专业。在校期间学习了国际贸易专业课程，熟悉进出口的业务流程，并多次参见院系活动并获得奖项。于 2007 年 7 月顺利毕业获得学士学位。

2006 年 3 月至 6 月，我在信达有限公司进出口部进行毕业实习，这次实习让我把在学校所学的技能应用与工作上。本人自信以我的技能和知识，定能应付任何挑战，如能录用，定当全力以赴，尽力而为。

谨附上本履历一份，详列本人的经验、技能和学历。承蒙审阅，深表感激。本人能随时前赴面试。若被录用，可于一周内参加工作。

此致

敬礼！

自荐人：XXX

XXXX 年 XX 月 XX 日

图 2-16　设置字符和段落格式后的效果

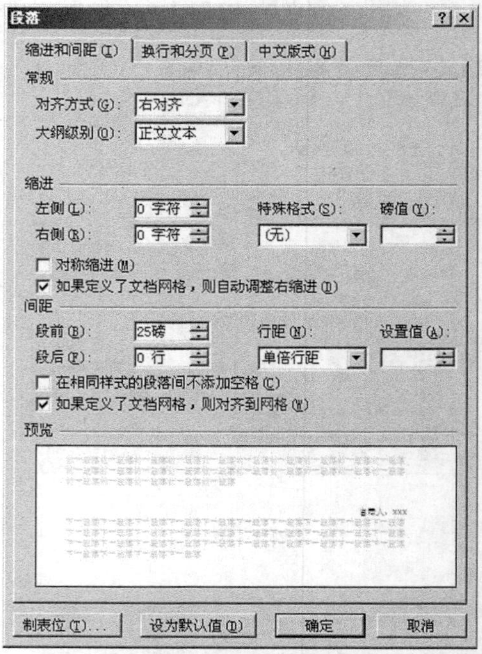

图 2-15　设置段前间距

2.2.2　制作“个人简历”表格

利用表格的形式来制作个人简历，可以使内容更加整洁、条理更加清晰。

一般表格形式的个人简历会包含一些不规则的单元格，对齐方式和边框底纹的设置也会不同，要制作个人简历的表格，就要用到合并和拆分单元格、单元格对齐方式以及边框和底纹的设置等。

按照本小节的操作将制作出如图 2-17 所示的个人简历。

1. 输入表格标题，创建表格的结构

【任务 6】输入表格的标题“个人简历”，将标题“自荐书”的格式用格式刷复制到“个人简历”中，创建个人简历表格的结构并输入表格内容。

（1）输入表格标题，并设置标题的显示格式

① 将光标定位到文档的最后，可以通过按 Ctrl＋End 组合键实现。

② 选择【页面布局】|【页面设置】分组【分隔符】下拉列表中的【分节符】|【下一页】命令，如图 2-18 所示。光标自动定位于新的一页开头位置，输入标题“个人简历”。

③ 选中标题“自荐书”，单击【格式刷】按钮，鼠标指针变成 形状，然后选定目标文本“个人简历”标题，即可完成字符格式的复制。格式复制后，“个人简历”显示的效果如图 2-19 所示。

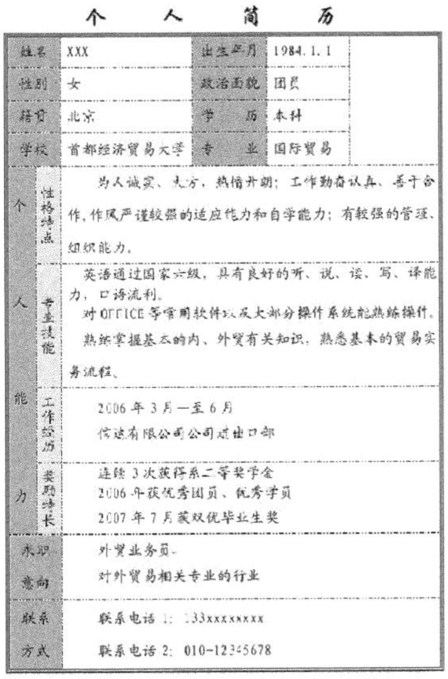

个　人　简　历

姓名	XXX	出生年月	1984.1.1	
性别	女	政治面貌	团员	
籍贯	北京	学　历	本科	
学校	首都经济贸易大学	专　业	国际贸易	
个人能力	性格特点	为人诚实、大方，热情开朗；工作勤奋认真、善于合作，作风严谨较强的适应能力和自学能力；有较强的管理、组织能力。		
	专业技能	英语通过国家六级，具有良好的听、说、读、写、译能力，口语流利。对 OFFICE 等常用软件以及大部分操作系统能熟练操作。熟练掌握基本的内、外贸有关知识，熟悉基本的贸易实务流程。		
	工作经历	2006 年 3 月—至 6 月 信达有限公司公司进出口部		
	奖励特长	连续 3 次获得系二等奖学金 2006 年获优秀团员、优秀学员 2007 年 7 月获双优毕业生奖		
求职意向	外贸业务员。对外贸易相关专业的行业			
联系方式	联系电话 1：133xxxxxxxx 联系电话 2：010-12345678			

图 2-17　个人简历

图 2-18　分隔符对话框

图 2-19　复制格式显示效果

（2）创建“个人简历”表格的结构

① 按上述操作输入表格标题后，在该段落的结束处按 Enter 键，光标定位在新一段落开始处。

② 单击【插入】|【表格】下拉列表中的【插入表格】命令，打开【插入表格】对话框，在【列数】滚动条中输入“5”，【行数】滚动条中输入“10”，如图 2-20 所示。单击【确定】

按钮创建出如图 2-21 所示的简单表格。

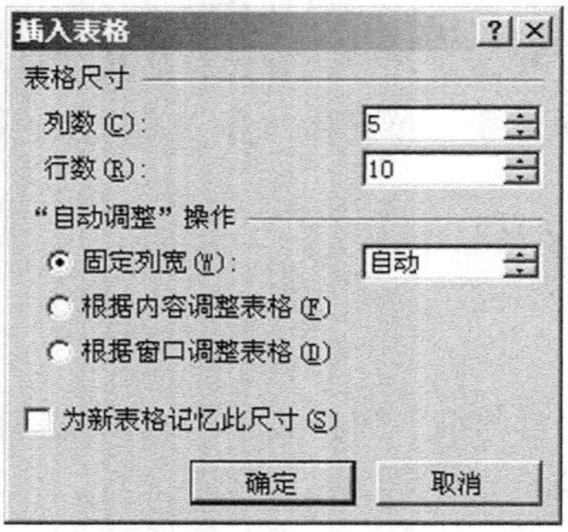

图 2-20　设置表格

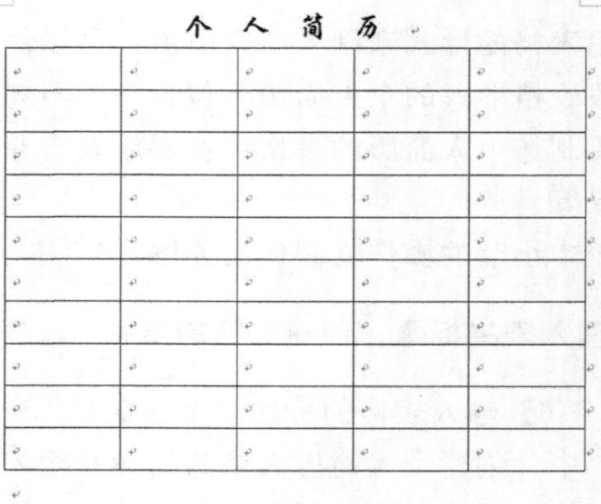

图 2-21　简单表格

③ 合并单元格。选中单元格区域 E1：E4，单击【表格工具】|【布局】选项 | 【合并】分组中的【合并单元格】命令，如图 2-22 所示。重复使用上述方法，合并单元格区域 B5：E5、B6：E6、B7：E7、B8：E8、B9：E9 和 B10：E10。

④ 拆分单元格。选中单元格区域 A5：A8，单击【表格工具】|【布局】选项【拆分单元格】命令，打开【拆分单元格】对话框，在【列数】滚动条中输入“2”，如图 2-23 所示。单击【确定】按钮。

⑤ 合并刚刚拆分后形成的单元格区域 A5：A8。

按照上述操作，完成表格的合并和拆分后，得到如图 2-24 所示的复杂表格。

⑥ 输入表格内容，按照图 2-25 所示的“个人简历”，在对应的单元格中输入简历内容。

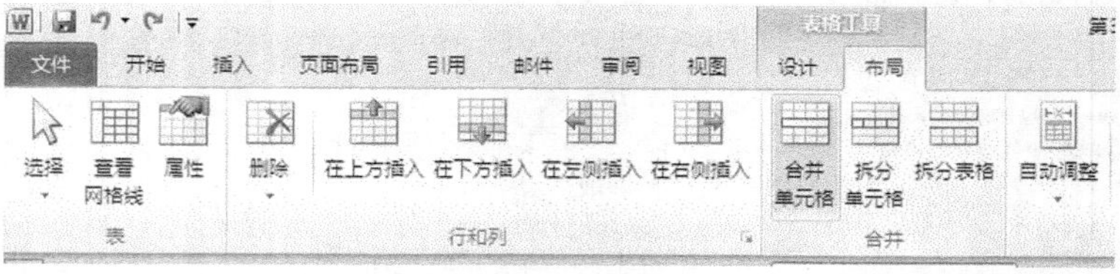

图 2-22　合并单元格

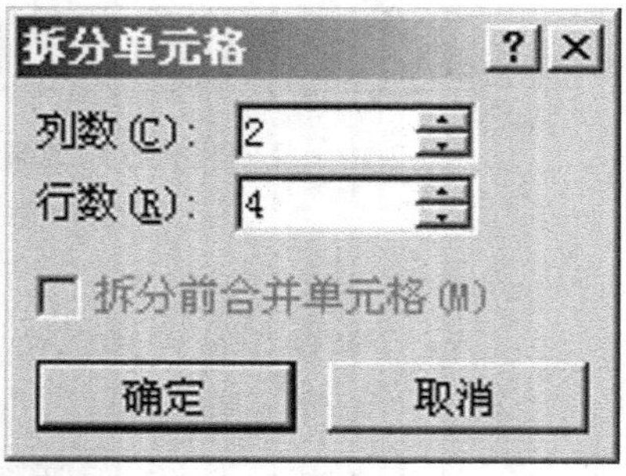

图 2-23　拆分单元格对话框

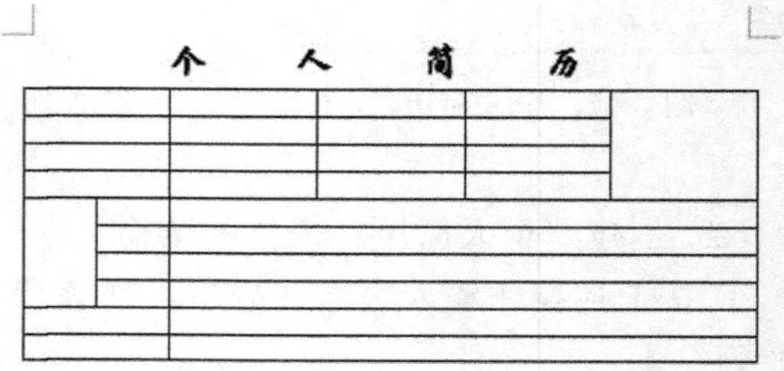

图 2-24　复杂表格

个　　人　　简　　历

姓名		XXX	出生年月	1984.1.1	
性别		女	政治面貌	团员	
籍贯		北京	学历	本科	
学校		首都经济贸易大学	专业	国际贸易	
个人能力	性格特点	为人诚实、大方，热情开朗；工作勤奋认真、善于合作,作风严谨较强的适应能力和自学能力；有较强的管理、组织能力。			
	专业技能	英语通过国家六级，具有良好的听、说、读、写、译能力，口语流利。 对 OFFICE 等常用软件以及大部分操作系统能熟练操作。 熟练掌握基本的内、外贸有关知识，熟悉基本的贸易实务流程。			
	工作经历	2006 年 3 月一至 6 月 信达有限公司公司进出口部			
	奖励特长	连续 3 次获得系二等奖学金 2006 年获优秀团员、优秀学员 2007 年 7 月获双优毕业生奖			
求职意向		外贸业务员 对外贸易相关专业的行业			
联系电话		联系电话 1：133xxxxxxxx 联系电话 2：010-12345678			

图 2-25　输入表格内容

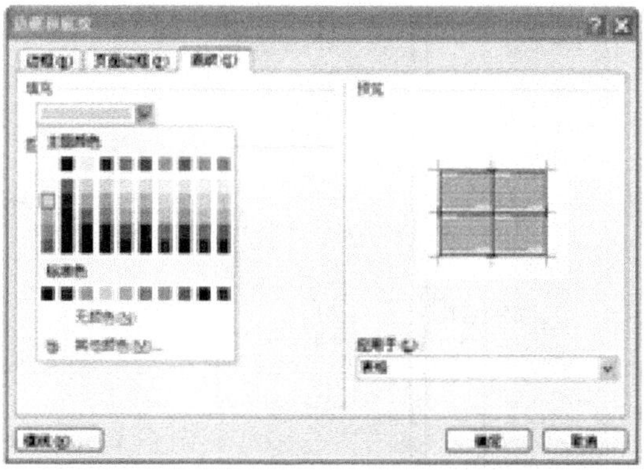

图 2-26　底纹设置

2. 设置单元格底纹、字符格式和对齐方式

表格中的内容输入后，接着对表格的底纹、文字的格式和对齐方式进行设置。

【任务 7】按照图 2-17 所示的个人简历表格，将对应单元格的底纹设置为“白色，背景 1，深色 15%”，并将设置了底纹的单元格中的字符格式设置为“华文仿宋”、“四号”、“加粗”和“中部居中”，除去设置了底纹的单元格以外，其他单元格中的字符格式均设置为“新宋体”、“小四”和“两端对齐”显示。

① 将鼠标指针移动到单元格 A1 的左边，鼠标指针变为 ↗ 时，单击鼠标左键选中单元格。按住 Ctrl 键，分别选中需要进行相同设置的单元格。

② 单击【表格工具】|【设计】选项【绘图边框】分组右下角的下拉三角按钮，打开【边框和底纹】对话框。选择【底纹】标签，在【填充】列表框中选择“白色，背景 1，深色 15%”选项，如图 2-26 所示。也可以在选中单元格后，单击【表格工具】|【设计】选项【表格样式】分组中的【底纹】按钮  的下拉箭头选择底纹的颜色。

③ 在【开始】|【字体】分组中的【字体】下拉列表中选择“华文仿宋”，标签在【字号】下拉列表中选择“四号”如图 2-27 所示。

④ 单击【开始】|【字体】分组中的【加粗】按钮 B，单击【表格工具】|【布局】选项【对齐方式】分组，选择【中部居中】选项 。

⑤ 选中除了设置了底纹的全部单元格，在【开始】|【字体】分组中的【字体】下拉列表中选择“新宋体”，在【字号】下拉列表中选择“小四”，如图 2-28 所示。单击【两端对齐】按钮 。

图 2-27　设置字符格式

图 2-28　设置字符格式

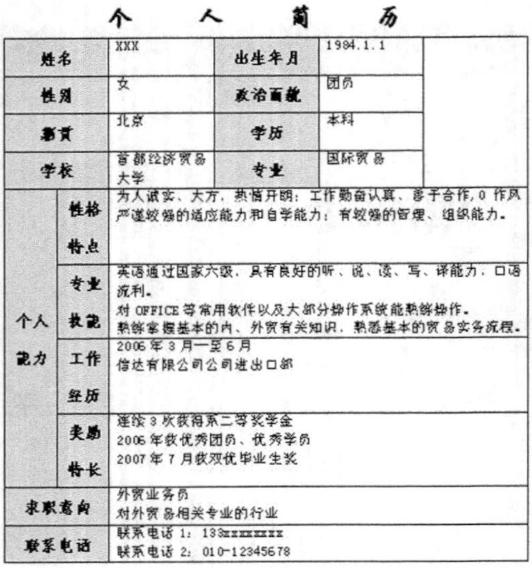

图 2-29 设置底纹和字符格式效果

单元格的底纹和字符的格式设置完成后效果如图 2-29 所示。

3. 调整行高和列宽

为了让表格看起来更美观，根据单元格中输入内容的不同，对单元格的行高和列宽进行设置。

【任务 8】根据表 2-1 所示参数设置单元格的行高，并使用标尺调整为合适的列宽。

① 选中个人简历第 1～4 行，单击【表格工具】|【布局】选项【表】分组中的【属性】命令，打开【表格属性】对话框，单击【行】标签，在【尺寸】区域框中选中【指定高度】复选项，在对应的数值框中输入“1 厘米”，如图 2-30 所示。

表 2-1 “个人简历”行高参数

行号	指定高度/厘米	行高值
1～4 行	1	最小值
5～8 行	2.5	最小值
9～10 行	2	最小值

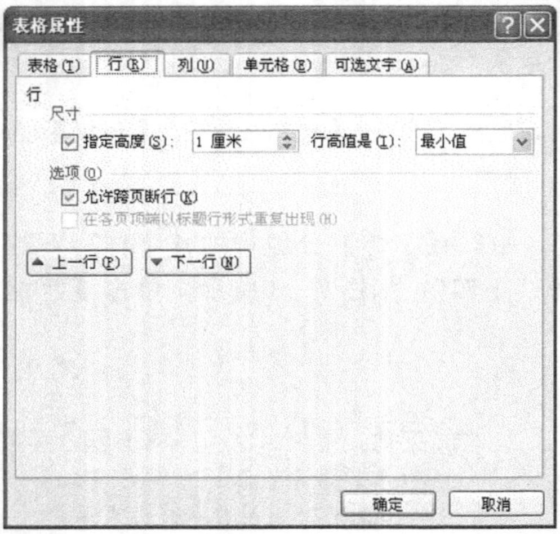

图 2-30 行标签

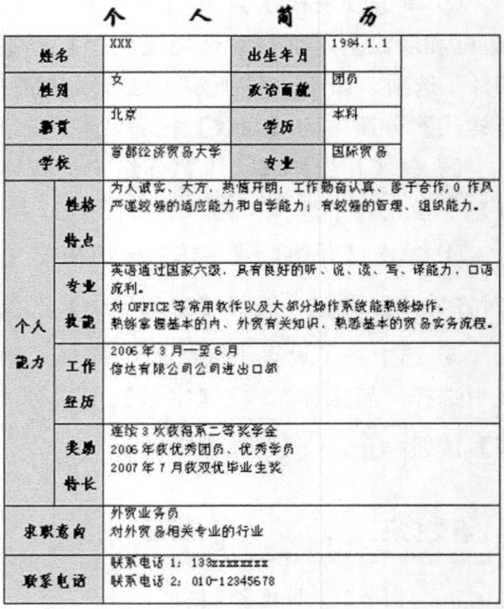

图 2-31 设置行高和列宽的显示效果

② 单击【确定】按钮即可。

按照上述操作步骤根据表 2-1 的要求，设置其他行的行高。

可以使用水平标尺调整列宽，将鼠标指针停留在要调整列宽单元格的右边框线上，指针变为时，单击鼠标左键向左或向右拖动边框改变列宽到合适的位置时释放鼠标即可。

按照要求调整好行高和列宽后，“个人简历”显示效果如图 2-31 所示。

【任务 9】将“个人能力”单元格中的文字方向改为“竖排”，“中部居中”显示。

① 选定表格中“个人能力”单元格。

② 单击【页面布局】|【文字方向】下拉列表中的【文字方向选项】命令，打开【文字方向-表格单元格】对话框。

③ 在【方向】区域中选择竖排文字选项，如图 2-32 所示。

④ 在【表格工具】|【布局】选项【对齐方式】分组中，单击【中部居中】按钮，使文字居中显示。

使用同样的方法，将“性格特点”、“专业技能”、“工作经历”和“奖励特长”单元格中文字方向也更改为“竖排”。最后将简历中详细内容的字体设置为“楷体”、“四号”。设置效果如图 2-33 所示。

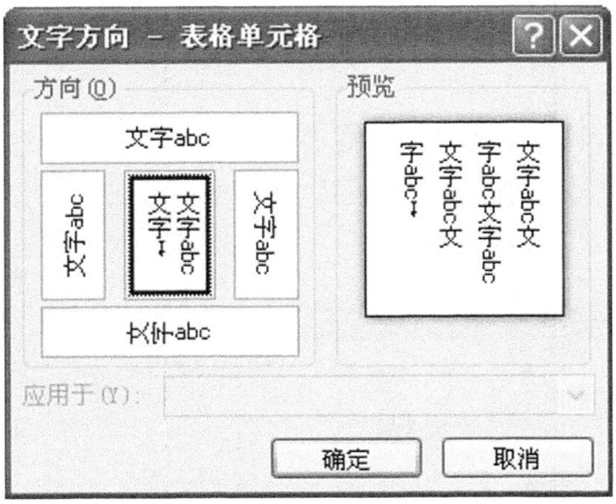

图 2-32 文字方向-表格单元格对话框

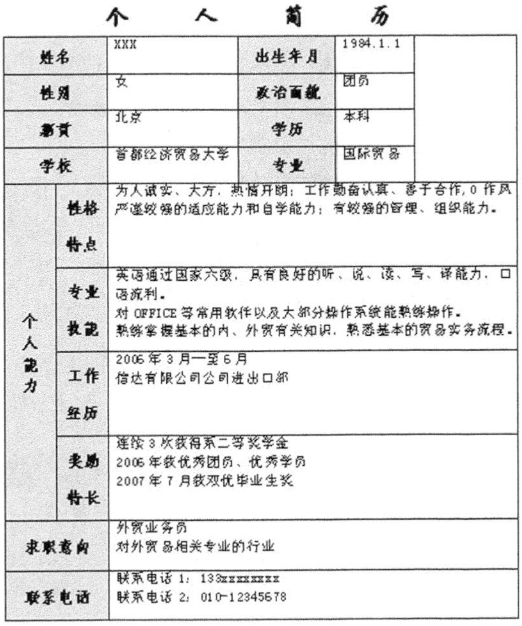

个 人 简 历

姓名	XXX	出生年月	1984.1.1	
性别	女	政治面貌	团员	
籍贯	北京	学历	本科	
学校	首都经济贸易大学	专业	国际贸易	
个人能力	性格特点	为人诚实、大方，热情开朗；工作勤奋认真、善于合作，0 作风严谨较强的适应能力和自学能力；有较强的管理、组织能力。		
	专业技能	英语通过国家六级，具有良好的听、说、读、写、译能力，口语流利。对 OFFICE 等常用软件以及大部分操作系统能熟练操作。熟练掌握基本的内、外贸有关知识，熟悉基本的贸易实务流程。		
	工作经历	2006 年 3 月一至 6 月 信达有限公司公司进出口部		
	奖励特长	连续 3 次获得系二等奖学金 2006 年获优秀团员、优秀学员 2007 年 7 月获双优毕业生奖		
求职意向	外贸业务员 对外贸易相关专业的行业			
联系电话	联系电话 1：133xxxxxxxx 联系电话 2：010-12345678			

图 2-33 竖排文字显示效果

4. 设置表格边框

表格的边框默认情况下是 0.5 磅的黑色直线，为达到美化表格的目的，可以根据需要对边框的线型、粗细和颜色等进行设置。

【任务 10】将个人简历表格的内侧框线设置为“ -·-·-·-·-·-·-·- ”，外侧框线设置为“ ══════ ”。

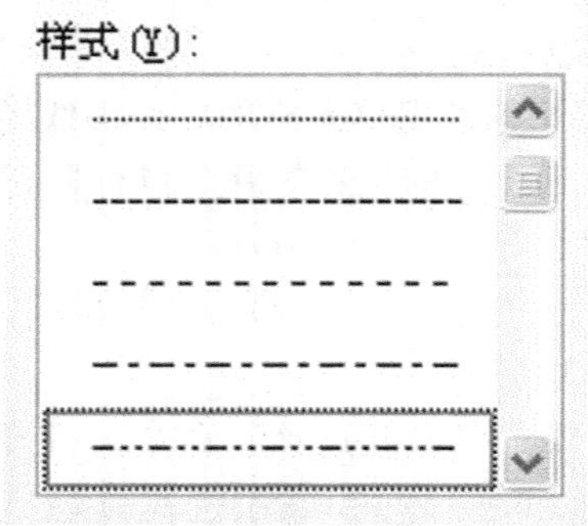

图 2-34 样式列表

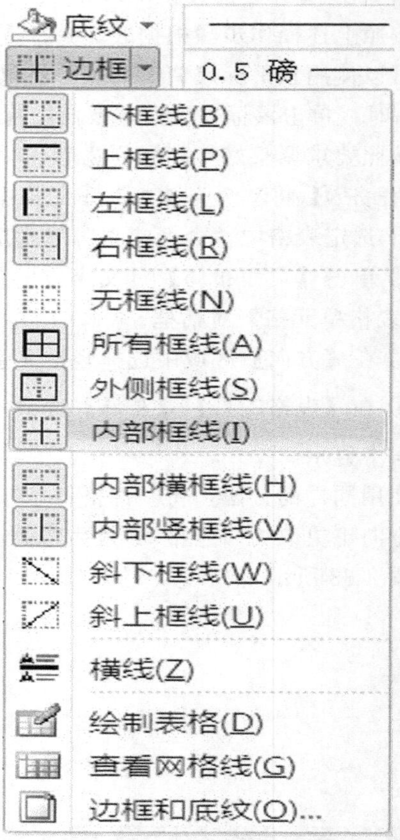

图 2-35 边框类型

① 选中整个单元格。

② 单击【表格工具】|【设计】|【绘图边框】分组右下角三角下拉箭头，打开【边框和底纹】对话框，在【样式】列表中选择第六种线型“-··-··-··-··-”，如图 2-34 所示。

③ 单击【表格工具】|【设计】选项【边框】下拉箭头，在弹出的下拉列表中选择【内部框线】按钮，如图 2-35 所示。

④ 单击【表格工具】|【设计】|【绘图边框】分组右下角三角下拉箭头，打开【边框和底纹】对话框，选中【边框】标签，在【设置】区域中选择【自定义】选项；在【样式】列表框中选择“═══════”；在【预览】区域中，单击图示的上、下、左、右边框或单击相应的、、、按钮，在【应用于】下拉列表中选择【表格】选项，如图 2-36 所示。

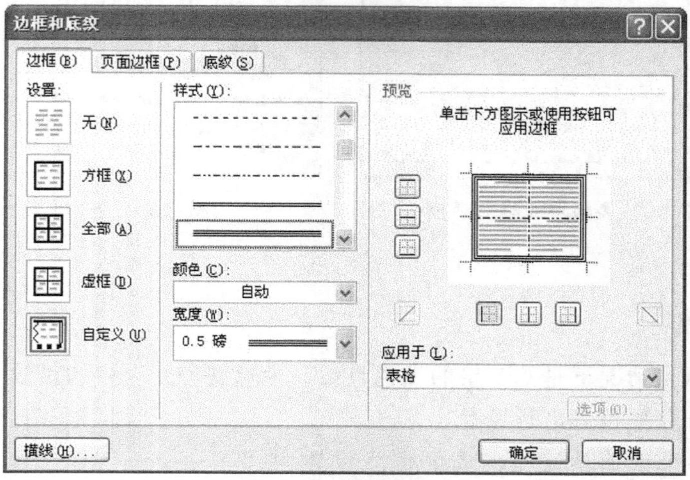

图 2-36 边框标签

⑤ 单击【确定】按钮即可，表格的边框设置效果如图 2-37 所示。

2.2.3　美化简历的封面

制作求职简历的封面除了输入必要的文字，还少不了图片的衬托。创建的封面效果如图 2-37 所示。

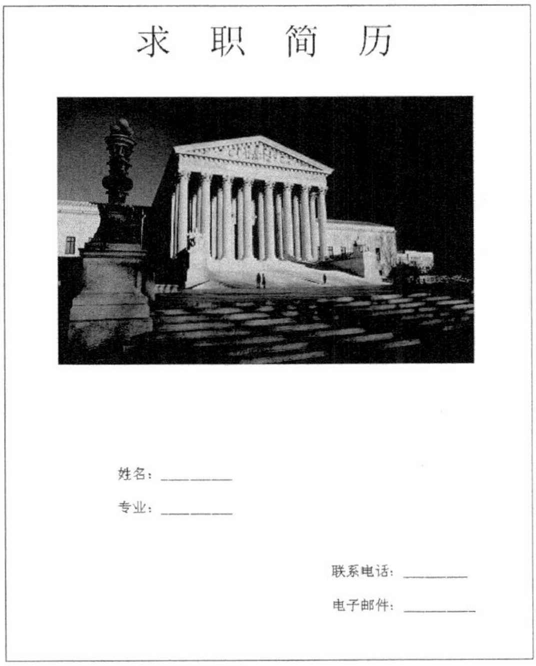

图 2-37　简历封面

1. 插入分节符

【任务 11】利用插入分隔符在“自荐书”之前插入一页作为封面。

① 按 Ctrl+Home 组合键将插入点移到文档的开始处。

② 单击【页面布局】|【页面设置】分组中【分隔符】下拉列表中的【分节符】|【下一页】命令。

2. 插入图片

一篇美观的文档必然在使用图片方面有独到之处，学会在文档中使用和编辑图片，能使文档增色不少。

【任务 12】在封面中插入一张准备好的图片。

① 按 Ctrl+Home 组合键将插入点移到文档的起始位置。

② 单击【插入】|【图片】命令，打开【插入图片】对话框，选中准备好的图片，如图 2-38 所示。

③ 单击【插入】按钮，选中的图片插入到文档中，如图 2-39 所示。

图 2-38　插入图片对话框

3. 调整图片大小和位置

图片插入 Word 文档中，一般会保持原始尺寸显示。如果图片的原始大小超过了文档版心的尺寸，会自动把图片的长度和宽度两个参数中最大的设置为版心的相应尺寸，并按照比例将图片缩小，以适应版面的大小。

【任务 13】调整封面图片的大小并将其放在文档中适当的位置。

① 单击插入的图片，图片周围出现 8 个尺寸控点。

② 鼠标移到图片 4 个角的任意一个尺寸控点上，鼠标指针变成双向箭头，按住鼠标左键并拖动直到虚线方框大小合适为止，如图 2-40 所示。

图 2-39　插入图片

③ 鼠标定位在图片的上面，按 Enter 键将图片向下移动，直到将图片放在文档中合适的位置，如图 2-41 所示。

图 2-40　拖动鼠标改变图片大小

图 2-41　移动图片的位置

4. 输入文字

【任务 14】在封面页中，图片的上方输入“求职简历”标题，字体设置为“宋体”、字号为“小初”、“居中对齐”显示，并将字符间距设置为“加宽 12 磅”。

① 将插入点定位插入图片的上方，输入文字“求职简历”。

图 2-42　封面标题字体字号设置

② 选中输入的文字，设置字体为“宋体”，字号为“小初”，如图 2-42 所示，单击工具栏中【居中对

齐】按钮 。

③ 单击【开始】|【字体】分组中右下角的【字体】下拉三角按钮，打开【字体】对话框，单击【高级】标签，在【间距】下拉列表中选择“加宽”选项，在对应的【磅值】框中输入“12 磅”，如图 2-43 所示。最后单击【确定】按钮即可。设置字符格式后的效果如图 2-44 所示。

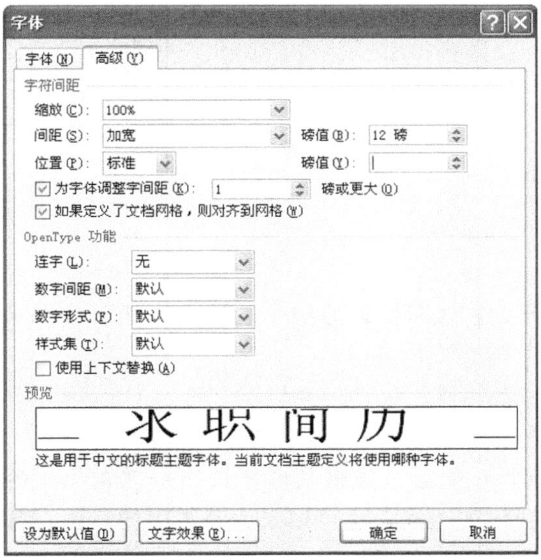

图 2-43　高级标签

图 2-44　封面加标题效果

5. 制表位的使用

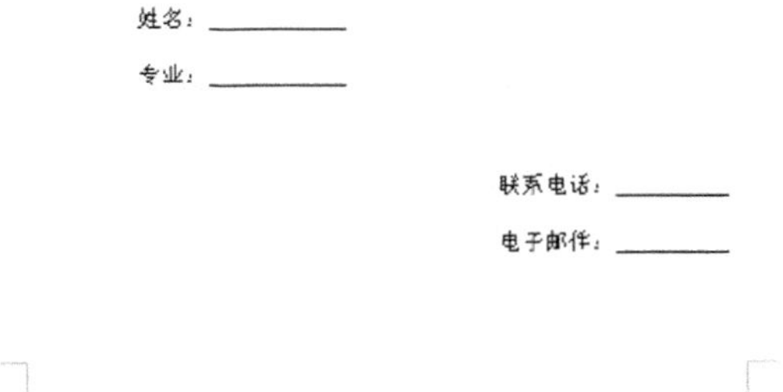

图 2-45　对齐文本要求

调整文字的位置一般习惯用空格来完成，在 Word 中由于设置字体大小不同，所以每个空格所占的位置是不同的，难以精确对齐。制表位是对齐文本的有力工具，其作用是将文字向右移动一个特定的位置。制表位的移动距离是固定的，能够非常精确地对齐文本。

【任务 15】封面页中，在插入图片下方的适当位置输入“姓名:”、“专业:”、“联系电话:”和“电子邮件:”，将字体设置为“宋体”、“四号”，并按照图 2-45 所示对齐文本。

① 将光标移动到要插入文本的空白区域，当鼠标指针变为 I≡ 时双击鼠标左键，插入点自动定位在指定位置，在水平标尺上出现左对齐式制表符“L”，如图 2-46 所示。

② 在插入点输入“姓名:”，将字体设置为“宋体”、“四号”，按 Enter 键。设置的制表符格式自动复制到下一段。

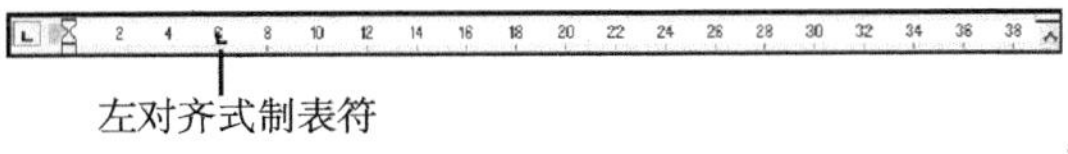

图 2-46　左对齐式制表符

③ 按 Tab 键，插入点自动定位到制表位的位置，输入“专业:”，再按 Enter 键。

④ 重复步骤③操作，在后两段中输入“联

系电话:”和“电子邮件:”。

⑤ 选中“联系电话:”和“电子邮件:”所在段落，在水平标尺上向右拖动制表位标记，如图 2-47 所示，拖动到合适的位置后释放鼠标。

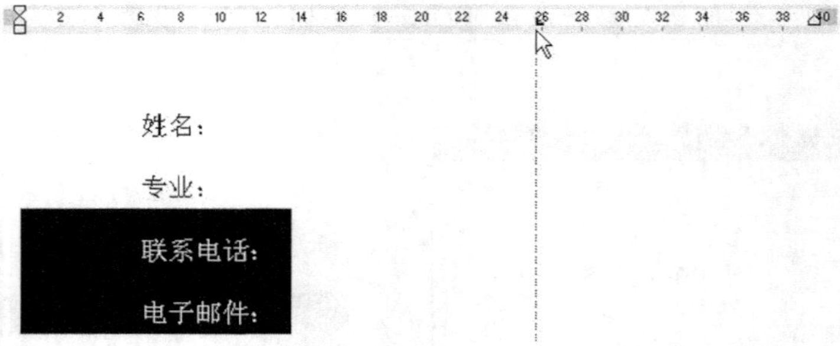

图 2-47 拖动制表位标记

⑥ 将光标定位在“姓名:”之后，单击【开始】|【字体】分组中的【下划线】按钮，然后输入自己的姓名即可。用相同的方法输入其他 3 项内容。

2.2.4 设置页面边框

Word 文档中页面的四周有一个矩形的边框，一般这个边框是由多种线条样式和颜色组合而成的。既可以为文档每页的任意边或所有边添加边框，也可以只为某节中的页面、首页或除首页以外的所有页添加边框。

【任务 16】为自荐书页添加艺术型边框，效果如图 2-48 所示。

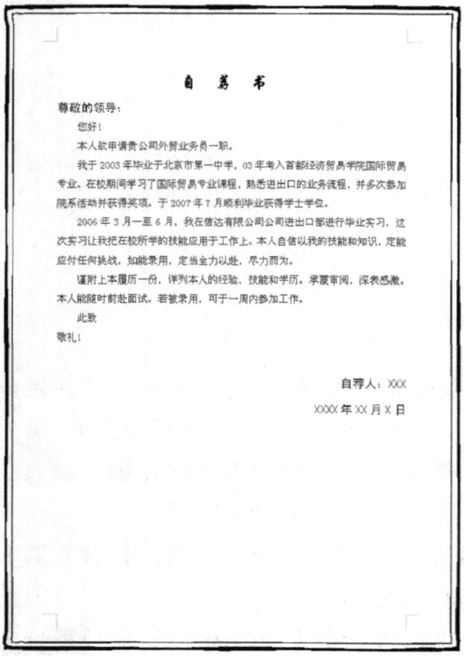

自 荐 书

尊敬的领导：

您好！

本人欲申请贵公司外贸业务员一职。

我于 2003 年毕业于北京市第一中学，03 年考入首都经济贸易学院国际贸易专业。在校期间学习了国际贸易专业课程，熟悉进出口的业务流程，并多次参加院系活动并获得奖项。于 2007 年 7 月顺利毕业获得学士学位。

2006 年 3 月—至 6 月，我在信达有限公司公司进出口部进行毕业实习，这次实习让我把在校所学的技能应用于工作上。本人自信以我的技能和知识，定能应付任何挑战，如能录用，定当全力以赴，尽力而为。

谨附上本履历一份，详列本人的经验、技能和学历。承蒙审阅，深表感激。本人能随时前赴面试。若被录用，可于一周内参加工作。

此致

敬礼！

自荐人：XXX

XXXX 年 XX 月 X 日

图 2-48 自荐书加边框效果

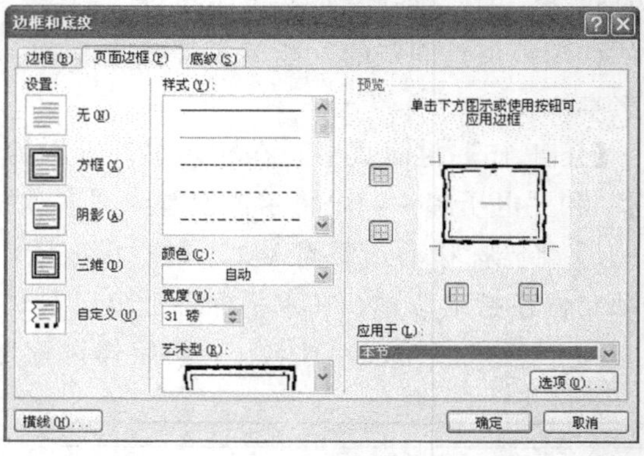

图 2-49 页面边框标签

① 将插入点定位在“自荐书”所在节的任意位置。

② 单击【草稿】按钮 ≡ ，切换到草稿页面。

③单击【页面布局】|【页面背景】分组中的【页面边框】命令，打开【边框和底纹】对话框，选中【页面边框】标签，在【艺术型】下拉列表中选择图 2-48 所示的页面边框；在【应用于】下拉列表中选择“本节”，如图 2-49 所示。最后单击【确定】按钮，页面边框添加成功。

④ 单击【保存】按钮 即可。

2.2.5 打印文档

完成个人简历的排版后，要将简历投递给用人单位，因此必须将文件打印出来。

① 单击【文件】|【打印】命令，打开【打印】窗口，如图 2-50 所示。

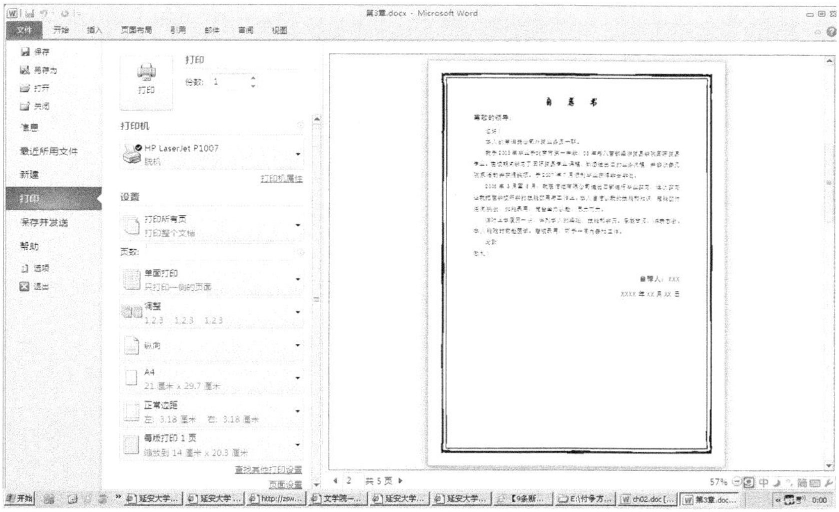

图 2-50 打印窗口

② 在【打印机】下拉列表中选择使用的打印机型号。

③ 在【设置】区域中，选择要打印内容的范围。

④ 可以在【打印】区域的【份数】数组框设置要打印的份数。

⑤ 查看打印机中的纸张是否放好，单击【打印】按钮开始打印文档。

2.3 案例小结

本章主要介绍了在 Word 文档中，字符格式、段落格式和页面格式的设置，图片的处理，表格的制作和文档的分节以及制表位的使用。

通过【开始】功能组能够对字符和段落进行基本设置，对字符和段落的一些复杂设置，应单击【开始】功能中的【字体】分组和【段落】分组右下角的三角按钮打开【字体】和【段落】对话框进行设置。

图片的插入和编辑，可以利用【图片工具】|【格式】功能组中的命令。在进行图文混排

时，正确设置图片的文字环绕方式，也能自如地美化 Word 文档。

编辑 Word 文档中的表格时，要注意对象的选择。以表格为对象的编辑，包括表格的移动、缩放、合并和拆分；以单元格为对象的编辑，包括单元格的插入、删除、移动和复制操作、单元格的合并和拆分、高度和宽度以及对齐方式等。

制表位是对齐文本的有效工具，可以精确地对齐文本，掌握了制表位的使用，能快速、准确地对文本进行设置。

在对版面进行设计时是有一定技巧性和规范性的，应多观察各种出版物的版面风格，以便设计出实用性的文档。

2.4 习题

上机操作

本实例要求完成某个商场的促销活动启事，最终效果如图 2-51 所示。

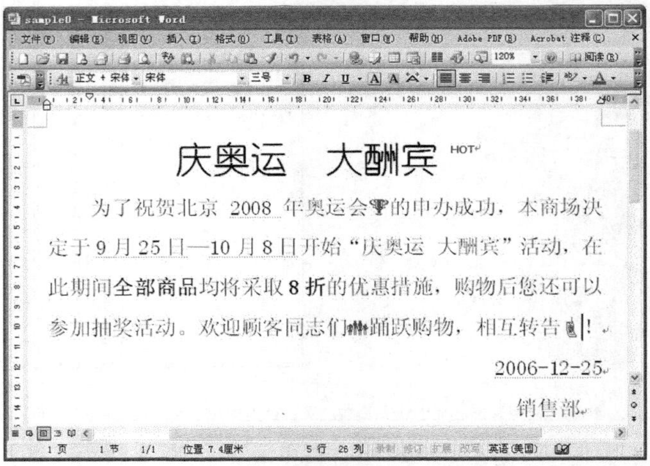

图 2-51　促销活动实例效果图

操作步骤：

（1）创建新文档

① 双击桌面上的 Word 2010 的快捷方式图标，或者单击【开始】|【程序】|【Microsoft Office】|【Microsoft Word 2010】命令，启动 Word 2010，新建一个空白文档。

② 执行【文件】|【另存为】命令，弹出【另存为】对话框，在【文件名】输入框中输入“sample0”，然后单击【保存】按钮。

（2）输入标题

在光标停留处输入“庆奥运大酬宾”，如图 2-52 所示。

（3）设置标题格式

选中标题文字后，在工具栏的【字体】下拉框中选择“幼圆”，在【字号】下拉框中设置字号大小为“28”，然后单击【居中对齐】按钮，使标题居中，效果如图 2-53 所示。

（4）输入“HOT”

在标题的末尾输入一个空格，然后输入“HOT”并选中它，再将【字体】设置为“Verdana”，【字号】

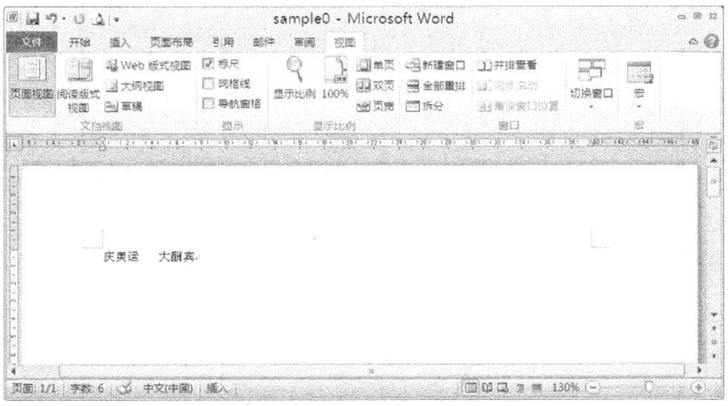

图 2-52　输入标题

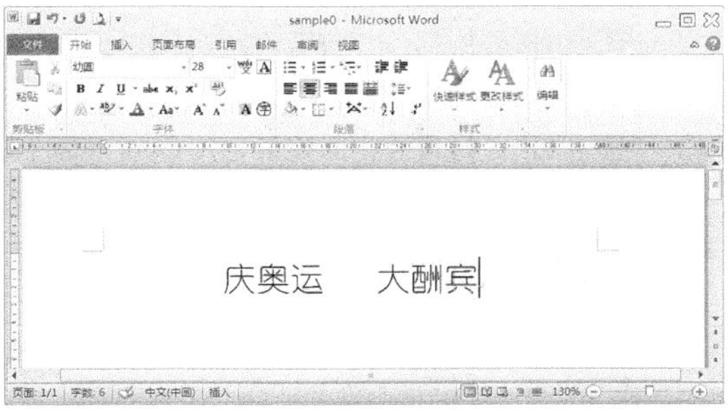

图 2-53　设置标题格式

设置为“小四”，并单击【粗体】按钮使文字加粗显示，最后将字体颜色设置成“红色”。

（5）设置字体格式

① 打开【字体】对话框，选中【字体】标签下【效果】栏中的【上标】复选框，再单击【高级】标签，在【位置】下拉列表框中选择“提升”，最后将【磅值】设置为“14”，如图 2-54 所示。在下面的预览栏中，可以看到设置后的效果。

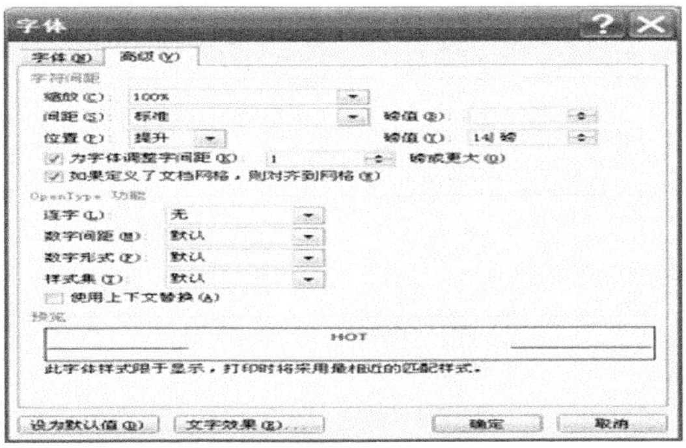

图 2-54　设置字体格式

② 单击【确定】按钮，返回主文档中。

（6）设置段落格式

① 按 Enter 键，设置文字为“左对齐”；设置【字体】为“宋体”；设置【字号】为“三号”。

② 单击【格式】|【段落】命令，打开【段落】对话框。在【缩进】栏的【特殊格式】下拉列表中，选择“首行缩进”，再回到编辑状态。

（7）输入正文内容

输入启事的具体内容，将启事中的“全部商品”和“8 折”设置为“加粗”；然后将光标定位在要插入符号的位置，单击【插入】|【符号】下拉箭头，在下拉列表中选择【其他符号】命令，弹出如图 2-55 所示的【符号】对话框，在【符号】标签中，选择【字体】为“Webdings”，插入符号，最后将这 3 个符号设置为“红色”，效果如图 2-56 所示。

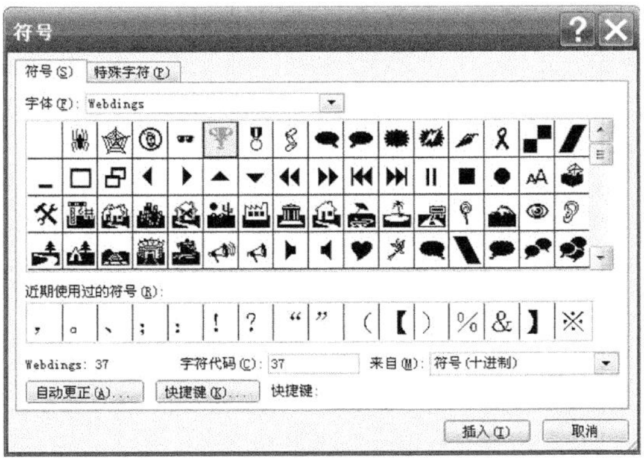

图 2-55　符号对话框

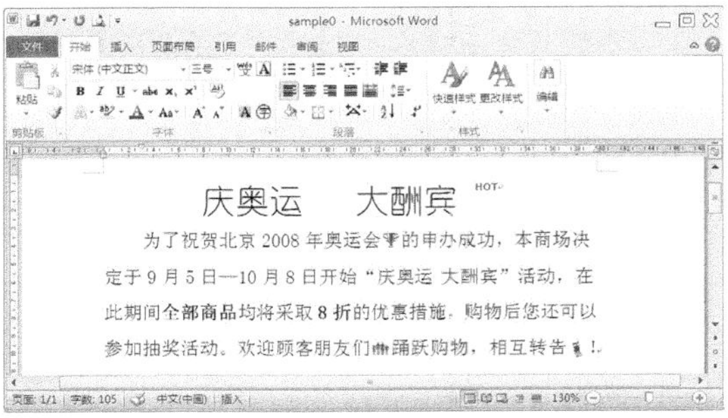

图 2-56　输入文字及符号

(8) 插入日期和时间

内容输入完后，另起一行，并设置文字输入为“右对齐”。单击【插入】|【日期和时间】命令，在【日期和时间】对话框中选择一种可用格式，如图 2-57 所示。最后输入启事的发布者，按 Enter 键另起一行，输入“销售部”，得到最终的效果如图 2-58 所示。

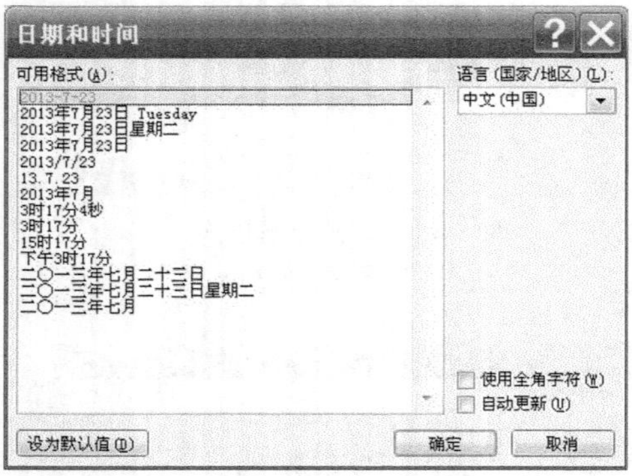

图 2-57 插入时间和日期

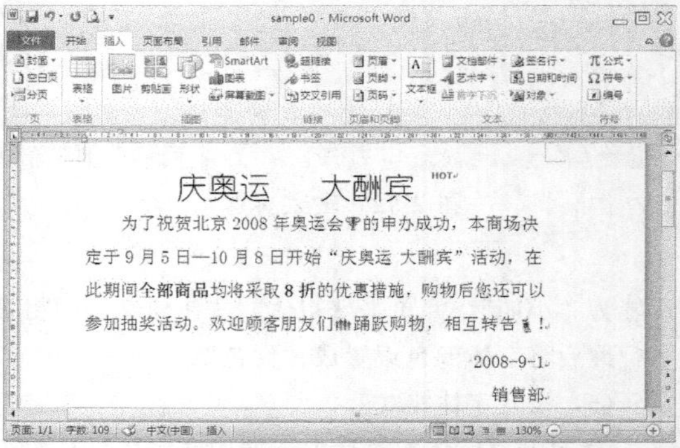

图 2-58 完成效果

(9) 字数统计

单击【审阅】|【字数统计】命令，打开【字数统计】对话框，如图 2-59 所示，显示文档中文字的数量。

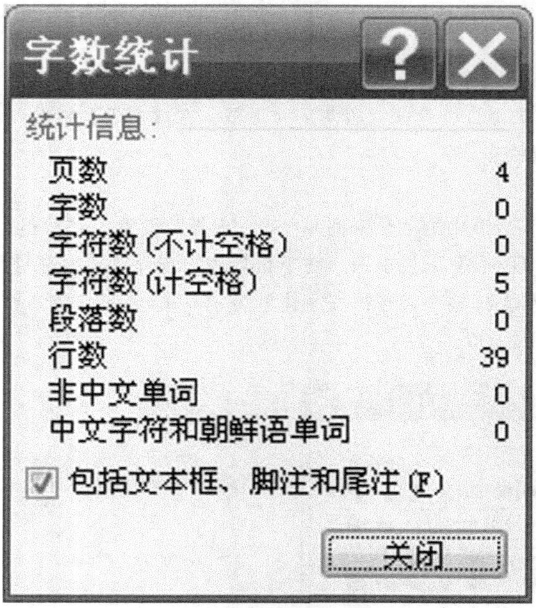

图 2-59 字数统计对话框

第 3 章　Word 2010 综合应用

——制作宣传单

教学目标

- ◆ 掌握页面背景的设置
- ◆ 掌握图形的插入
- ◆ 掌握艺术字的插入和编辑
- ◆ 掌握文本框的插入和编辑
- ◆ 了解自定义项目符号的添加

3.1 制作宣传单案例分析

3.1.1 任务的提出

小李刚刚到一家茶饮料公司的企划部工作，经理交给他的第一个任务就是为公司制作一个精美漂亮的宣传单。

3.1.2 解决方案

宣传单是广告宣传中最大众化的媒介形式，是企业在宣传产品或服务时经常用到的一种印刷品。不少企业在计划印刷宣传单时要花费比较多的资金，并要请专业的制作机构进行设计和印刷。如果掌握一定的设计知识和制作技巧，在 Word 中也可以设计出比较简洁且具有吸引力的宣传单。

在 Word 中，不仅可以插入图片、形状等元素，还可以对宣传口号等文本信息应用艺术字和文本框。这样，就可以像拖动图片一样，自由的控制文本的位置。使用艺术字和文本框来优化文字效果，从而制作出比较精美的宣传单。制作完成的宣传单效果如图 3-1 所示。

3.1.3 相关知识点

1. 页面背景

默认情况下，新建的 Word 文档背景都是单调的白色，可以单击【页面布局】|【页面背景】分组中的【页面颜色】命令，选用下列操作之一即可改变页面背景的颜色。

① 在颜色板内直接单击所需颜色。

② 如果上面的颜色不合要求，单击【其他颜色】选取任意颜色。

③ 单击【填充效果】可添加渐变、纹理、图案或图片。

2. 插入图形

插入的图形可以调整大小、旋转、翻转、着色以及组合以生成更复杂的图形。图形都有控制点，控制点是菱形的控点，用来调整自选图形的外观，而不调整其大小。

【形状】列表中可用的自选图形包括如矩形和圆这样的基本形状，以及各种线条和连接符、箭头总汇、流程图符号、星与旗帜和标注等。在“剪辑管理器”中还可以找到其他图形。

可将文本添加到图形中，添加的文本将成为图形的一部分，如果旋转或翻转该图形，文本将与其一起旋转或翻转。

3. 插入和编辑艺术字

通过【插入】|【艺术字】命令，可以插入艺术文字。通过【绘图工具】功能分组的命令可以创建带阴影的、扭曲的、旋转的和拉伸的文字，也可以按预定义的形状创建文字。

特殊文字效果是图形对象，使用【绘图工具】中的其他按钮来改变效果。例如，用图片填充文字效果。

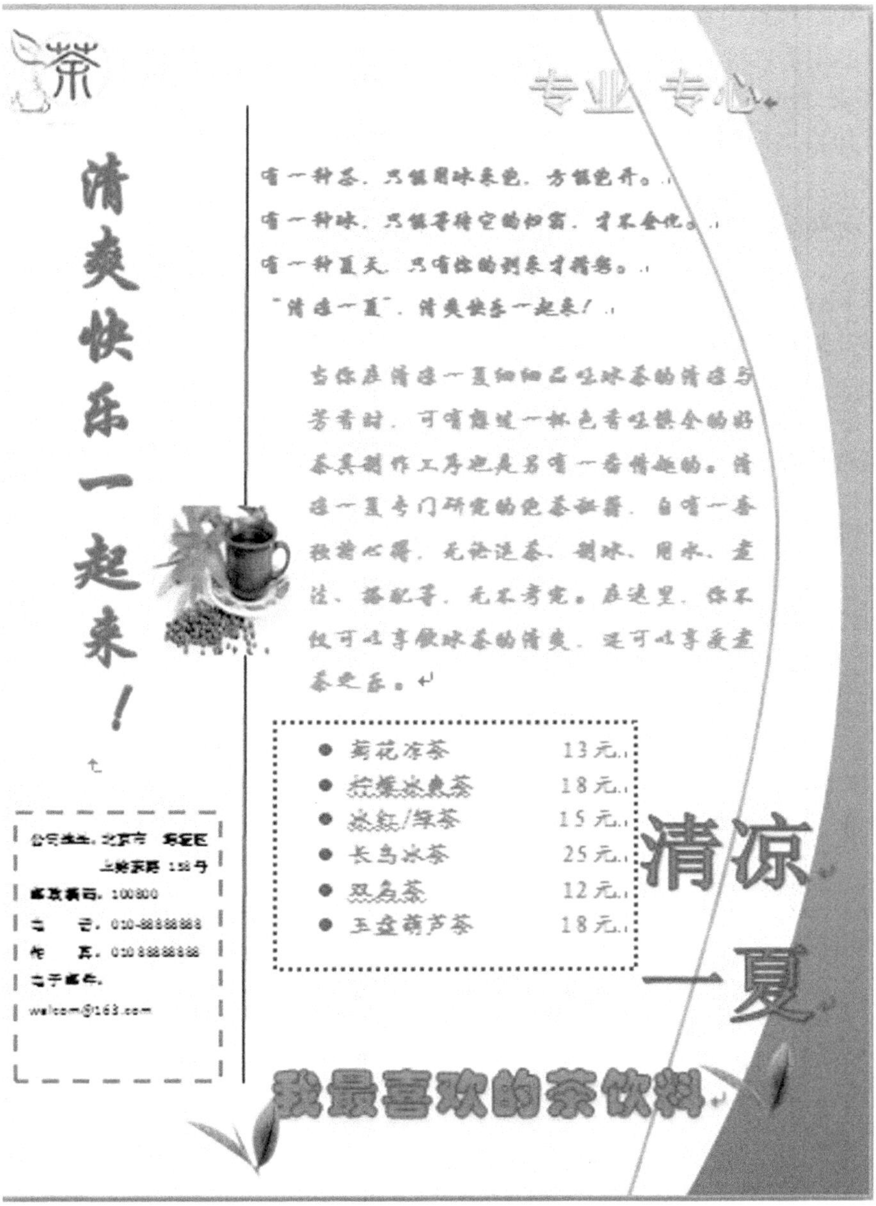

图 3-1　宣传单效果图

4. 文本框

文本框是可移动、调整大小的文字或图形容器。使用文本框，可以在一页上放置多个文字块，或使文字按与文档中其他文字不同的方向排列。文本框可作为图形处理，它以多种与设置图形格式相同的方式进行格式设置，包括添加颜色、填充及边框。

5. 项目符号和编号

方便地创建 Word 中的项目符号和编号列表，可以快速地将项目符号或编号添加到现有的行或文字中，也可以在键入内容时自动创建列表。

在 Word 中不仅可以创建仅有一级的列表，还可以创建多级符号列表，多级符号列表是用于为列表或文档设置层次结构而创建的列表。文档最多可有 9 个级别，Word 不能对列表中的项目应用内置标题样式。

3.2 实现方法

在制作宣传单之前，要收集好宣传单所需的文本资料及图片素材等，然后根据实际需要确定宣传单的版式。宣传单的版式有单页、折页、多页等。

3.2.1 版面设置

不同的纸张和页边距，最终打印出宣传单的效果是完全不同的。对于宣传单版面的设置，主要是根据对版面的不同要求对纸张大小和页边距等进行设置。

【任务 1】新建 Word 文档，上下左右的页边距均为“1.78 厘米”，“A4 纸张”并且纸张方向为“纵向”；版面设置完成后，以“宣传单”命名文档保存到桌面中。

① 启动 Word 应用程序。

② 单击【页面布局】|【页面设置】分组右下角三角下拉箭头，打开【页面设置】对话框选择【页边距】标签，在【页边距】的【上】、【下】、【左】和【右】数值框中均输入“1.78 厘米”，在【方向】区域中选择【纵向】，如图 3-2 所示。

③ 单击【纸张】标签，在【纸张大小】下拉列表中选择“A4”选项，如图 3-3 所示。单击【确定】按钮。

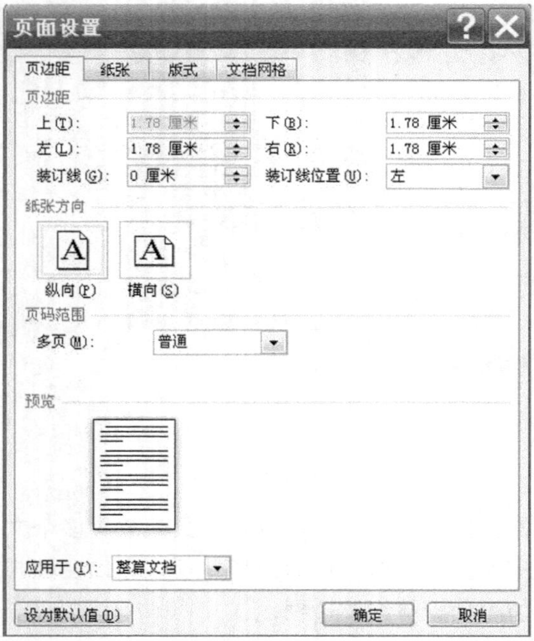

图 3-2 页边距标签

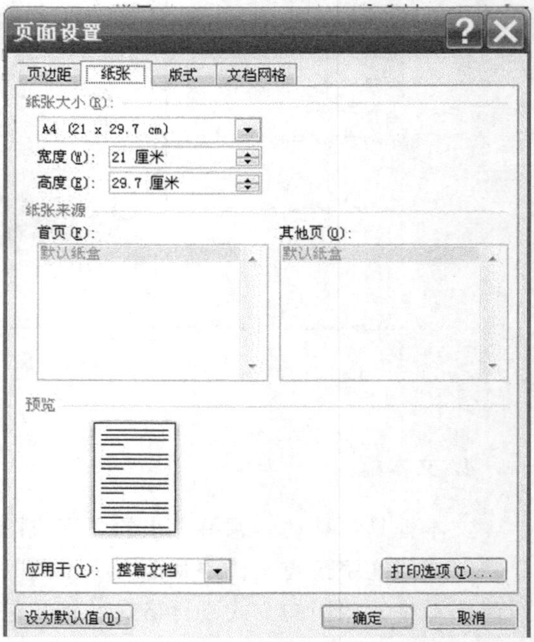

图 3-3 纸张标签

④ 单击【文件】|【另存为】命令，或单击【快速访问】工具栏中的【保存】按钮，打开【另存为】对话框。

⑤ 在【保存位置】下拉列表框中选择“桌面”选项，在【文件名】文本框中输入“宣传单”文件名，单击【保存】按钮即可保存成功。

3.2.2 设置页面背景

为文档设置页面背景时，可以选择 Word 应用程序中自带的一些背景颜色，也可以选择用户准备好的图片作为文档的背景。

【任务 2】将准备好的图片设置为“宣传单”文档的背景。

① 打开“宣传单”文档，单击【页面布局】|【页面颜色】下拉列表中的【填充效果】命令，如图 3-4 所示。

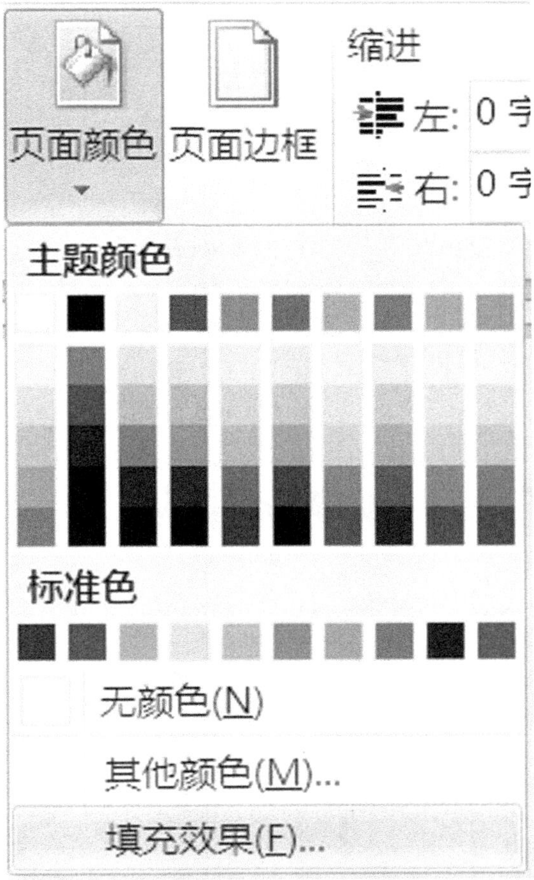

图 3-4　选择填充效果命令

② 打开【填充效果】对话框，选择【图片】标签，如图 3-5 所示。单击【选择图片】按钮，打开【选择图片】对话框，选择准备好的背景图片，如图 3-6 所示。

③ 选择好图片后，单击【插入】按钮，返回到【填充效果】对话框。最后单击【确定】按钮，完成页面背景的设置。插入背景图片后的效果如图 3-7 所示。

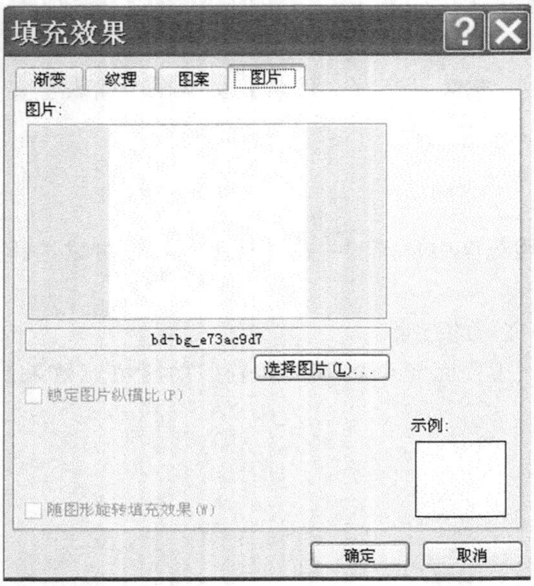

图 3-5　图片标签

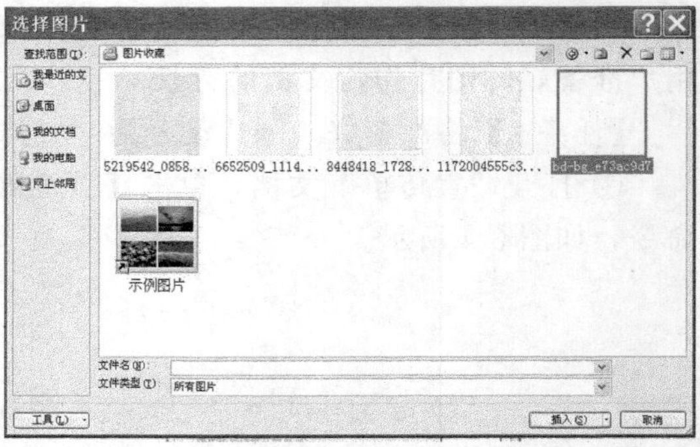

图 3-6　选择图片对话框

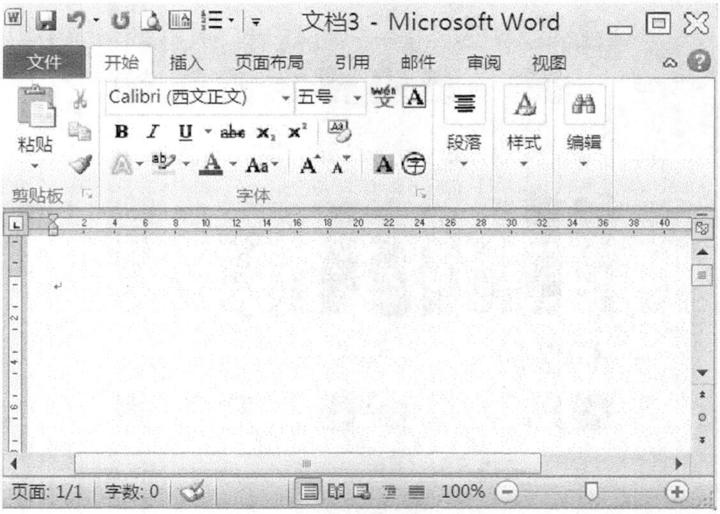

图 3-7　插入图片背景效果

3.2.3　插入形状

为了使宣传单的形式比较生动，可以插入一些图形达到美化的效果。

1. 插入直线

把要设计的宣传单分成左右两个部分：左侧放置公司名称、LOGO 等信息，右侧用于产品的介绍和宣传。

【任务 3】为了使页面布局清晰，插入一条直线作为分界线。分界线为“白色，背景 1，深色 35%”的实线，宽度为“0.5 磅”。

① 单击【插入】|【形状】下拉箭头，在下拉列表中选择【直线】按钮，将光标移动到文档中，呈十字形。在直线开始位置单击鼠标左键，拖动到直线结束位置，然后释放鼠标即可。在页面中插入一条直线，将页面分为左右两个部分。

② 选中直线后单击鼠标右键，从弹出的快捷菜单中选择【设置形状格式】命令，打开【设置形状格式】对话框。单击【线条颜色】标签，选择“实线”选项，在【颜色】下拉列表中选择“白色，背景 1，深色 35%”。单击【线型】标签，在【宽度】数值框中输入“0.5 磅”，如图 3-8 所示。

③ 单击【关闭】按钮，直线格式设置完成，显示效果如图 3-9 所示。

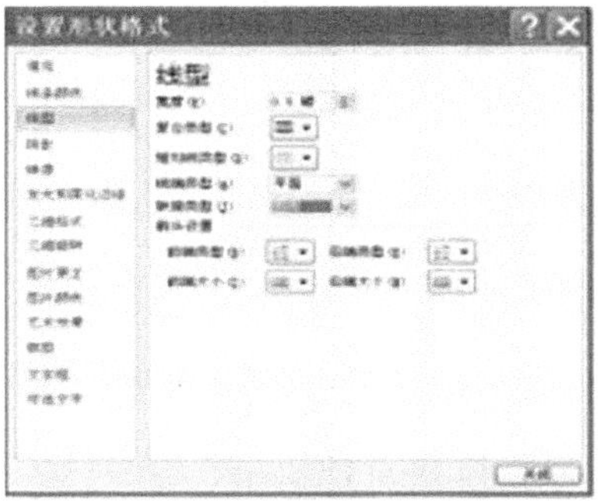

图 3-8　设置直线格式

2. 插入新月形

【任务 4】在宣传单中插入“新月形”图形，将其进行水平翻转，图形填充颜色是单色的“橄榄色，强调文字颜色 3，淡色 40%”，渐变样式为“线性向上”，形状轮廓是“无轮廓”，按照要求调整图形的大小和位置。

① 单击【插入】|【形状】下拉箭头，在弹出的下拉列表中选择“新月形”，如图 3-10 所示。

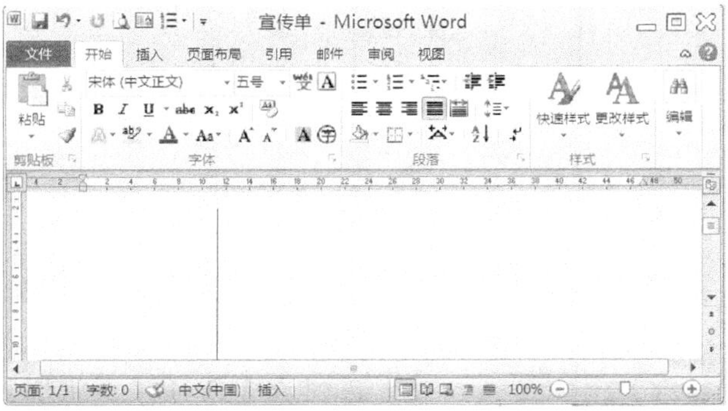

图 3-9　插入直线效果

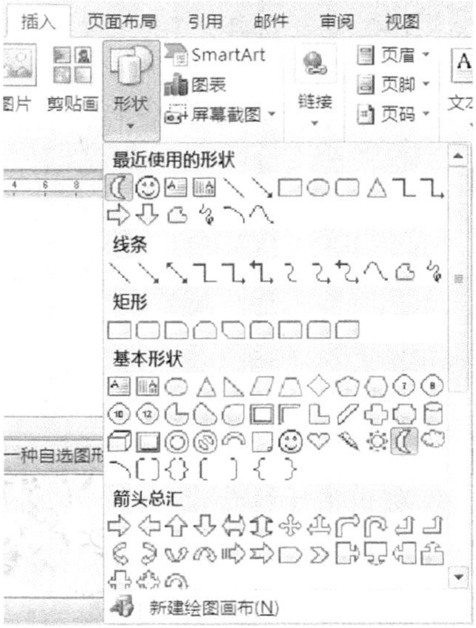

图 3-10　选择自选图形命令

② 鼠标指针呈十字形。拖动光标，在页面中绘制出一个新月形，如图 3-11 所示。

③ 选中图形，单击【绘图工具】|【排列】分组中【旋转】下拉按钮，在下拉列表中选择【水平翻转】命令，如图 3-12 所示。实现图形的水平翻转，效果如图 3-13 所示。

④ 设置图形的颜色。选中图形，单击【绘图工具】|【格式】|【形状填充】下拉箭头，

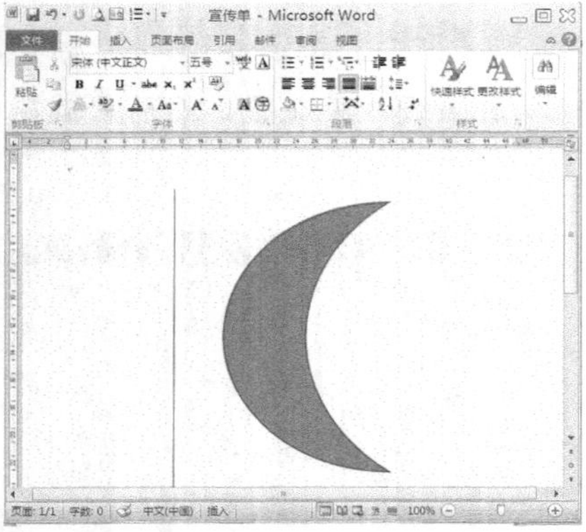

图 3-11　绘制新月形

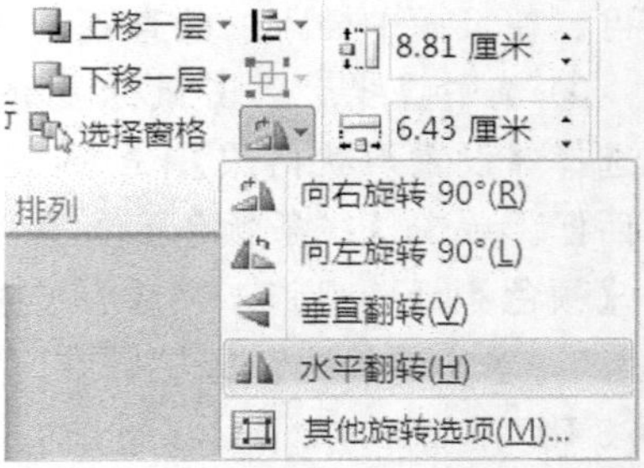

图 3-12　选择水平翻转命令

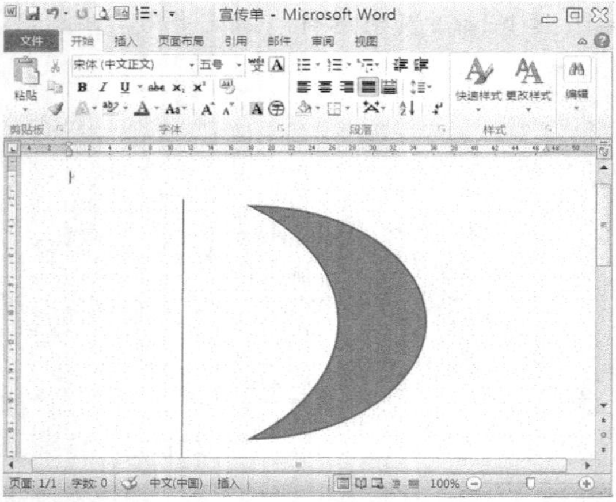

图 3-13　选择水平翻转命令

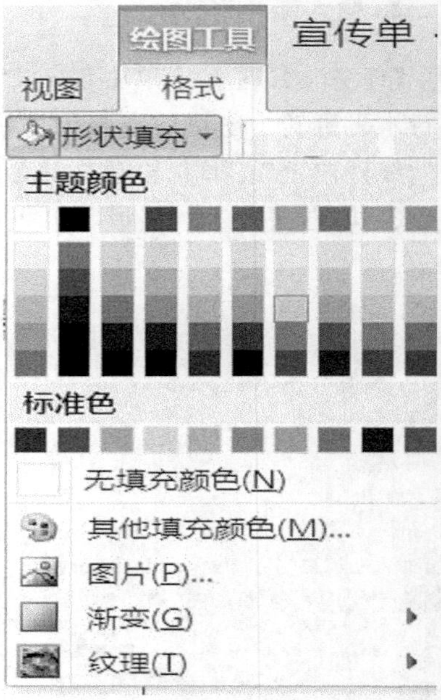

图 3-14　设置形状填充命令

在下拉列表中【主题颜色】选“橄榄色，强调文字颜色 3，淡色 40%”，如图 3-14。在【渐变】列表【变体】区域中选择“线性向上”，如图 3-15 所示。

⑤ 单击【绘图工具】|【格式】|【形状轮廓】下拉箭头，在下拉列表中选择【无轮廓】选项，如图 3-16 所示。

⑥ 拖动图形周围的控制点，调整图形的大小和位置，设置后的效果如图 3-17 所示。

3. 插入弧形

按照上述插入新月形同样的方法，在当前的文档中插入一个弧形⌒，设置颜色及边框并调整其大小，设置后的效果如图 3-18 所示。

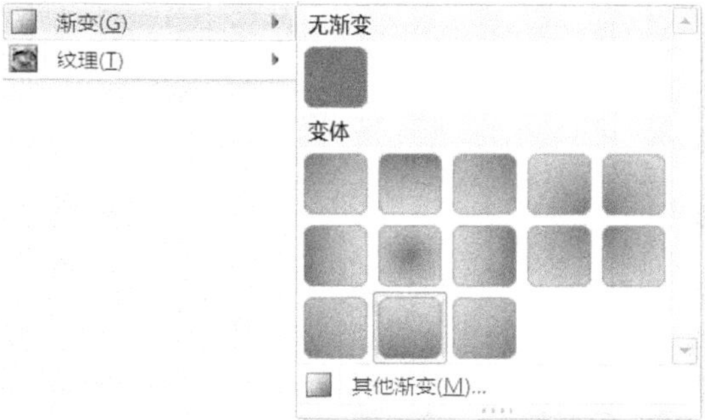

图 3-15　设置【渐变】命令

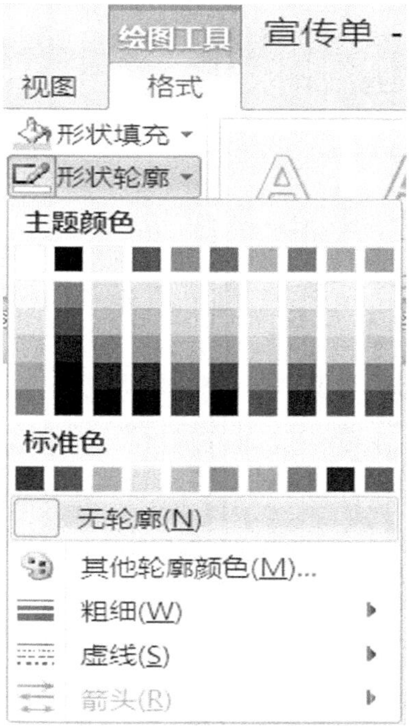

图 3-16　设置【形状轮廓】命令

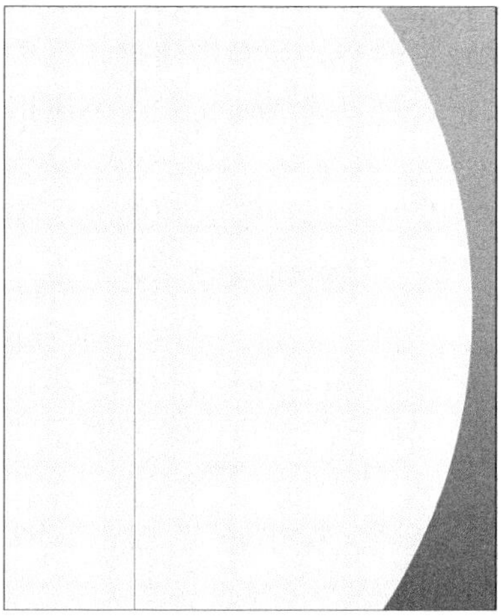

图 3-17　调整图形后效果

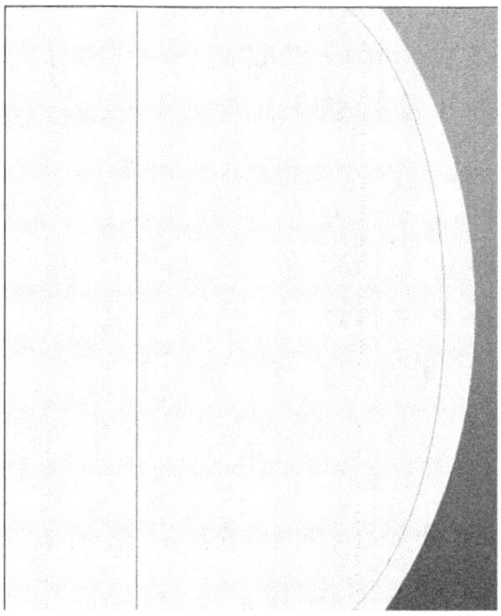

图 3-18　完成插入弧形后页面布局的效果

3.2.4　设置主题

为了达到预期的宣传目的，要在宣传单中使用图片和艺术字来突出主题。

1. 插入主题图片

【任务 5】在宣传单中插入准备好的图片，设置图片为椭圆显示。

在当前文档中，单击【插入】|【图片】命令，打开【插入图片】对话框，选择准备好的图片，单击【插入】按钮，如图 3-19。插入图片后的效果如图 3-20 所示。把图片拖动到适当的位置即可。

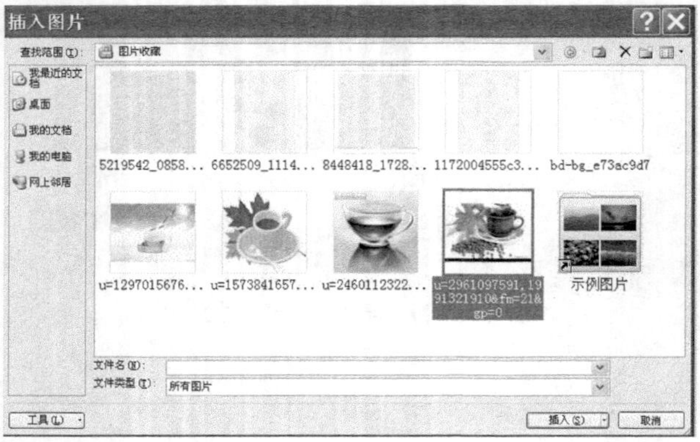

图 3-19 插入图片 对话框

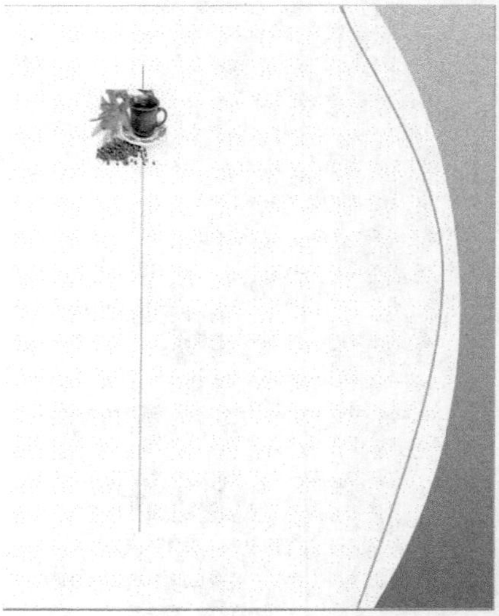
图 3-20 插入图片效果

2. 插入艺术字

标题是宣传单设计成功与否的关键。标题的内容不仅要独具匠心，而且字体设计也要别出心裁。为了使标题突出醒目，吸引人们阅读详细的内容文字，可以将 Word 艺术字应用到标题当中。

【任务 6】插入的艺术字文本为“清凉一夏”，选择艺术字库中第二行第五列的艺术字样式，字体设置为“宋体”、“60 号”并“加粗”显示，将填充颜色和轮廓颜色均设置为“橄榄色，强调文字颜色 3，深色 25%”

① 单击【插入】|【艺术字】命令，在下拉列表中选择第二行第五列的艺术字样式，如图 3-21 所示。插入点处显示“请在此放置您的文字”占位符，单击占位符，输入文字“清凉一夏”。

② 在【开始】|【字体】下拉列表中选择“宋体”，在【字号】框中输入“60”，单击【加粗】按钮 **B** ，效果如图 3-22 所示。

③ 选中艺术字，单击【绘图工具】|【格式】|【艺术字样式】分组中的【文本填充】下拉按钮，在【主题颜色】区域选择“橄榄色，强调文字颜色 3，深色 25%”，如图 3-23 所示。单击【文本轮廓】下拉按钮，在【主题颜色】区域选择“橄榄色，强调文字颜色 3，深色 25%”，如图 3-24 所示。设置颜色后的艺术字效果如图 3-25 所示。

同样方法，在当前文档中，再插入“专业专心”、“清爽快乐一起来!”和“我最喜欢的茶饮料”艺术字，以突出企业的目标和产品特点，设置后的效果如图 3-26 所示。

设置完成后，如果对其位置不满意，可以自由拖动艺术字边框至合适位置。

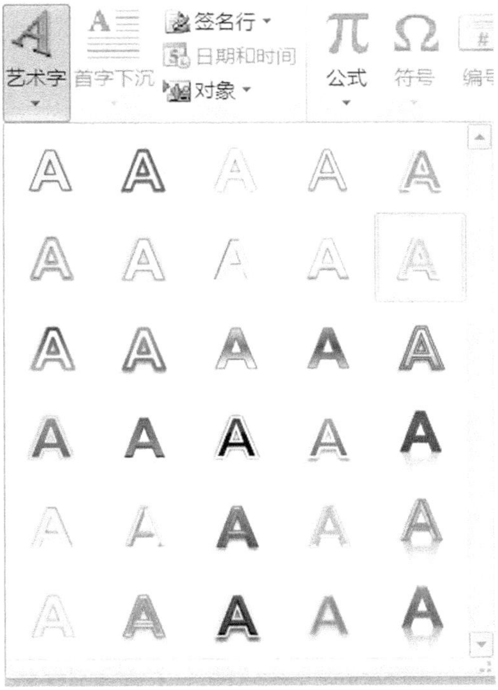

图 3-21 插入艺术字命令

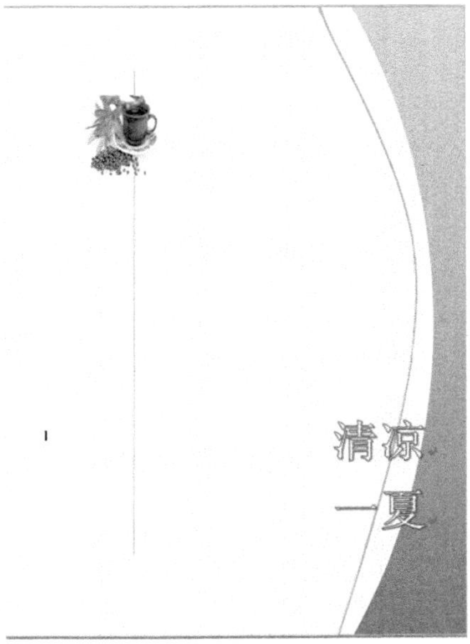

图 3-22 文字设置效果

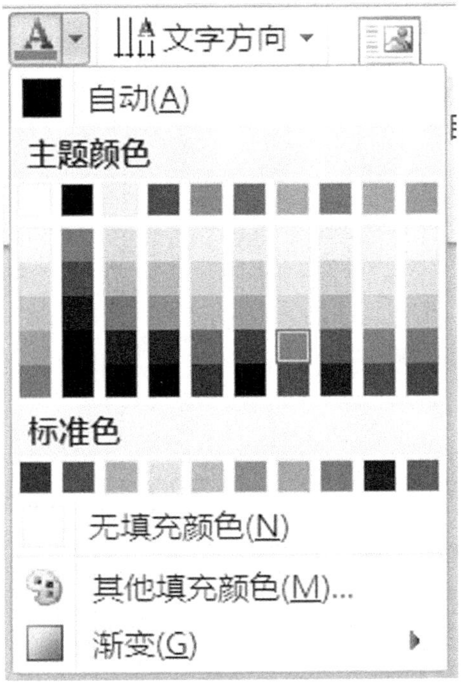

图 3-23 设置文本填充命令

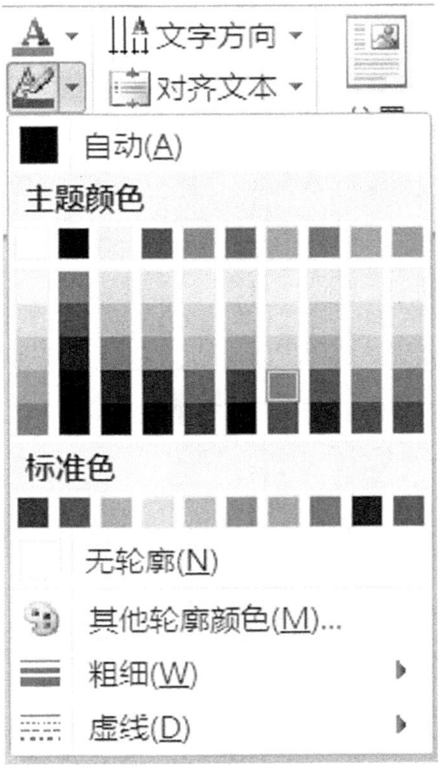

图 3-24 设置文本轮廓命令

图 3-25　设置后的艺术字效果

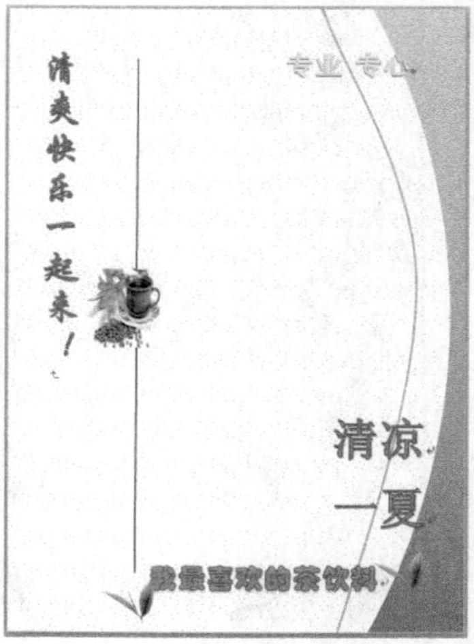

图 3-26　设置主题后的宣传单效果

3.2.5　制作详细内容

图片和艺术字的应用是为了吸引人们继续浏览宣传单，而宣传单中的详细内容是宣传产品和服务的主体。为了使页面布局清晰，并且可以随意调整文本的位置，可使用文本框输入详细内容。

1. 插入文本框

【任务 7】创建一个文本框，输入公司的名称、地址等信息，并对其字体等进行设置。

① 单击【插入】|【文本框】|【简单文本框】命令，当前页面插入点位置即插入一个文本框，如图 3-27 所示。

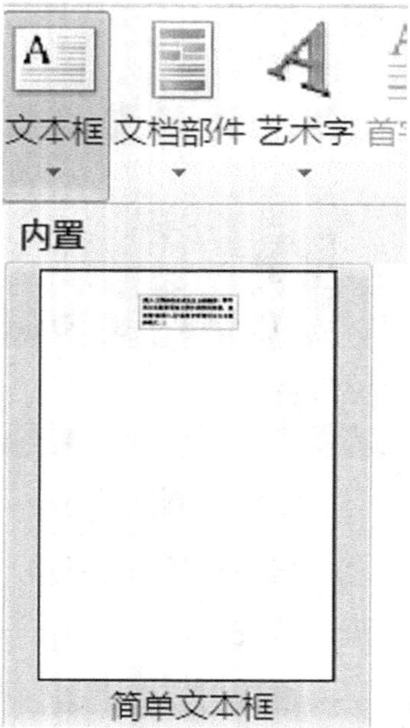

图 3-27　插入文本框过程

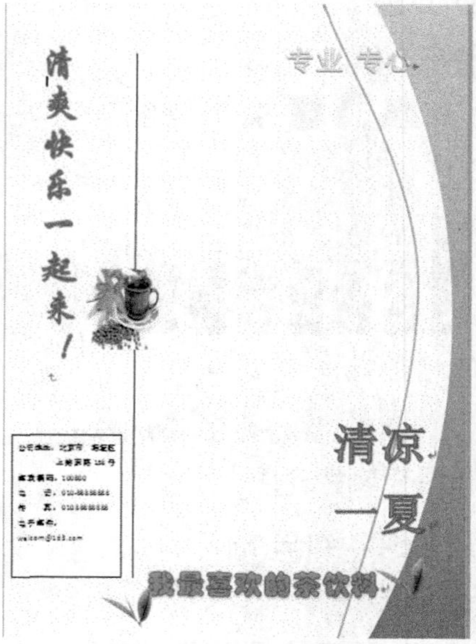

图 3-28　插入文本框

② 在文本框中，输入公司的名称、地址等信息，并对其字体等进行设置，如图 3-28 所示。如果文本框的位置不合适，可以通过拖动鼠标的方法进行调整。

2. 设置文本框

默认情况下，插入的文本框背景为白色、边框为黑色。为了和整体协调，可以重新设置。

【任务 8】将文本框的线条设置为“橄榄色，强调文字颜色 3，深色 25%”的虚线。

选中文本框，单击【绘图工具】|【格式】|【形状填充】下拉箭头，在下拉列表中选择“无填充颜色”。单击【形状轮廓】下拉箭头，在【主题颜色】区域中选择“橄榄色，强调文字颜色 3，深色 25%”，在【粗细】列表中选择“3 磅”，在【虚线】列表中选择“短划线”，过程如图 3-29 所示。文本框设置后的效果如图 3-30 所示。

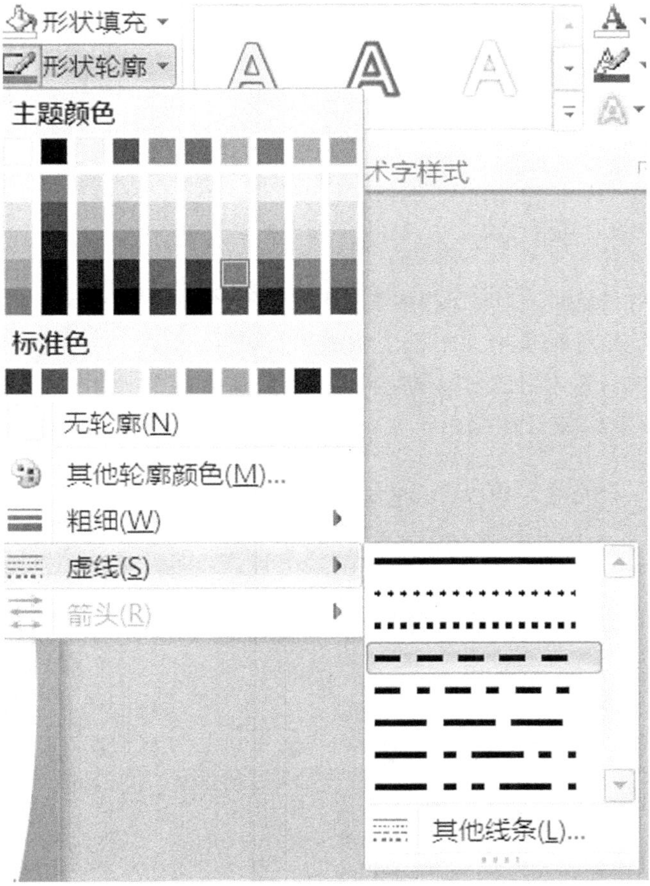

图 3-29 设置文本框样式

用同样的方法，在当前文档中，再插入几个文本框，输入文字后进行相应的设置，效果如图 3-31 所示。

图 3-30 应用文本框样式后的效果

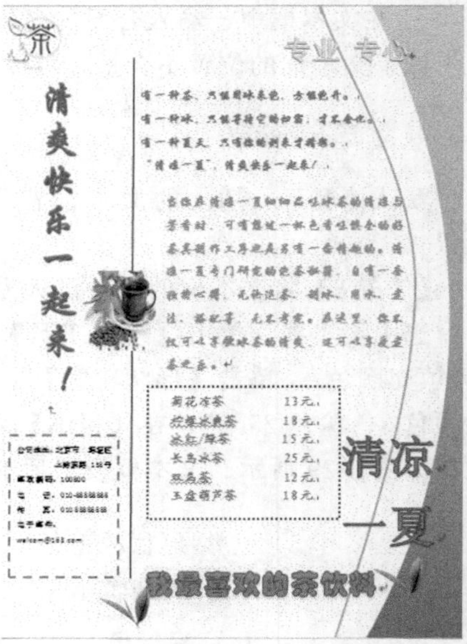

图 3-31 输入详细内容的宣传单

3.2.6 使用项目符号

在介绍产品种类和价格时，列举了很多条目为了使条理清晰且美观大方，可以添加项目符号。

【任务 9】在产品品种和价格文本框中添加项目符号。

① 选中要设置项目符号的文本，单击【开始】|【段落】分组中的【项目符号】下拉按钮，在【项目符号库】区域选择项目符号，如图 3-32 所示。

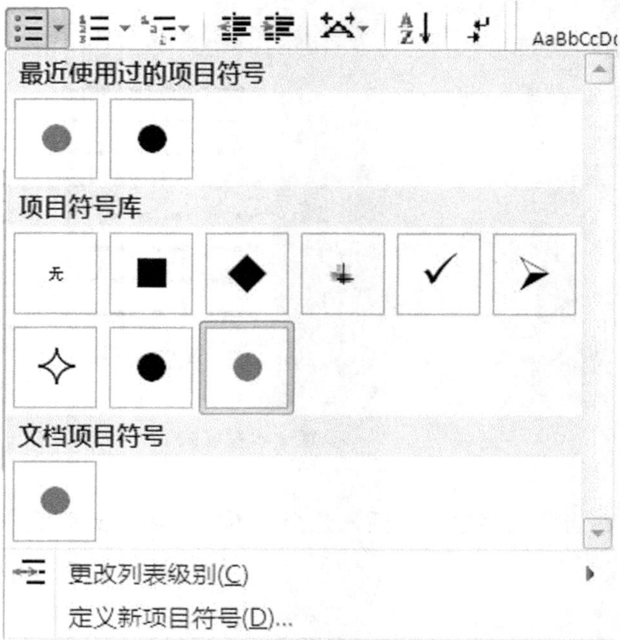

图 3-32 项目符号和编号对话框

② 单击【定义新项目符号】命令，打开【定义新项目符号】对话框，可以选择【符号】、【图片】或【字体】作为项目符号，如图 3-33 所示。

如果选择图片作为项目符号，单击【图片】按钮，打开【图片项目符号】对话框，列出了多种可供选择的项目符号图片，如图 3-34 所示。

③ 选择需要的项目符号，依次单击【确定】按钮，完成项目符号的添加。

调整图片、艺术字、文本框等元素的大小和位置，完成宣传单的制作，效果如图 3-1 所示。

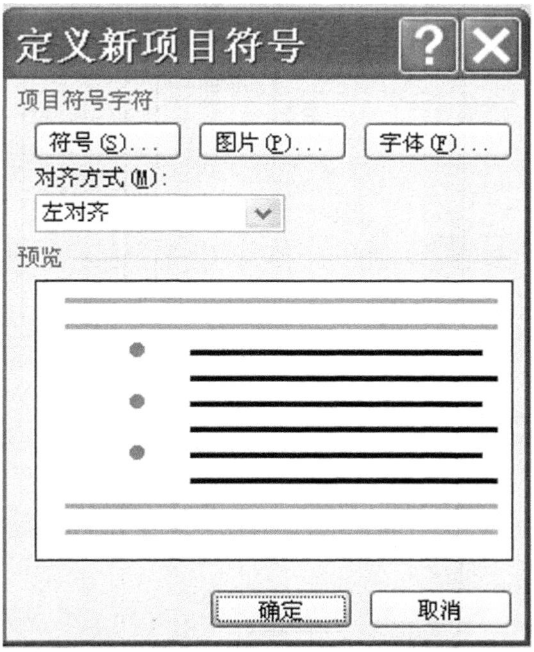

图 3-33 定义新项目符号对话框

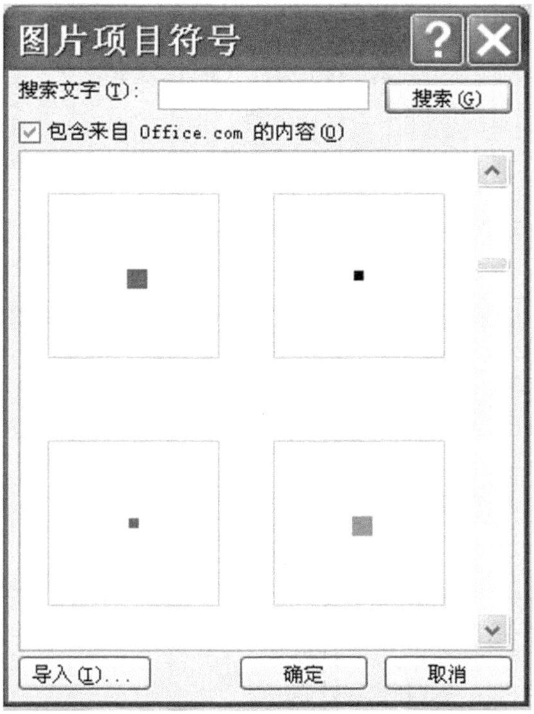

图 3-34 图片项目符号对话框

3.2.7 打印宣传单

企业制作的宣传单通常是正反面两版宣传页，在打印的时候就需要双面打印宣传单。

① 单击【文件】|【打印】命令，打开【打印】窗口，如图 3-35 所示。根据打印需要设置相应的参数。

② 单击【页数】区域中【单面打印】下拉箭头，选择【手动双面打印】，如图 3-36 所示。

③ 单击【打印】按钮，开始打印文档。

图 3-35 打印窗口

图 3-36 设置双面打印

3.3　案例小结

本章结合宣传单的制作，介绍了图片、艺术字和文本框的插入与编辑。其中，艺术字和文本框的使用是学习的重点。

艺术字和文本框使 Word 做出的文档更加丰富多彩、灵活多变。因为艺术字可以使我们像处理图片那样去处理文字，从而生成许多仅通过改变字体而无法达到的效果。而文本框的可随意移动性，使文档的排版变得无比灵活，可使文字出现在页面的任何位置而不影响排版。因此，在制作宣传单时，使用艺术字和文本框是非常方便的。

3.4　习题

上机操作

本实例要求创建如图 3-37 所示的图文混排文档。

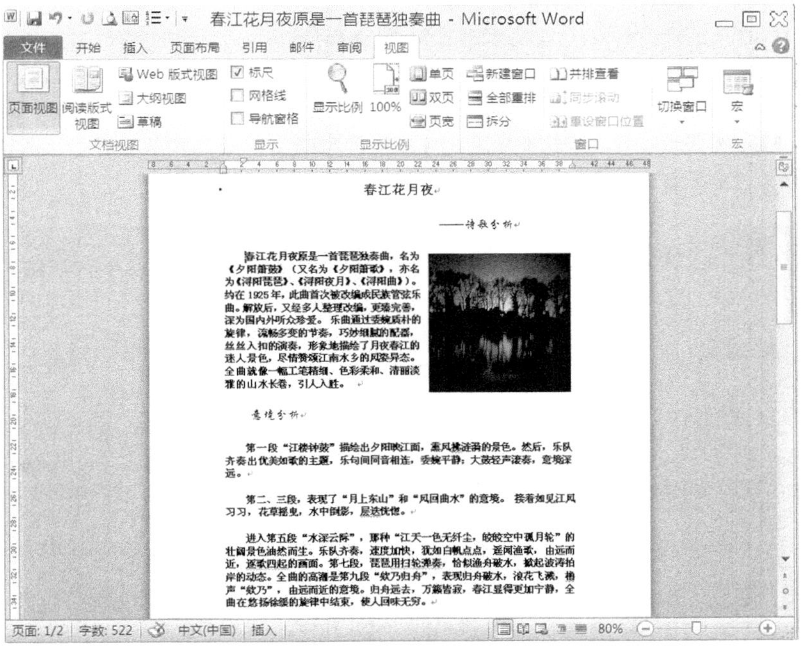

图 3-37　实例效果

操作步骤：

(1) 输入文字

① 打开 Word 2010 程序，新建一个文档。

② 输入如图 3-38 所示的文字。

(2) 设置文字及段落样式

① 选择标题文字“春江花月夜”，设置文字样式为“标题 2”，单击【开始】|【样式】分组中的【标题 2】，单击【字体】分组中的【加粗】按钮，使标题文字加粗，单击【段落】分组中的【居中】按钮，使标

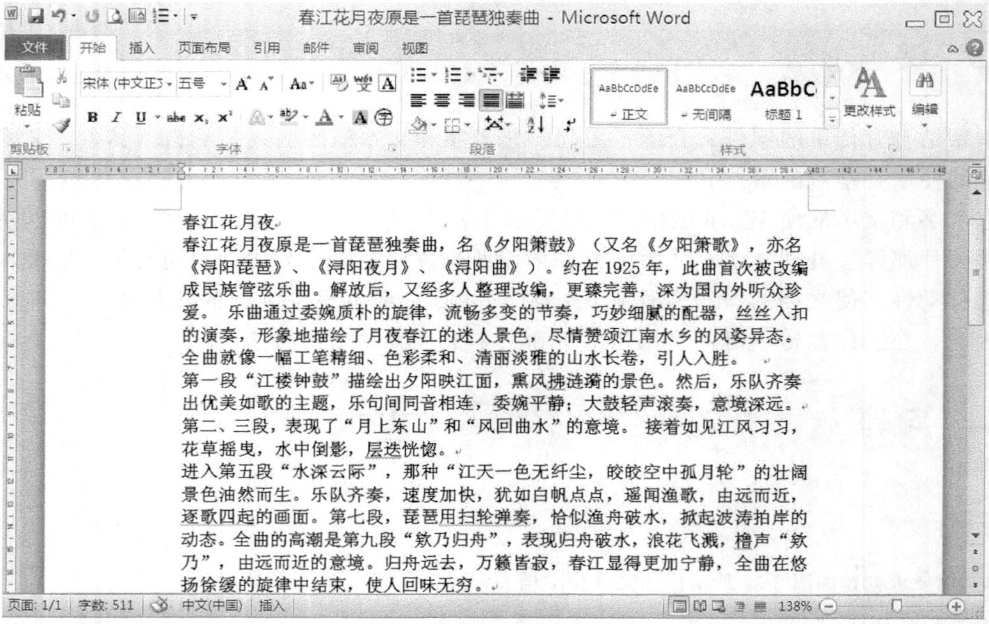

图 3-38　输入文字

题文字居中。

② 选择除标题外的所有文字，单击【开始】|【段落】分组右下角的按钮，弹出【段落】对话框，将【特殊格式】设置为“首行缩进”，【度量值】为“2 字符”，如图 3-39 所示。

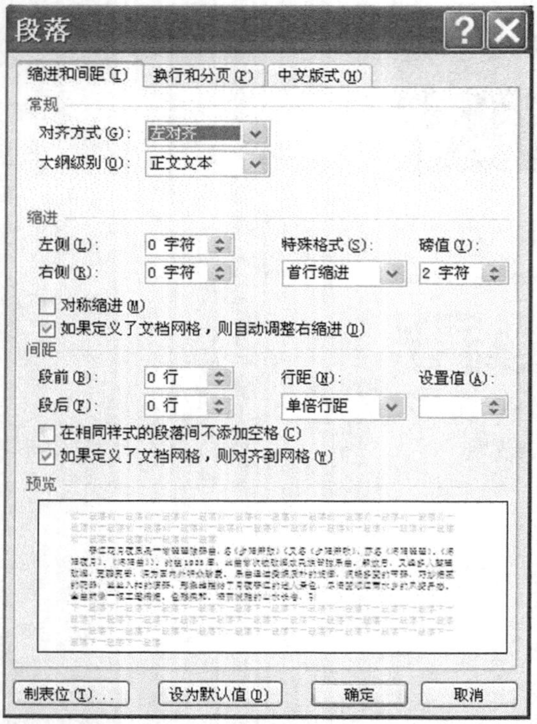

图 3-39　设置首行缩进

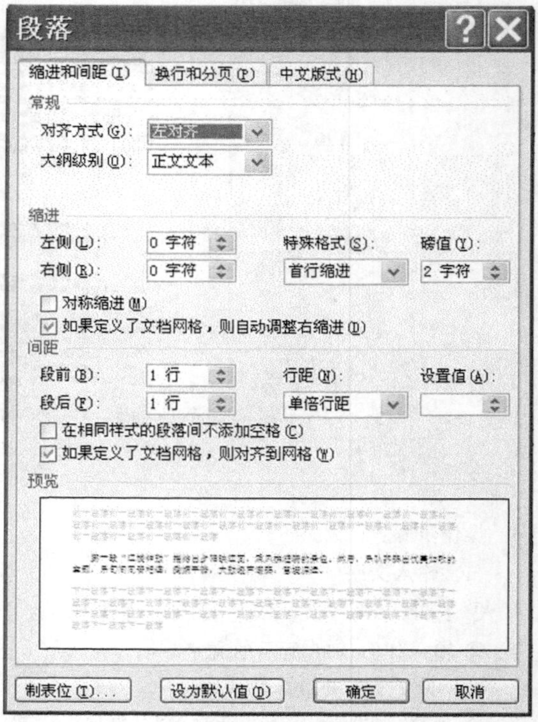

图 3-40　设置行距

③ 将光标定位在正文第二个段落的开头，然后单击【开始】|【段落】分组右下角的按钮，弹出【段落】对话框，将【段前】和【段后】都设置为“1 行”，如图 3-40 所示。单击【确定】按钮，得到的效果如图 3-41 所示。

④ 用同样的方法，设置其他段落的行距。将光标定位在正文最后一段的开头，执行【格式】|【段落】命令，弹出【段落】对话框，将【段前】设置为“1 行”，【段后】保持默认的“0 行”，单击【确定】按钮后，得到的效果如图 3-42 所示。

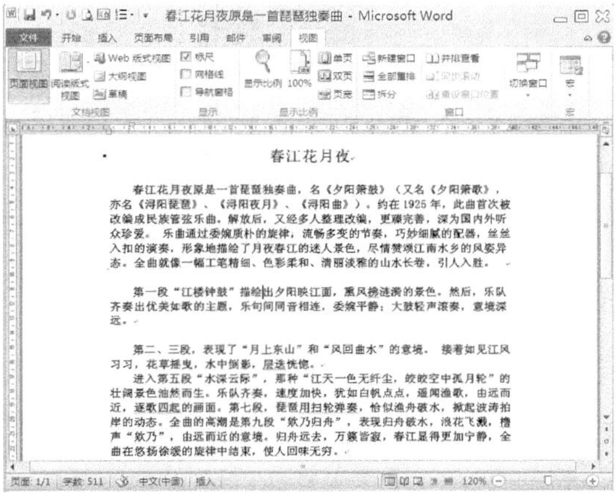

图 3-41　设置第二段行距后的效果

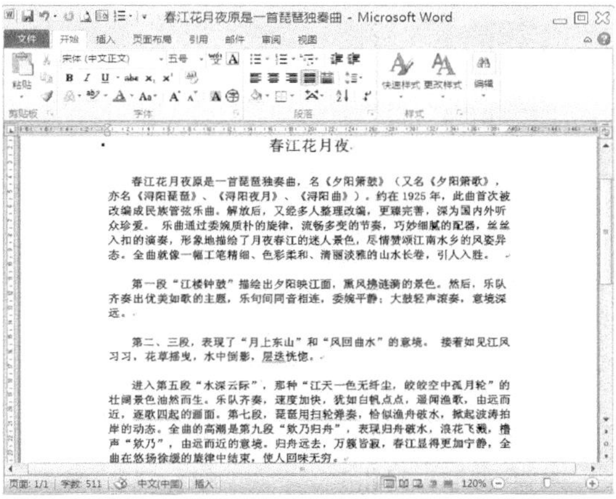

图 3-42　设置其他段落行距后的效果

(3) 插入图片并设置版式

① 单击【插入】|【图片】命令，弹出【插入图片】对话框，选择准备好的“江水 .bmp”文件。选中插入的图片，单击【图片工具】|【格式】|【大小】分组右下角下拉箭头按钮，弹出【布局】对话框，去掉【锁定纵横比】选项，将图片【高度】和【宽度】绝对值都设置为“6 厘米”，如图 3-43 所示。或者，在图片上右键单击，选【设置图片格式】命令进行设置，如图 3-44 所示。

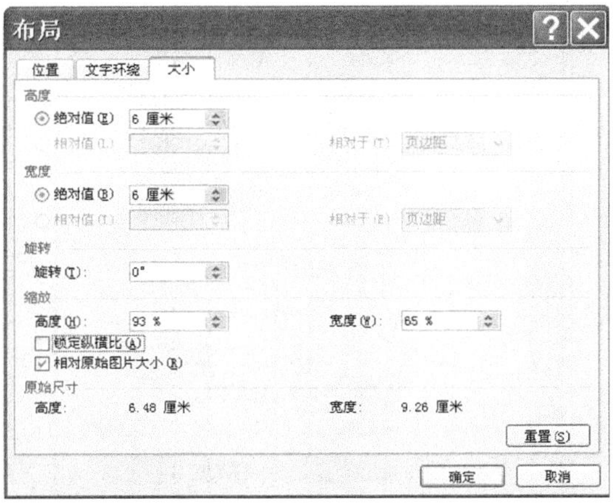

图 3-43　设置图片格式

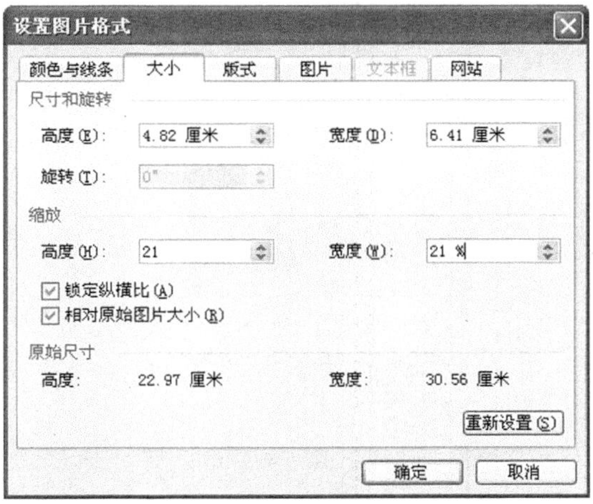

图 3-44　设置图片格式

② 在【布局】对话框中切换到【文字环绕】标签，将【环绕方式】设置为“四周型”，如图 3-45 所示。单击【确定】按钮，然后将图片拖动到合适的位置松开鼠标，得到如图 3-46 所示的效果。

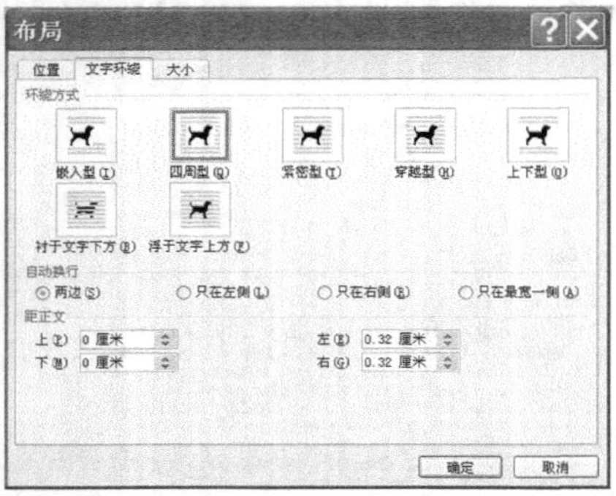

图 3-45 设置版式

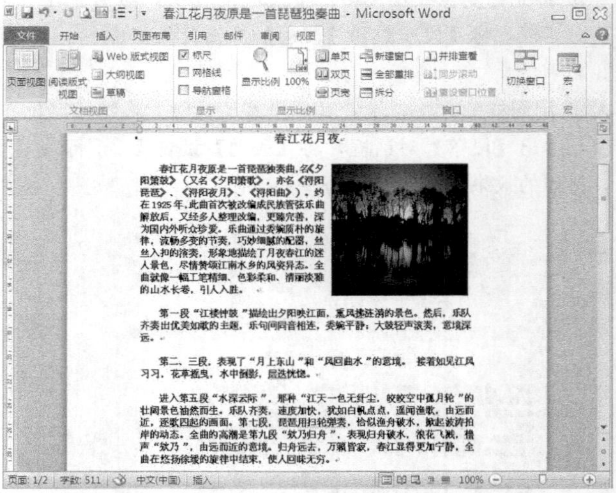

图 3-46 设置文字环绕后的效果

(4) 插入副标题

① 将光标定位在第一段的开头，按 Enter 键，然后输入副标题“——诗歌分析”。

② 选择输入的副标题，将字体设置为“华文行楷”，字号为“小三”，在副标题前加入一些空格，调整到合适位置，效果如图 3-47 所示。

(5) 复制、移动、删除文字

① 选择副标题文字“诗歌分析”，按 Ctrl+C 组合键进行复制。

② 将光标定位在第三段文字的开头，然后按 Ctrl+V 组合键进行粘贴。

③ 选择第三段开头的文字“诗歌分析”，按住鼠标左健将它拖动到第二段的开头，按 Enter 键使它单独成行，如图 3-48 所示。

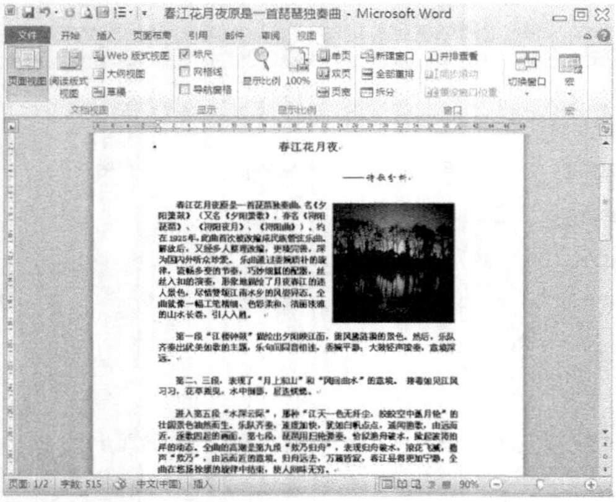

图 3-47 输入副标题

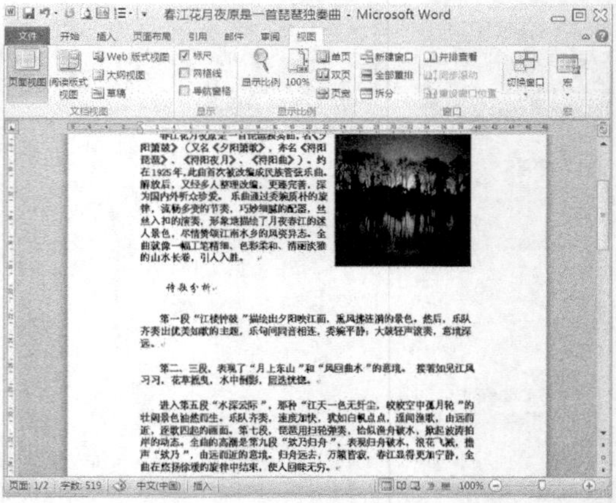

图 3-48 复制、移动文字

④ 选择第二段开头的“诗歌”，按 Delete 键将其删除，然后输入“意境”，效果如图 3-49 所示。

(6) 替换文字

将文中所有的“名”替换为“名为”。

① 将光标定位在第一段的开头，单击【开始】|【编辑】分组中的【替换】命令，弹出【查找和替换】对话框，在【查找内容】后的文本框中输入“名”，在【替换为】后的文本框中输入“名为”，如图 3-50 所示。

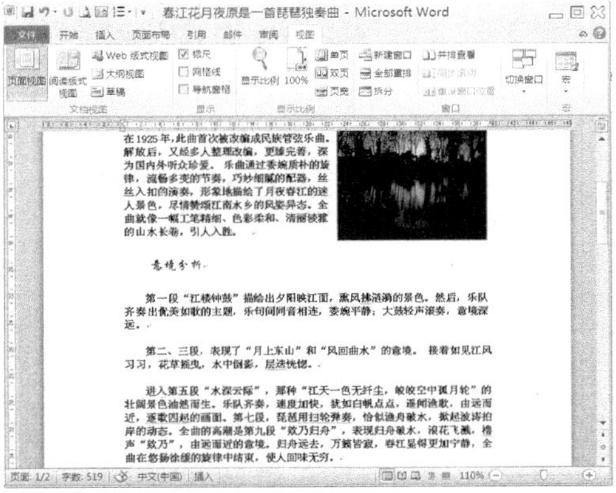

图 3-49　修改文字

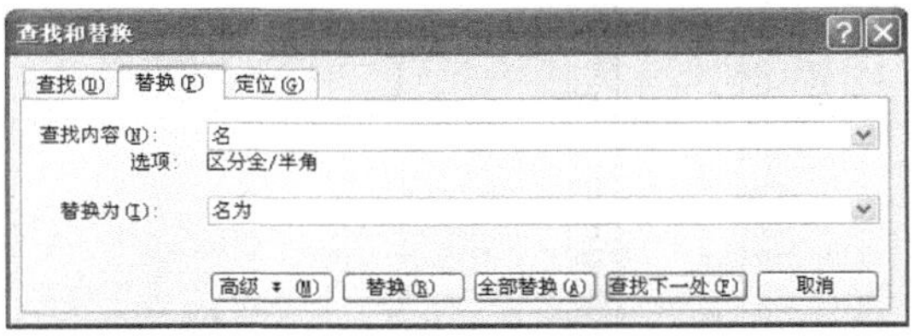

图 3-50　替换文字

② 如果要将文中所有的“名”都进行替换，就可以直接单击【全部替换】按钮；如果只想替换个别的内容，可以先单击【查找下一处】按钮，找到要替换的内容，然后单击【替换】按钮。此处需全部替换，则单击【全部替换】按钮。

第 4 章 Word 2010 高级应用

——制作毕业论文

教学目标

- ◆ 掌握 Word 文档属性的设置
- ◆ 掌握样式的创建和使用
- ◆ 掌握多级符号的创建和应用
- ◆ 理解图表的自动编号及图表目录的创建
- ◆ 掌握分节符的应用
- ◆ 掌握页眉和页脚的创建
- ◆ 掌握修订和批注的创建和编辑
- ◆ 掌握文档目录的创建

4.1 毕业论文排版案例分析

4.1.1 任务的提出

小赵即将大学毕业，大学要完成的最后一项作业是对写好的毕业论文进行排版。开始他并没有在意，以前用 Word 进行文字编辑，感觉很简单。当他看到学校对毕业论文格式的要求后心里有点儿打鼓，不知道从何下手了。

毕业论文文档不仅篇幅长，而且格式比较多且处理起来比一般文档复杂，如为章节和正文等快速设置相应的格式、自动生成目录、为奇偶页创建不同的页眉和页脚等。这些都是小赵从没有遇到过的问题，不得已只好去请教老师。经过老师的讲解，他顺利完成了毕业论文的排版工作。

4.1.2 解决方案

小赵按照老师的指点，通过利用样式快速设置相应的格式、利用大纲级别的标题自动生成目录、利用域命令灵活插入页眉和页脚等方法，对毕业论文进行有效的编辑排版。

4.1.3 相关知识点

1. 文档属性

文档属性包含了文件的详细信息，包括标题、主题、作者、类别、关键词、文件长度、创建日期、最后修改日期和统计信息等。

2. 样式

样式是一组已经命名的字符格式或段落格式，可以应用于一个段落或者段落中选定的字符，能够批量完成段落或字符的格式设置。

3. 节

节是 Word 用来划分文档的一种方式。节的创建可以在同一个文档中设置不同的页面格式。节用分节符标识，在普通视图中分节符是两条横向平行的虚线。

4. 页眉和页脚

页眉和页脚是页面中两个特殊的区域，在文档的每个页面页边距的顶部和底部区域。通常文档的标题、页码、公司徽标、作者名等信息显示在页眉或页脚上。

5. 修订和批注

修订是对文档进行插入、删除、替换以及移动等编辑操作时，使用一种特殊的标记记录所做的修改，以便其他用户或者原作者了解文档所做的修改，可以根据实际情况决定是否接受修订。

批注是作者或审阅者为文档添加的注释或批注，在文档的页边距或审阅窗格中的气球上显示批注。

6. 目录

目录是长文档中不可缺少的部分，能够很容易地了解文档的结构内容并快速定位查找。在目录中，左侧是目录标题，右侧是标题对应的页码。

4.2 实现方法

4.2.1 页面设置

毕业论文的撰写规范通常会规定页边距、装订线、纸向、纸型、页眉和页脚距边界距离以及文章的行间距等，这些都是在【页面设置】中进行设置的。

【任务 1】将毕业论文文档的页面大小设置为 16 开（18.4×26 厘米），设置文档每行输入 30 个字符，每页 36 行。

① 打开毕业论文 Word 文档后，单击【页面布局】命令，打开【页面设置】对话框，选择【纸张大小】标签，在【纸张大小】下拉列表中选择“16 开（18.4×26 厘米）”选项，如图 4-1 所示。

② 单击【页面设置】右下角下拉箭头，打开【页面设置】对话框中，单击【文档网格】标签，选中【网格】单选框中的【指定行和字符网格】选项，在【字符】中输入【每行】为“30”，在【行】中输入【每页】为“36”，如图 4-2 所示。

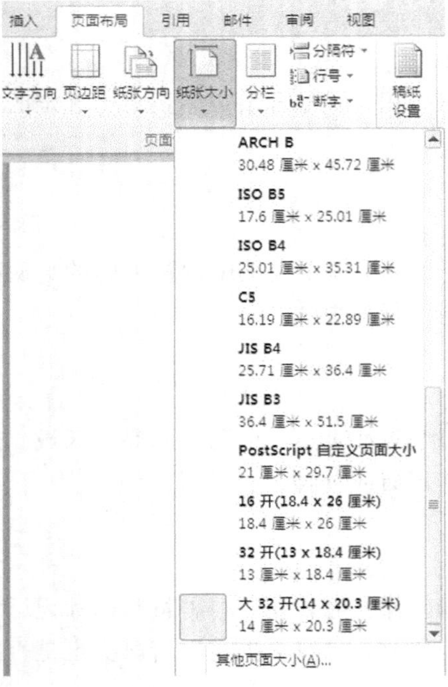

图 4-1 设置纸张大小

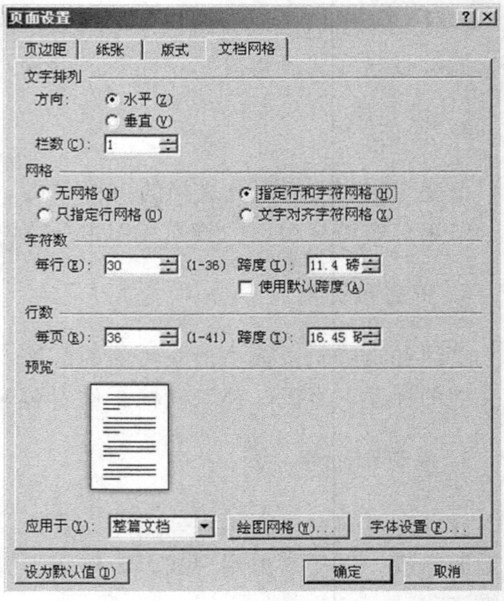

图 4-2 文档网格标签

③ 单击【确定】按钮，页面设置完毕。

4.2.2 属性设置

文档属性有助于了解文档的相关信息，如文档的标题、作者、文档长度、创建日期、最后修改日期等。

【任务 2】将毕业论文文档标题设置为“网站设计概论”、作者输入“学号＋姓名”、单位设置为所在班级。

① 单击【文件】|【信息】命令，右侧显示【属性】对话框。

② 在【标题】文本框中输入“网站设计概论”、在【作者】文本框中输入“0001 李四”、在【单位】文本框中输入“××××班”，如图 4-3 所示。

③ 单击【确定】按钮即可。

4.2.3 使用样式

毕业论文通常由题目、摘要、目录、绪论、正文、结论、参考文献和附录等部分构成，文档长且各部分内容格式复杂，所以在输入文字之前，先创建好样式再应用会事半功倍。同时，应用样式后文档在大纲视图中也方便进行结构的调整和内容的移动。论文中标题多级符号的应用也使增、删、改后的标题能自动调整编号。

论文标题的多级符号可以采用 Word 中 Normal 模板的内置样式的“标题 1”、“标题 2”或“标题 3”等样式，也可以自己新建样式。样式可以根据论文排版的要求修改。

【任务 3】根据论文标题使用多级符号的要求，按照表 4-1 所示参数，对 Word 模板内置样式进行修改。

表 4-1 毕业论文格式要求

名称	字体	字号	间距	对齐方式
标题 1	黑体	小三	固定行距 20 磅，段后间距 30 磅	居中
标题 2	黑体	四号	固定行距 20 磅，段后间距 20 磅	左对齐
标题 3	黑体	小四	固定行距 20 磅，段后间距 18 磅	左对齐
正文	宋体	小四	固定行距 20 磅	首行缩进两个字符

① 单击【开始】命令，打开【样式】功能区。将鼠标指针移到“标题 1”样式名处，单击鼠标右键，在弹出的菜单中单击【修改】命令。

② 打开【修改样式】对话框，在【字体】下拉列表中选择“黑体”、在【字号】下拉列表中选择“小三”、单击【居中】对齐按钮☰，如图 4-4 所示。

③ 在【修改样式】对话框中，选择【格式】下拉菜单中的【段落】选项，打开【段落】对话框，选择【缩进和间距】标签，在【行距】下拉列表中选择【固定值】，在【设置值】中输入“20 磅”，在【段后】数值框中输入“30 磅”，如图 4-5 所示。

④ 依次单击【确定】按钮即可。

⑤ 按照上述方法，根据表 4-1 所示参数要求设置其他格式。

样式修改后，即可应用样式。选中文档中要应用样式的文字，或将插入点置于要应用样式所在段落的任意位置，然后再单击【样式】中相应的样式名称即可。

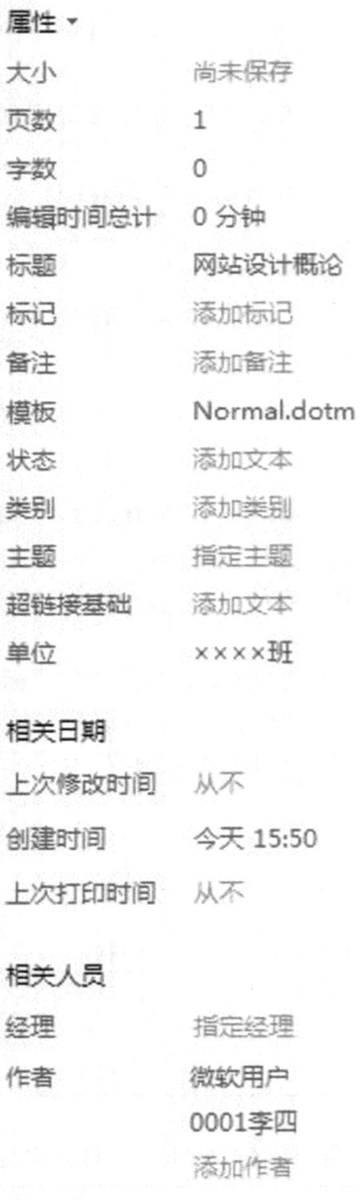

图 4-3 输入文档属性信息

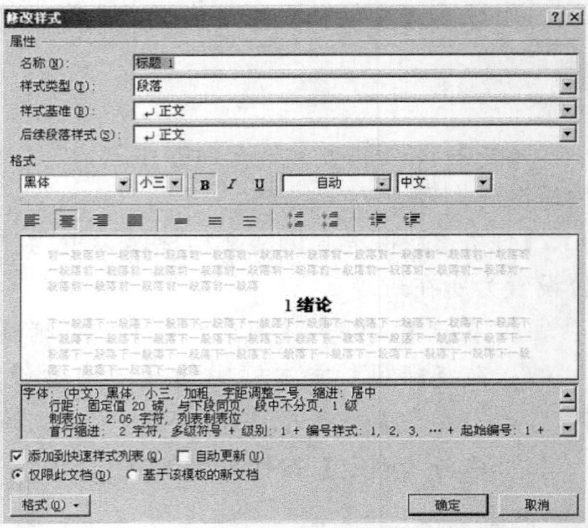

图 4-4 修改样式对话框

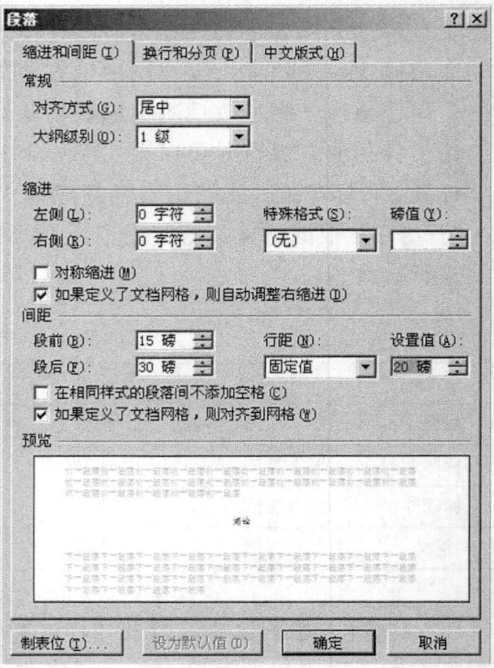

图 4-5 段落对话框

如果要为文档中多处已经具有同一样式的文字再应用其他的相同样式，这时可以一次性完成，如本来应该应用“标题 2”样式的文字，在这里全部错误地应用了“标题 3”的样式。实现方法是首先将插入点置于正确样式（如“标题 2”）段落的任意位置，然后右键单击【样式】功能区中对应错误样式名称按钮，从弹出的快捷菜单中选择【更新标题 3 以匹配所选内容】命令，如图 4-6 所示，这样即可将所有应用了“标题 3”样式的文本更改成新应用样式的名称（如“标题 2”）。

图 4-6　更新标题 3 以匹配所选内容命令

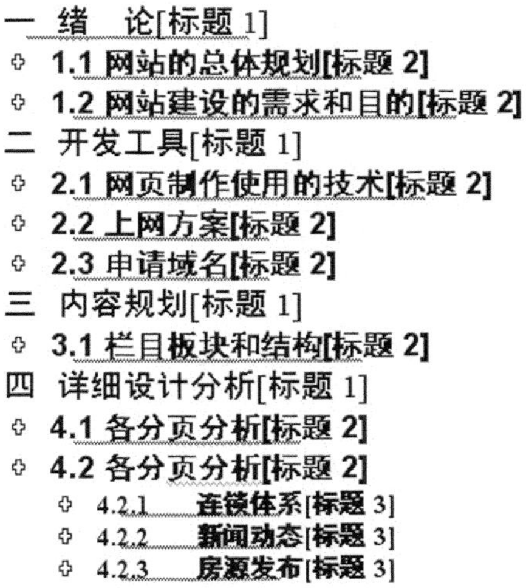

图 4-7　论文中的标题

4.2.4　多级符号

标题是论文的眉目，应该突出，简明扼要，层次清楚，如图 4-7 所示。

【任务 4】设置论文的标题层次格式如下所示：

一××××（居中）　　　　一级标题

1.1××××（顶头）　　　　二级标题

1.1.1××××（顶头）　　　三级标题

① 随意选中一个使用“标题 1”样式的段落，比如“绪论”（标题 1）。

② 单击【开始】|【段落】命令，选择【多级列表】 标签，在列表库选择第一行第三个项目。

③ 单击【定义新的多级列表】按钮，打开【自定义多级符号列表】对话框，在【编号样式】下拉列表中选择“一，二，三（简体中文）”样式，单击【更多】按钮，在【将级别链接到样式】下拉列表框中选择“标题 1”样式。接着单击【级别】列表框中的“2”，在

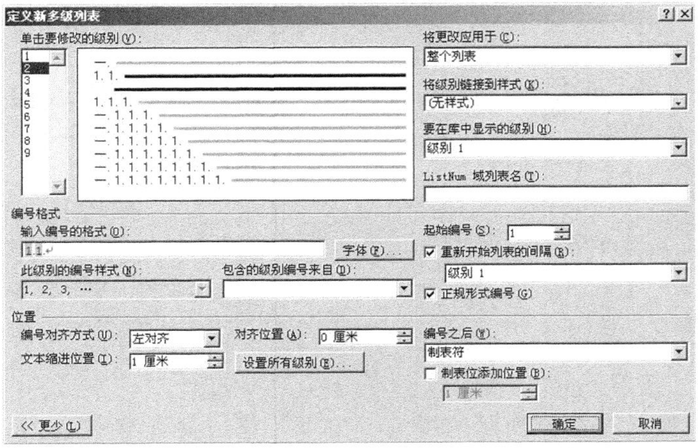

图 4-8　多级符号的设置图

【编号样式】框中选择“1，2，3，…”样式，在【将级别链接到样式】下拉列表框中选“标题 2”样式，选中【正规形式编号】复选框（否则符号二级标题只能显示为“一.1”）。同样方法，单击【级别】列表框中的“3”，选择【编号样式】下拉列表框中的“1，2，3，…”样式，在【将级别链接到样式】下拉列表框中选择“标题 3”样式，选中【正规形式编号】复选框，如图 4-8 所示。

④ 依次单击【确定】按钮即可，设置好的多级符号，如图 4-9 所示。

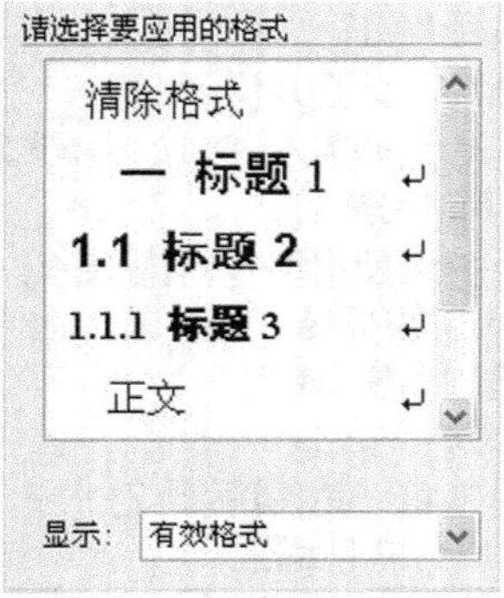

图 4-9 多级符号

4.2.5 图表的创建和自动编号

1. 创建组织结构图

组织结构图以图形方式表示组织的管理结构，在论文中比较常用。虽然也有专业的软件可以创建复杂的组织结构图，但在 Word 中可以使用【组织结构图】工具栏来创建组织结构图。

【任务 5】在论文中创建组织结构图。

首先看一下网站的组织结构图，如图 4-10 所示。

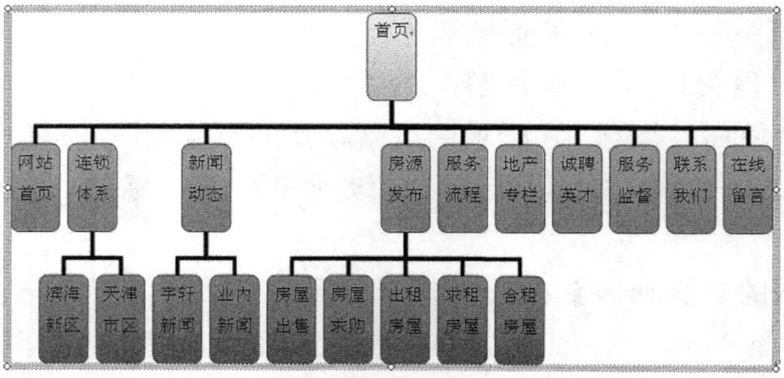

图 4-10 网站的组织结构图

具体操作步骤如下：

① 插入图形。定位插入点，单击【插入】|【插图】|【SmartArt】命令，创建出如图 4-11所示的组织结构图。

温馨提示

在 Word 2010 提供的组织结构图中，默认是以领导和同事的关系表示的，如在图4-10中，位于最上方的父文本框“首页”即为“领导”，位于它下一级的多个文本框是它的“下属”，这些“下属”之间互为“同事”关系。“下属”也可以拥有自己的“下属”，如“房源发布”有 5 个下属。

② 编辑图形。根据图 4-10 所示的结构，“首页”下方共有 10 个标签，而 Word 2010 默认的组织结构图只给出了 3 个“下属”，因此需要用户自己添加其余的标签。选中组织结构

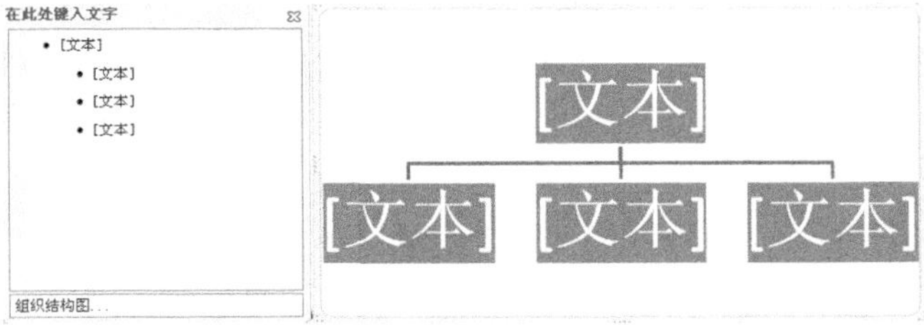

图 4-11　插入的组织结构图

图上的“领导”形状，单击【设计】工具栏上的【添加形状】命令，连续选择“在下方添加形状”7 次，或者选中该结构图上的“下属 1”文本框，连续执行【设计】工具栏上的【添加形状】|【在前｜后面添加形状】命令 7 次。使用相同的方法添加其他部分的下属，添加完所有分支后的组织结构图如图 4-12 所示。

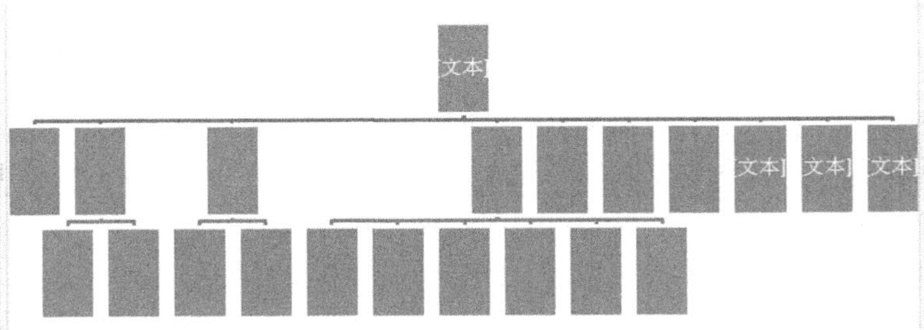

图 4-12　添加完所有分支后的组织结构图

技巧点滴

若要删除组织结构图中的形状，先选定形状，再按 Delete 键，或用鼠标右键单击形状，从快捷菜单中选择【删除】命令即可。

③ 输入文字。在组织结构图左侧对应位置处添加文字。设置文字的相应格式，如设置字体、字号、调整字符间距等。如图 4-13 所示，图中的文字格式为宋体、12 磅。

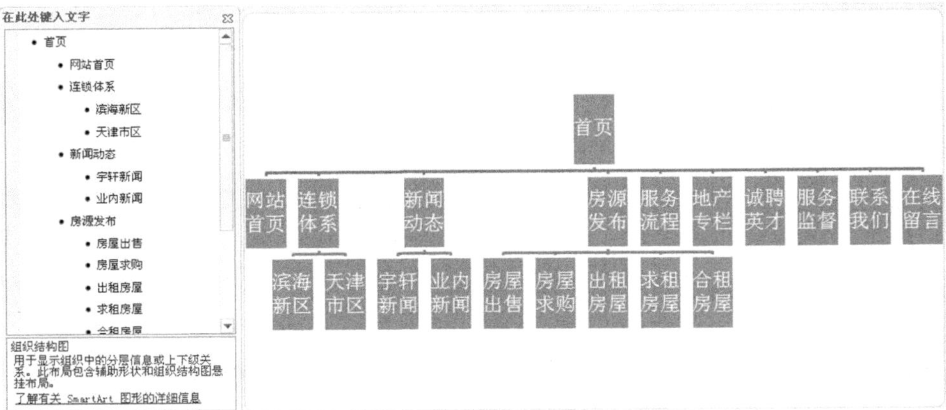

图 4-13　输入文字并设置文字格式

④ 自动套用格式，改变组织结构图的填充颜色。选中结构图后，可以单击【设计】工具栏上的【更改颜色】按钮，选择喜欢的颜色选项，单击颜色图标后即可创建出如图 4-14所示结构图。

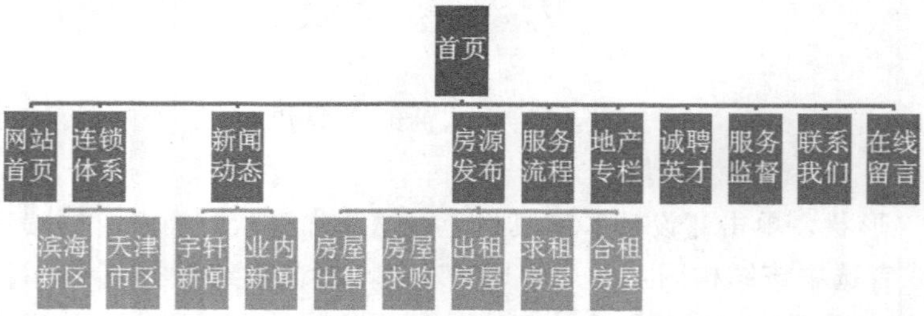

图 4-14　组织结构图样式库对话框

2. 图、表的自动编号

论文中创建完图、表后要对其编号，如“图 4.1，图 4.2，表 4.1，表 4.2”等。但如果图、表和其引用较多，在插入或删除图、表时，手动修改图、表编号和引用就容易出错。因此在有大量图、表的论文编辑时，图、表一定要实现自动编号。

（1）插入题注

题注是可以添加到表格、图表、公式或其他项目上的编号标签，如“图表 1”。

【任务 6】为论文中的图添加题注，格式设置为“图 4.×”。

① 打开“论文图表”Word 文档，如图 4-15 所示。

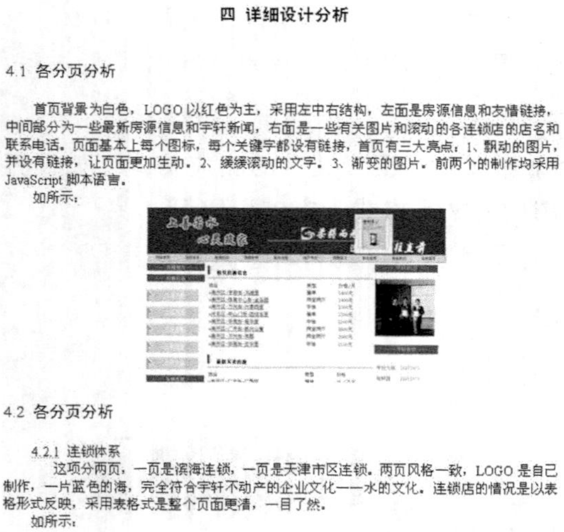

四 详细设计分析

4.1 各分页分析

首页背景为白色，LOGO 以红色为主，采用左中右结构，左面是房源信息和友情链接，中间部分为一些最新房源信息和宇轩新闻，右面是一些有关图片和滚动的各连锁店的店名和联系电话。页面基本上每个图标，每个关键字都设有链接，首页有三大亮点：1、飘动的图片，并设有链接，让页面更加生动。2、缓缓滚动的文字。3、渐变的图片。前两个的制作均采用 JavaScript 脚本语言。

如所示：

4.2 各分页分析

4.2.1 连锁体系

这项分两页，一页是滨海连锁，一页是天津市区连锁。两页风格一致，LOGO 是自己制作，一片蓝色的海，完全符合宇轩不动产的企业文化——水的文化。连锁店的情况是以表格形式反映，采用表格式是整个页面更清，一目了然。

如所示：

图 4-15　论文图表文档

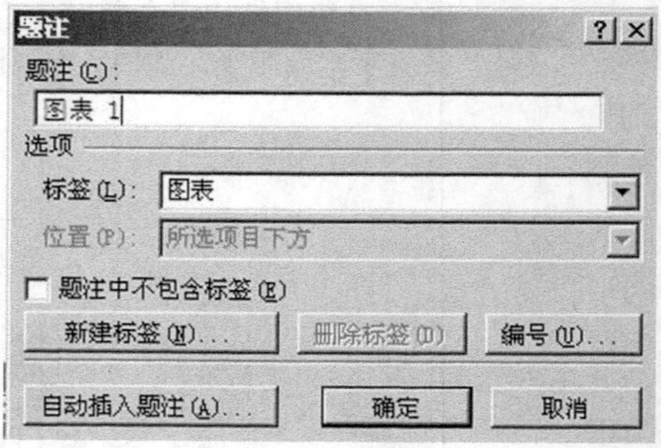

图 4-16　插入题注

② 选中要设置编号的图，单击【引用】|【题注】命令，打开【题注】对话框，如图 4-16所示。

③ 单击【新建标签】按钮，在【新建标签】对话框中的【标签】文本框中输入“图 4.”，【编号】格式为“1，2，3…”，【位置】为“所选项目下方”，依次单击【确定】按钮即可，如图 4-17 所示。

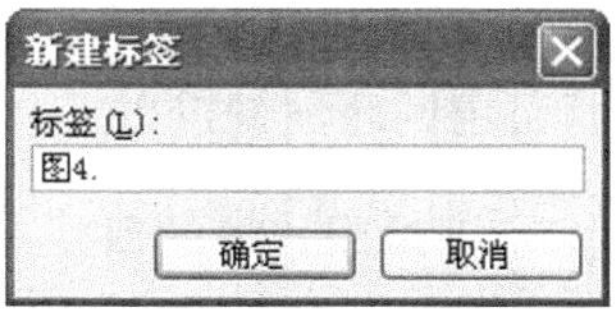

图 4-17 新建标签

④ 依次单击【确定】按钮。

这样，在图的下方就插入了一行文本，内容就是刚才新建标签的文字和自动生成的序号，此时可以在序号后输入文字说明“首页分析”。选中该行文字，可以利用【格式】菜单和【格式】工具栏进行格式化。

⑤ 用同样的方法插入其他图片题注，当再次插入同一级别的图时，则直接单击【引用】|【题注】命令就可以了，Word 会自动按图在文档中出现的顺序为图编号。图片插入题注的显示效果如图 4-18 所示。

图 4-18 插入题注后的显示效果

(2) 交叉引用

交叉引用是对文档中其他位置内容的引用，如“请参阅图表 1”。可为标题、脚注、书签、题注、编号段落等创建交叉引用。创建交叉引用之后，可以改变交叉引用的引用内容。例如，可将引用的内容从页码改为段落编号。

【任务 7】对论文文档中题注“图 4.1 首页分析”进行引用。

① 将光标定位到需要引用题注编号的地方，单击【引用】|【题注】|【交叉引用】命令，打开【交叉引用】对话框。

② 在该对话框的【引用类型】下拉列表中选择刚刚添加的题注标签“图 4.”，如图 4-19 所示。

③ 在右侧的引用内容下拉列表框中选择【只有标签和编号】选项，然后在下方的列表中选择要引用的题注，如“图 4.1 首页分析”，然后单击【插入】按钮，即可将“图 4.1”插入到光标处，完成对题注的引用，如图 4-20 所示。

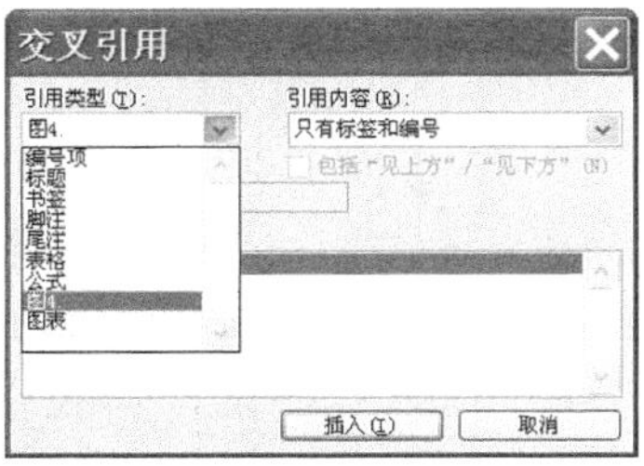

图 4-19 交叉引用对话框

图 4-20 交叉引用显示

④ 在需要引用题注的地方重复执行【引用】|【题注】|【交叉引用】命令，这时直接选择要引用的题注就可以了，不用再重复选择引用类型和引用内容。

3. 创建图、表的目录

根据排版要求，论文一般需要在文档末尾列一个图、表的目录。

【任务 8】为论文文档创建图、表目录。

① 将插入点定位在需要创建图、表目录的位置。

② 单击【引用】|【题注】|【插入表目录】，打开【图表目录】对话框，选择【图表目录】标签。

③ 在【题注标签】下拉菜单中选择要创建索引的内容对应的题注“图 4.”，如图 4-21 所示。

④ 单击【确定】按钮即可完成目录的创建，如图 4-22 所示。

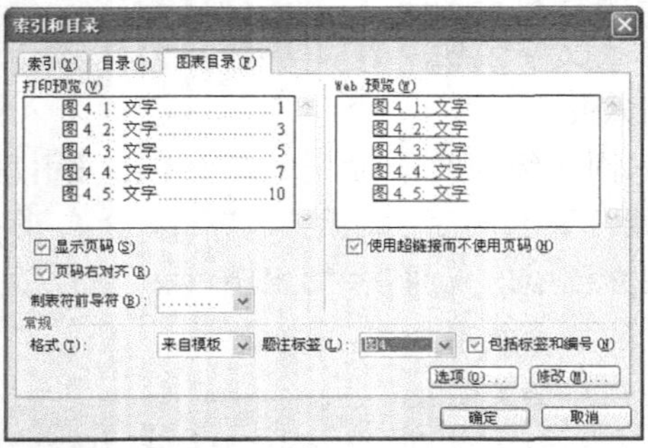

图 4-21 创建图表的目录

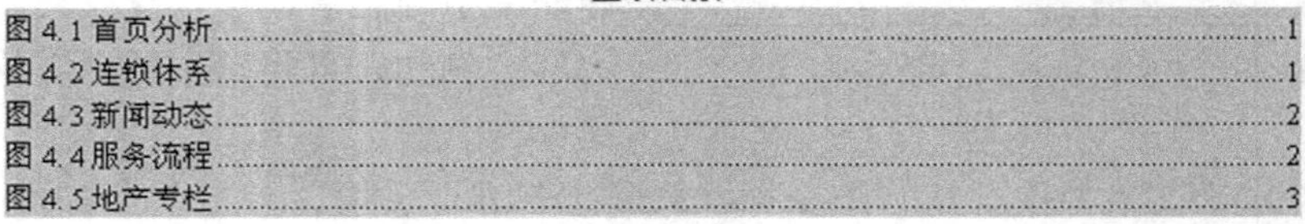

图表目录

图 4-22 创建的目录

温馨提示

① 将图的编号制作成题注，实现了图的自动编号。比如在第一张图前再插入一张图后，Word 会自动把原来第一张图的题注“图 4.1”改为“图 4.2”，后面图片的题注编号以此类推。

② 图的编号改变时，文档中的引用有时不会自动更新，可以使用鼠标右击引用文字，在弹出的菜单中选【更新域】命令。

③ 表格编号需要插入题注，也可以选中整个表格后单击右键，选择【题注】命令，但要注意表格的题注一般在表格上方。

4.2.6 分节符

如果文档的某一部分中间采用不同的格式设置，就需要创建一个节。节可小至一个段落，大至整篇文档。Word 中用分节符来标识节，在普通视图中，分节符是用两条横向平行的虚线来显示的。分节符存储着当前节的文本边距、纸型、方向以及该节所有的格式化信息。如果对部分文档中的某些元素要修改时，可以创建一个节。有如下几种情况：

① 垂直对齐文本的方式。

② 页码的格式和位置。

③ 报版样式的栏数。

④ 页眉与页脚的文本、位置和格式。

⑤ 页边距、纸型、页面方向。

⑥ 背景、主题等。

【任务 9】在论文文档的适当位置插入分节符。

① 将光标定位到需要插入分节符的位置。

② 单击【页面布局】|【分隔符】的下拉菜单。

③ 在【分节符类型】单击【下一页】选项，如图 4-23 所示。

创建节后，可以为只应用于该节的页面进行设置。由于在没有分节前，Word 将整篇文档视为一节，所以文档中节的页面设置与在整篇文档中的页面设置相同。只要在【页面布局】|【页面设置】功能区点击右下角下拉三角，打开页面设置对话框，选择【版式】标签，单击【应用于】下拉列表框选择【本节】选项即可，如图 4-24 所示。

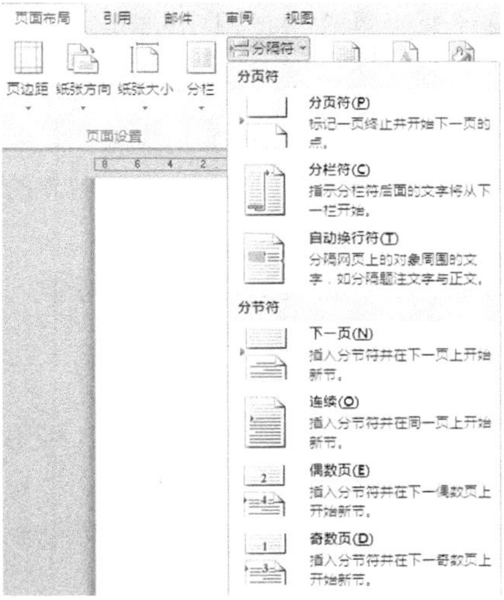

图 4-23 分隔符对话框

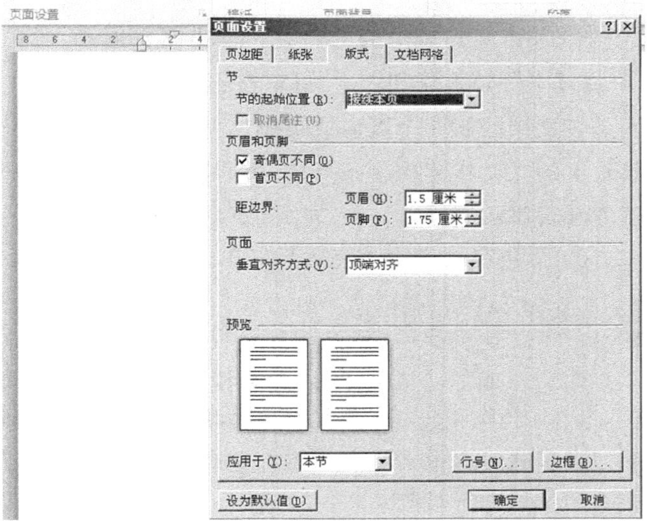

图 4-24 页面设置和节的使用

分节后的文档，可以设置不同的页码格式。还可以为该节的页码重新编号，并且能够设置新的页眉、页脚，不影响文档中其他节的页眉和页脚。

4.2.7 添加页眉和页脚

在 Word 中建立的页眉和页脚，不仅可以包括页码，还可以包含日期、时间、文字和图形等。文档的奇数页和偶数页可以设置不同的页眉和页脚。

【任务 10】在论文文档中，为奇偶页创建不同的页眉和页脚。

① 单击【插入】|【页眉】下拉三角，点击编辑页眉选项，结果如图 4-25 所示。

② 单击【页眉和页脚工具设计】按钮  进行页眉区和页脚区的切换；如果要插入页码，单击【页眉和页脚】功能区中的相应按钮即可；如果要插入时间，单击【页眉和页脚工具设计】中按钮  即可。

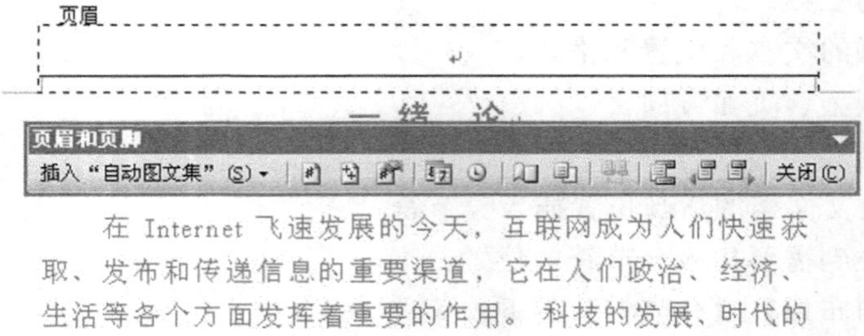

图 4-25　创建页眉和页脚

③ 单击【页眉和页脚工具设计】|【选项】功能区，选中【奇偶页不同】和【首页不同】两个复选框，只要在【页面布局】|【页面设置】功能区点击右下角下拉三角，打开【页面设置】对话框，选择【版式】标签，单击【应用于】下拉列表框选择【整篇文档】选项即可，返回到页眉页脚的输入状态下。

④ 输入页眉或页脚的内容。单击【页眉和页脚工具设计】工具栏中的【上一节】按钮或【下一节】按钮，可以在不同位置的页眉和页脚区之间转换。如果当前页眉或页脚不是该文档的第一个页眉或页脚，并且该文档中分了多个节，则【页眉和页脚工具设计】工具栏上的【链接到前一条页眉/页脚】按钮为可用状态，当该按钮被按下时，后面小节的页眉和页脚将延续前一个节中的页眉和页脚设置。

⑤ 页眉和页脚输入完成后，单击【关闭页眉/页脚】按钮即可完成页眉和页脚的创建。

4.2.8 修订和批注

论文完成后，学生自己要阅读检查，导师要审阅，工作量非常大。此时，可以利用 Word 2010 中的阅读版式、文档结构图和缩略图等功能对论文进行全文查阅，提高工作效率。在审阅过程中，导师可以方便地利用批注和修订功能对论文提出修改意见，学生可根据导师的意见进行修改。

1. 打开阅读版式，使用文档结构图

【任务 11】将论文文档以阅读版式打开，并分别用文档结构图和阅读版式两种样式来查阅文档。

①打开论文文档，单击【视图】|【阅读版式视图】命令，切换到【阅读版式】视图，此时工具栏只显示【阅读版式】和【审阅】工具栏。

②单击【视图】，选择复选框【导航窗格】，显示如图 4-26 所示的文档结构图效果。

③ 单击【阅读版式视图】按钮，显示如图 4-27 所示的阅读版式效果。若停止阅读文档，则单击【阅读版式】工具栏上的【关闭】按钮或按 Esc 键。

2. 修订和批注

如果在阅读论文时需要修订，可以使用【审阅】工具栏上的【修订】按钮对文档添加修订标记。在修订状态下，所有的添加文字、删除文字、修改格式等操作都可以用不同颜色加下划线的文字标记出来，左边文本选定区则出现标记“|”。其中删掉的文字会出现在

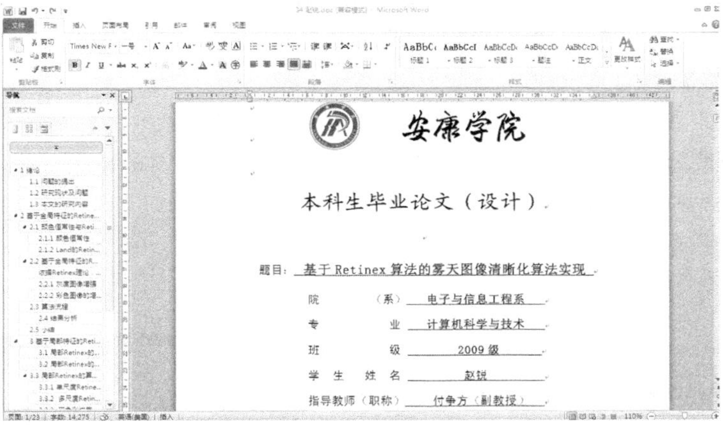

图 4-26　文档结构图效果

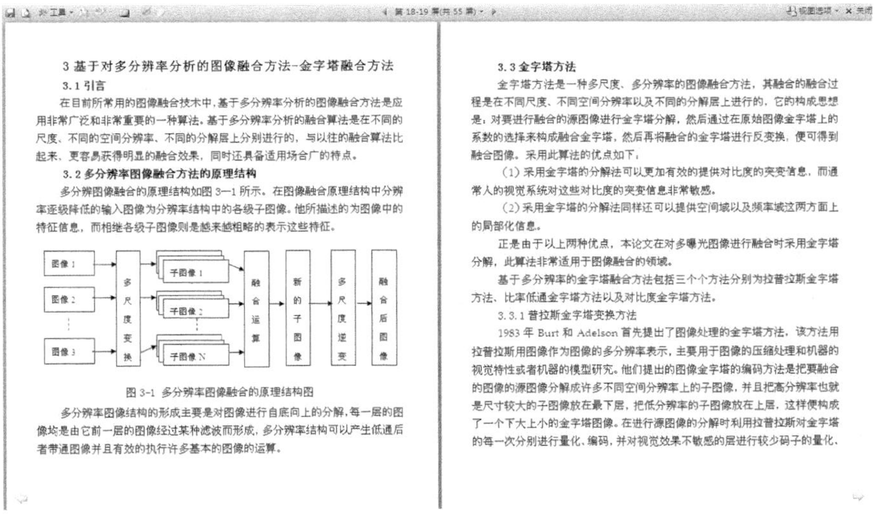

图 4-27　缩略图效果

右边距中的批注框中。当鼠标指针指向这些批注时，会出现一个气泡，提示是谁在什么时间做了什么修改。

【任务 12】对论文进行修订，包括添加文字、删除文字和修改格式操作；对添加的批注进行接受或拒绝操作；添加并删除批注，修改审阅者姓名。

①修订论文。将插入点置于要修订的位置，单击【审阅】|【修订】按钮，状态栏上“修订”显示为黑色，然后进行修订操作。修订的内容在文档右边距显示，如图 4-28 所示。

② 接受修订。在【审阅】工具栏中单击【上一条】按钮 或【下一条】按钮 选择要接受修订的位置，然后单击【接受】按钮 。也可以在【审阅】工具栏的【接受所选修订】下拉列表中，选择【接受对文档所做的所有修订】一次接受所有修订。

③ 拒绝修订。选中要拒绝修订的文档位置，在【审阅】工具栏，单击【拒绝修订或删除批注】按钮 。也可以拒绝对文档所做的所有修订。

④ 插入批注。将插入点置于要添加批注的位置，然后在【审阅】工具栏上单击【新建批注】按钮。可以直接在批注框中输入批注意见，也可以单击【审阅窗格】按钮，在打开的【审阅窗格】中输入批注。

⑤ 删除批注。鼠标右键单击需要删除的批注，选择【删除批注】命令即可。

⑥ 添加或修改审阅者姓名。不同的导师可以对论文做不同的修订。为了对这些修订加以区分，可以在修订处添加审阅者的姓名。单击【审阅】|【修订】下拉列表，点击【更改用户名】选项，打开【Word 选项】对话框，单击【常规】标签，在【用户名】文本框中输入用户姓名，如图 4-29 所示。单击【确定】按钮即可。

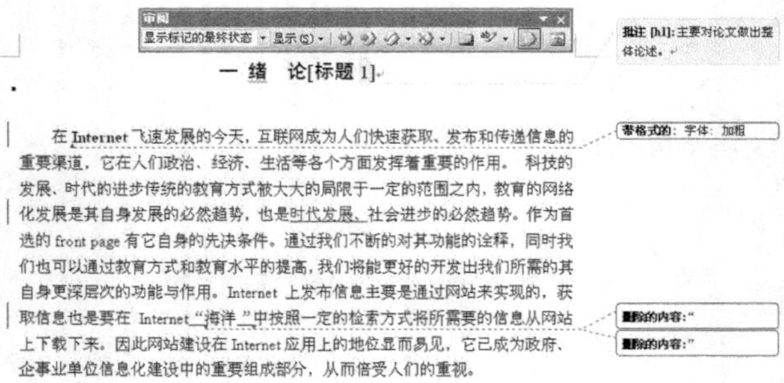

图 4-28 修订的使用

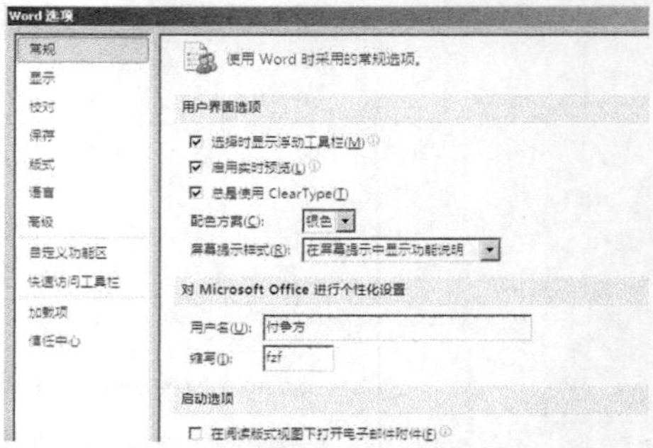

图 4-29 审阅者姓名设置

4.2.9 添加目录

论文内容确定下来后，还要为论文添加目录，以方便阅读。添加目录之前需要先为文档创建相应级别的标题，在“毕业论文版面设计制作”任务中，已经设置了需要创建目录的一、二、三级标题的大纲级别。

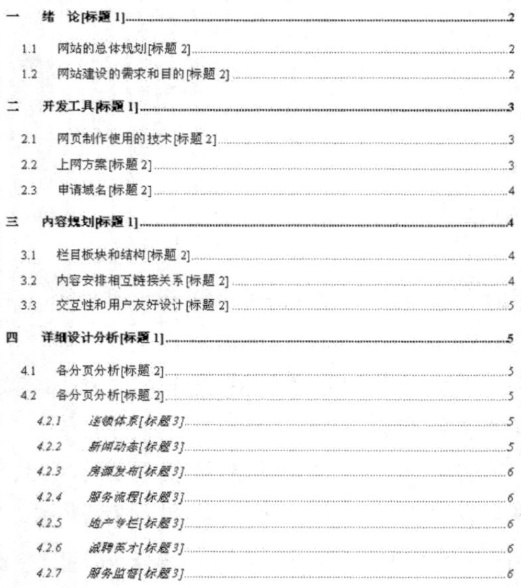

一 绪 论[标题 1]......2
1.1 网站的总体规划[标题 2]......2
1.2 网站建设的需求和目的[标题 2]......2
二 开发工具[标题 1]......3
2.1 网页制作使用的技术[标题 2]......3
2.2 上网方案[标题 2]......3
2.3 申请域名[标题 2]......4
三 内容规划[标题 1]......4
3.1 栏目板块和结构[标题 2]......4
3.2 内容安排相互链接关系[标题 2]......4
3.3 交互性和用户友好设计[标题 2]......5
四 详细设计分析[标题 1]......5
4.1 各分页分析[标题 2]......5
4.2 各分页分析[标题 2]......5
4.2.1 连锁体系[标题 3]......5
4.2.2 新闻动态[标题 3]......5
4.2.3 房源发布[标题 3]......6
4.2.4 服务流程[标题 3]......6
4.2.5 地产专栏[标题 3]......6
4.2.6 诚聘英才[标题 3]......6
4.2.7 服务监督[标题 3]......6

图 4-30 生成的目录

【任务 13】在文档的开始位置为论文文档添加论文目录，并对其进行更新。

①目录都是单独占一页，将插入点定位到“一绪论”前，单击【页面布局】|【分隔符】命令，打开【分隔符】对话框，选择【分节符类型】选项组中的【下一页】单选按钮，单击【确定】按钮。使用分节符可以使目录的页眉区别于正文的页眉。

② 插入目录。将插入点定位到空白页，单击【引用】|【目录】下拉列表，点击【插入目录】选项，打开【目录】对话框，选择【目录】标签，在【常规格式】下拉列表框中选择“正式”，单击【确定】按钮，得到如图 4-30 所示的目录。

③ 更新目录。若添加完目录后，又对正文内容进行了改动，并影响了目录中的页码，

就需要更新目录。在目录区域内单击鼠标右键，从弹出的快捷菜单中选择【更新域】命令即可更新目录。

4.3 案例小结

以论文的排版为例，介绍了长文档的排版方法与技巧，重点掌握样式、节、页眉和页脚的设置方法。

在 Word 中可以使用三种样式：内置样式、自定义样式和其他文档或模板中的样式。

在创建标题样式时，要明确各级别之间的相互关系及正确设置标题编号格式等，否则将会导致排版出现标题级别的混乱。

分节符可以将文档分成若干个“节”，不同的节可以设置不同的页面格式。在使用“分节符”时不要与“分页符”混淆。

设置不同的页眉和页脚大致步骤如下：

① 根据具体情况插入若干“分节符”，将整篇文档分为若干节；

② 断开节与节之间的页眉或页脚链接；

③ 在不同的节中分别插入相应的页眉和页脚。

可以为文档自动创建目录，使目录的制作变得非常简便，但前提是要为标题设置样式。当目录标题或页码发生变化时，注意及时更新目录。

通过本章的学习，还可以对调查报告、实用手册、讲义、小说等长文档进行有效的排版。

4.4 习题

上机操作

创建一篇名为《物业管理法规报告》的长文档，按照下面的具体要求设置文档格式。

(1) 设置页面及文档属性

① 设置页面纸张大小为 A4；设置页边距为上“2 厘米”、下“1.5 厘米”，左右各“2.5 厘米”，页眉和页脚的奇偶页不同。

② 设置文档属性。

标题：物业管理法规报告

作者：学号（8 位）＋姓名

单位：所在班级

(2) 使用样式

① 应用样式，见表 4-2 所示。

表 4-2 不同样式对应的字体颜色

字体颜色	对应样式
蓝色	标题 1
红色	标题 2
黄色	标题 3

② 修改样式，见表 4-3 所示。

表 4-3 标题样式与对应的修改要求

样式名称	字体格式	段落格式
标题 1	黑体，小三	段前、段后 12 磅
标题 2	华文楷体，四号	段前、段后 0.5 行
标题 3	宋体，五号	段前、段后 12 磅

③ 设置多级编号，见表 4-4 所示。

表 4-4 标题样式与对应的编号

样式名称	编号格式	编号位置	文字位置
标题 1	第×章	居中对齐	缩进 0 厘米
标题 2	第×节	左对齐，对齐位置 0 厘米	缩进 0 厘米
标题 3	§	左对齐，对齐位置 0.75 厘米	缩进 0 厘米

(3) 插入目录

① 在文档的第一页处添加目录，利用三级标题样式生成目录，将目录格式设置为“仿宋、小四、2 倍行距”。

② 将标题“目录”的格式设置为“黑体、二号、居中对齐；段前、段后 1 行”。

(4) 插入分节符

① 插入两个分节符，将整篇文档按封面、目录和正文分为三节。

② 在正文中每一章的章标题前插入一个分页符，使每一章都从新的一页开始。

(5) 添加页眉

① 封面和目录没有页眉。

② 从文档正文开始设置页眉，必须使用“域”。

其中：奇数页的页眉左侧为章号和章名（第×章×××），右侧为小节号和小节名（2.2.1×××）；偶数页的页眉是中间为章标题（第×章×××）。

(6) 插入页码

① 封面没有页码。

② 目录页的页码位置：底端、居中；页码格式为Ⅰ，Ⅱ，Ⅲ，…起始页码为Ⅰ。

③ 正文的页码位置：底端、外侧；页码格式为 1，2，3，…起始页码为 1。

第 5 章 Word 2010 邮件合并的应用

——快速批量打印信封

教学目标

- ◆ 掌握信封母版的制作
- ◆ 掌握文本框的创建和编辑
- ◆ 掌握数据链接的创建和邮件的合并
- ◆ 掌握信封的批量输出和打印

5.1 批量打印信封案例分析

本章以批量打印信封为例，介绍 Word 强有力的批量处理功能，包括图片的插入、页面设置、打印输出、文本框、邮件合并工具的使用等内容。

5.1.1 任务的提出

现代文秘专业毕业的小田经过多次的面试和考核，终于被一家国有企业录用了。该企业虽然效益不错，但毕竟属于传统的企业，所以信息化技术在该企业的应用不多。上班的第一天，经过精心打扮的小田，哼着小调，信心十足地踏入了办公室。坐在单位为她新添置的办公椅上，看着面前的电脑和打印机，心里美滋滋的。小田正盘算着如何度过第一天时，来了一位 50 多岁的大姐，手上拿着一摞的通讯录，同时提了一箱的空白信封，走到小田面前重重地把这些东西放在她的办公桌上，还将两支笔交给小田。

不用说，小田也知道该干什么了。虽然心里有一百个不愿意，但为了珍惜这来之不易的工作机会，还是拿起笔苦笑着与那位大姐开始“愤”笔疾书。写了一会儿，手指疼不说，而且时常写错，不得不重写。小田心想，完了，大学里学了那么多的计算机知识，到这竟成了抄写员。

满腹委屈的小田利用中午的时间给老师打了个电话，诉诉苦。想不到，话刚说完，老师就笑了起来。老师说，其实很简单，只要懂得利用现代化的工具，很快就能完成任务。经过老师的一番指点，小田终于轻松地完成了任务。

5.1.2 解决方案

许多单位常常需要同时给很多客户或员工寄信，信封上的地址和姓名等信息若用手工填写，工作量较大，而且效率也较低。其实，可以把这些工作交给 Word 和 Excel 来快速完成，这不仅具有很高的效率，而且不容易出错。下面是小田解决问题的具体方法：

① 准备通讯记录，分解邮政编码。

② 制作信封母版。

③ 创建数据链接。

④ 批量输出与打印。

5.1.3 相关知识点

1. 文本框

包括文本框的创建和编辑，可以使用【绘图工具】功能组中的选项来增强文本框的效果，如更改其填充颜色。操作方法与处理其他任何图形对象相同。

2. 邮件合并

邮件合并是在邮件文档的固定内容中，合并与发送消息相关的一组数据，这些数据可以来自 Word 及 Excel 的表格、Access 数据表等数据源，从而批量生成需要的邮件文档。

邮件合并除了可以批量处理信函、信封等与邮件相关的文档外，还可以批量处理标签、工资条、成绩单和准考证等。

5.2 实现方法

5.2.1 分解邮政编码

要进行信封的批量打印，先要建立好所需要的数据源，把信封中所需要的信息收集到一起，以备批量打印使用。

由于信封上收信人的邮编一般是按方格分开来填写的，所以要把 6 位邮编拆分为独立的 6 个数字。

【任务 1】用 Excel 创建一个通信记录工作表，在工作表中对邮编进行分解，在单元格区域 G1：L1 中，分别输入“编 1”“编 2”……“编 6”，并运用公式和填充句柄的方法让邮编显示在相应的单元格中。

① 打开 Excel 应用程序，建立一个通信记录工作表文件，工作表 Sheet1 的名称为“通信地址簿”，如图 5-1 所示。

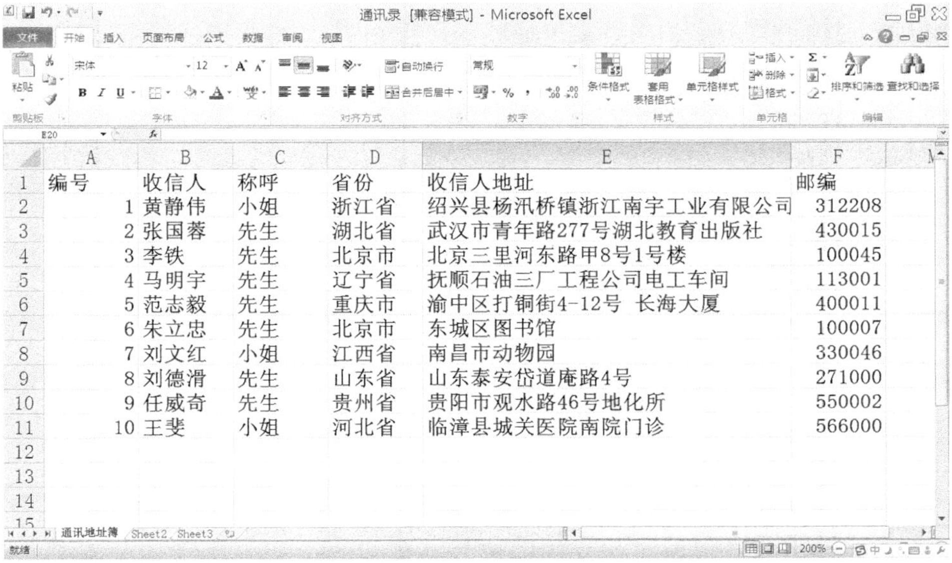

	A	B	C	D	E	F
1	编号	收信人	称呼	省份	收信人地址	邮编
2	1	黄静伟	小姐	浙江省	绍兴县杨汛桥镇浙江南宇工业有限公司	312208
3	2	张国蓉	先生	湖北省	武汉市青年路277号湖北教育出版社	430015
4	3	李铁	先生	北京市	北京三里河东路甲8号1号楼	100045
5	4	马明宇	先生	辽宁省	抚顺石油三厂工程公司电工车间	113001
6	5	范志毅	先生	重庆市	渝中区打铜街4-12号 长海大厦	400011
7	6	朱立忠	先生	北京市	东城区图书馆	100007
8	7	刘文红	小姐	江西省	南昌市动物园	330046
9	8	刘德滑	先生	山东省	山东泰安岱道庵路4号	271000
10	9	任威奇	先生	贵州省	贵阳市观水路46号地化所	550002
11	10	王斐	小姐	河北省	临漳县城关医院南院门诊	566000

图 5-1　通信记录工作表

温馨提示

通信记录不一定是放置在 Excel 文档中，也可以放在 Access 或者 OutLook 中。

② 在单元格区域 G1：L1 分别输入“编 1”“编 2”……“编 6”，如图 5-2 所示。

③ 单击单元格 G2，输入公式“＝MID（F2，1，1）”，如图 5-3 所示。按 Enter 键确认后将会出现对应邮编的第一位数字，如图 5-4 所示。

④ 使用填充句柄输入该列其他单元格内容，单击单元格 G2，将鼠标移至该单元格的右

图 5-2　加入标题

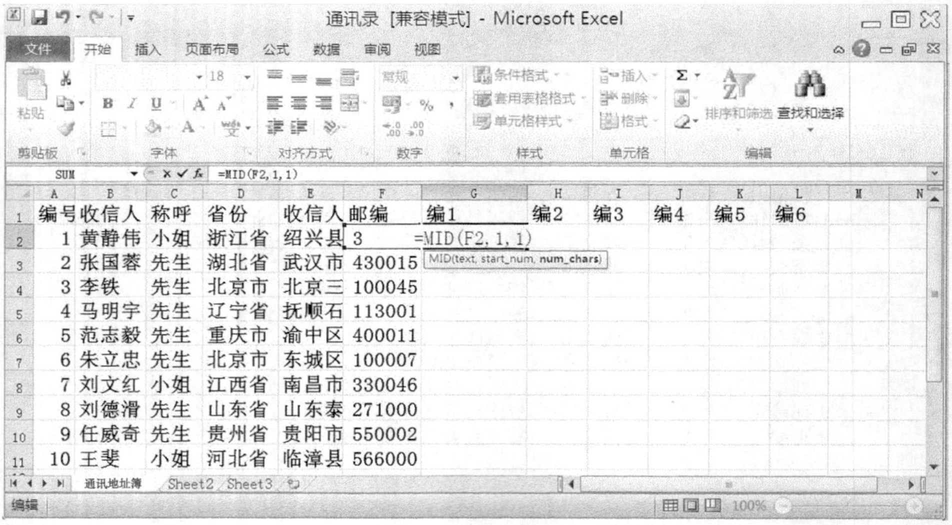

图 5-3　输入公式

下角处鼠标指针变为+，然后按下鼠标右键并向下拖动，释放鼠标单元格会显示出对应的邮编数字，如图 5-5 所示。

按照上述操作，将邮编中其他数字分解到对应的单元格中，其中在单元格 H2、I2、J2、K2 和 L2 中输入的公式分别是“＝MID（F2，2，1）”、“＝MID（F2，3，1）”、“＝MID（F2，4，1）”、“＝MID（F2，5，1）”和“＝MID（F2，6，1）”，邮编分解后的效果如图 5-6 所示。

在打印信封时，需要把寄信人地址和邮编也打印上去，所以可以先在通信表单中加入“寄信人地址”和“寄信人邮编”两列内容。一般来说“寄信人邮编”是作为一串数字填写

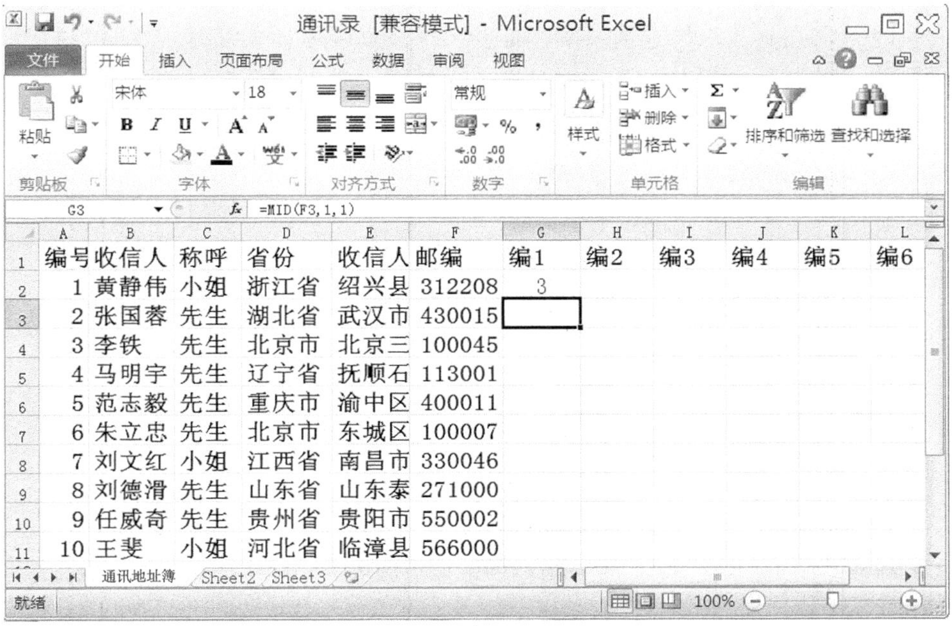

图 5-4　公式结果

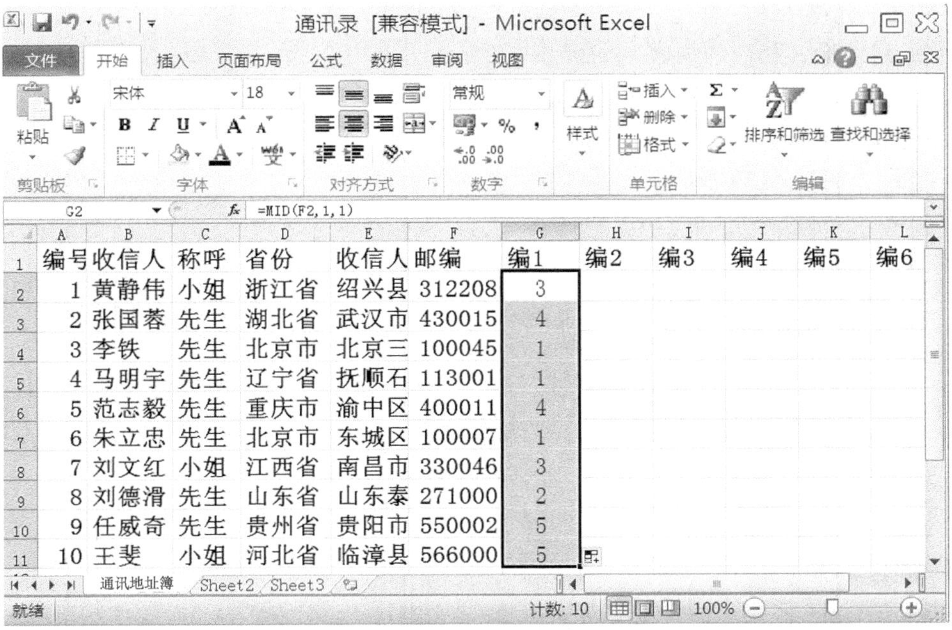

图 5-5　使用填充句柄

到信封上的，所以不必分解。

【任务 2】在通讯录工作表中添加“寄信人地址”和“寄信人邮编”两列，并将地址与邮编输入对应的单元格中，将该工作簿命名为“address”保存在桌面上。

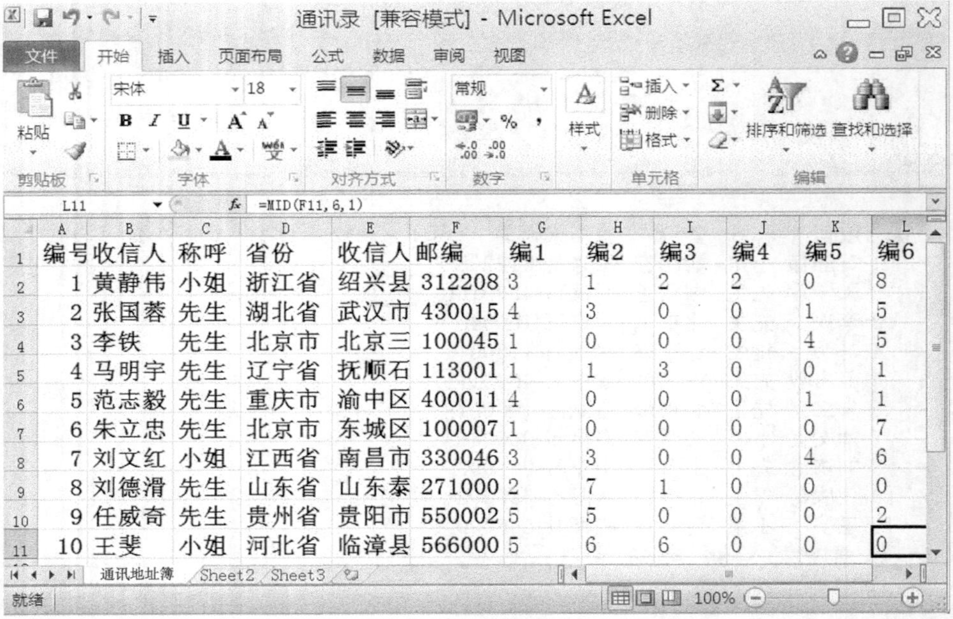

图 5-6　邮编分解

① 单击单元格 M1，输入“寄信人地址”，单击单元格 N1，输入“寄信人邮编”，在新添加的数据列下输入相应的内容，如图 5-7 所示。

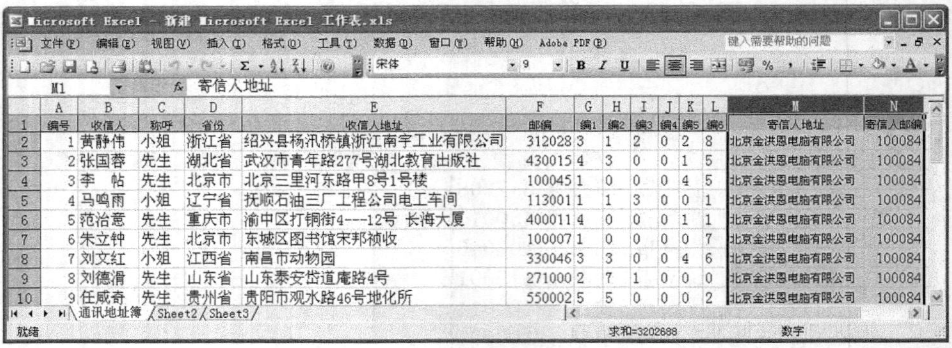

图 5-7　添加寄信人的相关信息

温馨提示

若寄信人的信息都一样，则不需要在通信记录文件中出现，可以在制作母版时把信息直接添加上即可。

② 单击【文件】|【另存为】命令，打开【另存为】对话框，在【保存位置】下拉列表中选择【桌面】选项，在【文件名】文本框中输入“address”，如图 5-8 所示。

图 5-8　保存 Excel 工作簿

至此，已经完成了整个“通信记录工作表”的创建。

5.2.2　制作信封母版

将通信记录工作表准备好后，接着就要用 Word 建立信封的母版。

【任务 3】创建信封的母版。将 Word 的页面尺寸设置为通用的标准信封尺寸 11 厘米×22 厘米；插入用于信封页面的图片，并将其设置为“衬于文字下方”显示。

① 打开 Word 应用程序，单击【页面布局】|【页面设置】分组右下角下拉按钮，打开【页面设置】对话框，单击【纸张】标签，在【纸张大小】下拉列表中选择【自定义大小】选项，在【宽度】数值框中输入“22 厘米”，在【高度】数值框中输入“11 厘米”，如图 5-9 所示。

② 单击【确定】按钮，页面纸张变为指定的大小，如图 5-10 所示。

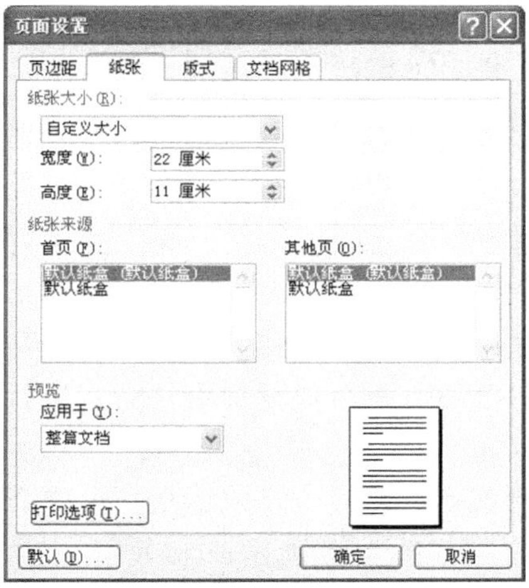

图 5-9　页面设置对话框

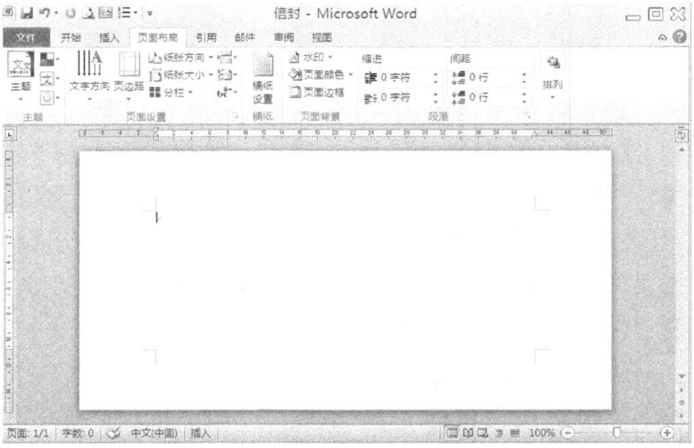

图 5-10　设置后的页面大小

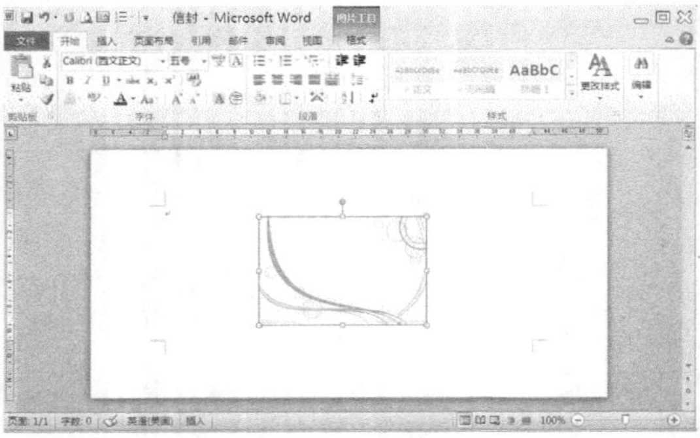

图 5-11　插入图片对话框

③ 单击【插入】|【图片】命令，打开【插入图片】对话框，选择准备好的信封图片，然后单击【插入】按钮将图片插入到 Word 文档中，如图 5-11 所示。

④ 选中图片，单击【图片工具】|【格式】|【大小】分组右下角下拉按钮，打开【布局】对话框，选中【文字环绕】标签，在【环绕方式】单选区域中单击【衬于文字下方】选项，如图 5-12 所示。

⑤ 单击【确定】按钮，并通过拖动边框使图片与页面的大小一致，如图 5-13 所示。

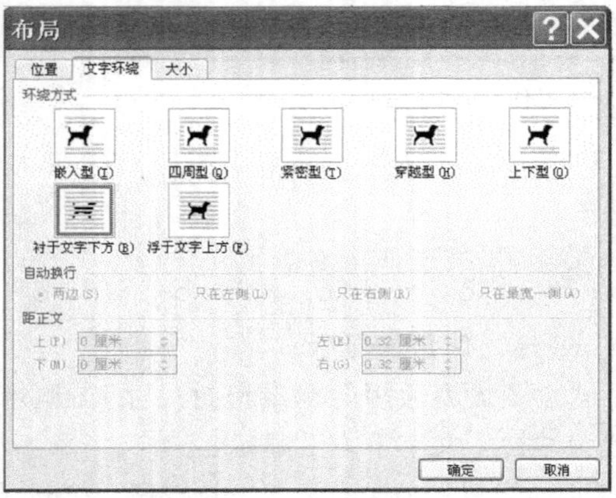

图 5-12　设置图片格式

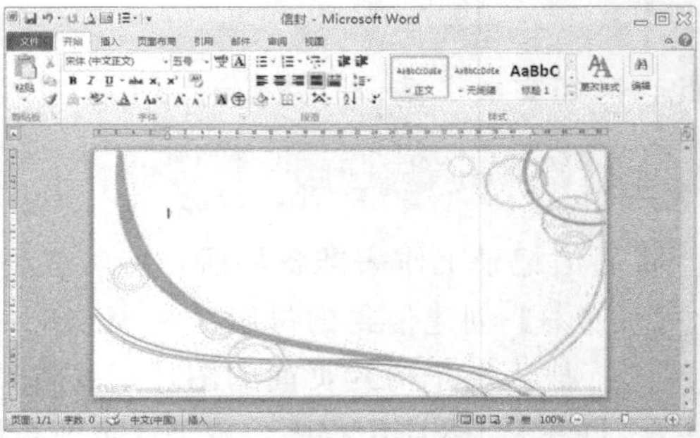

图 5-13　调整图片大小后效果

温馨提示

如果准备把通信信息直接打印在现成的空白信封中，则可以把用于打印的空白信封扫描成图片，然后插入到文档中，为后面确定数据的摆放位置提供参考。

将信封所需要的图片插入文档并设置好格式后，接下来的工作就是按照标准信封格式要求，添加信封中需要的文字以及文本框等信息。

【任务 4】为信封添加 6 个输入邮编的文本框，无填充颜色并且线条的颜色为“红色实线”，粗细为“1.5 磅”；添加两个邮票文本框，填充颜色均为“白色”，线条的颜色也都是“红色”，粗细为“1.5 磅”，两个文本框的线条分别为虚线和实线，虚线文本框中输入“贴邮票处”，实线文本框中插入一张邮票图片。所有文本框的内部边距全部设置为“0”，最后以“信封”命名保存在桌面中。

① 单击【插入】|【文本框】，在下拉列表中选择【绘制文本框】命令，鼠标指针形状变为十字形，按住鼠标左键拖动，在当前页面绘制一个文本框，如图 5-14 所示。

② 选中文本框，单击【绘图工具】|【格式】|【形状样式】分组中的【形状填充】下拉按钮，在弹出的下拉列表中选择【无填充颜色】选项。单击【形状轮廓】下拉按钮在弹出的

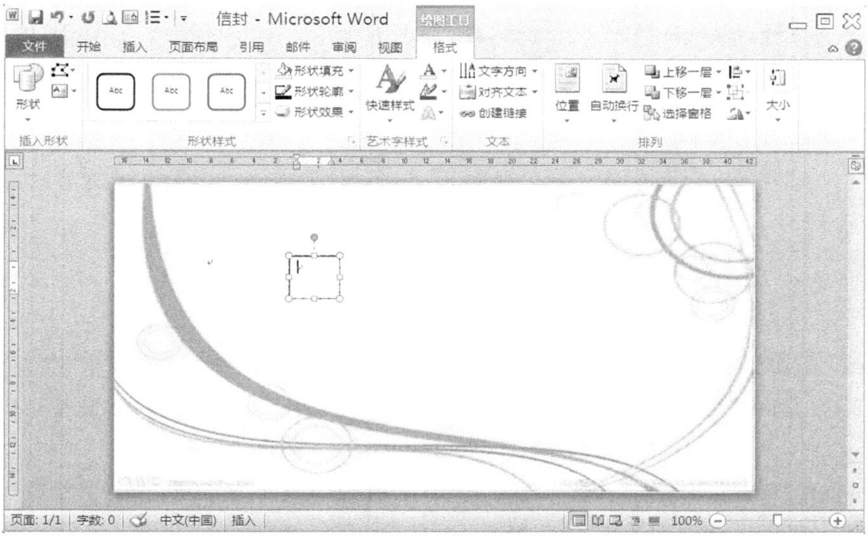

图 5-14　创建文本框

下拉列表中【标准色】区域选择“红色”，在【粗细】列表中选择“1.5 磅”，在【颜色】下拉列表中选择“红色”，在【虚线】列表中选择“实线”，如图 5-15 所示。单击【绘图工具】|【格式】|【艺术字样式】分组右下角下拉三角按钮，打开【设置文本效果格式】对话框，选择【文本框】标签，将内部边距全部设置为“0”，如图 5-16 所示。

③ 单击【关闭】按钮，拖动文本框的边框调整其大小，并将文本框拖动到适当的位置，如图 5-17 所示。通过复制粘贴操作生成其他 5 个邮编文本框，调整到合适的位置，如图 5-18所示。

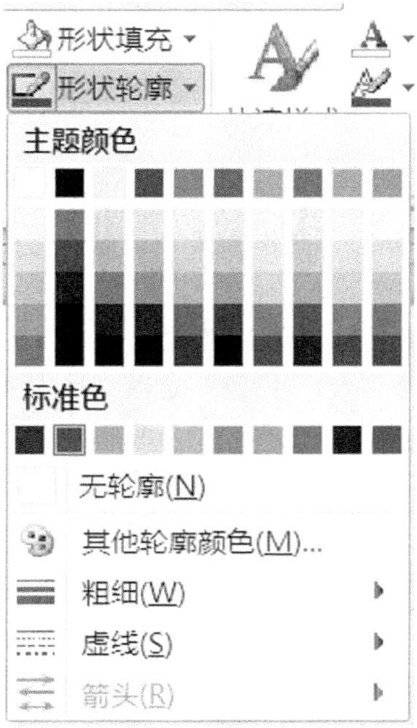

图 5-15　设置文本框格式对话框

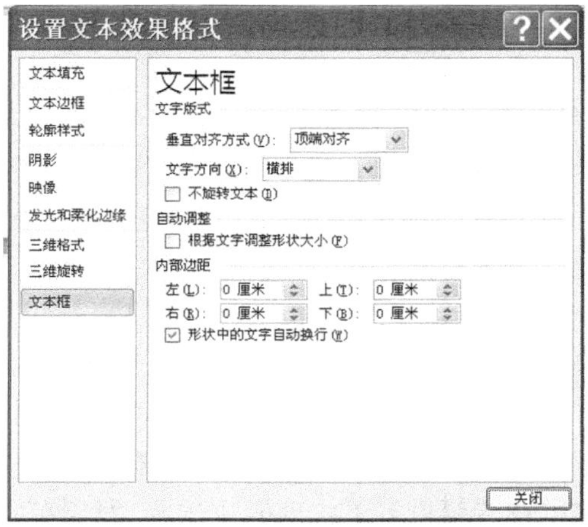

图 5-16　设置文本框的内部边距

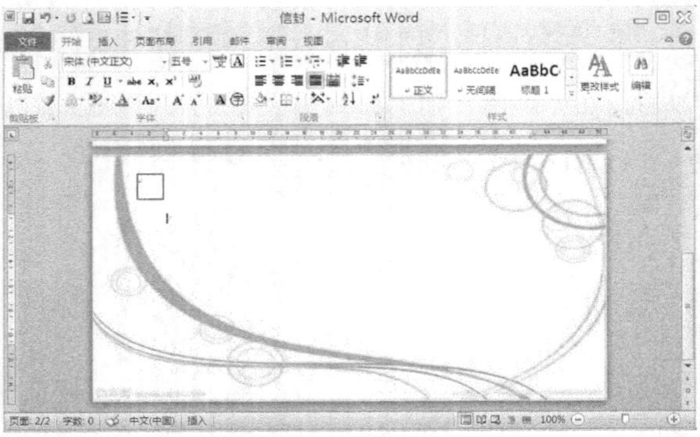

图 5-17　调整文本框到适当的位置

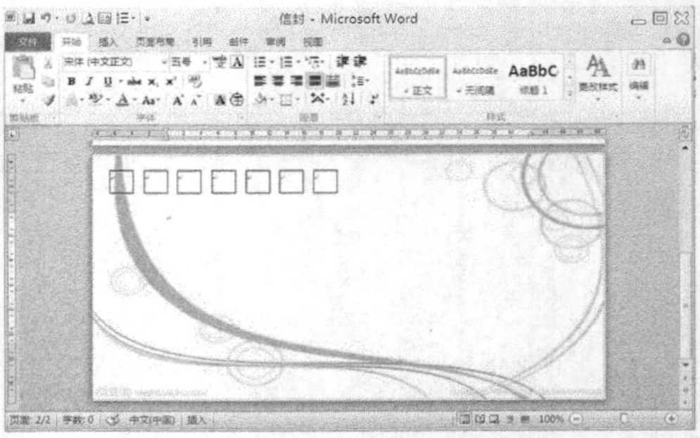

图 5-18　添加的全部邮编文本框

④ 将添加的邮编文本框组合在一起，选中所有邮编文本框（先选中一个文本框，然后按住 Shift 键，单击选中其他文本框，释放 Shift 即可），单击鼠标右键，在弹出的快捷菜单中选择【组合】|【组合】命令，如图 5-19 所示。

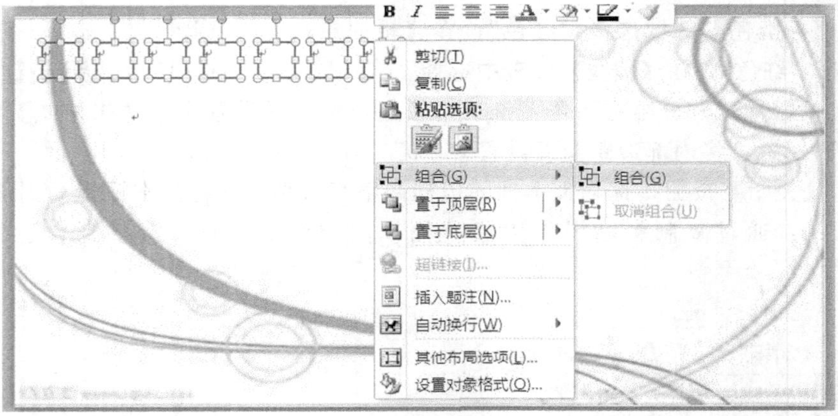

图 5-19　组合文本框过程

制作邮票文本框，添加文本框的操作上面已经做了介绍，制作邮票文本框只是在【制作文本框格式】对话框中设置不同。

⑤ 创建第一个邮票文本框。单击【绘图工具】|【格式】|【形状样式】分组中的【形状填充】下拉按钮，在弹出的下拉列表中选择【主题颜色】中的“白色”选项；单击【形状轮廓】下拉按钮，在弹出的下拉列表中【标准色】区域选择“红色”，在【粗细】列表中选择“1.5 磅”，在【颜色】下拉列表中选择“红色”，在【虚线】列表中选择“短划线”。设置效果如图 5-20 所示。

⑥ 创建第二个邮票文本框。单击【绘图工具】|【格式】|【形状样式】分组中的【形状填充】下拉按钮，在弹出的下拉列表中选择【主题颜色】中的“白色”选项；单击【形状轮廓】下拉按钮，在弹出的下拉列表中【标准色】区域选择“红色”，在【粗细】列表中选择“1.5 磅”，在【颜色】下拉列表中选择“红色”，在【虚线】列表中选择“实线”。设置效果如图 5-21 所示。

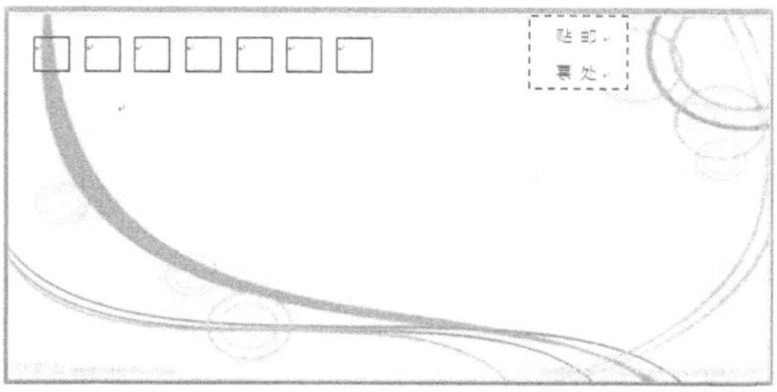

图 5-20 设置第一个邮票文本框格式

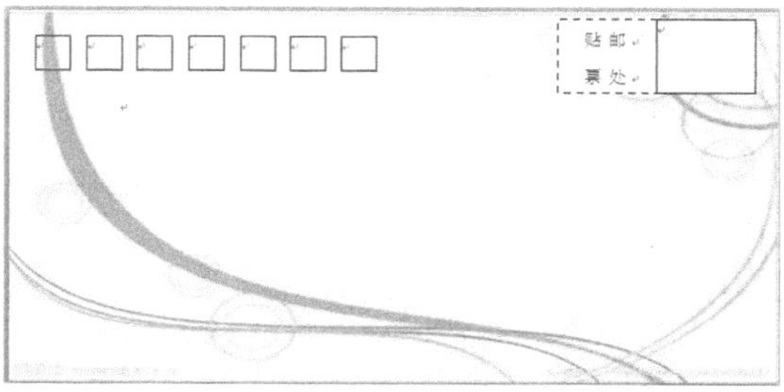

图 5-21 设置第二个邮票文本框格式

⑦ 在新创建的两个邮票文本框中，分别在对应的【设置文本效果格式】对话框中，将【文本框】标签中文本框内部边距全部设置为“0”。

⑧ 单击虚线边框的邮票文本框，输入“贴邮票处”，效果如图 5-22。单击实线边框的邮票文本框，单击【插入】|【图片】命令，打开【插入图片】对话框，选中准备好的图片，单击【插入】按钮即可将图片插入该文本框中，如图 5-23 所示。

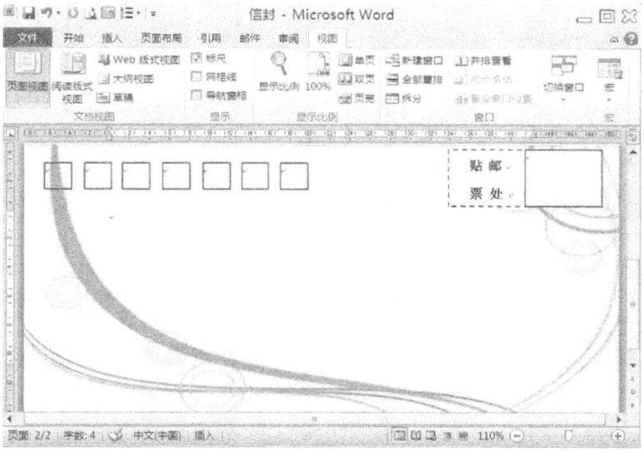

图 5-22 创建邮票文本框

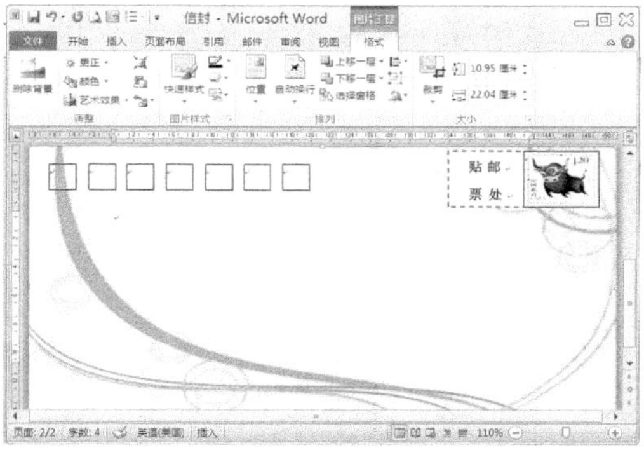

图 5-23 输入邮票文本框内容

⑨ 在信封的中间位置输入“（收）”，在右下角位置输入“邮政编码:”，信封的母版制作完成，效果如图 5-24 所示。单击【保存】按钮，打开【另存为】对话框，在保存【位置】下拉列表中选择“桌面”，在【文件名】中输入“信封”，如图 5-25 所示。单击【确定】按钮即可。

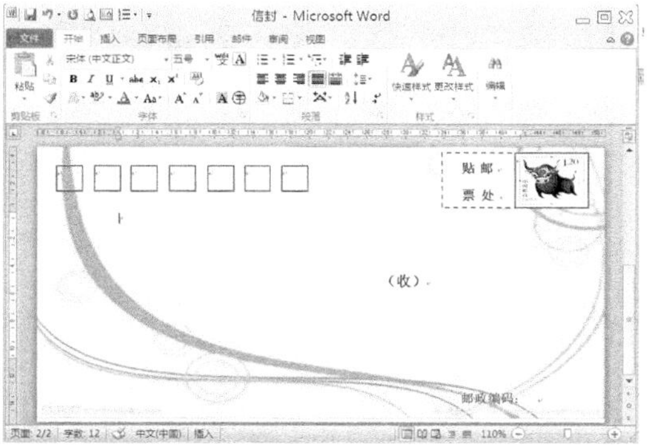

图 5-24 添加信封文字

图 5-25 另存为对话框

技巧点滴

如果准备把通信信息直接打印在现成的空白信封中，则需要把文本框的外框线条设置为无线条颜色，然后把每个邮编的数字放置到填写邮编的对应位置即可。

5.2.3 创建数据链接

创建好信封的母版后，需要与准备好的通信记录进行链接才能够实现信封的批量制作。

【任务 5】将之前创建好的通信记录工作表文件“address”与 Word 的“信封”母版进行数据链接，批量创建信封。

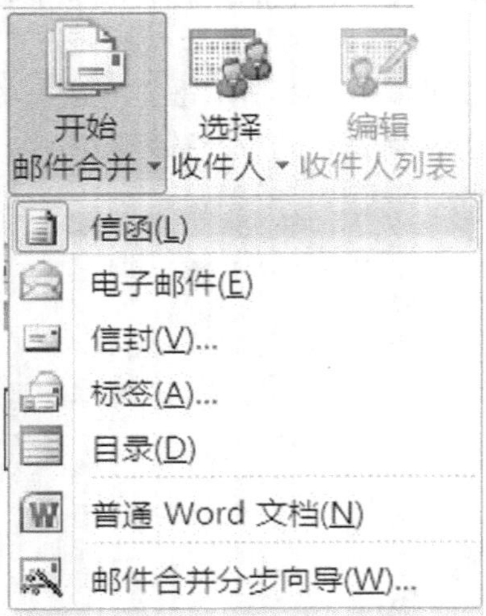

图 5-26 开始邮件合并

①打开“信封”Word 文档，单击【邮件】|【开始邮件合并】|【信函】命令，如图 5-26 所示。

② 单击【邮件】|【选择收件人】|【使用现有列表】命令，打开【选取数据源】对话框，在【查找范围】下拉列表中选择【桌面】，选中创建好的通信记录工作表“address. xls”文件，如图 5-27 所示。

③ 单击【打开】按钮，打开【选择表格】对话框，选中通讯记录所在的工作表标签“通信地址簿”，如图 5-28 所示。单击【确定】按钮。

④ 将光标置于填写邮编的第一个文本框内，然后单击【邮件】|【插入合并域】按钮，打开【插入合并域】对话框，在【插入】单选区域中选择【数据库域】单选项，在【域】列表区域中选择“编 1”，如图 5-29 所示。

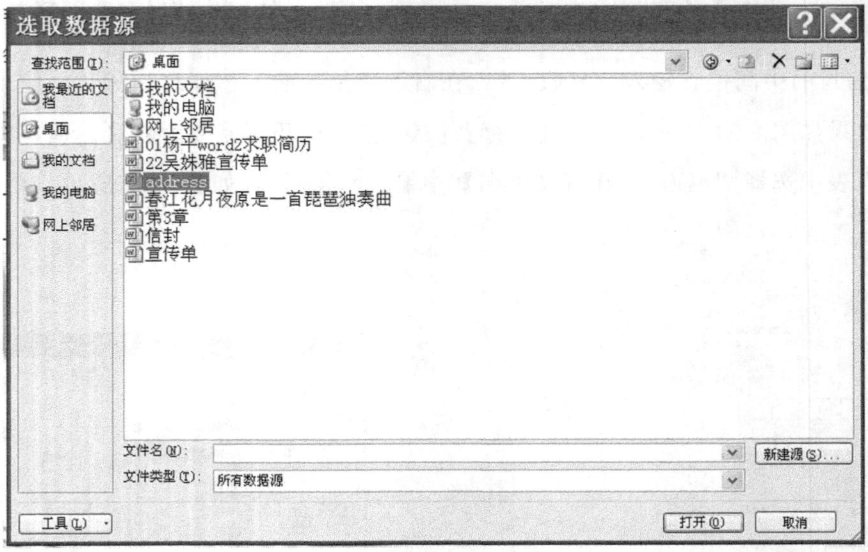

图 5-27 选取数据源对话框

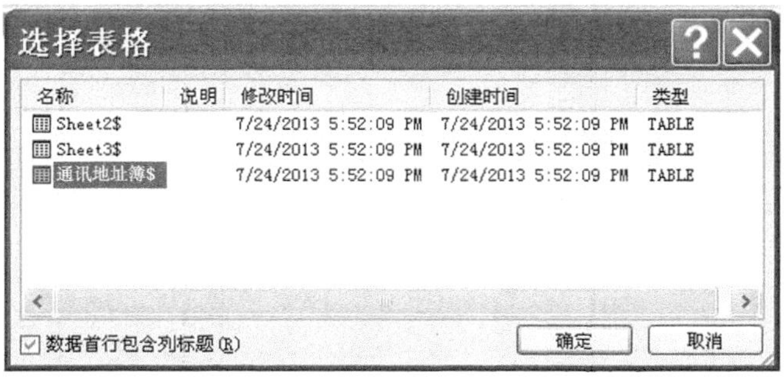

图 5-28 选择表格对话框

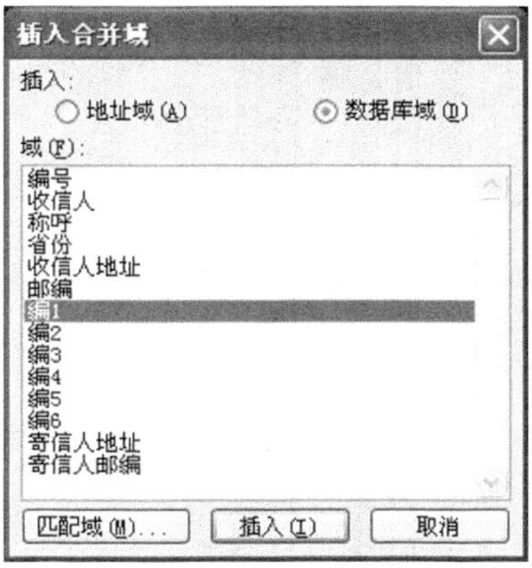

图 5-29 插入合并域对话框

⑤ 单击【插入】按钮，该域的值（邮编的第一位数）被插入到选定文本框中，然后单击【关闭】按钮，关闭该对话框，效果如图 5-30 所示。

按同样的方法，将剩下的 5 个邮编数字也插入对应的文本框中，效果如图 5-31 所示。

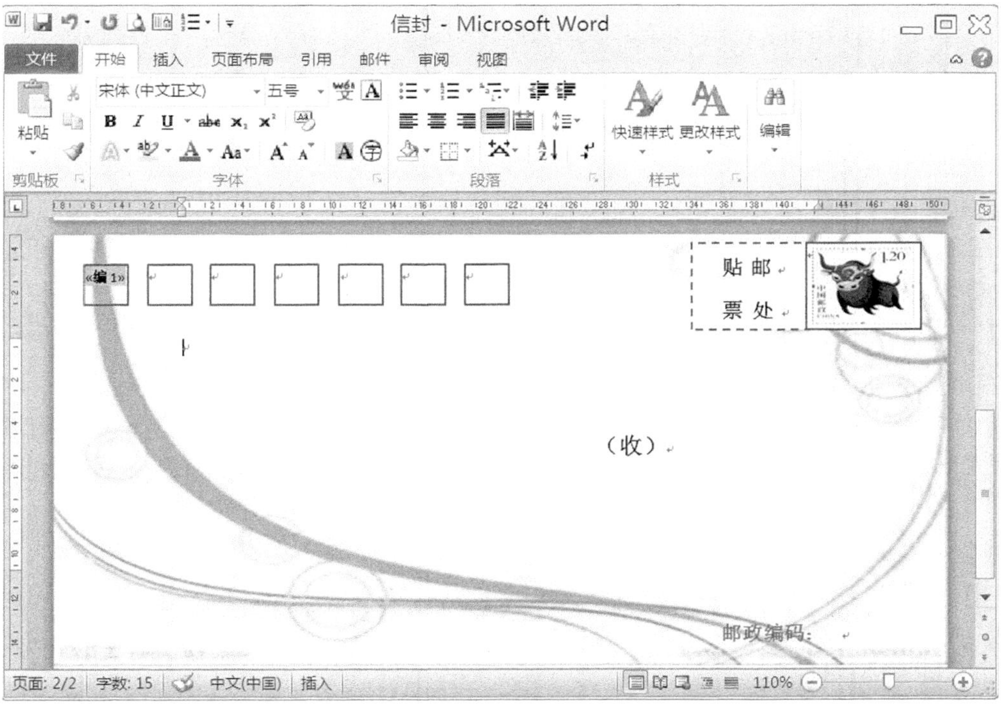

图 5-30 插入编 1 域

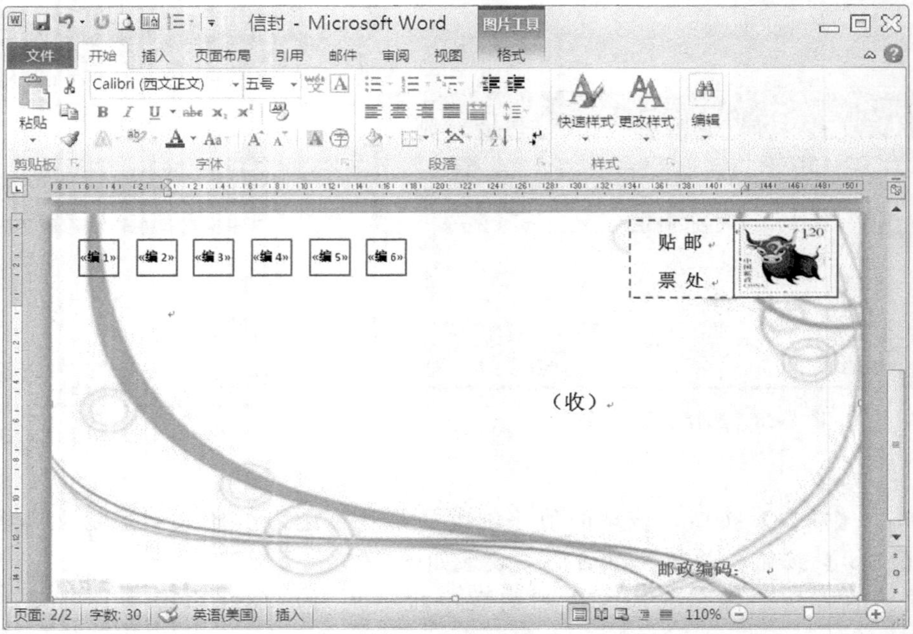

图 5-31　插入全部邮编

技巧点滴

文本框还有一个重要的功能——创建文本框链接，作用是当前面的文本框填充满后，剩下的内容将自动填充到后面的文本框中。如果利用该功能，则不需要对邮政编码进行分解的步骤。创建文本框链接的方法是：先分别绘制好所需要的6个文本框，然后用鼠标右键单击第一个文本框，从中选择【创建文本框链接】命令，接着单击下一个文本框，这样两个文本框间就建立了链接。依照前面的方法，把剩下的4个文本框也与前2个建立起链接。插入域时，只要把邮政编码当做一个对象插入到第一个文本框即可。

⑥ 按域的前后顺序，依次在接下来的几行中分别插入“省份”、“收信人地址”、“收信人”、“称呼”、“寄信人地址”和“寄信人邮编”，域插入完以后，可以选中相应的域（如“收信人地址”），然后对其格式（如字体、字号等）进行不同的设置，使它们更符合所需要的样式，设置好后显示效果如图5-32所示。

温馨提示

若寄信人的信息都一样，可以把信息直接添加到信封的相应位置。直接在页面上插入域时，如果上下位置不好对齐的话，可以采用文本框的形式，这样就可以自由摆放了。文本框和图像等对象需要准确对位时，可以按住Ctrl键，然后通过按方向键来调整。

如果把通信信息直接打印在现成的空白信封中，则需要将打印的文本（如邮政编码、收信人信息等）经过几次调整和打印测试，才能确保打印的位置准确。

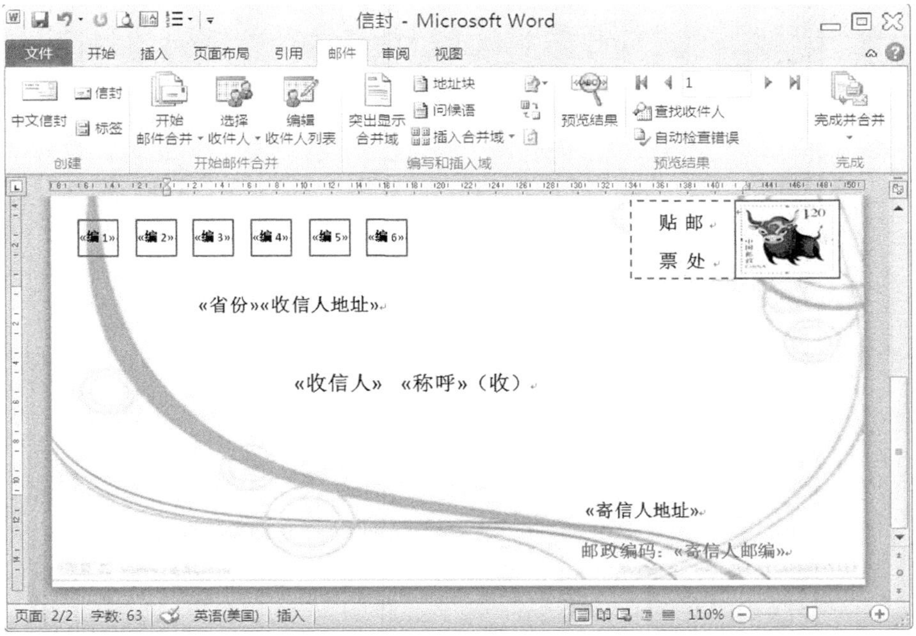

图 5-32 插入其他域

5.2.4 批量输出与打印

信封文档与数据源建立了链接后，就可以批量输出并打印信封了。

【任务 6】将数据源中的数据全部批量合并到新的 Word 文档中，并进行打印设置，开始批量打印。

① 单击【邮件】|【预览结果】按钮，单击【下一记录】按钮，如图 5-33 所示。显示合并结果，调整信封各部分位置，效果如图 5-34 所示。

图 5-33 【预览结构】过程

② 单击【邮件】|【完成并合并】下拉按钮，选择【编辑单个文档】命令，打开【合并到新文档】对话框，在【合并记录】区域中选择【全部】单选项，如图 5-35 所示。

全部：表示合并数据源中的所有记录；当前记录：表示只将当前的记录合并到新文档；从……到……：指为合并指定记录范围，在“从”和“到”文本框中指定记录开始和结束的编号。

③ 单击【确定】按钮，信封就批量地处理好了，如图 5-36 所示。

如果把通信信息直接打印在现成的空白信封中，则需要去掉不需要打印的对象或信息，如图片和文本框线等。

④ 在打印机中装入空白的信封或纸张，单击【文件】|【打印】命令，打开【打印】窗口，在【打印机】区域的【名称】下拉列表中选择要使用的打印机，根据需要设置其他的打印参数。

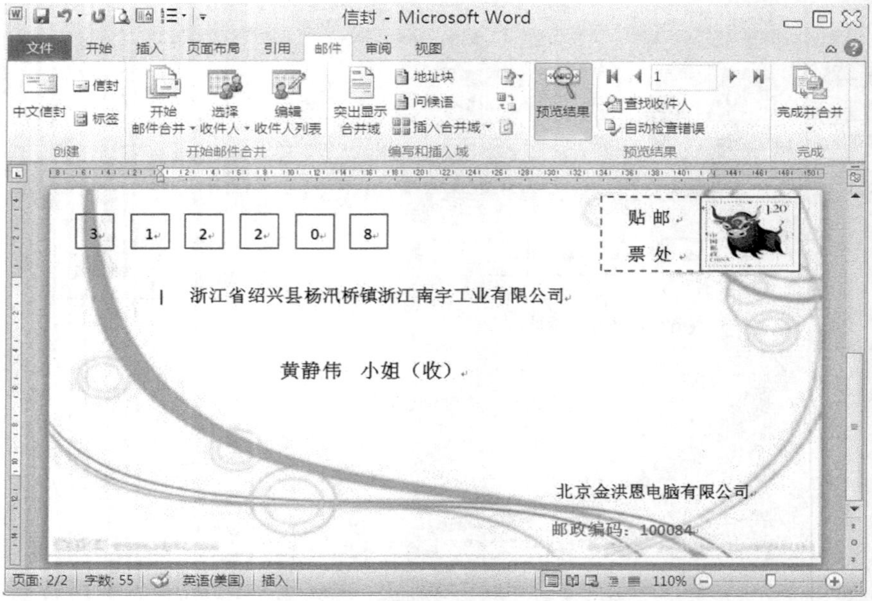

图 5-34 预览第一条记录结果

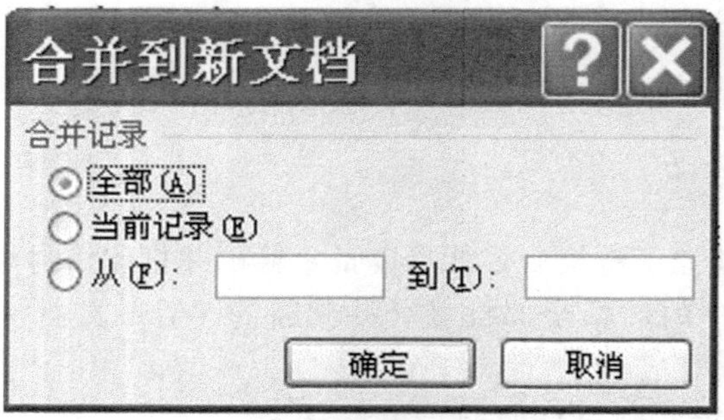

图 5-35 执行合并到新文档命令

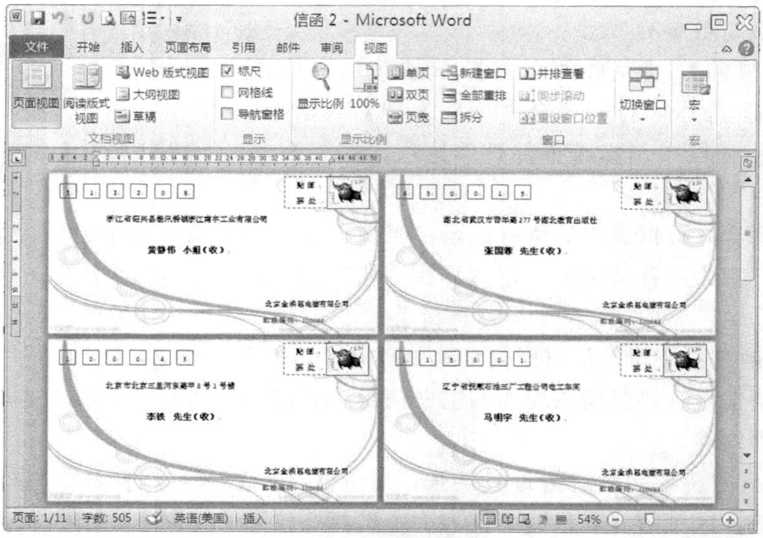

图 5-36 批量输出信封

⑤ 单击【打印】按钮，开始批量打印信封。以后如果要打印给其他人时，只要在数据源文件“address. xls”中更改或添加记录就可以，其他地方都不必改动。

5.3 案例小结

本章通过案例，介绍了邮件合并的操作方法，归纳起来主要是以下 3 步：

① 建立数据源，制作文档中变化的部分。一般是 Word 文档或 Excel 表格，可以提前建好直接打开即可。

② 建立主文档，制作文档中不变的部分，也相当于模板。

③ 插入合并域，以域的方式将数据源中相应内容插入到主文档中。

若插入的不是域的数据时，可以直接在主文档中插入文档。

利用 Word 的邮件合并功能，不仅具有很高的效率，而且不容易出错。该方法除了用于批量打印信封外，还可以用于批量打印成绩单、包裹单、EMS 快递单和企业的工资条等。

当然，如果需要经常批量打印信封或快递单，还可以使用一些专门的软件，如雪人信封打印软件、快递单打印专家等。

5.4 习题

上机操作

(1) 本实例使用邮件合并制作《老虎数量分布》报告。

① 新建空白 Word 文档，输入如图 5-37 所示的文档内容，保存为“报告主文档 . doc”，不要关闭，以保证该文档为当前文档。

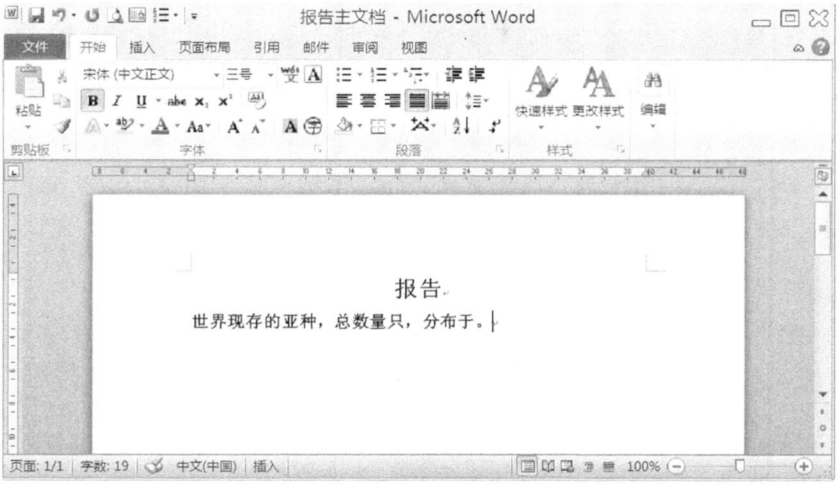

图 5-37　报告主文档

② 新建空白 Word 文档，建立如图 5-38 所示的表格，保存为“数据源文件 . doc”，并关闭该数据源文件。

③ 打开“报告主文档 . doc”文件，单击【邮件】|【开始邮件合并】下拉按钮，选择【信函】选项。

④ 单击【邮件】|【选择收件人】下拉按钮，选择“使用现有列表”命令，打开【选取数据源】对话框，选择“数据源文件 .doc”，单击【打开】按钮。

⑤ 将光标移至文档内容“亚种”前，单击【邮件】|【插入合并域】按钮，打开【插入合并域】对话框，在【插入】单选区域中选择【数据库域】单选项，在【域】列表区域中选择“亚种”，单击【插入】按钮，该域的值被插入到光标位置，然后单击【关闭】按钮，关闭该对话框。

⑥ 使用相同的方法，分别在“总数量”后插入“总数”，“分布于”后插入“分布地区”两个合并域至主文档中。

⑦ 单击【邮件】|【预览结果】按钮，预览合并结果，如图 5-39 所示。

亚种	总数（只）	分布地区
华南虎（中国虎）	10	湖南，广东，江西，福建四省交界的零星地区
西伯利亚虎（东北虎）	413	俄罗斯、中国黑北吉南
苏门答腊虎	500	印度尼西亚的苏门答腊岛
东南亚虎（印支虎）	1215	马来西亚、越南、柬埔寨、缅甸、中国滇南
孟加拉虎（印度虎）	4500	印度、孟加拉、尼泊尔、不丹、缅甸、中国

图 5-38 数据源文件

⑧ 单击【邮件】|【完成并合并】下拉按钮，选择【编辑单个文档】命令，打开【合并到新文档】对话框，在【合并记录】区域中选择【全部】单选项，单击【确定】按钮，即可生成合并文档，如图 5-40 所示。

(2) 利用邮件合并功能，将数据文件“考试人员名单”（图 5-42）合并到如图 5-41 所示的主文档中，生成全部考生的准考证。要求用 A5 纸张，每页放置 4 张准考证，用 2×2 的排列方式显示。

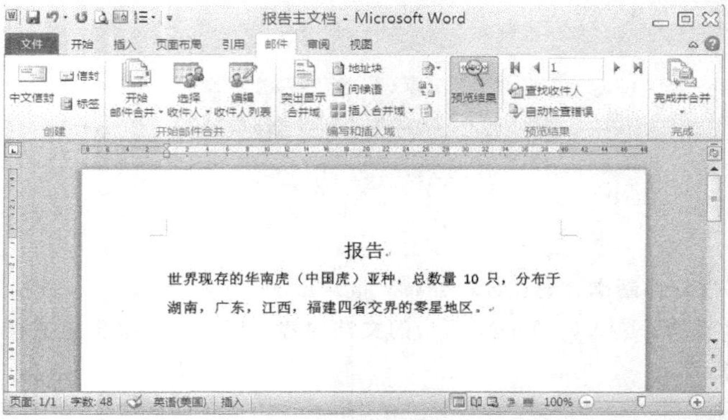

图 5-39 预览结果

报告

世界现存的华南虎（中国虎）亚种，总数量 10 只，分布于湖南，广东，江西，福建四省交界的零星地区。

报告

世界现存的西伯利亚虎（东北虎）亚种，总数量 413 只，分布于俄罗斯、中国黑北吉南。

报告

世界现存的苏门答腊虎亚种，总数量 500 只，分布于印度尼西亚的苏门答腊岛。

报告

世界现存的东南亚虎（印支虎）亚种，总数量 1215 只，分布于马来西亚、越南、柬埔寨、缅甸、中国滇南。

报告

世界现存的孟加拉虎（印度虎）亚种，总数量 4500 只，分布于印度、孟加拉、尼泊尔、不丹、缅甸、中国。

图 5-40 邮件合并效果

计算机技能证书考试

准 考 证

准考证号：《准考证号》

考生姓名：《考生姓名》

身份证号：《身份证号》

考试科目：《考试科目》

考试时间：《考试时间》

考试地点：《考试地点》

图 5-41　主文档

	A	B	C	D	E	F
1	准考证号	身份证号	考生姓名	考试科目	考试地点	考试时间
2	2008002001	1240019781112450	王一	C语言程序设计	A教102室	2008-1-12
3	2008002002	1240019781112450	叶子	网络应用	A教221室	2008-1-23
4	2008002003	1240019781112450	三毛	网页设计	C教103室	2008-2-5
5	2008002004	1240019781112450	刘夏	Java程序设计	多媒体教室	2008-3-15
6	2008002005	1240019781112450	祁阳	Office基本操作	C教204室	2008-2-15
7	2008002006	1240019781112460	三宝	数据库管理	B教201室	2008-6-1
8	2008002007	1240019781112460	凤凰	操作系统	A教112室	2008-5-14
9	2008002008	1240019781112460	张三	网站建设	C教405室	2008-7-11
10	2008002009	1240019871112460	晓白	网页设计	C教103室	2008-2-5
11	2008002010	1240019841112460	楚勤	Office基本操作	C教204室	2008-2-15
12	2008002011	1240019781112460	阳一	C语言程序设计	A教102室	2008-1-12
13	2008002012	1240019781212460	梁子	数据库管理	B教201室	2008-6-1
14	2008002013	1240219781112460	如意	网站建设	C教405室	2008-7-11
15	2008002014	1240319781112460	吉祥	Java程序设计	多媒体教室	2008-3-15

图 5-42　考试人员名单

第 6 章 中文 Excel 2010 基本应用

——制作智能型通讯录

教学目标

- 掌握单元格格式的设置
- 掌握行和列的插入操作
- 掌握插入及编辑批注
- 掌握自动筛选功能
- 掌握视图管理器
- 掌握工作簿打开权限密码和修改权限密码的设置
- 了解在网络上如何发布 Excel 工作簿

6.1 制作智能型通讯录案例分析

6.1.1 任务的提出

为了方便公司员工之间的联系沟通，领导要求小王用 Excel 制作一个智能型通讯录。其包括员工的姓名、部门、办公电话、家庭电话、QQ 号和 E-mail 地址；能够通过自动筛选和视图功能方便用户的查阅和修改；为通讯录创建打开和修改权限的密码，并将通讯录发布到网络上。

6.1.2 解决方案

根据领导的任务要求，小王经过认真考虑，最终制作了如图 6-1 所示的通讯录，并给出了创建通讯录的方案：

① 规划表格结构并输入通讯内容。

② 设置自动筛选功能。

③ 插入并编辑批注。

④ 创建各个部门的视图。

⑤ 创建打开权限密码和修改权限密码。

⑥ 在网络上发布通讯录。

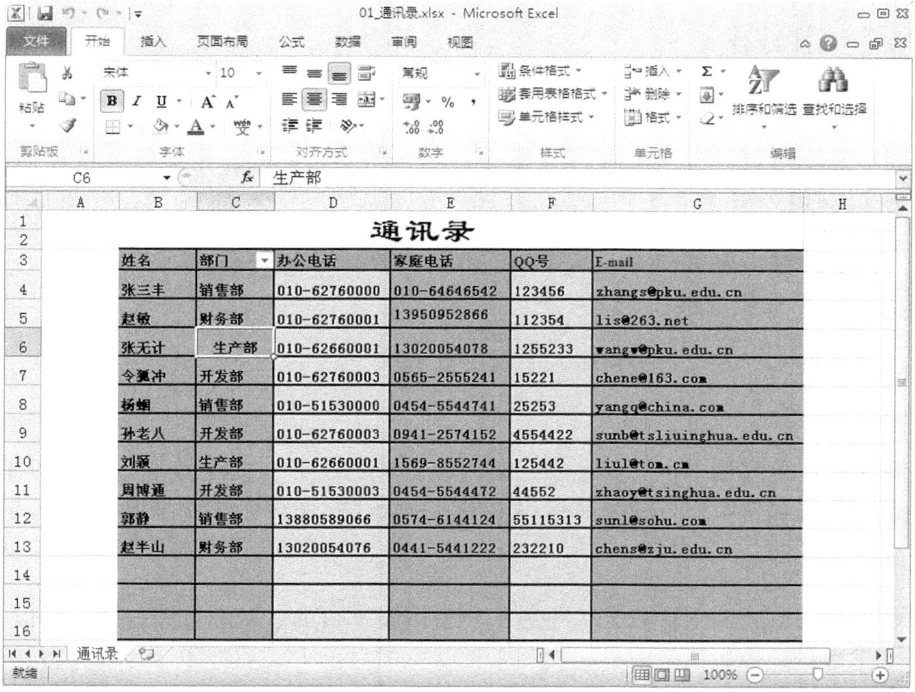

图 6-1 智能型通讯录

6.1.3 相关知识点

1. 工作簿、工作表和单元格

(1) 工作簿

每次启动 Excel，其都会自动地创建一个新的空白工作簿，默认名称是 BookX（X 为 1，2，3，…，n）。一个工作簿是由若干张工作表组成（默认为 3 个），工作簿中所包含的工作表都以标签的形式排列在工作簿的底部，当需要进行工作表切换的时候，只要用鼠标单击相应的工作表名称即可。工作簿以文件的形式存放在磁盘上，一个 Excel 文件就是一个工作簿，Excel 文件的扩展名是 xlsx。

(2) 工作表

工作表用于组织和分析数据，其由 256×65536 个单元格组成，默认名称是 SheetX（X 是 1，2，3，…，n）。Excel 中工作簿和工作表的关系就像是日常的账簿和账页之间的关系。一个账簿可由多个账页组成，一个账页可以反映某月的收支账目。

(3) 单元格

单元格是 Excel 组织数据的最基本单元。每个单元格都是工作表区域内行与列的交点。工作表中的行号用数字来表示，即 1，2，3，…，65536；列号用 26 个英文字母及其组合来表示，即 A，B，…，Z，AA，AB，AC，…，IV。

在 Excel 中，单元格是通过位置来标识的，即由该单元格所在的列号和行号组成，称作单元格名，这也就是它的“引用地址”。需要注意的是，在单元格名中列号在前、行号在后，如单元格 B3 表示 B 列第 3 行的单元格。一个单元格名唯一确定一个单元格。每个单元格可以存放多达 3200 个字符的信息。

在引用单元格时（如公式中），就必须使用单元格的引用地址。如果在不同工作表中引用单元格，为了加以区分，通常在单元格地址前加工作表名称，如 Sheet2！D3 表示 Sheet2 工作表的单元格 D3。如果在不同的工作簿之间引用单元格，则在单元格地址前加相应的工作簿和工作表名称，如［Book2］Sheet1！B1 表示 Book2 工作簿 Sheet1 工作表中的单元格 B1。

2. 单元格的格式化设置

包括单元格的对齐方式、字体格式、边框及底纹等。

3. 批注

批注是附加在单元格中，与其他单元格内容分开的注释。批注是十分有用的提醒方式，如注释复杂的公式如何工作，或为其他用户提供反馈。批注可以进行添加和编辑。

4. 视图管理器

视图管理器可以管理工作簿、工作表、对象以及窗口的显示和打印方式。可以根据需要对同一个工作簿、工作表以及窗口定义一系列特殊的显示方式和打印设置，并将其分别保存为视图。当需要以不同方式显示或打印工作簿时，就可以切换到任意所需的视图。

5. 创建密码

在打开文件时，要求输入密码可杜绝未经授权的用户打开一篇文档。

修改文件时要求输入密码，因此只有经授权的用户可以对其进行更改。如果有人更改了文档却不拥有文档的密码，则仅能以其他名称保存文档。

密码是区分大小写的，如果用户指定密码时混合使用了大小写字母，用户输入密码时，键入的大小写形式必须与指定的完全一致。密码是包含字母、数字、空格和符号的任意组合，并且最长可以为 15 个字符。如果选择了高级的加密选项，可以使用更长的密码。

6. 发布 Excel 工作簿到网上

将 Excel 工作簿发布到网上，在网上供用户查看或交互使用，用户无需打开 Excel 就可以在浏览器中查看数据，还可以对数据进行修改。

6.2 实现方法

6.2.1 规划表格结构

通讯录中记载了姓名、E-mail 地址和电话号码等多种信息，因此表格的结构决定于所要记载的信息。

【任务 1】制作如图 6-1 所示表格结构的通讯录工作簿，将工作表标签命名为“通讯录”。

① 启动 Excel。用鼠标单击桌面底部左端的【开始】按钮，并在【所有程序】菜单中的【Microsoft Office】子菜单中单击【Microsoft Excel 2010】命令，启动 Excel 应用程序，如图 6-2 所示。

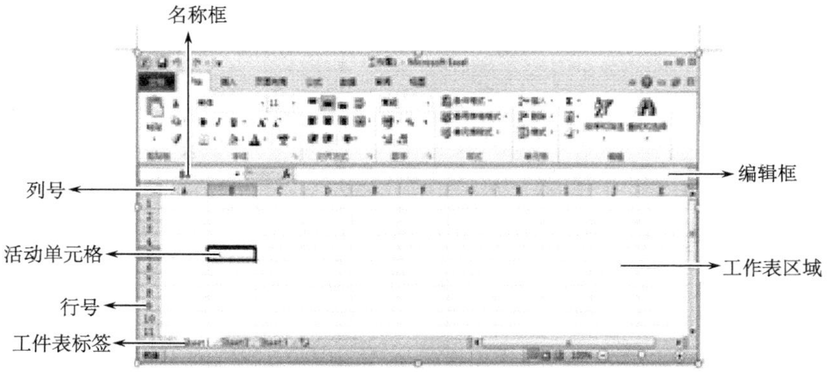

图 6-2　Excel 2010 窗口界面

由于要建立一个包含“姓名”、“部门”、“办公电话”、“家庭电话”、“QQ 号”和“E-mail 地址”等信息在内的通讯录，所以在 Excel 中输入全部信息之前需要先对表格的信息加以规划。

② 更改工作表的名称。将鼠标指针移到 Sheet1 工作表的标签上，单击鼠标右键，在弹出的快捷菜单中选择【重命名】命令，如图 6-3 所示，然后输入新的名称“通讯录”。

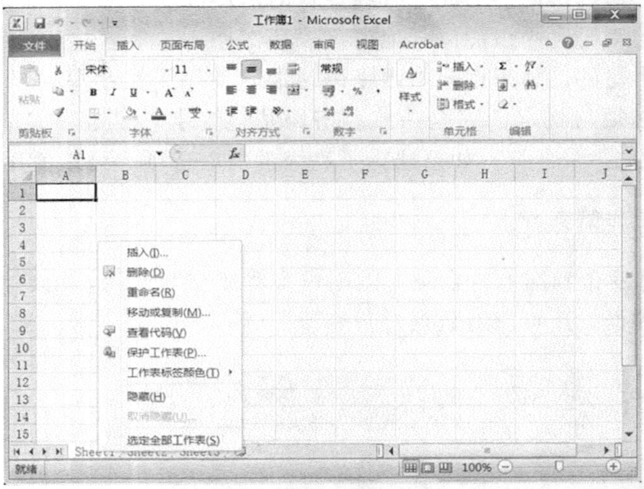

图 6-3　更改工作表名称

技巧点滴

对工作表重命名还可以选择【格式】|【工作表】|【重命名】命令，然后输入新的工作表名称；也可以双击工作表的标签位置，再输入工作表的新名称。

③ 输入表头。选中单元格 A1，输入文本内容“通讯录”，按 Enter 键结束。在单元格区域 A2：F2 中分别输入“姓名”、“部门”、“办公电话”、“家庭电话”、“QQ 号”和“E-mail 地址”，得到如图 6-4 所示的工作表。

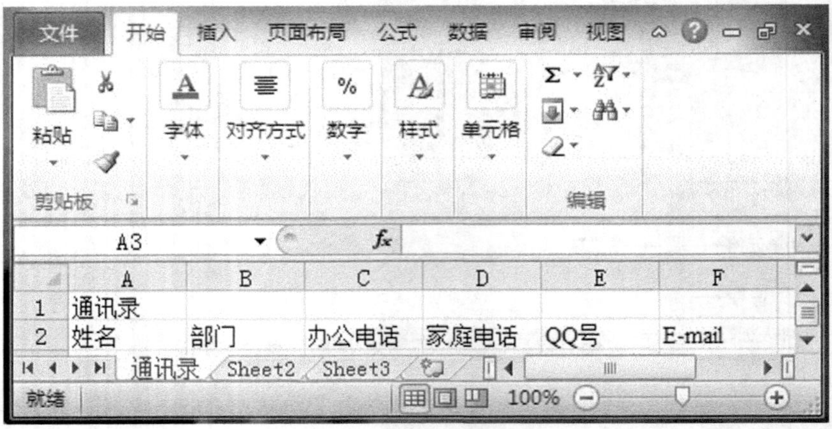

图 6-4　输入表格表头

在输入标题项目的时候，可能会遇到文本内容长短不一的情况。这时可以在输入的内容中间插入几个空格，调整文本长度趋于一致。本例中，输入“姓名”和“部门”两个标题时，分别插入两个空格。

6.2.2　输入表格内容，设置单元格格式

在建立起通讯录的整体框架之后，就可以输入通讯录的具体信息。

1. 输入表格内容

【任务 2】根据图 6-4 创建的通讯录表格结构，在表格中输入通讯录的具体信息。

（1）输入联系人的姓名和所在部门

由于联系人所在的部门可能存在许多相同的内容，可以利用“复制”、“粘贴”的方法提高输入效率。在单元格 B3 中输入“销售部”之后，单击该单元格，然后按 Ctrl+C 组合键，在该单元格的边框呈现出循环转动的虚线框，接着单击目标单元格 B7，再按 Ctrl+V 组合键，即可把单元格 B3 中的内容复制到单元格 B7 中。

技巧点滴

其实在 Excel 中，还有一项功能可以帮助我们快速输入相同的内容，即记忆式键入。例如，在 B3 单元格中输入“销售部”之后，到 B7 单元格也需要输入“销售部”，这时在 B7 单元格中只要输入“销”字，Excel 就会自动将本列中前面输入过的“销售部”显示出来，按 Enter 键即可完成输入。

输入完毕之后，可得到如图 6-5 所示的工作表。

（2）输入联系人的办公电话和家庭电话

将联系人的固定电话按照“区号-电话号码”的格式进行输入。如果直接输入，Excel 将按照常规方式将其识别为数字而忽略掉第一位数字“0”。为避免这种问题的出现，可以选中“办公电话”和“家庭电话”两列的固定电话（手机号码由于第一位非 0，输入时不存在上述问题）单元格，单击鼠标右键，在弹出的快捷菜单中选择【开始】命令，打开【设置单元格格式】对话框，单击【数字】标签，选择【分类】列表框中的【自定义】，在【类型】文本框中输入“0##########”，表示电话号码的首位为 0，后面跟 10 位数字，如图 6-6 所示。单击【确定】按钮之后，在相应单元格中输入固定电话号码的后 10 位即可。

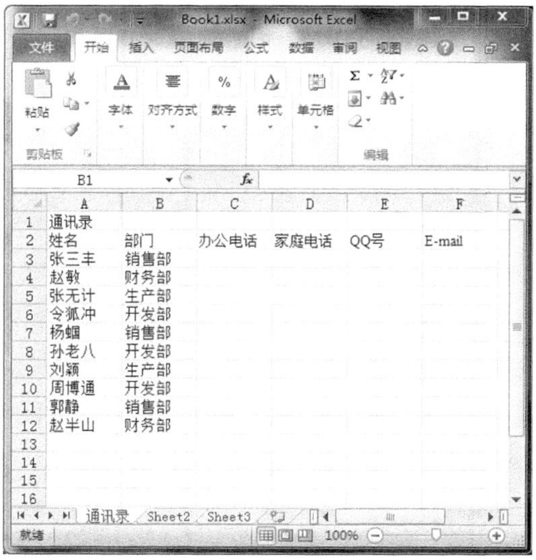

图 6-5　输入姓名和部门列

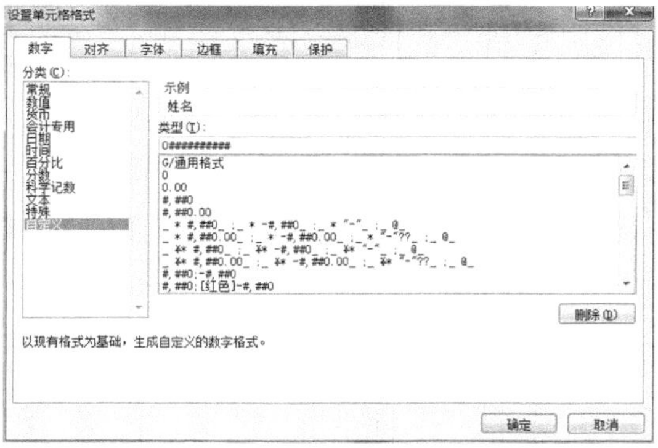

图 6-6　单元格格式对话框

温馨提示

更简单的解决办法是在所输入的数字之前加上字符“′”，系统即可将数字的格式作为文本来处理。

(3) 输入联系人的 QQ 号和 E-mail 地址

输入 E-mail 地址之后，系统会自动添加链接，E-mail 地址字体显示为蓝色，并加下划线。如果单击 E-mail 地址单元格，会启动电子邮件编辑器（如 Outlook），并自动填写好邮件收件人的地址，可以方便用户发送电子邮件。

以上内容全部正确无误地输入完毕后，可以得到如图 6-7 所示的工作表。

温馨提示

如果要去掉在输入 E-mail 地址后自动添加的超链接，可以将光标移到单元格上方，单击鼠标右键，在弹出的快捷菜单中选择【取消超链接】命令，在单元格附近出现智能标签，在下拉列表中选择【停止自动创建超链接】选项即可。

2. 插入行和列

【任务 3】在“通讯录”工作表的最左边插入一列单元格，在第一行的上方插入一行单元格。

① 选中第 A 列，单击鼠标右键，从弹出的快捷菜单中选择【插入】命令，如图 6-8 所示，即可在该列单元格的左方插入一整列。

②选中第一行，重复上述操作，即可在第一行的上方插入一整行。

技巧点滴

插入行或列的操作，也可以通过单击【开始】|【单元格】|【插入】下拉列表中的【插入工作表行/列】命令来实现。但插入的行总是在选中单元格所在行的上方，插入的列总是在选中单元格所在列的左侧。

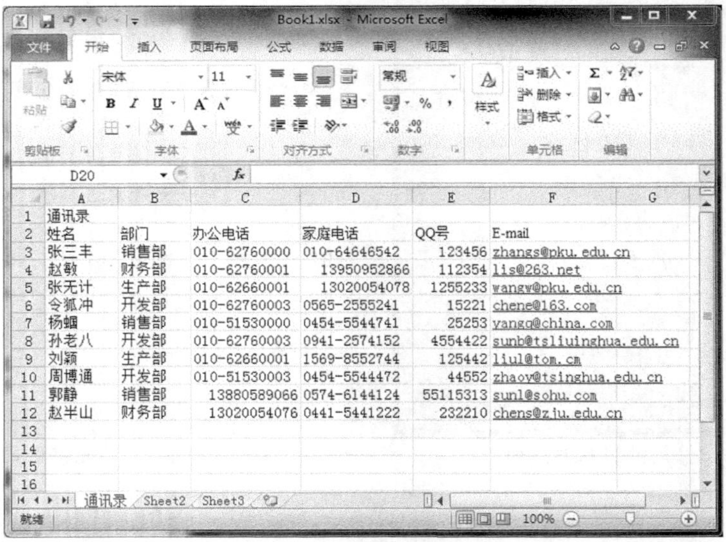

图 6-7　通讯录工作表

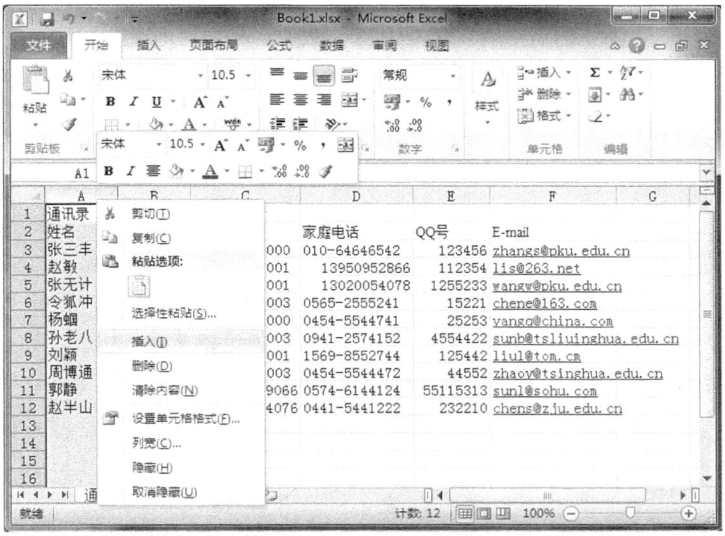

图 6-8　插入列过程

执行上述插入列和插入行操作得到的通讯录工作表，如图 6-9 所示。

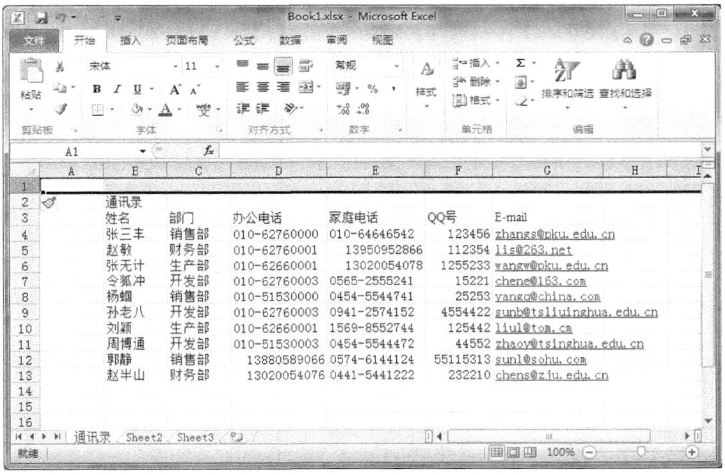

图 6-9　插入行和列

插入行或列时，也可以选中某一单元格，然后单击右键，从弹出的快捷菜单中选择【插入】命令，在弹出的【插入】对话框中选择【整行】或【整列】单选项即可，如图 6-10 所示。

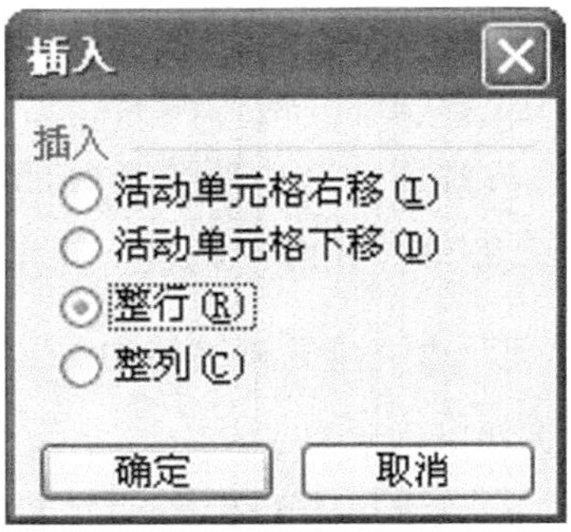

图 6-10　插入对话框

当需要删除某行或某列时，只需要选中该行或该列，然后在图 6-8 所示的快捷菜单中选择【删除】命令即可。

3. 设置单元格格式

所有内容输入完毕后，最原始的“通讯录”工作表基本制作完成，接下来对工作表进行单元格格式的设置。

（1）合并单元格

【任务 4】将表头“通讯录”一行的单元格合并，表头和标题行内容居中显示；“姓名”和“部门”列下面的内容居中对齐显示；“办公电话”、“家庭电话”、“QQ 号”和“E-mail 地址”列下面的内容左对齐显示。

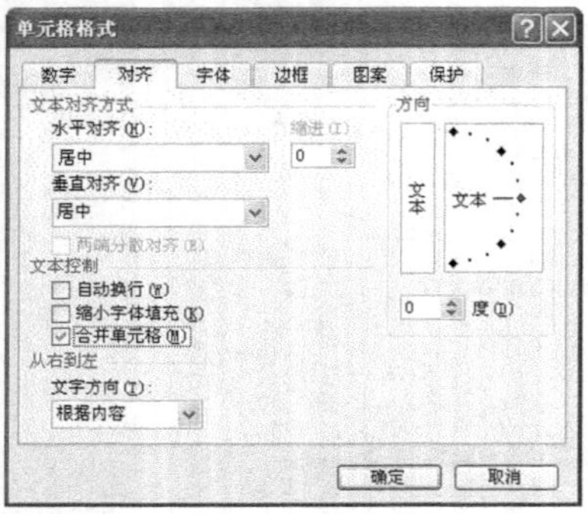

图 6-11 单元格格式对话框

① 选中单元格区域 B2：G2，单击【开始】|【对齐方式】下拉箭头，打开【单元格格式】对话框，单击【对齐】标签，将【水平对齐】下拉列表设置为“居中”，选中【合并单元格】复选框，如图 6-11 所示。单击【确定】按钮即可。

要在 Excel 中对单元格进行合并，除上述方法之外，还有两种方法可供选择。

方法一：选中所要合并的单元格区域，然后单击鼠标右键，在弹出的快捷菜单中选择【设置单元格格式】命令，如图 6-12 所示，弹出【单元格格式】对话框，再进行相关设置即可。

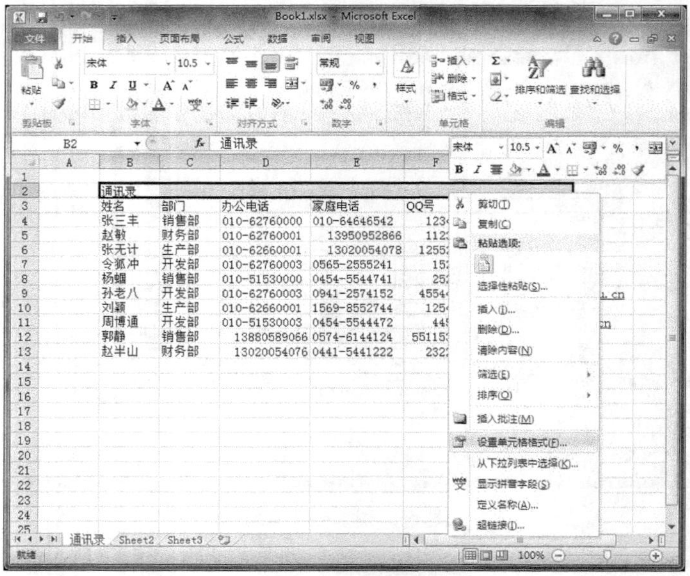

图 6-12 合并单元格过程

方法二：选中所要合并的单元格区域，单击【开始】工具栏中的【合并后居中】按钮，即可合并所选区域，并可同时使区域内的文字居中。

② 选中单元格区域 B3：G3，单击【开始】工具栏中的【居中】按钮，所选区域内的文字居中显示。

按照上述方法，将“姓名”和“部门”两列下的内容信息居中显示。

③ 选中“办公电话”、“家庭电话”、“QQ 号”和“E-mail 地址”列下的内容信息，单

击【开始】工具栏中的【左对齐】按钮，所选区域内的文字左对齐显示。

见多识广

在 Excel 单元格中输入内容时，默认的对齐方式取决于数据的类型。文本内容（包括汉字和英文字符）默认为左对齐；数值（包括数字、日期等）默认为右对齐。

设置单元格内容的对齐方式后的效果，如图 6-13 所示。

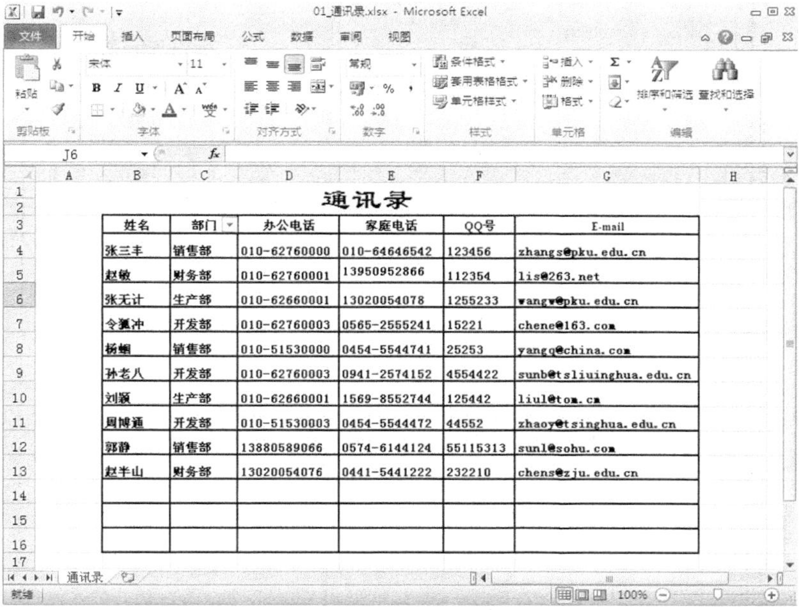

图 6-13　设置对齐方式后的工作表

（2）调整行高和列宽

如果单元格的行高或列宽不合适，可以根据单元格中的内容进行相应调整。

【任务 5】将通讯录标题行下所有记录通讯信息的单元格，行高均设置为“20.25”；第 1 行高度设置为“12.00”，第 2 行行高为“32.25”，第 3 行行高为“22.25”；列宽的设置参数如表 6-1 所示。

表 6-1　列宽设置参数

列名	列宽值	列名	列宽值
A	2.88	D、E	12.13
B	8.38	F	11.00
C	10.63	G	21.25

① 选中单元格区域 B4：G16，单击【格式】|【行高】命令，如图 6-14 所示。打开【行高】对话框，在【行高】文本框中输入“20.25”，如图 6-15 所示。单击【确定】按钮即可。

② 列宽的设置方法与行高的设置方法基本相同。先选中要设置列宽的列，然后单击【格式】|【列宽】命令，设置相应的列宽值即可。

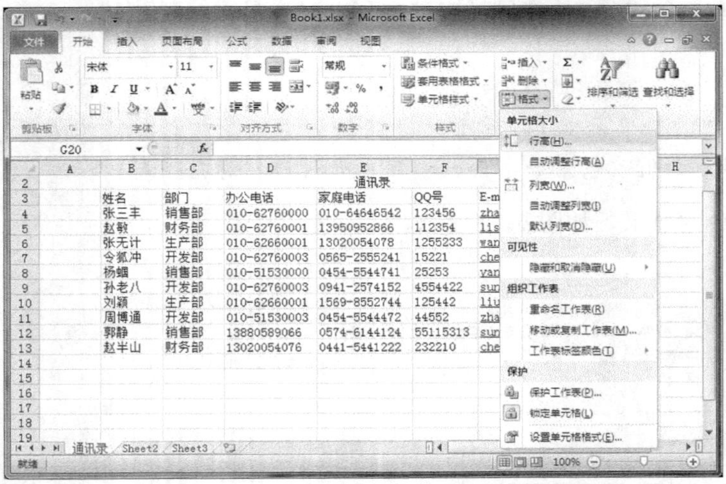

图 6-14　设置行高过程

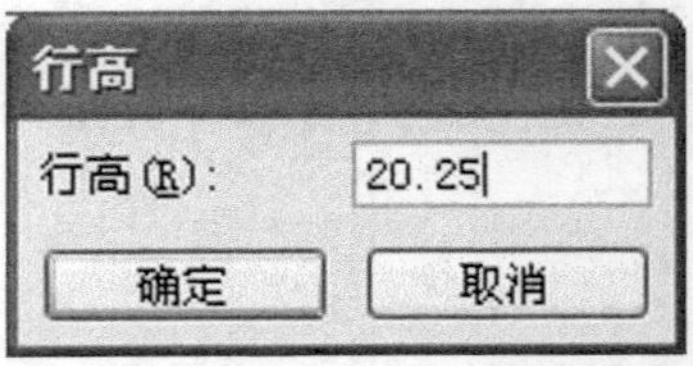

图 6-15　行高对话框

③ 根据任务的参数要求，按照上述步骤设置其他单元格的行高和列宽，设置后的效果如图 6-16 所示。

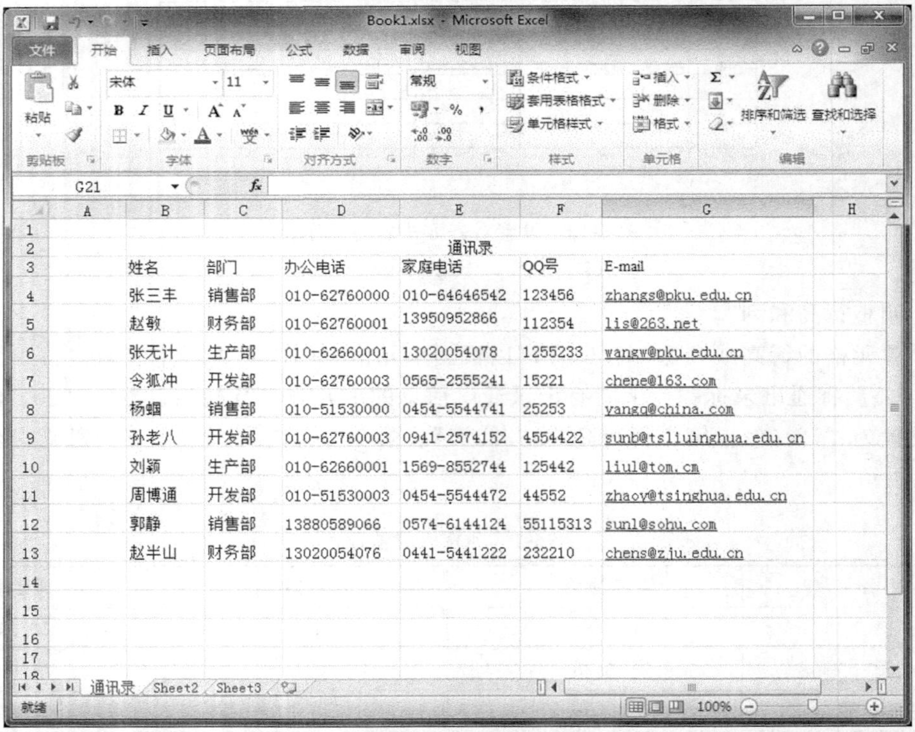

图 6-16　设置行高和列宽后效果

上述行高与列宽的设置方法仅局限于单个单元格或一系列行高值或列宽值相同的单元格区域的情况，更常用的方法是直接用鼠标拖动边框线改变行高和列宽。可以把鼠标指针放在该单元格所在行的行号的下边框上，当鼠标指针变成上下双向箭头时，即可按住鼠标左键拖动对单元格高度进行调整，在鼠标旁边会显示当前调整到的高度值，如图 6-17 所示。

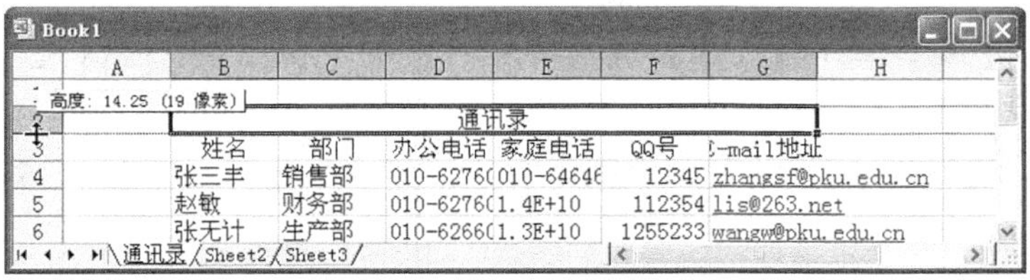

图 6-17　利用鼠标调整行高

（3）设置字体和字号

为了使表头和表格的标题等项目显得更加醒目，可以为其设置字体和字号。

【任务 6】将表头“通讯录”设置为“隶书”、“24 号”并且“粗体”显示；表格的标题行为“宋体”、“10 号”并且“粗体”显示；其余单元格内容为“宋体”和“10 号”即可。将“E-mail 地址”列的字符取消下划线，并且字体颜色设置为“黑色”。

① 选中单元格 B2，在【开始】工具栏中的【字体】下拉列表中选择“隶书”，在【字号】下拉列表中选择“24” 宋体 12 ，然后单击【加粗】按钮 B ，即可完成对该单元格的字体设置。

技巧点滴

对字符进行加粗处理时，如果选中没有加粗的内容并单击【加粗】按钮，所选中内容的字体被加粗；如果选中已加粗的内容再单击【加粗】按钮，所选中内容的字体被取消加粗；如果选中的内容同时有加粗和未加粗的字符，单击【加粗】按钮时，所选中内容先取消加粗，再次单击时被加粗。对齐、合并和下划线操作类似。

② 按照同样的方法，根据任务要求设置其他单元格的字符格式。

由于“E-mail 地址”项目中的内容有下划线（系统默认的链接格式），如果为了打印时效果更好，可以对这些单元格区域进行如下处理。

③ 选中单元格区域 G4：G13，单击【开始】|【字体】工具栏中的【下划线】按钮 U ，即可取消下划线的显示。

④ 选中单元格区域 G4：G13，单击【开始】|【字体】工具栏中的【字体颜色】按钮 A 处的下拉箭头，在颜色列表中选择【自动】按钮即可，如图 6-18 所示。

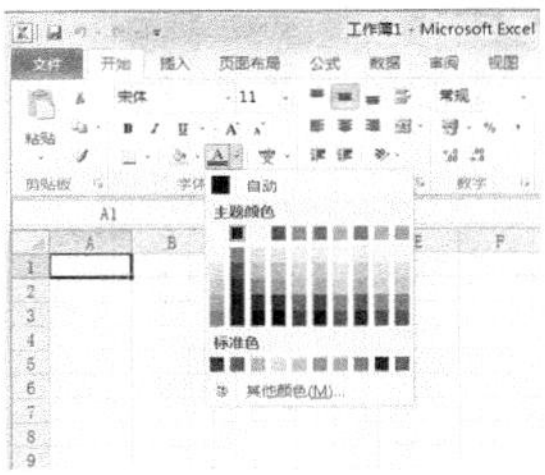

图 6-18　设置字体颜色

（4）设置边框

给单元格设置边框可以使工作表更加美观。

技巧点滴

进行边框设置时，如果对边框线条有要求，则只能通过【单元格格式】对话框来设置。设置时，必须先选中线条样式，然后才能单击边框按钮。如果想设置外边框，可以在【预置】栏中选中【外边框】按钮。

【任务 7】将通讯录工作表的表头所在的单元格，设置为“粗线条”下边框；将表格内其他单元格均设置为“细线”的下边框和内部边框显示。

① 选中单元格 B2，单击【开始】|【对齐方式】的下拉菜单，打开【设置单元格格式】对话框，单击【边框】标签。

② 选择【线条】区域【样式】列表框中右边的第五根粗线条，单击【边框】区域中按钮，如图 6-19 所示。

③ 单击【确定】按钮，设置好所选单元格的粗线条下边框。

④ 选中单元格区域 B3：G16，在【设置单元格格式】对话框的【边框】标签中，选择【线条】区域【样式】列表框中左边的第七根细线条，单击【边框】区域中按钮，然后单击【预置】区域中的【内部】按钮，如图 6-20 所示。

图 6-19 设置表头单元格边框

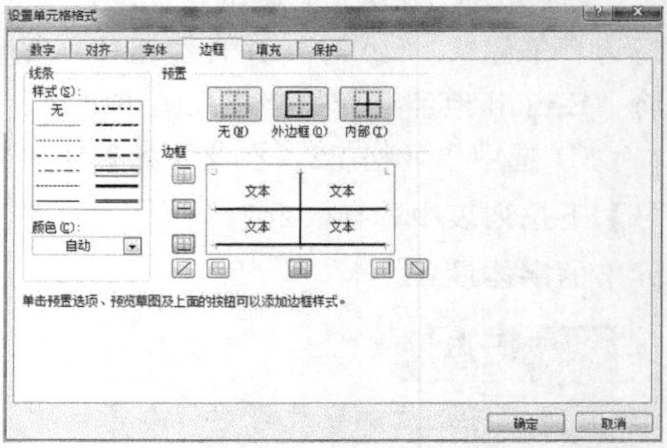

图 6-20 设置其他单元格边框

(5) 设置背景颜色

设置单元格背景颜色，可以使不同性质、不同含义的数据之间的区别更加明显，也可使整个单元格页面更加美观。

【任务 8】按照表 6-2 所示要求设置通讯录表格中单元格的背景颜色。

表 6-2 背景颜色设置参数

单元格区域	背景颜色
B3：G3	灰色 25%
B4：B16	茶色
C4：C16、E4：E16、G4：G16	浅青绿
D4：D16、F4：F16	浅黄

① 选中单元格区域 B3：G3，单击【开始】|【对齐方式】下拉箭头，打开【单元格格式设置】窗口，点击标签中的【填充】按钮，在图案样式中选择“灰色－25%”按钮，如图 6-21 所示。

② 按上述步骤，选中单元格区域 B4：B16，填充颜色设置为“茶色”；单元格区域 C4：C16、E4：E16、G4：G16 填充颜色设置为“浅青绿”；单元格区域 D4：D16、F4：F16 填充颜色设置为“浅黄”。

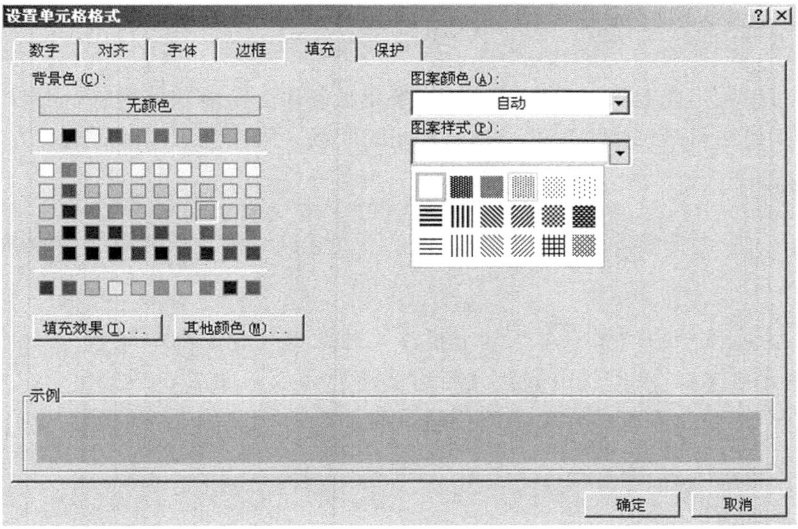

图 6-21 设置“灰色－25％”背景颜色

格式设置完成后的“通讯录”工作表如图 6-22 所示。

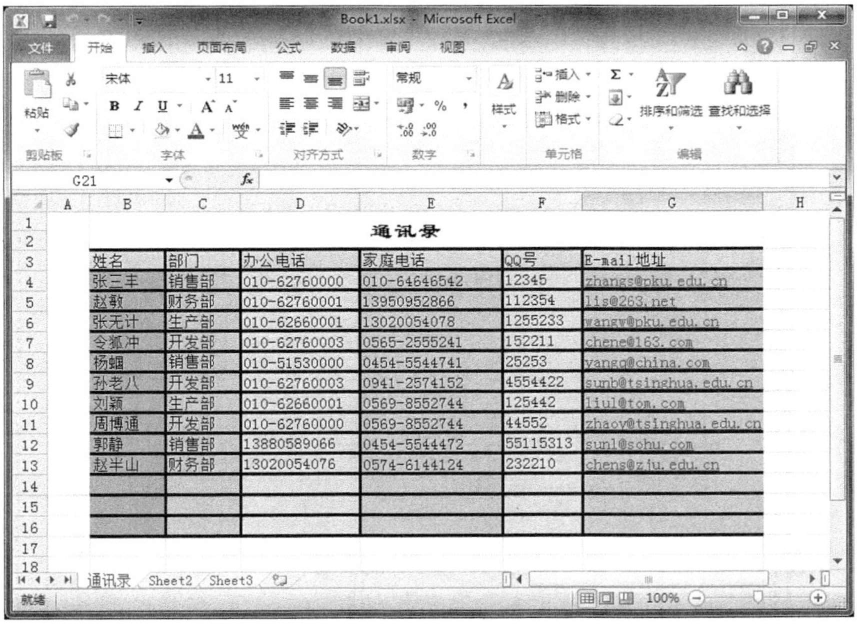

图 6-22 设置格式后的通讯录

技巧点滴

某些单元格格式设置相同，可以采用格式刷来提高效率。选中已经设置好格式的单元格，单击【开始】工具栏中的【格式刷】按钮，此时鼠标旁会出现格式刷标志，对要进行相同格式设置的单元格刷新即可。

6.2.3 批注的插入与编辑

根据需要对单元格内容添加批注信息，如果单独制作会影响整体效果，可以用插入批注的方法来解决。比如在通讯录中出现两个姓名相同的联系人时，就可以采用这种方法进行区分。

见多识广

批注是对相应单元格中内容的解释或补充，它可以帮助用户更好地记忆和理解单元格中的内容。

【任务 9】为通讯录中“张三丰”加上批注，注明为“我的高中同学”。

① 选中单元格 B4，单击【审阅】|【新建批注】命令，如图 6-23 所示。

② 打开一个批注文本框，在文本框中输入批注内容“我的高中同学”，如图 6-24 所示。

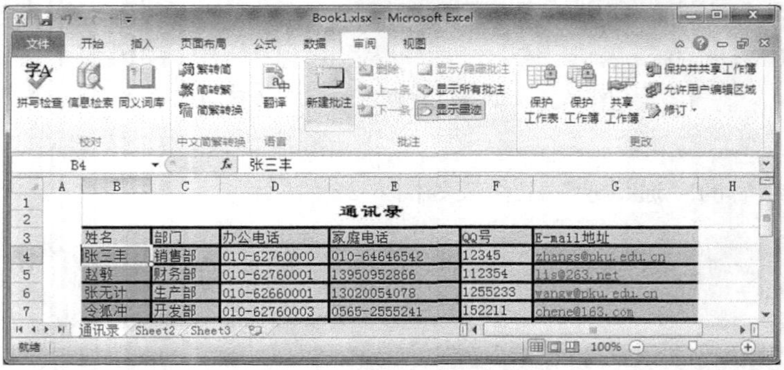

图 6-23 插入批注过程

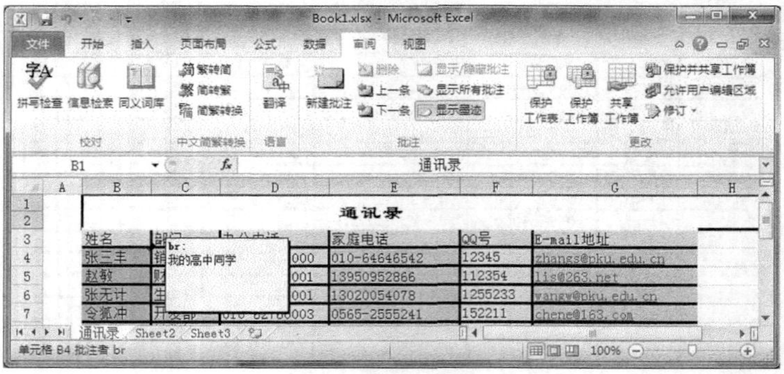

图 6-24 输入批注内容

③ 输入完毕后，用鼠标单击其他任意单元格即可。以后每当鼠标移动到插入批注的单元格上，该单元格的批注会自动显示出来。

技巧点滴

插入批注的单元格右上方会出现红色三角形的标记，这对工作表的打印并没有影响。要查看所有的批注，只需单击【审阅】|【显示所有批注】命令即可。隐藏所有批注单击  按钮即可。

要对已插入的批注进行编辑，在选中要编辑批注的单元格后，单击【审阅】|【编辑批注】命令，或者右键单击要编辑批注的单元格，从弹出的快捷菜单中选择【编辑批注】命令，即可打开批注文本框对批注内容进行再次编辑。

要删除批注，在选中要删除批注的单元格后，单击【审阅】|【删除】命令，或者右键单击要删除批注的单元格，从弹出的快捷菜单中选择【删除批注】命令即可。

6.2.4　自动筛选功能的应用

有时会根据需要查找指定人员的联系方式，可以通过自动筛选功能完成。

见多识广

自动筛选只是对数据按照简单的筛选条件进行的筛选。对于更复杂的筛选条件，可以采用高级筛选功能。

【任务 10】在通讯录中筛选出销售部人员的通讯录。

① 选中单元格 B3：B13，单击【数据】|【筛选】命令，如图 6-25 所示。在单元格区域 B3 中，显示出一个下拉箭头，如图 6-26 所示。

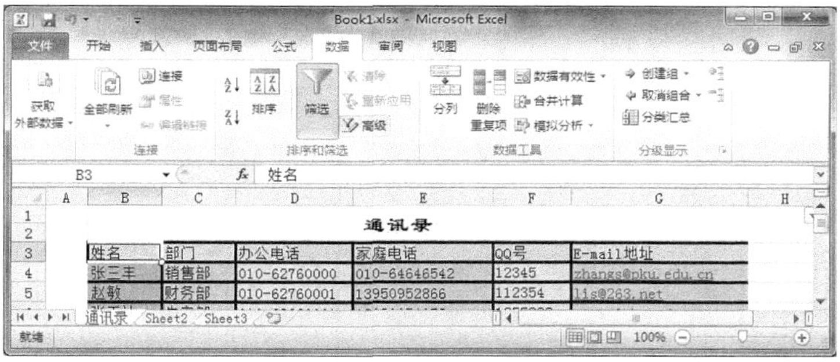

图 6-25　自动筛选过程

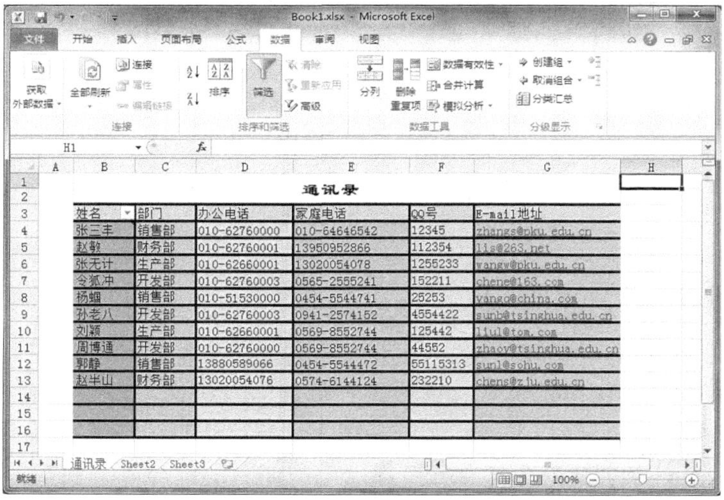

图 6-26　自动筛选箭头

② 同理选中单元格 C3：C13，单击【数据】|【筛选】命令，单击单元格 C3 中的下拉箭头，选中“销售部”，如图 6-27 所示。筛选出“销售部”人员的联系方式，如图 6-28 所示。

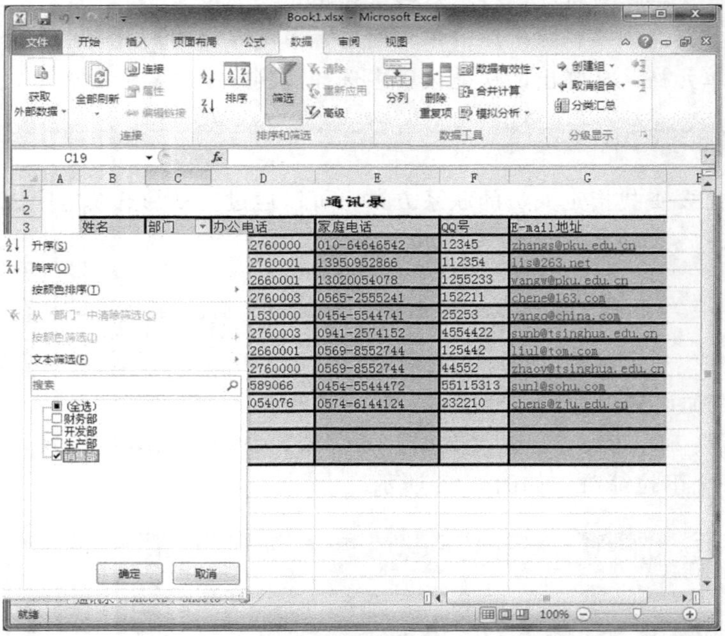

图 6-27 筛选“销售部”过程

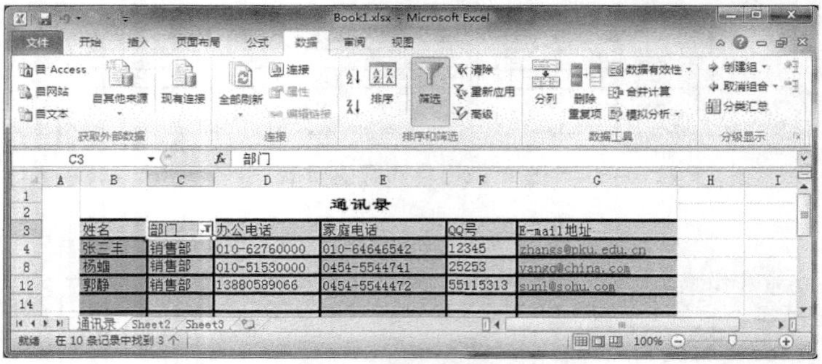

图 6-28 筛选结果显示

在“部门”筛选清单列表（图 6-27）中选择“全部”即可回到筛选之前的界面，取消筛选任务。

6.2.5 视图管理器

同一张工作表对具有不同权限的人，可用的信息是不同的。为了保证一张工作表仅向相关人员提供有用信息，而将其他信息（这些信息可能涉及机密）隐藏，或出于打印的目的，只希望打印出需要的信息，可以利用视图管理器来达到这个目的。

【任务 11】为通讯录创建财务部、开发部、生产部和销售部 4 个视图，打开生产部视图显示相应部门的人员通讯信息。

① 用筛选功能筛选出要创建视图显示的结果，筛选出财务部人员通讯信息，单击【视

图】|【自定义视图】命令，如图 6-29 所示。

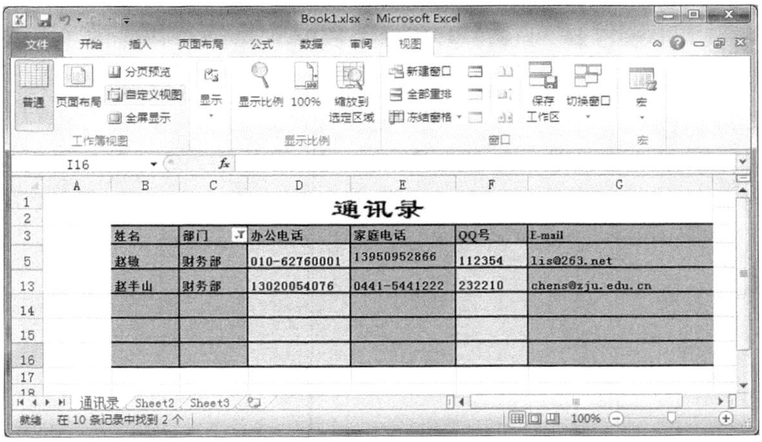

图 6-29　选择视图管理器功能

② 打开【视图管理器】对话框，如图 6-30 所示。

③ 单击【添加】按钮，打开【添加视图】对话框，在【名称】文本编辑框中输入视图名称“财务部”，如图 6-31 所示。单击【确定】按钮完成视图的添加。

图 6-30　视图管理器对话框

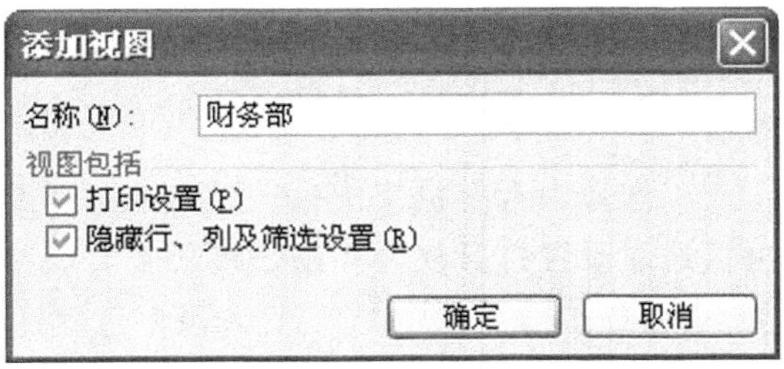

图 6-31　添加视图对话框

④ 按照上述方法创建视图“开发部”、“生产部”和“销售部”，分别表示开发部人员列表、生产部人员列表及销售部人员列表。

⑤ 创建好全部视图后，单击【视图】|【视图管理器】命令，打开【视图管理器】对话框，选中要显示的视图名“生产部”，如图 6-32 所示。单击【显示】按钮，工作表即可转到相应的视图，如图 6-33 所示。

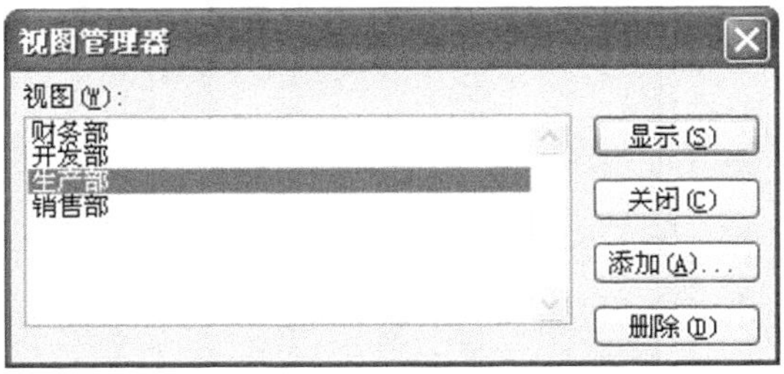

图 6-32　选择打开视图

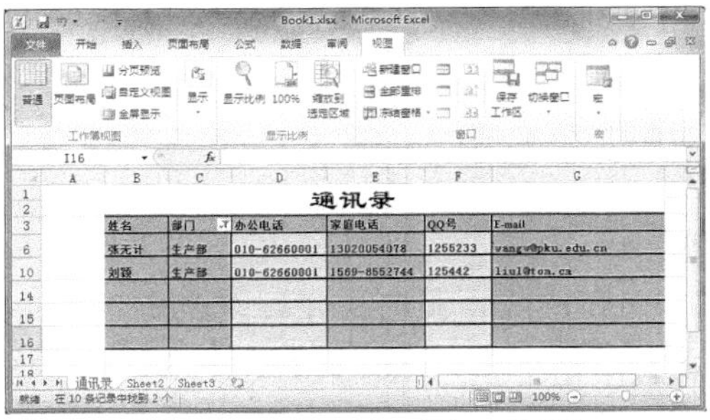

图 6-33　打开“生产部”视图

【任务 12】将通讯录中“Sheet2”和“Sheet3”工作表删除，保存工作表到“我的文档”并以“01＿通讯录”命名。

① 将鼠标置于工作表标签 Sheet2 上，单击鼠标右键，在弹出的快捷菜单中选择【删除】命令，如图 6-34 所示。

② 按照上述方法删除工作表 Sheet3。单击【文件】|【保存】按钮，打开【另存为】对话框。

③ 选择保存位置。单击左侧【我的文档】按钮，在【文件名】文本框中输入文件名称“01＿通讯录”，如图 6-35 所示，单击【确定】按钮即可。

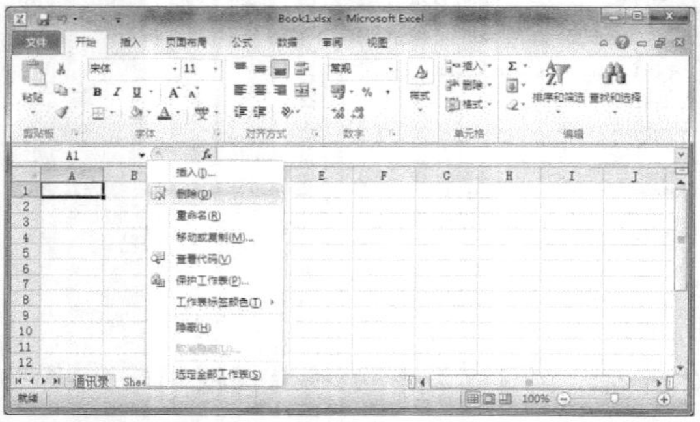

图 6-34　删除工作表

图 6-35　另存为对话框

6.2.6　为工作簿创建密码

工作簿中含有机密信息，用户希望别人只能查阅，自己则可以修改制作好的工作簿时，可以通过设置打开权限和修改权限来实现。

【任务 13】将“01＿通讯录”工作簿的打开权限密码和修改权限密码均设置为“12345”，设置密码后重新打开该工作簿。

① 打开“01＿通讯录”工作簿，单击【文件】|【信息】命令，打开【信息】对话框，单击【权限】|【用密码进行加密】，如图 6-36 所示。

② 在【加密文档】对应的文本框中输入“12345”，单击【确定】按钮。

见多识广

在输入密码时，密码是隐性显示的（即只显示一串“・”），密码可以采用长度为 1～15的字符串，并且区分大小写。

③ 在【确认密码】对话框重新输入密码后，单击【确定】按钮，工作簿密码创建成功，如图 6-37 所示。

④ 再次打开该工作簿，首先会打开【密码】对话框，输入打开权限密码“12345”，如图 6-38 所示。

⑤ 输入正确的打开权限密码，单击【信息】标签，然后打开【权限】|【用密码进行加密】对话框，输入修改权限密码“12345”，如图 6-39 所示。单击【确定】按钮即可打开工作簿。

输入的密码错误时，系统弹出错误提示对话框，如图 6-40 所示。

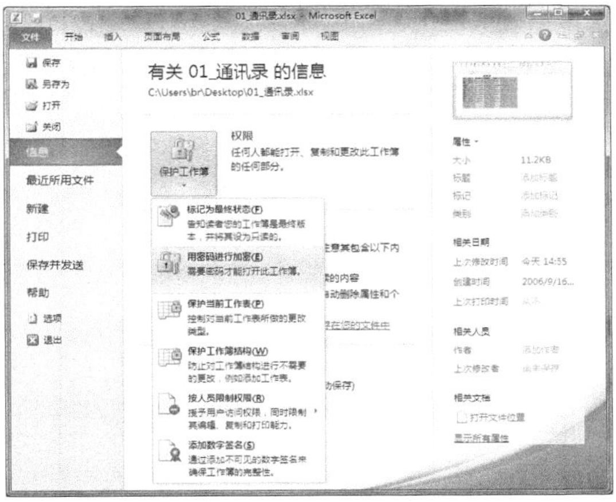

图 6-36　信息标签

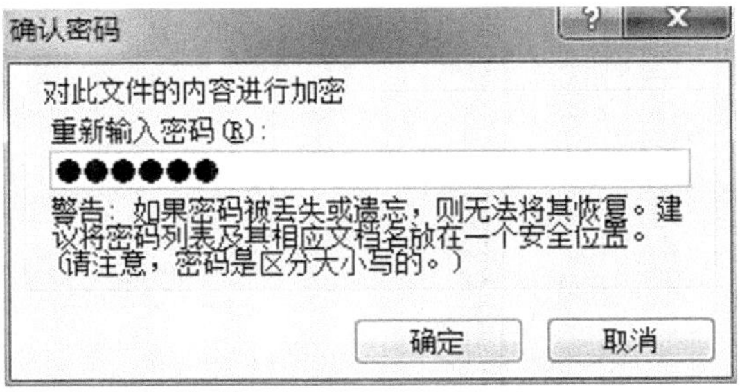

图 6-37　确认打开密码

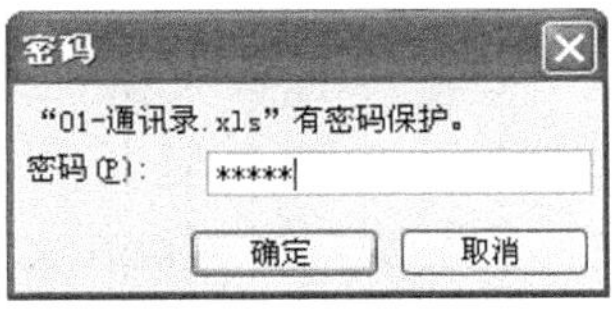

图 6-38　输入打开权限密码

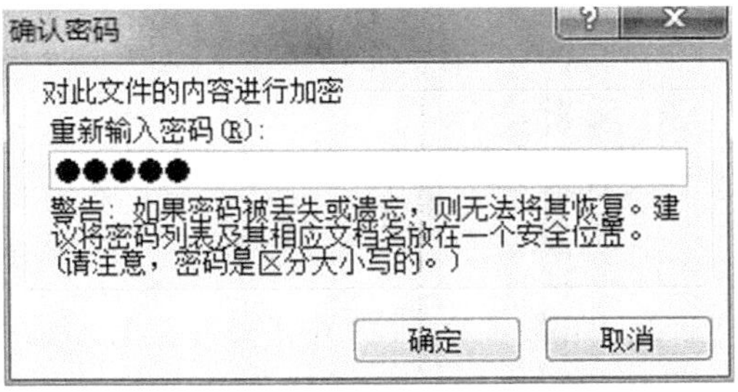

图 6-39　输入修改权限密码

图 6-40　密码错误提示信息

6.2.7　在网络上发布 Excel 工作簿

用户可以把工作簿保存为 HTML 格式，并送到 Web 服务器上的 HTTP 或 FTP 站点上发布，可以做到工作表内信息的共享。当以 HTML 格式保存工作簿时，工作簿中的视图管理器和密码权限等功能无法被保存在网页中。

【任务 14】将“01 _ 通讯录”另存为网页 HTML 文件到“我的文档”中，文件名为“01 _ 通讯录”。

① 单击【文件】|【另存为】命令，打开【另存为】对话框，在【文件名】文本框中输入文件名“01 _ 通讯录”；在【保存类型】下拉列表中选择“网页（*.htm；*.html）”选项；选择保存文档的位置，单击左侧【我的文档】按钮，如图 6-41 所示。

② 设置完成后，单击【保存】按钮保存文件。打开刚刚保存的 HTML 文件“01 _ 通讯

录.htm”，在浏览器中显示保存的网页，如图 6-42 所示。

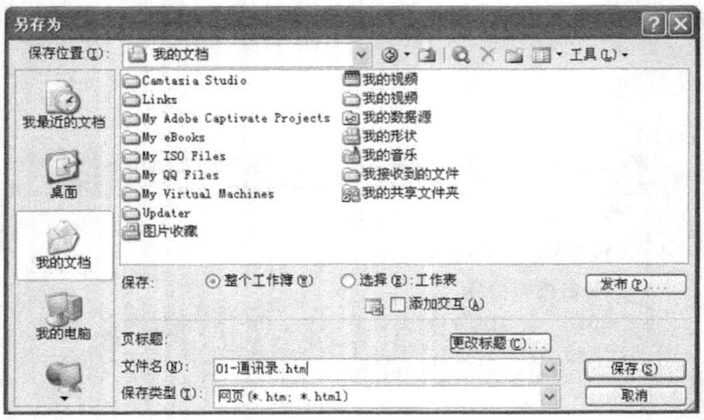

图 6-41　保存为网页

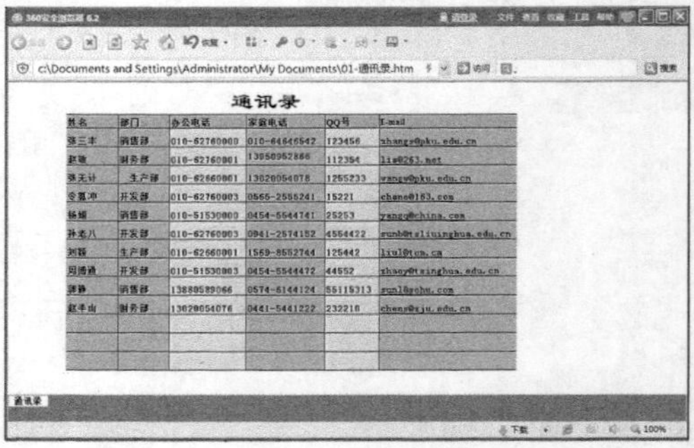

图 6-42　打开网页格式通讯录

用户将工作簿保存为 HTML 文件后，可以根据需要对一些附加选项进行设置。

③ 单击【文件】|【选项】命令，选择【高级】按钮，单击【Web 选项】按钮，打开【Web 选项】对话框，进行 HTML 文件的相关设置，如图 6-43 所示。

温馨提示

【Web 选项】对话框包括一些有关以 Web 页存储 Excel 文件的高级功能设置，可以实现压缩 Web 页文件存储空间、设置 Web 页的默认编辑器等操作。

④ 在图 6-41 所示的【另存为】对话框中，选中【添加交互】复选框后再保存文件，可以得到如图 6-44 所示的通讯录，其可以在浏览器中对其中的数值及公式进行更改。

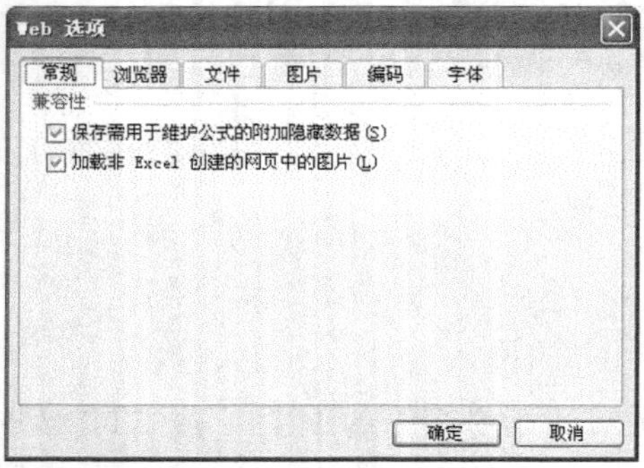

图 6-43　Web 选项对话框

图 6-44　添加交互的网页

6.3 案例小结

本章以制作“通讯录”案例为主，介绍了 Excel 的基本操作、内容输入和格式设置等概念，并重点讲解了批注的插入与编辑、视图管理器的应用、为工作簿创建密码及在网络上发布 Excel 工作簿。

6.4 习题

上机操作

本实例主要是熟悉在 Excel 2010 中快速输入数据的方法，最终的效果如图 6-45 所示。

班级	学号	姓名	性别	出生年月	奖学金金额	领取资金时间
计算机9901	19990101	李天鹏	女	1978年6月3日	￥1,000	8:30 AM
计算机9901	19990102	史采玲	女	1977年3月6日	￥2,120	9:30 AM
计算机9901	19990103	顾德琴	男	1978年3月5日	￥600	10:30 AM
计算机9901	19990104	曾文	男	1980年9月6日	￥590	11:30 AM
计算机9901	19990105	胡宾	男	1980年9月6日	￥689	2:00 PM
计算机9901	19990106	王威	女	1978年6月3日	￥856	3:00 PM
计算机9901	19990107	李利立	女	1977年5月20日	￥687	4:00 PM
计算机9901	19990108	张扬	男	1978年9月30日	￥1,236	5:00 PM
计算机9901	19990109	章文军	男	1976年9月6日	￥2,511	6:00 PM
计算机0001	20000101	赵宏亮	男	1981年2月6日	￥1,300	7:00 PM
计算机0001	20000102	周大方	男	1982年3月9日	￥1,500	8:00 PM
计算机0001	20000103	孙笑	女	1978年9月30日	￥1,430	8:30 AM
计算机0001	20000104	童乐	女	1980年12月2日	￥1,562	9:30 AM
计算机0001	20000105	艾密	女	1978年4月20日	￥982	10:30 AM
计算机0001	20000106	严芳芳	女	1977年6月30日	￥157	11:30 AM
计算机0001	20000107	洪亮	男	1979年6月18日	￥361	2:00 PM
计算机0001	20000108	邢道义	女	1976年5月18日	￥983	3:00 PM
计算机0001	20000109	夏天	男	1977年5月6日	￥253	4:00 PM

图 6-45　实例效果图

(1) 创建新文档并输入表头

① 打开 Excel 2010，选中 A1 单元格，输入“班级”，按 Tab 键，在 B2 单元格内输入“学号”。用相同的方法输入其他表头内容。

② 选中 A1：G1 单元格区域，然后单击工具栏中的【居中】按钮，使表头文字居中对齐，得到的效果如图 6-46 所示。

(2) 快速输入相同的内容

①在 A2 单元格中输入“计算机 9901”，将光标放在 A2 单元格的右下角，按 Ctrl 键不放，拖动鼠标到 A10 单元格，此时在 A2：A10 单元格区域内出现相同的内容，如图 6-47 所示。

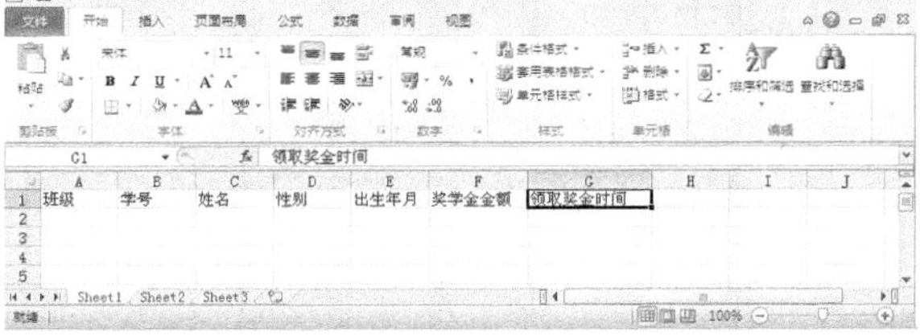

图 6-46　输入表头

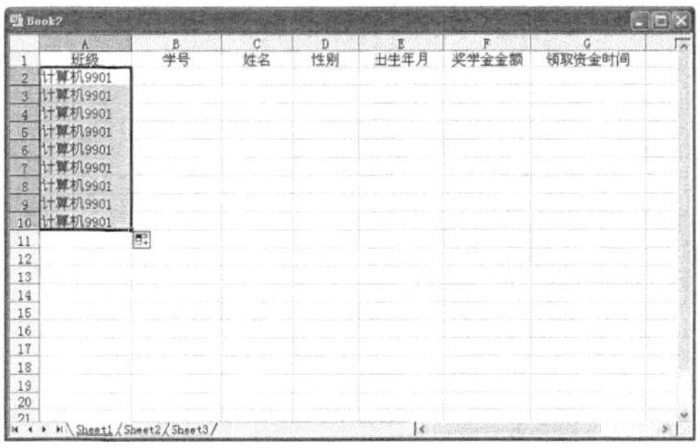

图 6-47　输入相同的内容

② 在 A11 单元格内输入“计算机 0001”，然后按住 Ctrl 键，利用填充柄实现复制功能，这样在 A1：A19 单元格区域内就快速地输入了相同的班级信息，得到的效果如图 6-48 所示。

(3) 输入等差序列的数字

① 在 B2 单元格中输入“19990101”，选中 B2：B10 单元格区域，执行【文件】|【选项】|【高级】命令，执行【编辑自定义列表】对话框，保持默认设置，如图 6-49 所示，最后单击【确定】按钮，可以看到自动按顺序填充的效果，如图 6-50 所示。

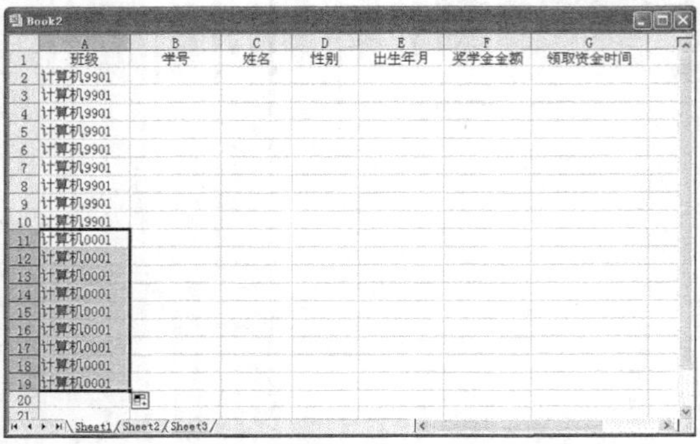

图 6-48 再次输入相同的内容

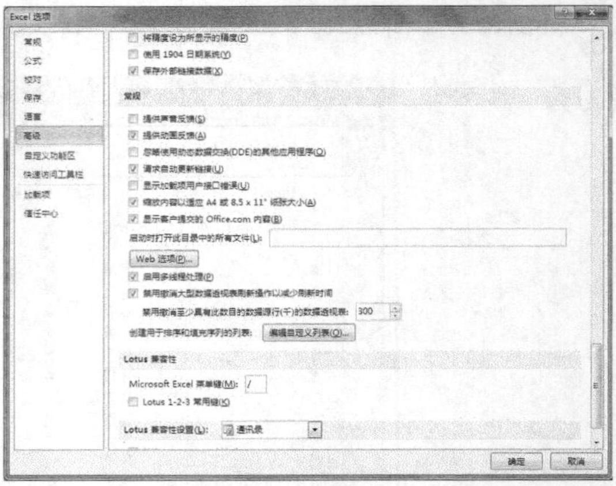

图 6-49 序列对话框

② 在 B11 单元格中输入“20000101”，使用相同的方法自动填充 B11：B19 单元格区域，填充后的效果如图 6-51 所示。

图 6-50 按顺序自动填充后的效果

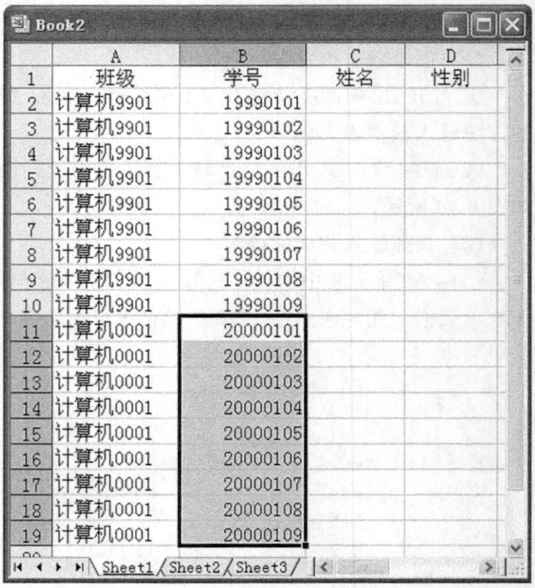

图 6-51 填充后的效果

(4) 将数字转换为文本格式

选中 B2：B19 单元格区域，执行【开始】|【对齐方式】|【设置单元格格式】命令，进入【数字】标签，在【分类】列表中选择【文本】选项，如图 6-52（左）所示。单击【确定】按钮，就可以将数字格式

转换为文本格式，文本将左对齐，如图 6-52（右）所示。

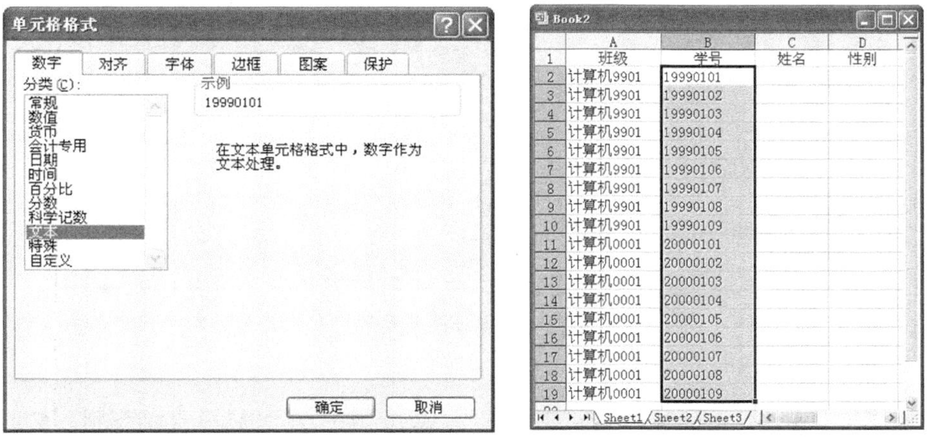

图 6-52　将数字转换为文本格式

（5）输入姓名及性别

选中 C2 单元格，输入“李天鹏”，按 Enter 键继续输入下一个姓名“史采玲”，使用相同的方法输入其他学生的姓名和性别，输入后的效果如图 6-53 所示。

（6）输入日期并设置格式

① 选中 E2 单元格，输入“78-6-3”，按 Enter 键后继续输入“77-3-6”，用相同的方法输入其他的“出生年月”，输入完成后的效果如图 6-54 所示。

图 6-53　输入姓名及性别

图 6-54　输入日期

② 选中 E2：E19 单元格区域，单击【开始】|【对齐方式】下拉箭头，弹出【设置单元格格式】对话框，进入【数字】标签，在【分类】列表中选择【日期】选项，在【类型】下拉列表中选择“2001 年 3 月 14 日”，如图 6-55（左）所示。最后单击【确定】按钮，效果如图 6-55（右）所示。

（7）输入货币格式的奖学金金额

在“奖学金金额”一列中输入数据，选中 F2：F19 单元格区域，打开【设置单元格格式】对话框，进入【数字】标签，在【分类】列表中选择【货币】选项，将【小数位数】设置为“0”，如图 6-56（左）所示。单击【确定】按钮，最终效果如图 6-56（右）所示。

（8）输入时间

① 在“领取资金时间”一列中输入如图 6-57 所示的数据，输入时可以使用填充功能。

图 6-55　输入日期并设置格式

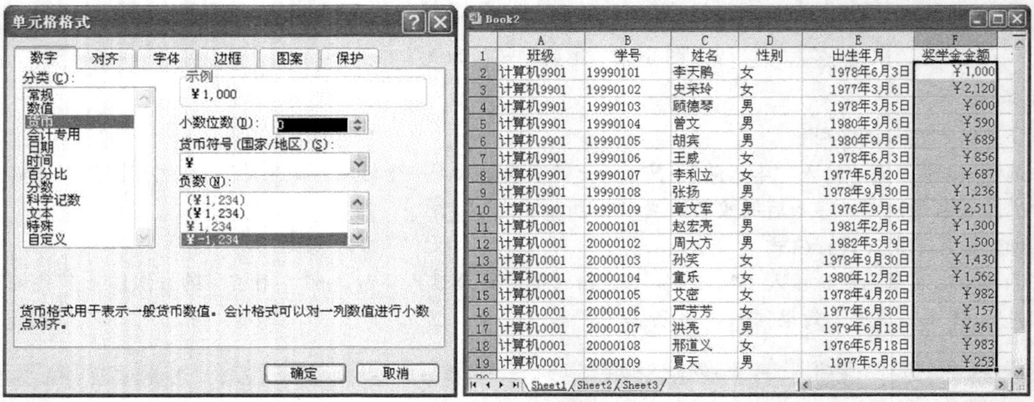

图 6-56　输入货币格式

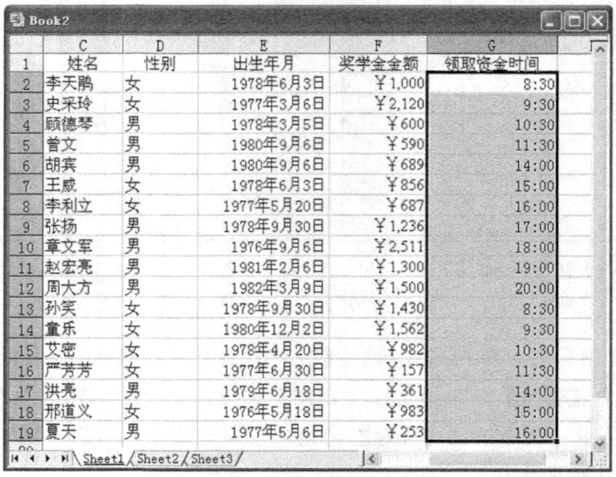

图 6-57　输入时间

② 选择 G2：G19 单元格区域，打开【设置单元格格式】对话框，在【数字】标签的【分类】列表中选择【时间】选项，将【类型】设置为“1：30PM”，如图 6-58（左）所示。单击【确定】按钮，最终效果如图 6-58（右）所示。

（9）输入标题

在表头上方再插入一行，输入标题内容“奖学金领取情况”，合并单元格并居中对齐，适当调节单元格的高度。

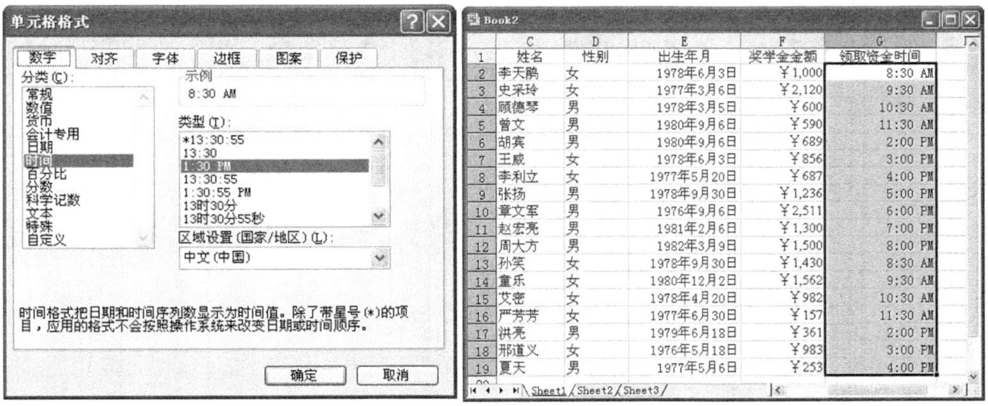

图 6-58　设置时间格式

第 7 章 中文 Excel 2010 综合应用

——销售记录管理与分析

教学目标

- ◆ 掌握记录单的使用
- ◆ 了解条件格式的设置方法
- ◆ 掌握数据管理的基本方法，如数据排序、数据筛选、分类汇总
- ◆ 掌握数据透视表和数据透视图的创建
- ◆ 掌握工作表的页面设置

Excel 具有强大的数据库管理功能，可以方便地组织、管理和分析大量的数据信息。在 Excel 中，工作表内一块连续不间断的数据就是一个数据库，可以对数据库的数据进行筛选、排序、分类汇总等操作。

7.1　销售记录管理案例分析

本章以销售数据的管理和分析为例，介绍了 Excel 中记录单的使用，同时还介绍了数据管理的基本方法、数据透视表的创建、工作表的页面设置和工作表的打印等。

7.1.1　任务的提出

川夏是某公司销售部的内勤，主要负责记录部门每一笔产品的销售情况。为了提高工作效率和管理水平，她打算使用 Excel 工作表来管理销售数据。图 7-1 所示为川夏制作的“销售记录单”，主要包括订单编号、订单日期、发货日期、地区、城市、货款、客户姓名等。

	A	B	C	D	E	F	G
1–2	销售记录单						
3	订单编号	订货日期	发货日期	地区	城市	货款	联系人
4	T02100	2008/11/12	2007/11/25	东北	长春	¥12,135.64	李先生
5	T02101	2007/11/22	2007/12/3	东北	沈阳	¥10,354.23	李先生
6	T02102	2007/12/1	2007/12/15	东北	沈阳	¥7,532.14	刘小姐
7	T02103	2007/12/21	2008/1/11	华中	武昌	¥5,822.14	马先生
8	T02104	2008/1/4	2008/1/12	西北	兰州	¥12,389.54	帅先生
9	T02105	2008/1/24	2008/2/3	西南	成都	¥6,534.21	徐小姐
10	T02106	2008/2/1	2008/2/10	西南	昆明	¥26,441.33	徐小姐
11	T02107	2008/3/5	2008/3/12	华中	汉口	¥9,823.12	刘先生
12	T02108	2008/3/15	2008/4/1	华中	汉口	¥5,433.21	刘先生
13	T02109	2008/3/27	2008/4/11	西北	拉萨	¥6,998.22	张先生
14	T02110	2008/4/16	2008/4/30	西北	兰州	¥1,396.55	帅先生
15	T02111	2008/4/21	2008/5/5	西南	昆明	¥5,639.10	冯先生
16	T02112	2008/5/4	2008/5/21	西南	成都	¥8,856.21	吴小姐
17	T02113	2008/5/13	2008/6/2	华中	武昌	¥7,986.36	马先生
18	T02114	2008/6/2	2008/6/18	东北	长春	¥4,532.15	李先生
19	T02115	2008/6/5	2008/6/28	华中	汉口	¥1,225.50	刘先生

图 7-1　销售记录单

Excel 中每一行是一笔销售记录的情况，记录每笔订单的订单编号、订货日期、发货日期、地区、城市、货款、联系人信息等。因为工作表中的数据繁多，如果直接在工作表中输入则是一件很烦琐的事情，因此可以考虑使用记录单快速的输入和浏览数据。

此外，川夏还需要定期对发货情况进行排序比较，统计出各地区的销售情况和各地区销售最好的城市。

7.1.2　解决方案

在此案例中，可以通过以下方法实现对销售记录的管理和分析：

① 使用【记录单】命令快速输入大量的记录数据。

② 使用【条件格式】命令为工作表中的偶数行添加底纹，便于区分不同的记录。

③ 使用【筛选】命令快速查找指定的记录信息。

④ 使用【分类汇总】命令按“地区”将销售金额进行汇总，便于随时查看销售情况。

⑤ 使用【数据透视表】命令，创建立体式的数据分析结果。

7.1.3 相关知识点

1. 数据清单

在 Excel 中，数据处理是针对数据清单进行的。数据清单是一张含有多行多列相关数据的二维表格。将数据清单中的列称为字段，列标题称为字段名，标识数据的项目分类，同列数据在性质、类型和分类等方面都相同。清单中的行称为记录，每条记录中包含对应项目的数据。通过 Excel 的【记录单】命令可以建立数据清单，还可以对清单进行添加、查找、修改和删除等操作。

图 7-2 所示为一个数据清单的例子。数据清单必须包括两个部分——列标题和数据。

	A	B	C	D	E	F	G
1-2	销售记录单						
3	订单编号	订货日期	发货日期	地区	城市	货款	联系人
4	T02100	2008/11/12	2007/11/25	东北	长春	¥12,135.64	李先生
5	T02101	2007/11/22	2007/12/3	东北	沈阳	¥10,354.23	李先生
6	T02102	2007/12/1	2007/12/15	东北	沈阳	¥7,532.14	刘小姐
7	T02103	2007/12/21	2008/1/11	华中	武昌	¥5,822.14	马先生
8	T02104	2008/1/4	2008/1/12	西北	兰州	¥12,389.54	帅先生
9	T02105	2008/1/24	2008/2/3	西南	成都	¥6,534.21	徐小姐
10	T02106	2008/2/1	2008/2/10	西南	昆明	¥26,441.33	徐小姐
11	T02107	2008/3/5	2008/3/12	华中	汉口	¥9,823.12	刘先生
12	T02108	2008/3/15	2008/4/1	华中	汉口	¥5,433.21	刘先生
13	T02109	2008/3/27	2008/4/11	西北	拉萨	¥6,998.22	张先生
14	T02110	2008/4/16	2008/4/30	西北	兰州	¥1,396.55	帅先生
15	T02111	2008/4/21	2008/5/5	西南	昆明	¥5,639.10	冯先生
16	T02112	2008/5/4	2008/5/21	西南	成都	¥8,856.21	吴小姐
17	T02113	2008/5/13	2008/6/2	华中	武昌	¥7,986.36	马先生
18	T02114	2008/6/2	2008/6/18	东北	长春	¥4,532.15	李先生
19	T02115	2008/6/5	2008/6/28	华中	汉口	¥1,225.50	刘先生

图 7-2　数据清单示例

要正确创建数据清单，应遵守以下原则：

① 避免在一张工作表中建立多个数据清单。

② 在数据清单的第一行建立列标题。

③ 列标题名唯一。

④ 单元格中数据的对齐方式可以用【开始】菜单中的【格式】下拉框中选择【设置单元格格式】选择【对齐】命令来设置，不要用输入空格的方法调整。

⑤ 数据清单中的字段名与工作表中其他信息之间应该至少留出一个空白行（或一个空白列），以便对数据清单中的数据进行处理。

（1）使用记录单添加数据

① 选中数据清单中的任意单元格。

② 首先把记录单添加到数据功能区【文件】|【选项】|【自定义功能区】选择所有命令，然后找到【记录单】，在自定义功能区，单击新建组把找到的记录单添加进数据功能区，在功能区就显示【记录单】，最后可以使用【数据】|【记录单】命令，打开【记录单】对话框，如图 7-3 所示。

③ 单击【新建】按钮，按照顺序依次输入各字段的值，输入结束后，单击【关闭】按钮。

（2）使用记录单修改和删除记录

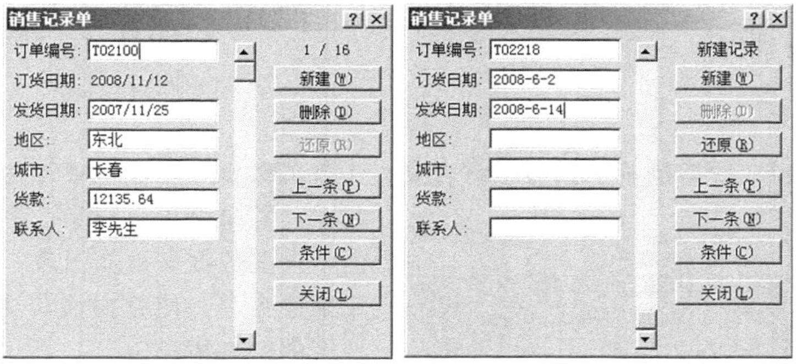

图 7-3　打开记录单对话框并输入新记录

【记录单】对话框中从第一条记录开始显示，可以拖动滚动框或单击【上一条】和【下一条】按钮来显示其他的记录内容。另外，还可以根据需要进行记录的添加、删除、条件查询等操作。

(3) 使用记录单搜索条件匹配的记录

在【记录单】对话框中，单击【条件】按钮，打开如图 7-4 所示的对话框，在【地区】文本框中输入“华中”，显示符合条件的第一条记录。

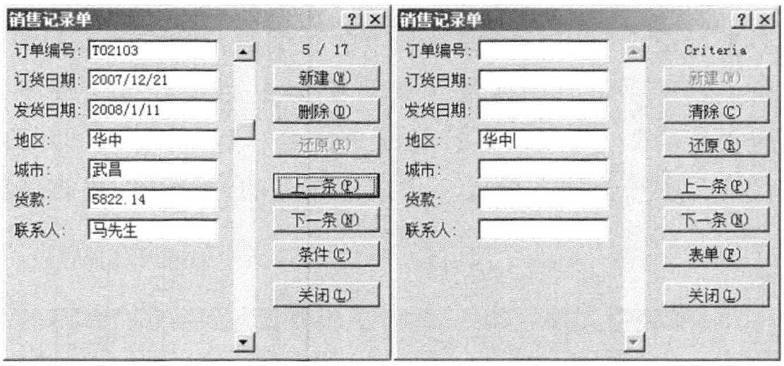

图 7-4　按条件搜索记录

2. 数据排序

排序是指将表中数据按某列或某行递增或递减的顺序进行重新排列。根据一列或多列中的值对行进行排序，称为“按列排序”。根据一行或多行中的值对列进行排序，称为“按行排序”。通常数字由小到大、字母由 A 到 Z 的排序称为升序，反之称为降序。使用【数据】菜单栏中的【升序】或【降序】按钮，可以将数据清单中的记录按单一要求进行排序；如果需要多条件的复杂排序，可以利用【数据】|【排序】命令，打开【排序】对话框，如图 7-5 所示。在此对话框中可以设置排序标准。此外，在【排序】对话话

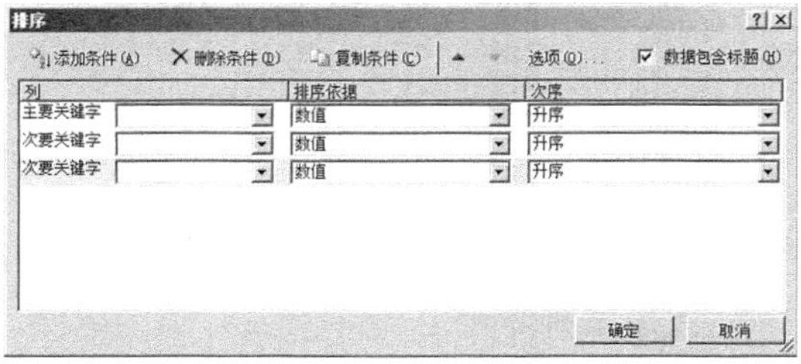

图 7-5　排序对话框

框中单击【选项】命令，打开【排序选项】对话框，选择“按行排序”，可将数据清单中的字段顺序进行重新排列。

3. 数据筛选

数据筛选是指在数据清单中只显示符合某种条件的数据，不满足条件的数据被暂时隐藏起来，并未真正被删除；一旦筛选条件被取消，这些数据又重新出现。图 7-6 所示为利用筛选命令，使数据清单中只显示“东北”地区的销售情况。

	A	B	C	D	E	F	G
1	销售记录单						
2							
3	订单编号	订货日期	发货日期	地区	城市	货款	联系人
4	T02100	2008/11/12	2007/11/25	东北	长春	¥12,135.64	李先生
5	T02101	2007/11/22	2007/12/3	东北	沈阳	¥10,354.23	李先生
6	T02102	2007/12/1	2007/12/15	东北	沈阳	¥7,532.14	刘小姐
7	T02103	2007/12/21	2008/1/11	华中	武昌	¥5,822.14	马先生
8	T02104	2008/1/4	2008/1/12	西北	兰州	¥12,389.54	帅先生

图 7-6 利用自动筛选使数据清单只显示“东北”地区的销售情况

筛选分为自动筛选和高级筛选，前者用于简单条件筛选，后者多用于复杂条件筛选。

单击【数据】|【筛选】命令，默认是自动筛选，再次单击【数据】|【筛选】命令，可取消自动筛选。若要进行高级筛选，则需要设置筛选条件区域，然后通过单击【数据】|【高级】高级按钮，打开【高级】对话框进行筛选。再次单击【数据】|【筛选】命令，可以取消高级筛选。

4. 分类汇总

使用【分类汇总】命令，可以对数据清单中的数据进行分类显示和统计。

进行分类汇总的表格必须带有列标题（字段名），并且已经按分类字段进行了排序。通过单击【数据】|【分类汇总】分类汇总按钮，打开【分类汇总】对话框，即可对表中的数据按分类字段进行汇总。图 7-7 所示为按“地区”将销售产品的“货款”进行分类汇总。

	A	B	C	D	E	F	G
1	销售记录单						
2							
3	订单编号	订货日期	发货日期	地区	城市	货款	联系人
4	T02100	2008/11/12	2007/11/25	东北	长春	¥12,135.64	李先生
5	T02101	2007/11/22	2007/12/3	东北	沈阳	¥10,354.23	李先生
6	T02102	2007/12/1	2007/12/15	东北	沈阳	¥7,532.14	刘小姐
7	T02114	2008/6/2	2008/6/18	东北	长春	¥4,532.15	李先生
8				东北 汇总		¥34,554.16	
9	T02103	2007/12/21	2008/1/11	华中	武昌	¥5,822.14	马先生
10	T02107	2008/3/5	2008/3/12	华中	汉口	¥9,823.12	刘先生
11	T02108	2008/3/15	2008/4/1	华中	汉口	¥5,433.21	刘先生
12	T02113	2008/5/13	2008/6/2	华中	武昌	¥7,986.36	马先生
13	T02115	2008/6/5	2008/6/28	华中	汉口	¥1,225.50	刘先生
14				华中 汇总		¥30,290.33	
15	T02104	2008/1/4	2008/1/12	西北	兰州	¥12,389.54	帅先生
16	T02109	2008/3/27	2008/4/11	西北	拉萨	¥6,998.22	张先生
17	T02110	2008/4/16	2008/4/30	西北	兰州	¥1,396.55	帅先生
18				西北 汇总		¥20,784.31	
19	T02105	2008/1/24	2008/2/3	西南	成都	¥6,534.21	徐小姐
20	T02106	2008/2/1	2008/2/10	西南	昆明	¥26,441.33	徐小姐
21	T02111	2008/4/21	2008/5/5	西南	昆明	¥5,639.10	冯先生
22	T02112	2008/5/4	2008/5/21	西南	成都	¥8,856.21	吴小姐
23				西南 汇总		¥47,470.85	
24				总计		¥133,099.65	

图 7-7 分类汇总结果

5. 数据透视表

数据透视表可以将数据清单中的数据进行重新组合，建立各种形式的交叉数据列表。数

据透视表将筛选和分类汇总等功能结合在一起，可根据不同需要以不同方式查看数据。单击【插入】|【数据透视表】下拉按钮，在下拉列表中选择【数据透视表】命令，完成创建数据透视表的工作。

7.2 实现方法

7.2.1 制作销售记录单

本例的工作表中主要包括表标题和列标题。下面将利用之前学习的知识完成“销售记录单”的创建。

【任务 1】创建工作簿，并输入表标题和列标题。

① 创建一个 Excel 工作簿，并将其保存为“销售记录管理与分析”。

② 调整第一行的高度，并利用【合并居中】命令，输入表标题“销售记录单”，设置【字体】为“方正黑体简体”，【字号】为“16”。

③ 在单元格区域 A2：G2 中依次输入“订单编号”、“订货日期”、“发货日期”、“地区”、“城市”、“货款”和“联系人”。

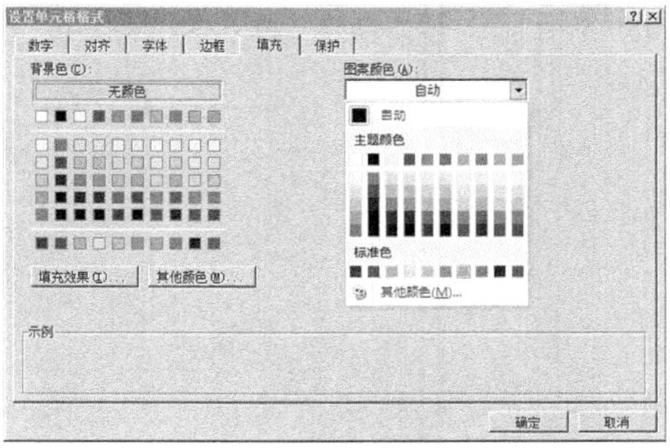

图 7-8 设置单元格底纹颜色

④ 选中单元格区域 A2：G2 的内容，设置【字体】为“宋体”，【字号】为“10”，【水平对齐】为“居中”。单击鼠标右键，在弹出的快捷菜单中选择【设置单元格格式】命令，在【图案】标签中设置单元格底纹为“湖蓝色”，如图 7-8 所示。

⑤ 将工作表 Sheet1 的名称更改为“销售记录单”。

7.2.2 使用【记录单】输入与浏览销售数据

记录单就是将 Excel 中一条记录的数据信息按信息段分成几项，分别存储在同一行的几个单元格中。Excel 还提供了记录单的编辑和管理数据的功能，可以很容易地在其中处理和分析数据。

【任务 2】利用记录单的功能向“销售记录单”中填写数据并格式化。

① 选中数据区域中的任意一个单元格，单击【自定义快速访问工具栏】|【记录单】按钮，打开【销售记录单】对话框。对话框右上角的“1/4”表示该工作表中共有 4 条记录，当前显示的是第 1 条记录。如果【快速访问工具栏】无【记录单】命令，可以使用以下方法，将其添加到【自定义快速访问工具栏】以便使用：单击【文件】|【选项】，弹出【Excel 选项】对话框，单击【快速访问工具栏】标签，在【从下列位置选择命令】下拉列表中选择【所有命令】，在下方的列表框中找到【记录单】命令，单击【添加】按钮将其添加到右边的【自定义快速访问工具栏】列表中，最后单击【确定】按钮，【记录单】命令就添加到【快速访问工具栏】中了。

② 单击【上一条】和【下一条】按钮，可以查看工作表中的上一条和下一条记录。

③ 单击【新建】按钮，销售记录单会自动清空文本框，等待用户输入新的记录。输入如图 7-9 所示的记录内容，输入完成后，单击【新建】按钮或按 Enter 键，可将该记录写入工作表，并等待下一次输入。

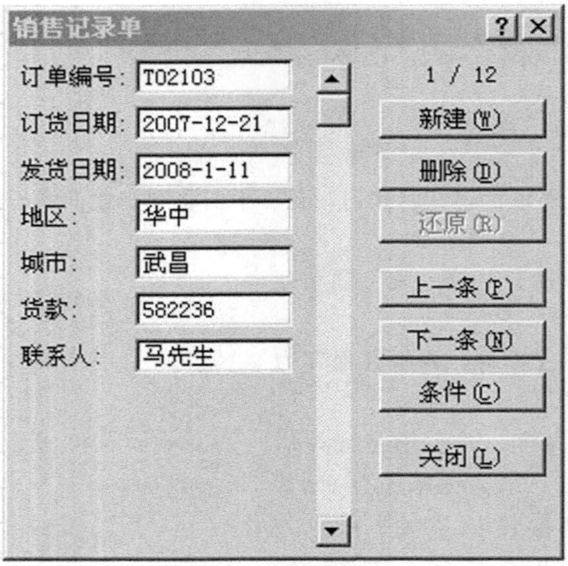

图 7-9 新建记录

④ 在该对话框中自动将数据清单的列标题作为字段名，用户可以逐条地输入每笔销售记录，按 Tab 键或 Shift＋Tab 组合键可以在字段之间切换。

⑤ 完成数据输入后，选中数据区域 A3：G19，设置【字体】为“宋体”，【字号】为“10”。

⑥ 选中数据区域 B3：C19，打开【设置单元格格式】对话框，在【数字】标签下，设置【日期】格式如图 7-10 所示。选中数据区域 F3：F18，打开【设置单元格格式】对话框，在【数字】标签下，设置【货币】格式，如图 7-11 所示。

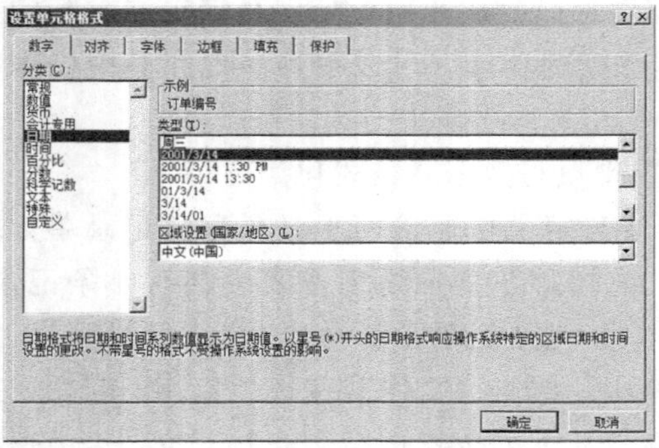

图 7-10 设置日期格式

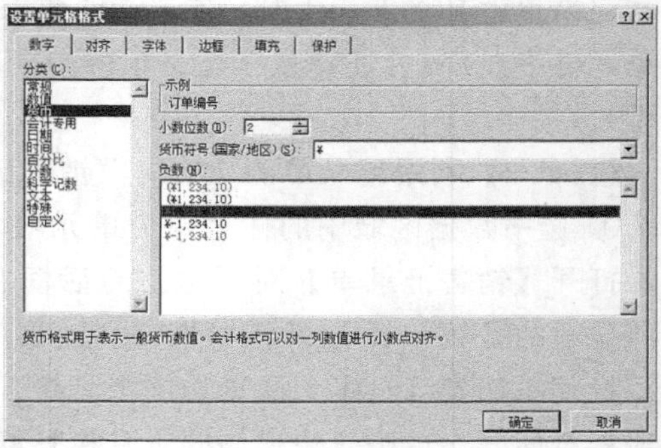

图 7-11 设置货币格式

执行以上操作后，“销售记录单”工作表如图 7-12 所示。

	A	B	C	D	E	F	G
1	销售记录单						
2							
3	订单编号	订货日期	发货日期	地区	城市	货款	联系人
4	T02100	2008/11/12	2007/11/25	东北	长春	¥12,135.64	李先生
5	T02101	2007/11/22	2007/12/3	东北	沈阳	¥10,354.23	李先生
6	T02102	2007/12/1	2007/12/15	东北	沈阳	¥7,532.14	刘小姐
7	T02103	2007/12/21	2008/1/11	华中	武昌	¥5,822.14	马先生
8	T02104	2008/1/4	2008/1/12	西北	兰州	¥12,389.54	帅先生
9	T02105	2008/1/24	2008/2/3	西南	成都	¥6,534.21	徐小姐
10	T02106	2008/2/1	2008/2/10	西南	昆明	¥26,441.33	徐小姐
11	T02107	2008/3/5	2008/3/12	华中	汉口	¥9,823.12	刘先生
12	T02108	2008/3/15	2008/4/1	华中	汉口	¥5,433.21	刘先生
13	T02109	2008/3/27	2008/4/11	西北	拉萨	¥6,998.22	张先生
14	T02110	2008/4/16	2008/4/30	西北	兰州	¥1,396.55	帅先生
15	T02111	2008/4/21	2008/5/5	西南	昆明	¥5,639.10	冯先生
16	T02112	2008/5/4	2008/5/21	西南	成都	¥8,856.21	吴小姐
17	T02113	2008/5/13	2008/6/2	华中	武昌	¥7,986.36	马先生
18	T02114	2008/6/2	2008/6/18	东北	长春	¥4,532.15	李先生
19	T02115	2008/6/5	2008/6/28	华中	汉口	¥1,225.50	刘先生

图 7-12　输入完数据的“销售记录单”

7.2.3 格式化单元格

当销售记录单中的数据量不断增多时，为了能够区分出不同的销售记录，经常采用隔行显示的格式，也就是为单元格隔行添加不同的底纹颜色。

【任务 3】使用“条件格式”为记录行添加不同的底纹颜色。

① 选中单元格区域 A3：G19，单击【开始】|【条件格式】下拉按钮，在下拉列表中选择【新建规则】命令，打开【新建格式规则】对话框。

② 在【选择规则类型】区域列表中选择“使用公式确定要设置格式的单元格”，并在【编辑规则说明】区域的“为符合此公式的值设置格式”下面的文本框中输入公式“=mod（row（），2）=0”，如图 7-13 所示。

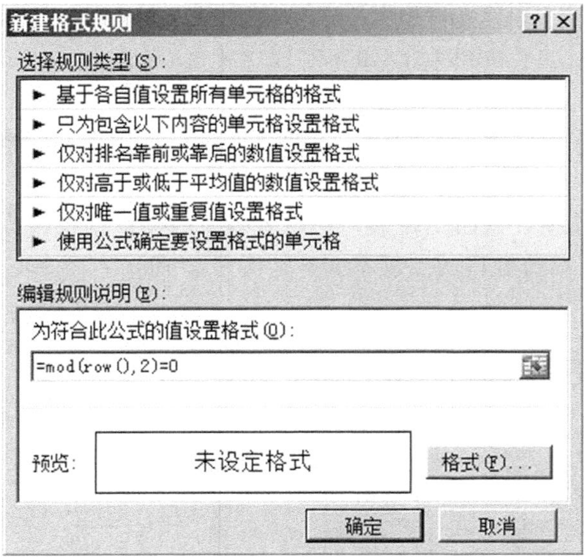

图 7-13　输入条件公式

公式“＝mod（row（），2）＝0”的含义是：如果行号能够整除 2，即此行为偶数行，否则为奇数行。

其中：

• mod（）函数返回两个操作数相除的余数，结果的正负号与除数相同。

语法格式：

mod（number，divisor）

number：表示被除数。

divisor：表示除数。

• row（）函数返回引用的行号。

语法格式：

row（reference）

reference：表示需要得到行号的单元格或单元格区域。

③ 单击【格式】按钮，打开【单元格格式】对话框，在【背景色】标签下选中“浅绿色”，如图 7-14 所示。

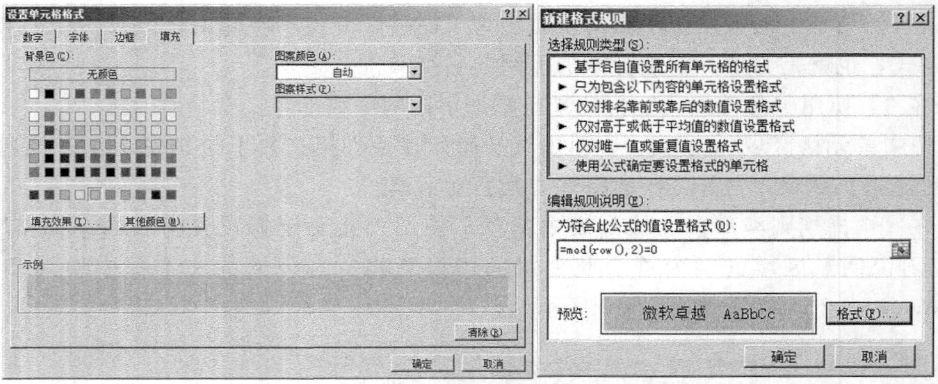

图 7-14 设置底纹颜色和预览效果

④ 设置完成后，单击【确定】按钮，返回【新建格式规则】对话框，此时可以在预览框中看到设置效果。

⑤ 单击【确定】按钮，返回工作表，即可发现 Excel 根据条件为数据区域的偶数行添加了设置的底纹颜色，而奇数行的底纹不变，如图 7-15 所示。

	A	B	C	D	E	F	G
1	销售记录单						
2							
3	订单编号	订货日期	发货日期	地区	城市	货款	联系人
4	T02100	2008/11/12	2007/11/25	东北	长春	¥12,135.64	李先生
5	T02101	2007/11/22	2007/12/3	东北	沈阳	¥10,354.23	李先生
6	T02102	2007/12/1	2007/12/15	东北	沈阳	¥7,532.14	刘小姐
7	T02103	2007/12/21	2008/1/11	华中	武昌	¥5,822.14	马先生
8	T02104	2008/1/4	2008/1/12	西北	兰州	¥12,389.54	帅先生
9	T02105	2008/1/24	2008/2/3	西南	成都	¥6,534.21	徐小姐
10	T02106	2008/2/1	2008/2/10	西南	昆明	¥26,441.33	徐小姐
11	T02107	2008/3/5	2008/3/12	华中	汉口	¥9,823.12	刘先生
12	T02108	2008/3/15	2008/4/1	华中	汉口	¥5,433.21	刘先生
13	T02109	2008/3/27	2008/4/11	西北	拉萨	¥6,998.22	张先生
14	T02110	2008/4/16	2008/4/30	西北	兰州	¥1,396.55	帅先生
15	T02111	2008/4/21	2008/5/5	西南	昆明	¥5,639.10	冯先生
16	T02112	2008/5/4	2008/5/21	西南	成都	¥8,856.21	吴小姐
17	T02113	2008/5/13	2008/6/2	华中	武昌	¥7,986.36	马先生
18	T02114	2008/6/2	2008/6/18	东北	长春	¥4,532.15	李先生
19	T02115	2008/6/5	2008/6/28	华中	汉口	¥1,225.50	刘先生

图 7-15 设置隔行底纹

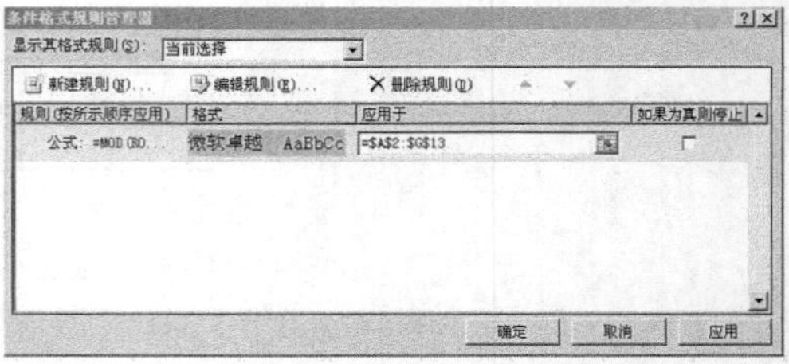

图 7-16 删除规则对话框

⑥ 如果要删除所添加的底纹效果，应选中待删除底纹的单元格或单元格区域，然后单击【条件格式】下拉按钮，在下拉列表中选择【清除规则】命令后的“清除整个工作表规则”项，即可删除隔行的底纹。如果设置了多个条件规则，也可单击【条件格式】下拉按钮，在下拉列表中选择【管理规则】命令，打开【条件格式规则管理器】，如图 7-16 所示，选择要删除的规则，单击【删除规则】命令，即可删除选定的规则。规则删除后，按照此规则设置的格式也将一并清除。

7.2.4　利用排序分析数据

【任务 4】将“销售记录单”按“地区”字段进行排序。

① 将工作表 Sheet2 更名为“排序”，并将“销售记录单”中的数据复制到此工作表中。

② 以“排序”工作表为当前工作表，选中数据区域中的任意一个单元格，单击【数据】|【排序】按钮，打开【排序】对话框。

③ 在【主要关键字】下拉列表中选择“地区”；单击【添加条件】按钮，在【次要关键字】下拉列表中选择“城市”；再次单击【添加条件】按钮，在【次要关键字】下拉列表中选择“货款”。并将排序方式全部设置为“升序”。

④ 选择【数据包含标题】单选项，表示被选中的单元格区域的第 1 行将不进行排序，如图 7-17 所示。

温馨提示

如果需要自定义排序方式，可单击【排序】对话框中的【选项】按钮，在打开的【排序选项】对话框中，自定义排序次序、排序方法、排序方向等，如图 7-18 所示。

⑤ 条件设置完成后，单击【确定】按钮，返回工作表。此时工作表先按照“地区”字段升序排列，如果“地区”相同则按“城市”字段升序排列，如果“城市”相同则按“货款”字段升序排列。

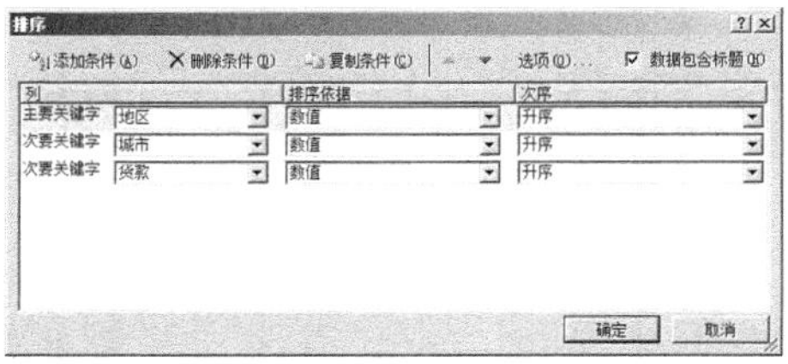

图 7-17　排序对话框

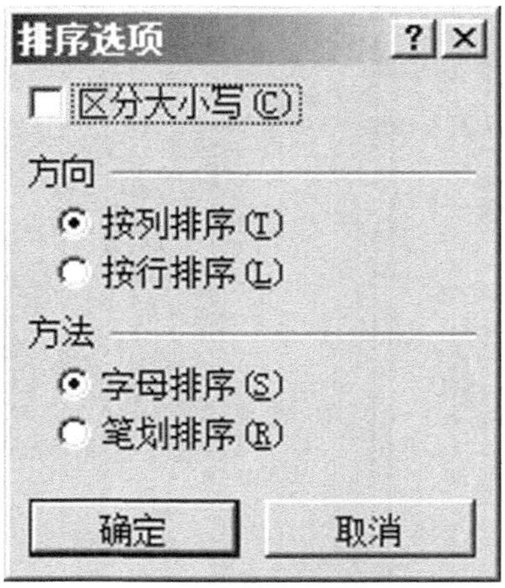

图 7-18　排序选项对话框

执行以上操作后，“排序”工作表的效果如图 7-19 所示。

	A	B	C	D	E	F	G
1	销售记录单						
2							
3	订单编号	订货日期	发货日期	地区	城市	货款	联系人
4	T02102	2007/12/1	2007/12/15	东北	沈阳	¥7,532.14	刘小姐
5	T02101	2007/11/22	2007/12/3	东北	沈阳	¥10,354.23	李先生
6	T02114	2008/6/2	2008/6/18	东北	长春	¥4,532.15	李先生
7	T02100	2008/11/12	2007/11/25	东北	长春	¥12,135.64	李先生
8	T02115	2008/6/5	2008/6/28	华中	汉口	¥1,225.50	刘先生
9	T02108	2008/3/15	2008/4/1	华中	汉口	¥5,433.21	刘先生
10	T02107	2008/3/5	2008/3/12	华中	汉口	¥9,823.12	刘先生
11	T02103	2007/12/21	2008/1/11	华中	武昌	¥5,822.14	马先生
12	T02113	2008/5/13	2008/6/2	华中	武昌	¥7,986.36	马先生
13	T02109	2008/3/27	2008/4/11	西北	拉萨	¥6,998.22	张先生
14	T02110	2008/4/16	2008/4/30	西北	兰州	¥1,396.55	帅先生
15	T02104	2008/1/4	2008/1/12	西北	兰州	¥12,389.54	帅先生
16	T02105	2008/1/24	2008/2/3	西南	成都	¥6,534.21	徐小姐
17	T02112	2008/5/4	2008/5/21	西南	成都	¥8,856.21	吴小姐
18	T02111	2008/4/21	2008/5/5	西南	昆明	¥5,639.10	冯先生
19	T02106	2008/2/1	2008/2/10	西南	昆明	¥26,441.33	徐小姐

图 7-19　排序结果

7.2.5　利用筛选功能分析数据

1. 筛选

自动筛选可以帮助用户收集有用信息。用户只要给出条件，Excel 就会按照要求返回相关的记录。

【任务 5】在工作表中筛选出“华中”地区、“马先生”的销售记录。

① 将工作表 Sheet3 更名为“筛选”，并将“销售记录单”中的数据复制到此工作表中。

② 以“筛选”工作表为当前工作表，选中数据区域的任意一个单元格，单击【数据】|【筛选】按钮，此时 Excel 会自动为每个列标题添加自动筛选箭头。

③ 单击【地区】右侧的下拉箭头，在列表中选择“华中”，如图 7-20 所示，此时工作表中只显示“华中”地区的记录信息。

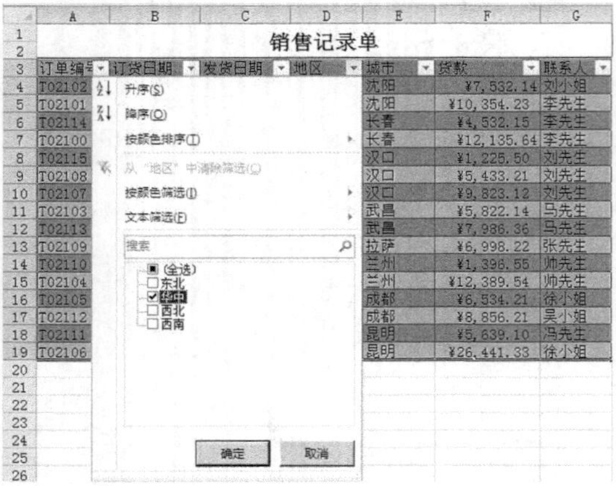

图 7-20　筛选“华中”地区

图 7-21　筛选“马先生”

④ 单击【联系人】右侧的下拉箭头，在列表中选择“马先生”，如图 7-21 所示，此时工作表中只显示“华中”地区、“马先生”的记录信息。

执行以上操作后，工作表的筛选效果如图 7-22 所示。

	A	B	C	D	E	F	G
1	销售记录单						
2							
3	订单编号	订货日期	发货日期	地区	城市	货款	联系人
7	T02103	2007/12/21	2008/1/11	华中	武昌	¥5,822.14	马先生
17	T02113	2008/5/13	2008/6/2	华中	武昌	¥7,986.36	马先生

图 7-22　自动筛选结果

【任务 6】用筛选方式显示“货款”金额前 5 名的记录。

① 在“筛选”工作表中，选中数据区域中标题行，单击【数据】|【筛选】命令，此时在各字段右端出现自动筛选箭头。

② 单击【货款】右侧筛选箭头，在下拉列表中选择【数字筛选】|【10 个最大值】命令，弹出【自动筛选前 10 个】对话框，如图 7-23 所示，在各列表框中依次选择“最大”、“5”和“项”，筛选后的数据如图 7-24 所示。

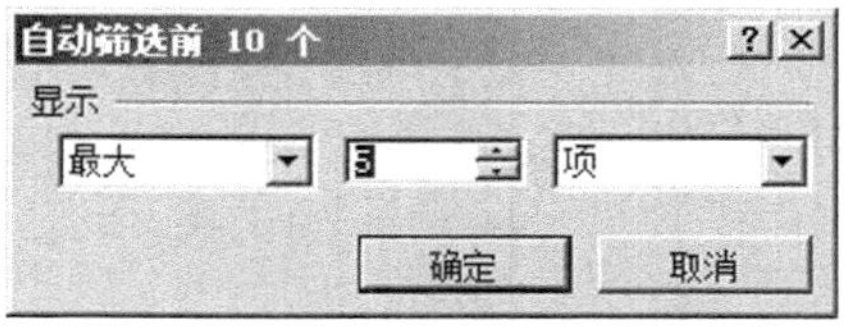

图 7-23　自动筛选前 10 个对话框

执行过筛选操作的列标题，其右侧的下拉箭头变成蓝色，如果要还原工作表，可依次打开下拉列表，从中选择【全部】命令即可。也可以单击【数据】|【筛选】命令，显示工作表中的所有记录。

	A	B	C	D	E	F	G
1	销售记录单						
2							
3	订单编号	订货日期	发货日期	地区	城市	货款	联系人
4	T02100	2008/11/12	2007/11/25	东北	长春	¥12,135.64	李先生
5	T02101	2007/11/22	2007/12/3	东北	沈阳	¥10,354.23	李先生
8	T02104	2008/1/4	2008/1/12	西北	兰州	¥12,389.54	帅先生
10	T02106	2008/2/1	2008/2/10	西南	昆明	¥26,441.33	徐小姐
11	T02107	2008/3/5	2008/3/12	华中	汉口	¥9,823.12	刘先生

图 7-24　筛选前 5 名“货款”记录

2. 高级筛选

Excel 的高级筛选功能可以帮助用户灵活地查看信息，它打破了单一条件的限制，可以任意地组合查询条件。

【任务 7】在工作表中筛选“西南”地区、“徐小姐”和“吴小姐”的销售记录。

① 在“销售记录管理与分析”文件中插入工作表 Sheet4，并更名为“高级筛选”，然后将“销售记录单”工作表中的数据复制到该表中。

② 以“高级筛选”工作表为当前工作表，按图 7-25 所示在“高级筛选”工作表中的空白处键入筛选条件，其中第一行为筛选项字段名，第二行为对应的筛选条件。需要注意的是，条件区域必须和数据清单至少有一空行或者空列的间隔。

③ 选中数据区域中的任意一个单元格，单击【数据】|【高级】命令，打开【高级筛选】对话框，在【方式】选项组中选择“在原有区域显示筛选结果”单选项，在【列表区域】文本框中显示或选择数据清单所在单元格区域地址（一般为系统自动识别），单击【条件区域】文本框右侧的【拾取】按钮，选择筛选条件所在的单元格区域，如图 7-26 所示。操作后

的结果如图 7-27 所示。

	A	B	C	D	E	F	G
1	销售记录单						
2							
3	订单编号	订货日期	发货日期	地区	城市	货款	联系人
4	T02100	2008/11/12	2007/11/25	东北	长春	¥12,135.64	李先生
5	T02101	2007/11/22	2007/12/3	东北	沈阳	¥10,354.23	李先生
6	T02102	2007/12/1	2007/12/15	东北	沈阳	¥7,532.14	刘小姐
7	T02103	2007/12/21	2008/1/11	华中	武昌	¥5,822.14	马先生
8	T02104	2008/1/4	2008/1/12	西北	兰州	¥12,389.54	帅先生
9	T02105	2008/1/24	2008/2/3	西南	成都	¥6,534.21	徐小姐
10	T02106	2008/2/1	2008/2/10	西南	昆明	¥26,441.33	徐小姐
11	T02107	2008/3/5	2008/3/12	华中	汉口	¥9,823.12	刘先生
12	T02108	2008/3/15	2008/4/1	华中	汉口	¥5,433.21	刘先生
13	T02109	2008/3/27	2008/4/11	西北	拉萨	¥6,998.22	张先生
14	T02110	2008/4/16	2008/4/30	西北	兰州	¥1,396.55	帅先生
15	T02111	2008/4/21	2008/5/5	西南	昆明	¥5,639.10	冯先生
16	T02112	2008/5/4	2008/5/21	西南	成都	¥8,856.21	吴小姐
17	T02113	2008/5/13	2008/6/2	华中	武昌	¥7,986.36	马先生
18	T02114	2008/6/2	2008/6/18	东北	长春	¥4,532.15	李先生
19	T02115	2008/6/5	2008/6/28	华中	汉口	¥1,225.50	刘先生
20							
21							
22				地区	联系人		
23				西南	徐小姐		
24				西南	吴小姐		

图 7-25　键入筛选条件

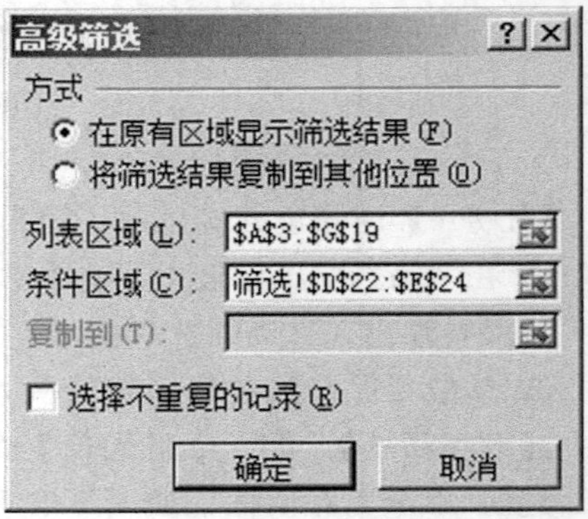

图 7-26　高级筛选对话框

温馨提示

使用高级筛选操作后，会自动取消自动筛选的设置，如果还需要进行自动筛选的操作，可再次执行【筛选】命令。需要注意的是，应该选中原工作表中的数据单元格，而不是高级筛选后的数据单元格。

	A	B	C	D	E	F	G
1	销售记录单						
2							
3	订单编号	订货日期	发货日期	地区	城市	货款	联系人
9	T02105	2008/1/24	2008/2/3	西南	成都	¥6,534.21	徐小姐
10	T02106	2008/2/1	2008/2/10	西南	昆明	¥26,441.33	徐小姐
16	T02112	2008/5/4	2008/5/21	西南	成都	¥8,856.21	吴小姐
20							
21							
22				地区	联系人		
23				西南	徐小姐		
24				西南	吴小姐		

图 7-27　高级筛选结果

7.2.6 利用分类汇总功能分析数据

分类汇总功能在工作表的分析中有十分重要的作用，因为分类汇总的操作不仅增加了工作表的可读性，而且能使用户更快捷地获得需要的数据并做出判断。

温馨提示

在执行分类汇总操作前，需要先对进行汇总操作的数据进行排序。

【任务 8】按“地区”字段对销售记录进行分类汇总，以获得不同地区销售金额的汇总情况。

① 在“销售记录管理与分析”文件中插入工作表 Sheet5，并更名为“分类汇总”，然后将“销售记录单”工作表中的数据复制到该表中。

② 将“分类汇总”工作表作为当前工作表，并以“地区”为主关键字，“城市”为次关键字进行升序排列。

③ 选中数据区域 A3：G19，单击【数据】|【分类汇总】命令，打开【分类汇总】对话框，如图 7-28 所示。在【分类字段】下拉列表中选择“地区”，在【汇总方式】下拉列表中选择“求和”，在【选定汇总项】列表中选择“货款”复选项。

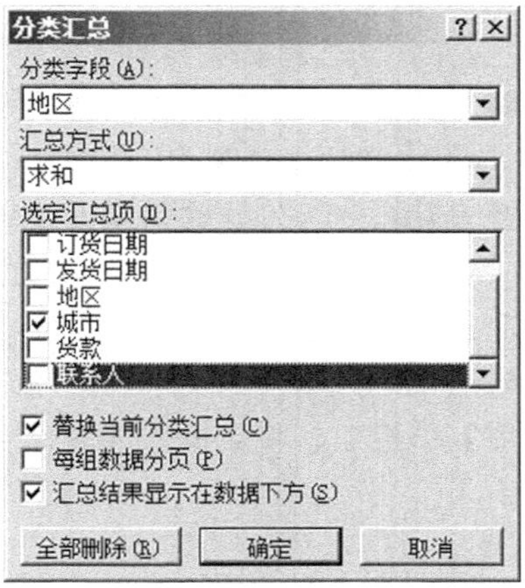

图 7-28　分类汇总对话框

分类汇总后的数据如图 7-29 所示。

从图 7-29 中可以看出，在数据清单的左侧，有“隐藏明细数据符号”（—）的标记。单击“—”号，可隐藏原始数据清单的数据而只显示汇总后的数据结果，同时“—”号变成“+”号，单击“+”号即可显示明细数据。

如果要取消分类汇总效果，需要再次打开【分类汇总】对话框，单击【全部删除】按钮即可。

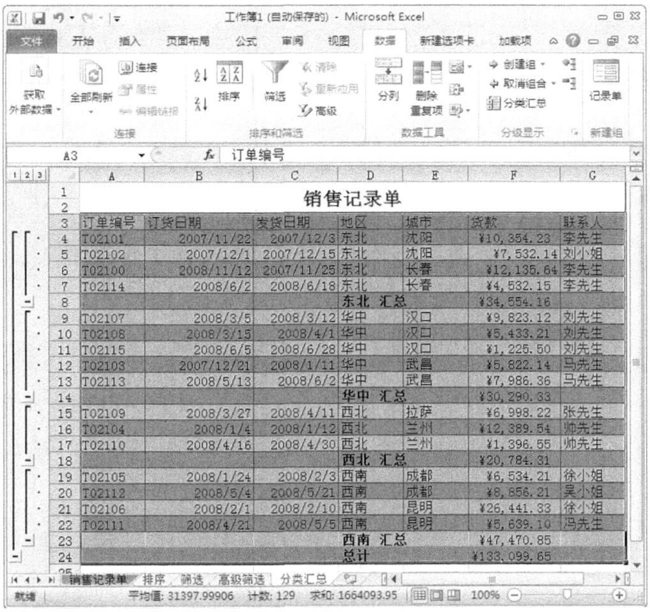
图 7-29　分类汇总效果

本例中仅对“货款”进行汇总操作，在实际工作中，可能需要对多个数据进行汇总，那么在【分类汇总】对话框中选中多个字段进行汇总即可。

分类汇总的操作在实际业务中是十分常见的，熟练地掌握分类汇总的操作，对表格的可读性和用户的工作效率都会带来很大的帮助。

7.2.7　创建数据透视表

数据透视表是 Excel 提供的强大的数据分析处理工具，通过向导可以对平面的工作表数据产生立体的分析效果。

【任务 9】根据“销售记录单”工作表中的数据创建一个能够按“地区”查找销售记录的数据透视表。

① 在“销售记录管理与分析”文件中插入工作表 Sheet6，并更名为“数据透视表”，然后将“销售记录单”工作表中的数据复制到该表中。

② 将“数据透视表”作为当前工作表，选中数据区域 A3：G19，单击【插入】|【数据透视表】命令，打开【数据透视表】对话框，如图 7-30 所示。

③ 单击【确定】按钮，在如图 7-31 所示的对话框中建立数据透视表的数据源区域。由于数据清单都是某个连续的单元格区域，所以一般情况下 Excel 会自动识别数据源所在的单元格区域，并填入到“选定区域”文本框中。在【选择放置透视表的位置】区域单击【新工作表】单选项，将数据透视表建立在新建的工作表中。

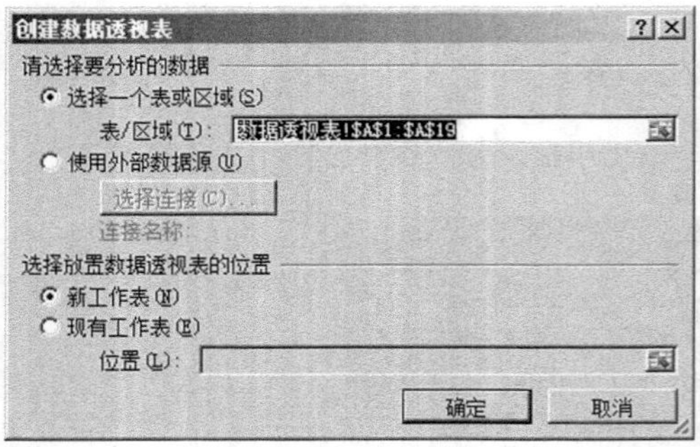

图 7-30 数据透视表

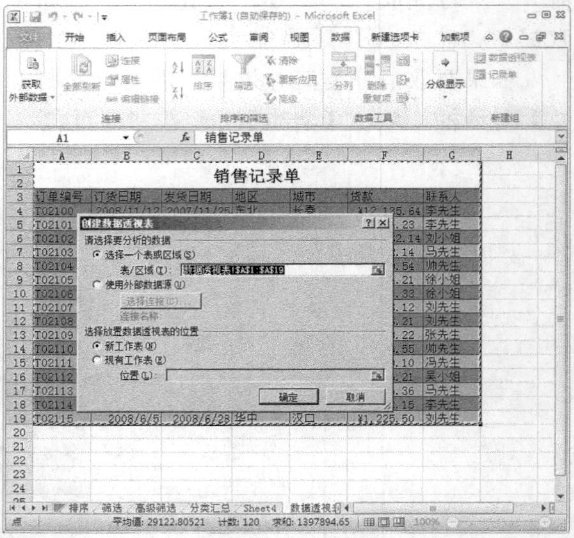

图 7-31 建立数据源区域

温馨提示

若单击【现有工作表】单选按钮，则应在下面的文本框中输入在当前工作表中要显示数据透视表的位置。

④ 在【数据透视表字段列表】对话框的下面提供了 4 个布局区域：报表筛选、行标签、列标签和数值，在【选择要添加到报表的字段】区域列出了数据清单中所有的字段名。按图 7-32 所示，用鼠标将“地区”字段拖放到报表筛选，将“城市”字段拖放到行标签，将“订货日期”字段拖放到列标签，将“货款”字段拖放到数值区域，单击【确定】按钮返回，单击【完成】按钮结束操作。这时，在“数据透视表”工作表的旁边建立了一个工作表。

⑤ 打开工作表，在生成的透视表中，展开【地区】下拉列表，从中选择“西南”，此时透视表中只显示西南地区的销售记录，如图 7-33 所示。

对已经建立的透视表不仅可以将行、列、报表筛选中的字段名互换，如用鼠标将列区域中任意一个字段拖放到行区域中；也可以在透视表中增加新的数据项，例如，在【数据透视表字段列表】对话框中选择“联系人”字段名，将该字段名拖放到“列标签”，即可将“联系人”字段添加到表的列标签中，如图 7-34 所示。

图 7-32　设置透视表的布局

图 7-33　通过透视表查看“西南”地区的销售记录

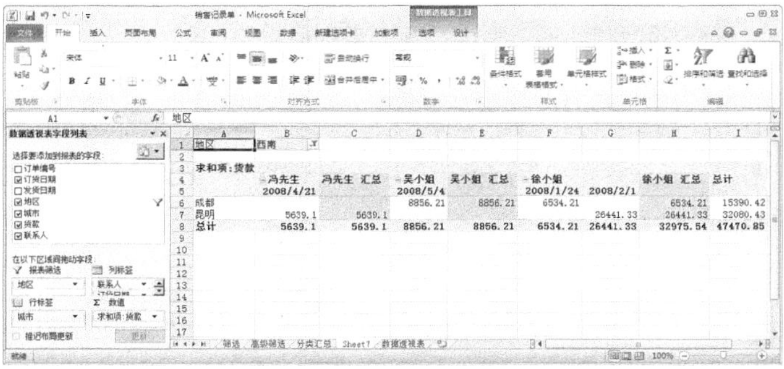

图 7-34　重新布局透视表

选定透视表中的任意单元格，单击【数据】|【数据透视表】命令，可以重新打开如图 7-30 所示的对话框，修改数据透视表。

7.2.8 打印“销售记录单”工作表

完整的 Excel 文件的操作是从建立到添加内容到输出的全过程，在打印输出工作表的过程中还要进行一系列的设置。只有掌握了相关设置，才能适当且正确地完成工作表的打印。

【任务 10】打印“销售记录单”工作表，并要求在每一页中都打印出列标题。

(1) 设置打印页面和重复标题

要将“销售记录单”打印到纸张上，就必须首先设置纸张的页面大小和打印边距等。

① 单击【页面布局】|【纸张大小】命令，【纸张大小】下拉列表中选择其他页面大小，弹出【页面设置】对话框，可以设置纸张的大小，如图 7-35 所示。

② 单击【页边距】标签，设置“上”、“下”、“左”、“右”的页边距，使得“销售记录单”表格在纸张上的布局更合理。并在【居中方式】中选择【水平】复选框，如图 7-36 所示。

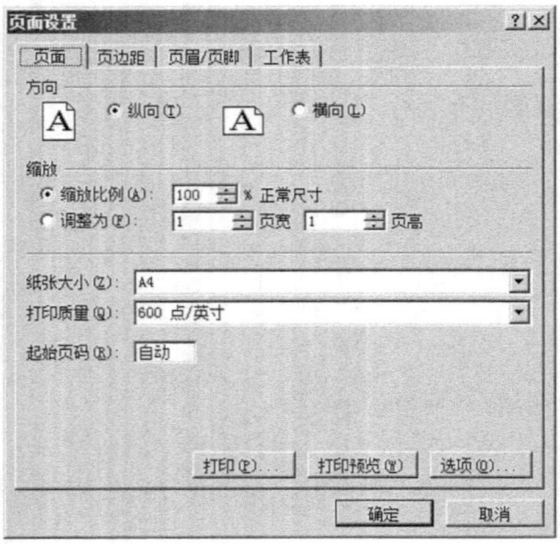

图 7-35 设置页面

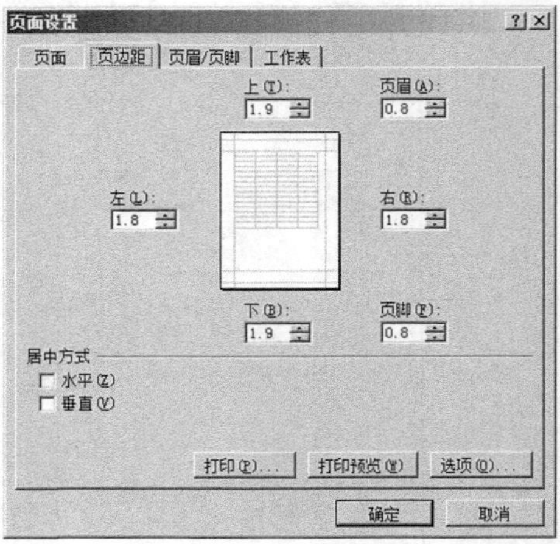

图 7-36 设置页边距

③ 单击【页眉/页脚】标签，单击【自定义页眉】按钮，打开【页眉】对话框，在“左”、“中”、“右”文本框中输入要显示的页眉内容，如图 7-37 所示。也可以单击对话框中的快捷按钮，插入需要的页眉项。可以使用同样方法设置页脚。

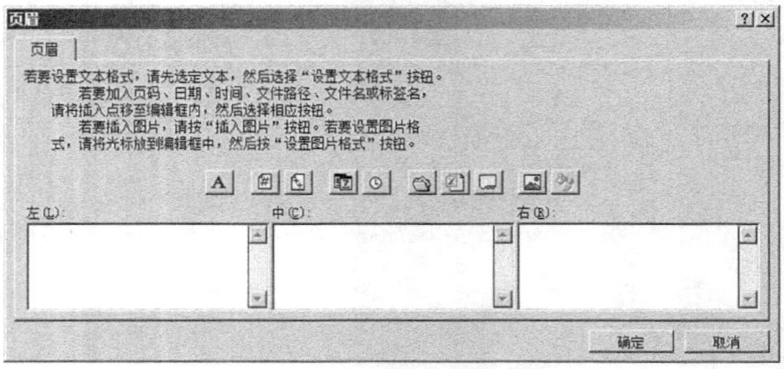

图 7-37 设置工作表页眉

④ 因为销售记录比较多，所以在设定的一张纸上不能够完全打印出来，当分成多页形式打印时，需要使每一页都能够打印出“销售记录单”的标题信息。此时，单击【工作表】标签，在【打印标题】选项组中单击【顶端标题行】文本框右侧的【拾取】按钮，切换到 Excel 工作表，用鼠标选择列标题行，返回【页面设置】对话框，如图 7-38 所示。

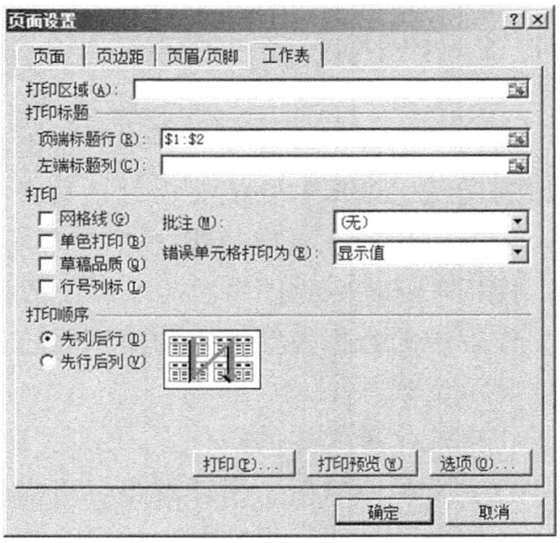

图 7-38 设置工作表的打印标题

⑤ 单击【确定】按钮，返回工作表。

(2) 打印预览

设置好“销售记录单”的页面格式后，可以先用打印预览模式显示一下实际的打印效果，并为修改提供依据。

① 单击【文件】|【打印】命令，或单击【自定义快速访问工具栏】中的【打印预览和打印】按钮，打开如图 7-39 所示的预览窗口。

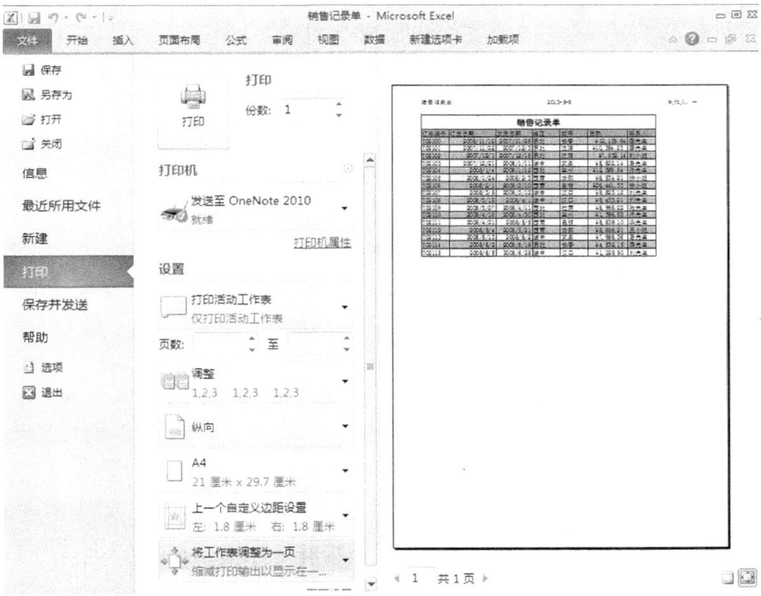

图 7-39 打印预览窗口

② 根据【页面设置】中的参数，表格打印出来的效果与预览窗口显示的效果完全相同。可以根据预览效果，使用窗口上方的按钮对工作表页面进行再次调整。

(3) 打印工作表

“销售记录单”的页面设置完成以后，就可以进行打印了。打印工作表的方法和 Word 类似，这里不再赘述。

7.3 案例小结

通过“销售记录管理与分析”案例，可以充分了解 Excel 在管理大量数据中的应用。其可以利用【记录单】功能对大批量数据进行类似数据库操作的创建记录、添加记录、浏览记录、删除记录和查找记录等。

使用 Excel 中的排序功能可以使数据按照希望的顺序进行调整；使用分类汇总功能可以使工作表中的数据按照指定的类别对相关信息进行汇总和统计；使用筛选功能可以将重要的数据显示出来。

在格式化单元格的操作上，使用【条件格式】功能，可以快速批量地调整单元格格式，比如自定义字体风格、字体颜色、边框样式、边框颜色、填充图案和填充颜色等。

工作表的打印是经常处理的一个事件。在工作表打印的页面设置中，页眉/页脚的设置对工作表的打印输出十分重要。明确的页眉/页脚信息不但可以增加表格的可读性，也可以提高用户对表格的分析和管理。如果工作表中数据较多，需要多页打印，可以通过设置表格的列标题或行标题，使其能出现在每一个打印页面上。

7.4 习题

上机操作

本实例主要练习 Excel 中数据管理与分析的基本方法。

(1) 新增及查询记录

① 打开 Excel 2010，在 Sheet1 工作表中创建“本公司 11 月份工资表”的表格，如图 7-40 所示。

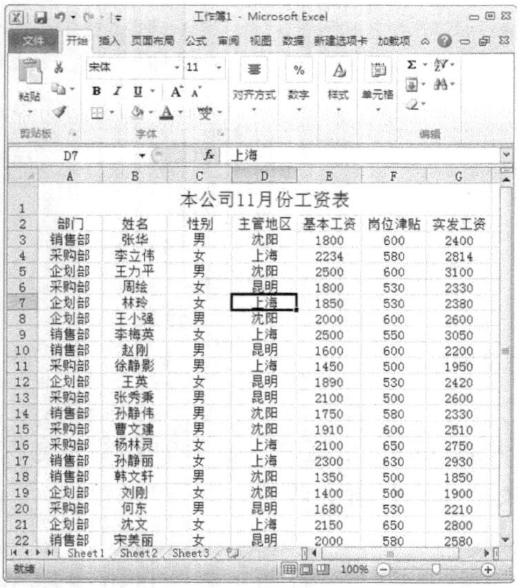

本公司11月份工资表

	部门	姓名	性别	主管地区	基本工资	岗位津贴	实发工资
3	销售部	张华	男	沈阳	1800	600	2400
4	采购部	李立伟	女	上海	2234	580	2814
5	企划部	王力平	男	沈阳	2500	600	3100
6	采购部	周绘	女	昆明	1800	530	2330
7	企划部	林玲	女	上海	1850	530	2380
8	企划部	王小强	男	沈阳	2000	600	2600
9	销售部	李梅英	女	上海	2500	550	3050
10	销售部	赵刚	男	昆明	1600	600	2200
11	采购部	徐静影	男	上海	1450	500	1950
12	企划部	王英	女	昆明	1890	530	2420
13	采购部	张秀秉	男	昆明	2100	500	2600
14	销售部	孙静伟	男	沈阳	1750	580	2330
15	采购部	曹文建	男	沈阳	1910	600	2510
16	采购部	杨林灵	女	上海	2100	650	2750
17	销售部	孙静丽	女	上海	2300	630	2930
18	销售部	韩文轩	男	沈阳	1350	500	1850
19	企划部	刘刚	女	沈阳	1400	500	1900
20	采购部	何东	男	昆明	1680	530	2210
21	企划部	沈文	女	上海	2150	650	2800
22	销售部	宋美丽	女	昆明	2000	580	2580

图 7-40　输入表格内容

② 使用“记录单”功能新增一个记录。将光标放在数据清单中任意一个单元格内，执行【数据】|【记录单】命令，弹出如图 7-41 所示的【Sheet1】对话框，单击【新建】按钮，在左侧输入对应的信息，然后单击【关闭】按钮，即可看到新增了一个记录，如图 7-42 所示。

③ 使用“记录单”功能查询满足条件的记录。将光标放在数据清单中任意一个单元格内，单击【快速访问工具栏】|【记录单】按钮 ，弹出【Sheet1】对话框，单击【条件】按钮，在【部门】右侧文本框中输入“销售部”，在【基本工资】右侧的文本框中输入“>2000”，如图 7-43 所示，然后单击【上一条】和【下一条】按钮，即可看到在销售部并且基本工资在 2000 元以上的记录，满足条件的记录有两项，如图 7-44 所示。

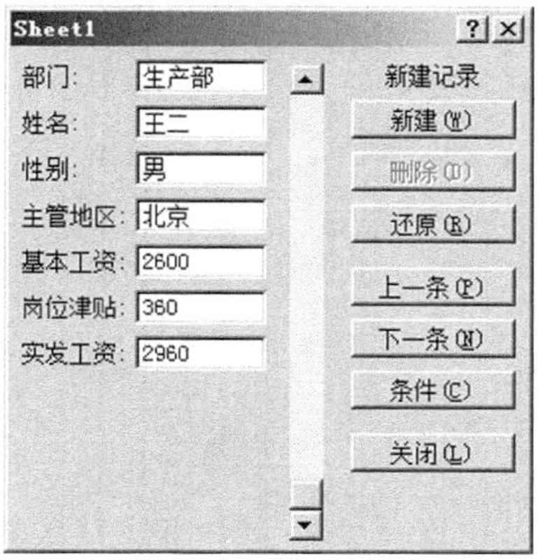

图 7-41　Sheet1 对话框

	A	B	C	D	E	F	G
1	本公司11月份工资表						
2	部门	姓名	性别	主管地区	基本工资	岗位津贴	实发工资
3	销售部	张华	男	沈阳	1800	600	2400
4	采购部	李立伟	女	上海	2234	580	2814
5	企划部	王力平	男	沈阳	2500	600	3100
6	采购部	周绘	女	昆明	1800	530	2330
7	企划部	林玲	女	上海	1850	530	2380
8	企划部	王小强	男	沈阳	2000	600	2600
9	销售部	李梅英	女	上海	2500	550	3050
10	销售部	赵刚	男	昆明	1600	600	2200
11	采购部	徐静影	男	上海	1450	500	1950
12	企划部	王英	女	昆明	1890	530	2420
13	采购部	张秀秉	男	昆明	2100	500	2600
14	销售部	孙静伟	男	沈阳	1750	580	2330
15	采购部	曹文建	男	沈阳	1910	600	2510
16	采购部	杨林灵	女	上海	2100	650	2750
17	销售部	孙静丽	女	上海	2300	630	2930
18	销售部	韩文轩	男	沈阳	1350	500	1850
19	企划部	刘刚	女	沈阳	1400	500	1900
20	采购部	何东	男	昆明	1680	530	2210
21	企划部	沈文	女	上海	2150	650	2800
22	销售部	宋美丽	女	昆明	2000	580	2580
23	生产部	王二	男	北京	2600	360	2960

图 7-42　新增记录后的效果

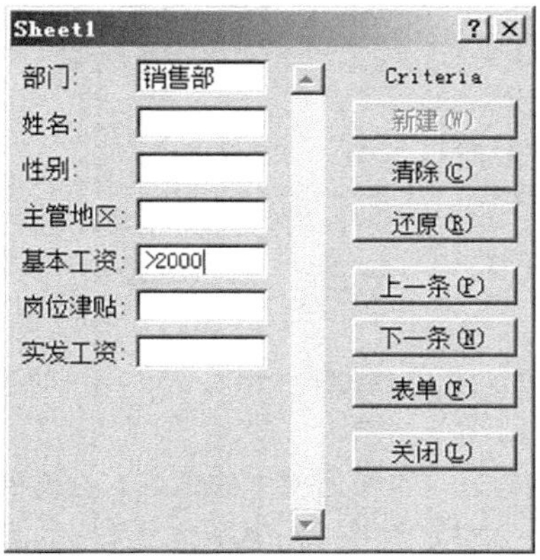

图 7-43　输入查询条件

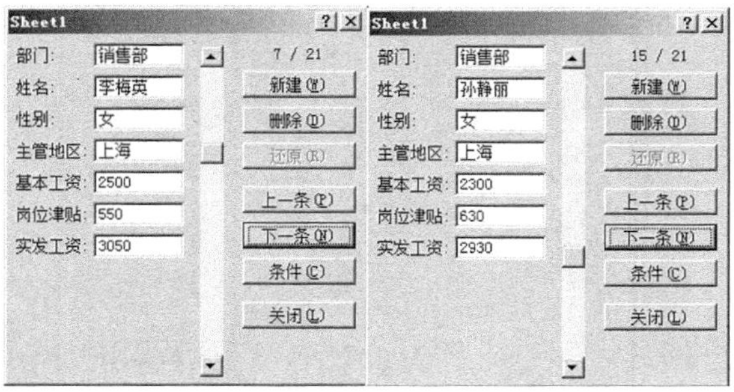

图 7-44　满足条件的记录

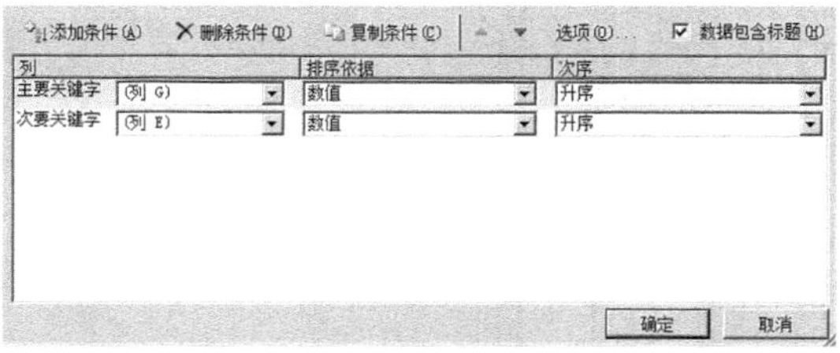

图 7-45　排序对话框

（2）对数据进行排序

将光标定位在工作表的任意单元格内，执行【数据】|【排序】命令，弹出【排序】对话框，将【主要关键字】设置为“实发工资”，【次要关键字】设置为“基本工资”，如图 7-45 所示，单击【确定】按钮后，即可看到“实发工资”从低到高进行排序，如图 7-46 所示。

（3）自动筛选

① 将光标放在工作表的任意单元格内，执行【数据】|【筛选】命令，此时每个字段名右侧多了一个下拉箭头，如图 7-47 所示。单击对应字段的下拉箭头，选择需要的选项就可以进行自动筛选。

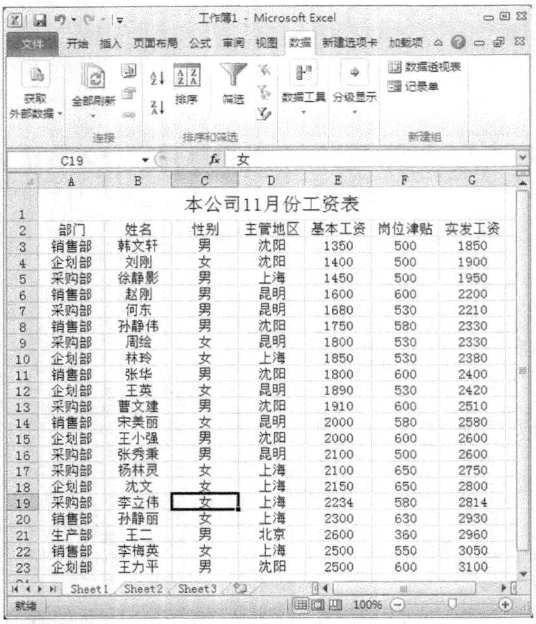

图 7-46 “实发工资”排序后的效果

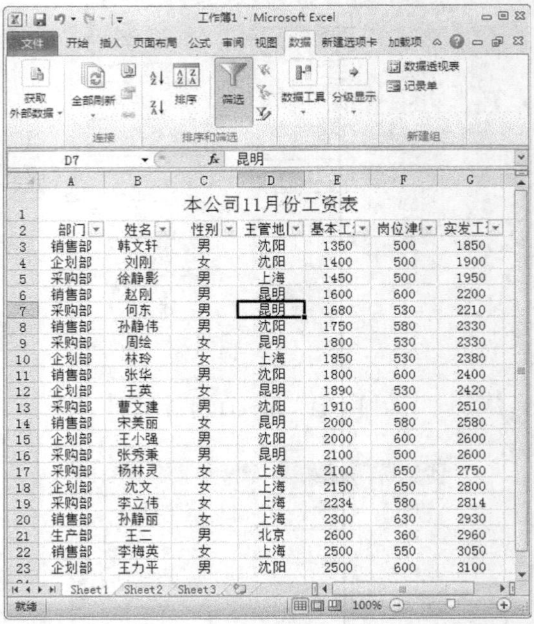

图 7-47 自动筛选

② 如果要查看“采购部”所有员工的信息，就可以单击【部门】右侧的下拉箭头，在弹出的下拉列表中选择“采购部”，这样采购部所有员工的信息筛选出来了，如图 7-48 所示。

③ 如果要查看“采购部”主管“昆明”地区的所有员工信息，可以单击【主管地区】右侧的下拉箭头，在弹出的下拉列表中选择“昆明”，这样负责昆明地区的采购部所有员工信息筛选出来了，如图 7-49 所示。

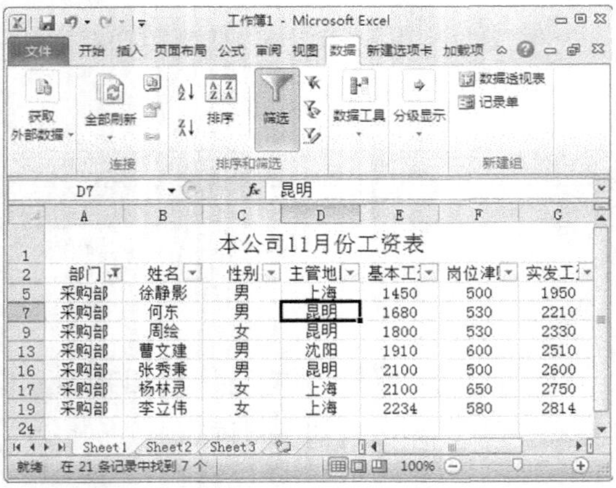

图 7-48 筛选采购部所有员工

图 7-49 筛选负责昆明的采购部员工

(4) 高级筛选

将“销售部”基本工资在 2000 元和 2000 元以上的员工筛选出来。

① 执行【数据】|【筛选】命令，撤销上一步的自动筛选，还原到自动筛选前的状态，在空白位置输入筛选条件，如图 7-50 所示。

② 将光标放在工作表中任意单元格内，执行【数据】|【高级】命令，弹出【高级筛选】对话框，【方

式】保持默认值，即将筛选结果显示在原工作表位置，将【列表区域】设置为“＄A＄2：＄G＄23”，将【条件区域】设置为“Sheet1！＄D＄24：＄E＄25”，如图 7-51 所示。最后单击【确定】按钮，即可看到筛选后的效果，如图 7-52 所示。

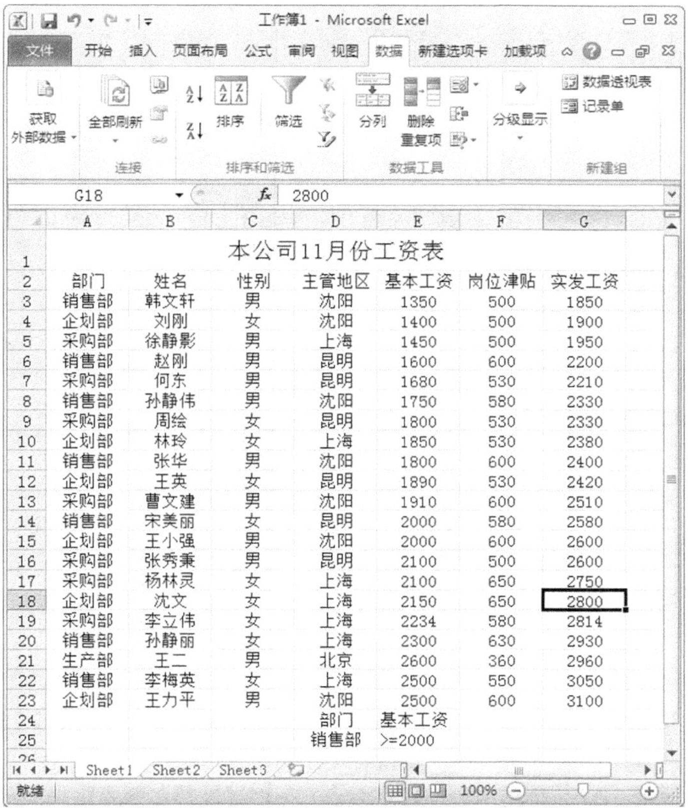

图 7-50　输入筛选条件

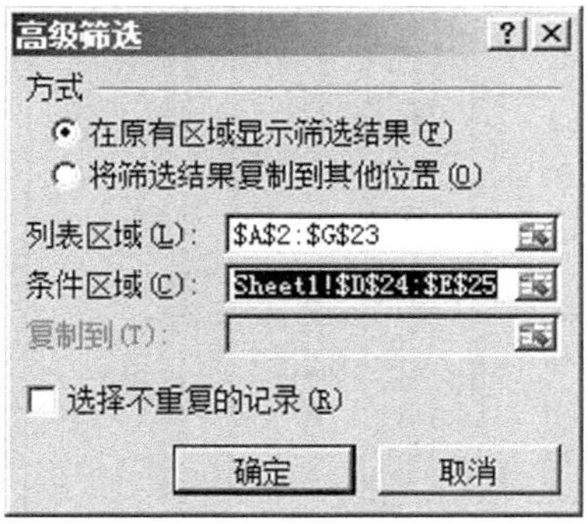

图 7-51　高级筛选对话框

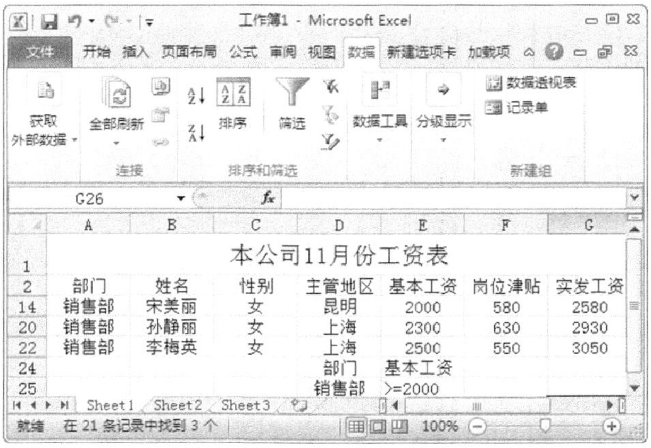

图 7-52　高级筛选后的效果

(5) 数据分类汇总

① 执行【数据】|【清除】命令，显示筛选前的所有员工记录，并按“部门”字段进行升序排序。

② 将光标放在工作表内任意位置，执行【数据】|【分类汇总】命令，弹出【分类汇总】对话框，将【分类字段】设置为“部门”，将【汇总方式】设置为“平均值”，将【选定汇总项】设置为“实发工资”，如图 7-53 所示。单击【确定】按钮后得到如图 7-54 所示的效果。

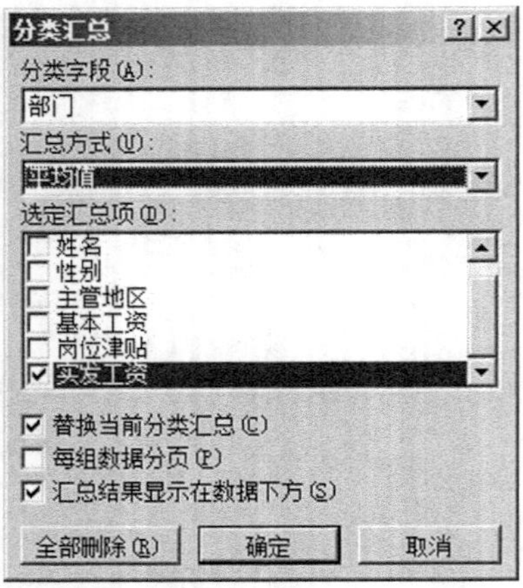

图 7-53 分类汇总对话框

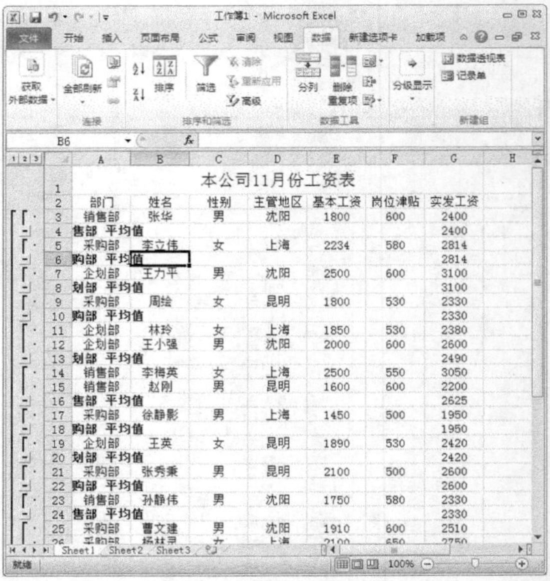

图 7-54 分类汇总后的效果

(6) 合并计算

① 将光标放在工作表内，在如图 7-53 所示的【分类汇总】对话框中，单击【全部删除】按钮，撤销分类汇总。

② 将 Sheet1 工作表的内容复制到 Sheet2 工作表内，根据实际情况修改员工 12 月份的“基本工资”、“岗位津贴”和“实发工资”，如图 7-55 所示。

图 7-55 Sheet2 工作表

图 7-56 Sheet3 工作表的效果

③ 将 Sheet1 工作表的内容复制到 Sheet3 工作表内，将“基本工资”、“岗位津贴”和“实发工资”的数据全部删除，得到的效果如图 7-56 所示。

④ 将光标定位在 E3 单元格内，执行【数据】|【合并计算】命令，弹出【合并计算】对话框，将【函数】设置为“平均值”，单击按钮，切换到 Sheet1 中选择所有的数据区域，再次单击按钮，返回到【合并计算】对话框，单击【添加】按钮。再用相同的方法将 Sheet2 工作表中的所有数据区域也添加进来，如图 7-57 所示。单击【确定】按钮后得到的效果如图 7-58 所示。

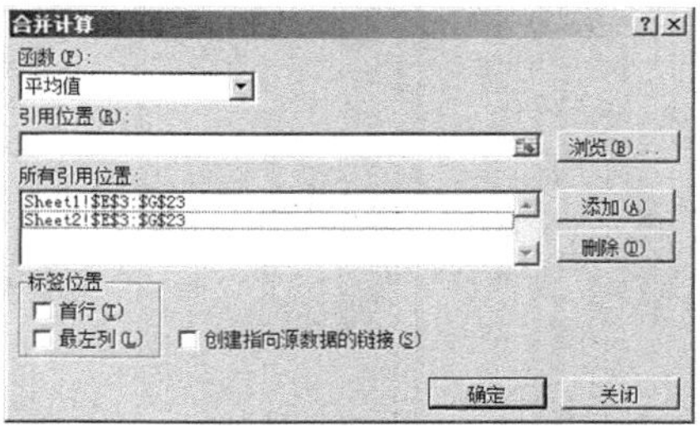

图 7-57 设置合并计算的引用位置

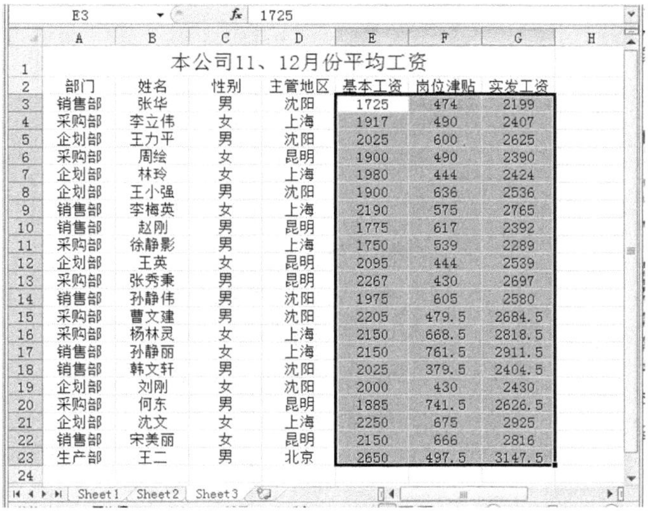

	A	B	C	D	E	F	G
1	本公司11、12月份平均工资						
2	部门	姓名	性别	主管地区	基本工资	岗位津贴	实发工资
3	销售部	张华	男	沈阳	1725	474	2199
4	采购部	李立伟	女	上海	1917	490	2407
5	企划部	王力平	男	沈阳	2025	600	2625
6	采购部	周绘	女	昆明	1900	490	2390
7	企划部	林玲	女	上海	1980	444	2424
8	企划部	王小强	男	沈阳	1900	636	2536
9	销售部	李梅英	女	上海	2190	575	2765
10	销售部	赵刚	男	昆明	1775	617	2392
11	采购部	徐静影	男	上海	1750	539	2289
12	企划部	王英	女	昆明	2095	444	2539
13	采购部	张秀秉	男	昆明	2267	430	2697
14	销售部	孙静伟	男	沈阳	1975	605	2580
15	采购部	曹文建	男	沈阳	2205	479.5	2684.5
16	采购部	杨林灵	女	上海	2150	668.5	2818.5
17	销售部	孙静丽	女	上海	2150	761.5	2911.5
18	销售部	韩文轩	男	沈阳	2025	379.5	2404.5
19	企划部	刘刚	女	沈阳	2000	430	2430
20	采购部	何东	男	昆明	1885	741.5	2626.5
21	企划部	沈文	女	上海	2250	675	2925
22	销售部	宋美丽	女	昆明	2150	666	2816
23	生产部	王二	男	北京	2650	497.5	3147.5

图 7-58 合并计算后的效果

通过“合并计算”命令，就将 11、12 月份员工的“基本工资”、“岗位津贴”和“实发工资”的平均值自动计算出来了。

第 8 章　中文 Excel 高级应用

——员工工资管理

教学目标

- 掌握常用函数的计算方法（IF、TODAY、YEAR、VLOOKUP）
- 掌握函数嵌套的使用方法
- 掌握图表的创建

8.1 员工工资管理案例分析

本章以员工工资管理为例，主要介绍 Excel 中的高级应用，包括 IF 函数的应用、VLOOKUP 函数的嵌套使用。

8.1.1 任务的提出

晓棠是华中公司的会计，负责管理公司员工的工资，每个月都要计算出员工的基本工资、奖金和个人所得税等。为了能够准确快捷地计算工资，晓棠决定使用 Excel 对公司员工的工资进行管理、统计。

员工的工资由两部分组成：基本工资和奖金。其中基本工资包括职务工资、学历工资和工龄工资，各部分的分配标准如图 8-1 所示。奖金按照考核等级计算，考核等级与奖金的关系如图 8-2 所示。

职务工资		工龄工资		学历工资	
职务	职务工资	工龄（年）	工龄工资	学历	学历工资
总经理	6000	工龄<=1	100	博士	1000
部门经理	4500	1<工龄<=5	200	研究生	800
项目经理	4000	5<工龄<=10	300	本科	500
工程师	3500	工龄>10	500	专科	300
编辑	3000				
程序员	3000				
文员	2000				

图 8-1　基本工资构成表

考核等级与奖金		
考核分数	考核等级	奖金
分数>=90	优秀	500
80=<分数<90	良好	400
70=<分数<80	中等	300
60=<分数<70	及格	100
分数<60	不及格	-100

图 8-2　考核等级与奖金

此外，按照规定员工每月还要缴纳社会保险，主要包括养老保险、医疗保险、失业保险和住房公积金 4 个部分，其中个人应缴纳的金额按以下比例核算：

养老保险＝基本工资×8％

医疗保险＝基本工资×2％

失业保险＝基本工资×0.5％

住房公积金＝基本工资×8％

根据以上公式计算，可以得到“工资明细”工作表中的各项数值，如图 8-3 所示。

工资明细										
员工编号	工龄	工龄工资	职务工资	学历工资	基本工资	养老保险	医疗保险	失业保险	住房公积金	社会保险
3000										
3001										
3002										
3003										
3004										
3005										
3006										
3007										
3008										
3009										
3010										

图 8-3　“工资明细”工作表

另外，还要根据员工的基本工资计算出每人每月应缴纳的个人所得税，个人所得税的计算标准如图 8-4 所示。

个人所得税税率表			
应纳税所得额（计税工资）＝应发工资－2000元			
应纳所得税＝应纳税所得额×税率－速算扣除数			
个人所得税起征金额：￥2000			
级数	全月应纳税所得额	税率（%）	速算扣除数
1	不超过500元	5	0
2	超过500元至2000元的部分	10	25
3	超过2000元至5000元的部分	15	125
4	超过5000元至20000元的部分	20	375
5	超过20000元至40000元的部分	25	1375
6	超过40000元至60000元的部分	30	3375
7	超过60000元至80000元的部分	35	6375
8	超过80000元至100000元的部分	40	10375
9	超过100000元的部分	45	15375

图 8-4 个人所得税税率表

根据上面的结果计算出“工资汇总”工作表中的各项内容，如图 8-5 所示。

工资汇总									
员工编号	姓名	部门	基本工资	奖金	社会保险	应发工资	计税工资	个人所得税	实发工资
3000									
3001									
3002									
3003									
3004									
3005									
3006									
3007									
3008									
3009									
3010									

图 8-5 “工资汇总”工作表

最后，根据“工资汇总表”制作员工实发工资统计图。

8.1.2 解决方案

本例中员工的“基本工资”和“奖金”都可以通过查找函数 VLOOKUP 完成，个人所得税可以使用条件判断函数 IF 完成。

8.1.3 相关知识点

1. TODAY 函数和 YEAR 函数

TODAY 函数：返回日期格式的当前日期。

YEAR 函数：返回日期的年份值，返回值是一个 1900～9999 范围内的数字。

YEAR 函数的语法格式为 YEAR（serial _ number）。serial _ number 是一个日期值，其中包含要查找年份的日期。例如，单元格 A1 中的数值为“2008-8-8”，则 YEAR（A1）的返回值为 2008。

2. VLOOKUP 函数的嵌套

VLOOKUP 函数的功能：在数据区域的首列查找指定的数值，并返回数据区域当前行中指定列处的数值。

VLOOKUP 函数的语法格式为：

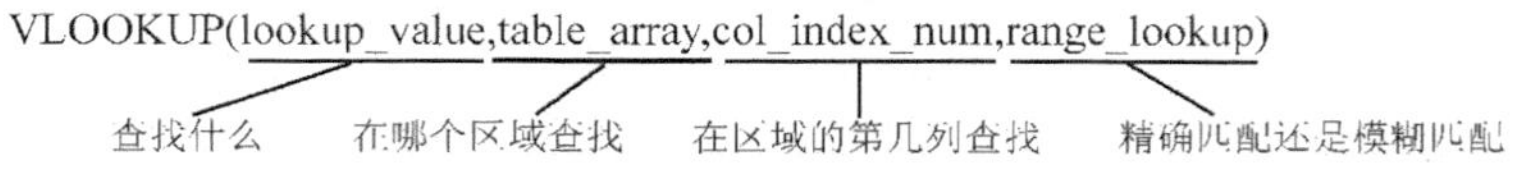

本例中用到了一个 VLOOKUP 函数的返回值作为另一个 VLOOKUP 函数的参数的嵌套用法。

3. IF 函数的嵌套

IF 函数最多可以嵌套 7 层，使用 value _ if _ false 和 value _ if _ true 参数可以构造复杂的检测条件。

4. SUMIF 函数

SUMIF 函数的语法格式为 SUMIF（range，criteria，sum _ range）. 其用于对满足条件的若干单元格求和。

8.2 实现方法

完成本案例需要解决以下问题：

① 使用 TODAY 函数和 YEAR 函数计算员工的工龄。

② 使用嵌套的 VLOOKUP 函数和 IF 函数计算“工资明细”工作表中的各项数值。

③ 使用嵌套的 VLOOKUP 函数和 IF 函数计算“工资汇总”工作表中的“应发工资”。

④ 使用嵌套的 IF 函数计算“个人所得税”。

8.2.1 计算“员工信息”工作表中的“工龄”

启动 Excel，制作出如图 8-6 所示的“员工信息”工作表。

该表中的工龄可以由当前的年份减去参加工作的年份得到，使用 YEAR 函数可以计算年份，TODAY 函数返回当前日期。

【任务 1】使用 YEAR 函数和 TODAY 函数计算“员工信息”工作表中的工龄。

工龄＝当前年份－参加工作年份＝YEAR（TODAY（））－YEAR（工作日期）

① 选中单元格 H3，在编辑框中输入公式“＝YEAR（TODAY（））-YEAR（G3）”，按 Enter 键确认，即可得到工龄信息。

② 利用填充句柄，自动填充其他员工的工龄信息，如图 8-7 所示。

③ 以“员工工资管理 . xlsx”为文件名保存文件。

员工编号	姓名	性别	部门	职务	学历	工作日期	工龄
3000	雪青	女	电购部	部门经理	硕士	2000-2-14	
3001	百合	女	电购部	文员	专科	2003-7-8	
3002	洋子	男	电购部	文员	专科	2000-12-4	
3003	列文	男	培训部	部门经理	博士	1999-3-5	
3004	豆丁	女	培训部	文员	本科	2006-1-25	
3005	晨曦	男	培训部	工程师	硕士	2005-11-3	
3006	文章	男	高等事业部	项目经理	硕士	2007-9-7	
3007	阿杜	男	高等事业部	文员	专科	2006-12-24	
3008	文艺	女	高等事业部	编辑	本科	2006-3-19	
3009	吉祥	女	高等事业部	程序员	本科	2008-2-3	
3010	易天	男	幼教部	部门经理	硕士	2000-5-6	

图 8-6 “员工信息”工作表

员工编号	姓名	性别	部门	职务	学历	工作日期	工龄
3000	雪青	女	电购部	部门经理	硕士	2000-2-14	8
3001	百合	女	电购部	文员	专科	2003-7-8	5
3002	洋子	男	电购部	文员	专科	2000-12-4	8
3003	列文	男	培训部	部门经理	博士	1999-3-5	9
3004	豆丁	女	培训部	文员	本科	2006-1-25	2
3005	晨曦	男	培训部	工程师	硕士	2005-11-3	3
3006	文章	男	高等事业部	项目经理	硕士	2007-9-7	1
3007	阿杜	男	高等事业部	文员	专科	2006-12-24	2
3008	文艺	女	高等事业部	编辑	本科	2006-3-19	3
3009	吉祥	女	高等事业部	程序员	本科	2008-2-3	0
3010	易天	男	幼教部	部门经理	硕士	2000-5-6	8

图 8-7 计算工龄

8.2.2 计算“工资明细”工作表中的各项内容

【任务 2】使用 VLOOKUP 函数查找计算出“工资明细”工作表中的“工龄”。

① 在“员工工资管理.xls”文件中，将 Sheet2 工作表更名为“工资明细”。

② 创建如图 8-3 所示的“工资明细”工作表，然后选中“员工信息”的数据区域 A2:H13。注意，要将“员工编号”定义在数据 区域的第一列。

③ 在“工资明细”工作表中根据员工编号，使用 VLOOKUP 函数在“员工信息”工作表的数据区域查找员工编号对应的工龄。

④ 选中“工资明细”工作表中的单元格 B3，插入 VLOOKUP 函数，输入如图 8-8 所示

的函数参数，单击【确定】显示工龄，结果如图 8-9 所示。

温馨提示

“=VLOOKUP（A3，员工信息！A2：H13，8，FALSE）”表示在“员工信息”工作表的 A2：H13 数据区域，查找与单元格 A3 中的编号对应的工龄值。

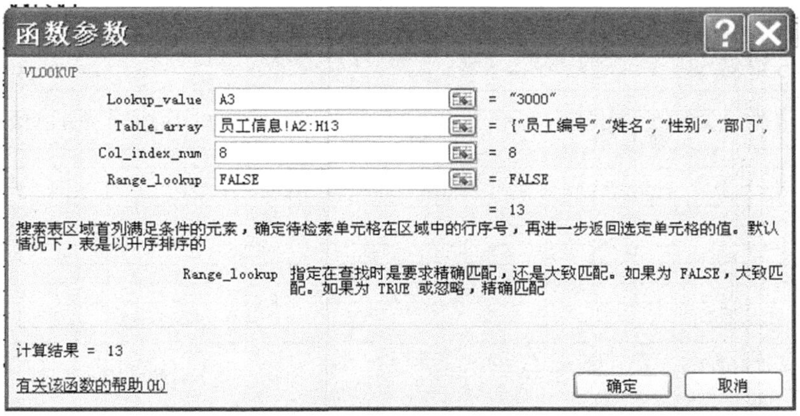

图 8-8 VLOOKUP 函数参数

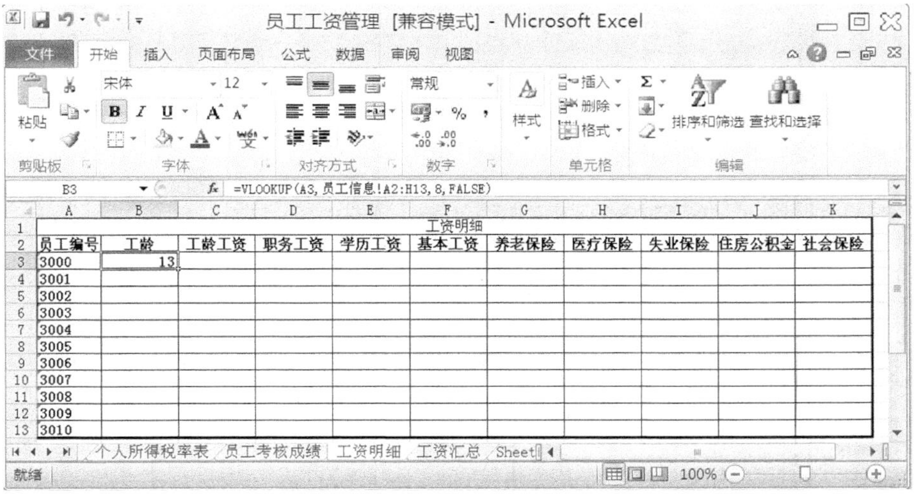

图 8-9 VLOOKUP 函数结果

⑤ 利用填充句柄，自动填充其他员工的工龄信息。

【任务 3】使用 IF 函数嵌套，计算“工资明细”工作表中的“工龄工资”。

①根据图 8-1 所示的基本工资构成表，使用 IF 函数嵌套，计算出“工龄工资”。选中“工资明细”工作表中的单元格 C3，输入如图 8-10 所示的函数参数，按 Enter 键显示函数结果。

② 利用填充句柄，自动填充其他员工的工龄工资。

【任务 4】利用 IF 函数和 VLOOKUP 函数的嵌套，计算“工资明细”工作表中的“职务工资”和“学历工资”。

图 8-10　IF 函数嵌套参数及结果

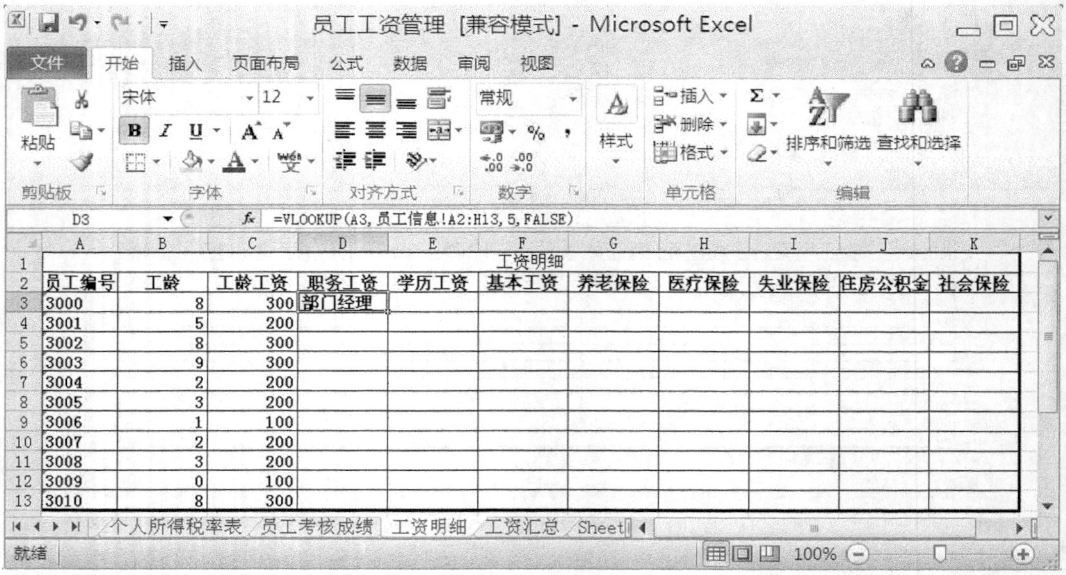

图 8-11　计算员工职务

① 要得出员工的职务工资，首先要知道他的职务。在此使用 VLOOKUP 函数，根据“员工编号”查找相应的职务。在“工资明细”工作表中选中单元格 D3，插入 VLOOKUP 函数，输入如图 8-11 所示的函数参数，按 Enter 键显示职务。

② 根据查找的“职务”，再利用 VLOOKUP 函数的嵌套，在如图 8-1 所示的“职务工资”表中，查找该职务对应的工资。选中单元格 D3，插入 VLOOKUP 函数，输入如

图 8-12所示的函数参数，按 Enter 键显示职务工资。

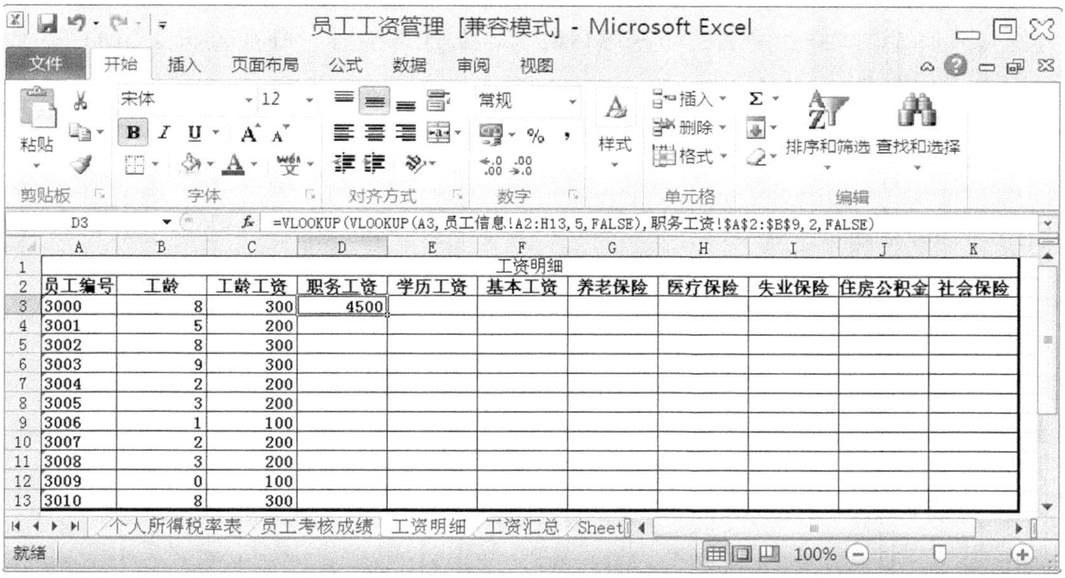

工资明细										
员工编号	工龄	工龄工资	职务工资	学历工资	基本工资	养老保险	医疗保险	失业保险	住房公积金	社会保险
3000	8	300	4500							
3001	5	200								
3002	8	300								
3003	9	300								
3004	2	200								
3005	3	200								
3006	1	100								
3007	2	200								
3008	3	200								
3009	0	100								
3010	8	300								

图 8-12　计算职务工资

③ 利用填充句柄，自动填充其他员工的职务工资。

④ 按照同样的方法，使用 VLOOKUP 函数的嵌套，根据“员工信息”工作表和“学历工资”工作表，计算出“学历”对应的“学历工资”，结果如图 8-13 所示。

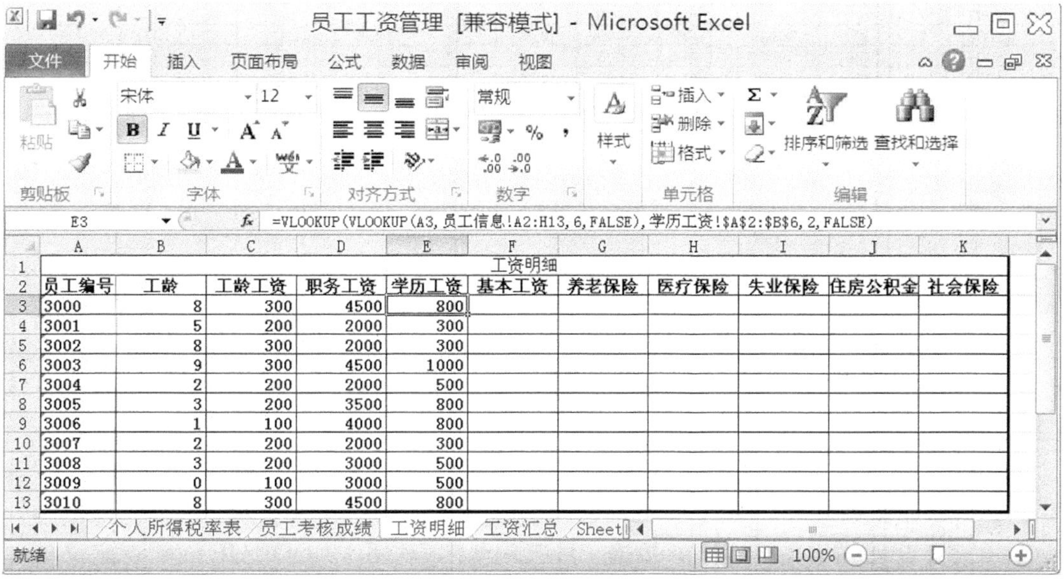

工资明细										
员工编号	工龄	工龄工资	职务工资	学历工资	基本工资	养老保险	医疗保险	失业保险	住房公积金	社会保险
3000	8	300	4500	800						
3001	5	200	2000	300						
3002	8	300	2000	300						
3003	9	300	4500	1000						
3004	2	200	2000	500						
3005	3	200	3500	800						
3006	1	100	4000	800						
3007	2	200	2000	300						
3008	3	200	3000	500						
3009	0	100	3000	500						
3010	8	300	4500	800						

图 8-13　计算学历工资

【任务 5】计算“工资明细”工作表中的“基本工资”、“养老保险”、“医疗保险”、“失业保险”、“住房公积金”和“社会保险”。

① 计算员工的基本工资。在“工资明细”工作表中选择单元格 F3，插入 SUM 函数，计算“基本工资”（基本工资＝工龄工资＋职务工资＋学历工资）。

② 计算员工的“养老保险”、“医疗保险”、“失业保险”、“住房公积金”和“社会保险”。计算方法如下：

养老保险＝基本工资×8％

医疗保险＝基本工资×2％

失业保险＝基本工资×0.5％

住房公积金＝基本工资×8％

社会保险＝养老保险＋医疗保险＋失业保险＋住房公积金

计算结果如图 8-14 所示。

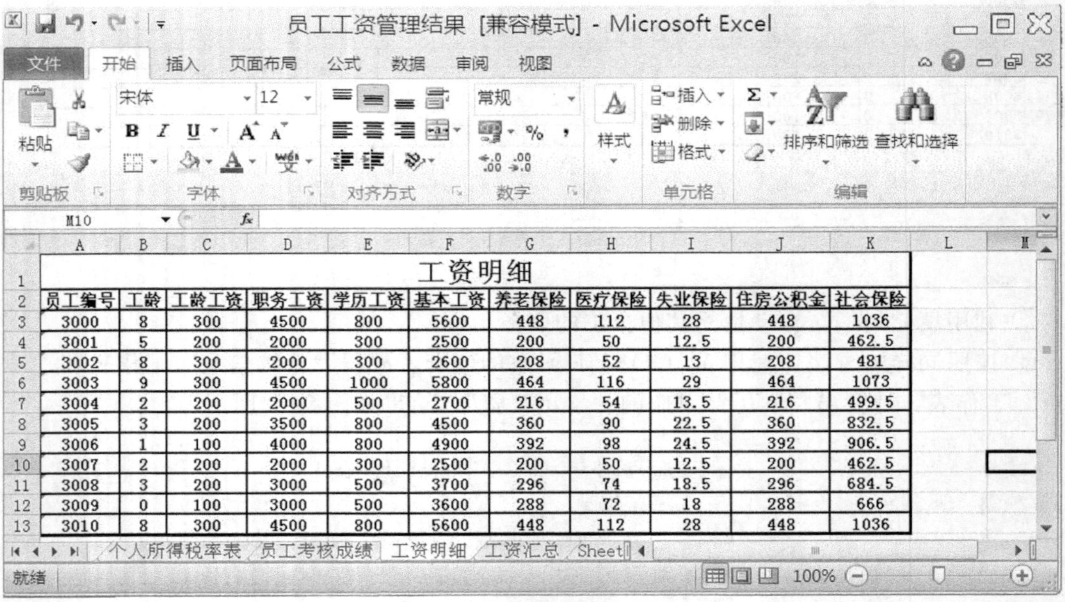

员工编号	工龄	工龄工资	职务工资	学历工资	基本工资	养老保险	医疗保险	失业保险	住房公积金	社会保险
3000	8	300	4500	800	5600	448	112	28	448	1036
3001	5	200	2000	300	2500	200	50	12.5	200	462.5
3002	8	300	2000	300	2600	208	52	13	208	481
3003	9	300	4500	1000	5800	464	116	29	464	1073
3004	2	200	2000	500	2700	216	54	13.5	216	499.5
3005	3	200	3500	800	4500	360	90	22.5	360	832.5
3006	1	100	4000	800	4900	392	98	24.5	392	906.5
3007	2	200	2000	300	2500	200	50	12.5	200	462.5
3008	3	200	3000	500	3700	296	74	18.5	296	684.5
3009	0	100	3000	500	3600	288	72	18	288	666
3010	8	300	4500	800	5600	448	112	28	448	1036

图 8-14 “工资明细”工资表计算结果

8.2.3 计算“工资汇总”工作表中的“应发工资”

在“工资汇总”工作表中，可以使用 VLOOKUP 函数和 VLOOKUP 函数的嵌套查找“姓名”、“部门”、“基本工资”、“奖金”和“社会保险”的数据，根据查找到的数据计算出“应发工资”。

【任务 6】使用 VLOOKUP 函数查找“工资汇总”工作表中的“姓名”、“部门”、“基本工资”和“社会保险”。

① 在“工资汇总”工作表中，根据“员工编号”，利用 VLOOKUP 函数在定义的“员工信息”工作表中，查找相应的“姓名”和“部门”。

② 在“工资汇总”工作表中，选中单元格 B3，插入 VLOOKUP 函数，输入如图 8-15 所示的函数参数，按 Enter 键显示姓名。

③ 利用填充句柄，自动填充其他员工的姓名。

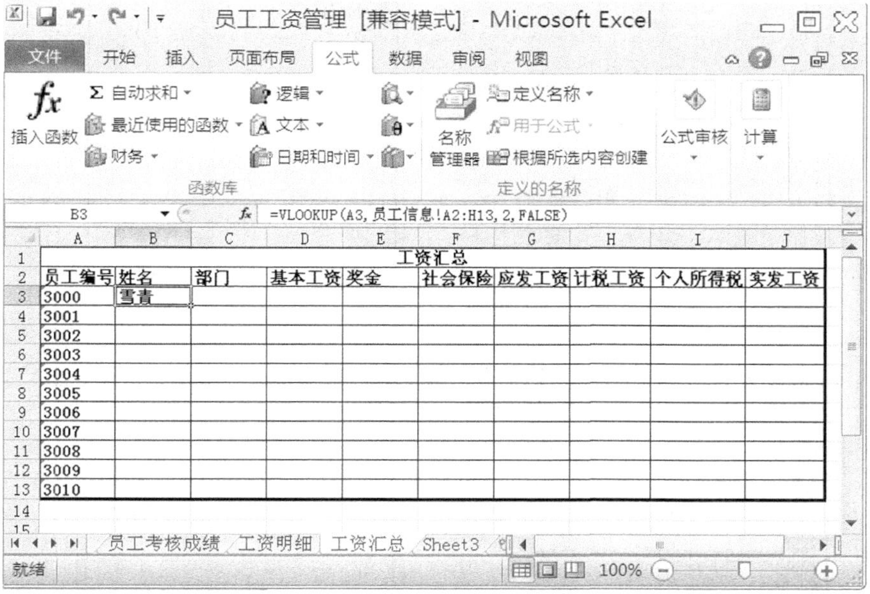

图 8-15　查找员工姓名

④ 在“工资汇总”工作表中，选中单元格 C3，插入 VLOOKUP 函数，输入如图 8-16 所示的函数参数，按 Enter 键显示员工所在的部门。

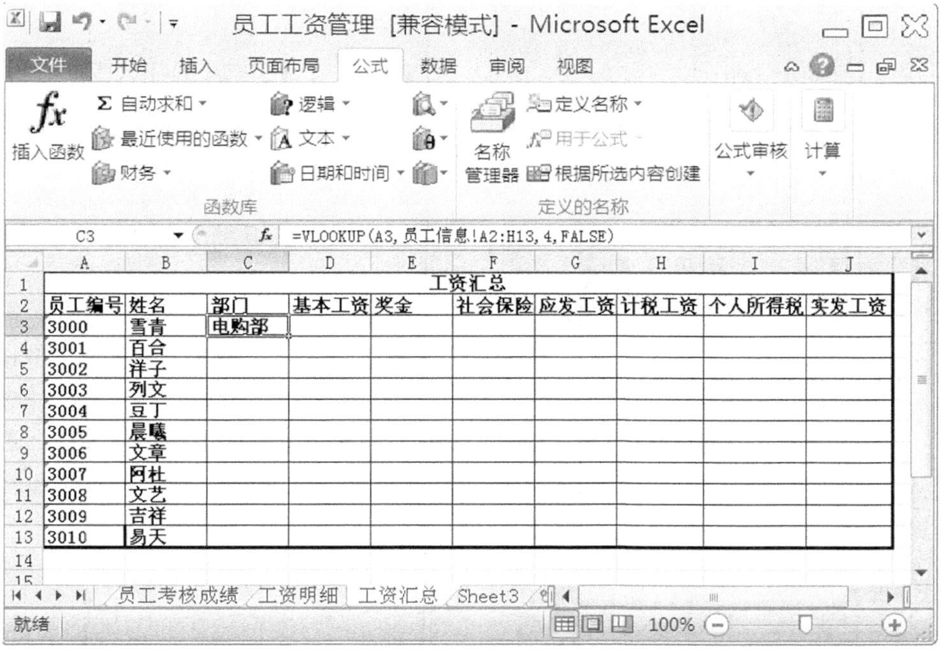

图 8-16　查找员工所在部门

⑤ 利用填充句柄，自动填充其他员工所在的部门。

⑥ 根据“员工编号”，利用 VLOOKUP 函数在定义的“工资明细”工作表中，查找相应的“基本工资”和“社会保险”。

执行以上操作后，“工资汇总”工作表中的数据如图 8-17 所示。

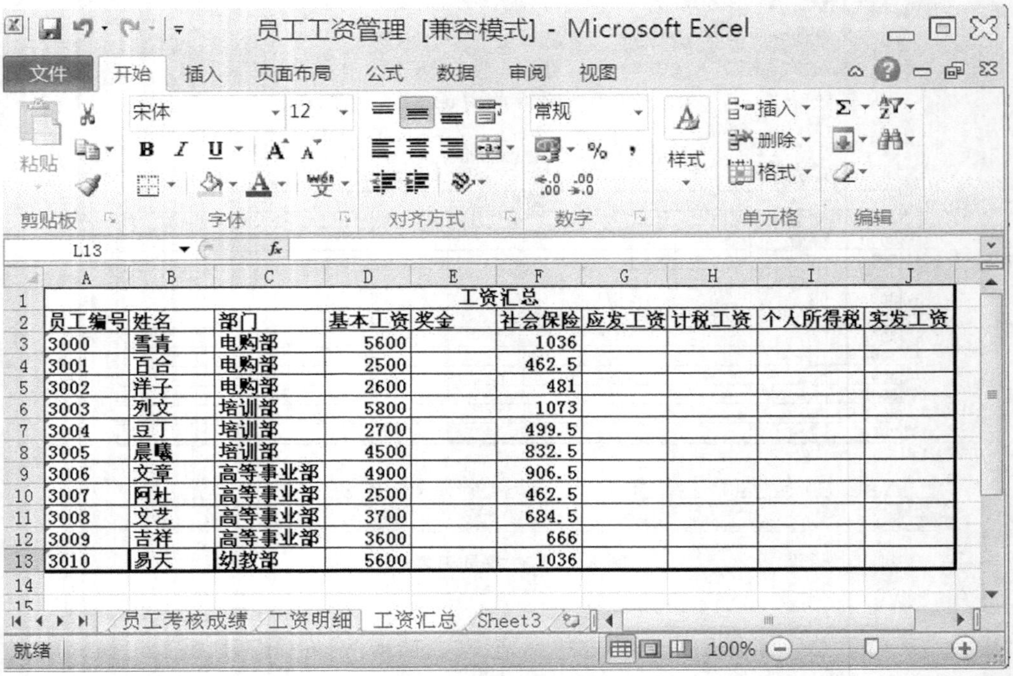

工资汇总									
员工编号	姓名	部门	基本工资	奖金	社会保险	应发工资	计税工资	个人所得税	实发工资
3000	雪青	电购部	5600		1036				
3001	百合	电购部	2500		462.5				
3002	洋子	电购部	2600		481				
3003	列文	培训部	5800		1073				
3004	豆丁	培训部	2700		499.5				
3005	晨曦	培训部	4500		832.5				
3006	文章	高等事业部	4900		906.5				
3007	阿杜	高等事业部	2500		462.5				
3008	文艺	高等事业部	3700		684.5				
3009	吉祥	高等事业部	3600		666				
3010	易天	幼教部	5600		1036				

图 8-17 “姓名”、“部门”、“基本工资”和“社会保险”信息

员工考核成绩		
员工编号	考核分数	考核等级
3000	85	
3001	78	
3002	82	
3003	92	
3004	77	
3005	80	
3006	89	
3007	91	
3008	70	
3009	65	
3010	88	

图 8-18 “员工考核成绩”工作表

【任务 7】利用 VLOOKUP 函数的嵌套和 IF 函数计算“工资汇总”工作表中的“奖金”和“应发工资”。

① 在“员工工资管理.xlsx”文件中创建名为“员工考核成绩”的工作表，如图 8-18 所示。

② 在“员工考核成绩”工作表中，利用 IF 函数嵌套，根据图 8-2 所示的“考核等级与奖金”工作表中“考核成绩”与“考核等级”之间的关系，计算员工的考核等级。选中单元格 C3，插入 IF 函数，输入如图8-19所示的函数参数，按 Enter 键显示考核等级。

③ 利用填充句柄，自动填充其他员工的考核等级。

④ 在“工资汇总”工作表的“奖金”列，使用 VLOOKUP 函数根据“员工编号”，在“员工考核成绩”工作表中查找相应的考核等级。在“工资汇总”工作表中选中单元格 E3，插入 VLOOKUP 函数，输入如图8-20所示的

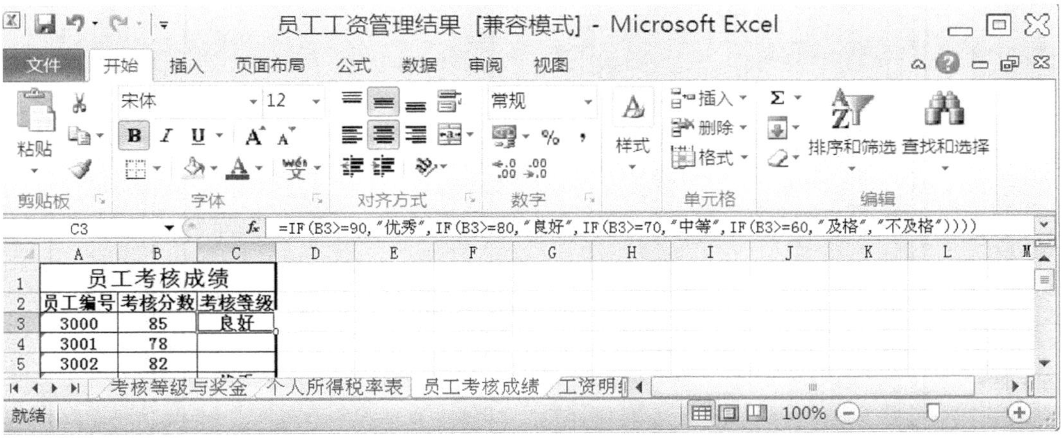

图 8-19　计算考核等级

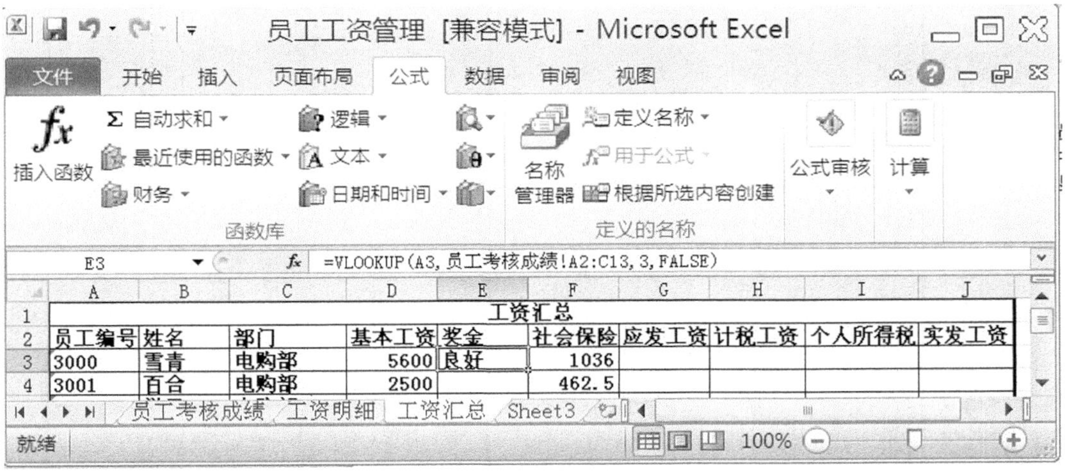

图 8-20　计算考核等级

函数参数，按 Enter 键显示考核等级。并利用填充句柄，自动填充其他员工的考核等级。

⑤ 根据“考核等级”，在“工资汇总”工作表中使用 VLOOKUP 函数的嵌套，查找出该职务对应的“奖金”。选中单元格 E3，插入 VLOOKUP 函数，输入如图 8-21 所示的函数参数，按 Enter 键显示奖金。

⑥ 利用填充柄，自动填充其他员工的考核奖金。

⑦ 计算员工的“应发工资”，计算方法是：应发工资＝基本工资＋奖金－社会保险。选中单元格 G3，输入如图 8-22 所示的公式，计算“应发工资”。并利用填充句柄，自动填充其他员工的应发工资。

完成【任务 7】以后的工作表如图 8-23 所示。

图 8-21　计算考核奖金

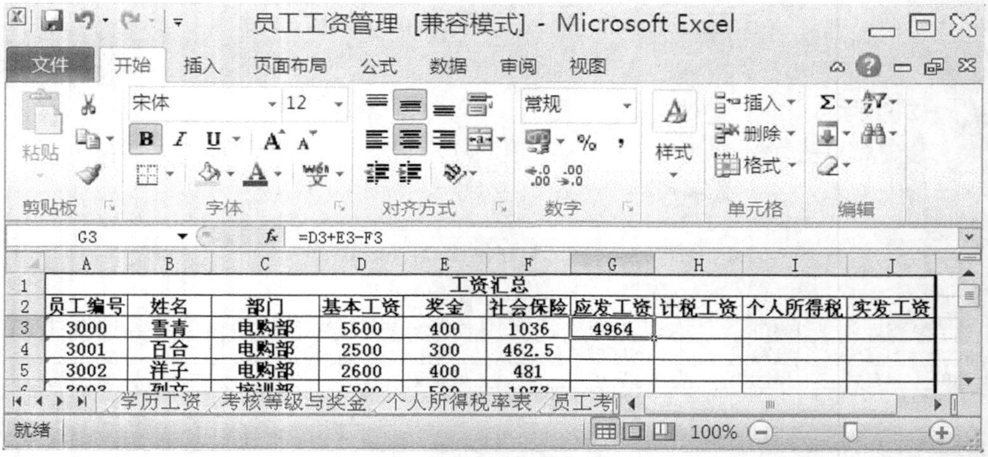

图 8-22　计算应发工资

8.2.4　使用 IF 函数计算“个人所得税”

1. “个人所得税”的算法

①“计税工资”。本例中的“计税工资”也就是“应纳税工资额”，计税工资＝应发工资－2000 元。

②“个人所得税”。“个人所得税”的征税方法分为 9 个等级，具体等级参见图 8-4 所示。

见多识广

“税率表”中的“超”表示“计税工资”超过某一等级时，仅就超过部分按照税率征税，所以也称为“超累税率”。

③ 使用“速算扣除数”计算“个人所得税”，计算公式如下：

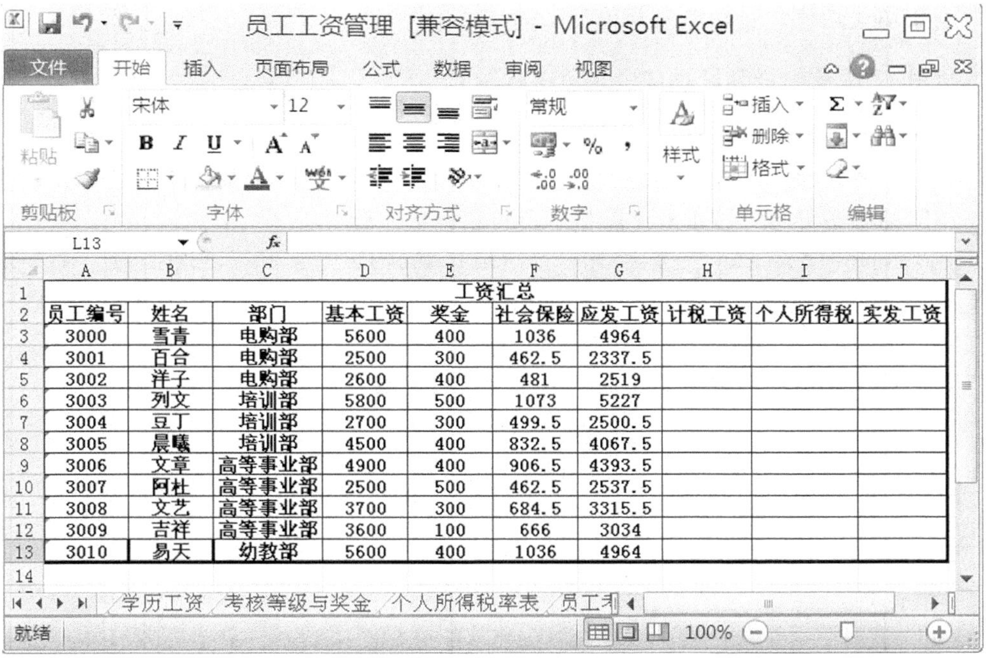

工资汇总									
员工编号	姓名	部门	基本工资	奖金	社会保险	应发工资	计税工资	个人所得税	实发工资
3000	雪青	电购部	5600	400	1036	4964			
3001	百合	电购部	2500	300	462.5	2337.5			
3002	洋子	电购部	2600	400	481	2519			
3003	列文	培训部	5800	500	1073	5227			
3004	豆丁	培训部	2700	300	499.5	2500.5			
3005	晨曦	培训部	4500	400	832.5	4067.5			
3006	文章	高等事业部	4900	400	906.5	4393.5			
3007	阿杜	高等事业部	2500	500	462.5	2537.5			
3008	文艺	高等事业部	3700	300	684.5	3315.5			
3009	吉祥	高等事业部	3600	100	666	3034			
3010	易天	幼教部	5600	400	1036	4964			

图 8-23 “工资汇总”工作表中的部分数据

个人所得税＝计税工资×税率－速算扣除数

例如，某一员工的应发工资为 5600 元，则“计税工资”为 5600－2000＝3600 元。根据图 8-4 中的等级划分，3600 元所处的税率为 15％，速算扣除数为 125 元，所以个人所得税＝3600×15％－125＝415 元。

2. 计算“计税工资”

【任务 8】使用 IF 函数计算“计税工资”。

① 在“工资汇总”工作表中选中单元格 H3，插入 IF 函数，输入如图 8-24 所示的函数参数，按 Enter 键显示计税工资。

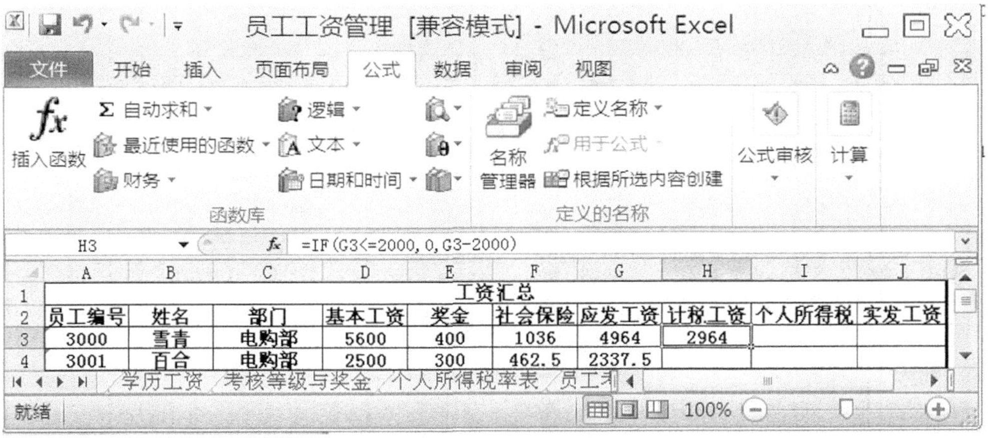

工资汇总									
员工编号	姓名	部门	基本工资	奖金	社会保险	应发工资	计税工资	个人所得税	实发工资
3000	雪青	电购部	5600	400	1036	4964	2964		
3001	百合	电购部	2500	300	462.5	2337.5			

图 8-24 计算“计税工资”

② 利用填充句柄，自动填充其他员工的计税工资。

3. 利用 IF 函数的嵌套计算“个人所得税”

【任务 9】使用 IF 函数的嵌套计算员工的“个人所得税”。

① 在“工资汇总”工作表中选中单元格 I3，插入 IF 函数，根据税率表的等级，输入如图 8-25 所示的函数参数，按 Enter 键显示所得税金额。计算公式为：

=IF (H3>60000, H3 * 35 %-6375, IF (H3>40000, H3 * 30 %-3375, IF (H3>20000, H3 * 25 %-1375, IF (H3>5000, H3 * 20 %-375, IF (H3>2000, H3 * 15 %-125, IF (H3>500, H3 * 10 %-25, IF (H3>0, H3 * 5 %, 0)))))))

② 利用填充句柄，自动填充其他员工的个人所得税。

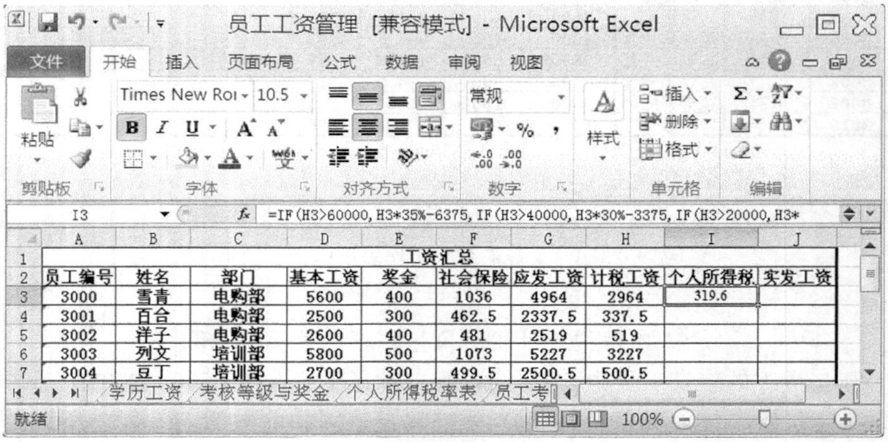

图 8-25 计算个人所得税

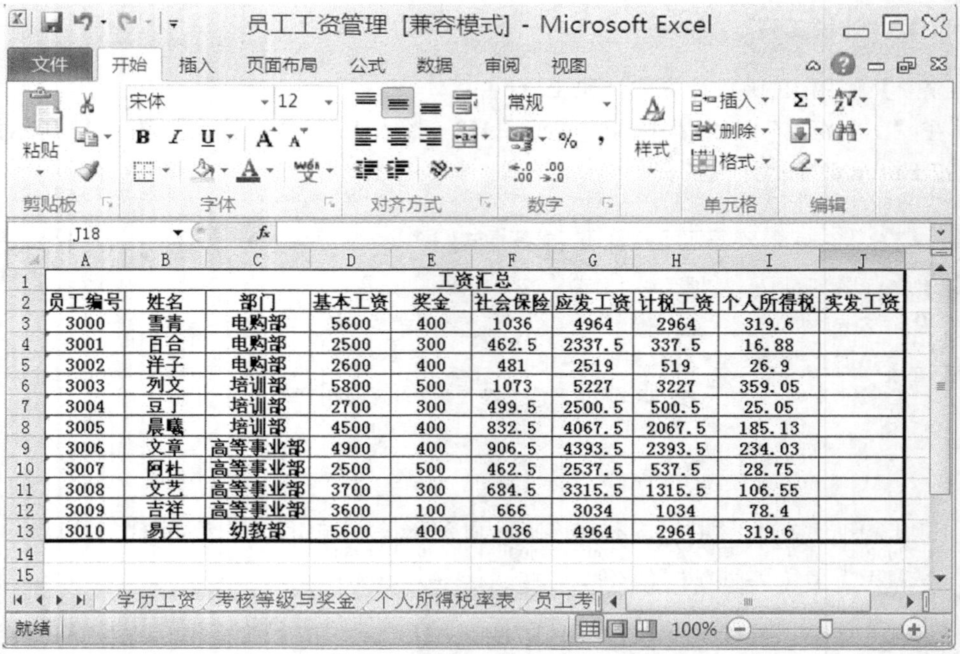

图 8-26 使用 ROUND 函数精确“个人所得税”

因为财务数据只需要精确到分，所以可以使用 ROUND 函数，将个人所得税金额只保留 2 位小数，计算结果如图 8-26 所示，计算公式为：

= ROUND (IF (H3>60000, H3 * 35 %-6375, IF (H3>40000, H3 * 30 %-3375, IF (H3>20000, H3 * 25 %-1375, IF (H3>5000, H3 * 20 %-375, IF (H3>2000, H3 * 15 %-125, IF (H3>500, H3 * 10 %-25, IF (H3>0, H3 * 5 %, 0))))))), 2)

见多识广

因为 IF 函数最多允许嵌套 7 层，但是税率一共有 9 级，所以使用 IF 函数计算“个人所得税”时只能计算到第 7 级，即“超过 60000 元至 80000 元的部分”。如果计税工资大于 80000 元，该如何进行正确计算呢？

可以使用 VLOOKUP 函数简单方便地计算“个人所得税”。为了进行对比，在“工资汇总”的“个人所得税”数据列后插入一列。

(1) 使用 VLOOKUP 函数进行“模糊查找”

使用 VLOOKUP 函数进行“模糊查找” (即 range _ lookup 为 true) 时，如果函数 VLOOKUP 在区域 table _ array 的第 1 列找不到 lookup _ value，则返回小于等于 lookup _ value 的最大数值。

例如，在图 8-26 中，员工“文章”的计税工资为 2393.5 元，如果使用税率表中的税率，则 2393.5 元适用的税率应该是 15%。

如果使用 VLOOKUP 函数在如图 8-27 所示的区域中进行“模糊查找”时，当查找 2393.5 元所对应的税率时，是找不到的。按照上面的方法，应该“返回小于等于 lookup _ value (2393.5) 的最大数值”，即“级别”为 2000 的税率 15%。

(2) 使用 VLOOKUP 函数计算“个人所得税”

在图 8-28 定义的“税率”区域中，第 1 列为“计税工资”，第 2 列为“税率”，第 3 列为“速算扣除数”，按照前面给出的计算“个人所得税”的公式：

个人所得税=计税工资×税率−速算扣除数

使用 VLOOKUP 函数计算“个人所得税”。选中单元格 J3，插入 VLOOKUP 函数，输

个人所得税税率表				
应纳税所得额（计税工资）=应发工资−2000元				
应纳所得税=应纳税所得额×税率−速算扣除数				
个人所得税起征金额：￥2000				
级数	全月应纳税所得额	级别	税率（%）	速算扣除数
1	不超过500元	0	5	0
2	超过500元至2000元的部分	500	10	25
3	超过2000元至5000元的部分	2000	15	125
4	超过5000元至20000元的部分	5000	20	375
5	超过20000元至40000元的部分	20000	25	1375
6	超过40000元至60000元的部分	40000	30	3375
7	超过60000元至80000元的部分	60000	35	6375
8	超过80000元至100000元的部分	80000	40	10375
9	超过100000元的部分	100000	45	15375

图 8-27　定义的“税率”区域

入如图 8-28 所示的函数参数。函数参数如下：

= H3 * VLOOKUP (H3，个人所得税率表！ C5： E14，2，TRUE) /100-VLOOKUP (H3，个人所得税率表！ C5： E14，3，TRUE)

图 8-28 使用 VLOOKUP 函数计算“个人所得税”

4. 计算“工资汇总”工作表中的“实发工资”

“实发工资”的计算方法为：

实发工资＝应发工资－个人所得税

选中单元格 J3，输入公式“＝G3-I3”，计算结果如图 8-29 所示。拖动填充句柄，自动填充其他员工的实发工资。

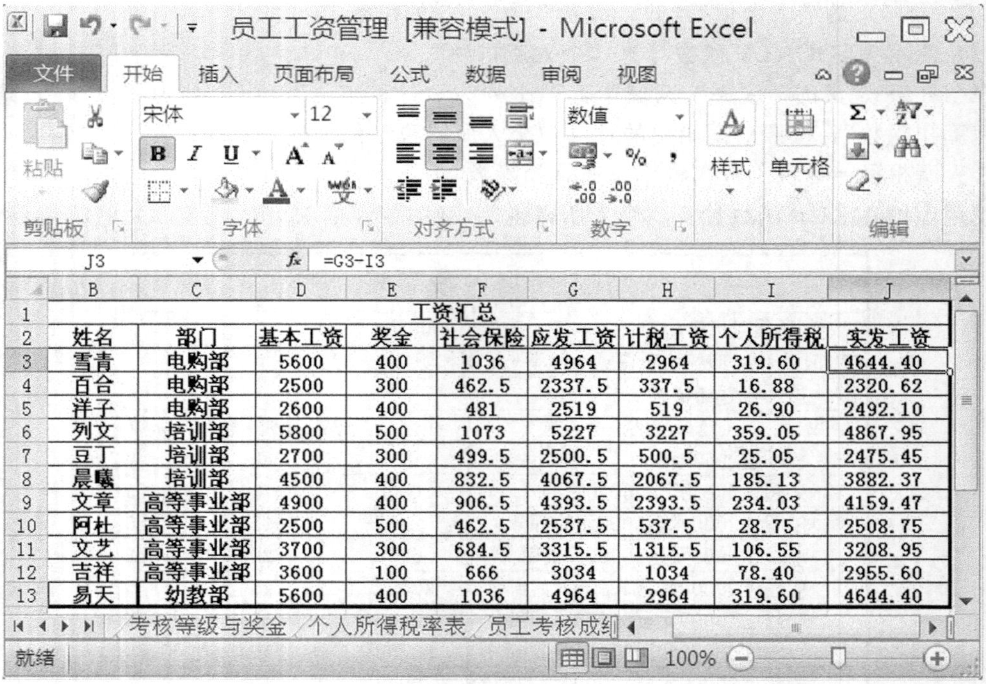

工资汇总

姓名	部门	基本工资	奖金	社会保险	应发工资	计税工资	个人所得税	实发工资
雪青	电购部	5600	400	1036	4964	2964	319.60	4644.40
百合	电购部	2500	300	462.5	2337.5	337.5	16.88	2320.62
洋子	电购部	2600	400	481	2519	519	26.90	2492.10
列文	培训部	5800	500	1073	5227	3227	359.05	4867.95
豆丁	培训部	2700	300	499.5	2500.5	500.5	25.05	2475.45
晨曦	培训部	4500	400	832.5	4067.5	2067.5	185.13	3882.37
文章	高等事业部	4900	400	906.5	4393.5	2393.5	234.03	4159.47
阿杜	高等事业部	2500	500	462.5	2537.5	537.5	28.75	2508.75
文艺	高等事业部	3700	300	684.5	3315.5	1315.5	106.55	3208.95
吉祥	高等事业部	3600	100	666	3034	1034	78.40	2955.60
易天	幼教部	5600	400	1036	4964	2964	319.60	4644.40

图 8-29 计算“实发工资”

5. 设置“工资汇总”工作表中的数据格式

在很多场合下，人民币的标准符号应该为“RMB”。因此，在 Excel 中如果要使用“RMB”来表示人民币，需要使用【单元格格式】对话框中的【数字】标签中的【自定义】命令来实现。

【任务 10】将“工资汇总”工作表中的人民币符号设置为“RMB”。

① 选中要设置数据格式的单元格区域 D3：J13。

② 在区域中单击鼠标右键，在弹出的快捷菜单中选择【设置单元格格式】命令，单击【数字】标签，在【分类】列表中选择“自定义”。

③ 在【类型】文本框中编辑数字的显示格式为“" RMB" #，##0.00；" RMB" -#，##0.00”，如图 8-30 所示。单击【确定】按钮，设置完成的效果如图 8-31 所示。

技巧点滴

在自定义格式数据时最多可以指定 4 个部分。不同定义格式以分号分隔，它们顺序地定义了格式中的正数、负数、零和文本。如果只指定两个部分，则第一部分用于表示正数和零，第二部分用于表示负数。如果只指定一个部分，则该部分用于所有的数字。可以使用数据格式自定义以下内容：数字、日期或时间、货币、百分比、科学计数、文本和空格。

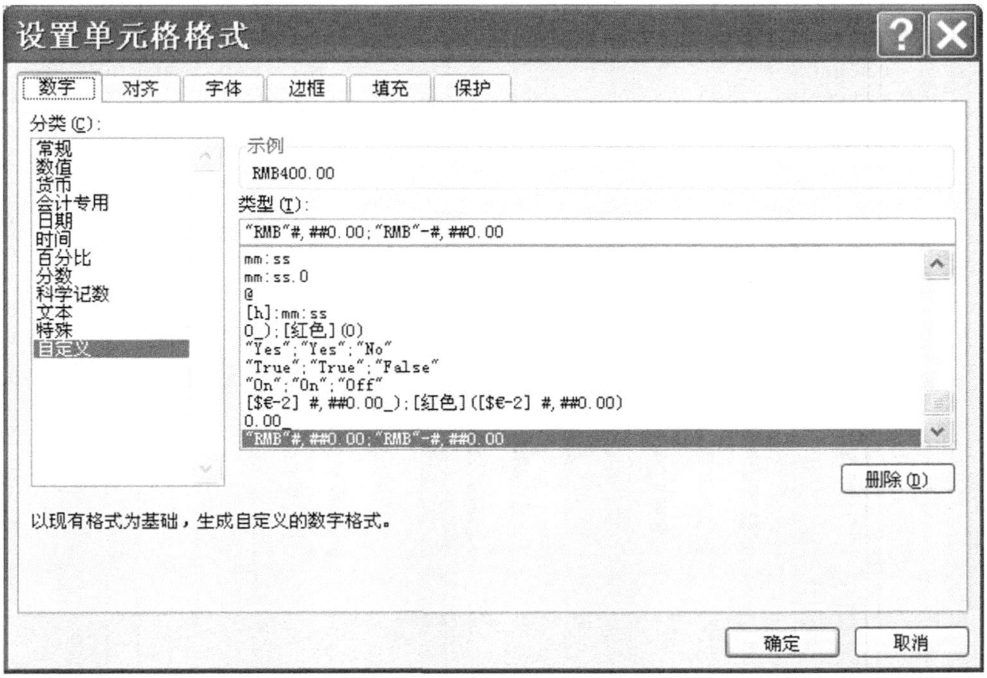

图 8-30　设置单元格格式

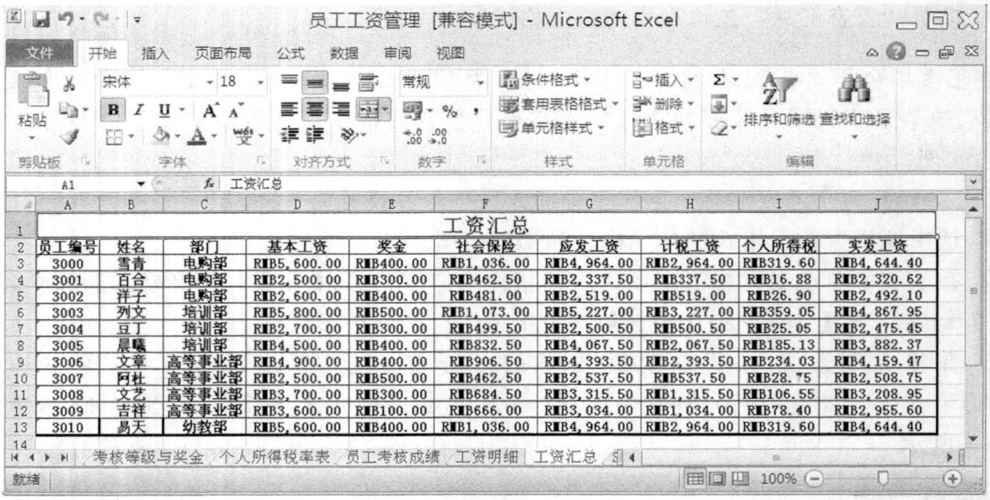

工资汇总									
员工编号	姓名	部门	基本工资	奖金	社会保险	应发工资	计税工资	个人所得税	实发工资
3000	雪青	电购部	RMB5,600.00	RMB400.00	RMB1,036.00	RMB4,964.00	RMB2,964.00	RMB319.60	RMB4,644.40
3001	百合	电购部	RMB2,500.00	RMB300.00	RMB462.50	RMB2,337.50	RMB337.50	RMB16.88	RMB2,320.62
3002	洋子	电购部	RMB2,600.00	RMB400.00	RMB481.00	RMB2,519.00	RMB519.00	RMB26.90	RMB2,492.10
3003	列文	培训部	RMB5,800.00	RMB500.00	RMB1,073.00	RMB5,227.00	RMB3,227.00	RMB359.05	RMB4,867.95
3004	豆丁	培训部	RMB2,700.00	RMB300.00	RMB499.50	RMB2,500.50	RMB500.50	RMB25.05	RMB2,475.45
3005	晨曦	培训部	RMB4,500.00	RMB400.00	RMB832.50	RMB4,067.50	RMB2,067.50	RMB185.13	RMB3,882.37
3006	文章	高等事业部	RMB4,900.00	RMB400.00	RMB906.50	RMB4,393.50	RMB2,393.50	RMB234.03	RMB4,159.47
3007	阿杜	高等事业部	RMB2,500.00	RMB500.00	RMB462.50	RMB2,537.50	RMB537.50	RMB28.75	RMB2,508.75
3008	文艺	高等事业部	RMB3,700.00	RMB300.00	RMB684.50	RMB3,315.50	RMB1,315.50	RMB106.55	RMB3,208.95
3009	吉祥	高等事业部	RMB3,600.00	RMB100.00	RMB666.00	RMB3,034.00	RMB1,034.00	RMB78.40	RMB2,955.60
3010	易天	幼教部	RMB5,600.00	RMB400.00	RMB1,036.00	RMB4,964.00	RMB2,964.00	RMB319.60	RMB4,644.40

图 8-31　设置格式效果

8.2.5 创建图表

利用工作表中的数据制作图表，可以更加清晰、直观和生动地表现数据。图表更容易表达数据之间的关系和变化趋势。

【任务 11】根据上例完成的“工资汇总表”，使用“图表向导”创建员工“实发工资”的三维簇状柱形图。最终效果如图 8-32 所示。

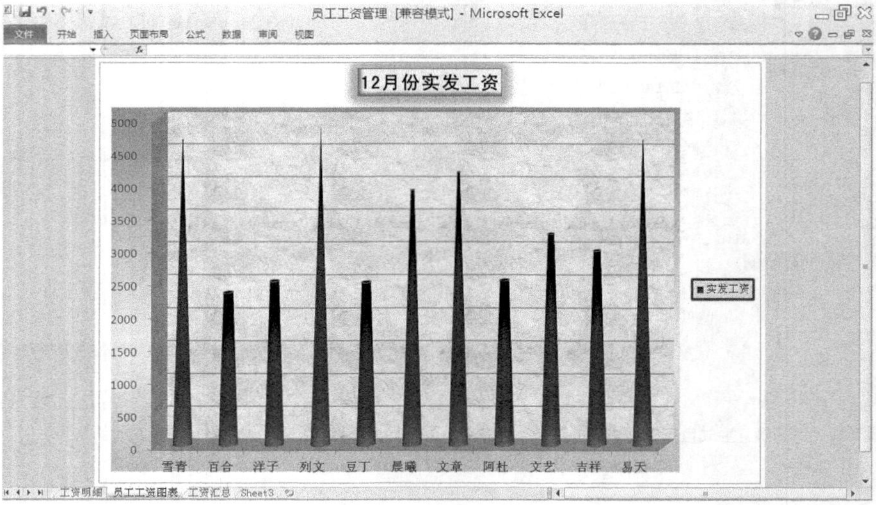

图 8-32　图表效果

（1）使用“图表向导”创建图表

① 打开“员工工资管理.xlsx”文件，单击“工资汇总”工作表，选中员工的“姓名”列和“实发工资”列，如图 8-33 所示。

② 单击【插入】|【柱形图】下拉按钮，在如图 8-34 所示的列表中，选择【三维簇状柱图】，在当前工作表中创建一个“三维簇状柱图”，结果如图 8-35 所示。

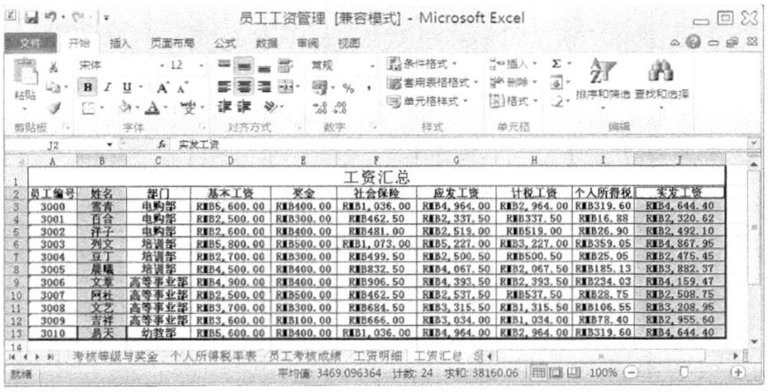

图 8-33　选择数据区域

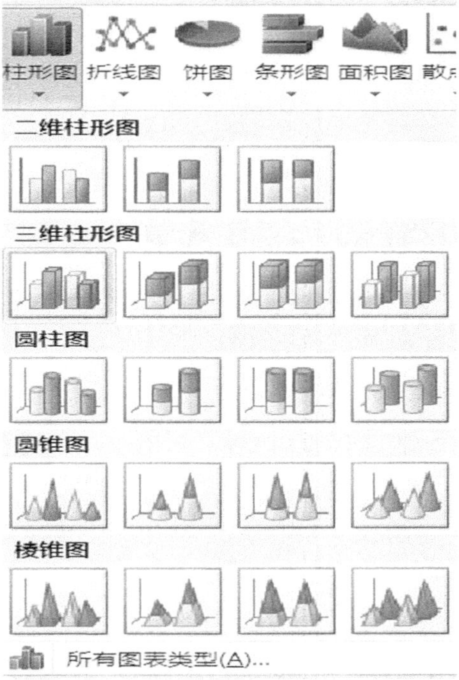

图 8-34　插入三维簇状柱图

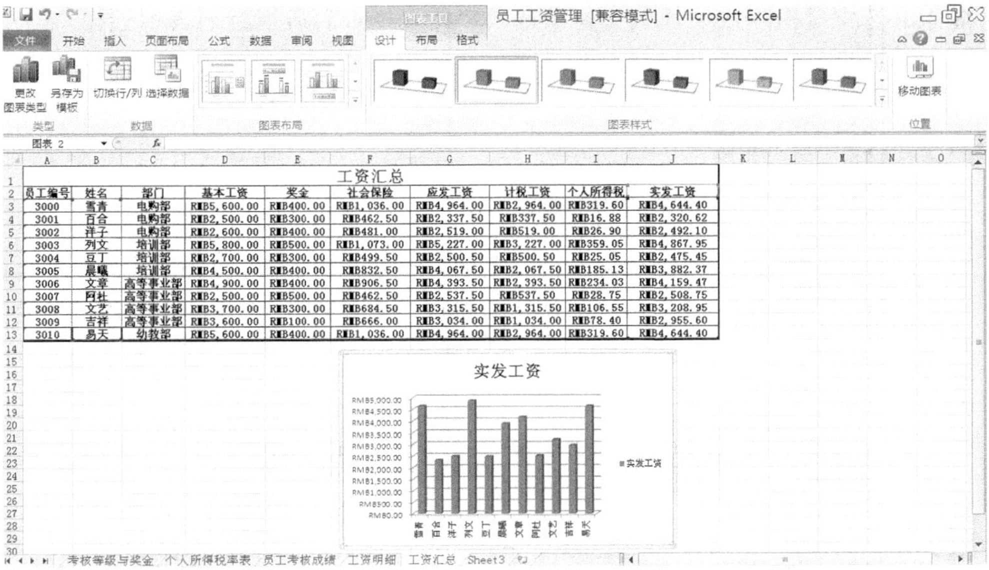

图 8-35　创建图表结果

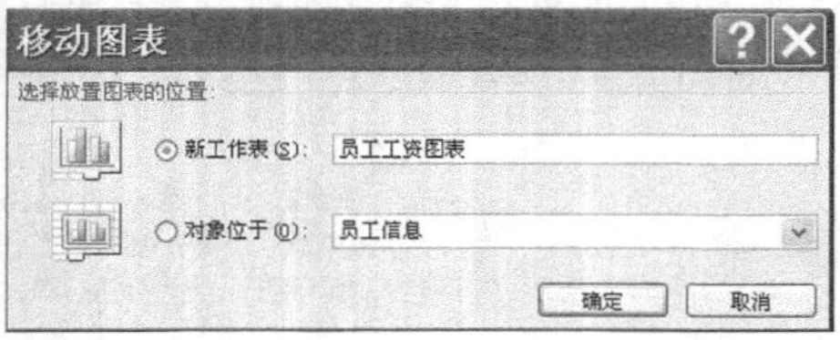

图 8-36 移动图表命令

③ 选中图表，单击【图表工具】|【设计】|【位置】分组中的【移动图表】按钮，打开【移动图表】对话框，如图 8-36 所示，选择【新工作表】单选框，在其后文本框中输入“员工工资图表”，则所创建图表移动到“工资汇总”工作表前的新工作表“员工工资图表”中，效果如图 8-37 所示。

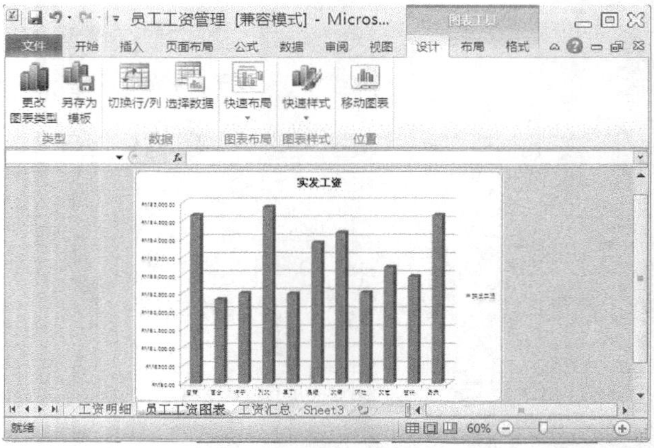

图 8-37 移动图表效果

（2）编辑图表标题

① 单击图表标题“实发工资”，然后将光标定位在“实”的前面，输入“12 月份”。

② 双击图表标题，弹出【设置图表标题格式】对话框，如图 8-38（左）所示。在【填充】标签中，选中【图片或纹理填充】单选项，在【纹理】后下拉列表中选择“羊皮纸”，如图 8-38（右）所示。在【边框颜色】标签中，设置其边框为“红色实线”。在【边框样式】标签中可以根据需要设置边框的粗细。另外，可以根据需要在其他标签中进行相关设置，最后单击【关闭】按钮。

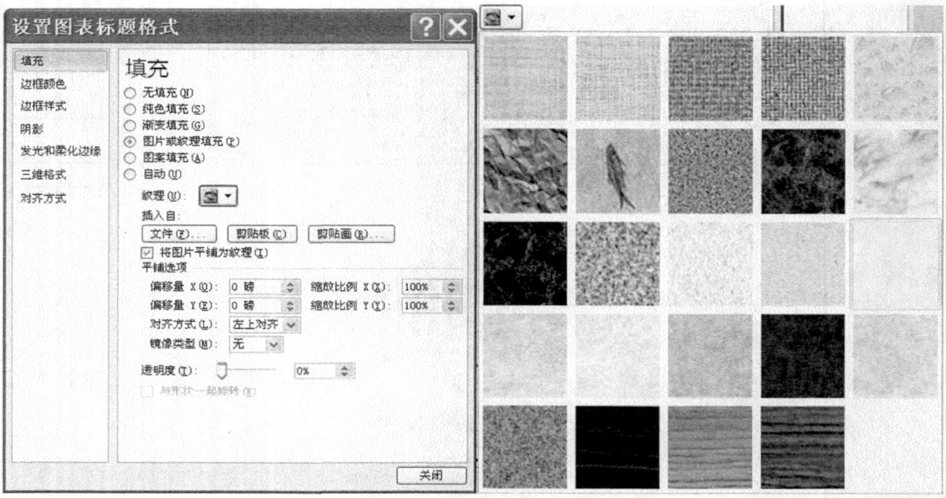

图 8-38 设置图表标题的边框和底纹

③ 在【开始】|【字体】分组中，将标题【字体】设置为“黑体”，【字号】设置为“18”，如图 8-39 所示。

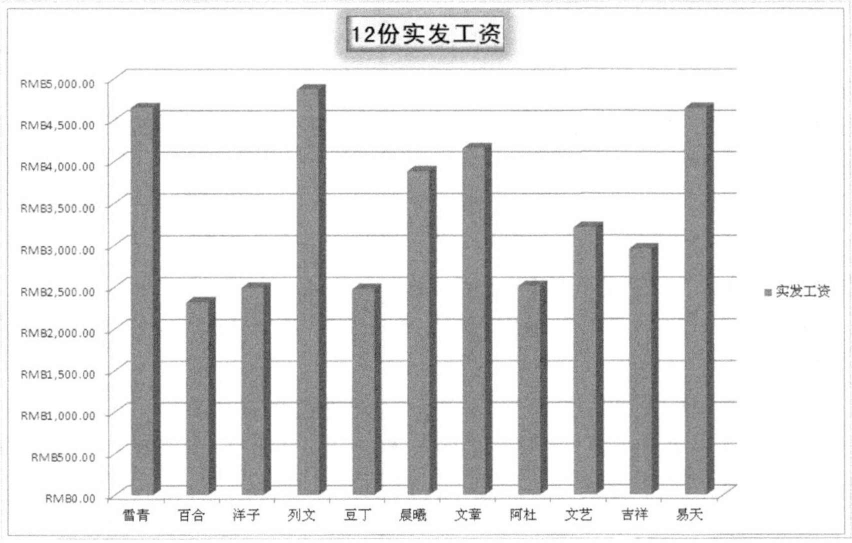

图 8-39　设置图表标题的字体和字号

(3) 改变柱体形状及图案

① 双击任意一个柱体，弹出【设置数据系列格式】对话框，如图 8-40 所示。单击【形

图 8-40　改变柱体的形状

状】标签，将【柱体形状】设置为最后一种圆锥体。

② 单击【填充】标签，进行【填充效果】设置，选择【渐变填充】，在【预设颜色】后的下拉列表中选择“暮霭沉沉”，最后单击【关闭】按钮。

③ 双击图表【背面墙】，弹出【设置背面墙格式】对话框，设置其【填充】为【图片或纹理填充】中的“信封”效果。

④ 双击【绘图区】，弹出【设置绘图区格式】对话框，选择【填充】标签，选择【渐变填充】，设置具体渐变效果。

⑤ 双击【基底区】，弹出【设置基底格式】对话框，设置其【填充】为【纯色】选项下的“白色，背景 1，深色 25％”。

⑥ 选中【水平轴】，单击【开始】|【字体】，设置【字体】为“宋体”，【颜色】为“深红”，【字号】为“12”。选中【垂直轴】，单击【开始】|【字体】，设置【字体】为“宋体”，【颜色】为“深红”，【字号】为“12”。

⑦ 双击图表左边的图例“实发工资”，弹出【设置图例格式】对话框，设置【填充】为【图片或纹理填充】中的“再生纸”效果，设置【边框颜色】为“红色实线”。完成上述设置后效果如图 8-41 所示。

（4）设置数值轴

双击数值轴上的任意一个数值，弹出【设置坐标轴格式】对话框，切换到【数字】标签，将【小数位数】设置为“0”，然后单击【确定】按钮，得到最终的效果如图 8-42 所示。

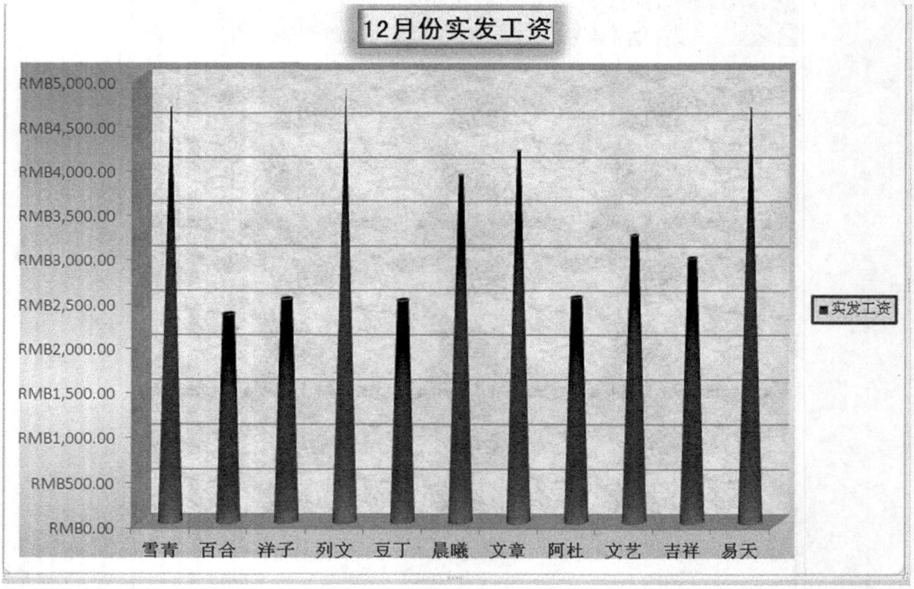

图 8-41　设置柱体形状及图案效果

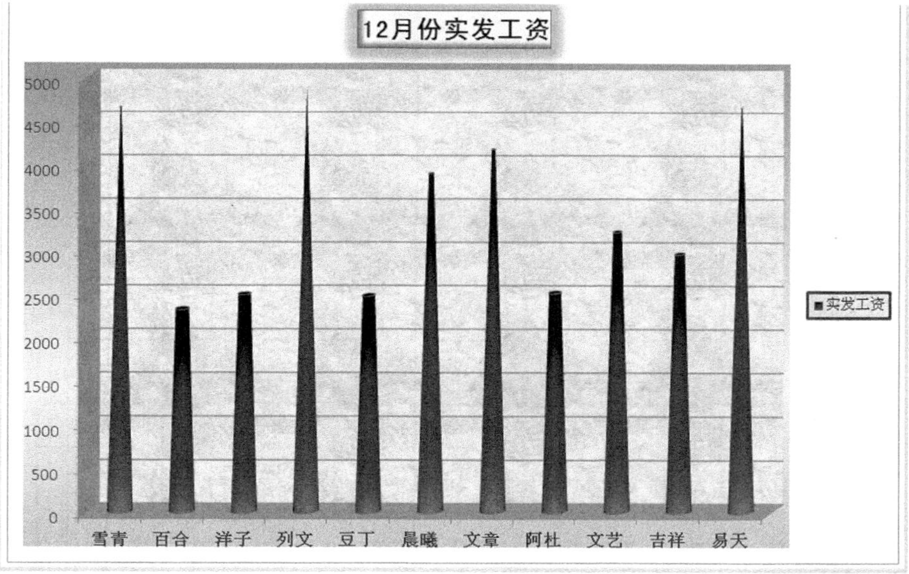

图 8-42 调节图表后的最终效果

8.3 案例小结

本章通过对员工工资的管理，主要介绍了使用 Excel 计算个人所得税的方法以及 IF 函数、VLOOKUP 函数的高级应用。

本章的重点难点内容是 VLOOKUP 函数的嵌套使用。在利用 VLOOKUP 函数对数据进行查找和引用时，有时需要使用 VLOOKUP 函数的嵌套才能实现。本章案例中主要使用了 VLOOKUP 函数的第一个参数的嵌套。

另外，在计算个人所得税时还使用了 IF 函数的嵌套。需要注意的是，IF 函数最多只能实现 7 层嵌套，所以使用 IF 函数计算"个人所得税"，只能计算税率表中的前 7 级，即到计税工资"超过 60000 元至 80000 元的部分"。对于计税工资"超过 80000 元至 100000 元的部分"的个人所得税的计算，在本案例中介绍了另外一种方法——使用 VLOOKUP 函数的模糊匹配。利用这种方法计算个人所得税更方便快捷。但需要注意的是，使用 VLOOKUP 函数进行模糊匹配时，table _ array 参数的第 1 列的数据必须按升序排列，否则 VLOOKUP 函数不能返回正确的数值。

图表比数据更易于表达数据之间的关系及变化趋势。表现不同的数据关系时，要选择合适的图表类型，特别注意正确选择数据源。创建的图表既可以插入到工作表中，生成嵌入图表，也可以生成一张单独的工作表。

8.4 习题

上机操作

该实例的目的主要是熟悉公式和函数的应用，实例效果如图 8-43 所示。

员工工资表								
员工号	姓名	性别	基本工资	岗位津贴	工作奖励	实发工资	收入等级	工资排名
001	陈鹏	男	1800	600	200	￥2,600.00	中	9
002	杨宝春	男	2100	560	180	￥2,840.00	中	4
003	许东东	男	2310	510	200	￥3,020.00	高	2
004	王川	男	1900	520	190	￥2,610.00	中	8
005	艾芳	女	2100	600	160	￥2,860.00	中	3
006	王小明	男	1800	380	210	￥2,390.00	低	10
007	胡海涛	男	2000	470	200	￥2,670.00	中	7
008	孙峰丽	女	1700	460	190	￥2,350.00	低	11
009	郎斌	男	2000	510	180	￥2,690.00	中	6
010	由海燕	女	1600	300	190	￥2,090.00	低	13
011	李楠	女	1700	400	200	￥2,300.00	低	12
012	向兵华	女	2100	500	180	￥2,780.00	中	5
013	殷国平	男	2500	700	190	￥3,390.00	高	1
平均值			1970.00	500.77	190.00	2660.77		

图 8-43　员工工资表

(1) 创建新文档并输入内容

① 打开 Excel 2010，新建一个工作簿，执行【文件】|【另存为】命令，将该工作簿保存为“工资表”。

② 在“工资表”中输入内容，完成后的效果如图 8-44 所示。

(2) 输入公式计算“实发工资”

① 计算员工的“实发工资”。选择 G2 单元格，输入“＝D2＋E2＋F2”后按 Enter 键。

② 利用填充句柄拖动鼠标至 G14 单元格，则“实发工资”计算完成，如图 8-45 所示。

(3) 使用 AVERAGE 函数

① 选中 D15 单元格，单击【公式】|【插入函数】按钮，打开【插入函数】对话框，在对话框中选择“AVERAGE”函数，如图 8-46 所示，单击【确定】按钮。在【函数参数】对话框中输入“D2：D14”，如图 8-47 所示，单击【确定】按钮。

② 选中 D15 单元格并单击鼠标右键，在快捷菜单中选择【设置单元格格式】命令，在对话框中选择【数字】标签，再选择“数值”，设置小数位数为“2”。

③ 选中 D15 单元格后，利用填充句柄拖动鼠标至 G15 单元格，完成工资的平均值的计算，如图 8-48 所示。

	A	B	C	D	E	F	G	H
1	员工号	姓名	性别	基本工资	岗位津贴	工作奖励	实发工资	收入等级
2	001	陈鹏	男	1800	600	200		
3	002	杨宝春	男	2100	560	180		
4	003	许东东	男	2310	510	200		
5	004	王川	男	1900	520	190		
6	005	艾芳	女	2100	600	160		
7	006	王小明	男	1800	380	210		
8	007	胡海涛	男	2000	470	200		
9	008	孙峰丽	女	1700	460	190		
10	009	郎斌	男	2000	510	180		
11	010	由海燕	女	1600	300	190		
12	011	李楠	女	1700	400	200		
13	012	向兵华	女	2100	500	180		
14	013	殷国平	男	2500	700	190		
15	平均值							

图 8-44 工资表

	A	B	C	D	E	F	G	H
1	员工号	姓名	性别	基本工资	岗位津贴	工作奖励	实发工资	收入等级
2	001	陈鹏	男	1800	600	200	2600	
3	002	杨宝春	男	2100	560	180	2840	
4	003	许东东	男	2310	510	200	3020	
5	004	王川	男	1900	520	190	2610	
6	005	艾芳	女	2100	600	160	2860	
7	006	王小明	男	1800	380	210	2390	
8	007	胡海涛	男	2000	470	200	2670	
9	008	孙峰丽	女	1700	460	190	2350	
10	009	郎斌	男	2000	510	180	2690	
11	010	由海燕	女	1600	300	190	2090	
12	011	李楠	女	1700	400	200	2300	
13	012	向兵华	女	2100	500	180	2780	
14	013	殷国平	男	2500	700	190	3390	
15	平均值							

图 8-45 计算“实发工资”

（4）使用 IF 函数

① 计算收入等级，等级标准如下：2000～2999 为“低”，3000～3999 为“中”，大于 4000 为“高”。在单元格 H2 中输入“＝IF（G2＞3000，" 高"，IF（G2＞2500，" 中"，IF（G2＞2000，" 低"）））”，然后按 Enter 键。

② 选中 H2 单元格，利用填充句柄拖动鼠标至 H14，完成等级的显示，如图 8-49 所示。

（5）使用 RANK 函数

① 计算实发工资排名。单击 I1 单元格，在单元格中输入“工资排名”。在单元格 I2 中插入 RANK 函

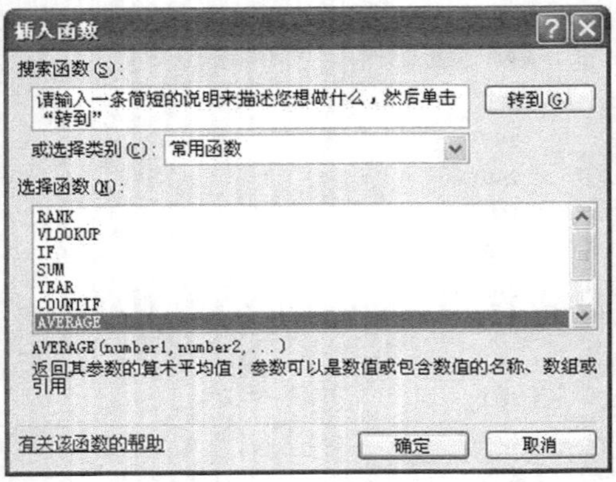

图 8-46　选择求平均值的函数

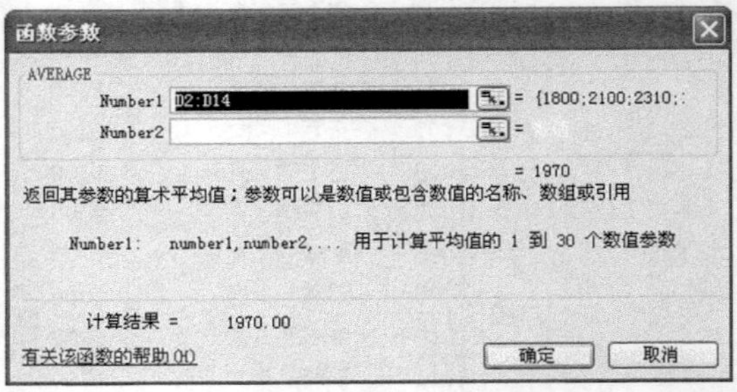

图 8-47　选择求平均值的范围

	A	B	C	D	E	F	G	H
1	员工号	姓名	性别	基本工资	岗位津贴	工作奖励	实发工资	收入等级
2	001	陈鹏	男	1800	600	200	2600	中
3	002	杨宝春	男	2100	560	180	2840	中
4	003	许东东	男	2310	510	200	3020	高
5	004	王川	男	1900	520	190	2610	中
6	005	艾芳	女	2100	600	160	2860	中
7	006	王小明	男	1800	380	210	2390	低
8	007	胡海涛	男	2000	470	200	2670	中
9	008	孙峰丽	女	1700	460	190	2350	低
10	009	郎斌	男	2000	510	180	2690	中
11	010	由海燕	女	1600	300	190	2090	低
12	011	李楠	女	1700	400	200	2300	低
13	012	向兵华	女	2100	500	180	2780	中
14	013	殷国平	男	2500	700	190	3390	高
15	平均值			1970.00	500.77	190.00	2660.77	

图 8-48　计算“平均工资”

	A	B	C	D	E	F	G	H
1	员工号	姓名	性别	基本工资	岗位津贴	工作奖励	实发工资	收入等级
2	001	陈鹏	男	1800	600	200	2600	中
3	002	杨宝春	男	2100	560	180	2840	中
4	003	许东东	男	2310	510	200	3020	高
5	004	王川	男	1900	520	190	2610	中
6	005	艾芳	女	2100	600	160	2860	中
7	006	王小明	男	1800	380	210	2390	低
8	007	胡海涛	男	2000	470	200	2670	中
9	008	孙峰丽	女	1700	460	190	2350	低
10	009	郎斌	男	2000	510	180	2690	中
11	010	由海燕	女	1600	300	190	2090	低
12	011	李楠	女	1700	400	200	2300	低
13	012	向兵华	女	2100	500	180	2780	中
14	013	殷国平	男	2500	700	190	3390	高
15	平均值			1970.00	500.77	190.00	2660.77	

图 8-49　计算“收入等级”

数，函数参数设置如图 8-50 所示。

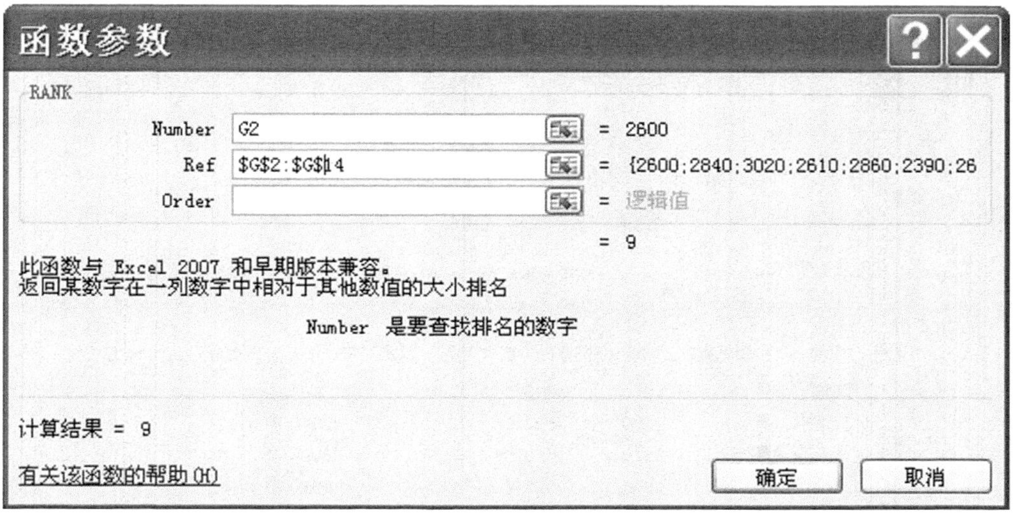

图 8-50　RANK 函数参数

② 单击【确定】按钮，结果如图 8-51 所示。

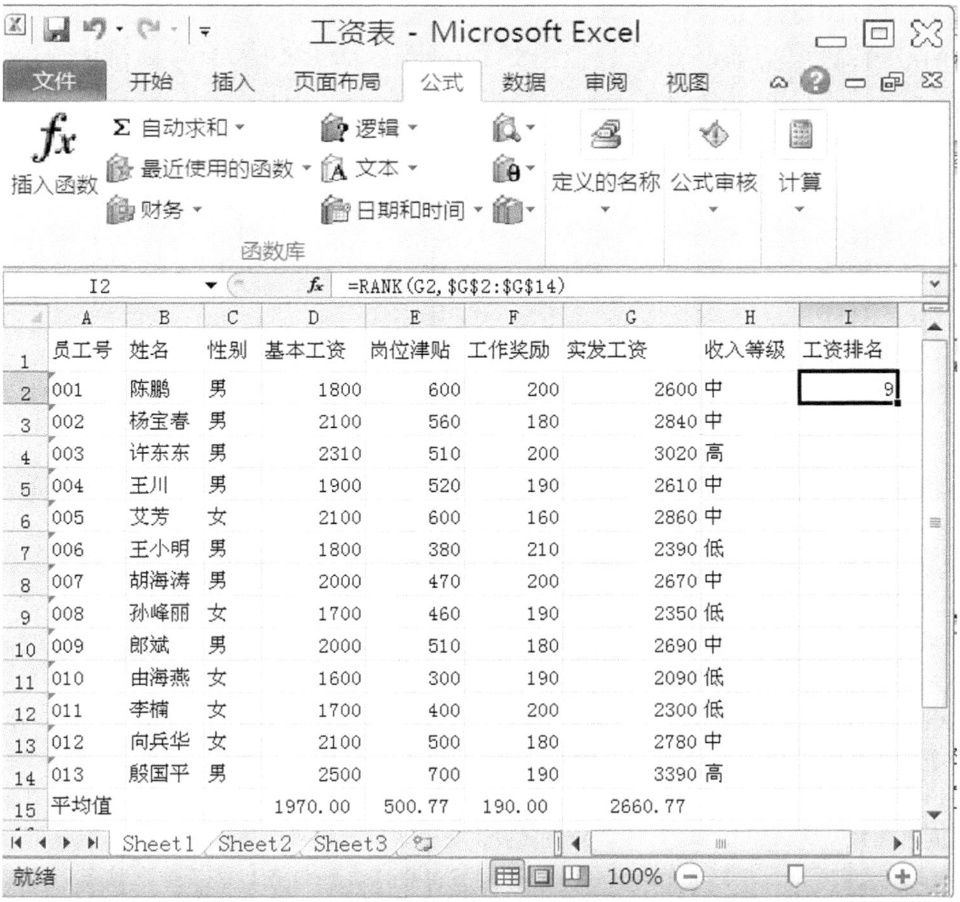

	A	B	C	D	E	F	G	H	I
1	员工号	姓名	性别	基本工资	岗位津贴	工作奖励	实发工资	收入等级	工资排名
2	001	陈鹏	男	1800	600	200	2600	中	9
3	002	杨宝春	男	2100	560	180	2840	中	
4	003	许东东	男	2310	510	200	3020	高	
5	004	王川	男	1900	520	190	2610	中	
6	005	艾芳	女	2100	600	160	2860	中	
7	006	王小明	男	1800	380	210	2390	低	
8	007	胡海涛	男	2000	470	200	2670	中	
9	008	孙峰丽	女	1700	460	190	2350	低	
10	009	郎斌	男	2000	510	180	2690	中	
11	010	由海燕	女	1600	300	190	2090	低	
12	011	李楠	女	1700	400	200	2300	低	
13	012	向兵华	女	2100	500	180	2780	中	
14	013	殷国平	男	2500	700	190	3390	高	
15	平均值			1970.00	500.77	190.00	2660.77		

图 8-51　RANK 函数应用效果

③ 利用填充句柄，完成其他员工工资排名的计算，结果如图 8-52 所示。

图 8-52 计算工资排名

(6) 设置表格样式

① 在第 1 行的上面再插入一行，在 A1 单元格中输入标题“员工工资表”，在【开始】|【字体】分组中设置标题格式为“黑体”、“加粗”、“28 号”、“红色”。

② 选中 A1：I1 单元格区域，单击【开始】|【对齐方式】分组中的【合并后居中】按钮，单击【开始】|【字体】分组中的【填充颜色】按钮，在下拉列表中，选择“黄色”为单元格背景。

③在第 2 行行号上单击鼠标右键，在快捷菜单中选择【行高】命令，输入“25”，然后单击【确定】按钮。选中第 3 行到第 16 行，用同样的方法将它们的行高设置为“18”。

④ 选中 G3：G16 单元格区域，单击鼠标右键，在弹出的快捷菜单中选择【设置单元格格式】命令，在【数字】标签中选择【货币】格式，单击【确定】按钮。

⑤ 选中列标 A 到 I，单击【开始】|【单元格】分组中的【格式】下拉按钮，在弹出的列表中选择【自动调整列宽】命令。选中 A2：I16 单元格区域，在选中的范围内单击鼠标右键，在弹出的快捷菜单中选择【设置单元格格式】命令，在【对齐】标签中将【水平对齐】和【垂直对齐】方式设置为“居中”。

⑥ 将表格的最外框设置为最粗的单线样式，将内部边框设置为最细单线，得到的效果如图 8-53 所示。

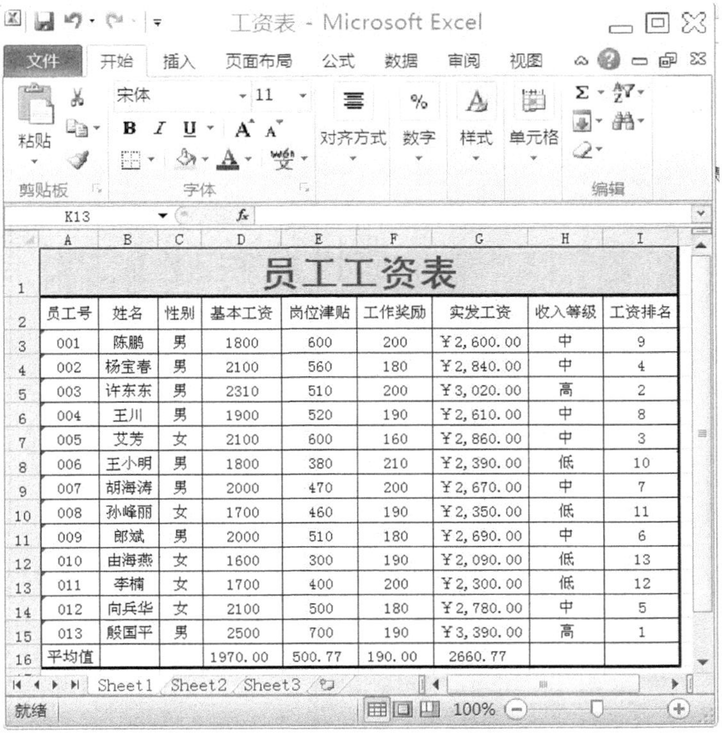

员工工资表								
员工号	姓名	性别	基本工资	岗位津贴	工作奖励	实发工资	收入等级	工资排名
001	陈鹏	男	1800	600	200	￥2,600.00	中	9
002	杨宝春	男	2100	560	180	￥2,840.00	中	4
003	许东东	男	2310	510	200	￥3,020.00	高	2
004	王川	男	1900	520	190	￥2,610.00	中	8
005	艾芳	女	2100	600	160	￥2,860.00	中	3
006	王小明	男	1800	380	210	￥2,390.00	低	10
007	胡海涛	男	2000	470	200	￥2,670.00	中	7
008	孙峰丽	女	1700	460	190	￥2,350.00	低	11
009	郎斌	男	2000	510	180	￥2,690.00	中	6
010	由海燕	女	1600	300	190	￥2,090.00	低	13
011	李楠	女	1700	400	200	￥2,300.00	低	12
012	向兵华	女	2100	500	180	￥2,780.00	中	5
013	殷国平	男	2500	700	190	￥3,390.00	高	1
平均值			1970.00	500.77	190.00	2660.77		

图 8-53　完成后的员工工资表

第 9 章 中文 PowerPoint 2010

——制作毕业论文答辩报告

教学目标

- 掌握利用 PowerPoint 2010 创建演示文稿的基本过程
- 掌握演示文稿的基本编辑和操作技巧
- 掌握演示文稿的动画设置
- 理解超链接的概念，掌握演示文稿中超链接的应用
- 掌握演示文稿的放映设置和发布操作

本章以“制作毕业论文答辩报告”演示文稿为例，主要介绍 PowerPoint 的基本操作和技巧，包括 PowerPoint 和 Word 文档之间的数据转换，幻灯片的制作，文本的编排，幻灯片设计版式和主题的应用，幻灯片动画效果的设置，超链接的使用，幻灯片的放映设置等。

9.1 制作毕业论文答辩报告案例分析

9.1.1 任务的提出

电子信息工程专业的学生黄岩终于完成了自己的毕业设计——遥控 LED 广告牌的设计。马上就要进行论文答辩了，如何才能使答辩生动活泼、引人入胜呢？

经过导师的引导和分析，黄岩觉得 Word 适用于文字处理，Excel 适用于数据处理，只有 PowerPoint 适用于材料展示，如课堂教学、论文答辩、产品发布、项目论证、个人或公司介绍等。这是因为 PowerPoint 可以集文字、图形、声音和视频图像于一体，同时借助超链接功能创建形象生动、高度交互的多媒体演示文稿。因此，黄岩决定使用 PowerPoint 制作论文答辩演讲稿。

9.1.2 解决方案

首先可以将已经完成的“毕业论文”Word 文档插入到 PowerPoint 演示文稿中，创建论文大纲架构，这样可以提高工作效率，起到事半功倍的效果。然后通过添加文本、图表、格式化幻灯片、添加动画效果等操作，逐步完善毕业论文答辩报告，完成效果如图 9-1 所示。

图 9-1 “毕业论文”演示文稿

9.1.3 相关知识点

1. 演示文稿和幻灯片

一个 PowerPoint 文件称为一个演示文稿，通常它是由一系列幻灯片构成，制作演示文稿的过程实际上就是制作一张张幻灯片的过程。幻灯片中可以包含文字、表格、图片、声音、图像等。制作完成的演示文稿可以通过计算机屏幕、Internet、投影仪等发布出来。使用 PowerPoint 2010 制作的演示文稿的扩展名为 .pptx。

2. 占位符

标题、内容、图片以及图表在幻灯片上所占的位置称为占位符。占位符的大小和位置一般取决于幻灯片所用的版式。对于标题和内容占位符，一般有编辑和选定两种状态。

① 在占位符内单击，会显示由短线虚框围成的矩形区域，此时进入编辑状态。

② 在虚框上单击，占位符变成点状虚框，即进入选定状态。选定状态下可进行复制、删除等操作。

3. 幻灯片版式

"版式"用于确定幻灯片所包含的对象以及各对象之间的位置关系。版式由占位符构成，而不同的占位符可以放置不同的对象。例如，标题占位符可以放置文字，内容占位符可以放置表格、图片、图表、剪贴画等。

PowerPoint 2010 提供了 11 种版式，比如：标题幻灯片、标题和内容、节标题等。

4. 主题

主题是一组统一的设计元素，使用颜色、字体和图形设置文档的外观。在制作幻灯片时，选用恰当的主题可以简化专业设计师水准的演示文稿的创建过程。PowerPoint 2010 内置了 57 个幻灯片主题，若要尝试不同的主题，可将鼠标指针停留在主题库中的相应缩略图上，就可以注意到文档的变化。每个主题可以自定义主题颜色、主题字体和主题效果。

主题中内置有可见性规则，主题颜色可以很得当地处理浅色背景和深色背景，用户可以随时切换颜色，通过可见性规则确保所有内容清晰可见且外观良好。

每个 Office 主题均定义了两种字体：一种用于标题；另一种用于正文文本。二者可以是相同的字体，也可以是不同的字体。PowerPoint 使用这些字体构造自动文本样式。

主题效果是指应用于文件中元素的视觉属性的集合。它指定如何将效果应用于图表、SmartArt 图形、形状、图片、表格、艺术字和文本。通过使用主题效果库，可以替换不同的效果集，以快速更改这些对象的外观。

5. 母版

幻灯片母版是幻灯片层次结构中的项级幻灯片，它存储有关演示文稿的主题和幻灯片版式的所有信息，包括背景、颜色、字体、效果、占位符大小和位置。

在 PowerPoint 中，母版是一张特殊的幻灯片，当需要演示文稿中每张幻灯片都具有统一的外观效果时，如标题和正文的位置和大小、背景图案、页脚内容等，就可以在母版中设置。PowerPoint 提供了幻灯片母版、讲义母版和备注母版。幻灯片母版控制在幻灯片上键入标题和文本的格式与类型；讲义母版用于添加或修改幻灯片在讲义视图中每页讲义上出现的页眉或页脚信息；备注母版用来控制备注页版式和备注页文字格式。本章将具体介绍常用的幻灯片母版。

6. 超链接

超链接是控制演示文稿播放的一种重要手段，可以在播放时实时地以顺序或定位方式"自由跳转"。用户在制作演示文稿时预先为幻灯片对象创建超级链接，并将链接的目的指向其他地方——演示文稿内指定的幻灯片、另一个演示文稿、某个应用程序，甚至是某个网络资源地址。

超链接本身可能是文本或其他对象，如图片、图形、结构图、艺术字等。使用超链接可以制作出具有交互功能的演示文稿。在播放演示文稿时使用者可以根据自己的需要单击某个超链接，进行相应内容的跳转。

PowerPoint 提供了两种方式的超链接：以下划线表示的超链接和以动作按钮表示的超链接。

7. 动画效果

动画效果是指当放映幻灯片时，幻灯片中的一些对象会按照某种规律以动画的形式显示出来。PowerPoint 中设置动画效果有两种方法：应用动画方案和自定义动画。

9.2 实现方法

在本节中，将依次按照以下步骤完成"毕业论文答辩报告"演示文稿的制作过程：

① 将 Word 文档插入到 PowerPoint 演示文稿中。

② 对幻灯片进行编辑和格式化操作。

③ 对幻灯片中的内容进行筛选、提炼和添加。

④ 通过使用幻灯片版式、设计主题、配色方案和母版等美化幻灯片。

⑤ 设置幻灯片上对象的动画效果、切换效果和放映方式。

⑥ 创建交互式演示文稿。

⑦ 打印和发布演示文稿。

9.2.1 将 Word 文档插入到 PowerPoint 演示文稿中

【任务 1】使用完成的"毕业论文"Word 文档创建 PowerPoint 演示文稿。

① 单击【开始】|【所有程序】|【Microsoft Office】|【Microsoft Office Power Point 2010】命令，启动 PowerPoint。

② 单击【开始】|【新建幻灯片】|【幻灯片（从大纲）】命令，打开【插入大纲】对话框，选择"毕业论文.doc"文档，单击【插入】按钮，Word 文档即可被导入到 PowerPoint 中，如图 9-2 所示。

③ 以"毕业论文"为文件名保存演示文稿。

温馨提示

可以把演示文稿保存为“PowerPoint 放映”格式，文件的扩展名为 .ppsx，打开文件即可直接放映，或者是 PDF 格式，扩展名为 .pdf，文稿可以在 PDF 阅读器中阅读。

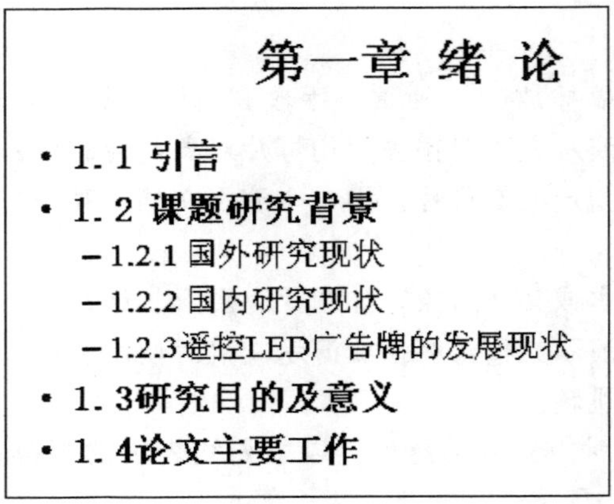

图 9-2 插入 Word 文档的一张幻灯片

为了创建演示文稿中的幻灯片，PowerPoint 将使用 Word 文档中的标题样式。例如，Word 文档中的“标题 1”样式将成为新幻灯片的标题，“标题 2”样式将成为新幻灯片的第一级文本，依此类推。

技巧点滴

将 Word 文档导入到 PowerPoint 中，也可以使用下列两种方法：

① 如果是在 PowerPoint 中编辑，单击【文件】|【打开】命令，在【打开】对话框中查到待导入的“毕业论文 .doc”文档，单击【打开】按钮。

② 如果是在 Word 中编辑，单击自定义快速访问工具栏中的【发送到 Microsoft Office PowerPoint】命令，此时将自动启动 PowerPoint，将“毕业论文 .doc”中的大纲内容导入到 PowerPoint 中，前提是要在 Word 中的自定义快捷工具栏添加了这个图标“ ”。

9.2.2 使用不同视图浏览演示文稿

PowerPoint 提供了 5 种视图模式：普通视图、幻灯片浏览视图、阅读视图、幻灯片放映视图和备注页视图。最常使用的三种视图是普通视图、幻灯片浏览视图和幻灯片放映视图。位于工作窗口右下角有 4 个视图按钮，提供了对演示文稿不同视图方式的切换操作。

（1）普通视图（ ）

PowerPoint 启动后就直接进入普通视图方式，如图 9-3 所示，窗口被分成 3 个区域：幻灯片窗格、大纲窗格和备注窗格。拖动窗格分界线，可以调整窗格的尺寸。

使用大纲窗格可以查看演示文稿的标题和主要文字，它为制作者组织内容和编写大纲提供了简明的环境。

在幻灯片窗格中可以查看每张幻灯片的整体布局效果，包括版式、设计主题等；还可以对幻灯片内容进行编辑，包括修饰文本格式，插入图形、声音、影片等多媒体对象，创建超

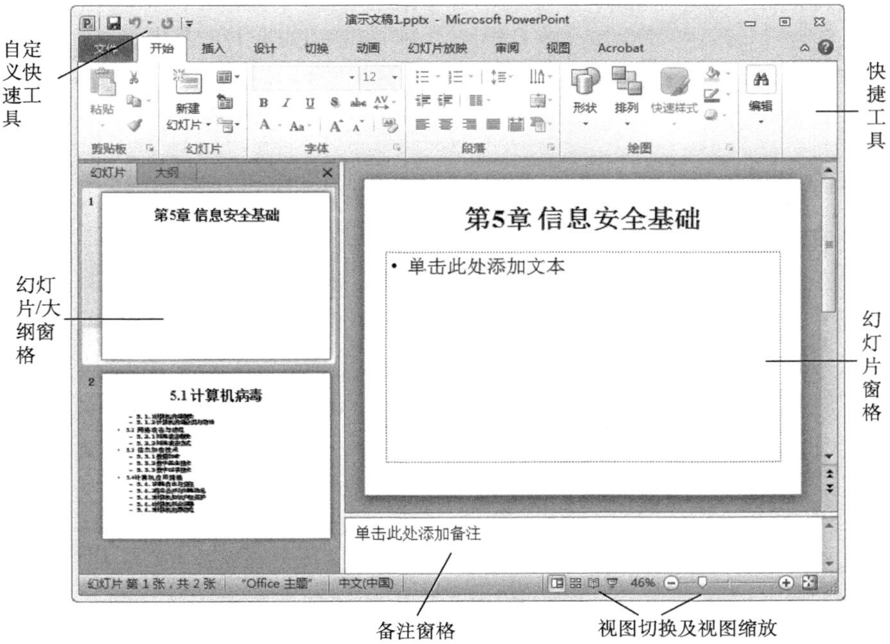

图 9-3　PowerPoint 2010 的工作界面

级链接以及自定义动画效果。在该窗格中一次只能编辑一张幻灯片。

使用备注窗格可以添加或查看当前幻灯片的演讲备注信息。备注信息只出现在这个窗格中，在文稿演示中不会出现。

（2）幻灯片浏览视图（）

该视图方式将当前演示文稿中所有幻灯片以缩略图的形式排列在屏幕上。通过幻灯片浏览视图，制作者可以直观地查看所有幻灯片的情况，也可以直接进行复制、删除和移动幻灯片的操作。

（3）幻灯片阅读视图（）

阅读视图将当前演示文稿通过计算机查看而非受众（如通过大屏幕）放映演示文稿，即不使用全屏的幻灯片放映视图对当前演示文稿进行审阅。如果要更改演示文稿，可随时从阅读视图切换至某个其他视图。

（4）幻灯片放映视图（）

在创建演示文稿的过程中，制作者可以随时通过单击【幻灯片放映视图】按钮启动幻灯片放映功能，预览演示文稿的放映效果。需要注意的是，使用【幻灯片放映视图】按钮播放的是当前幻灯片窗格中正在编辑的幻灯片。

（5）备注页视图

如果要以整页格式查看和使用备注，请在【视图】选项卡上的【演示文稿视图】组中单击【备注页】。

技巧点滴

按功能键 F6 可以在普通视图、放映视图、命令菜单、备注页编辑之间进行切换。

9.2.3 幻灯片的编辑操作

直接由 Word 大纲创建的 PowerPoint 演示文稿在结构和内容上还不能令人满意，需要进一步编辑整理。

1. 删除空白幻灯片

【任务 2】删除演示文稿中所有空白的幻灯片。

在普通视图的【幻灯片】标签中，按住 Ctrl 键，依次单击要删除的幻灯片缩略图，然后按 Delete 键；或者单击鼠标右键，在弹出的快捷菜单中选择【删除幻灯片】命令，可同时删除多个空白或无用的幻灯片。

同样，在幻灯片浏览视图下，使用类似的方法也可以同时删除多张幻灯片。

2. 插入新幻灯片

【任务 3】在“毕业论文”演示文稿中插入 4 张幻灯片，用于制作和编辑摘要、目录、表格和组织结构图等方面的内容。

将光标置于需要插入幻灯片位置，单击【开始】|【新建幻灯片】命令，或按 Enter 键，依次插入 4 张新幻灯片，默认版式为“标题和内容”。

3. 移动幻灯片

【任务 4】将插入的“摘要”幻灯片移为第 2 张幻灯片，将“目录”幻灯片移为第 3 张幻灯片。

① 在普通视图的【幻灯片】标签下，单击“摘要”幻灯片。

② 按住鼠标左键并向上拖动鼠标，光标变成形状，当幻灯片移至第 1 张幻灯片之后时释放鼠标。

③ 使用相同方法，将“目录”幻灯片移至目标位置。

4. 在幻灯片中添加内容

在设计演示文稿过程中应该遵循“主题突出、层次分明、文字精练、简单明了、形象直观、生动活泼”等原则，以便突出重点，给观看者留下深刻印象。为此，在向演示文稿中添加内容之前，一定要对演讲的内容进行精心地筛选和提炼，切忌把 Word 文档中的大段内容进行复制、粘贴。

（1）添加文本

【任务 5】在“毕业论文”演示文稿中，为“标题”、“摘要”、“目录”和“致谢”幻灯片输入提炼后的内容。

① 选中第 1 张幻灯片，默认为“标题幻灯片”版式，选择“龙腾四海”主题，Office 经典字体。输入论文的题目“遥控 LED 广告牌的设计”，输入学生姓名、指导教师、专业和答辩时间。

② 在“摘要”幻灯片和“致谢”幻灯片中分别输入提炼后的文本。

③ 在“目录”幻灯片中添加相应的内容标题。

技巧点滴

可以从 Word 文档中复制目录，然后再“只保留文本”到幻灯片中，再删除所有不需要的标题文本。

④ 将其他幻灯片中不需要的项目符号去掉。方法是：选择内容占位符（或文本），在【开始】|【段落】工具栏中单击【项目符号】按钮。

⑤ 在【开始】|【段落】任务窗格中可以调整幻灯片中文本的格式和行距等。执行以上操作后的效果如图 9-4 所示。

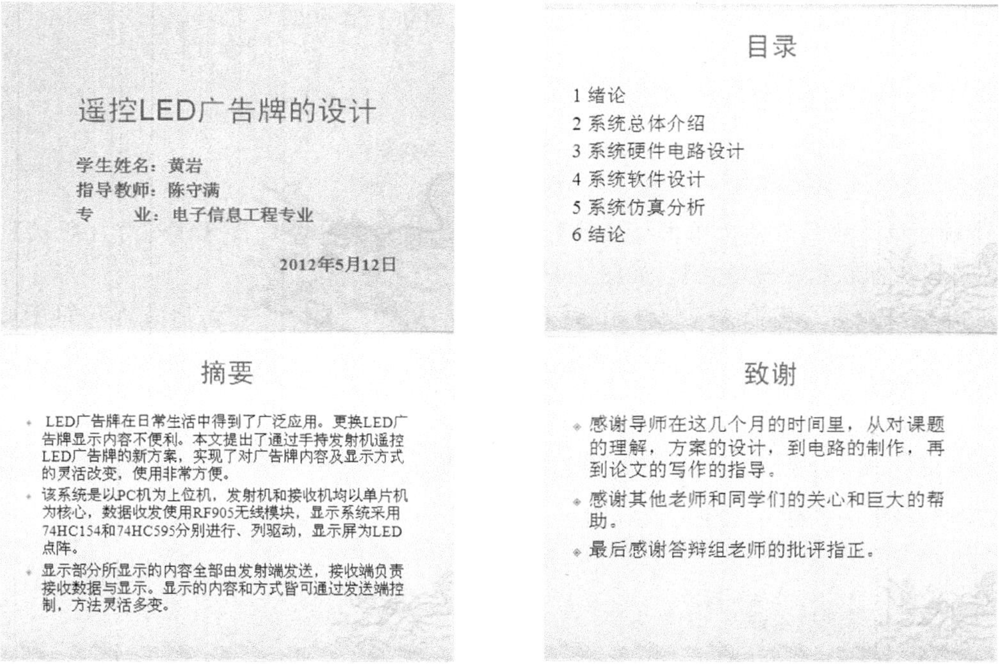

图 9-4　输入内容的“标题”“摘要”“目录”和“致谢”幻灯片

在幻灯片中输入文本，可以采用下列方法：

① 在大纲视图下输入文本。

② 直接在幻灯片的文本占位符中输入文本。

③ 通过文本框输入文本。

PowerPoint 的文本格式化操作与 Word 大同小异，但是段落格式化操作与 Word 略有差别。例如，若要设置段落间距，需单击【开始】|【段落】命令，打开【段落】对话框，设置缩进、行距、段前和段后间距等。

在幻灯片中除了可以输入文本以外，还可以插入图表、表格和图片等对象，其插入方法类似于 Word。

（2）添加系统流程图

系统流程图由一系列图框和连线组成，它可以形象地表示数据的流向或功能部件的关系。

【任务 6】在幻灯片中插入“系统逻辑结构图”，效果如图 9-5 所示。

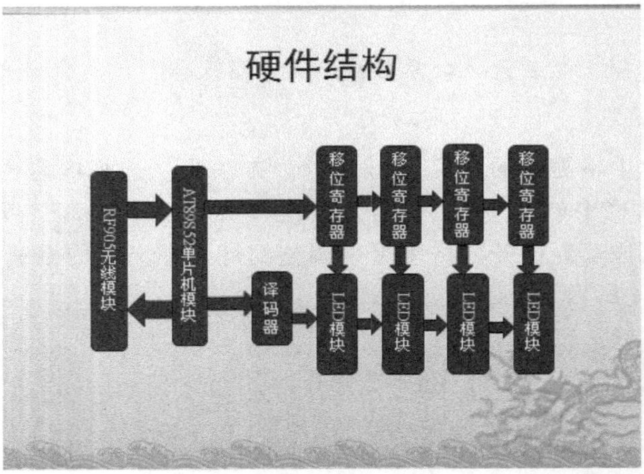

图 9-5 系统逻辑结构图

① 选中第 5 张幻灯片，单击【开始】|【新建幻灯片】命令，打开【幻灯片版式】任务窗格，选择【标题和内容版式】，如图 9-6 所示。

② 在标题占位符中输入“硬件结构”，格式默认为“黑体，44”。内容占位符中心有 6 个快捷图标：分布式插入表格、插入图表、插入 SmartArt 图形、插入来自文件的图片、插入剪贴画和插入媒体剪辑（图 9-7）。选择【插入 SmartArt 图形】，在【选择 SmartArt 图形】列表中选择合适的图形结构，单击【确定】按钮，即可在幻灯片中插入选择的结构图类型，同时还打开了【SmartArt】工具栏，如图 9-8 所示。也可以在【开始】|【绘图】中选择合适的图形和箭头，建立相应的流程图。

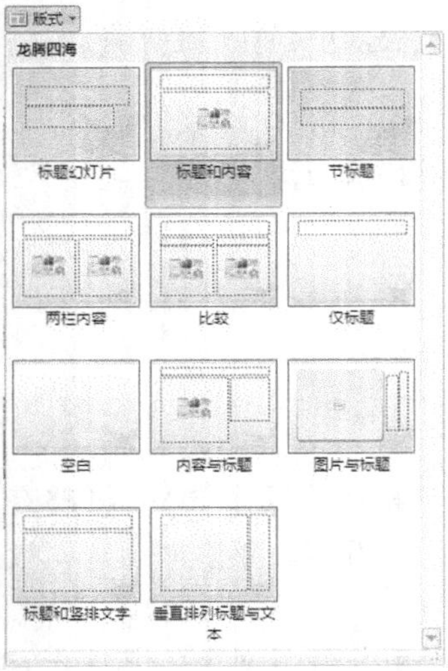

图 9-6 幻灯片版式任务窗格

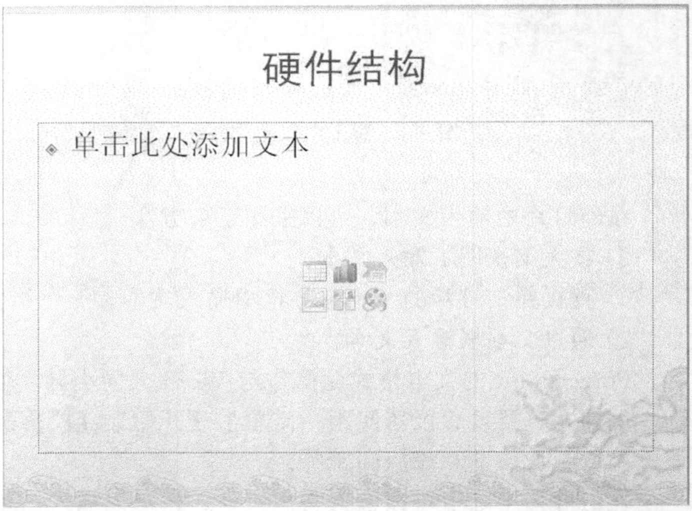

图 9-7 内容占位符中的快捷图标

③ 接下来的操作与在 Word 中插入图形是一样的，即添加形状和文字、设置文字格式等，在此不再重复。该幻灯片如图 9-5 所示。

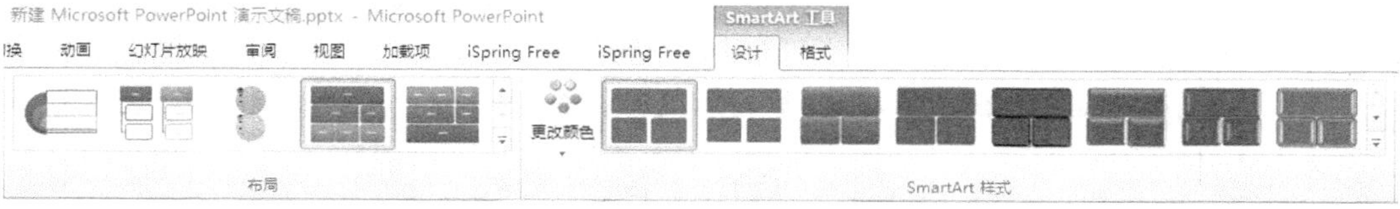

图 9-8　SmartArt 工具栏

技巧点滴

若在 Word 中已经创建过该流程结构图，则可以直接从 Word 复制到 PowerPoint 中来，复制过来的组织结构图仍然可以编辑，如添加形状、设置文字格式、设置样式等。

（3）添加表格

表格是一种简明扼要的表达方式，在 PowerPoint 中也可以方便地制作含有表格的幻灯片。

【任务 7】在幻灯片中添加“RF905 无线模块功能表”表格，效果如图 9-9 所示。

RF905无线模块功能表

管脚	名称	管脚功能	说明
1	VCC	电源	电源+3.3~3.6VDC
2	TX_EN	数字输入	TX_EN= 1 TX 模式 TX_EN= 0 RX 模式
3	TRX_CE	数字输入	使能芯片发射或接收
4	PWR_UP	数字输入	芯片上电
5	uCLK	时钟输出	本模块该脚废弃不用，向后兼容
6	CD	数字输出	载波检测
7	AM	数字输出	地址匹配
8	DR	数字输出	接收或发射数据完成
9	MISO	SPI 接口	SPI 输出
10	MOSI	SPI 接口	SPI 输入
11	SCK	SPI 时钟	SPI 时钟
12	CSN	SPI 使能	SPI 使能
13、14	GND	地	接地

图 9-9　“RF905 无线模块功能表”表格

① 选中第 6 张幻灯片，单击【开始】|【新建幻灯片】命令，打开【幻灯片版式】任务窗格，选择【标题和内容版式】。

② 在标题占位符中输入标题“RF905 无线模块功能表”。在内容占位符中，单击【插入表格】，打开【插入表格】对话框，设置表格的行数为“14”，列数为“4”，单击【确定】按钮，即可创建一个 14×4 的表格。

③ 按图 9-9 所示输入数据，然后适当地调整行高和列宽。

④ 选中表格，单击【表格工具】|【设计】菜单，切换到设计的工具栏，此时可以选择

表格样式、艺术字样式、绘图边框等。单击【表格工具】|【布局】菜单，切换到表格布局的工具栏，此时可以选择文字的对齐方式、行列宽度等。

⑤ 在【设计工具】|【表格样式选项】勾选【标题行】、【第一列】和【镶边行】，在【布局工具】|【对齐方式】选择【垂直居中】，表格效果图如图 9-9 所示。

⑥ 也可以在【设计工具】|【表格样式】选择【底纹】、【边框】和【效果】等。

技巧点滴

如果上述的表格已经在 Word 文档中创建，那么可以直接复制到 PowerPoint 幻灯片中，然后接上述④⑤⑥操作步骤完成。

上述插入图形、表格等操作也可以在【插入】菜单中选择需要插入的对象实现。

9.2.4 设置幻灯片的页眉和页脚

【任务 8】为幻灯片添加日期、时间和编号等信息。

① 打开“毕业论文 . pptx”演示文稿，单击【插入】|【页眉和页脚】命令，打开【页眉和页脚】对话框。

② 在【幻灯片】标签中勾选【时间和日期】中的【自动更新】单选项，在【页脚】文本框中输入学生的班级和姓名，然后选择【幻灯片编号】和【标题幻灯片中不显示】复选框，如图 9-10 所示。

③ 单击【全部应用】按钮，返回幻灯片页，并保存演示文稿。

在【页眉和页脚】对话框中选择【自动更新】单选按钮，则日期与系统时钟的日期一致；如果选择【固定】单选按钮，并输入日期，则演示文稿显示的是用户输入的固定日期，不能自动更改。选中【幻灯片编号】复选框，可以对演示文稿进行编号，当删除或增加幻灯片时，编号会自动更新。

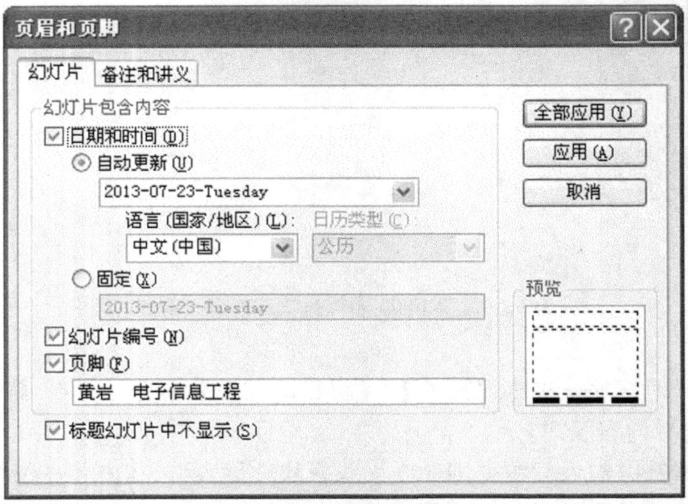

图 9-10 设置页眉和页脚

9.2.5　幻灯片的外观设置

本节主要介绍美化演示文稿的方法，包括主题、主题颜色、主题背景、母版的选用。

1. 主题的选用

幻灯片的主题是由 PowerPoint 提供的由专家制作完成并存储在系统中的文件，是统一修饰演示文稿外观最快、最有利的一种方法。PowerPoint 2010 内置了很多的主题，也可以访问 office. com 更新主题。点击【设计】菜单，即可查看所有主题，如图 9-11 所示。

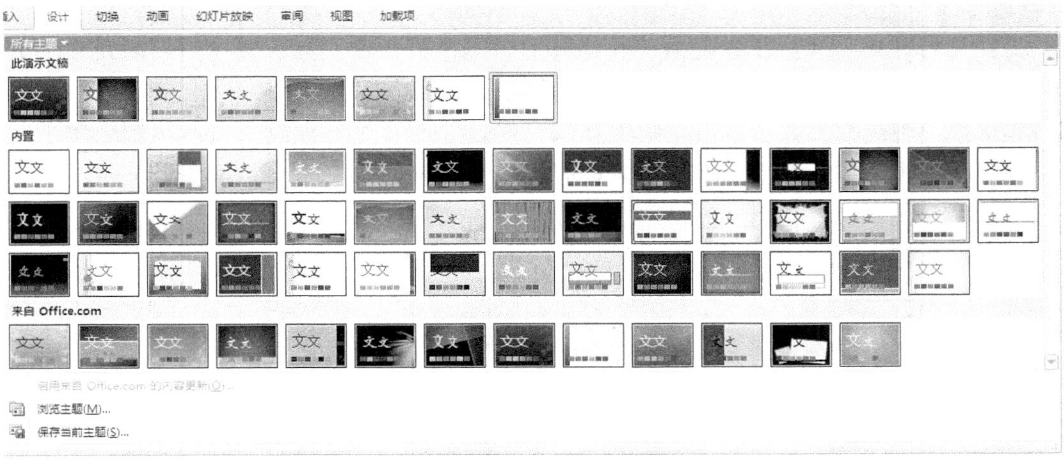

图 9-11　主题任务窗格

【任务 9】将“龙腾四海”主题应用于所有幻灯片。

① 单击【设计】|【主题】命令，打开【主题】任务窗格。

② 在所有主题列表中选择并单击“龙腾四海”主题，则当前幻灯片就应用了该主题，也可以右键“龙腾四海”主题，弹出快捷列表中选择【应用所有幻灯片】，则所有的幻灯片都应用了该主题。

【任务 10】将“热”主题应用于“封面”幻灯片，将“Spring”主题应用于“目录”幻灯片，将“Autumn”主题应用于“致谢”幻灯片。

① 选中“封面”幻灯片。

② 在【主题】列表中选择“热”主题，右键，选择【应用选定幻灯片】。

③ 选中“目录”幻灯片。

④ 在【主题】列表中选择“Spring”主题，右键，选择【应用选定幻灯片】。

⑤ 选中“致谢”幻灯片。

⑥ 在【主题】列表中选择“Autumn”主题，右键，选择【应用选定幻灯片】。

执行以上操作的部分幻灯片效果如图 9-12 所示。

2. 应用主题配色

【任务 11】为“目录”幻灯片更换一种配色方案。

① 选中“目录”幻灯片。

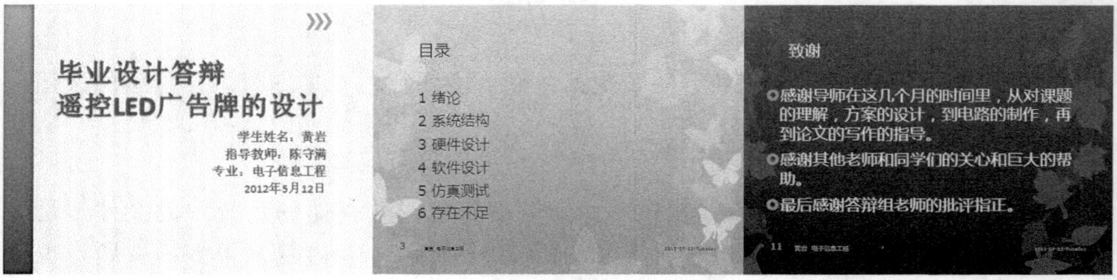

图 9-12　应用主题的部分幻灯片效果图

② 在【幻灯片主题】任务窗格中选择【主题颜色】命令，在内置【主题颜色】列表中显示当前设计主题中所包含的默认配色方案以及可选的其他配色方案。

③ 选择一种配色方案，单击，则“目录”幻灯片的背景、标题、文本等颜色都发生改变。图 9-13 给出“风舞九天”颜色方案效果图。

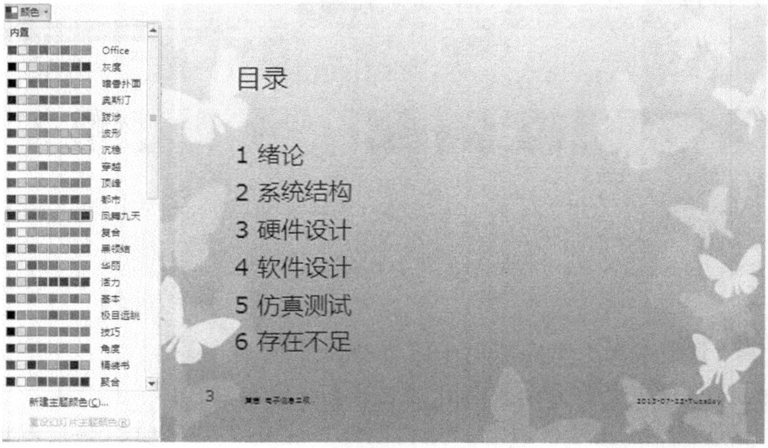

图 9-13　更改主题颜色

如果对系统内置的主题颜色方案不满意，则可以修改。具体方法是：在【主题】的颜色任务窗格底部单击【新建主题颜色】，打开【新建主题颜色】对话框。在【主题颜色】列表中可以更改文字/背景、强调文字颜色、超链接、已访问的超链接等项目的颜色，最后单击【保存】按钮即可，如图 9-14 所示。

3. 应用幻灯片母版

【任务 12】插入“电子信息工程专业毕业答辩”徽标，并使徽标同时出现在使用“龙腾四海”主题的幻灯片中。

① 任选一张基于“龙腾四海”主题的幻灯片。

② 单击【视图】|【母版】|【幻灯片母版】命令，进入幻灯片母版编辑状态。由于演示文稿中已经使用了多个主题，所以在窗口左侧按应用主题的先后顺序出现了多组幻灯片母版和该母版下不同的版式。当前幻灯片区域显示的母版是基于“龙腾四海”主题的幻灯片母版，如图 9-15 所示。

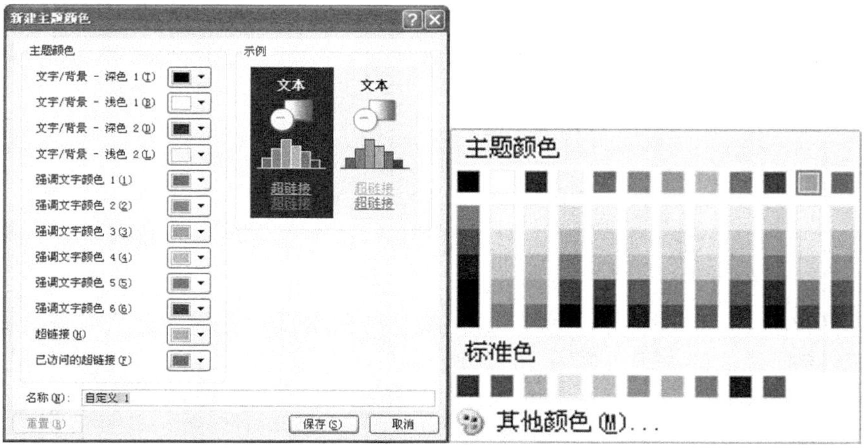

图 9-14　更改配色方案

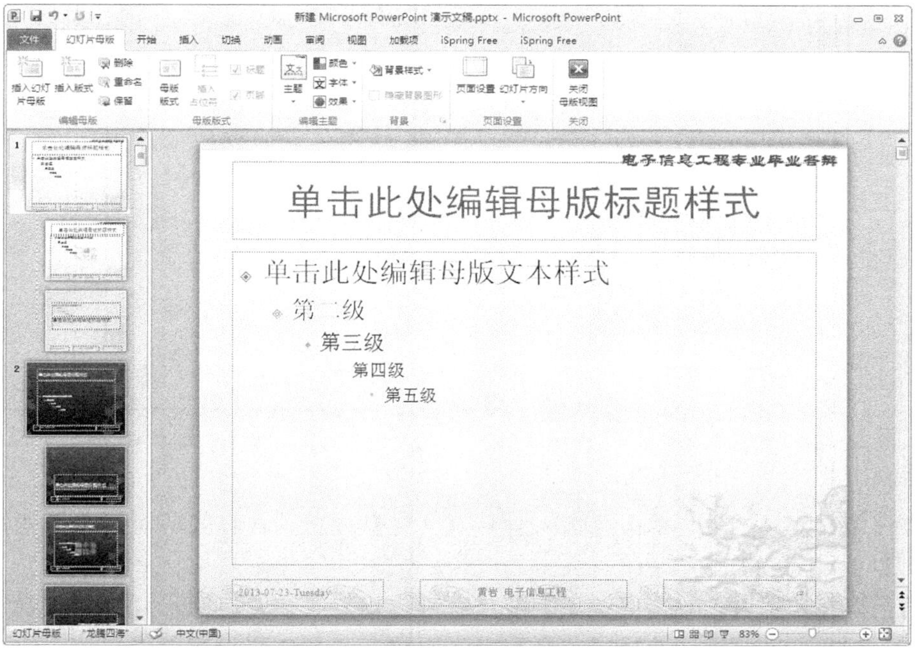

图 9-15　基于“龙腾四海”主题的幻灯片母版

③ 选中左边龙腾四海主题中最大的视图，单击【插入】|【文本框】命令，插入徽标文字“电子信息工程专业毕业答辩”，设置合适的字体、字号、颜色、对齐方式等，并将其拖至幻灯片母版的右上角。

④ 单击【幻灯片母版】工具栏中的【关闭母版视图】按钮，返回到普通视图。可以看到，应用了“龙腾四海”主题的所有幻灯片的右上角都出现了徽标。

也可以使用母版统一更改标题、正文的文本格式等。

技巧点滴

如果将多个主题应用于演示文稿，则将拥有多个幻灯片母版。所以，如果要更改整个演示文稿，就需要更改每个幻灯片母版。

4. 设置幻灯片背景

【任务 13】为演示文稿中的第 1 张“封面”幻灯片的背景插入一张图片。

① 选择第 1 张幻灯片。

② 单击【设计】|【背景】|【背景样式】命令，打开【背景样式】对话框，弹出【背景样式】列表，选择合适的纹理（图 9-16），或者单击【设置背景格式】，打开【设置背景格式】对话框（图 9-17）。

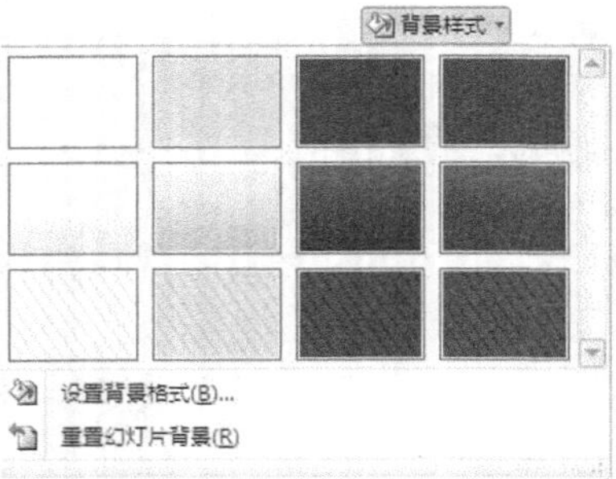

图 9-16　设置背景样式

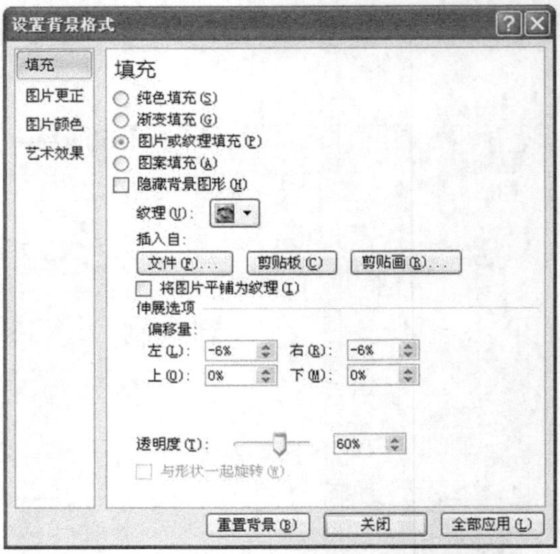

图 9-17　设置背景格式

③ 在【填充】标签中，单击【插入自】|【文件】按钮，在打开的对话框中选择背景图片，单击【插入】按钮。

④ 适当调整透明度，单击【关闭】或【全部应用】按钮，返回幻灯片编辑状态，查看填充效果，如图 9-18 所示。选择【关闭】则设置的背景只应用于当前幻灯片，选择【全部应用】则将背景应用于所有的幻灯片。

⑤ 插入了背景图片，但是原来母版的背景图形还存在，如何取消呢？在【设计】|【背景】中或在【设置背景格式】对话框中勾选“隐藏背景图形”，此时背景图形完全消失。

5. 更改项目符号

如果觉得系统默认的项目符号不美观，可以进行更改。

【任务 14】将“绪论”幻灯片中的二级文本项目符号◎更换为➢。

① 选定“绪论”幻灯片中的“内容”占位符，或选择相应的二级文本。

② 单击【开始】|【段落】的项目符号下拉列表，如图 9-19 所示，选择第 3 行第 1 个样

图 9-18　设置图片背景的封面

式。或者单击项目符号下拉列表的【项目符号与编号】对话框，在【项目符号】标签中选择第 2 行第 3 个样式，同时调整符号的大小和颜色，然后单击【确定】按钮，如图 9-20 所示。

③ 也可以单击【自定义】按钮，自定义项目符号的样式。

图 9-19　项目符号列表

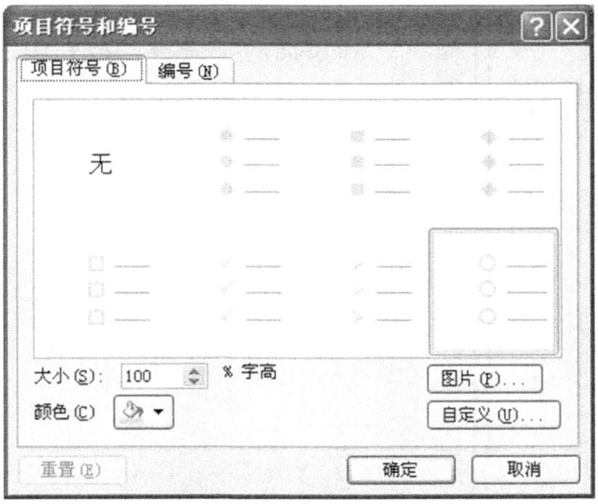

图 9-20　设置项目符号

9.2.6　设置幻灯片的放映效果

前面只是介绍了制作演示文稿的静态效果，要想真正体现 PowerPoint 的特点和优势，还在于演示文稿的动态效果。本小节主要介绍幻灯片的播放、动画方案、自定义动画、放映方式等。

1. 放映幻灯片

在 PowerPoint 中启动幻灯片的放映，可单击【幻灯片放映】|【开始放映幻灯片】，有两种放映方式：从头开始和从当前幻灯片开始，选择其中任一个即可放映幻灯片，或者直接按

快捷键 F5。在演示文稿的放映过程中，单击鼠标右键，将打开演示快捷菜单，如图 9-21 所示。例如，可以使用【定位至幻灯片】命令直接跳转到指定的幻灯片；使用【指针选项】中的【圆珠笔】命令将鼠标指针变为一支笔，在播放过程中使用这支笔在幻灯片上作适当的批注。

2. 设置幻灯片的放映效果

(1) 创建动画效果

动画方案是 PowerPoint 为幻灯片提供的预设效果。单击【动画】菜单，PowerPoint 2010 提供了预览、动画、高级动画和计时 4 项命令。在【高级动画】命令里，提供了添加动画、动画窗格、触发和动画刷命令。特别是动画刷命令可以复制一个对象的动画，应用到另外一个对象，其使用方法与 Word 中的“格式刷”相似。

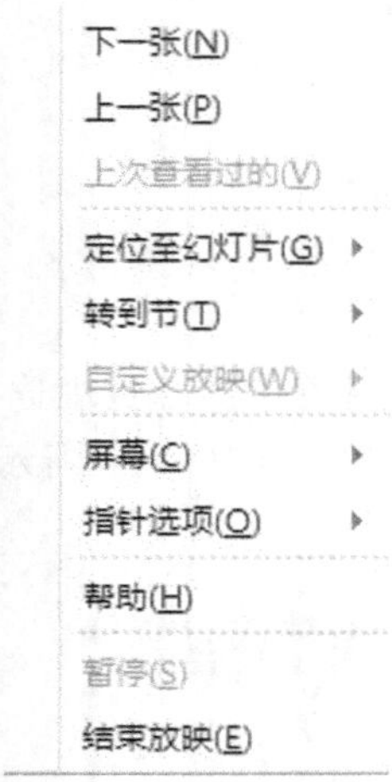

图 9-21 演示快捷菜单

【任务 15】利用动画方案为“目录”幻灯片添加动画效果。

① 选中“目录”幻灯片，单击“标题”或“内容”占位符。

② 单击【动画】|【动画】命令中的下拉列表，打开【动画方案】任务窗格，出现进入、强调、退出和动作路径四类动画效果，以及相应效果的更多效果对话按钮，如图 9-22 所示，选择适合的效果，即可在窗格中预览动画效果。也可以在【动画】|【高级动画】中选择添加动画命令，打开添加动画列表，内容与图 9-22 相同。

若要删除幻灯片上添加的动画方案，先选择要删除动画的占位符，然后在【动画】|【动画】中选择“无动画”即可。

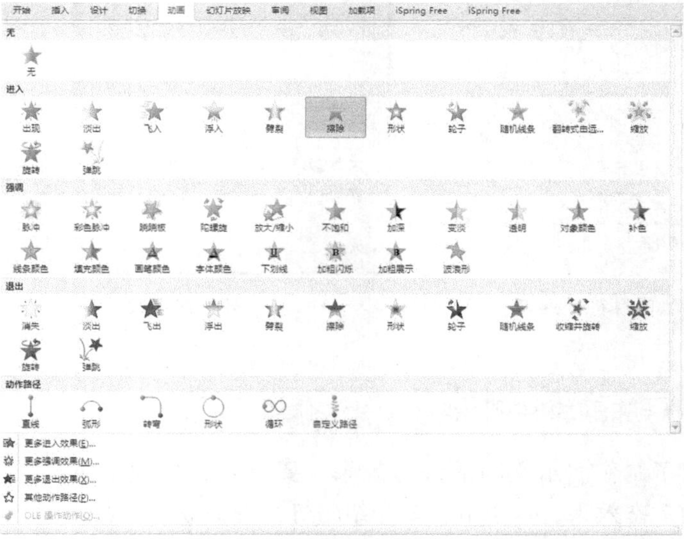

图 9-22 设置动画方案

(2) 利用自定义动画设置动画效果

“动画方案”命令简单直观，但动画效果却是有限的。利用【动画】|【动画】的效果选项和【动画】|【计时】命令，不仅可以同时设置多个对象的动画和声音效果，还可以调整各

个对象在放映时的顺序、时间和出现顺序等。点击【动画】|【高级动画】|【动画窗格】，在窗口右侧就会出现动画窗格窗口，该窗口呈现已设置动画的占位符，同时可以调整动画的计时及效果等。

【任务 16】为第 1 张幻灯片自定义动画效果。

① 选中第 1 张幻灯片的“标题”占位符，单击【动画】|【动画】命令，打开【动画】列表。

② 单击【更多进入效果】命令，在打开的【更改进入效果】对话框中选择“升起”，单击【确定】按钮。

③ 在【动画】|【计时】|【开始】下拉列表中选择“上一动画之后”，在动画窗格中选中要设置动画的对象，下拉列表选择【计时】对话框，弹出【计时】标签，在【期间】设置“快速 1 秒”，如图 9-23 所示。

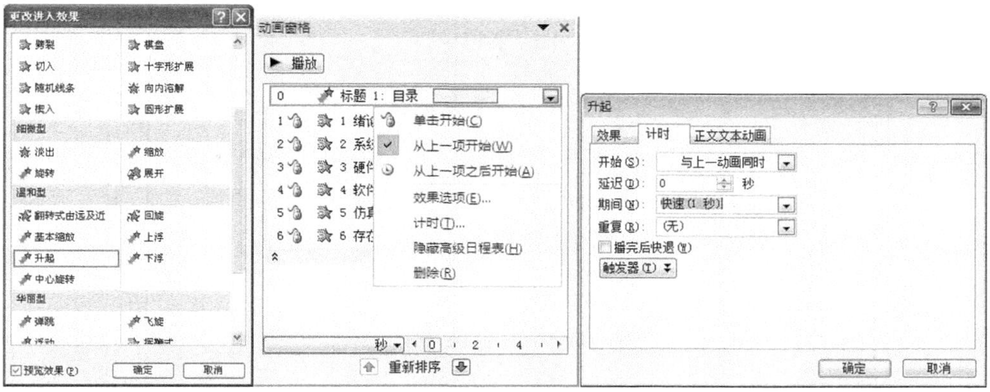

图 9-23　设置进入效果

④ 选中“内容”占位符，使用相同方法将内容占位符中的“目录内容”自定义为【进入】动画效果，设置为“十字形扩展”，【开始】为“上一动画之后”，【期间】为“中速 2 秒”。

⑤ 在【动画窗格】列表中，单击各动画对象【动画效果】右侧的下拉箭头，在弹出的菜单中选择【效果选项】命令，如图 9-24 所示。

⑥ 打开【十字形扩展】对话框，在【效果】标签中设置【声音】为“风铃”，【动画文本】为“按字母”，如图 9-25 所示。

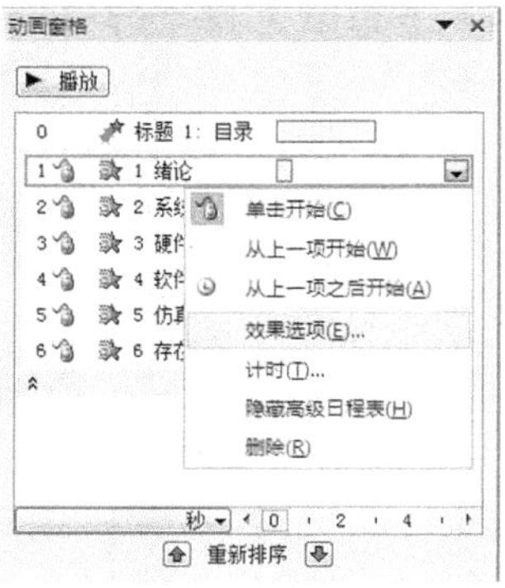

图 9-24　设置动画效果选项

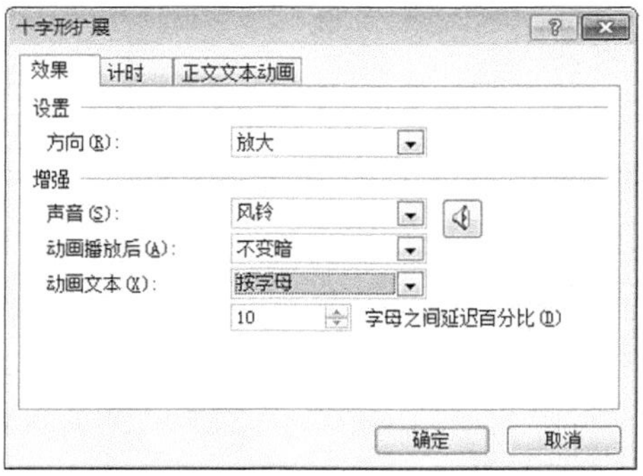

图 9-25　设置动画播放声音

⑦ 单击【动画】|【预览】命令或点击【动画窗格】的【播放】按钮，预览效果。若不满意，可在动画列表中选择对应的动画选项，重新设置动画效果。

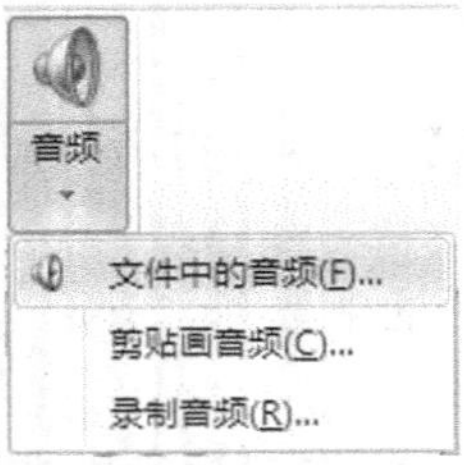

图 9-26　插入文件中的音频

3. 添加背景音乐

【任务 17】为演示文稿添加背景音乐。

① 选择第 1 张幻灯片，单击【插入】|【媒体】|【音频】命令，打开【插入音频】对话框，如图 9-26 所示。

② 选择需要插入的声音，单击【确定】按钮，此时，在幻灯片页面上出现一个【喇叭】图标。

③ 单击【喇叭】图标，图标下出现播放按钮和播放进度条等。同时系统菜单出现了音频工具菜单，单击【播放】，进入音频播放快捷菜单，在【播放】|【音频选项】中可以设置音频音量。可在【开始】中设置音频播放启动方式，放映时隐藏等效果，如图 9-27 所示的【音频选项】快捷菜单。

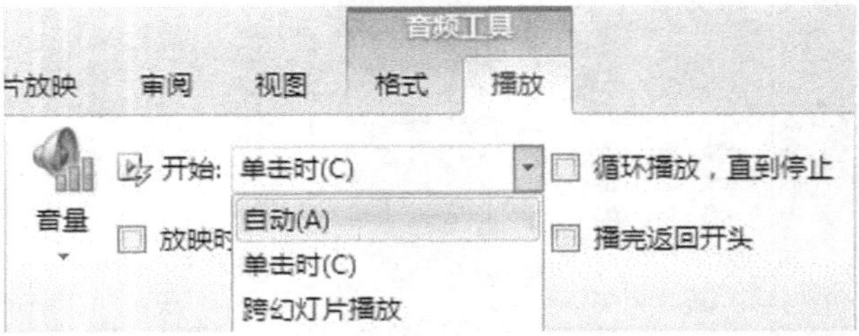

图 9-27　音频选项快捷菜单

4. 设置幻灯片切换效果

幻灯片的切换效果是指在幻灯片的放映过程中，播放完的幻灯片如何消失，下一张幻灯片如何显示。PowerPoint 可以在幻灯片之间设置切换效果从而使幻灯片放映效果更加生动。

【任务 18】设置“毕业论文 . pptx”中幻灯片的切换效果。

① 选中演示文稿中的第 1 张幻灯片，单击【切换】命令，进入【切换】命令快捷菜单。

② 下拉【切换】|【切换到此幻灯片】，呈现“细微型”、“华丽型”和“动态内容”三类切换方式。选择“百叶窗”，在【切换】|【计时】中设置“声音”、“持续时间”和“换片方式”等，【持续时间】为“3 秒”，【声音】为“风声”，【换片方式】设置为“单击鼠标时”，如图 9-28 所示。

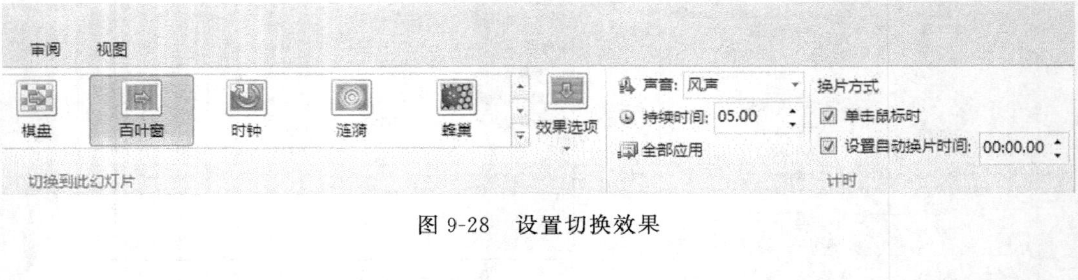

图 9-28　设置切换效果

③ 单击【切换】菜单左侧的【预览】按钮观看切换效果。

④ 使用同样的方法为其他幻灯片设置相应的切换效果。

技巧点滴

一旦为幻灯片设置了动画效果、切换方式，在“幻灯片浏览视图”或“普通视图”下可以发现幻灯片缩略图的下方或左侧有一个☆按钮，单击此按钮可以观看当前幻灯片中设置的所有动画效果。

5. 创建交互式演示文稿

创建交互式演示文稿的方法包括动作设置、超链接和动作按钮的使用等。

【任务 19】为“目录”幻灯片中的文本创建超链接。

① 在“目录”幻灯片中选中文本“2. 系统结构”。单击【插入】|【链接】|【超链接】命令，或单击鼠标右键，打开【超链接】对话框。

② 在左侧【链接到】列表中选择“在本文档中的位置”；在【请选择文档中的位置】列表中选择第 5 张幻灯片标题“5. 系统结构”单击【确定】按钮，如图 9-29 所示。

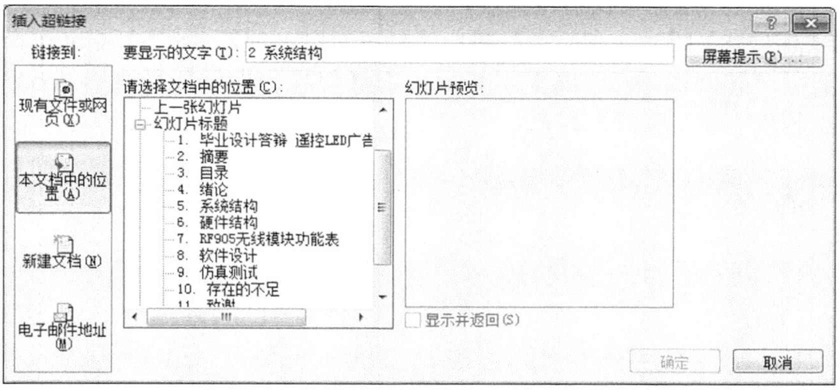

图 9-29 插入超链接对话框

技巧点滴

在对话框的左侧有 4 个按钮可供选择：

现有文本或网页：可在【地址】文本框中输入要链接到的文件名或者 Web 页名称。

本文档中的位置：在右边的列表框中选择要链接到的当前演示文稿中的幻灯片。

新建文档：可在右边【新建文档名称】文本框中输入要链接到的新文档的名称。

电子邮件地址：可在右边【电子邮件】地址中输入邮件地址和主题。

此时，文本“2. 系统结构”下多了一条下划线，且文本的颜色也改变了，表明这个文本具有超链接功能。

③ 播放幻灯片时，当鼠标经过具有超链接的文本时，光标变成👆形状，单击文本，幻灯片就跳转到标题为“系统结构”的幻灯片中。需要注意的是：超链接只有在幻灯片放映时才有效，如图 9-30 所示。

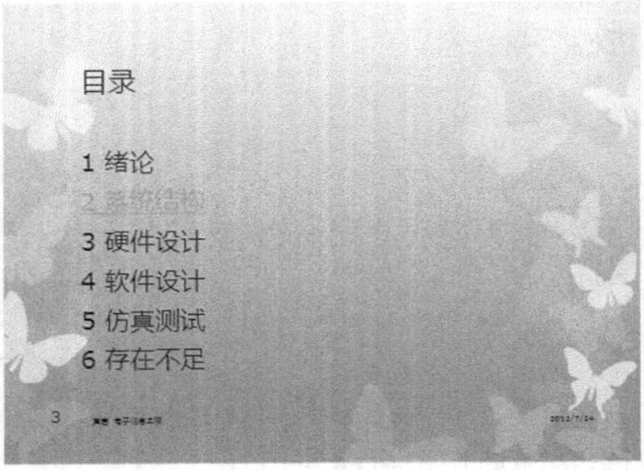

图 9-30 播放时的链接效果

④ 使用同样的方式为其他文本创建超链接，以便在放映的过程中可以跳转到相应标题的幻灯片中。

为了在幻灯片内容演讲完后，继续选择其他的内容，需要在幻灯片上添加返回目录的功能。

【任务 20】在“系统结构”幻灯片的右侧底端添加一个动作按钮“返回目录”。

① 选择“系统结构”幻灯片，首先构造一个按钮。单击【插入】|【形状】，打开形状列表，选择合适的形状，比如“圆角矩形”，在当前幻灯片右下角拖到合适大小的圆角矩形，编辑文本“返回目录”，设置好该按钮的形状样式、文本的艺术字样式以及大小等。然后设置该按钮的动作。选中按钮，单击【插入】|【链接】|【动作】，在【动作设置】对话框中进行动作设置。也可以单击【插入】|【形状】，在【形状】列表中选择合适的动作按钮。当鼠标指针变成“+”形状，在当前幻灯片的右侧底端画出一个按钮，同时弹出【动作设置】对话框。

② 在【动作设置】|【单击鼠标】标签中选择【超链接到】，同时在下拉列表中选择“幻灯片 ...”，打开【超链接到幻灯片】对话框，在【幻灯片标题】列表中选择“目录”，如图 9-31 所示，依次单击【确定】按钮。

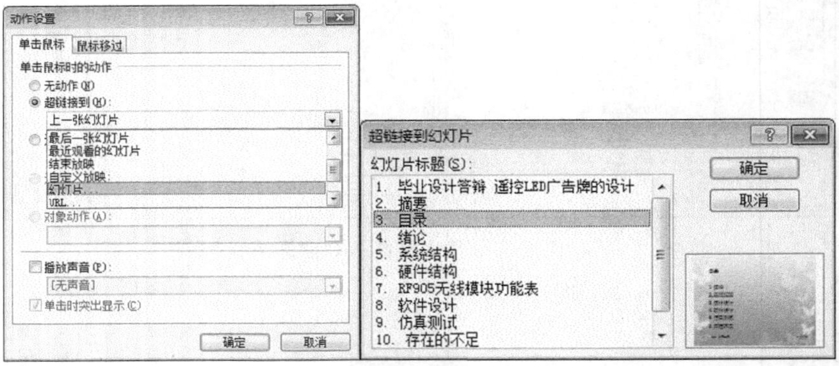

图 9-31 设置动作按钮链接

③ 为了明确按钮的含义，可以在按钮图标上添加文本。方法是：在【动作】按钮上单击鼠标右键，在弹出的快捷菜单中选择【编辑文字】命令，输入“返回目录”，并设置文本的格式，调整按钮的大小和位置。

④ 按 F5 键观看放映效果，单击【返回目录】按钮，即可跳转到“目录”幻灯片中。

⑤ 复制【返回目录】按钮，粘贴到其他需要按钮的幻灯片中。

6. 自动循环放映幻灯片

在一些展览会场上，播放演示文稿不需要人为干预而是自动运行。实现自动循环放映幻灯片的方法是：首先为演示文稿设置排练时间，然后再为演示文稿设置放映方式。

【任务 21】为“毕业论文 . pptx”设置放映排练时间。

① 打开“毕业论文 . pptx”演示文稿，单击【幻灯片放映】|【设置】|【排练计时】命令，系统自动从第 1 张幻灯片开始放映。此时幻灯片左上角出现【录制】工具栏，在对话框中自动显示当前幻灯片的停留时间，如图 9-32 所示。

② 按 Enter 键，或单击鼠标来控制幻灯片的放映速度。

③ 放映完最后一张幻灯片时，系统弹出一个对话框，显示幻灯片放映的总时间，并询问是否保留新的幻灯片排练时间。单击【是】按钮，在“幻灯片浏览视图”下可以看到在每张幻灯片的下方自动显示放映该幻灯片所需要的时间；单击【否】按钮，则放弃本次的时间设置。

【任务 22】为“毕业论文 . pptx”设置展台放映方式。

① 单击【幻灯片放映】|【设置】|【设置幻灯片放映】命令，在打开的对话框中选择【在展台浏览（全屏幕）】单选项，在【换片方式】选项组中选择【如果存在排练时间，则使用它】单选项，如图 9-33 所示，单击【确定】按钮。

② 按 F5 键观看放映效果，按 Esc 键终止播放。

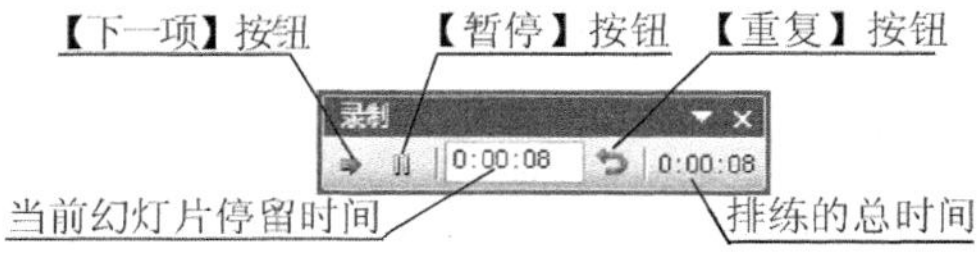

图 9-32　录制工具栏

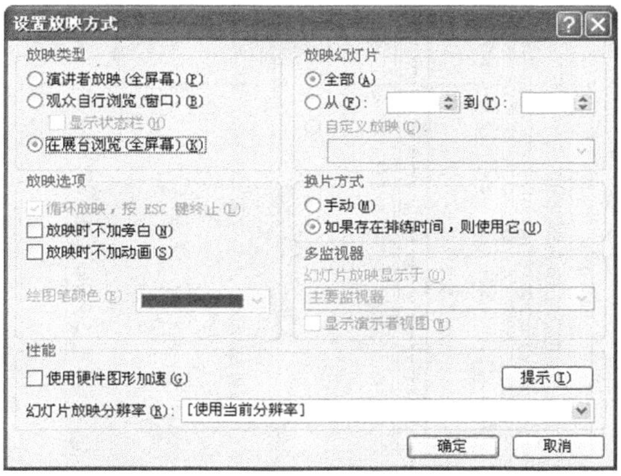

图 9-33　设置放映方式

7. 保存并打印演示文稿

【任务 23】将演示文稿保存为“以放映方式打开”的类型。

① 打开“毕业论文 . pptx”演示文稿，单击【文件】|【另存为】命令，在打开的【另存为】对话框中选择【保存类型】为“PowerPoint 放映（*.ppsx）”类型。

② 退出 PowerPoint，此时在保存位置出现“毕业论文 . ppsx”图标，单击该图标即可自动放映演示文稿。

演示文稿可以用多种形式打印，如“幻灯片”、“讲义”、“备注页”和“大纲视图”。其中“讲义”打印形式就是将演示文稿中的若干张幻灯片按照一定的组合方式打印在纸张上，以便发给观众参考。

【任务 24】以“讲义”的形式打印“毕业论文 . pptx”演示文稿。

① 单击【文件】|【打印】命令，出现打印设置界面，如图 9-34 所示。

② 在打印机【名称】下拉列表中选择安装的打印机，单击【打印机属性】按钮可进一

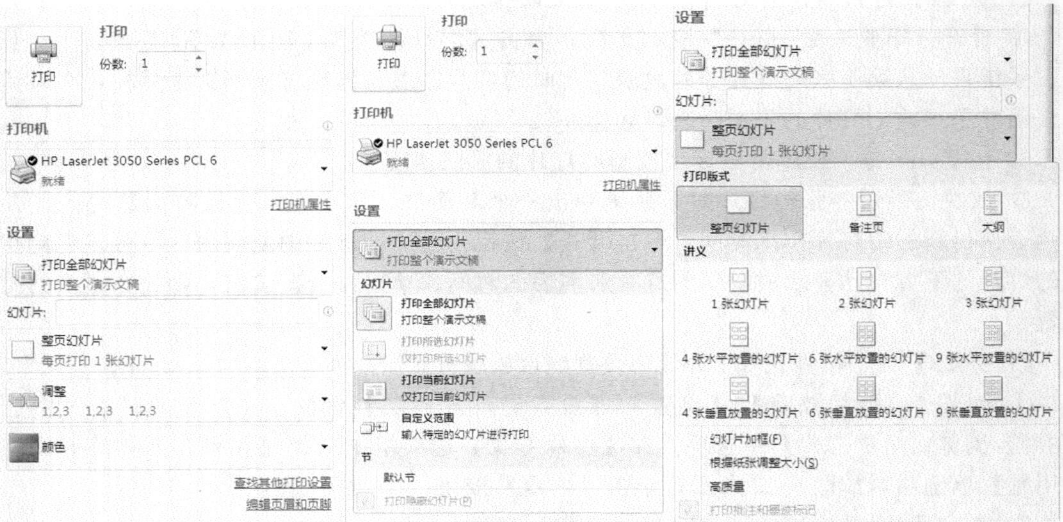

图 9-34　打印设置界面

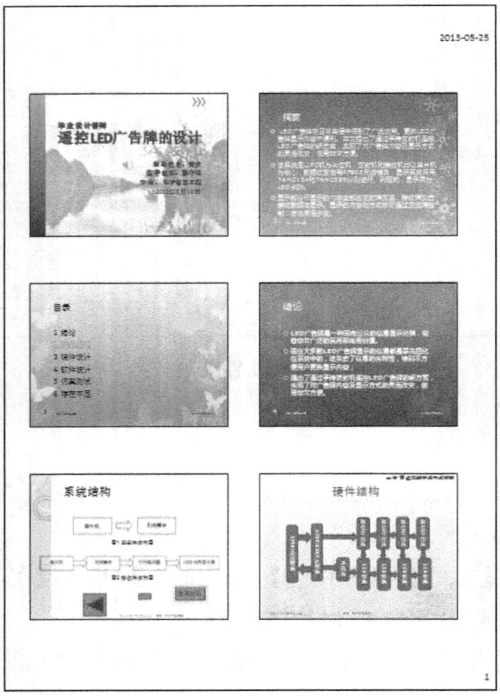

图 9-35　“6 张水平放置的幻灯片”讲义

步设置打印属性。

③ 在【设置】中可以设置打印范围为“打印全部幻灯片”、“打印所选幻灯片”、“打印当前幻灯片”或“自定义范围”，在【整页幻灯片】下拉列表中选择“打印版式”或“讲义”，并在【讲义】选项组中选择每张纸打印幻灯片的张数和幻灯片摆放顺序等，一般情况下，讲义打印设置为“6 张水平放置的幻灯片”如图 9-35 所示。

④ 根据需要设置打印份数，最后单击【打印】按钮，即可开始打印。

8. 打包演示文稿

对于创建完成的演示文稿，如果要将其放到另外一台计算机上进行演示，可以利用 PowerPoint 提供的“打包”功能，将演示文稿及其所链接的图片、声音和影片等打包在一起，然后在其他计算机上运行。

【任务 25】将“毕业论文”演示文稿打包成 CD。

① 打开“毕业论文”演示文稿，然后将 CD 放入刻录机中。

② 单击【文件】|【保存并发送】|【将演示文稿打包成 CD】命令，单击【打包成 CD】按钮，打开【打包成 CD】对话框，如图 9-36 所示。

③ 如果需要将多个演示文稿刻录到同一张光盘上，可单击【添加】按钮，打开【添加

文件】对话框，选中要打包的文件，单击【打开】按钮即可。

④ 添加了多个演示文稿后，在默认情况下，演示文稿被设置为按照【要复制的文件】列表中排列的顺序进行自动播放。若要更改播放顺序，可选择一个演示文稿，然后单击【上移】按钮或【下移】按钮。

⑤ 单击【选项】按钮，打开【选项】对话框，如图 9-37 所示。在该对话框中，选择【链接的文件】、【嵌入的 TrueType 字体】复选框。如果需要打开或编辑打包的演示文稿的密码，可在【增强安全性和隐私保护】选项组中的【打开每个演示文稿时所用密码】和【修改每个演示文稿时所用密码】文本框中分别输入相应的密码。

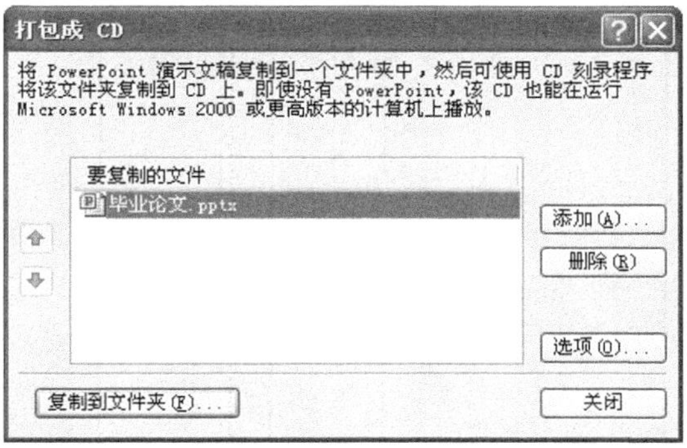

图 9-36　打包成 CD 对话框

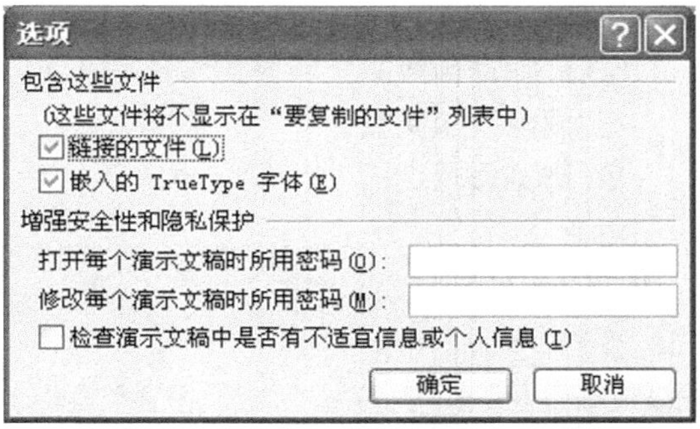

图 9-37　选项对话框

⑥ 设置完成后，单击【确定】按钮，返回【打包成 CD】对话框，然后单击【复制到文件夹】按钮，打开【复制到文件夹】对话框，如图 9-38 所示，输入文件夹名称和保存位置，单击【确定】按钮，将 PowerPoint 演示文稿复制到一个文件夹中，然后可使用 CD 刻录程序将该文件夹复制到 CD 上。

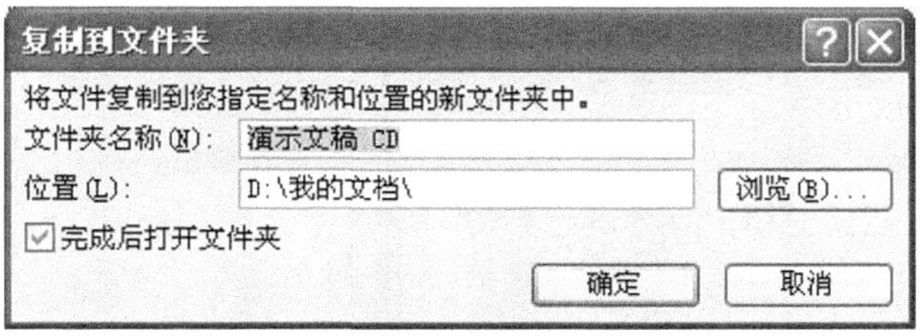

图 9-38　复制到文件夹对话框

演示文稿打包完成后，即使用户的计算机上没有 PowerPoint，该 CD 也能在运行 Microsoft Windows 2000 或更高版本的计算机上播放。

9.3 案例小结

本章通过制作毕业论文答辩报告演示文稿，主要介绍了演示文稿静态、动态效果的制作方法。

演示文稿静态效果的制作主要包括幻灯片的基本操作（插入、复制、删除、移动等）、幻灯片各种版式的应用、插入和编辑幻灯片上的各种对象（图片、图形、声音、表格等）、幻灯片的格式化等。幻灯片的外观设置有两种方法：母版、设计主题。另外，通过设置背景，也可以达到美化幻灯片的作用。

演示文稿动态效果的制作主要包括设置动画效果（动画方案和自定义动画）、在幻灯片之间设置切换效果、创建幻灯片之间的交互效果（动作设置和超链接）、设置演示文稿的放映方式等。这些功能使幻灯片充满了吸引力。

利用 PowerPoint 制作幻灯片的基本步骤包括：

① 选择主题。

② 确定版式。

③ 输入内容。

④ 添加动画效果。

⑤ 放映演示文稿。

⑥ 浏览修改。

9.4 习题

9.4.1 理论练习

1. 单选题

(1) 在 PowerPoint 2010 中保存演示文稿时，默认的扩展名是________。

A. pptx　　B. ppt　　C. pot　　D. png

(2) 在 PowerPoint 中，________视图模式主要显示文本信息。

A. 普通视图　　B. 大纲视图

C. 幻灯片视图　　D. 幻灯片浏览视图

(3) 幻灯片中占位符的作用是________。

A. 表示文本长度　　B. 限制插入对象的数量

C. 表示图形大小　　D. 对文本、图形预留位置

(4) 下列方法中，________不能用于插入一张新幻灯片。

A. 单击【开始】|【新建幻灯片】命令　　B. 按 Ctrl＋M 组合键

C. 按 Ctrl＋N 组合键　　D. 在大纲窗格或幻灯片窗格内按 Enter 键

(5) 在演示文稿中，超链接中所链接的目标，不能是________。

A. 另一个演示文稿　　B. 同一个演示文稿中的某张幻灯片

C. 其他应用程序的文档　　D. 幻灯片中的某个对象

(6) 下列________方式不能用于放映幻灯片。

A. 按 F6 键　　B. 按 F5 键

C. 单击【幻灯片放映】视图　　D. 单击【幻灯片放映】|【从头开始】命令

(7) 结束幻灯片放映，不可以使用的操作是________。

A. 按 Esc 键　　B. 按 End 键

C. 按 Alt＋F4 组合键　　D. 执行【结束放映】菜单命令

(8) 下列关于 PowerPoint 的叙述中，错误的是________。

A. 备注页的内容与幻灯片的内容分别存储在不同的文件中

B. 一个演示文稿中只能有一张“标题幻灯片”母版的幻灯片

C. 任何时候幻灯片视图中只能编辑一张幻灯片

D. 在幻灯片上可以插入多种对象，除了可以插入图形、图表外，还可以插入公式、声音和视频等对象

（9）如果要将 Word 创建的文档导入到 PowerPoint 中，应该在________视图中进行。

A. 幻灯片视图　　B. 大纲视图

C. 普通视图　　D. 备注页视图

（10）在 PowerPoint 中默认情况下，插入到演示文稿中的图表类型是________。

A. 三维柱形图　　B. 条形图

C. 饼图　　D. 锥形图

2. 填空题

（1）PowerPoint 的一大特色就是可以使演示文稿的所有幻灯片具有一致的外观。控制幻灯片外观的方法主要是使用____________________。

（2）幻灯片的放映类型分为____________________、____________________和“在展台浏览”3 种。

（3）在 PowerPoint 中的浏览视图下，按住 Ctrl 键并拖动某幻灯片，可完成________操作。

（4）在一个演示文稿中，____________（能、不能）同时使用不同的主题。

（5）PowerPoint 中提供了插入“艺术字”的功能，并且对插入的艺术字作为________对象来处理。

（6）打印演示文稿时，在【打印】|【设置】|【整页幻灯片】下拉列表框中选择________________，每页打印纸最多能输出 9 张幻灯片。

9.4.2 上机操作

通过制作精美画册，主要练习添加幻灯片、在幻灯片中插入图片和艺术字、幻灯片的放映等操作。本实例的最终效果如图 9-39 所示。

（1）插入图片

① 启动 PowerPoint，在当前的空白演示文稿中插入新建幻灯片，选择“空白”版式，如图 9-40 所示。

② 单击【插入】|【图像】|【图片】命令，从弹出的【插入图片】对话框中，选中提前准备好的图片“长白山天池 .jpg”、“泸沽湖 .jpg”、“太湖 .jpg”和“新疆帕米尔高原 .jpg”文件，单击【插入】按钮，如图 9-41 所示。

③ 勾选【视图】|【显示】|【网格线】，幻灯片编辑页面出现虚线构成网格线，用鼠标拖动图片来调整图片的位置对齐图片，拖动图片四周的控制点来调整图片的大小，效果如图 9-42 所示。

④ 按照同样的步骤，将不同类别的图片分别插入到不同的幻灯片中。效果如图 9-43～图 9-46 所示。

（2）插入艺术字

① 在第一张幻灯片前，按 Ctrl＋M 快捷键，新增一张幻灯片，依然设置该幻灯片为空白版式。

② 在页面的空白处单击鼠标右键，从弹出的菜单中选择【设置背景格式】命令，弹出【设置背景格式】对话框。

③ 单击【填充颜色】下拉箭头，单击【填充】标签，选择【图片或纹理填充】，单击【插入自】|【文件】按钮，插入准备好的“影集封面 .jpg”图形文件后，单击【插入图片】对话框中的【插入】按钮。调整【设置背景格式】对话框中【透明度】为 50%，然后单击【关闭】按钮。此时为幻灯片添加小淘气的背景，如图 9-47 所示。

④ 执行【插入】|【文本】|【艺术字】命令，在【艺术字】下拉列表中，选取第四行第五个艺术字样式，如图 9-48 所示，然后单击。

⑤ 在出现的文本框中，输入“精美画册”，将【字体】改为“隶书”，【字号】改为“54”，单击【粗

图 9-39　精美画册的最终效果

图 9-40　删除占位符后的效果

体】按钮，如图 9-49 所示。

⑥ 选定文字占位符，单击【绘图工具格式】|【艺术字样式】，可以调整艺术字文本的颜色、轮廓或效果，拖动占位符的绿色小圆点，便可以旋转艺术字。再拖动彩色小方块，调整文字的倾斜角度，效果如图 9-50 所示。最后再调整艺术字的大小和位置。

图 9-41　选择要插入的图片

图 9-42　调整图片的位置

图 9-43　湖光山色

图 9-44　精美的桌面

图 9-45　朋友与和谐

图 9-46　当红影星

⑦ 按照同样的做法，将每页幻灯片的主题也插入艺术字，目录文字分别为“童年的我”、“精美的邮票”、“我的爱车”和“古老的字画”。目录页最后效果如图 9-51 所示。

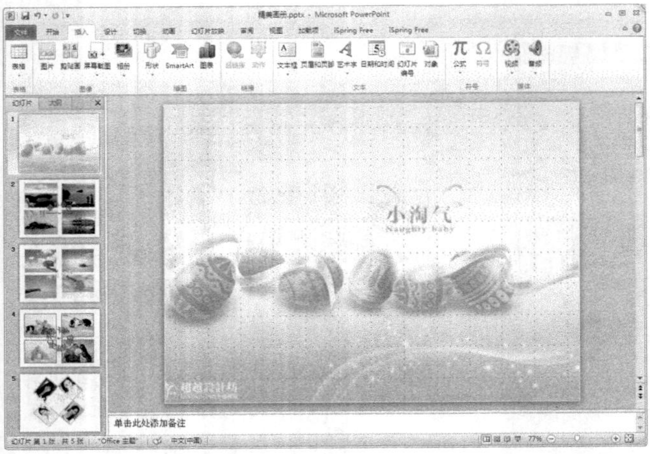

图 9-47　插入背景

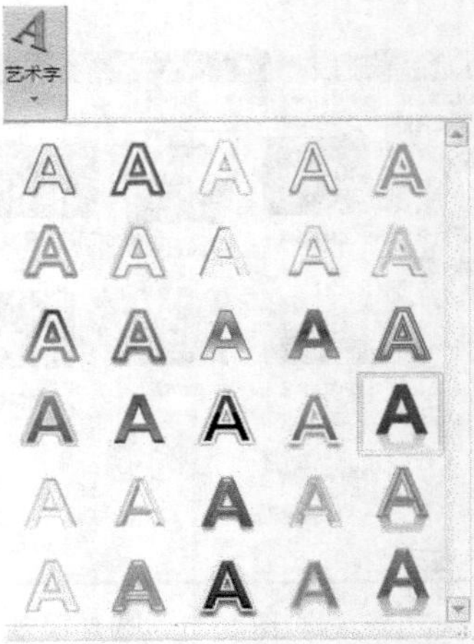

图 9-48　艺术字样式列表

图 9-49　设置艺术字

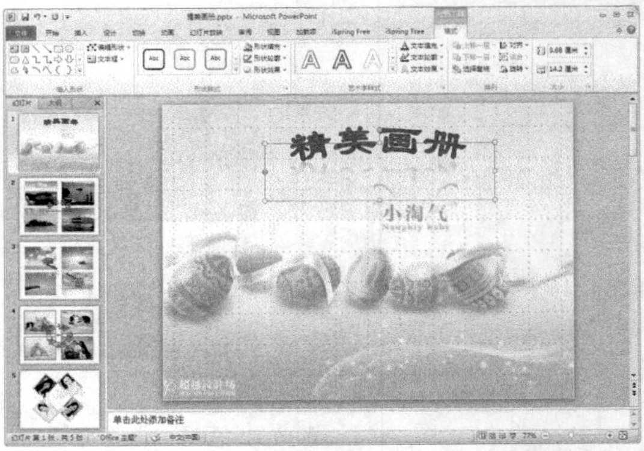

图 9-50　调整文字的倾斜角度

图 9-51　目录页最后效果

（3）为目录创建超链接

① 在“目录”幻灯片中选中“湖光山色”，单击鼠标右键，在弹出的快捷菜单中选择【超链接】命令。

② 打开【编辑超链接】对话框，在【链接到】列表中选择“本文档中的位置”，在【请选择文档中的位置】列表中选择“2. 幻灯片 2”，如图 9-52 所示。

③ 单击【确定】按钮，即可为“湖光山色”添加超链接。使用同样的方法，为“目录”幻灯片中的其他标题设置超链接。

（4）设置幻灯片切换方式

① 选中某张幻灯片，在【切换】|【切换到此幻灯片】下拉列表中，选择“时钟”，【计时】|【持续时间】设置为“3 秒”，【声音】为“无声音”，【换片方式】为每隔“00：05”，如图 9-53 所示。

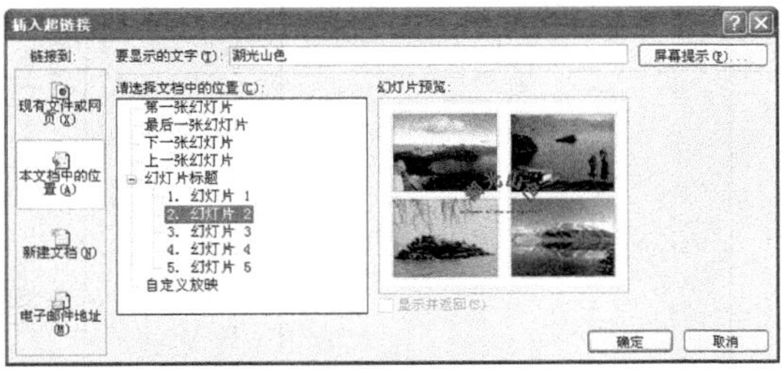

图 9-52 插入超链接

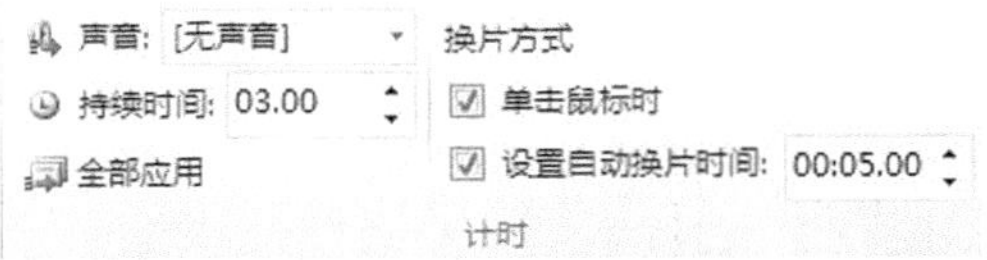

图 9-53 设置幻灯片切换方式

② 单击【切换】|【计时】|【全部应用】按钮，将切换方式应用于所有幻灯片。

（5）设置幻灯片放映效果

① 单击【幻灯片放映】|【设置】|【设置幻灯片放映】命令，打开【设置放映方式】对话框。

② 在【设置放映方式】选项组中选择【在展台浏览（全屏幕）】单选项，在【放映幻灯片】选项组中选择【全部】单选项，单击【确定】按钮，如图 9-54 所示。

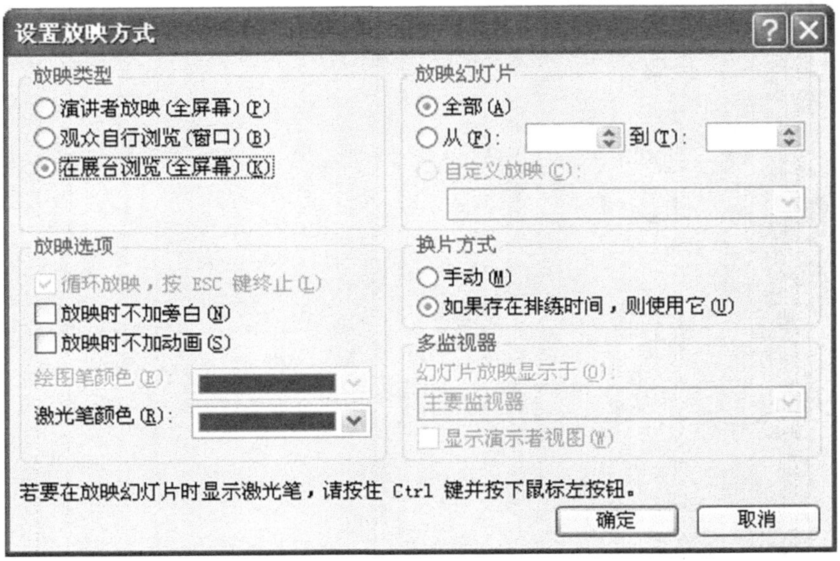

图 9-54 设置放映方式

第 10 章 Access 2010 基本操作

——购书管理系统

教学目标

- ◆ 掌握数据库技术的基本概念
- ◆ 掌握数据库系统的特点
- ◆ 掌握表的概念和创建方法
- ◆ 掌握关系的概念以及表间关系的建立
- ◆ 熟悉基本的查询类型，掌握选择查询的创建
- ◆ 了解报表的基本操作

10.1 制作购书管理系统案例分析

10.1.1 任务的提出

小李是一家图书销售公司的技术支持，为了便于本公司的图书销售和管理，领导要求小李制作一个购书管理系统，该系统主要用来记录客户信息以及购买图书的详细信息。其中涉及 4 个关系表，分别为“图书”表、“会员”表、“类别”表以及“购书”表。

10.1.2 解决方案

根据领导的任务要求，小李经过认真考虑，最终设计了如图 10-1 所示的表间关系，并给出了购书管理系统的设计方案。

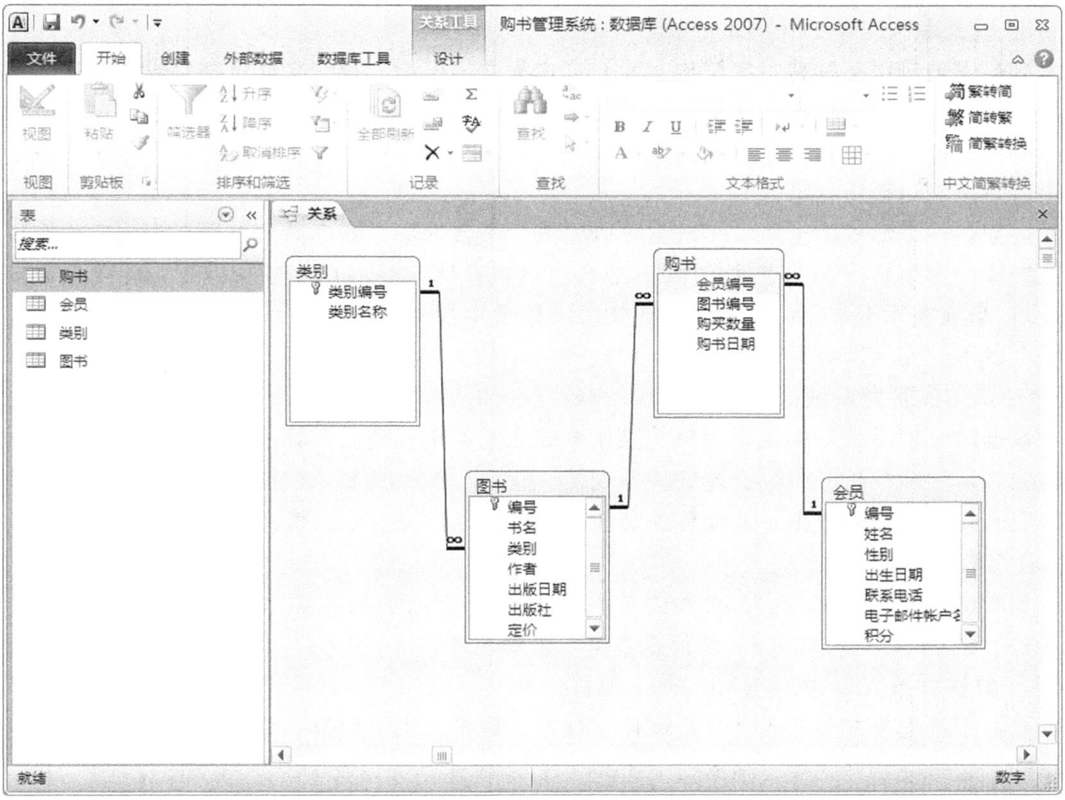

图 10-1　购书管理系统表间关系

① 规划表格结构并输入相关内容。
② 实现条件查询功能。
③ 实现报表打印功能。
④ 将该管理系统创建成一个可执行程序。

10.1.3 相关知识点

1. 数据库系统概述

随着信息技术的进步，计算机正被应用于越来越多的领域，数据管理成为现代计算机的一项重要应用。

数据（Data）在一般意义上被认为是对客观事物特征进行的一种抽象化、符号化的表示，本身并没有实际意义。数据可以有不同的形式，包括数字、文字、图形、图像、视频、声音等。可以说，凡是能被计算机处理的对象都可以称为数据。在计算机中，数据管理指的是对数据进行分类、组织、编码、存储、检索和维护的过程。随着计算机硬件和软件技术的飞速发展，计算机数据管理技术也在不断地更新和完善之中，数据库技术就是一种非常重要而且被广泛应用的计算机数据管理技术。

（1）数据库、数据库管理系统和数据库系统

① 数据库（DB，Data Base）

数据库是按照某种特定的结构（我们称之为数据模型）存储在数字存储设备（比如计算机的硬盘）上的相关数据的集合。它不仅包括描述事物的数据本身，而且还包括相关数据之间的关系。数据库中的数据不只是面向某一项特定的应用，而是面向多种应用，可以被多个用户、多个应用程序共享。

例如，一个学校的全体学生数据可以组成一个数据库，各个系部可以根据自己的需要使用数据库中的信息（即共享性），而不必自己单独存储这些信息（减少重复，即降低数据冗余度），当数据库中数据的逻辑结构或物理结构发生变化时，各个系部处理这些数据的应用程序可以不改变（即数据的逻辑独立性）。

② 数据库管理系统（DBMS，Data Base Management System）

数据库管理系统是指位于用户与操作系统之间的用于建立和管理数据库的软件。数据库在建立、运用和维护时由数据库管理系统统一管理、统一控制。数据库管理系统使用户能方便地定义数据、操纵数据，并能够保证数据的安全性、完整性、多用户对数据的并发使用以及发生故障后的系统恢复。

本章所讲的 Access 2010 软件就是一种被广泛应用的数据库管理系统。另外，Visual Foxpro、SQL Server、Oracle 等都是数据库管理系统。

③ 数据库系统（DBS，Data Base System）

数据库系统是对包含了计算机硬件、软件、数据库以及数据库管理员在内的一整套系统的总称。这里的软件主要包括支持 DBMS 运行的操作系统以及 DBMS 本身。

一般而言，数据库关注的是数据，数据库管理系统强调的是系统软件（整个数据库系统的核心），而数据库系统则侧重的是数据库的整个运行系统。

（2）数据库系统的特点

① 数据结构化

数据库系统实现了整体数据的结构化，是数据库的主要特征之一，也是数据库系统与文件系统的本质区别。在数据库系统中，数据不再针对某一应用，而是面向全组织，具有整体的结构化。不仅数据是结构化的，存取数据的方式也很灵活，可以存取数据库中的某一个数据项、一组数据项、一个记录或一组记录。而在文件系统中，数据的最小存取单位是记录。

② 数据的共享性高，冗余度低，易扩充

数据库系统从整体角度描述数据，数据不再面向某个应用而是面向整个系统，因此数据可以被多个用户、多个应用共享使用。数据共享可以大大减少数据冗余，节约存储空间，还能够避免数据之间的不相容性与不一致性。

由于数据面向整个系统，是有结构的数据，不仅可以被多个应用共享使用，而且容易增加新的应用，这就使得数据库系统弹性大，易于扩充，可以适应各种用户的要求。

③ 数据的独立性强

数据独立性是数据库领域中的一个常用术语，包括数据的物理独立性和数据的逻辑独立性。

物理独立性是指用户的应用程序与存储在磁盘上的数据库中的数据是相互独立的。

逻辑独立性是指用户的应用程序与数据库的逻辑结构是相互独立的。也就是说，数据的逻辑结构改变了，用户程序也可以不变。

数据与程序的独立，把数据的定义从程序中分离出去，加上数据的存取又由 DBMS 负责，从而简化了应用程序的编制，大大减少了应用程序的维护和修改。

④ 数据由 DBMS 统一管理和控制

数据库的共享是并发的共享，即多个用户可以同时存取数据库中的数据，甚至可以同时存取数据库中同一个数据。为此，DBMS 还必须提供以下几方面的数据控制功能：数据的安全性保护、数据的完整性检查、并发控制、数据库恢复。

2. 关系数据库系统

数据库系统是采用特定的数据模型存储和管理数据的，常见的数据模型有：层次数据模型、网状数据模型和关系数据模型。其中，关系数据模型是现代数据库系统普遍采用的一种数据模型。使用关系数据模型创建的数据库系统称为关系数据库系统。

关系数据模型是以关系数学理论为基础的，它使用一系列二维表来描述现实中的事物以及事物之间的联系。表中的行称为“记录”，用于记录一条完整的信息；表中的列称为“字段”，用于记录这条信息的某一个属性。能够唯一地确定一条记录的字段则被称为“关键字”。

例如，要使用关系数据模型描述一个学生选课系统，就可以表示为下面 3 个表：

“学生”表（学号，姓名，性别，年龄）

“课程”表（课程编号，课程名称，课程学分）

“选课”表（学号，姓名，课程编号，课程名称）

这是一个简单的关系数据模型的例子，共有 3 张表，即 3 个关系。其中，学生表中的学号这一属性是关键字，因为它可以唯一地确定一名学生；课程表中的课程编号属性是关键字；在选课这张表中，学号和课程编号两个属性可以被称之为“外键”，因为它们分别是学生表和课程表中的关键字。

3. Access 数据库的结构

一个完整的 Access 数据库是由 6 种数据库对象组成的，分别是“表”“查询”“窗体”“报表”“宏”和“模块”。这些数据库对象可以在【导航】窗口中查看和编辑。最简单的 Access 数据库可以只包含“表”这一种数据库对象。

下面以 Access 2010 的【样本模板】中自带的“罗斯文示例数据库”为例来说明每一种数据库对象的功能。要想打开“罗斯文示例数据库”只需在 Access 2010 的【文件】菜单中点击新建，在【样本模板】中的选【罗斯文】即可。

打开“罗斯文示例数据库”后可以通过窗口左侧查看到它所包含的各种数据库对象，如图 10-2 所示。下面分别介绍这些数据库对象的功能。

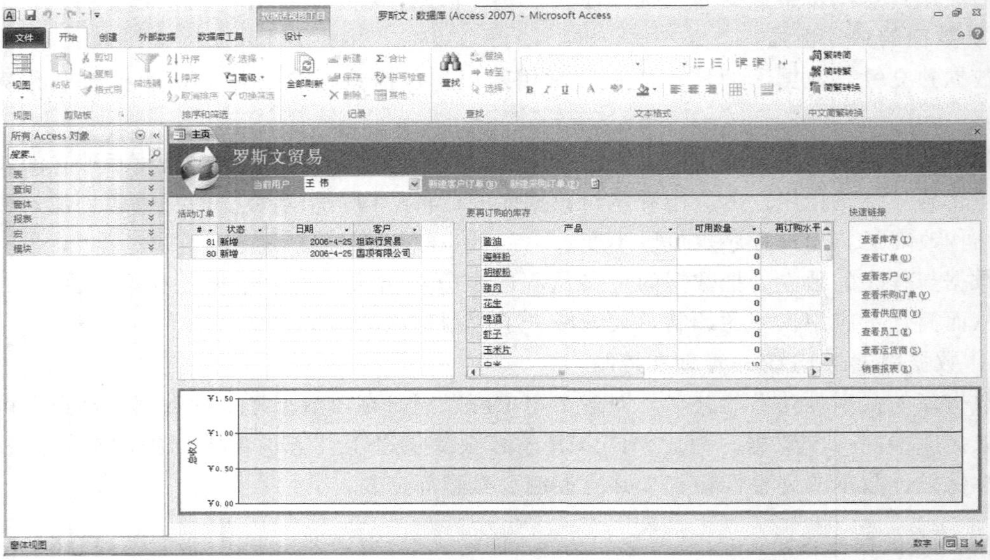

图 10-2　罗斯文示例数据库

（1）表

Access 是关系型数据库管理系统，所以表是整个数据库中最基本的对象，所有的数据都是存储在表中的。一个 Access 数据库中可以存储多张表，表之间还可以建立关系，以便把不同表中的数据联系起来。如图 10-3 所示，在窗口左侧的对象列表中单击【表】按钮，右面便显示出了罗斯文示例数据库所包含的所有表的名称。双击其中一个表的名称，比如“产品”，就以数据表视图的形式打开了这个表，如图 10-4 所示。

（2）查询

查询是 Access 数据库中一种重要的对象，它是一种虚拟表，即不会用来存储数据，而是按照一定的条件或准则从一个或多个数据表中映射出的虚拟视图。查询对象为用户更方便地查看、分析和更改数据库中的数据提供了一种直观的视图。此外，查询还可以作为窗体、报表和数据访问页的记录源。如图 10-5 所示，单击窗口左侧的【查询】按钮，便可以看到这个数据库中所包含的查询。双击其中一个查询，比如“按类别产品销售”，便可以看到这个查询的结果，如图 10-6 所示。

（3）窗体

窗体是 Access 数据库中一种很特别的对象，它为用户查看和编辑数据库中的数据提供了一种友好的交互式界面。在 Access 中，这种能够让用户方便地操作数据库的可视化界面是作为窗体对象存储在数据库中的。在 Access 2010 中，用户可以使用各种图形化的工具和

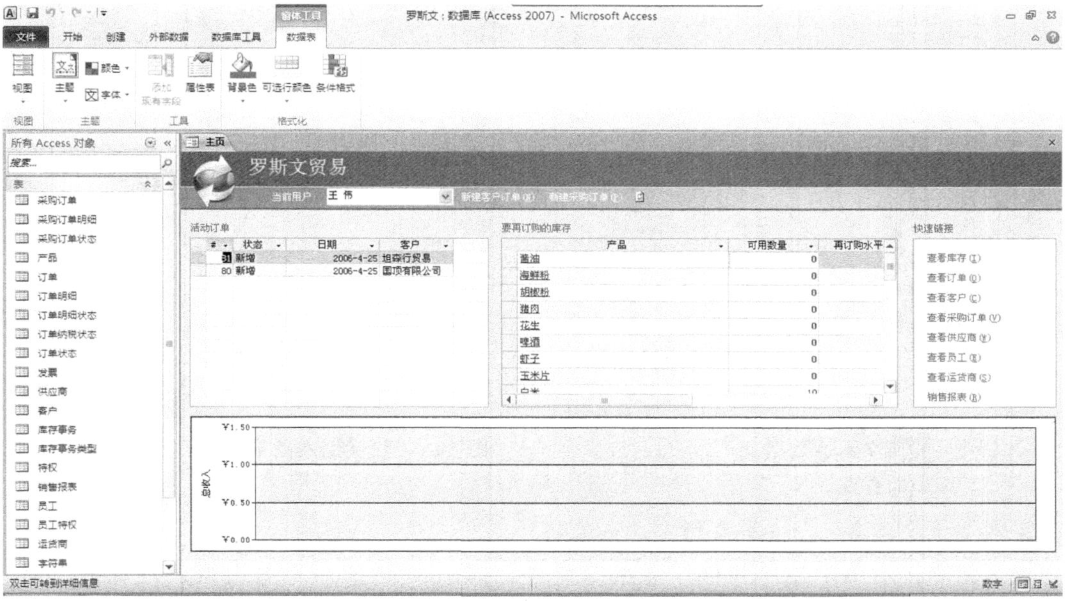

图 10-3 罗斯文示例数据库中的表

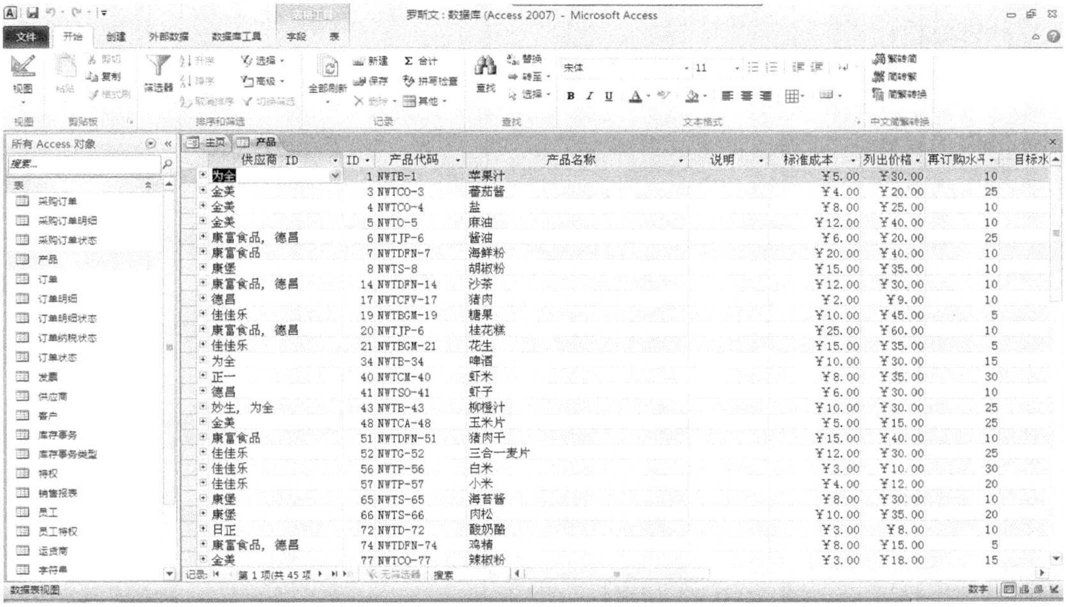

图 10-4 产品表

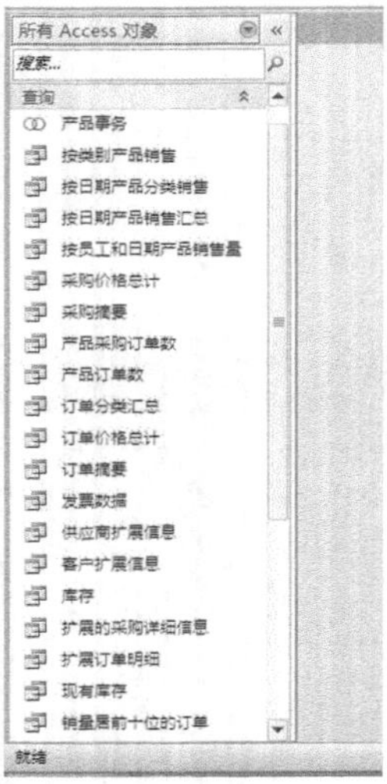

图 10-5　罗斯文示例数据库中的查询

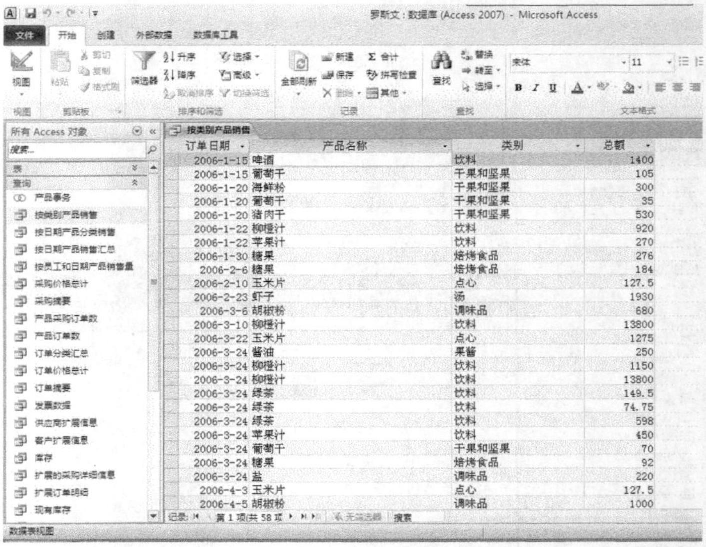

图 10-6　按类别产品销售

向导快速地制作出用来显示和操作数据的窗体。如图 10-7 所示，单击窗口左侧的【窗体】按钮，可以查看这个数据库中包含的所有窗体。双击某个窗体的名称，比如“产品详细信息”，便可以打开这个窗体，如图 10-8 所示。在这个窗体中，用户可以直观地看到每个产品的信息，还可以对产品信息进行修改或是添加产品。

图 10-7　数据库中的窗体

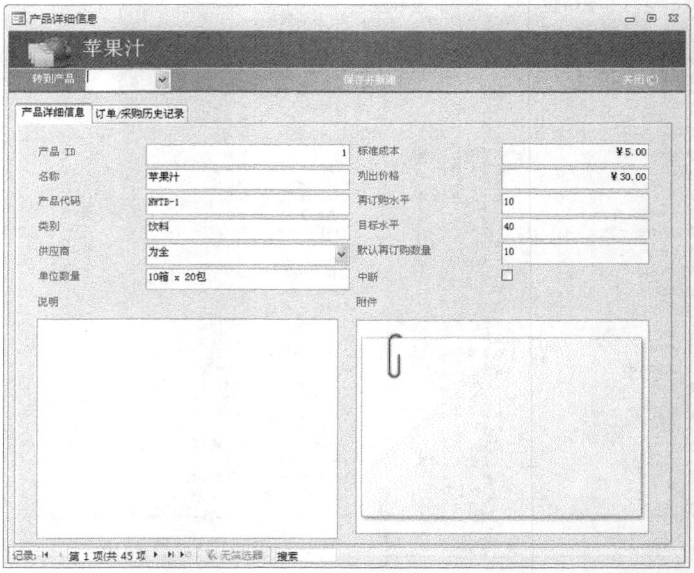

图 10-8　产品详细信息窗体

（4）报表

报表是 Access 数据库中一种很实用的对象，它为打印输出数据库中的数据或数据的处理结果提供了一种便捷的方式。用户可以将一个或多个表和查询中的数据以一定的格式制作成报表，还可以将数据处理的结果或各种图表插入到报表中。制作好的报表是一种格式化的页面，可以直接打印输出。如图 10-9 所示，单击窗口左侧的【报表】按钮，可以查看到当前数据库中的报表。双击其中一个报表，比如“季度销售报表”，可以进行查看，如图10-10 所示。

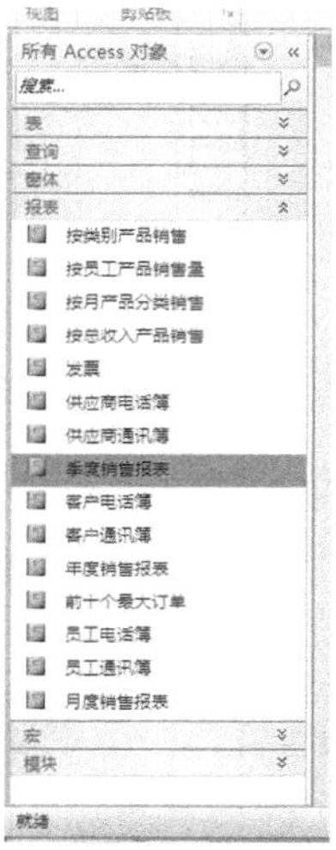

图 10-9 罗斯文示例数据库中的报表

图 10-10 季度销售报表

（5）宏

宏是一种为实现较复杂的功能而建立的可定制的对象，它实际上是一系列操作的集合，其中每个操作都能实现特定的功能。例如，打开窗体、生成报表、保存修改等。在日常工作中，用户经常需要重复大量的操作，利用宏可以简化这些操作，使大量的重复性操作自动完成，从而使管理和维护 Access 数据库更加简单。如图 10-11 所示，单击【导航窗口】的【宏】按钮，可以看到这个数据库中所包含的宏，每一个宏都是一项功能，单击【运行】按钮即可执行。双击宏名，整个窗口中间可以出现【宏编辑】窗口，右侧出现【操作目录】窗口。一般情况下，由窗体对象为宏提供输入和输出界面。

（6）模块

模块是 Access 数据库中最复杂也是功能最强大的一种对象，因为它是一种可编程的功能模块。在 Access 2010 中，使用其内置的 Visual Basic for Application 建立和编辑模块对象，一个模块对象一般是一组相关功能的集合。如图 10-12 所示，单击【导航按钮】的【模块】按钮，可以查看到当前数据库所包含的模块。和宏类似，模块也是一种在后台执行的功能，没有界面。双击其中的某个模块，可以打开 VBA 集成开发环境对其进行编辑，如图 10-13 所示。

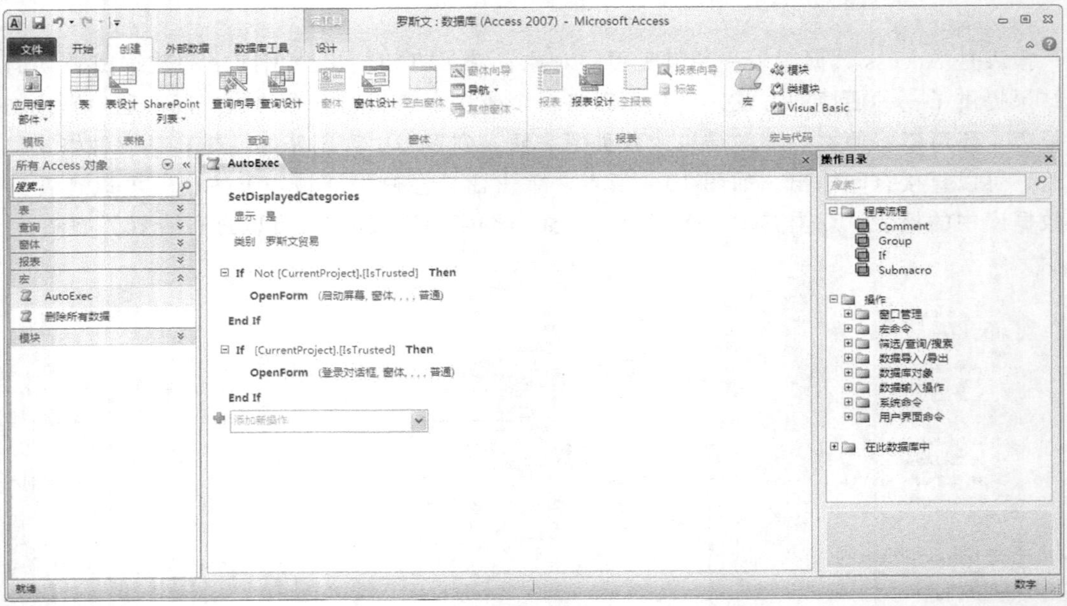

图 10-11　罗斯文示例数据库中的宏

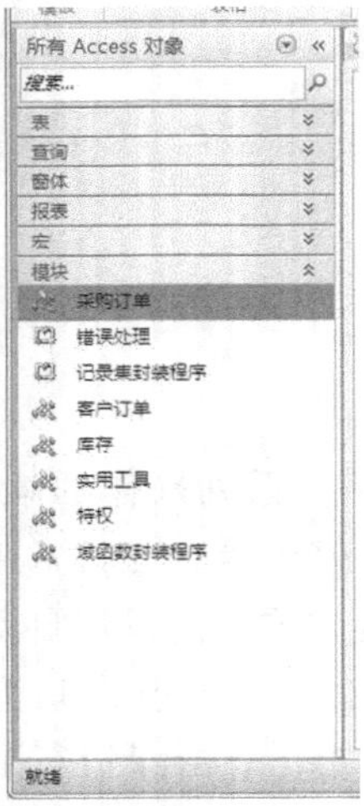

图 10-12　罗斯文示例数据库中的模块

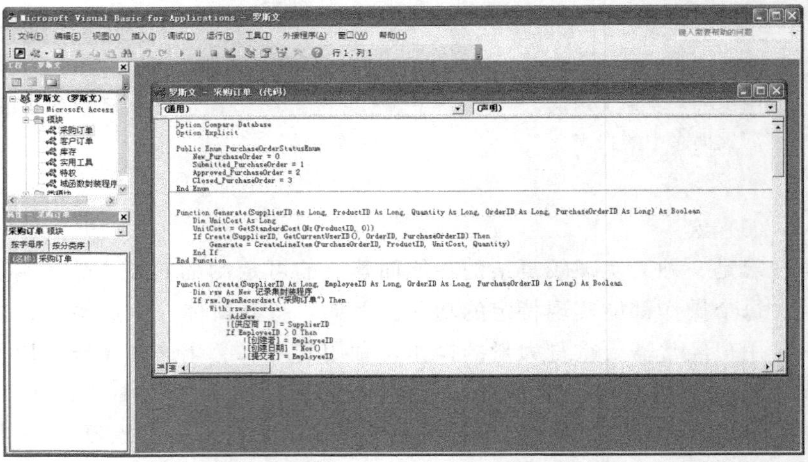

图 10-13　VBA 集成开发环境

10.2 实现方法

10.2.1 创建 Access 数据库

在很多传统的数据库管理系统中，创建数据库系统是一项比较专业和复杂的工作，因为整个创建过程都是使用 SQL 命令实现的。而在 Access 2010 中，创建数据库就像创建 Word

文档一样简单，因为它提供了完全图形化的用户界面和丰富的向导。Access 数据库文件的扩展名为. accdb。

【任务 1】使用 Access 2010 创建一个名为“购书管理系统”的数据库。

① 启动 Access 2010。

② 打开【文件】|【新建】，Backstage 视图随即出现，如图 10-14 所示。

③ 在【可用模板】窗格中单击【空数据库】选项。

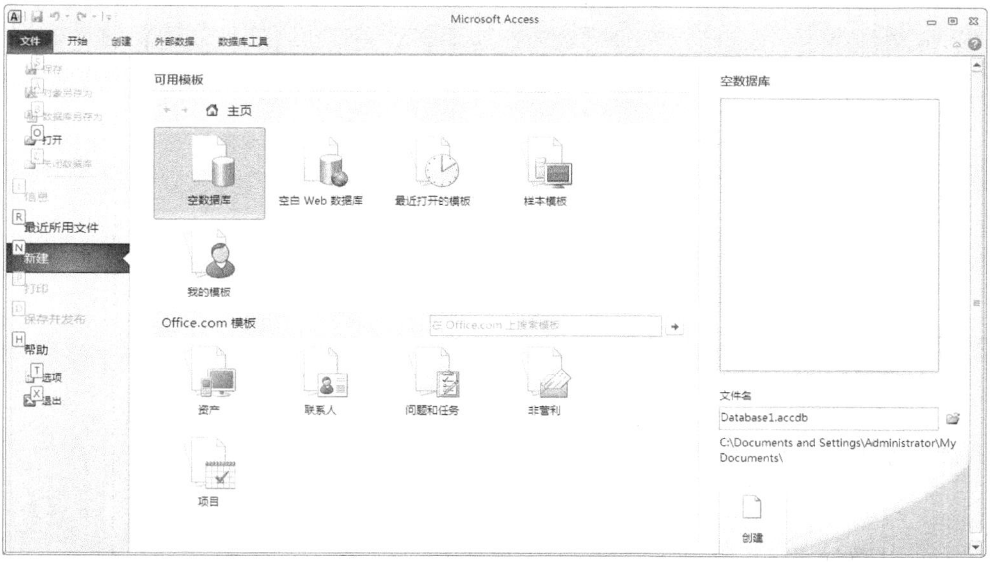

图 10-14 Backstage 视图

④ 在【文件名】文本框后面，打开文件夹按钮，指定数据库文件的存储位置，并在【文件名】文本框中输入数据库文件的文件名，这里输入“购书管理系统”，然后单击【创建】按钮如图 10-15 所示。这样，Access 2010 便在指定的位置创建了一个名为“购书管理系统”的空数据库文件。

⑤数据库创建成功之后，Access 2010 会自动打开这一数据库的设计窗口，如图 10-16 所示，接下来便可以使用这个【导航窗格】窗口向该数据库中添加表、查询、窗体、报表等数据库对象了。

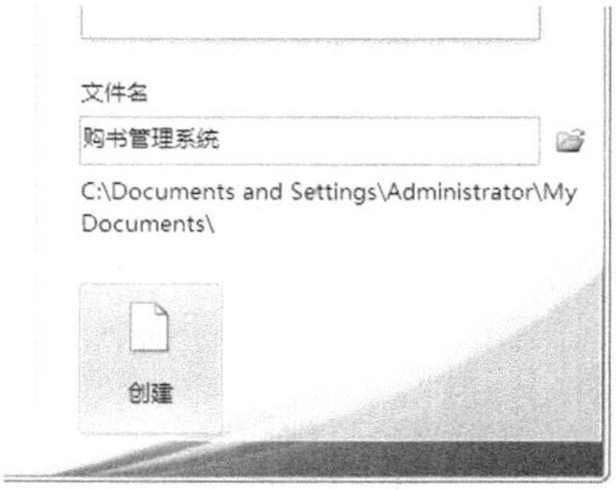

图 10-15 文件名文本框

10.2.2 表的创建与使用

在 Access 数据库系统中，表是用于存储数据的对象，它是建立整个数据库系统的基础。一个 Access 数据库系统可以包含多张表，每一张表都存储一组相对独立而完整的信息。表之间可以建立关系，以便构造出一个相互关联的整体架构。

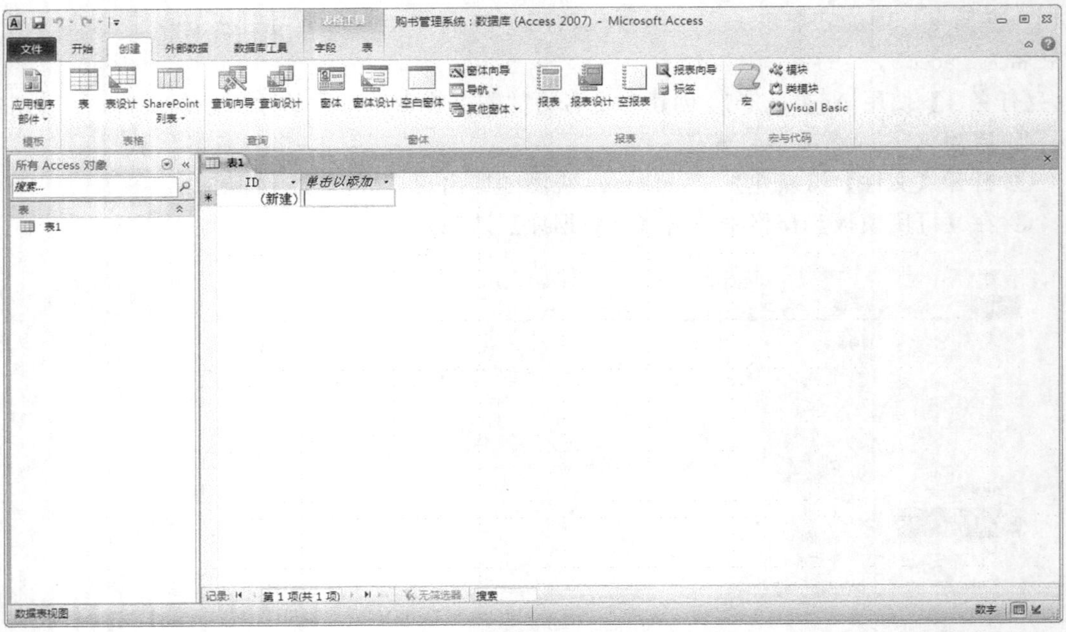

图 10-16　数据库的设计窗口

1. 表的结构

Access 数据库系统中的表是一种标准的二维表，即由行和列组成。图 10-17 显示了一张标准的 Access 数据表，它记录了所有“产品”的信息。

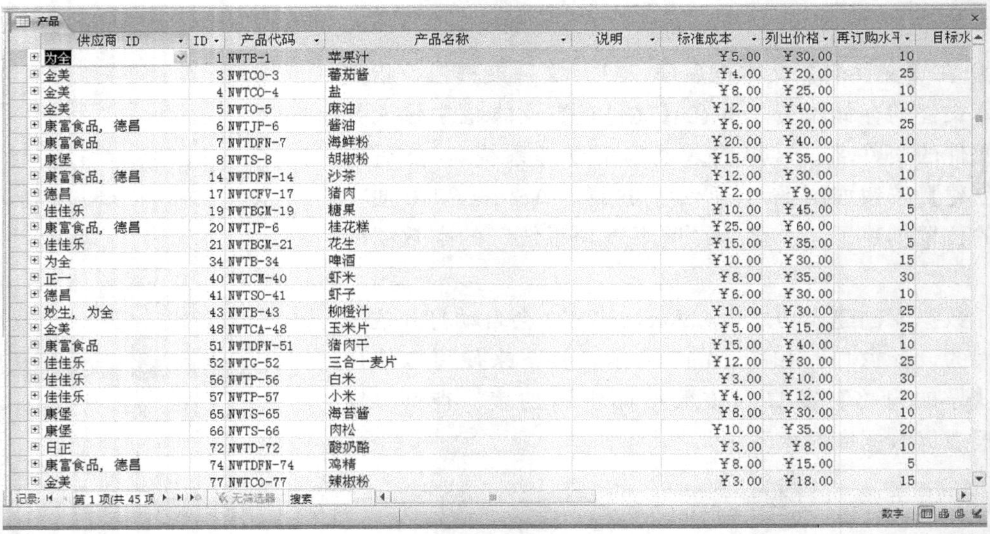

供应商 ID	ID	产品代码	产品名称	说明	标准成本	列出价格	再订购水平	目标水
为全	1	NWTB-1	苹果汁		￥5.00	￥30.00	10	
金美	3	NWTCO-3	蕃茄酱		￥4.00	￥20.00	25	
金美	4	NWTCO-4	盐		￥8.00	￥25.00	10	
金美	5	NWTO-5	麻油		￥12.00	￥40.00	10	
康富食品，德昌	6	NWTJP-6	酱油		￥6.00	￥20.00	25	
康富食品	7	NWTDFN-7	海鲜粉		￥20.00	￥40.00	10	
康堡	8	NWTS-8	胡椒粉		￥15.00	￥35.00	10	
康富食品，德昌	14	NWTDFN-14	沙茶		￥12.00	￥30.00	10	
德昌	17	NWTCFV-17	猪肉		￥2.00	￥9.00	10	
佳佳乐	19	NWTBGM-19	糖果		￥10.00	￥45.00	5	
康富食品，德昌	20	NWTJP-6	桂花糕		￥25.00	￥60.00	10	
佳佳乐	21	NWTBGM-21	花生		￥15.00	￥35.00	5	
为全	34	NWTB-34	啤酒		￥10.00	￥30.00	15	
正一	40	NWTCM-40	虾米		￥8.00	￥35.00	30	
德昌	41	NWTSO-41	虾子		￥6.00	￥30.00	10	
妙生，为全	43	NWTB-43	柳橙汁		￥10.00	￥30.00	25	
金美	48	NWTCA-48	玉米片		￥5.00	￥15.00	25	
康富食品	51	NWTDFN-51	猪肉干		￥15.00	￥40.00	10	
佳佳乐	52	NWTG-52	三合一麦片		￥12.00	￥30.00	25	
佳佳乐	56	NWTP-56	白米		￥3.00	￥10.00	30	
佳佳乐	57	NWTP-57	小米		￥4.00	￥12.00	20	
康堡	65	NWTS-65	海苔酱		￥8.00	￥30.00	10	
康堡	66	NWTS-66	肉松		￥10.00	￥35.00	20	
日正	72	NWTD-72	酸奶酪		￥3.00	￥8.00	10	
康富食品，德昌	74	NWTDFN-74	鸡精		￥8.00	￥15.00	5	
金美	77	NWTCO-77	辣椒粉		￥3.00	￥18.00	15	

图 10-17　表的结构

在 Access 数据库系统的表中，行被称为“记录”，列被称为“字段”。每一条记录都描述一个独立而完整的信息，记录与记录之间是并列的关系，没有先后次序。字段用来描述记录的属性，字段与字段之间也是并列的关系。可以唯一标识一条记录的字段或字段的组合可以被指定为“主键”。

在 Access 数据库系统中，首先要建立表结构，然后再向建好结构的表中存储数据。所谓建立表结构，就是要确定这个表要存储哪种信息，然后根据要存储的信息的属性设计表中要包含的字段。对于字段的设计，包括定义一个唯一的字段名、指定字段的数据类型以及设计字段的属性。字段的数据类型用于指定该字段中所要存储的数据的类型，而字段的属性用于对该字段中要存储的数据进行进一步的限制。

2. 数据类型

Access 2010 数据库系统提供了丰富的数据类型支持，具体支持的数据类型如表 10-1。

表 10-1 Access 数据类型

数据类型	用法	说明	大小
文本	记录一些描述的属性	姓名、地址、计量单位以及电话号码等无需参与运算的数据	最多 255 字节
备注	更长的文字描述	邮件内容、会议记录	最多 65535 个字节
数字	数学计算的数值数据	数量、质量等数字属性。它分为字节、整型、长整型、单精度型、双精度型、同步复制 ID 和小数几种	1、2、4 或 8 个字节（同步复制 ID 为 16 个字节）
日期/时间	日期与时间值	员工出生日期、到货日期、记账日期、操作时间等日期、时间类型属性	8 个字节
货币	货币数据，使用 4 位精确的小数位存储	金额、单价等	8 个字节
自动编号	向表中添加一条新记录时，数据类型会自动为每条记录存储一个唯一的编号，并且字段值不能更改	可以产生三种编号：顺序号、随机号和同步复制 ID。自动编号字段往往设置为主键	4 个字节（同步复制 ID 为 16 个字节）
是/否	适宜记录只具有是或否逻辑值的资料	文件是否有效，项目是否完成等	1 位
OLE 对象	链接或嵌入的对象	Microsoft Word 文档、图形、声音或其他二进制数据	最多可为 1G 字节
超链接	用作超链接地址的文本，超链接可由 4 部分组成，即显示的文本、地址、页内的地址和屏幕	网址、邮件地址、说明文件 Web 页位置等	最多 2048 个字符

3. 建立表结构

在 Access 2010 中，使用设计视图手动建立表结构。

下面给出“购书管理系统”数据库中的表结构，如表 10-2、表 10-3、表 10-4、表 10-5 所示。

表 10-2 “图书”表结构

字段名称	字段类型	字段名称	字段类型
编号	自动编号	书名	文本
类别	文本	作者	文本
价格	货币	出版日期	日期/时间
出版社	文本	简介	备注
图片	OLE 对象		

表 10-3 “会员”表结构

字段名称	字段类型	字段名称	字段类型
编号	文本	姓名	文本
性别	文本	生日	日期/时间
电话	文本	电子邮件帐户名	文本

表 10-4 “类别”表结构

字段名称	字段类型	字段名称	字段类型
类别编号	文本	类别	文本

表 10-5 “购书”表结构

字段名称	字段类型	字段名称	字段类型
会员编号	文本	图书编号	数字
购买数量	数字	购买时间	日期/时间

【任务 2】使用设计视图为“购书管理系统”数据库创建“图书”表。

① 单击【创建】菜单，选“表”选项，出现如图 10-18 所示表对象。单击开始菜单下面的【设计视图】图标打开一张新表的设计视图，同时弹出表对象【另存为】对话框，输入“图书”后，保存，如图 10-19 所示。表的设计视图如图 10-20 所示，分为上下两部分。上半部分用于设计表中字段的字段名、字段的数据类型和字段的说明。字段的说明是便于数据库管理员了解字段含义的说明性文字，不会对数据库的建立和运行有任何的影响。下半部分用于设置当前字段的属性。

② 根据预先对“图书”表的设计，在设计视图的上半部分中填入“编号”、“书名”、“类别”、“作者”、“价格”、“出版日期”、“出版社”、“简介”和“图片”这 9 个字段，并分别设置其数据类型为“自动编号”、“文本”、“文本”、“文本”、“货币”、“日期/时间”、“文本”、“备注”和“OLE 对象”，如图 10-20 所示。

③ 设计好字段的数据类型后往往还要进一步设置字段的属性，以便让表的结构和功能更加的完善。对字段属性的设置可以在设计视图的下半部分的【常规】和【查阅】两个选项卡里完成。对于不同的数据类型，拥有不同的属性设置，比如对于文本类型而言，字段大小这个属性用于设置文本类型字段可以包含的字符数；而对于数字类型而言，字段大小这个属性则是用于指定具体的数字类型是整型还是浮点型。表 10-6 对常用的字段属性作了简单的说明。

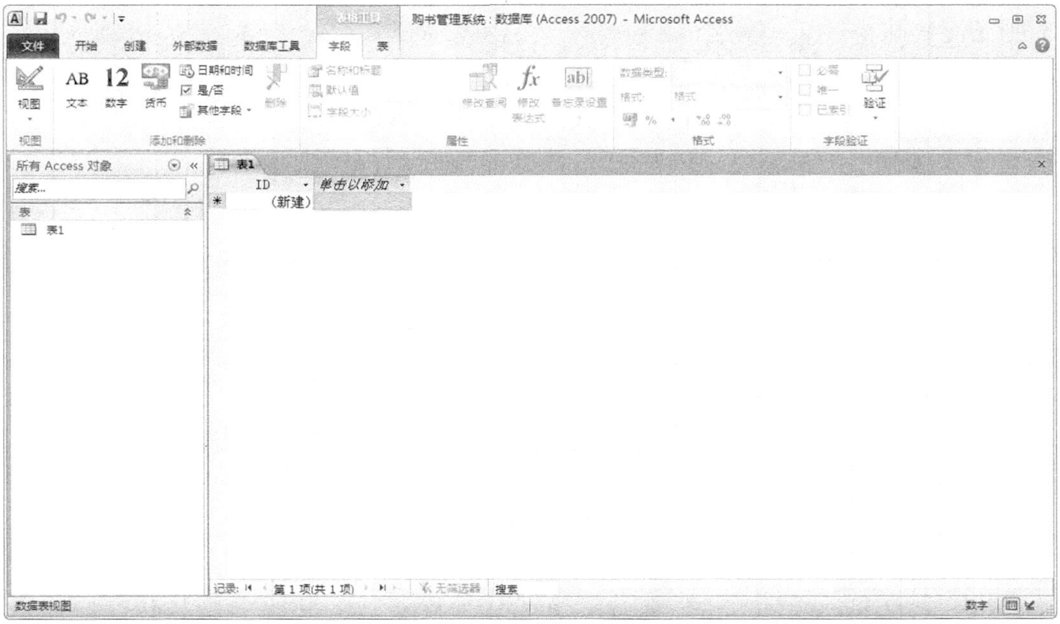

图 10-18　表对象

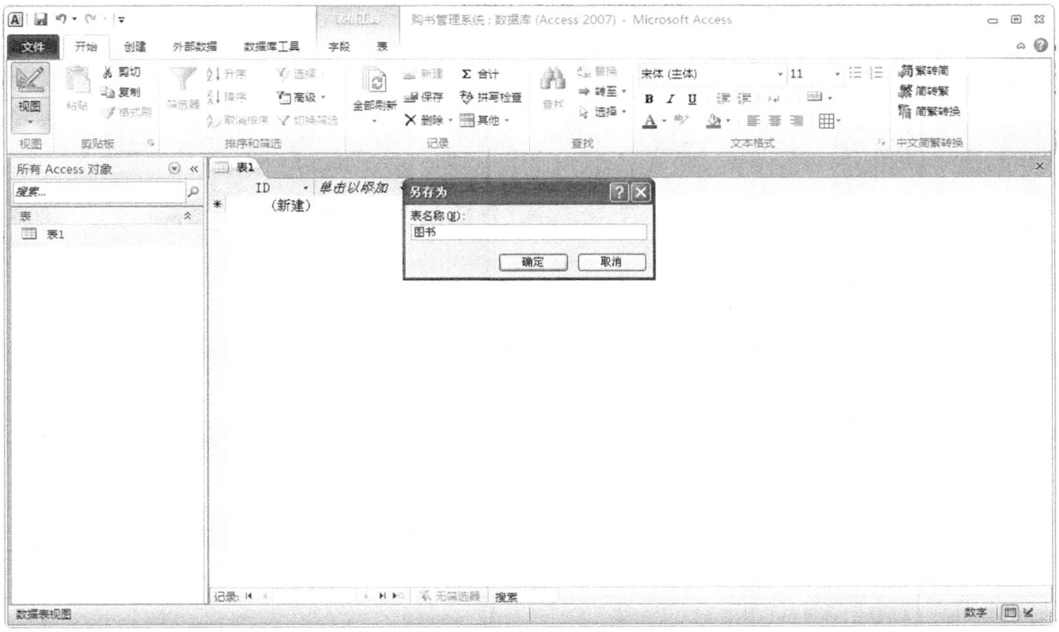

图 10-19　保存表对象

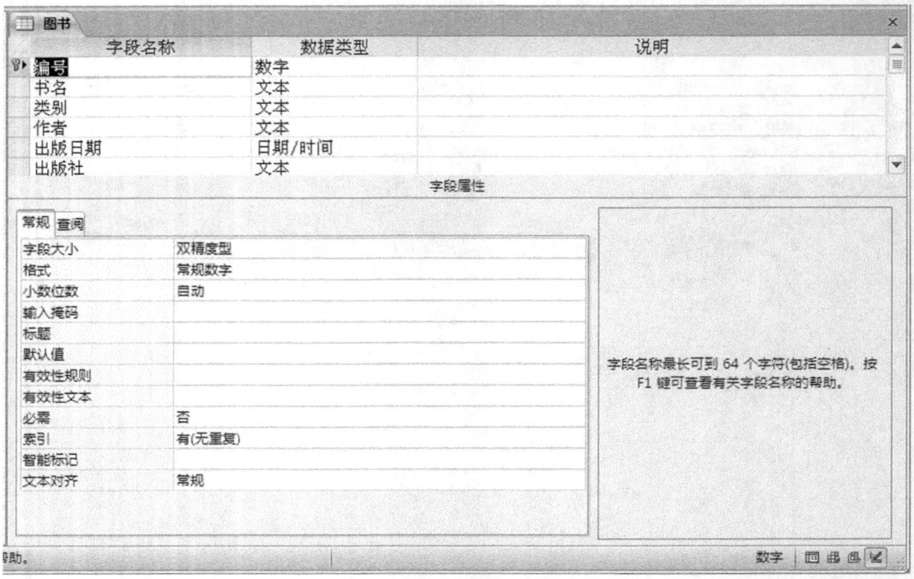

图 10-20 在设计视图中添加字段

表 10-6 常用的字段属性

字段属性	说明
字段大小	指定文本类型字段能够存储的字符数，或指定数字类型和自动编号类型的具体数值类型，如整型或长整型
格式	指定数据显示或打印的格式
小数位数	指定数字类型或货币类型最多支持的小数位数，只影响显示的小数位数，不影响所保存的小数位数
输入法模式	对于主要存储汉字数据的字段，可将其输入法模式设置为“输入法开启”，这样当要在该字段中输入数据时，输入法状态会自动切换到汉字状态
输入掩码	指定输入数据时的格式，以减少差错，可用“输入掩码向导”来编辑输入掩码
标题	指定在数据表视图或窗体中显示该字段时所用的标题，为字段指定标题有利于指明字段的含义
默认值	指定在添加新记录时，如果不输入任何数据，该字段会被自动填充的一个值
有效性规则	用于限制输入数据的表达式，如“<=100”、“Like? ＃”等。可用表达式生成器来创建有效性规则表达式。
有效性文本	设置在数据不符合有效性规则时所显示的出错提示信息
必填字段	指定该字段是否必须输入数据
允许空字符串	用于文本类型的字段，设置是否允许输入空字符，即不输入任何字符
索引	设置该字段是否进行索引以及索引的方式。索引可加快数据的查询和排序的速度，但也会使表的更新速度变慢。
智能标记	设置显示智能标记
显示控件	确定字段在窗体中对应的显示控件

④ 在表的设计中，除了定义字段之外，指定主键也是很重要的一步。主键是用于唯一地标识一条记录的字段，它可以是一个字段，也可以是几个字段的组合。虽然在 Access 中，

可以创建不包含主键的表，但由于设置了主键的表有利于搜索数据和建立关系，所以应该尽可能地为每个表建立一个合适的主键。显然，在“图书”这张表中，“编号”字段应被设置为主键，因为只有这个字段可以唯一地确定一条图书记录。单击“编号”字段，便会选中这一字段（如果想选中多个字段，可以按住 Ctrl 键，再单击想要选中的字段），然后单击【设计】菜单下的【主键】命令，即可将该字段设置为主键。设置为主键的字段左边会出现一个图标。如果想取消某一字段的主键设置，可以先选中该字段，然后再次单击【设计】菜单下的【主键】命令。

⑤ 设计完成一个表结构以后，应该将其保存。

4. 输入数据

建立表结构后，便可以向该表中输入要存储的数据了。在 Access 数据库的表中输入数据就像在 Excel 表中输入数据一样简单。事实上，不但可以向已建立好表结构的表中输入数据，还可以通过直接输入数据的方法自动创建表。

【任务 3】通过直接输入数据的方法在“购书管理系统”数据库中建立一张“会员”表，用于存储会员资料。

① 通过【创建】菜单下的【表】图标打开一张新表的数据表视图，如图 10-21 所示。

如果想为一张已存在的表输入数据，只需在【导航网格】窗口中【表】选项下双击该表，即可打开其数据表视图输入数据。

② 数据表视图的使用非常简单，每一行代表一条记录，每一列代表一个字段。只需按照这种格式直接将数据输入到表格中即可。双击字段的名称可以对其进行修改，这里将前 4 个字段的名称修改为“姓名”“性别”“生日”和“电话”，然后再向数据表中输入相应的数据，如图 10-22 所示。

图 10-21　表的数据表视图

会员

编号	姓名	性别	出生日期	联系电话	电子邮件帐户名
01	张宏	男	1992-2-13	(010) 655123	liuli99@mails.tsinghu
02	刘立丰	女	1988-9-12	(010) 693587	limz@tsinghua.edu.cn
03	张晓芸	男	2000-12-13	(010) 653456	xianghl@ee.tsinghua.e
04	麻城风	男	1998-9-25	(0435) 37188	zhaomq@tsinghua.edu.c
05	钟小于	女	1992-7-8	(0971) 55582	hgwang@tsinghua.edu.c
06	王成里	男	1996-4-23	(0372) 35692	jinfeng99@tsinghua.or
07	李达成	男	1995-10-29	(010) 653456	dacheng@tsinghua.org.
08	李鹏举	男	1989-12-29	(010) 653446	pengju89@tsinghua.org
09	江小洋	女	1993-12-25	(010) 653434	xiaoyang99@tsinghua.o
10	赵大鹏	男	1998-12-1	(010) 655123	zrz@mail.tsinghua.edu
11	章程	男	1992-11-13	(010) 655123	yangyuzhen@tsinghua.e
12	张进	女	1980-5-23	(010) 655123	rnxxsk@tsinghua.edu.c
13	赵大勇	女	1987-10-14	(010) 655123	dingfang@tsinghua.edu
14	马淑芬	女	1999-2-12	(0412) 55589	Zhengzhi00@mails.tsin
15	王丽丽	女	1989-12-24	(0412) 55594	yuanye@mails.tsinghua
*					

图 10-22　在数据表视图中输入数据

使用数据表视图创建表时可以先不输入自动编号类型的数据，因为 Access 可以自动向表中添加自动编号类型的字段，并向字段中填充相应的值。

③ 设置主键。单击【开始】下的【视图】图标，打开表的设计视图，如图 10-23 所示。在编号行左侧右击，在快捷菜单中选择“自动增加一列自动编号数据”，并指定为主键，如图 10-24 所示。

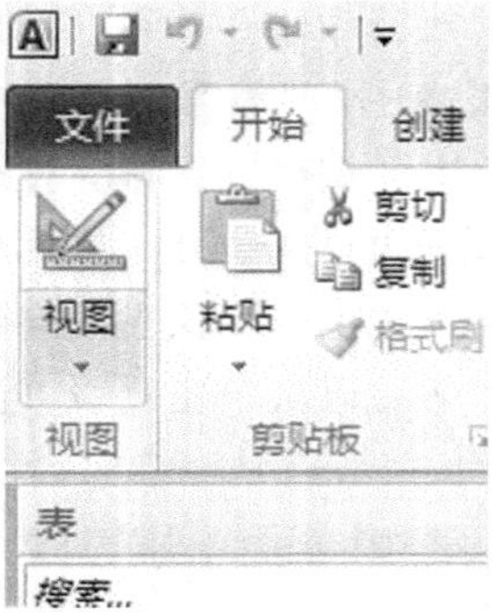

图 10-23 设计视图图标

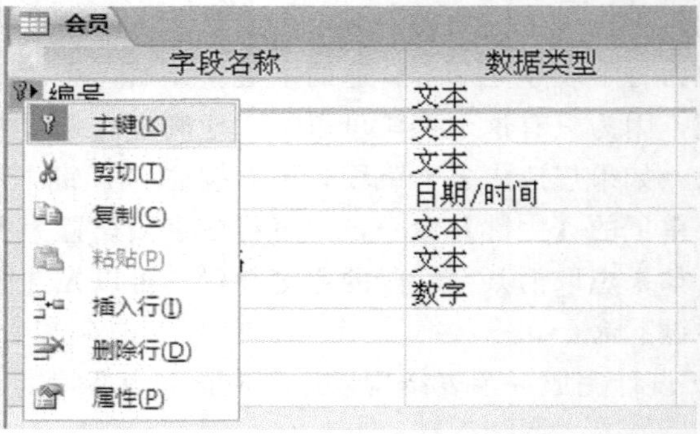

图 10-24 在数据表中建立的主键

5. 记录的排序与筛选

除了可以在数据表视图中对记录进行增加、删除、修改、查询之外，还可以对记录进行排序和筛选。这里以“会员”表为例，讲解记录的排序与筛选方法。

（1）记录的排序

Access 默认是以表中定义的主关键字的值排序显示记录的。如果没有定义主关键字，则按记录在表中的物理位置显示记录。用户可以在数据表视图中对记录进行排序以改变记录的显示顺序。

① 打开数据表视图。

② 选定用于排序的一个或连续多个字段，然后在【开始】菜单中选择【排序】图标，单击其中的【升序排序】图标或【降序排序】图标。

③ 如果要恢复原来的显示顺序，可选择【开始】|【取消排序】即可。

（2）按选定内容筛选记录

① 打开数据表视图。

② 选定“性别”字段中的“男”，如图 10-25 所示，然后选择【开始】|【选择】，弹出的快捷菜单中选择【等于“男”】。

③ Access 将按选定的内容“男”进行筛选，筛选后表中只显示出经过筛选的“男”会员的记录。筛选的结果如图 10-26 所示。

（3）内容排除筛选

① 打开数据表视图。

② 选定“性别”字段中的“男”，如图 10-25 所示，然后单击【开始】|【选择】图标，弹出的快捷菜单中选择【不等于“男”】。筛选后将显示出性别字段的值不是“男”的全部记录，如图 10-27 所示。

（4）按窗体筛选记录

按窗体筛选记录时，Access 将数据表变成一个记录，并且每个字段都是一个下拉列表框，用户可以从每个下拉列表框中选取一个值作为筛选的内容。如果选择两个以上的值，还可以通过窗体底部的“或”标签确定两个字段值之间的关系。

【任务 4】使用“按窗体筛选记录”筛选性别为“男”的、1982 年以后出生的会员记录。

① 打开“会员”表的数据表视图。

图 10-25　“会员”表

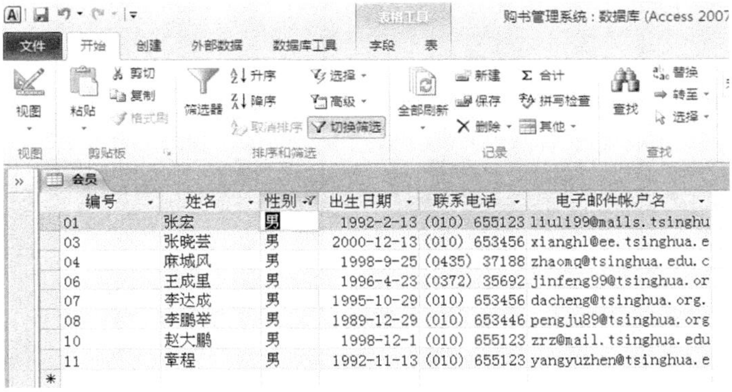

图 10-26　按选定内容筛选的结果

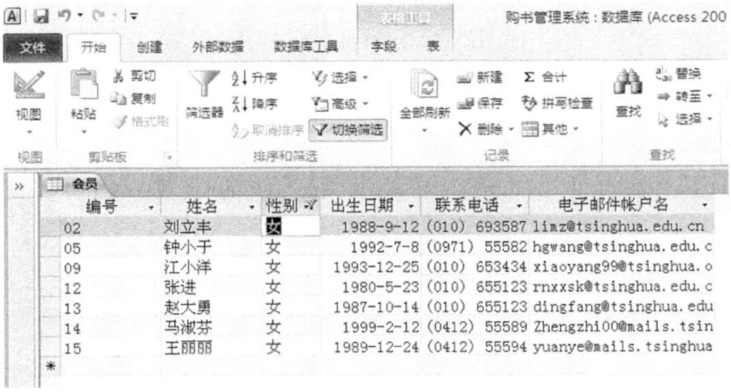

图 10-27　内容排除筛选的结果

② 选择【开始】菜单下的【高级】子菜单中的【按窗体筛选】命令，打开【按窗体筛选】窗口。

③ 在【按窗体筛选】窗口中对相应的字段设置条件，如在“性别”字段中选择“男”，从“生日”字段中选择“1982-1-1”，然后在日期前输入“>”，如图 10-28 所示。

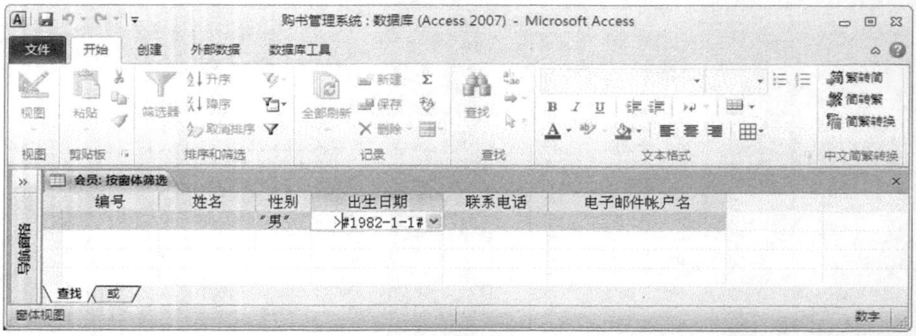

图 10-28 按窗体筛选窗口

④ 单击工具栏上的筛选按钮，便会得到筛选的结果，即 1982 年以后出生的男性会员的记录，如图 10-29 所示。

图 10-29 按窗体筛选的结果

(5) 记录的高级筛选

使用“高级筛选”功能可以筛选出满足复杂条件的记录，还可以对筛选的结果进行排序。

【任务 5】使用“高级筛选”功能筛选出 1970 年到 1990 年出生的男性会员，并按积分进行升序排序。

① 打开“会员”表的数据表视图，选择【开始】菜单下的【高级】子菜单中的【高级筛选/排序】命令，打开【筛选】窗口，如图 10-30 所示。

② 用鼠标单击设计网格中的第一列“字段”行，并单击右侧的向下箭头按钮，从弹出的列表中选择“性别”字段，然后用同样的方法在第 2 列的“字段”行上选择“生日”字段，在第 3 列的“字段”行上选择“积分”字段。

③ 在“性别”的“条件”单元格中输入筛选条件“男”，在“生日”的“条件”单元格

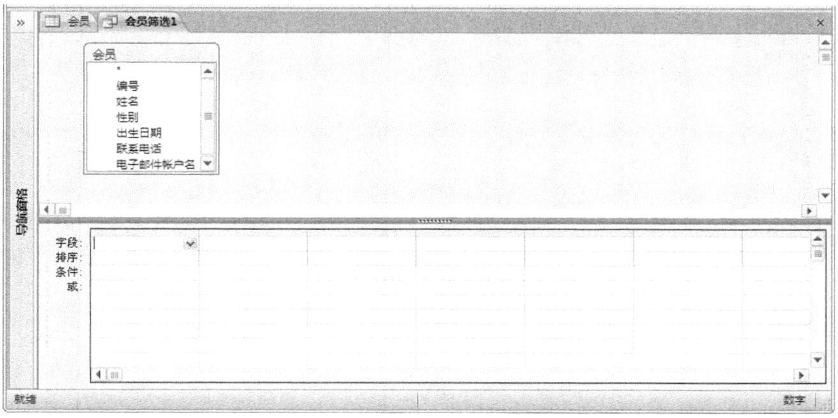

图 10-30　筛选窗口

中输入条件“Between＃1990-1-1＃And＃1995-1-1＃”，在“积分”的“排序”下拉列表中选择“升序”，如图 10-31 所示。

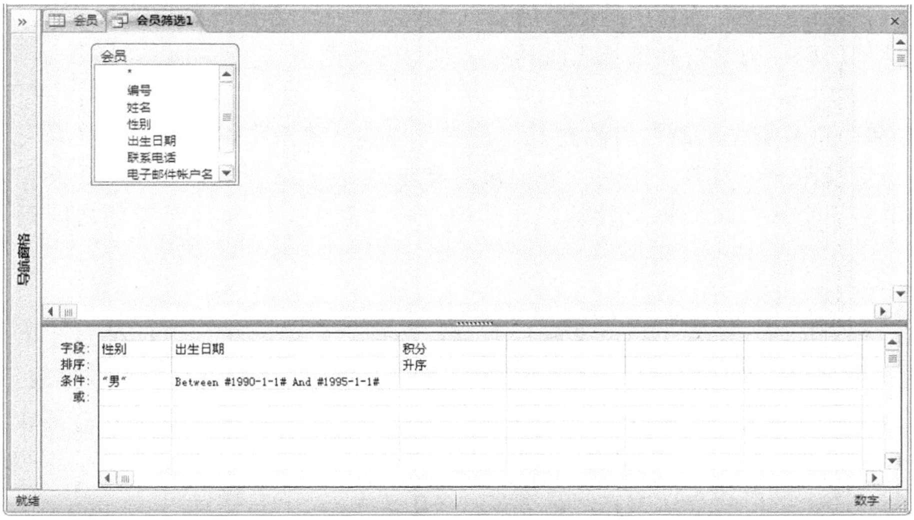

图 10-31　设置高级筛选的条件

④ 单击工具栏上的按钮，即可得到筛选的结果，如图 10-32 所示。

(6) 表间关系

在 Access 数据库中，创建了各种表之后，还要在各个表之间建立关系，然后才可以通过创建查询、窗体以及报表来显示从多个表中检索的信息。

A. 关系的类型

关系是在两个表之间建立的联系。关系有一对一、一对多和多对多 3 种类型。

①“一对一”关系（1∶1）

在一对一关系中，A 表中的每一记录仅能在 B 表中有一个匹配记录，并且 B 表中的每一记录仅能在 A 表中有一个匹配记录。此关系类型并不常用，因为大多数以此方式相关的

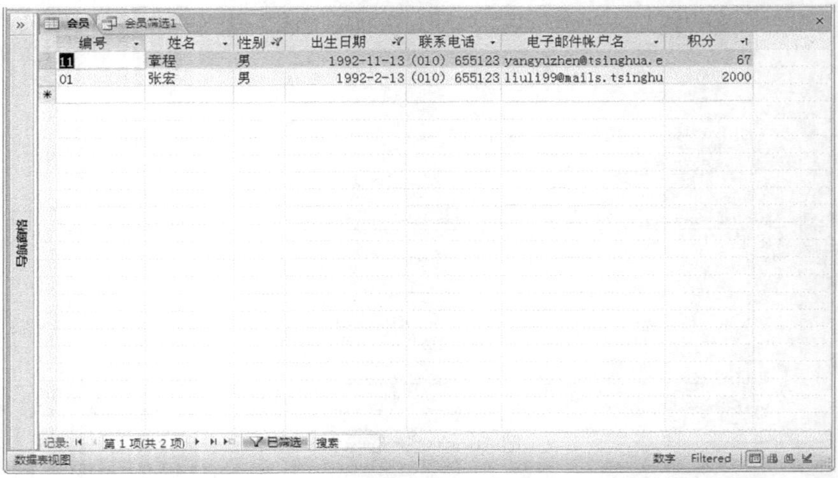

图 10-32　设置高级筛选的条件

信息都在一个表中。可以使用一对一关系将一个表分成许多字段，或因安全原因隔离表中部分数据，或存储仅应用在主表中的子集的信息。例如，一个学校只有一个校长，一个校长只能在一个学校任职，则学校和校长之间具有一对一的关系。

②“一对多”关系（1∶n）

“一对多”关系是关系最常用的类型。在“一对多”关系中，A 表中的一条记录能与 B 表中的多条记录匹配，而 B 表中的一条记录只能与 A 表中的一条记录匹配。例如，一个系部可以聘请若干个教师，而每个教师只能受聘于一个系部，则系部与教师之间是一对多的关系。

③“多对多”关系（m∶n）

在多对多关系中，A 表中的记录能与 B 表中的许多记录匹配，并且在 B 表中的记录也能与 A 表中的许多记录匹配。此类型的关系仅能通过定义第三个表（称作联结表）来达成，它的主键包含两个字段，即来源于 A 和 B 两个表的外键。多对多关系实际上是和第三个表的两个一对多关系。例如，一个学生可以在同一个学期学习多门课程，而一门课程同时可以有多个学生学习，则学生与课程之间具有多对多的关系。

B. 建立表间关系

在 Access 2010 中，可以使用一种图形化的界面，即【关系】窗口，来定义和管理表间的关系。

【任务 6】为包含“类别”“图书”“会员”“购书”4 张表的“购书管理系统”数据库建立表间关系。

① 打开“购书管理系统 . accdb”，单击【数据库工具】|【关系】命令，即可打开 Access 的【关系】窗口。如果目前尚未在该数据库中定义任何关系，那么在打开【关系】窗口的同时，系统会自动弹出【显示表】对话框，从中选择要定义关系的表，如图 10-33 所示。如果没有出现【显示表】对话框，那么可以在【关系】菜单下单击【显示表】命令，即可打开该对话框。

② 在【显示表】对话框的【表】选项卡中，选中所有的表，单击【添加】按钮，将这 4 个表添加到【关系】窗口，然后单击【关闭】按钮。此时，【关系】窗口中会显示出 4 张表的字段，如图 10-34 所示。

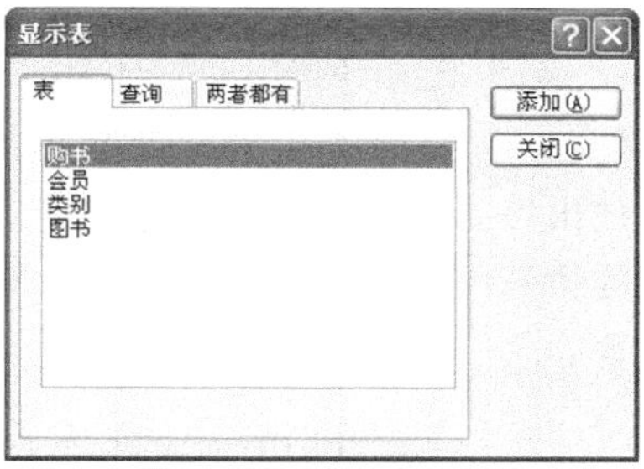

图 10-33 显示表对话框

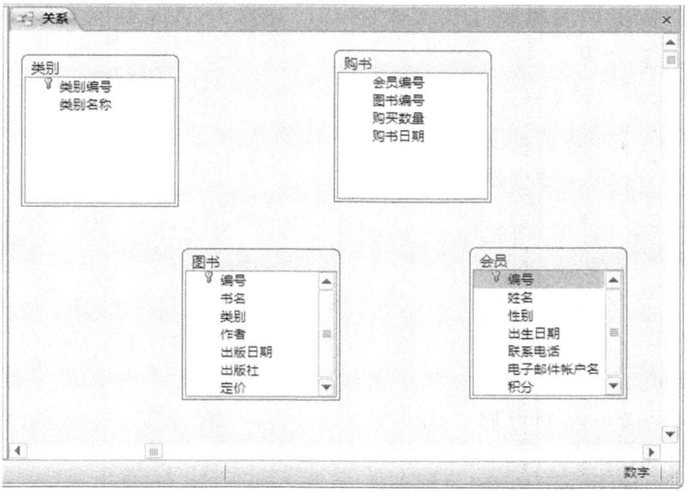

图 10-34 向关系窗口中添加表

③ 单击【关系】|【编辑关系】命令，打开【编辑关系】对话框，如图 10-35 所示。

④ 若要在表间实施参照完整性，应选中【实施参照完整性】复选框。再根据需要选中【级联更新相关字段】和【级联删除相关字段】复选框。单击【创建】按钮，即可创建从“类别”表的“类别编号”字段到“图书”表的“类别”字段之间的“一对多”关系。

⑤ 在【关系】窗口的相关表的相关字段间产生一条细线，称为关系线。关系线两端有“1”和“∞”，表示两表之间建立了“一对多”关系。“1”端表称为“左表”（主表），“∞”端表称为“右表”（相关表）。

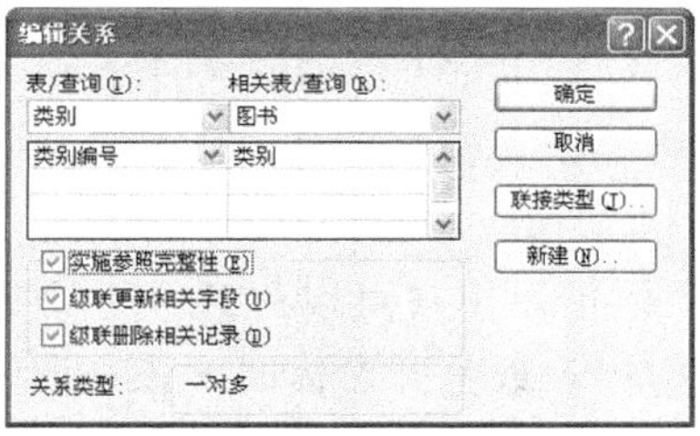

图 10-35 编辑关系对话框

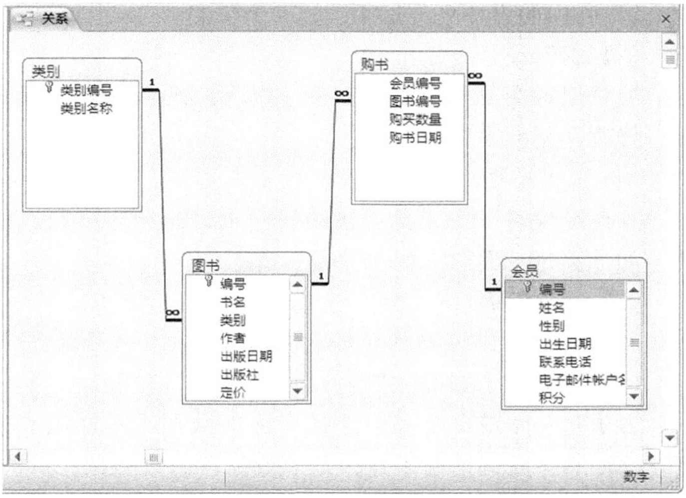

图 10-36 “购书管理系统”的关系

⑥ 继续使用同样的方法创建出从“会员”表的“编号”字段到“购书”表的“会员编号”字段的“一对多”关系，以及从“图书”表的“编号”字段到“购书”表的“图书编号”字段的“一对多”关系，如图 10-36 所示。

⑦ 最后关闭【关系】窗口，弹出对话框询问是否对关系布局的更改进行保存，单击【是】即可。

⑧ 在【关系】窗口中单击一条关系线，然后单击【关系】|【编辑关系】命令，便可以打开【编辑关系】对话框对这个关系进行编辑。如果在单击一条关系线后，按下键盘上的Delete键，便会删除这个关系。

10.2.3 查询的创建与使用

查询是Access数据库系统中一个非常重要的对象。简单地讲，一个查询就是对数据库中的表或其他查询结果的一组相关操作，比如在一张表中筛选出符合某种条件的记录或把某两张表中的部分记录和字段组合在一起建立一张新表。查询的执行结果往往也是一张表，但这种表不会被存储，因为它是在执行查询时即时生成的虚拟表。

1. 查询的分类与应用

Access数据库中的查询有很多不同的类型，从功能上分有选择查询、交叉表查询、操作查询和SQL查询。操作查询又包括生成表查询、追加查询、更新查询和删除查询。每种查询都有着很重要的应用，下面介绍查询的6种主要应用。

（1）选择字段

在查询中，可以只选择表中的部分字段。例如，建立一个查询，只显示“图书”表中的“编号”“书名”“类别”“价格”和“数量”字段。利用查询的这一功能，可以通过选择一个表中的不同字段生成所需的多个表。

（2）选择记录

根据指定的条件查找所需的记录，并显示找到的记录。例如，建立一个查询，只显示“会员”表中的男性会员记录。

（3）编辑记录

编辑记录主要包括添加记录、修改记录和删除记录等。在Access中，可以利用查询添加、修改和删除表中的记录。

（4）实现计算

查询不仅可以找到满足条件的记录，而且还可以在建立查询的过程中进行各种统计计算，如计算每一类图书的总数量。

（5）建立新表

利用查询得到的结果可以建立一个新表，也可以直接通过一个查询来创建新表。

（6）建立基于查询的报表和窗体

为了从一个或多个表中选择合适的数据显示在报表或窗体中，用户可以先建立一个查询，然后将该查询的结果作为报表或窗体的数据源。每次打印报表或打开窗体时，该查询就从它的基表中检索出符合条件的最新记录，这样也提高了报表或窗体的使用效果。

2. 查询的视图

Access的查询对象一共拥有5种视图，分别是“设计视图”“SQL视图”“数据表视图”“数据透视表视图”和“数据透视图视图”，其中最常用到的是“设计视图”“SQL视图”和“数据表视图”。

(1) 设计视图

查询对象的设计视图主要用于创建或修改查询。使用设计视图可以很方便地创建出各种功能强大的查询，也可以使用设计视图对已有的查询进行修改。

单击【创建】菜单的【查询设计】按钮，便会打开一个新查询的设计视图，如图 10-37 所示。

打开新查询的设计视图的同时，还会打开一个名为【显示表】的对话框，如图 10-38 所示。

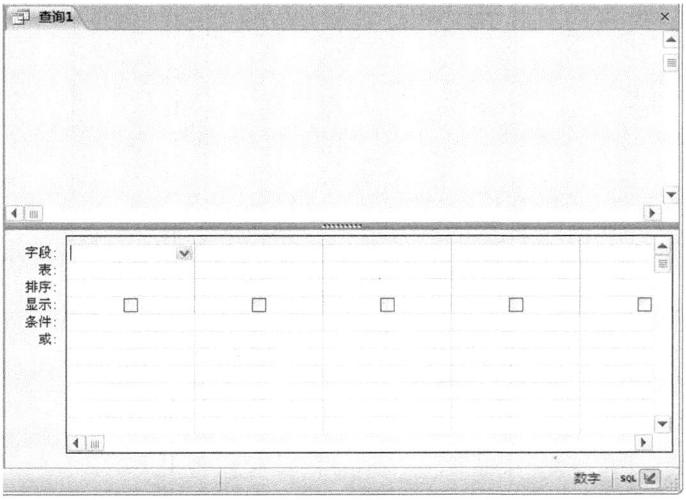

图 10-37　查询的设计视图

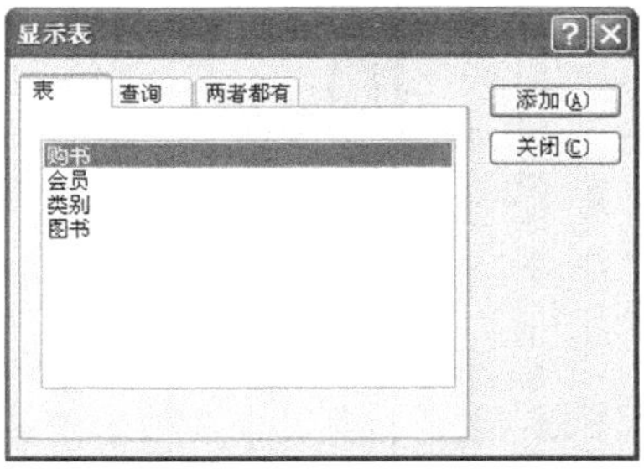

图 10-38　显示表对话框

由于查询是基于表或其他查询之上的操作，所以在使用设计视图创建查询时，首先要将需要操作的表或查询添加到设计视图中，这可以通过【显示表】对话框完成。【显示表】对话框中包含有【表】、【查询】和【两者都有】3 个选项卡。【表】选项卡中列出了当前数据库中包含的所有表，【查询】选项卡中列出了当前数据库中包含的所有查询，而【两者都有】选项卡中则包含了当前数据库中所有的表和查询。选择当前查询所要操作的表和查询，然后单击【添加】按钮便可以将它们添加到当前查询的设计视图中了。添加了表和查询以后可以单击【关闭】按钮将【显示表】对话框关闭，然后在设计视图中查看和管理。

查询的设计视图分为上下两部分，上半部分称为字段列表区，用来查看和管理此查询所要操作的表或其他查询，其显示形式类似于表的“关系”视图，如图 10-39 所示。在字段列表区中单击某一个表或查询，再按键盘上的 Delete 键便可以将其删除。

查询视图的下半部分称为设计网格区，用来对查询的结果中所包含的字段进行设计。设计网格区中各行的作用如下：

① 字段，查询工作表中所有的字段名称。

② 表，指定字段所在的表或查询。

③ 总计，指定字段在查询中的汇总方式。该行只在选中了【设计】|【汇总】按钮后才会显示。

④ 排序，指定查询结果的排序方式，可以指定为根据当前字段的值进行升序排列或降序排列。

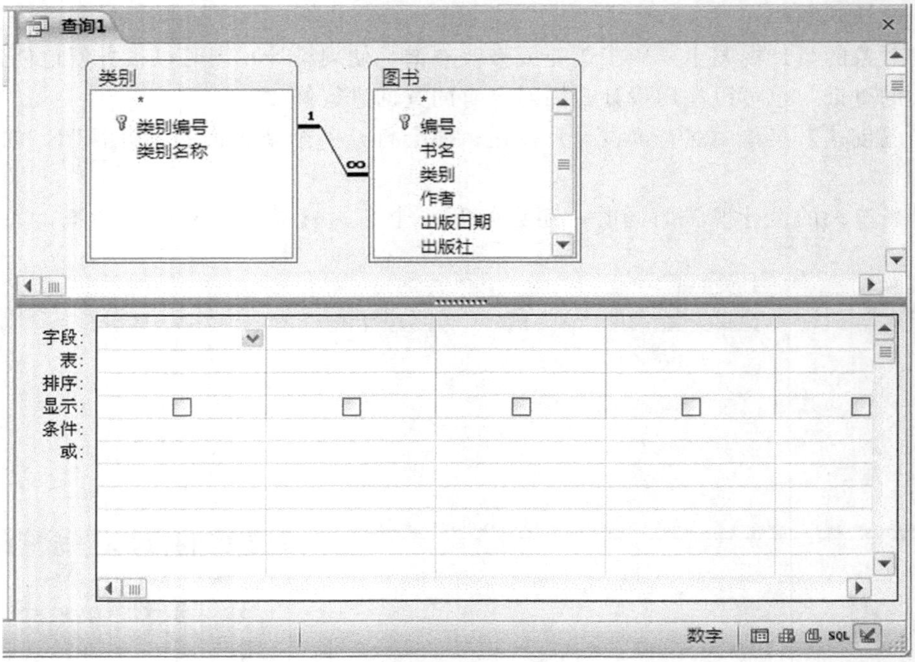

图 10-39　查询的设计视图

⑤ 显示，指定查询结果中是否显示该字段。

⑥ 条件，使用条件表达式对查询结果进行筛选。

⑦ 或，指定另一个条件表达式。

使用设计视图创建完一个查询后，应该通过单击【文件】|【保存】命令将其保存。

（2）SQL 视图

在 Access 中，虽然可以使用设计视图创建出功能强大的查询，但其可定制能力依然存在一定的限制。为此，Access 提供了使用 SQL 语言的方式来创建查询。使用 SQL 语言可以创建出任何形式的查询，其可定制能力非常强大，但复杂性也相对较高。

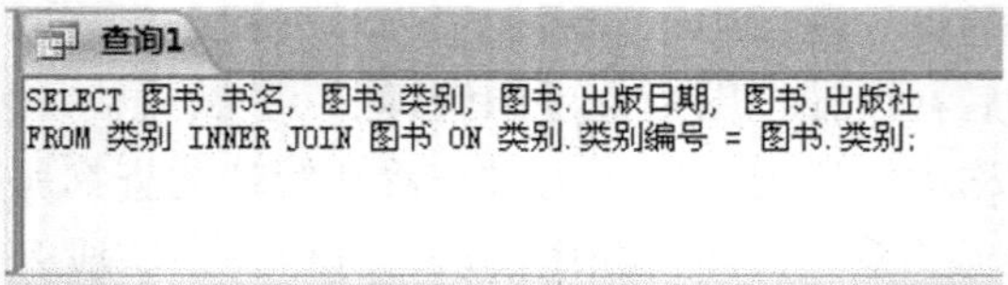

图 10-40　查询的 SQL 视图

如果想使用 SQL 语言创建或编辑查询，可以先打开一个查询（可以是一个新查询，也可以是一个已经建立好的查询），然后单击查询工具的设计工具栏中的【视图】|【SQL 视图】命令，这样便打开了查询的 SQL 视图，如图 10-40 所示。在查询的 SQL 视图中，可以直接编写 SQL 语句。就像使用编程语言编写应用程序一样，每一条 SQL 语句都对应着一项对数据库的操作（当然，在查询中不能编写诸如创建数据库这样的 SQL 语句），一个查询中可以包含多条 SQL 语句。在 Access 2010 中，也可以先使用向导或设计视图创建查询，然后再切换到 SQL 视图中进行进一步的编辑，因为 Access 会自动根据向导或设计视图中的设计生成相应的 SQL 语句。完成 SQL 语句的编写后，可以单击【文件】|【保存】命令将其保存。

(3) 数据表视图

由于查询的运行结果往往是一张表，所以 Access 也为查询对象提供了“数据表视图”。打开查询对象后，可以通过单击【视图】|【数据表视图】命令切换到查询的数据表视图。在数据表视图下，可以查看查询的执行结果。

图 10-41 显示的就是“1992 年出生的男会员”这个查询的执行结果，这个查询执行了对“会员”表按一定的条件进行筛选的操作。注意，数据表视图中显示的表是即时生成的一张虚拟表，Access 不会对其进行单独的存储。

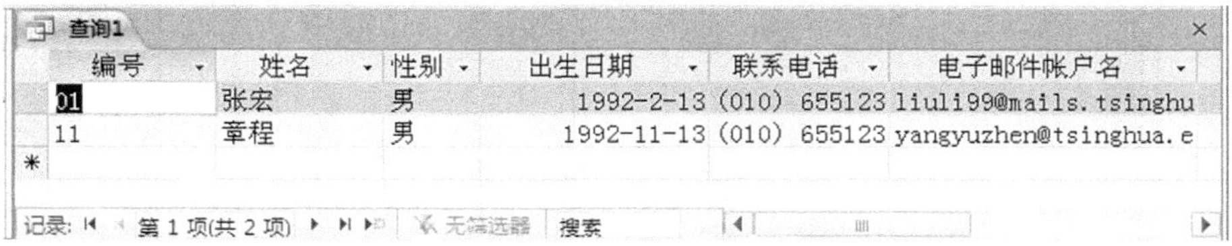

图 10-41　查询的数据表视图

3. 选择查询

选择查询是最常用的查询，它对保存在表中的数据进行查询，以数据表的方式返回查询结果，但不改变原表中数据。选择查询可以选择要返回的特定字段、符合条件的记录、设置记录的顺序、对记录进行分组并进行汇总计算（包括求和、计数、求平均值等）。

【任务 7】创建一个查询，用于筛选 1982 年出生的男性会员记录，将此查询命名为“1992 年出生的男会员”。

① 打开一个新查询的设计视图，在弹出的【显示表】对话框中选择“会员”表，并单击【添加】按钮，如图 10-42 所示。

② 单击【显示表】对话框的【关闭】按钮，将该对话框关闭，并切换到新建查询的设计视图上。这时，查询设计视图的字段列表区会显示出“会员”表的字段，如图 10-43 所示。

图 10-42　显示表对话框

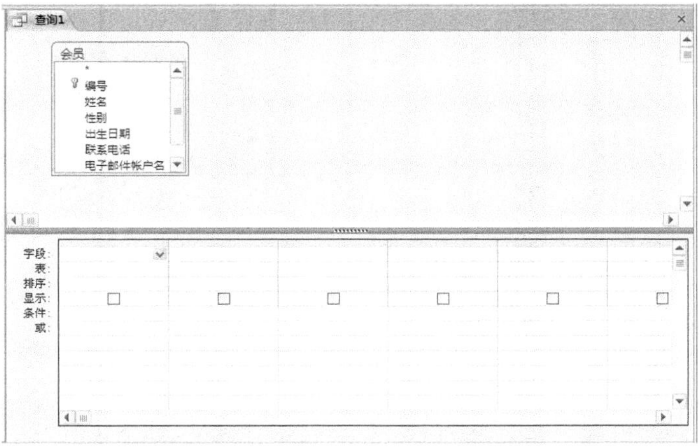

图 10-43　查询的设计视图

③ 在查询设计视图的设计网格中设计此查询结果中将要显示的字段。该查询的显示结果中应包括“编号”“姓名”“性别”“生日”和“电话”这 5 个字段，如图 10-44 所示。

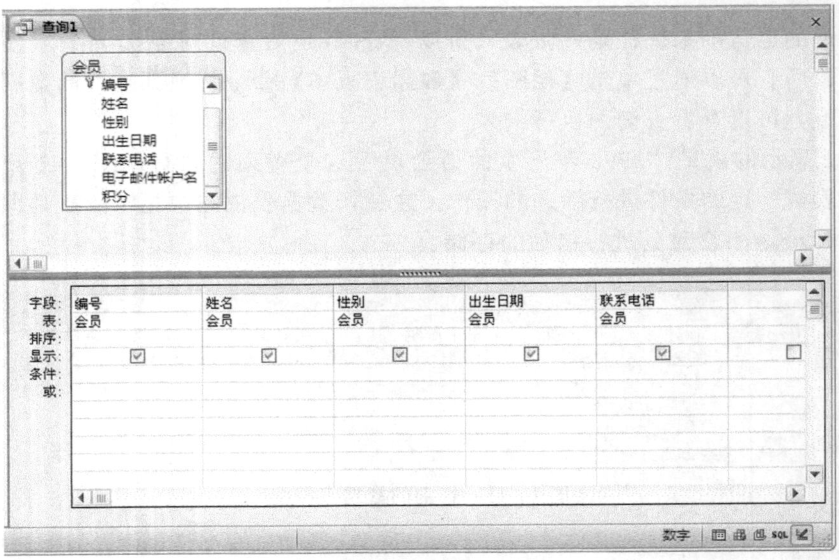

图 10-44 在查询设计视图中设计字段

④ 在设计网格中编写筛选条件。在本例中，要求筛选出 1992 年出生的男性会员记录，所以应该在“性别”字段中设置查询条件为“男”，“生日”字段中设置查询条件为“Between＃1992-1-1＃And＃1992-12-31＃”。这两个条件的关系是“与”，表示“男性会员”和“1992 年出生”两个条件同时满足。设置完成后，该查询的设计视图如图 10-45 所示。

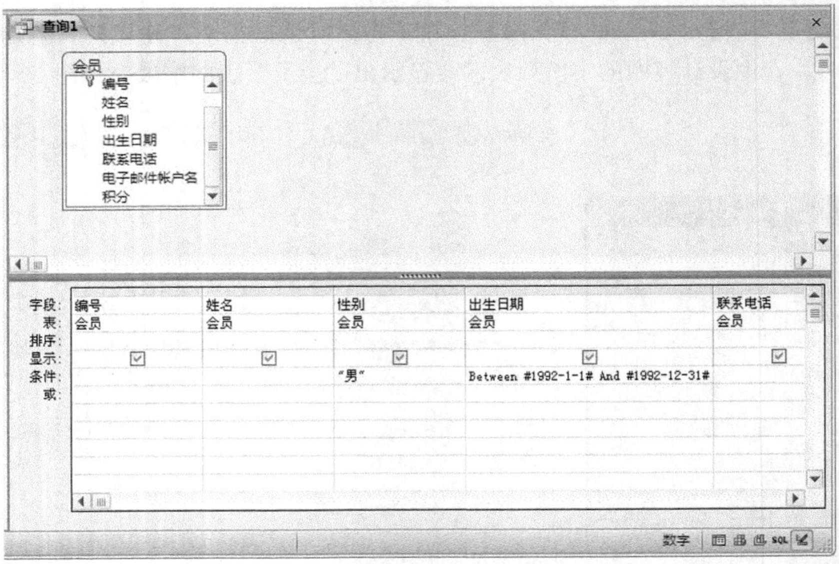

图 10-45 在查询设计视图中设置条件

温馨提示

Access 2010 中提供了一个“表达式生成器”工具，用于快速生成复杂的条件表达式。打开此工具的方法是：右击【查询设计】视图中的条件单元格，在弹出的快捷菜单中选择【生成器】命令。图 10-46 所示的就是【表达式生成器】对话框，在这里可以通过直接选择运算符和运算量的方法生成条件表达式。

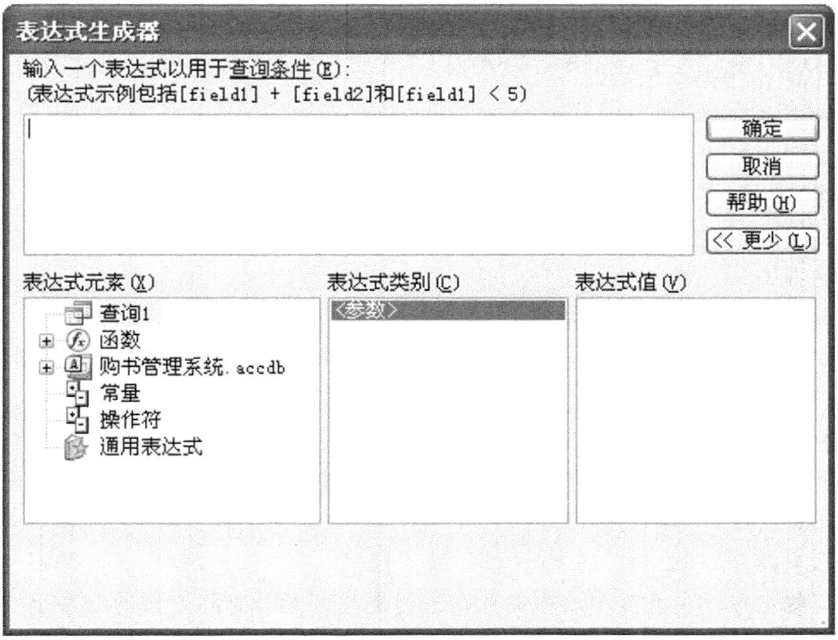

图 10-46　表达式生成器对话框

⑤单击【文件】|【保存】命令，在弹出的【另存为】对话框中输入查询的名称“1992 年出生的男会员”，然后单击【确定】按钮，如图 10-47 所示。

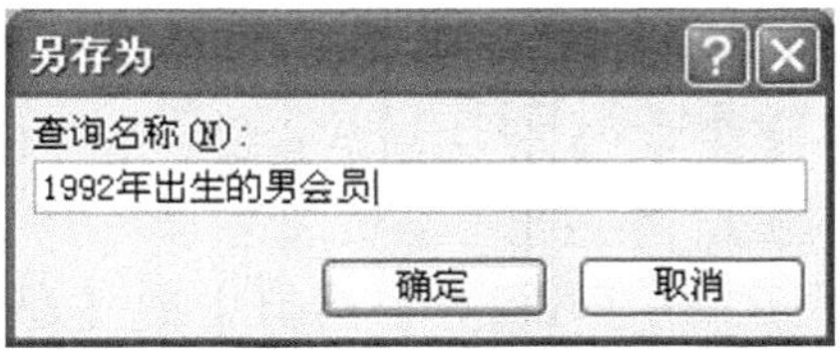

图 10-47　查询的另存为对话框

⑥单击【视图】|【数据表视图】命令或双击该查询文件可以查看到该查询执行的结果，如图 10-48 所示。

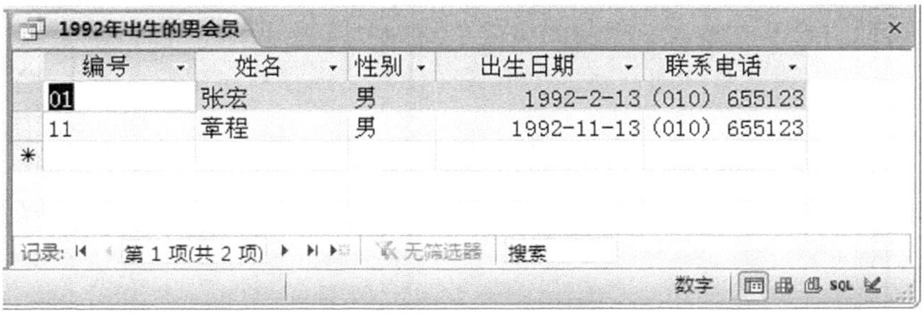

图 10-48　查询的结果

建立查询时，往往需要对记录进行一定的筛选。比如，建立一个只显示“会员”表中“男性会员”的查询，筛选的条件就是“性别”字段的值为“男”。Access 数据库提供了“条件表达式”的功能来实现上述较为复杂的查询。如果在查询的设计视图的“条件”框中输入一定的“条件表达式”，查询将按照“条件表达式”的要求进行筛选。

4. 操作查询

选择查询不更改原表中的数据，前面介绍的参数查询和交叉表查询都属于选择查询。操作查询与选择查询不同，操作查询是用来更改数据库的查询。

Access 中的操作查询包括以下 4 种：

（1）生成表查询

生成表查询就是使用已有的一个或多个表中的数据创建新表。运行生成表查询时把查询的数据存储在一个新表中。生成的新表并不继承原表中的字段属性和主键设置。所有的选择查询都可以改变成生成表查询。

（2）追加查询

追加查询就是将一组记录追加到一个或多个表的末尾。运行追加查询的结果是向有关表中自动添加记录，增加了表中的记录数。

（3）更新查询

更新查询就是对一个或多个表中的数据进行更改。运行更新查询的结果是自动修改了有关表中的数据。若设置了级联更新，则更新“一方”数据的同时，“多方”的数据也会自动更新。数据一旦更新，则不能恢复。

（4）删除查询

删除查询就是对一个或多个表中的数据进行删除。运行删除查询的结果是自动删除了表中的有关数据。若设置了级联删除，则删除“一方”数据的同时，“多方”的数据也会自动删除。数据一旦删除，则不能恢复。

这里仅以生成表查询为例，介绍创建操作查询的步骤，其他的操作查询的创建方法与生成表查询类似。

【任务 8】把之前创建的一个“1992 年出生男会员”查询改造为生成表查询，将此查询命名为“生成部分会员表”。

① 在【数据库】窗口中的【查询】对象页面中双击之前创建的“1992 年出生的男会员”查询，将其打开，并在【视图】菜单中选择【设计视图】命令，切换到查询的设计视图中，如图 10-49 所示。

② 单击【查询类型】|【生成表】按钮，打开【生成表】对话框，如图 10-50 所示。

③ 在表名称文本框中输入一个新的表名，比如“部分会员”，然后单击【确定】按钮，这样就完成了一个生成表查询的创建。单击【文件】|【保存】命令或【另存为】将这个查询保存。

④ 单击【查询】|【运行】命令，执行这一查询。这时，会弹出一个对话框，要求确认是否要创建新表并填入数据，如图 10-51 所示。单击【是】按钮将使用该查询结果中的记录创建新表。

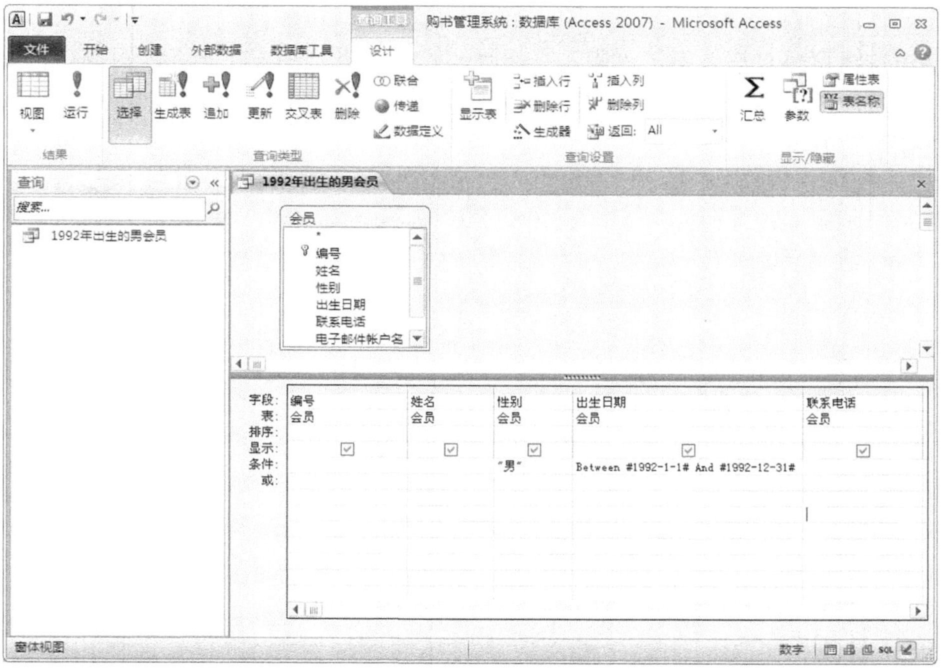

图 10-49　“1992 年出生的男会员”查询的设计视图

图 10-50　生成表对话框

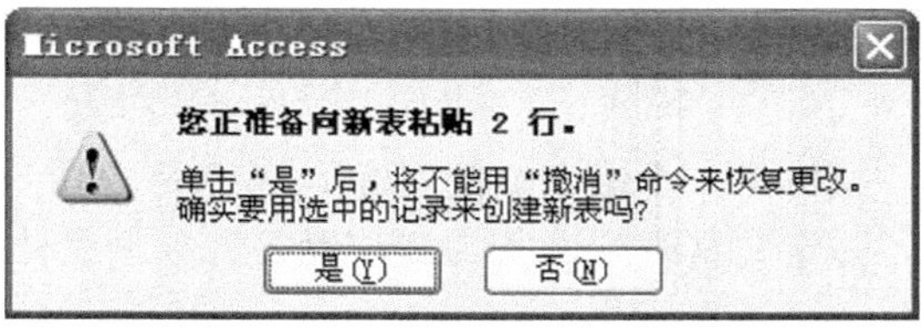

图 10-51　确认创建新表的对话框

提示：将生成表查询从设计视图切换到数据表视图，并不会运行该查询，而仅是以数据表的形式显示该查询的结果记录集。其他类型的操作查询也是如此。

10.2.4　窗体的创建与使用

窗体作为人机交互的一个重要接口，是 Access 2010 数据库中功能最强的对象之一，数据的使用与维护大多都是通过窗体来完成的。

通过窗体用户可以方便地输入数据、编辑数据、显示统计和查询数据，是人机交互的窗口。

窗体的设计最能展示设计者的能力与个性，好的窗体结构能使用户方便地进行数据库操作。此外，利用窗体可以将整个应用程序组织起来，控制程序流程，形成一个完整的应用系统。

（1）窗体的功能

显示与编辑数据可以通过窗体录入、修改、删除数据表中的数据，该功能是窗体最普遍的应用。

使用窗体查询或统计数据库中的数据可以通过“窗体输入数据查询或统计条件”来完成。

显示提示信息用于显示提示、说明、错误、警告等信息，帮助用户进行操作。

（2）窗体的结构

窗体通常由窗体页眉、窗体页脚、页面页眉、页面页脚和主体 5 部分组成，每一部分称为窗体的“节”，除主体节外，其他节可通过设置确定有无，但所有窗体必有主体节。

图 10-52 所示为一个窗体的“设计视图”窗口。

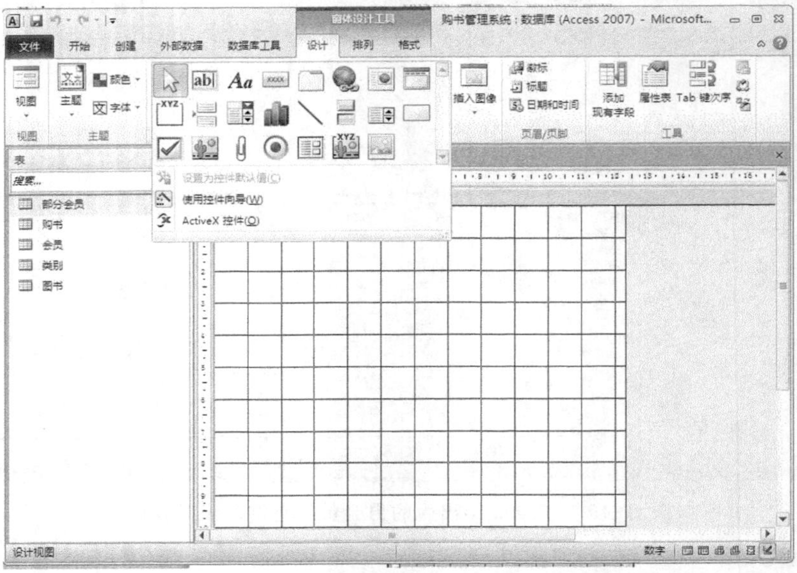

图 10-52　窗体的设计视图窗口

窗体是一个组合式的对象，也就是说用户可以根据自己的需要在窗体中增加相应的控件，并定义其外观、行为和位置等。典型窗体如图 10-53 所示。

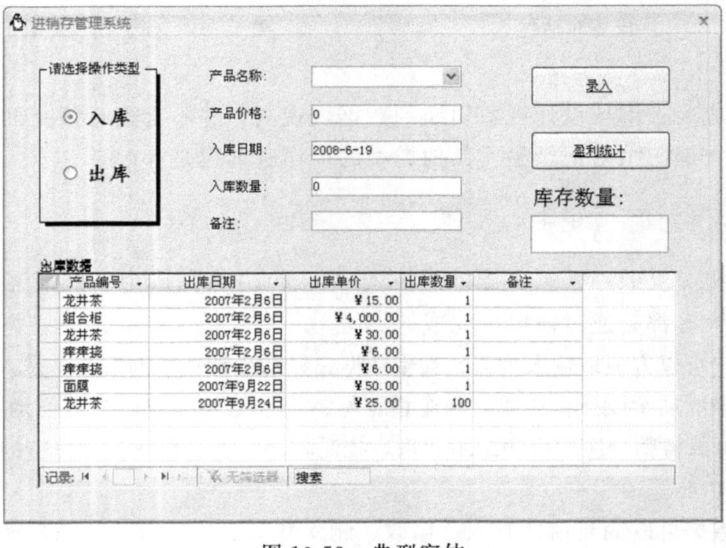

图 10-53　典型窗体

10.2.5 报表的创建与使用

报表是 Access 数据库的对象之一，用于对表、查询或窗体中的数据进行组织、计算、排序、分组和汇总，并按照指定的格式显示和打印出来。本节主要介绍报表的基础知识，包括报表的功能、报表的构成、报表的视图和报表的类型。

1. 报表的基本概念

(1) 报表的功能

报表是 Access 用来打印数据库信息的对象。它的主要功能是根据需要将数据库中的有关数据提取出来，进行分类、整理、汇总和统计，并按照用户需要的格式打印出来。打印出来的报表供用户使用、查阅和存档。

报表和窗体有许多类似的功能，如报表的结构和窗体的结构基本相似，它们的数据来源都是表、查询和 SQL 语句，创建报表和窗体的工具基本上相同。报表和窗体的不同之处在于，窗体用于对数据库进行操作，可以输入、修改和删除记录；而报表只用于组织和输出数据，并按照一定的格式打印输出数据库中的内容，不可以输入、修改和删除数据。

(2) 报表的结构

报表的结构和窗体的结构基本相似，也是由若干个“节”组成。报表的节包含“主体”“报表页眉”“报表页脚”“页面页眉”“页面页脚”“组页眉”和“组页脚”等。

“报表页眉/页脚”和“页面页眉/页脚”都可以使用【视图】菜单选择是否显示。而“组页眉”和“组页脚”只有在创建分组报表时根据需要显示。所谓分组是指在报表中将某些具有共性的记录，集中到一起作为一个组。按分组字段的不同值将报表分为不同的段落，可使报表层次清晰，提高报表的可读性。分组可以嵌套，Access 2010 最多可以允许 10 个“组页眉”和“组页脚”。图 10-54 所示为一个报表的“设计视图”窗口。

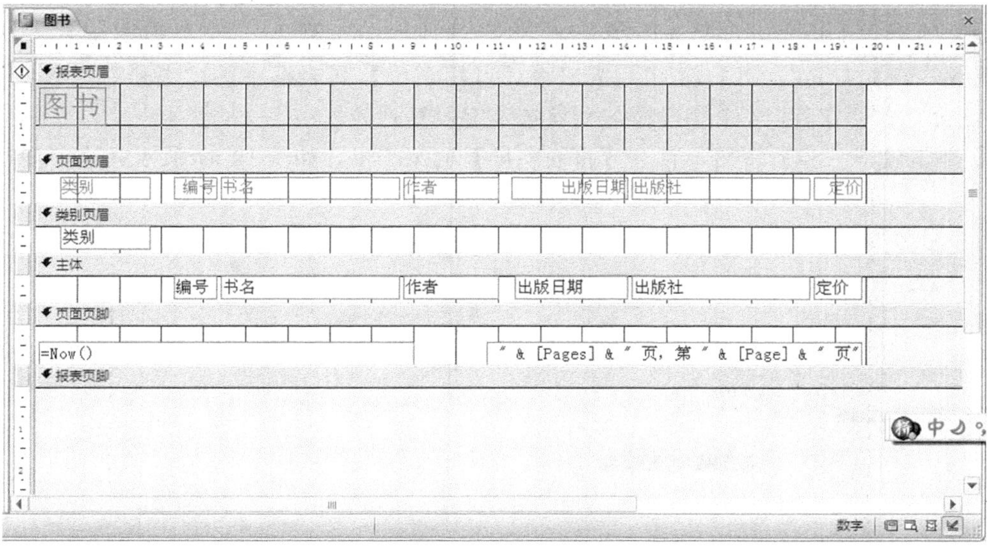

图 10-54 “各类产品”报表的设计视图

报表中各节的作用如下：

① 主体，是报表的主要组成部分，用来显示报表数据源中的记录。

② 报表页眉，是报表的首部，用来显示报表的标题、报表徽标、单位和部门名称、日期和说明性文本。

③ 报表页脚，是报表的尾部，用来显示整个报表的统计数据、日期和说明性文本。

④ 页面页眉，在每一页的顶部，用来显示列标题、页码等信息。

⑤ 页面页脚，在每一页的底部，用来显示页面摘要、页码、本页汇总数据等信息。

⑥ 组页眉，在组的明细部分的前面，用来显示分组字段等分组信息。

⑦ 组页脚，在组的明细部分的后面，用来显示分组统计数据等分组信息。

2. 使用向导创建报表

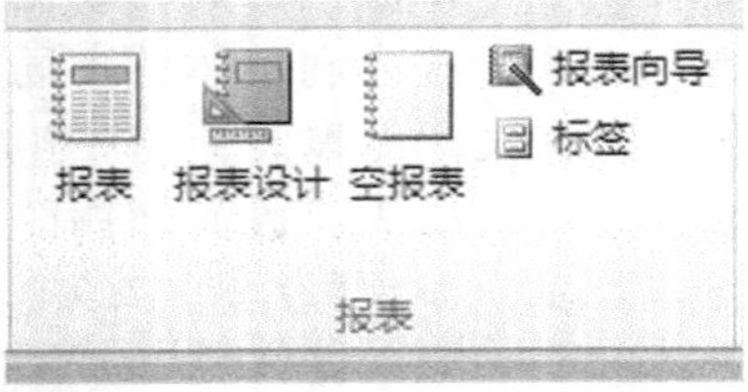

图 10-55 报表创建区

在 Access 2010 中，创建报表的方法分为两大类，一是使用向导创建报表，二是使用设计视图创建报表。在 Access【创建】菜单下的【报表】对象页面中，单击【新建】按钮，打开【新建报表】对话框，如图 10-55 所示。

报表和窗体一样，一般比较复杂，使用设计视图从无到有地创建比较费时费力，使用向导创建的报表布局可能不太理想。所以，创建报表时，一般先用向导进行报表的初步设计，完成报表的大部分基础性工作，然后用设计视图对报表进行再设计，直到满意为止。

【任务 9】使用“报表向导”创建一个报表，此报表以“图书”表作为数据源，显示“书号”“书名”“类别”“定价”和“作者”5 个字段的信息，并且按照“类别”字段的值进行分组。

① 打开【创建】菜单下的【报表向导】，打开【新建报表】对话框。

② 在【新建报表】对话框中单击【确定】按钮，系统会打开【报表向导】对话框。【报表向导】的第一步是要确定报表上使用的字段，如图 10-56 所示。在【表/查询】下拉列表框中选择“表：图书”，然后使用 > 按钮将【可用字段】列表框中的“书号”“书名”“类别”“定价”和“作者”5 个字段添加到【选定字段】列表框中。

③ 单击【下一步】按钮，打开【报表向导】的第 2 步，如图 10-57 所示，这一步是要确

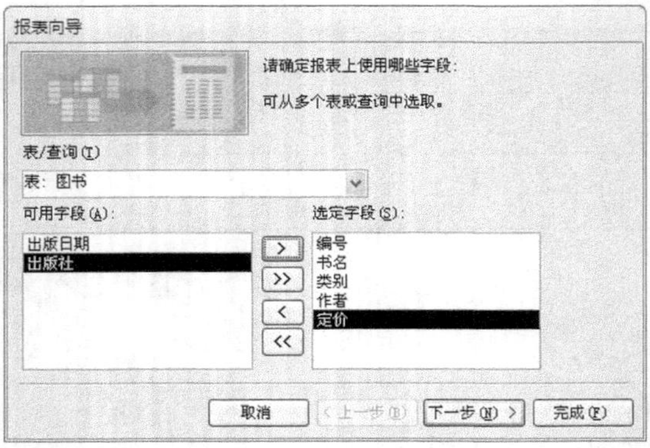

图 10-56 报表向导的第 1 步

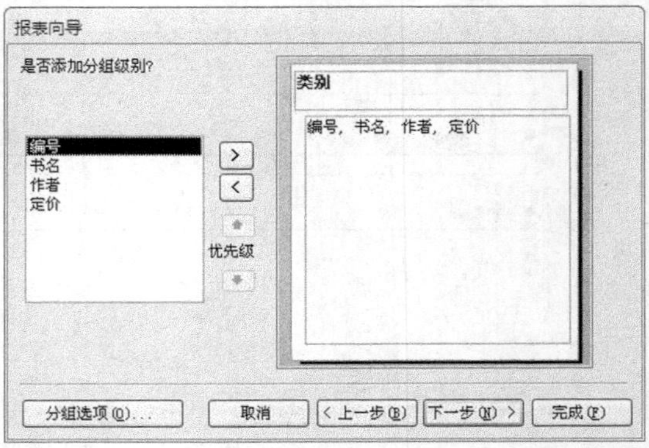

图 10-57 报表向导的第 2 步

定字段的分组级别。使用 > 按钮将“类别”字段添加到右边分组级别框中，表示报表中的数据按“类别”字段的值进行分组。如果添加了多个用于分组的字段，还可以使用 ↑ 和 ↓ 两个按钮调整分组字段的优先级。

④ 单击【下一步】按钮，打开【报表向导】的第 3 步，如图 10-58 所示，这一步是要确定报表中记录的排序方式。在第一个排序字段中选择“编号”，并使用默认的升序方式排序。

⑤ 单击【下一步】按钮，打开【报表向导】的第 4 步，如图 10-59 所示，这一步是要为报表选择一种布局方式。这里选择默认的【递阶】和【纵向】选项。

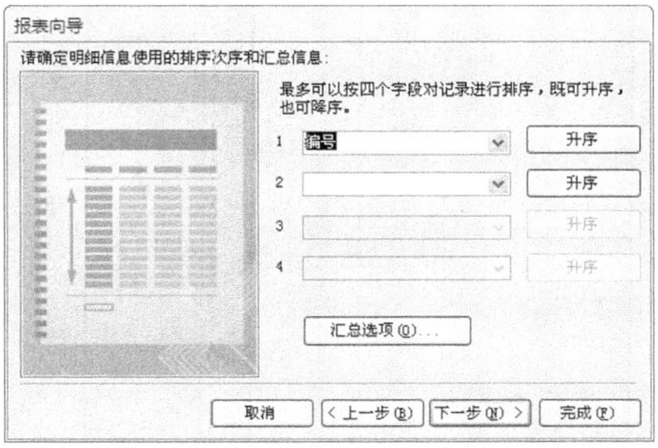

图 10-58　报表向导的第 3 步

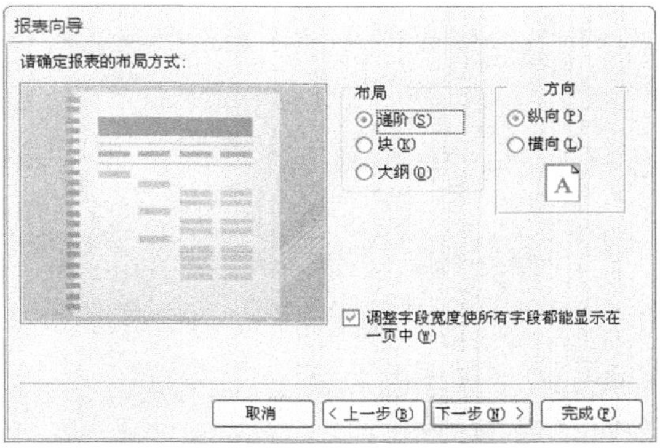

图 10-59　报表向导的第 4 步

⑥ 单击【下一步】按钮，弹出【报表向导】的最后一步，如图 10-60 所示，这一步是要确定报表的标题。在对话框上面的标题文本框中输入“图书”作为该报表的标题。

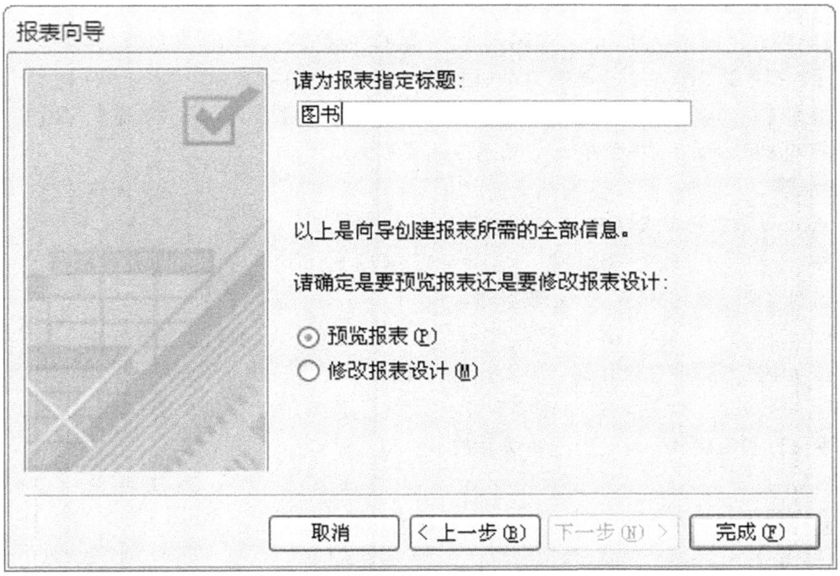

图 10-60　报表向导的第 5 步

⑦ 最后单击【完成】按钮，系统会自动创建并打开这个报表，如图 10-61 所示。

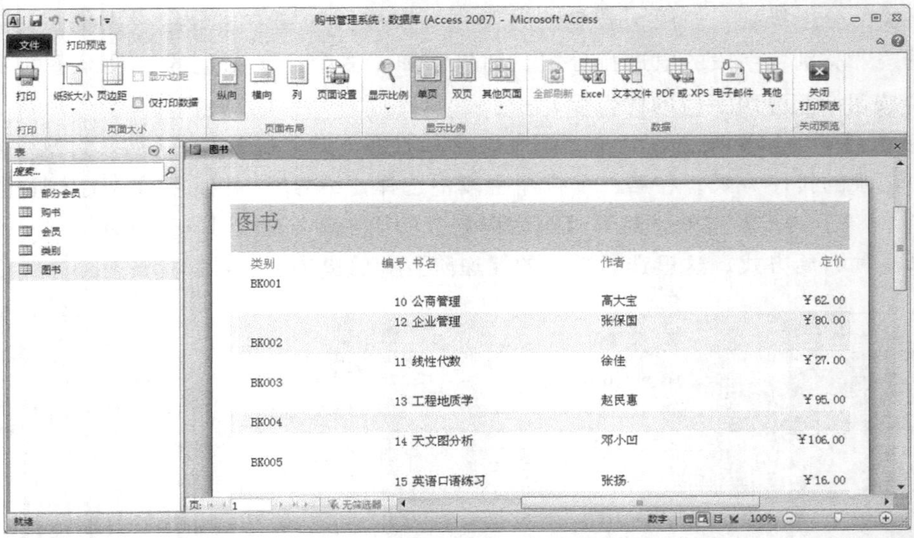

图 10-61 “图书”报表

10.3 习题

10.3.1 理论练习

1. 单选题

(1) Access 窗口界面不包括（　　）。

A. 菜单栏　　B. 工作区　　C. 标题栏　　D. 数据库

(2) 激活【数据库】工具栏，应选择菜单栏上的（　　）菜单项。

A. 【文件】　　B. 【编辑】　　C. 【视图】　　D. 【工具】

(3) 如果菜单选项后面有“…”符号，则选择此菜单将打开一个（　　）。

A. 子菜单　　B. 对话框　　C. 控件　　D. 窗体

(4) 创建 Access 数据库的方法有（　　）。

A. 2 种　　B. 3 种　　C. 4 种　　D. 6 种

(5) 选择查询主要不是用来（　　）数据的。

A. 浏览　　B. 排序　　C. 检索　　D. 统计

(6) 参数查询中的参数应在设计器（　　）中设置。

A. 字段　　B. 排序　　C. 显示　　D. 准则

(7) 二维表由行和列组成，每一行表示关系的一个（　　）。

A. 字段　　B. 属性　　C. 集合　　D. 记录

(8) 使用表设计器定义表的字段时，（　　）可以不设置内容。

A. 字段名称　　B. 数据类型　　C. 说明　　D. 字段属性

(9) 以下叙述中，错误的是（　　）。

A. 查询是从数据库的表中筛选出符合条件的记录，构成一个新的数据集合

B. 查询的种类有：选择查询、参数查询、交叉查询、操作查询和 SQL 查询

C. 创建复杂的查询不能使用查询向导

D. 可以使用函数、逻辑运算符、关系运算符创建复杂的查询

（10）如果要从列表中选择所需的值，而不想浏览数据表或窗体中的所有记录，或者要一次指定多个准则，即筛选条件，可使用（　　）方法。

A. 按选定内容筛选　　B. 内容排除筛选　　C. 按窗体筛选　　D. 高级筛选/排序

2. 填空题

（1）数据库管理系统是位于用户和操作系统之间的用于________和________的软件。

（2）数据独立性包括数据的________和________数据的。

（3）表之间的关联就是通过________与________作为纽带实现的。

（4）生成表查询可以使原有________扩大并得到合理改善。

（5）数据库的性质是由________决定的。

（6）报表通常是由报表页眉、报表页脚、________、________和报表主体部分组成。

（7）SQL 查询必须在基础上创建。

（8）一般情况下，一张表可以创建个________主键，________个记录。

3. 简答题

（1）Access 中表的定义是什么？创建表的方法是什么？

（2）Access 数据类型有哪几种？

（3）怎样建立两表或多表之间的关系？

（4）查询的种类有哪几种？

（5）简述报表的功能。

10.3.2 上机操作

使用向导创建“学生成绩管理系统”数据库，要求：

① 为“学生成绩管理系统”创建以下表结构：

学生（学号，姓名，性别，出生日期，专业号，班级号）

专业（专业号，专业名称）

班级（班级号，班名）

课程（课程号，课程名称，总课时）

成绩（学号，课程号，平时成绩，考试成绩）

② 为“学生成绩管理系统”中的表设置主键和字段属性。

③ 为“学生成绩管理系统”建立适当的表间关系。

④ 向“学生成绩管理系统”中的表输入数据。

⑤ 在“学生成绩管理系统”中建立用于显示某一年出生的男生情况的查询。

⑥ 在“学生成绩管理系统”中建立一个总计查询，按照课程统计课程总成绩。

⑦ 在“学生成绩管理系统”中建立追加查询，在表中添加新的学生成绩记录。

⑧ 在“学生成绩管理系统”中建立删除查询，在表中删除某个学生的成绩记录。

⑨ 在“学生成绩管理系统”中建立生成表查询，用于将成绩不及格的学生的信息另外存储在一张单独的表中。

⑩ 使用“报表向导”为“学生成绩管理系统”创建一个报表。

第 11 章 多媒体技术

教学目标

- ◆ 掌握多媒体的基本概念
- ◆ 了解声音、图像、视频媒体的格式标准
- ◆ 掌握 Windows7 的媒体中心应用
- ◆ 掌握图像、声音、动画、视频媒体制作软件的基本使用

计算机多媒体技术是当今信息技术领域发展最快、最活跃的技术，是新一代电子技术发展和竞争的焦点。多媒体技术融计算机、声音、文本、图像、动画、视频和通信等多种功能于一体，借助日益普及的高速信息网，可实现计算机的全球联网和信息资源共享，因此被广泛应用在咨询服务、图书、教育、通信、军事、金融、医疗等诸多行业，并正潜移默化地改变着我们的生活。

随着计算机多媒体技术的突飞猛进，多媒体凭借着自身的优势越来越受到广泛关注和应用，并在不知不觉中影响了我们生活的很多方面。本章简要介绍计算机多媒体技术及其相关概念，并对多媒体技术中的常用软件进行介绍。

11.1 多媒体技术概述

11.1.1 多媒体技术概念

1. 媒体

媒体（Media）是承载或传递信息的载体，是信息传播过程中从传播者到接受者之间携带和传递信息的一切形式的物质工具。例如，日常生活中的书本、杂志、报纸、电影、电视等都是媒体。它们之中，有的以文字作为媒体，有的以图像作为媒体，还有的综合文字、图像、声音等作为媒体。在不同领域，媒体的概念有所区别。也可以把媒体看作为实现信息从信息源传递到受信者的一切技术手段。媒体的概念包括有两层含义，一是承载信息的物体，二是指储存、呈现、处理、传递信息的实体。例如，媒体在计算机领域有以下含义：

（1）存储信息的媒体：如磁带、磁盘、光盘等。

（2）传播信息的媒体：如电缆、电磁波等。

（3）表示信息的媒体：如数值、文字、声音、图形、图像、视频等。

2. 多媒体与多媒体技术

多媒体（Multimedia）是多种媒体信息的载体。多媒体不仅是“多种媒体的综合”，事实上它还应包含处理这些信息的程序和过程，即包含“多媒体技术”。从狭义角度来看，多媒体是指用计算机和相关设备交互处理多种媒体信息的方法和手段；从广义角度来看，则指一个领域，即涉及信息处理的所有技术和方法，包括广播、电视、电话、电子出版物、家用电器等。在信息领域中，多媒体是指文本、图形、图像、声音、影像等“单”媒体和计算机程序融合在一起形成的信息媒体。多媒体技术是把文本（Text）、图形（Graphics）、图像（Images）、动画（Animation）和声音（Sound）等形式的信息结合在一起，并通过计算机进行综合处理和控制，能支持完成一系列交互式操作的信息技术。

3. 多媒体数据与多媒体技术特点

在传统的媒体中，声音、图像等媒体基本上都是采用信号方式进行存储与传输。在多媒体计算机系统中，将以数字形式对这些信息进行存储、处理和传播。

（1）多媒体数据具有以下特点：

① 海量数据

计算机完成多媒体信息数字化的过程中，需要采用一定的频率对模拟信号进行采样，将每次采样得到的信号采用数字方式进行存储。要保证信号失真较少，则需要较高质量的采样，同时也就产生巨大的数量。例如，一幅 1024×768 分辨率，色彩度为真彩色（256 色）的图像，数据量约为 0.75M，一段 10 秒，每秒 25 帧，这样画面的视频就需要 10×25×0.75＝187.5M。因此，多媒体数据一般会被专用的压缩算法进行压缩以减少多媒体数据的大小。例如，对于声音信息，有 MP3 等；对于图像信息，有 JPEG 等；对于视频信息，有 MPEG、RM 等。多数压缩算法的压缩率能达到 80％以上。

② 数据类型多样

多媒体数据有文字、图形、图像、声音、文本、动画、视频等多种形式，数据类型非常丰富，并且不同数据类型之间的数据无论是在内容上，还是在存储格式上，都有较大的差别，这也导致不同类型多媒体数据的处理方法、组织形式、管理形式都存在很大的差别。

③ 数据输入与输出复杂

多媒体信息的输入与输出需要与多种设备相连。输出时需要不同类型信息的相互配合，如声音的播放与画面显示的配合就是多种媒体数据的同步合成效果。因此，多媒体数据的输入与输出比传统媒体信息复杂。

（2）多媒体技术有以下几个主要特点：

① **集成性**：能够对信息进行多通道统一获取、存储、组织与合成。

② **控制性**：多媒体技术是以计算机为中心，综合处理和控制多媒体信息，并按人的要求以多种媒体形式表现出来，同时作用于人的多种感官。

③ **交互性**：交互性是多媒体应用有别于传统信息交流媒体的主要特点之一。传统信息交流媒体只能单向地、被动地传播信息，而多媒体技术则可以实现人对信息的主动选择和控制。

④ **非线性**：多媒体技术的非线性特点将改变人们传统顺序性的读写模式。以往人们读写方式大都采用章、节、页的框架，循序渐进地获取知识；而多媒体技术借助超文本链接（Hyper Text Link）的方法，把内容以一种更灵活、更具变化的方式呈现给读者。

⑤ **实时性**：当用户给出操作命令时，相应的多媒体信息都能够得到实时控制。

⑥ **信息使用方便性**：用户可以按照自己的需要、兴趣、任务要求、偏爱和认知特点使用信息，任取图像、文本、声音等信息表现形式。

⑦ **信息结构动态性**："多媒体是一部永远读不完的书"，用户可以按照自己的目的和认知特征重新组织信息，增加、删除或修改节点，重新建立数据之间的链接。

11.1.2 多媒体分类

常见的多媒体元素主要有文本、图像、动画、声音和视频影像等。

① **文本**：文本是以文字和各种专用符号表达的信息形式，它是现实生活中使用得最多的一种信息存储和传递方式。用文本表达信息会给人充分的想象空间，它主要用于对知识的描述性表示，如阐述概念、定义、原理和问题以及显示标题、菜单等内容。

② **图像**：图像是多媒体软件中最重要的信息表现形式之一，它是决定一个多媒体软件视觉效果的关键因素。

③ **动画**：动画是利用人的视觉暂留特性，快速播放一系列连续运动变化的图形图像，也包括画面的缩放、旋转、变换、淡入淡出等特殊效果。通过动画可以把抽象的内容形象化，使许多难以理解的教学内容变得生动有趣。合理使用动画可以达到事半功倍的效果。

④ **声音**：声音是人们用来传递信息、交流感情最方便、最熟悉的方式之一。在多媒体课件中，按其表达形式，可将声音分为讲解、音乐、效果三类。

⑤ **视频影像**：视频影像具有时序性与丰富的信息内涵，常用于交待事物的发展过程。视频非常类似于我们熟知的电影和电视，有声有色，在多媒体中充当着重要的角色。

11.1.3 多媒体计算机系统

多媒体计算机系统是指支持多媒体数据，并使数据之间建立逻辑联接，进而集成为一个具有交互性能的计算机系统。一般说的多媒体计算机指的是具有多媒体处理功能的个人计算机，简称 MPC（Multimedia Personal Computer）。MPC 与一般的个人机并无太大的差别，只不过是多了一些软硬件配置而已，如图 11-1 所示。其实，目前所购置的个人计算机大多都具有了多媒体应用功能。从系统组成上讲，与普通的个人计算机一样，多媒体计算机系统也是由硬件和软件两大部分组成。

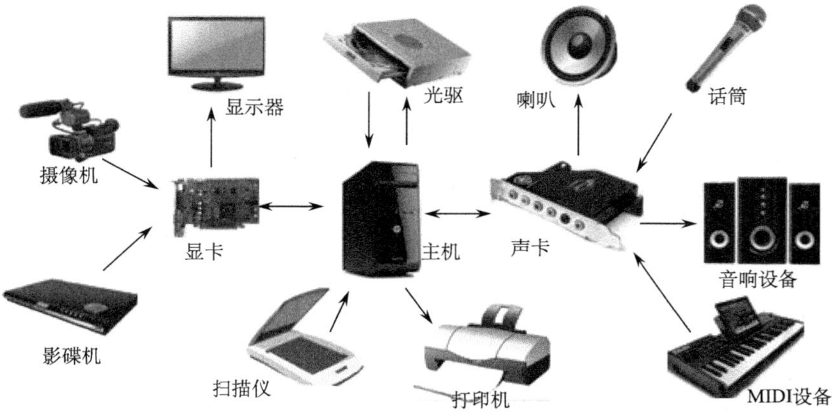

图 11-1　MPC 的基本组成

1. 多媒体计算机硬件系统

多媒体计算机系统除了需要较高配置的计算机主机外，还包括表示、捕获、存储、传递和处理多媒体信息所需要的硬件设备。

（1）多媒体外部设备

按其功能又可分为如下 4 类：

① 人机交互设备，如键盘、鼠标、触摸屏、绘图板、光笔及手写输入设备等。

② 存储设备，如磁盘、光盘等。

③ 视频、音频输入设备，如摄像机、录像机、扫描仪、数码相机、数码摄像机和话筒等。

④ 视频、音频播放设备，如音响、电视机和大屏幕投影仪等。

（2）多媒体接口卡

多媒体接口卡是根据多媒体系统获取、编辑音频或视频的需要而插接在计算机上的接口卡。常用的接口卡有声卡、视频卡等。

① **声卡**：也叫音频卡，是MPC的必要部件，它是计算机进行声音处理的适配器，用于处理音频信息。它可以将话筒、唱机（包括激光唱机）、录音机、电子乐器等输入的声音信息进行模/数转换、压缩处理，也可以将经过计算机处理的数字化声音信号通过还原（解压缩）、数/模转换后用扬声器播放或记录下来。

② **视频卡**：是一种统称。有视频捕捉卡、视频显示卡（VGA卡）、视频转换卡（如TVCoder）以及动态视频压缩和视频解压缩卡等。它们完成的功能主要包括图形图像的采集、压缩、显示、转换和输出等。

2. 多媒体计算机软件系统

多媒体计算机软件系统主要分为系统软件和应用软件。

（1）系统软件。多媒体计算机系统的系统软件有以下几种：

① 多媒体驱动软件。多媒体驱动软件是底层硬件的软件支撑环境，直接与计算机硬件相关，完成设备初始化、基于硬件的压缩/解压缩、图像快速变换及功能调用等。

② 驱动器接口程序。驱动器接口程序是高层软件与驱动程序之间的接口软件。

③ 多媒体操作系统。实现多媒体环境下实时多任务调度，保证音频、视频同步控制及信息处理的实时性，提供多媒体信息的各种基本操作和管理，具有对设备的相对独立性和可操作性。多媒体各种软件要运行于多媒体操作系统（如Windows）上，因此操作系统是多媒体软件的核心。

④ 多媒体素材制作软件。为多媒体应用程序进行数据准备的程序，主要是多媒体数据采集软件，其作为开发环境的工具库供设计者调用。

⑤ 多媒体创作工具、开发环境。主要用于编辑生成特定领域的多媒体应用软件，是在多媒体操作系统上进行开发的软件工具。

（2）多媒体应用软件。多媒体应用软件是在多媒体创作平台上设计开发的面向特定应用领域的软件系统。

11.2 数字媒体——声音

1. 声音的数字化

声音是具有一定振幅和频率且随时间变化的声波，通过话筒等转化装置可将其转化为相应的电信号，但这种电信号是模拟信号，不能由计算机直接处理，必须先对其进行数字化，即将模拟的声音信号经过模/数转换器（ADC）变换成计算机能处理的数字声音信号，然后利用计算机进行储存、编辑或处理。在数字声音回放时，由数/模转换器（DAC）将数字声音信号转换为实际的声波信号，经放大由扬声器播出。把模拟声音信号转变为数字声音信号的过程称为声音的数字化。声音的模拟信号通过采样、量化和编码后就得到了声音的数字信号。

2. 数字化声音的保存（常用格式）

常用的数字化声音文件的类型有WAV、MIDI和MP3.

WAV 格式：WAV 为微软公司（Microsoft）开发的一种声音文件格式，用于保存 Windows 平台的音频信息资源，被 Windows 平台及其应用程序所广泛支持，支持多种压缩算法、多种音频数字，采样频率和声道标准。格式化的 WAV 文件和 CD 格式一样，也是 44.1K 的采样频率，16 位量化数字，在声音文件的质量上和 CD 相差无几。作为目前 PC 机上广为使用的声音文件格式，WAV 格式的声音文件能被几乎所有的音频处理软件读取。

MIDI 格式：乐器数字接口（Musical Instrument Digital Interface，MIDI）是 20 世纪 80 年代初为解决电声乐器之间的通信问题而提出的。MIDI 传输的不是声音信号，而是音符、控制参数等指令，它指示 MIDI 设备要做什么，怎么做，如演奏哪个音符、多大音量等，它们被统一表示成 MIDI 消息（MIDI Message），在传输时采用异步串行通信。MIDI 仅仅是一个通信标准，它是由电子乐器制造商们建立起来的，用以确定电脑音乐程序、合成器和其他电子音响的设备互相交换信息与控制信号的方法。

MIDI 系统实际就是一个作曲、配器、电子模拟的演奏系统。从一个 MIDI 设备转送到另一个 MIDI 设备上去的数据就是 MIDI 信息。MIDI 数据不是数字的音频波形，而是音乐代码或称电子乐谱。

MP3 格式：MP3 是利用人耳对高频声音信号不敏感的特性，将时域波形信号转换成频域信号，并划分成多个频段，对不同的频段使用不同的压缩率。对高频加大压缩比（甚至忽略信号）；对低频信号使用小压缩比，保证信号不失真。这样一来就相当于抛弃人耳基本听不到的高频声音，只保留能听到的低频部分，从而将声音用 1∶10 甚至 1∶12 的压缩率压缩。由于这种压缩方式的全称叫 MPEG Audio Player3，所以人们把它简称为 MP3。

根据 MPEG 规范的说法，MPEG-4 中的 AAC（Advanced Audio Coding）将是 MP3 格式的下一代。MP3 还分为耳机 MP3 和外放 MP3 两大类：传统 MP3 需要戴耳机才有很好的音质，但是对人们的耳膜有所伤害；新型的 MP3 主要方向是外放 MP3，对耳膜几乎没有任何伤害，从而得到人们的喜爱。

最高参数的 MP3（320Kbps）的音质较之 CD 的，FLAC 和 APE 无损压缩格式的差别不多，其优点是压缩后占用空间小，适于移动设备的存储和使用。

3. 数字声音的录制与播放

可使用 Windows 自带的录音机程序（图 11-2）录制声音并将其作为音频文件保存在计算机上。可以从不同音频设备录制声音，如计算机上插入声卡的麦克风。可以从录音的音频输入源的类型决定所拥有的音频设备以及声卡上的输入源。

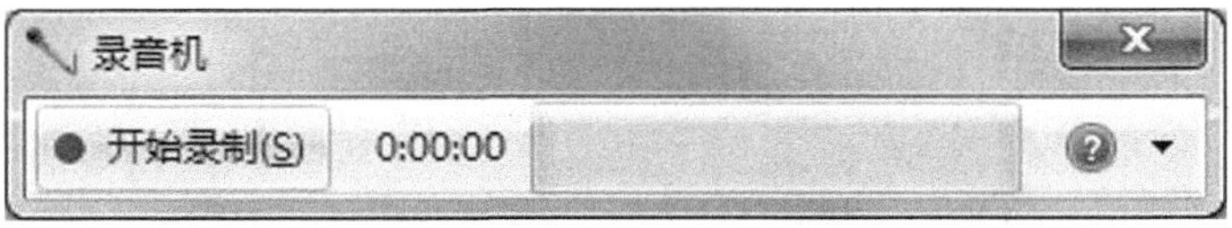

图 11-2　Windows7 录音机程序

在录音时应确保有音频输入设备（如麦克风）连接到计算机，然后按如下操作进行录音：

① 单击【开始录制】。

② 若要停止录制音频，请单击“停止录制”。

③（可选）如果要继续录制音频，请单击【另存为】对话框中的【取消】，然后单击【继续录制】，继续录制声音，最后单击【停止录制】，出现【另存为】对话框。

④ 在【另存为】对话框中，为录制的声音键入文件名，然后单击【保存】将录制的声音另存为音频文件。

在使用录音机程序录音时，计算机上必须装有声卡和扬声器麦克风或其他音频输入设备。

数字声音的播放可利用 Windows7 自带的媒体播放器软件，也可在 Windows 媒体中心对数字音频文件进行播放。

11.3 数字媒体——图像

1. 图像的数字化

要在计算机中处理图像，必须先把真实的图像（照片、画报、图书、图纸等）通过数字化转变成计算机能够接受的显示和存储格式，然后再用计算机进行分析处理。图像的数字化过程主要分采样、量化与编码三个步骤。

采样的实质就是要用多少点来描述一幅图像，采样结果质量的高低就是图像分辨率。简单来讲，对二维空间上连续的图像，在水平和垂直方向上等间距地分割成矩形网状结构，所形成的微小方格称为像素点。一副图像就被采样成有限个像素点构成的集合。例如，一副 640＊480 分辨率的图像，表示这幅图像是由 640＊480＝307200 个像素点组成。

量化是指要使用多大范围的数值来表示图像采样之后的每一个点。量化的结果是图像能够容纳的颜色总数，它反映了采样的质量。

例如，如果以 4 位存储一个点，就表示图像只能有 16 种颜色；若采用 16 位存储一个点，则有 $2^{16}=65536$ 种颜色。所以，量化位数越大，表示图像可以拥有越多的颜色，自然可以产生更为细致的图像效果。但是，也会占用更大的存储空间。两者的基本问题都是视觉效果和存储空间的取舍。

压缩编码。数字化后得到的图像数据量十分巨大，必须采用编码技术压缩其信息量。为了使图像压缩标准化，20 世纪 90 年代后，国际电信联盟（ITU）、国际标准化组织（ISO）和国际电工委员会（IEC）已经制定并继续制定一系列静止和活动图像编码的国际标准，已批准的标准主要有 JPEG 标准、MPEG 标准、H. 261 等。

2. 数字图像的保存

BMP 格式：BMP（全称 Bit Map）是 Window 操作系统中的标准图像文件格式，可以分成两类：设备相关位图（DDB）和设备无关位图（DIB）。它采用位映射存储格式，除了图像深度可选以外，不采用其他任何压缩，因此 BMP 文件占用的空间很大。BMP 文件的图像深度可选 lbit、4bit、8bit 及 24bit。BMP 文件存储数据时，图像的扫描方式是按从左到右、从下到上的顺序。由于 BMP 文件格式是 Windows 环境中交换与图有关的数据的一种标准，因此在 Windows 环境中运行的图形图像软件都支持 BMP 图像格式。BMP 格式图像文件的扩展名为“. bmp”。

JPEG 格式：JPEG 是 Joint Photographic Experts Group（联合图像专家组）的缩写。

既是一种文件格式，也是一种压缩技术。JPEG 格式适合在网络（Internet）上传输，是非常流行的图形文件格式。JPEG 用有损压缩方式去除冗余的图像数据，在获得极高压缩率的同时能展现十分丰富生动的图像。JPEG 格式压缩的主要是高频信息，对色彩的信息保留较好，适合应用于互联网，可减少图像的传输时间，可以支持 24bit 真彩色，也普遍应用于需要连续色调的图像。大多数图像处理软件均支持 JPEG 图像格式，JPEG 格式图像文件的扩展名为“. jpg”或“. jpeg”。

GIF 格式：GIF（Graphics Interchange Format）的原意是“图像互换格式”，是 CompuServe 公司在 1987 年开发的图像文件格式。GIF 文件的数据，是一种基于 LZW 算法的连续色调的无损压缩格式，其压缩率一般在 50%左右。它不属于任何应用程序，目前几乎所有相关软件都支持它，公共领域有大量的软件在使用 GIF 图像文件。GIF 图像文件的数据是经过压缩的，而且是采用了可变长度等压缩算法。GIF 格式的另一个特点是其在一个 GIF 文件中可以存多幅彩色图像，如果把存于一个文件中的多幅图像数据逐幅读出并显示到屏幕上，就可构成一种最简单的动画。GIF 格式图像文件的扩展名为“. gif”。

TIFF 格式：TIFF 是一种比较灵活的图像格式，它的全称是 Tagged Image FileFormat，该格式支持 256 色、24 位真彩色、32 位色、48 位色等多种色彩位，同时支持 RGB、CMYK 以及 YCbCr 等多种色彩模式，支持多平台。TIFF 文件可以是不压缩的，文件体积较大；也可以是压缩的，支持 RAW、RLE、LZW、JPEG 等多种压缩方式。TIFF 格式可以制作质量非常高的图像，因而经常用于出版印刷。TIFF 格式可用于在应用程序和计算机平台之间交换文件，几乎受所有的绘画、图像编辑和页面版面应用程序的支持。而且，几乎所有的桌面扫描仪都可以生成 TIFF 图像。TIFF 格式图像文件扩展名为“. TIF”或“. TIFF”。

3. 数字图像获取

常见的数字图像获取方式一般有以下几种：一是利用计算机软件生成数字图像，如 Windows 本身自带的画图程序、PhotoShop、CorelDraw 等功能更丰富的图像处理软件等都可以制作数字图像；二是利用数字图像获取设备，如数码相机、具有拍照功能的手机等设备，其使数字图像的获取变得非常简便。三是利用扫描仪等一些数字化输入设备将以前的模拟图像进行数字化而得到数字图像。

11.4 数字媒体——视频

1. 视频数字化

视频数字化就是将视频信号经过视频采集卡转换成数字视频文件存储于数字载体。视频数字化的概念是建立在模拟视频占主角的时代，目前，通过数字摄像机摄录的信号本身已是数字信号，只不过需要从磁带上转到硬盘中，视频数字化的涵义更确切地指的是这个过程。对视频信号的采集，尤其是动态视频信号的采集需要很大的存储空间和数据传输速度。这就需要在采集和播放过程中对图像进行压缩和解压缩处理，采集过程大多使用的是带有压缩芯片的视频采集卡。

数字视频的来源有很多，如来自于摄像机、录像机、影碟机等视频源的信号，包括从家用级到专业级、广播级的多种素材；还有计算机软件生成的图形、图像和连续的画面等。高质量的原始素材是获得高质量最终视频产品的基础。首先是提供模拟视频输出的设备，如录像机、电视机、电视卡等；然后是可以对模拟视频信号进行采集、量化和编码的设备，这一般都由专门的视频采集卡来完成；最后，由多媒体计算机接收和记录编码后的数字视频数据。在这一过程中起主要作用的是视频采集卡，它不仅提供接口以连接模拟视频设备和计算机，而且具有把模拟信号转换成数字数据的功能。但数字化后的视频存在大量的数据冗余。

2. 数字视频的保存

AVI 格式：AVI 即音频视频交错（Audio Video Interleaved），它是 Microsoft 公司开发的一种符合 RIFF 文件规范的数字音频与视频文件格式，原先用于 Microsoft Videofor Windows（简称 VFW）环境，现在已被 Windows、OS/2 等多数操作系统直接支持。AVI 格式允许视频和音频交错在一起同步播放，并独立于硬件设备，支持 256 色和 RLE 压缩。AVI 文件中的主要参数有视像参数、伴音参数和压缩参数等，文件扩展名为“. avi”。

RM 格式：RM 格式是 RealNetworks 公司开发的一种新型流式视频文件格式，又称 RealMedia，是目前 Internet 上最流行的跨平台客户/服务器结构多媒体应用标准，它采用音频/视频流和同步回放技术，实现了网上全带宽的多媒体回放。RealPlayer 就是在网上收听、收看这些实时音频、视频和动画的最佳工具。只要用户的线路允许，使用 RealPlayer 可以不必下载完音频/视频内容就能实现网络在线播放，更容易上网查找和收听、收看各种广播、电视。

MPEG 格式：MPEG（Moving Picture Experts Group）是 1988 年成立的一个专家组。这个专家组在 1991 年制定了一个 MPEG－1 国际标准。MPEG 采用的编码算法简称为 MPEG 算法，最大压缩可达约 1∶200，用该算法压缩的数据称为 MPEG 数据，由该数据产生的文件称 MPEG 文件，以“. MPG”为后缀。在本章最后的示例中所使用的视频素材以及生成的多媒体视频都是采用 MPEG 格式进行压缩的。

11.5 Windows7 中的多媒体应用

在 Windows7 的多媒体特性中，Windows 媒体中心（Windows Media Center）除了能够提供 Windows Media Player 的全部功能之外，还在多媒体功能上进行了全新的打造，为用户提供了一个从图片、音频、视频再到通信交流等应用的全方位平台。Windows 媒体中心的所有操作都基于较炫丽的图形化效果，可以以电影幻灯片的形式查看照片、通过封面浏览音乐集、轻松播放 DVD、观看并录制各类视频等。通过 Windows 媒体中心即可在个人电脑或电视上欣赏完整庞大的多媒体库。

1. 打开 Windows7 媒体中心

可以在【开始】菜单直接打开 Windows Media Center，如果用户希望能更加方便地访问媒体中心，也可以在桌面单击鼠标右键选择【小工具】，如图 11-3 所示，在弹出的窗口中右键单击【Windows Media Center】项目，并选择【添加】，桌面就会添加一个 Windows7 媒体中心控制面板（图 11-4），方便以后访问。图中的其他小工具也类似这样添加。

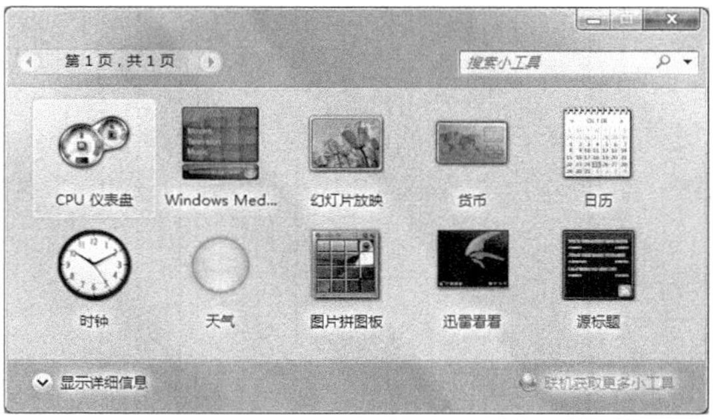

图 11-3　Windows7 自带小工具

图 11-4　媒体中心控制面板

点击图 11-4 中的“音乐”“图片”“音乐＋图片”和下面的“Windows Media Center”都可以打开媒体中心，如图 11-5 所示。

图 11-5　Windows 媒体中心

Windows7 媒体中心是通过鼠标滚轴滚动，或点击上下端或左右端的小箭头进行操作的，当然如果计算机支持触摸屏操作，将更加方便。

2. Windows7 媒体中心的功能

① **附加程序**：对应附加程序库。该功能一般用来管理非微软公司提供的游戏或互联网服务，也可以把常用的附加程序添加到 Windows Media Center 开始屏幕中。

② **图片＋视频**：对应图片库、播放收藏夹、视频库。用于播放各自库中的图片文件、视频文件，在播放视频时支持操作背景播放。

③ **音乐**：对应音乐库、播放收藏夹、收音机、搜索等。当用户添加文件到相应库中之后，Windows7 媒体中心会自动整理相应列表，如对于添加的音乐文件，Windows7 媒体中心会自动按照艺术家、流派、作曲家等进行整理。

④ **电影**：包括电影库、播放 DVD 等。电影库须要在【任务】|【设置】|【媒体库】里进行查询目录配置。

⑤ **电视**：含录制的电视、直播电视等。如果电脑安装有电视调谐器，则可以播放直播和录制电视节目。在设置好 Internet 电视链接后，可以播放 Internet 电视。

⑥ **任务**：包含关闭（关机、重启、注销、睡眠）、设置、刻录 CD/DVD、同步、添加扩展器、锁定媒体等操作。其中“设置”操作中的媒体库可以对图片、音乐、视频、电影等进行统一的添加、删除等操作。

3. Windows7 媒体中心附加程序设置

（1）显示或隐藏附加程序

显示或隐藏附加程序可以设置或取消显示在 Windows7 媒体中心的附加应用程序。

单击【附加程序】|【管理附加程序】|【附加程序库】|【控制】复选框即可，设置完后点击左侧的【保存】。

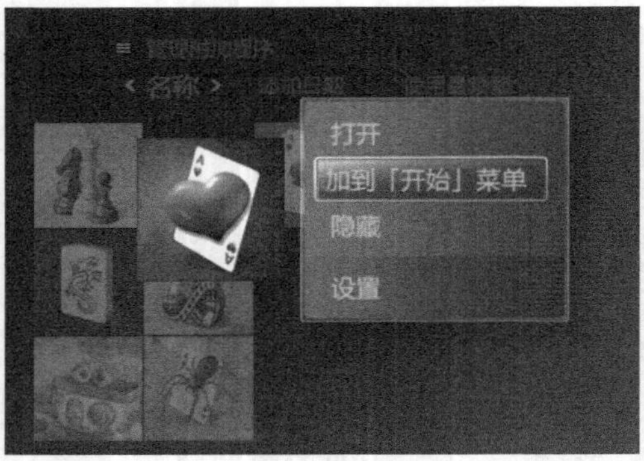

图 11-6　附加程序添加

（2）让附加程序出现在开始屏幕上

单击【附加程序】|【附加程序库】，然后再显示的【附加程序】列表中，鼠标右键【附加程序】图标，选择【添加到｢开始｣菜单】，如图 11-6 所示，设置后会在媒体中心首页显示相应程序的图标，相当于在媒体中心首页建立了该程序的快捷方式。

（3）从开始屏幕中删除附加程序

单击【附加程序】|【附加程序库】，然后将上图的对应图标【添加到｢开始｣菜单】会自动变化为【从｢开始｣菜单中删除】，选择即可。对于附加程序，还有【设置】等选项，比如可以对游戏进行分级等。

4. 直播和录制电视功能设置

设置方法如下：首先在 Windows Media Center 开始屏幕上，滚动到【任务】，依次选择【设置】、【常规】、【Windows Media Center 设置】以及【配置电视或监视器】，如图 11-7 所示，选择上图的【配置电视或监视器】选项。

图 11-7　直播和录制电视功能设置

即可以设置屏幕显示、比例、输出端口等常用设置。

使用 Windows7 媒体中心收看和录制电视需具备电视信号源（如通过电视天线或有线电视插孔接收的电视信号源）或电视调谐器（电视卡或具有外部扩展接口的电视调谐器），如果没有上述设备，也可以收看互联网电视，操作则由鼠标和键盘来完成。

（1）Windows7 媒体中心收看 Internet 电视。

① 依次单击【开始】按钮、【所有程序】和【Windows Media Center】。

② 在媒体中心的开始屏幕上，滚动到【附加程序】，单击【Internet 电视】，然后浏览可用的内容。

（2）根据频道和时间预定录制。

根据频道和时间预定录制可以设置 Windows Media Center 自动在特定时间录制特定频道。

① 在 Windows Media Center 的开始屏幕上，滚动到【电视】，单击【录制的电视】|【添加录制】|【频道与时间】。在【频道】中，输入要录制的频道。

② 在【频率】中，单击加号【+】或减号【—】指定希望录制该频道的频率。如果为【频率】选择了【录制一次】，则在【日期】中，单击加号或减号指定录制日期。

③ 在【开始时间】中，输入希望录制开始的时间。在【停止时间】中，输入希望录制停止的时间。

④ 在【保留】下，单击加号或减号指定希望保留录制节目的时间长度。

⑤ 单击【录制】，如图 11-8 所示录制电视节目或电影时，录制文件将以文件扩展名为“. wtv”的 Windows 电视文件保存到硬盘上。

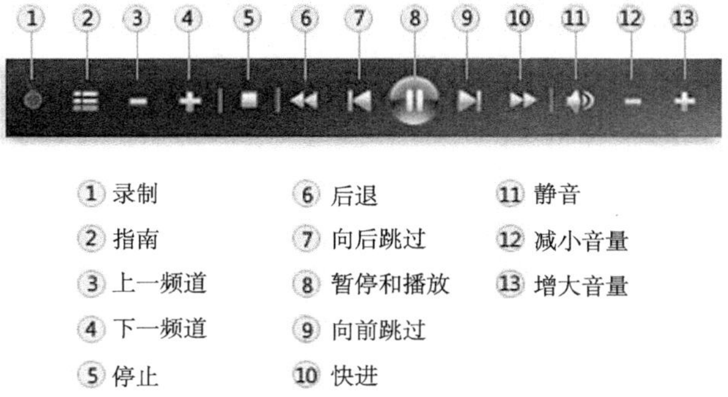

图 11-8　播放/录制控制按钮

5. Windows7 媒体中心同步功能介绍

Windows7 媒体中心的同步功能可以把 Windows Media Center 中的内容同步到便携设备中，如图 11-9 所示。

首先在同步之前，选择需要同步内容的类型、分类（可通过添加其他项目菜单）等，然后等待同步完成。

6. Windows Media Center 扩展器

Windows Media Center 扩展器（图 11-10）可以让用户在家中任何位置轻松享受 Windows Media Center 体验。虽然扩展器的功能与 Windows Media Center 相同，但它是一个单独的设备，很多 DVD 已经内置了该扩展模块。

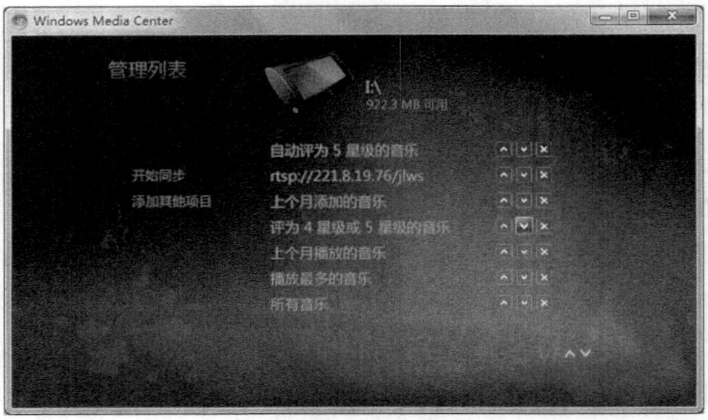

图 11-9　内容同步功能

图 11-10　Windows 媒体扩展功能

另外，很多 HDTV 也已经内置了 Media Center Extender 功能，设置和使用也非常简单，只需要把双方连接到同一网络，然后获取安装程序密钥，到 Windows Media Center 中点击【任务】|【添加扩展器】，输入安装程序密钥即可。

11.6 利用媒体中心管理数字媒体内容

用户电脑中的图像、声音、视频等数字媒体内容可以通过 Windows 媒体中心方便地管理，用户利用媒体中心可以非常方便地进行图像浏览、声音和视频播放等操作。

1. 将数字媒体文件添加到 Windows Media Center

首次启动 Windows Media Center 时，会在计算机的“音乐”、“图片”和“视频”库中查找数字媒体。这些库中的歌曲、图像、电影和其他媒体会出现在 Media Center 中。如果需要再向媒体中心添加数字媒体信息，可有两种方法：

① 直接向 Windows 的“音乐”、“图片”和“视频”库中添加文件夹或从中删除文件夹。在添加或删除文件夹中的媒体文件后，所做的更改将反映在 Media Center 中。

② 从 Media Center 内部添加或删除希望 Media Center 监视的文件夹。在添加或删除文件夹时，所做的更改将反映在 Windows 库中。在 Media Center 中向库添加文件夹的具体操作如下：

- 在 Windows Media Center 的开始屏幕上，滚动到【任务】，然后单击【设置】。
- 单击【媒体库】。
- 单击要添加的媒体类型（如“音乐”），然后单击【下一步】。
- 单击【向媒体库中添加文件夹】，然后单击【下一步】。
- 根据数字媒体文件的存储位置，单击【要添加的文件夹在哪?】下的其中一个选项，然后单击【下一步】。
- 通过单击加工【+】和减号【-】导航到要添加的文件夹，然后选中每个文件夹旁边的复选框（所做选择中将包括子文件夹中的文件）。
- 在选择了所有希望 Media Center 监视的文件夹之后，请依次单击【下一步】和【是，使用这些位置】，然后单击【完成】，如图 11-11 所示。
- 添加完文件后，这些文件可能要过数分钟才会显示在库中。

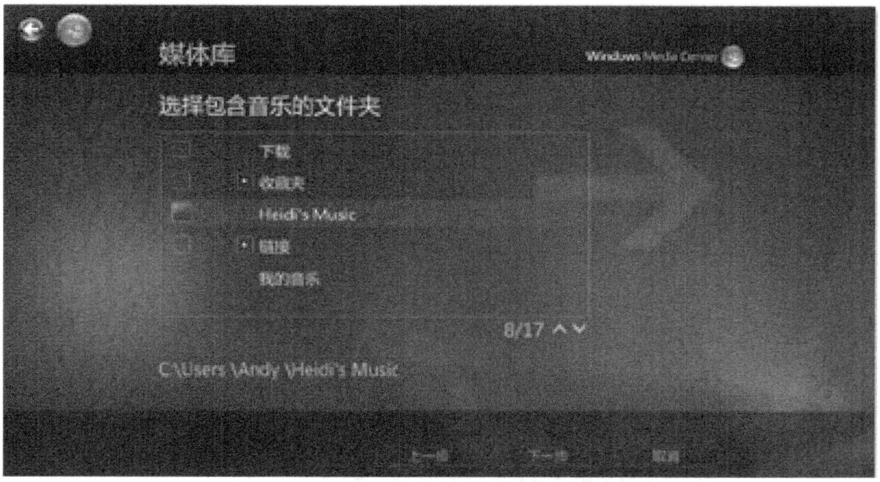

图 11-11　向媒体库添加文件

Windows Media Center 可以支持许多种不同的音乐、视频和图片文件类型，如表 11-1、表 11-2、表 11-3。

表 11-1　Media Center 支持的音乐文件类型

音乐文件类型（格式）	文件扩展名
Windows Media Audio 文件	.asx、.wm、.wma 和 .wmx
Windows 音频文件	.wav
MP3 音频文件	.mp3 和 .m3u
高级音频编码	.aac

表 11-2 Media Center 中支持的视频文件类型

视频文件类型（格式）	文件扩展名
Windows Media 文件	. wm 和 . asf
Windows Media Video 文件	. wmv
Windows 视频文件	. avi
Windows 电视文件	. wtv
Microsoft 录制的电视节目文件	. dvr-ms
电影文件	. mpeg、. mpg、. mpe、. m1v、. mp2、. mpv2 和 . vob

表 11-3 Media Center 中支持的图片文件类型

图片文件类型（格式）	文件扩展名
JPEG	. jpg 和 . jpeg
JPEGXR	. hdp 和 . wdp
TIFF	. tif 和 . tiff
RAW 文件格式	. raw
GIF	. gif
位图	. bmp
可移植网络图形	. png

Media Center 中不支持使用数码相机拍摄并保存为 RAW 格式的数字图片，并且不完全支持动画“. GIF”文件。即对于动画文件格式，可以查看静止图像，但不能查看动画效果。

2. 在 Windows Media Center 中播放视频和观看图片

可以通过许多有趣的方式利用 Windows Media Center，播放家庭视频和查看数字照片（图 11-12）。

图 11-12 媒体中心视频与图片播放

（1）通过 Windows Media Center 访问图片

① 查找和查看图片

• 依次单击【开始】按钮、【所有程序】和【Windows Media Center】。

• 在 Windows Media Center 的开始屏幕上，滚动到【图片＋视频】，然后单击【图片库】。

• 单击【文件夹】按字母顺序排列文件夹和文件；单击【拍摄日期】按日期排列文件夹和文件；单击【标记】按所应用的标记排列文件。(若要详细了解标记以及如何使用标记的信息，请参阅标记图片使其易于查找。)

• 单击要查看的图片。

② 创建和播放幻灯片

幻灯片放映是一种以全屏模式逐张查看一组照片的方法。用户可以完全使用所选择的图片和音乐创建自己的幻灯片，然后将其保存以供将来轻松访问。

• 依次单击【开始】按钮、【所有程序】和【Windows Media Center】。

• 在 Windows Media Center 的开始屏幕上，滚动到【图片＋视频】，然后单击【图片库】。

• 单击【幻灯片放映】和【创建幻灯片放映】，然后按照说明将图片和音乐添加到幻灯片放映。

• 在【复查并编辑幻灯片放映】页上，单击【添加其他项目】添加更多图片和音乐，添加完成之后，请单击【创建】。

• 在【图片库】页上，单击要放映的幻灯片，然后单击【放映幻灯片】。

即使没有创建自定义幻灯片放映，媒体中心也可以快速播放幻灯片放映。在【图片库】页上，单击某个文件夹，然后单击【放映幻灯片】。

③ 自定义幻灯片放映的设置

有多个用于自定义幻灯片演示的选项，您可以指定幻灯片演示中图片的显示顺序、过渡的持续时间及其他方面设置。

• 依次单击【开始】按钮、【所有程序】和【Windows Media Center】。

• 在 Windows Media Center 的开始屏幕上，滚动到【任务】，依次单击【设置】和【图片】，然后单击【幻灯片放映】。您可以使用此屏幕上的选项自定义您的幻灯片放映。

• 单击“保存”保存新设置。

④ 分级并播放最喜爱的图片

用户可以对单张图片进行分级，以便能够跟踪最喜爱的图片，然后播放只包含自己最喜爱的图片的特殊演示。

• 依次单击【开始】按钮、【所有程序】和【Windows Media Center】。

• 在 Windows Media Center 的开始屏幕上，滚动到【图片＋视频】，然后单击【图片库】。

• 右键单击要分级的图片，然后多次单击【分级】按钮（每行有五颗星），直至显示所需的分级。

• 单击绿色的【开始】按钮返回到 Windows Media Center 开始屏幕，滚动到【图片＋视频】，然后单击【播放收藏夹】。

默认情况下，Media Center 使用分级来确定哪些是用户最喜爱的图片。若要更改“最喜爱的图片”设置，可从 Media Center 的开始屏幕滚动到【任务】，依次单击【设置】、【图片】和【最喜爱的图片】，并进行所需的调整，然后单击【保存】。

(2) 查找和播放视频文件的步骤

• 依次单击【开始】按钮、【所有程序】和【Windows Media Center】。

• 在 Windows Media Center 的开始屏幕上，滚动到【图片+视频】，然后单击【视频库】。

• 单击【文件夹】按字母顺序排列文件夹和文件；单击【拍摄日期】以按日期进行排列。

• 找到要观看的视频，然后单击该视频文件进行播放。

如果在查找特定的视频文件时遇到问题，请尝试更改 Media Center 对视频进行分组的方式。

(3) 更改视频背景颜色的步骤

如果有一幅不变的图像在屏幕上停留时间过长，则将该图像替换为新图像之后，原图像的模糊残像有时仍可能停留在屏幕之上，这被称为“屏幕烧灼”。为了避免在 Media Center 中播放视频时出现屏幕烧灼现象，用户可以更改可能出现在视频左右或上下部位的黑色阴影。

• 依次单击【开始】按钮、【所有程序】和【Windows Media Center】。

• 在 Windows Media Center 开始屏幕上，滚动到【任务】，依次单击【设置】、【常规】和【视觉和声音效果】。

• 在【视频背景颜色】下，单击加号或减号更改背景颜色。默认颜色为黑色，您可以将其更改为其他灰色阴影或更改为纯白色。

• 单击【保存】。

11.7 图像制作软件 PhotoShop 简介

1. Photoshop 功能简介

Adobe Photoshop，简称“PS”，是一个由 Adobe Systems 开发和发行的图像处理软件。Photoshop 主要处理由像素构成的数字图像。使用其众多的编修与绘图工具，可以更有效地进行图片编辑工作。Photoshop 的操作界面如图 11-13 所示。

图 11-13 Photoshop 界面

从功能上看，Photoshop 可分为图像编辑、图像合成、校色调色和特效制作 4 部分。其中图像编辑是图像处理的基础，可以对图像做各种变换，如放大、缩小、旋转、倾斜、镜像、透视等；也可进行复制、去除斑点、修补、修饰图像的残损等。该功能可去除人像上不满意的部分，进行美化加工，得到让人非常满意的效果，在婚纱摄影、人像处理制作中有非常大的用场。图像合成是将几幅图像通过图层操作、工具应用合成一幅完整的、传达明确意义的图像，这是美术设计的必经之路。Photoshop 提供的绘图工具可以让外来图像与创意很好地融合。校色调色是 Photoshop 强大功能之一，可方便快捷地对图像的颜色进行明暗、色彩的调整和校正，也可在不同颜色空间中进行切换以满足图像在不同领域（如网页设计、印刷、多媒体等方面）的应用。特效制作在 Photoshop 中主要通过滤镜、通道及工具综合应用完成。其包括图像的特效创意和特效字的制作，如油画、浮雕、石膏画、素描等常用的传统美术技巧都可由 Photoshop 特效完成。

2. Photoshop 图像处理

（1）色彩基础知识

图像中的色彩表达方式可以采用 RGB 或者 CMYK 颜色空间来表示。

RGB 颜色是红色（Red）、绿色（Green）和蓝色（Blue）三基色的字母缩写。RGB 色彩模式（图 11-14）是通过三种基本颜色的不同程度的叠加产生各种不同颜色，这个标准能够涵盖人类视力所能感知的所有颜色，是目前运用广泛的颜色系统之一。

RGB 色彩模式为图像中每个像素的 RGB 各分量分配一个 0～255 的灰度值。因此 RGB 色彩模式下，图像只要使用三种颜色，按不同的比例混合就可以产生 256×256×256＝16777216 种颜色。RBG 颜色的表示语法是（Red，Green，Blue），各个分量的数值越小，亮度越低；数值越大，亮度越高，如（0，0，0）为黑色；（255，255，255）为白色。

RGB 颜色模型通常使用在彩色阴极射线管等彩色光栅图形显示设备中，彩色光栅图形的显示器都使用 R、G、B 数值来驱动 R、G、B 电子枪发射电子，并分别激发荧光屏上的 R、G、B 三种颜色的荧光粉发出不同亮度的光线，通过相加混合产生各种颜色，因此 RGB 颜色模型是与设备相关的颜色模型，RGB 颜色模型所覆盖的颜色域取决于显示设备荧光点的颜色特性，是与硬件相关的。

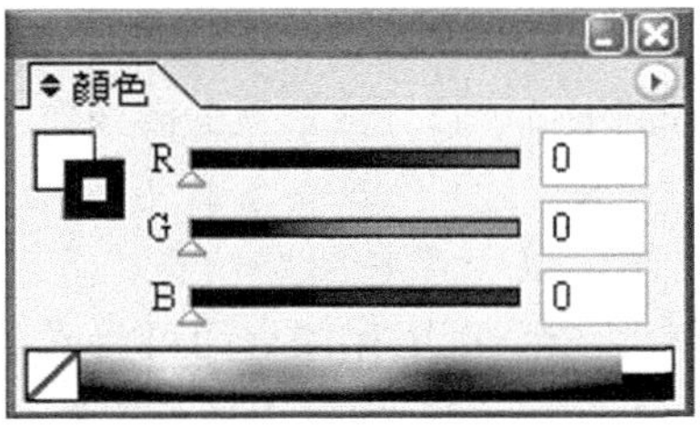

图 11-14　RGB 颜色图

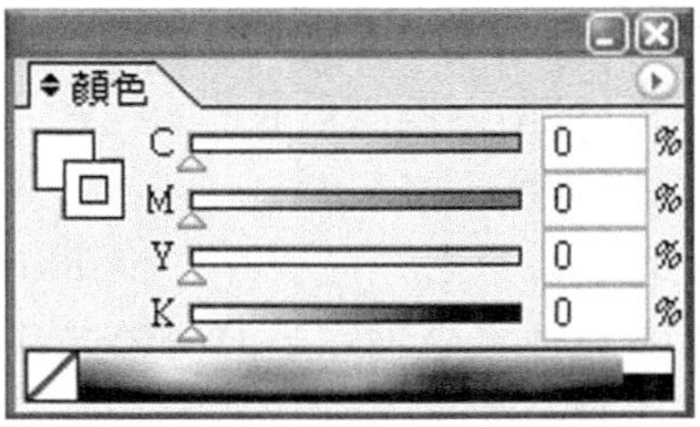

图 11-15　CMYK 颜色图

CMYK（Cyan，Magenta，Yellow，Black）颜色空间（图 11-15）主要应用于印刷工业。印刷业通过青（C）、品（M）、黄（Y）三原色油墨的不同网点面积率的叠印表现丰富多彩的颜色和阶调，这便是三原色的 CMY 颜色空间。实际印刷中，一般采用青、品、黄、黑四色印刷，在印刷的中间通过调至暗调增加黑版。CMYK 颜色空间是和设备或者是印刷过程相关的，称为与设备有关的表色空间。

(2) 图像处理的基本流程

根据多媒体应用的需要，图像处理可能很简单，如把一幅图像裁剪为合适的尺寸或在一幅图像上叠加文字等；图像处理也可能很复杂，如把多个图像素材剪接、合并到一幅图像中。通常处理图像操作包括以下几个步骤：

① 确定图像主题及构图

图像的设计和处理都是围绕着主题进行的，因此必须首先确定主题和目标。

② 确定基图（图纸）的尺寸及背景

根据设计目标，确定图像的图纸大小，也即为以后各个对象确定一个可比较的基准。这一步如果是建立一幅新图，则应选择真彩/灰度模式，也可以根据基本图像素材重采样或裁剪、放大到合适的尺寸。

③ 获取基本的数字图像素材

这一步是输入待处理的图像素材。数字图像的来源可直接从磁盘、光盘上拷贝，也可通过视频卡从视像中采集；如果原图是照片或印刷图片，则需用扫描仪输入。根据需要，有可能要准备多幅图像素材。当用扫描仪或视频卡获取数字图像时，为了保证数字图像的原始颜色/灰度效果以及清晰度，一般用真彩色/灰度模式，图像尺寸与需要相符或稍大一些。

④ 素材的处理

首先在各基本素材图像中定义所需素材的选择区，把各种素材从基本素材图像中“抠出”，并置于基图的不同图层当中；然后确定各个素材的大小、显示位置、显示顺序。这一步可能需反复操作才能达到较理想的构图效果。

⑤ 文字的生成

如果设计中需要绘制一部分图，或叠加文字，绘制的图及文字都可分别生成新的图层，便于对各图层进行编辑及调整图层间的前后关系，而且各个图层在基图中的位置也可随意调整以达到设计要求。

⑥ 各对象的处理及整体效果调整

首先可将暂时不处理的图层消隐，在编辑窗口中仅露出当前需编辑的图层。对图层中图像的处理包括图像的色调、边缘效果及其他一些效果处理等。在图像处理的过程中，完成几个较满意的操作或处理完一个图层以后，应注意及时保存，以便在进行了不满意的处理时，可恢复到前面的效果，或调出原有图层。根据整体效果，进行各部分的细调，以完成最终的图像作品。

⑦ 图像转换并保存文件

图像处理完成以后，应保存一个 PSD 格式的文件，以保存各图层信息，便于将来做进一步处理。然后，将处理完毕的图像进行变换，如为了减小占用存储空间可将真彩色图像变换为 256 色图像；如果是为印刷用图，则变换为分色图等。并按一定的通用图像格式，如 TIFF、JPEG 等格式保存该图像。

(3) Photoshop 中的常用工具与命令

Photoshop 提供了多种图像编辑工具，常用的有：

① 选择工具：包括矩形、圆形、多边形选择框，在选择图像的某个范围对其进行修改之前使用。选择工具中暗含着一些其他扩展功能。例如，填充、描边、通过拷贝的图层、羽化等，可在激活选择工具的前提下单击右键进行选择。

② 模糊工具：用于对图像进行模糊、虚化处理。

③ 锐化工具：使较为模糊的图像变得更清晰，但要适度。

④ 橡皮图章工具：用于修改或弥补图像中的缺陷，如修复老照片中的残损漏洞及划伤等。

⑤ 钢笔工具：主要用于勾画形状的轮廓路径。

对于上述工具的操作，Photoshop 提供有相应的快捷键，熟练掌握后可以加快操作速度。另外 Photoshop 中用于复制、剪切、粘贴三个常用操作的快捷键与 Windows 中相同。

复制：对图像的某一区域勾画好选区后复制时使用，快捷键："Ctrl＋C"。

剪切：对图像的某一区域勾画好选区后剪切像素时使用，快捷键："Ctrl＋X"。

粘贴：将切掉的图像粘贴到新图层、新背景时使用，快捷键："Ctrl＋V"。

（4）编辑修改图像颜色

Photoshop 更改照片的颜色有几项相似的修改命令：

① 亮度/对比度

只提升"亮度"时图像显得光线更充足，使照片更明亮；当"亮度"和"对比度"同时做正向调整时（向右滑动），不仅亮度增加，而且对比度也随之增强，使亮的地方更亮，暗的地放更暗，同时图像色彩的鲜艳度也随之增强。

② 色相/饱和度

当调整"色相"时，图像的整体色调会有明显而剧烈的变化，可由红色变为紫色、蓝色等色调。当调整"饱和度"时，会增强或减弱图像整体的色彩鲜艳度，若将"饱和度"调到最左边（－100）时，整个图像完全失去色彩变成"黑白灰"的形式；调到最右边（＋100）时，图像的所有颜色达到最艳丽的程度而失去自然真实的感觉。当调整"明度"时，增强或降低图像的明暗度，改变图像的明暗度变化，其与调整"亮度"不同，通俗地讲"明度"是将图像整体"加白或加黑"，向左调整使图像添加黑暗的成分，好像夜幕降临，向右调整添加白色成分，好像雾气茫茫的感觉；当调到最左边（－100）时，整个图像变为纯黑色，当调到最右边（＋100）时，整个图像变为纯白色。

③ 色彩平衡

调整修改图像整体的色彩倾向，与"色相"相似，但更为细化，没有调整色相的变化那么剧烈，通过调整各种色彩（有青色、洋红、黄色、红色、绿色、蓝色）的不同成分比例，使图像更加柔和、更加细致的改变色彩倾向。

④ 曲线

主要调整图像整体的明暗度变化，与"亮度/对比度"命令相似，通过调整曲线的形状对明亮度及对比度进行一次性调整。

⑤ 自动色阶

自动调整并提高整体图像的色彩浓度和层次，增强图像色彩的层次感和空间感，使图像的色彩看起来层次分明。

⑥ 自动对比度

自动调整并提高整体图像的明暗对比，使灰暗的照片显得清晰，同时增强图像中的明亮部分，加深图像中的阴影部分，使图像的空间感显得更强，更有深度。

（5）Photoshop 常用滤镜功能及用途

① 模糊滤镜工具：用于对图像进行模糊处理。

② 锐化滤镜工具：使较为模糊的图像变得更清晰，但要适度。

③ 各种风格化滤镜工具：用于编辑图像的各种特殊效果，如"查找边缘"可编辑为类似素描的单线条形式。

④ 各种素描效果滤镜工具：用于编辑图像各种不同风格的素描效果。

⑤ 各种艺术化滤镜工具：用于编辑图像各种不同风格的特殊效果，有模仿油画、模仿水彩、模仿招贴画等几种风格。

11.8 Adobe Audition 音频处理软件简介

进行音频处理的主要流程有录制音频、编辑与处理音频、处理多个音频并且进行合成、导出声音等步骤。Adobe Audition 音频处理软件支持上述过程，并可以将音频进行可视化处理，使用户能够看到声音的波形，并且可以像用 Word 等一些软件一样，把声音通过复制、剪切、插入等一些基本的操作，再加上有目的的组接，混缩成所需要的音频。

1. Adobe Audition 界面

运行 Adobe Audition 后，程序为【编辑】界面或【多轨】界面如图 11-16、图 11-17 所示。主要是编辑和多轨这两个界面。

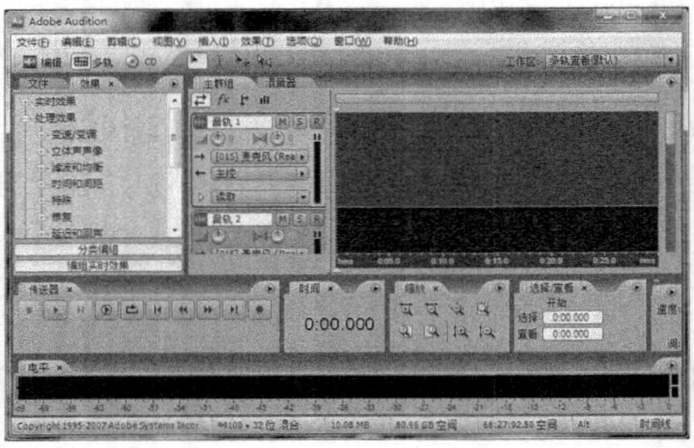

图 11-16 Audition“编辑”界面

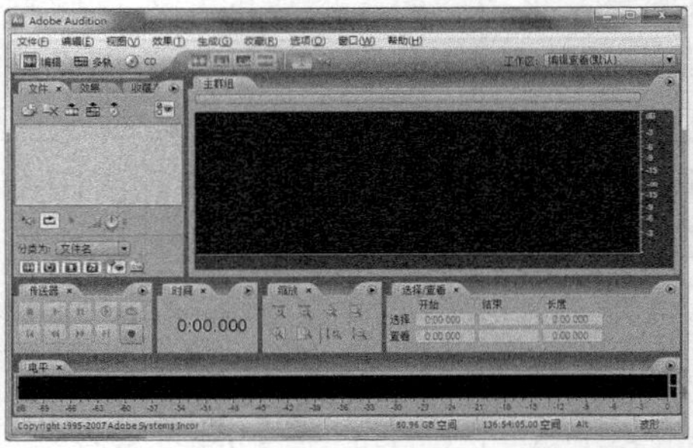

图 11-17 Audition“多轨”界面

编辑主要负责对于单个文件的编辑。而多轨则是处理多个文件之间关系的一个界面，用户操作时可以根据需要通过工具栏中的【编辑】、【多轨】按钮进行转换。

2. Adobe Audition 录音操作

（1）录音前的准备工作

检查所有硬件设备，最主要是麦克风等。

（2）音频硬件设置

① 依次单击【编辑】菜单 |【音频硬件设置】|【编辑查看】窗口（若默认输入呈灰色，内容为“无”，表明当前音频输入没有激活，还无法录制声音）|【控制面板】，单击激活输入端口的设备，并回到编辑查看窗口看是否激活，如图 11-18 所示。

② 依次单击【选项】|【Windows 录音控制台】| 选中麦克风，如图 11-19 所示。

（3）开始录音

主要有两种录音方式。

① 单击左上角的【编辑】按钮进入【编辑】界面，然后依次单击【编辑】菜单 |【新建】（新建一个波形），然后单击传送器的录音键（开始录音），再按一次录音键（停止录音），如图 11-20、图 11-21 所示。

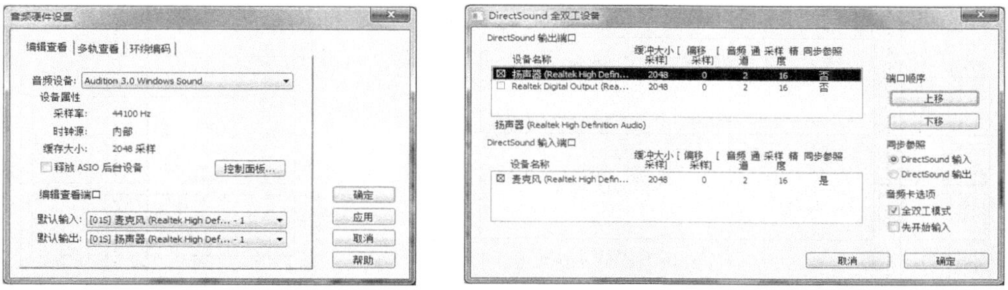

图 11-18 音频硬件设置

图 11-19 选择录音设备

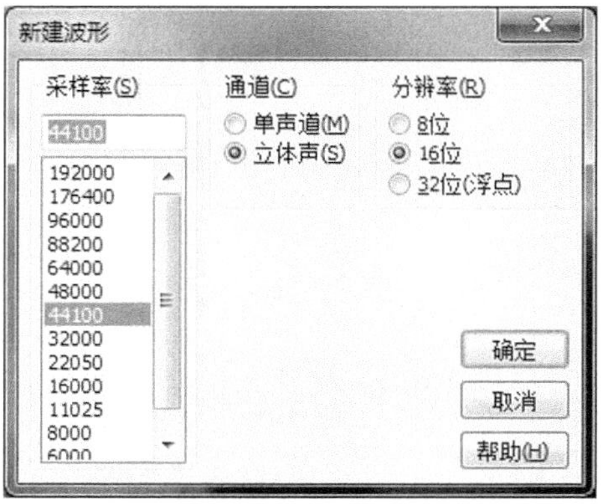

图 11-20 新建波形

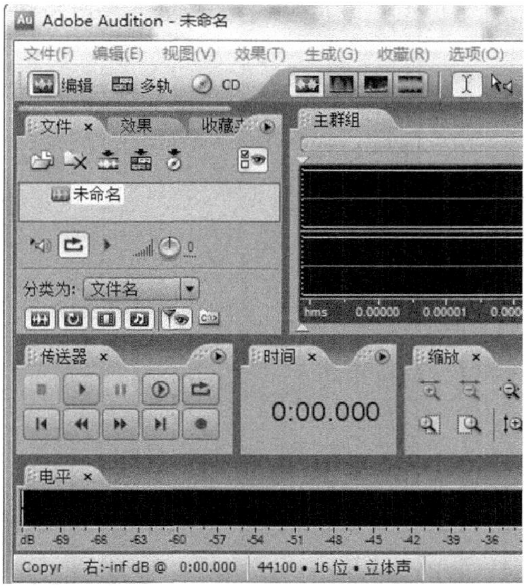

图 11-21 录音界面

② 单击左上角【多轨】按钮进入【多轨】界面中，然后依次单击【文件】菜单|【导入】(选择一个背景音乐)，然后用鼠标左键把背景音乐拖入音轨 1，单击音轨 2 的【录音】

备用按钮（即在音轨 2 面板上的 R 按钮，使它成为红色）再单击传送器上的录音按钮进行录音，录音结束后再次单击传送器上的录音按钮，如图 11-22 所示。

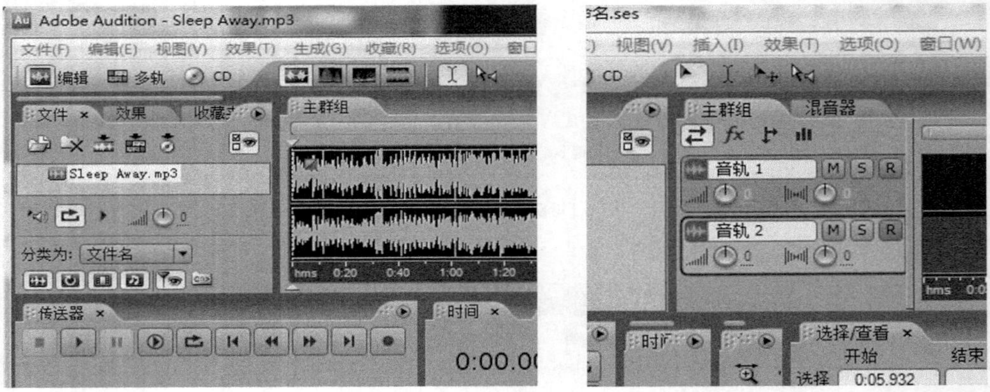

图 11-22　多轨界面中录音

3. 编辑处理单个音频

① 导入需要编辑的音频

单击左上角的【编辑】按钮进入【编辑】视图，然后单击【文件】菜单｜【打开】，打开一个需要编辑的文件。

② 改变音量

通过使用时间选择工具选择需要编辑的波形，然后单击主面板左边的效果面板，单击【处理效果】内的【振幅和压限】，再双击【振幅/淡化（进程）】打开【振幅/淡化】对话框，拖动【扩大】下面左右声道的小方块来改变音量，如图 11-23 所示。

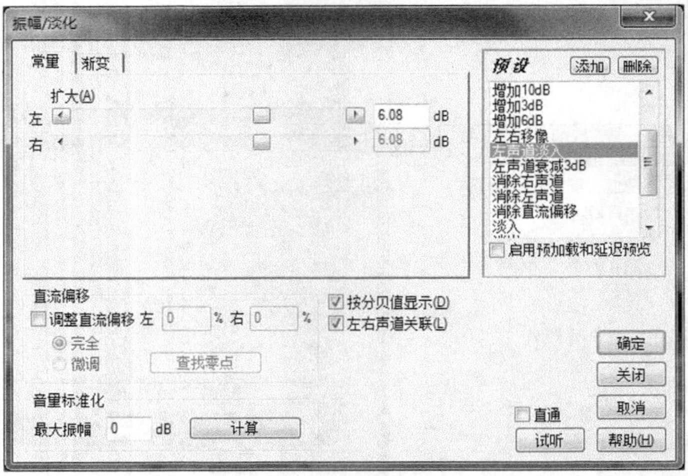

图 11-23　改变音量

③ 降噪

通过使用时间选择工具选择需要编辑的波形，然后单击主面板左边的效果面板，单击【处理效果】内的【修复】，打开【降噪器进程】，单击【降噪器】对话框的【获取特性】，单击【确定】按钮即可，如图 11-24 所示。

④ 标准化

把当前音量标准化成标准音量，如图 11-25 所示。通过该操作可以强调某个字的音量，使得朗诵抑扬顿挫。

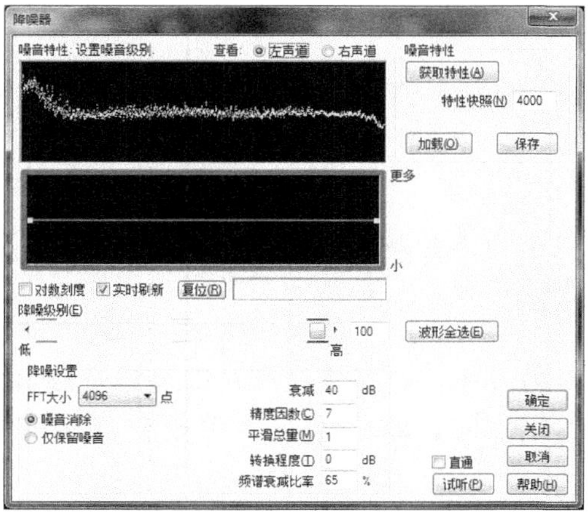

图 11-24 降噪操作

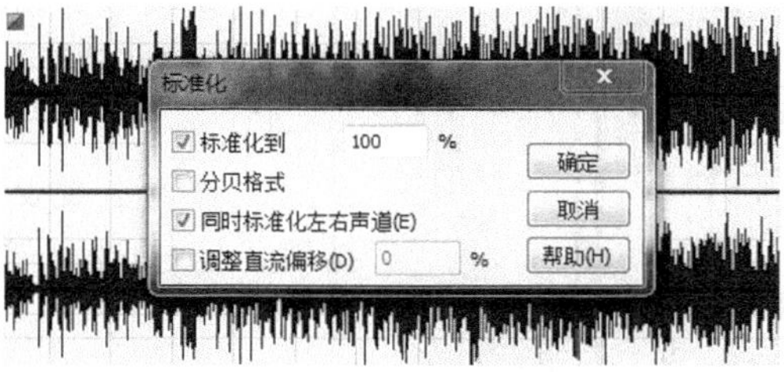

图 11-25 标准化操作

有时候声音可能会偏离坐标，“调整直流偏移”可以将声音重新调整回坐标上；有可能出现消音的情况，将标准化百分比调小一些，可以让不同的音频片段在处理时有一个统一基准。

⑤ 变调

改变说话人的语速和音调。

⑥ 回声

在效果器里，选择【延迟和回声】里的【动态延迟（进程）】，如图 11-26 所示。对声音的延迟时间进行调节。

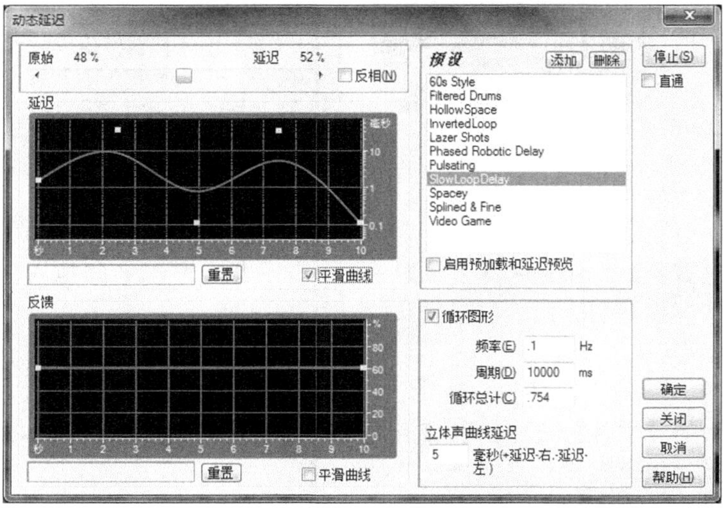

图 11-26 动态延迟

4. 多轨模式处理多个音频并且进行合成

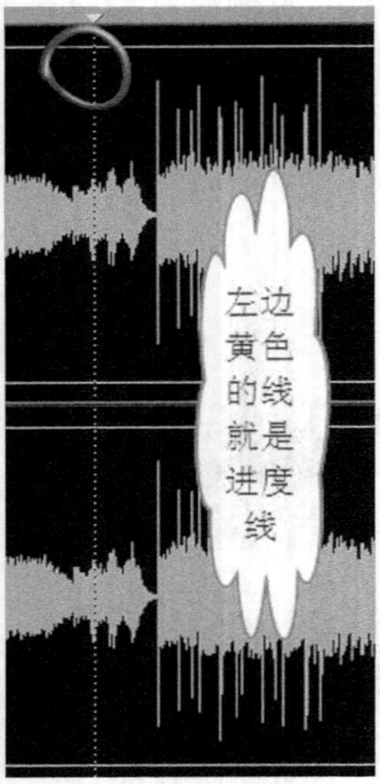

图 11-27 进度线

① 剪切操作

通过使用时间选择工具选择需要编辑的波形，然后单击右键，选择【剪切】。

② 复制

通过使用时间选择工具选择需要编辑的波形，然后单击右键，选择“复制”。

③ 插入

当完成【剪切】操作或【复制】操作后，把【进度线】（图 11-27）移动到所需要插入的地方，然后单击右键，选择【粘贴】。

④ 分离、合并

右键点击需要编辑的音频，选择【分离】即可将音频剪切成两段。选择【合并/聚合分离】即可重新将两段分离的音频组接上。

⑤ 淡入

把波形开始的地方左上角的小方块拖向右边即可，如图 11-28 所示。

⑥ 淡出

把波形开始的地方右上角的小方块根据需要拖向左边即可，如图 11-28 所示。

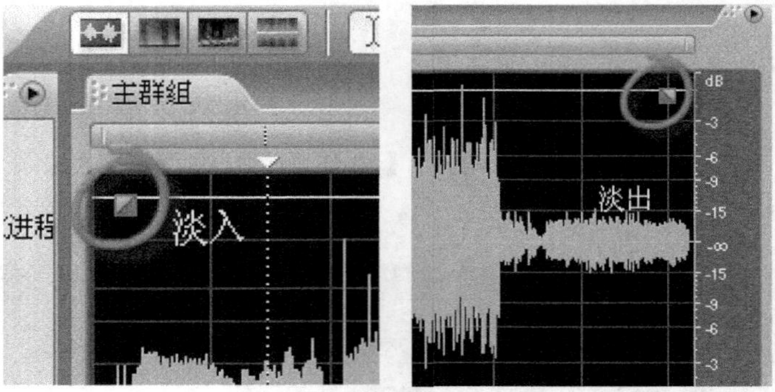

图 11-28 “淡入”与“淡出”

⑦ 合成

单击左上角【多轨】按钮进入【多轨】视图，然后把录好的音频拖入音轨 2，再根据需要进行适当的编辑（如剪切、插入等组接），如图 11-29 所示。

5. 导出声音

单击菜单栏中的【文件】|【导出】|【混缩音频】，打开【混缩音频】对话框进行相关设置（比如可以通过“保存类型”来选择 MP3 格式等）并且保存，如图 11-30 所示。

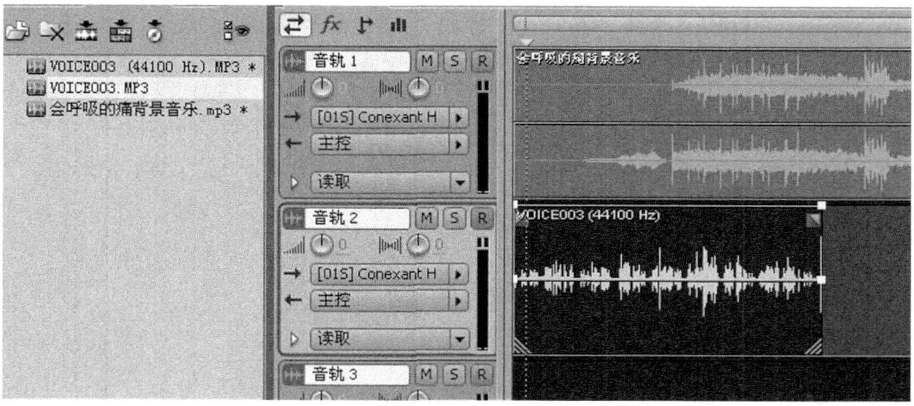

图 11-29　音频合成

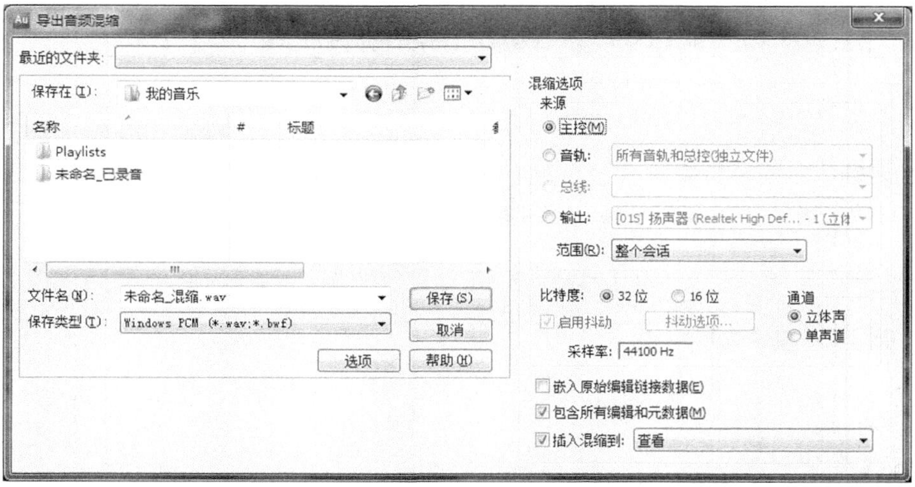

图 11-30　音频文件导出

通过以上处理制作音频文件的基本过程，能够完成一个音频文件的制作处理。需要说明的是，音乐是一种艺术，音频的制作与处理应该是在掌握了基本的操作之后，充分发挥创作者的音乐艺术创造能力，而不仅仅是对于软件的熟练操作。

11.9 Flash 动画制作软件简介

Macromedia Flash 是 Macromedia 公司的一个网页交互动画制作工具，具备向量绘图与动画编辑功能，能简易地制作连续动画、互动按钮、绘图与音效，其表面如图 11-31 所示，可以不需要任何程序脚本即可在网页中增加交互式多媒体。

1. Macromedia Flash 软件中的相关概念

① **舞台**：舞台是编辑电影的窗口，也就是文件窗口，可以在里面作图或编辑图像，也可以测试播放电影。

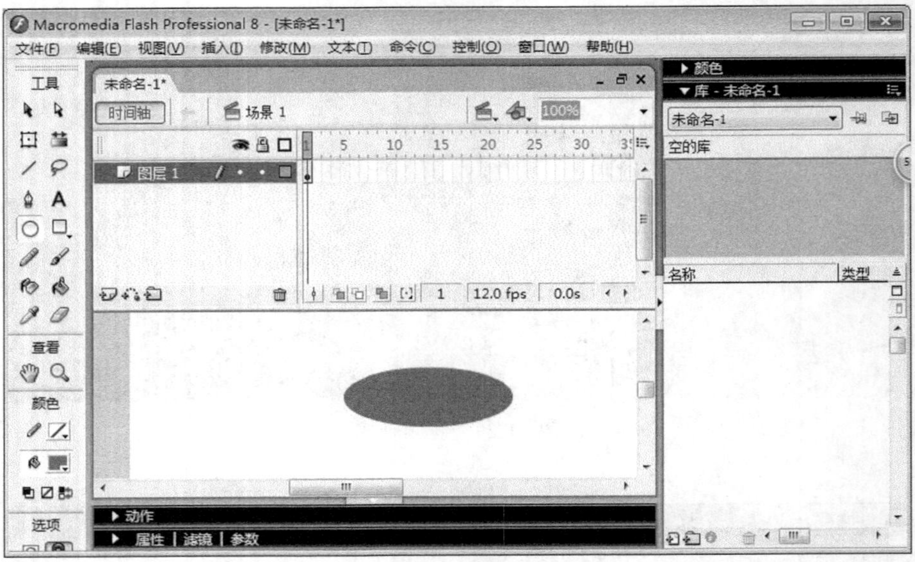

图 11-31 Macromedia Flash 界面

② **时间轴**：时间轴是安排并控制帧的排列及将复杂动作组合起来的窗口，如图 11-32 所示。时间轴上最主要的部分是帧、层和播放指针。

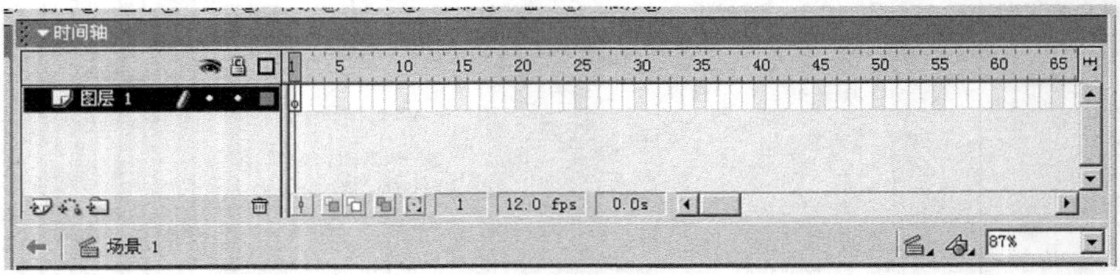

图 11-32 时间轴

③ **帧**：帧是时间轴上的一个小格，如图 11-33 所示。

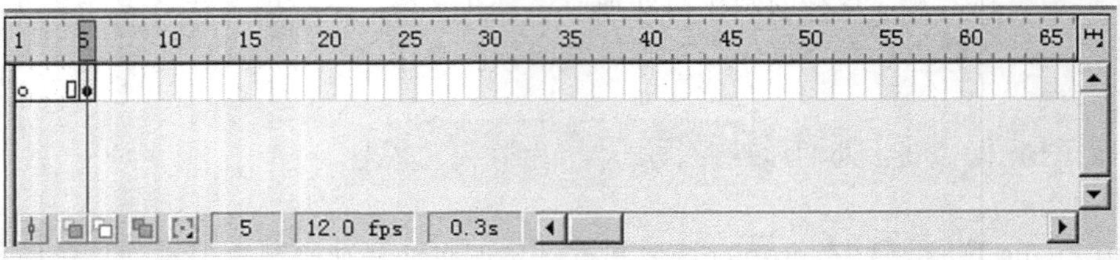

图 11-33 帧与关键帧

④ **关键帧**：在 Flash 里，把有标记的帧称为关键帧。对每一个关键帧可以设定特殊的动作，包括物体移动、变形或做透明变化等。

⑤ **场景**：一个 Flash 文件里可以包括多个场景，一个场景可以包含一个舞台，一个舞台可以包含多个关键帧，所有场景共用一个库，如图 11-34 所示。可以把场景理解为一个

FLA 文件中的不同舞台，可以使用场景来制作一个 Flash 动画中的不同片段，场景之间可以使用脚本或按钮相互跳转。虽然场景的数量是没有限制的，但在同一文件中建立过多场景容易导致软件出错。

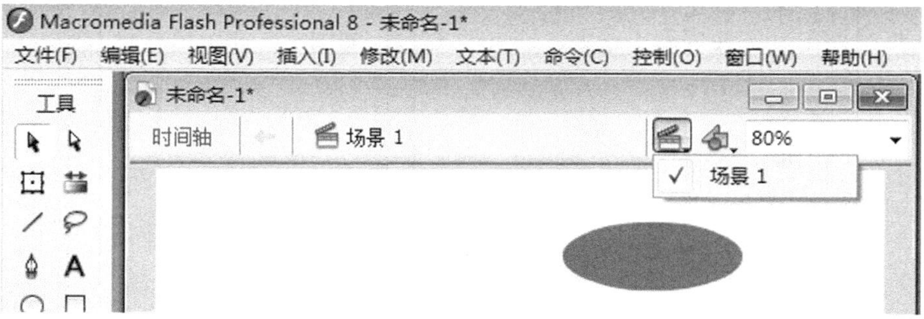

图 11-34　场景

⑥ **层**：层可以理解为一张张透明的胶片。可以在不同的层上作图，再叠放到一起组成一个复杂的图片。Flash 中的层（图 11-35）可以使用各自的时间轴，设定各自的动作而互不干扰。

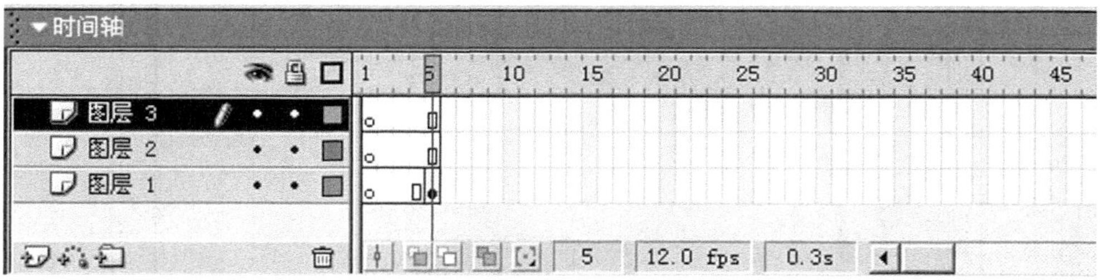

图 11-35　层

⑦ **组件（元件）**：相当于一个零件。在制作动画过程中，可以把整个画面上的物品分别做成一个个小的组件。往往动画的画面是通过调用不同的组件，拼装而成的。其优点是，当动画制作完成后，可以对这些零件进行加工（如颜色、线条等），而不需要作其他修改。同时，利用组件可以使一张图形重复被使用。组件有三种类型：图形、影片剪辑、按钮。图 11-36 所示为创建新组件。

图 11-36　创建新组件（元件）

2. 动画制作实例

(1) 图形形状变形动画制作

① 利用【文件】菜单中的【新建】命令，建立一个 Flash 文件，如图 11-37 所示。

② 选择绘图工具，在屏幕上绘制一个任意图形，如图 11-38 所示。

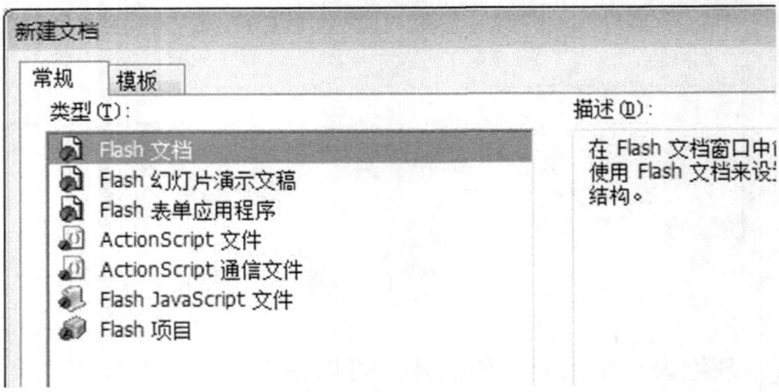

图 11-37 新建文档对话框

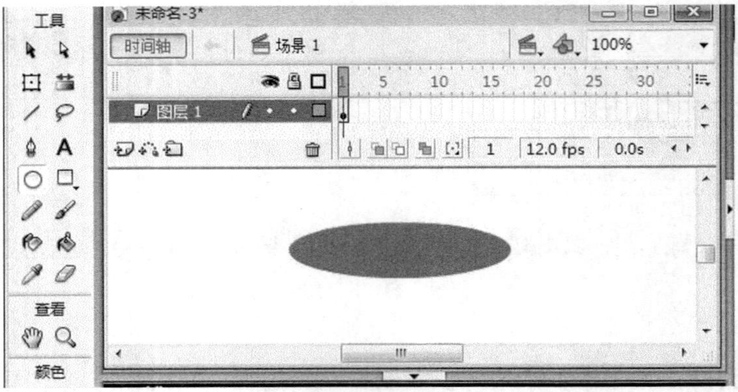

图 11-38 在场景中绘制图形

③ 在时间轴的 30 帧处单击鼠标右键，然后插入空白关键帧，如图 11-39 所示。

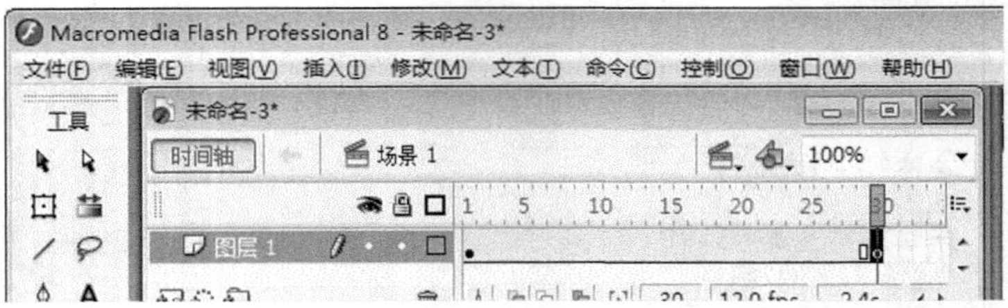

图 11-39 插入空白关键帧

④ 在该空白关键帧中，绘制另一个任意图形，如图 11-40 所示。

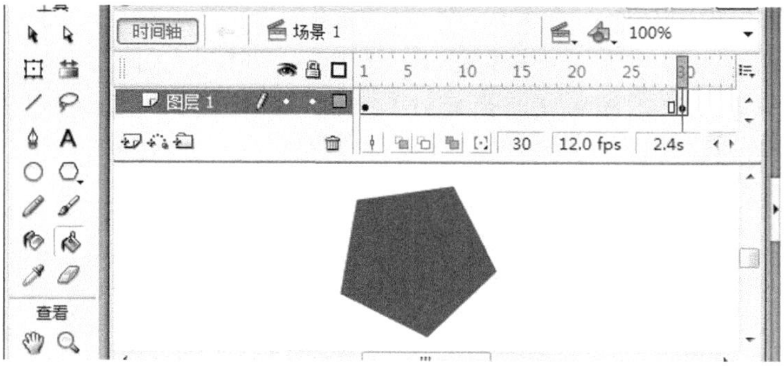

图 11-40　绘制关键帧图形

⑤ 选择时间轴的第 1 帧，然后打开窗口下方的【属性】面板，将其中的【补间】选择为【形状】，如图 11-41 所示。

图 11-41　设置第 1 帧补间为【形状】属性

⑥ 按键盘 Ctrl+Enter，查看动画效果，如图 11-42 所示。

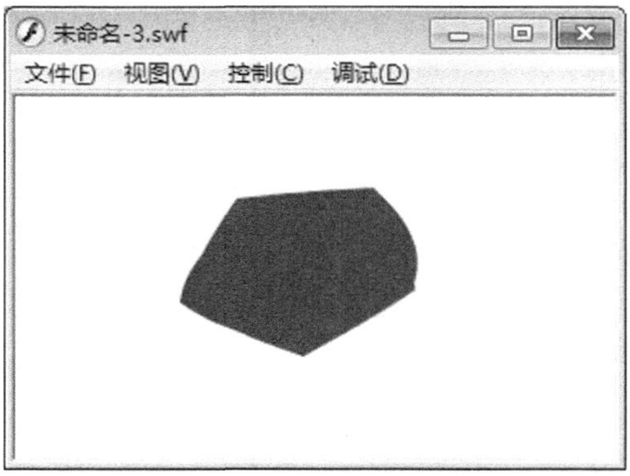

图 11-42　播放动画效果

(2) 移动动画制作

移动动画与变形动画有所不同，移动动画中的图形不能直接在舞台上绘制，需要移动的物品，必须是一个组件（元件）。

① 利用【文件】菜单中的【新建】命令，建立一个 Flash 文件。

② 单击【插入】菜单，选择【新建元件】，建立一个类型为【图形】的组件，命名为“圆”，如图 11-43 所示。

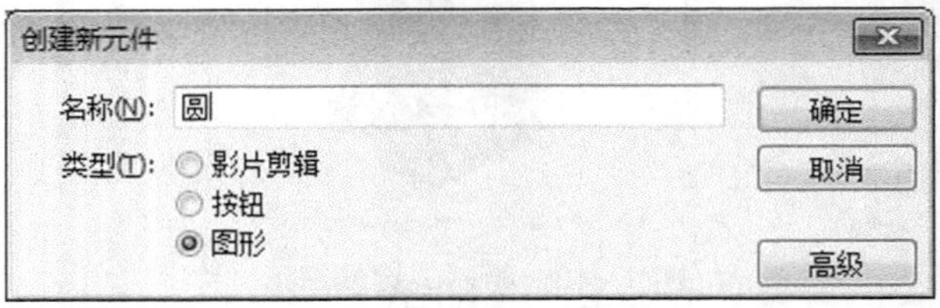

图 11-43　创建“图形”组件（元件）

③ 在该组件中，绘制一个图形（图形尽量靠近中心点位置），如图 11-44 所示。

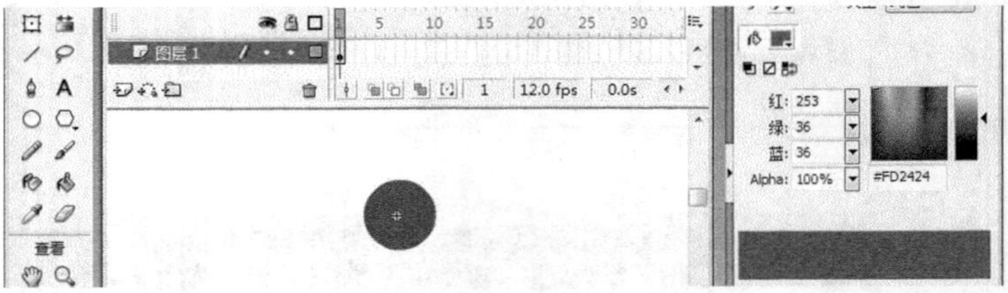

图 11-44　绘制组件（元件）图形

④ 单击文档窗口中的【场景 1】，回到场景。

⑤ 单击展开右窗格中的【库】面板，选择库中的“圆”。

⑥ 将库中的“圆”拖曳到舞台左边，如图 11-45 所示。

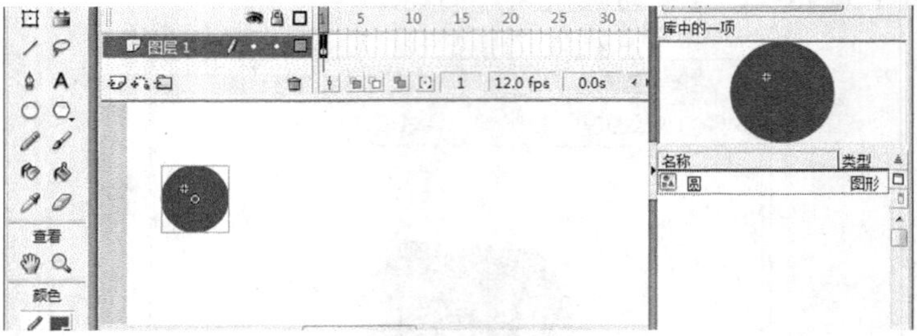

图 11-45　“圆”拖曳到舞台左边

⑦ 在时间轴 30 帧处单击鼠标右键，选择【插入关键帧】。

⑧ 把屏幕上的图形移动至舞台的右边，如图 11-46 所示。

⑨ 在时间轴 1 帧处单击鼠标右键，在弹出的快捷菜单中选择【创建补间动画】，如图 11-47 所示。

⑩ 按键盘 Ctrl+Enter，查看动画效果。

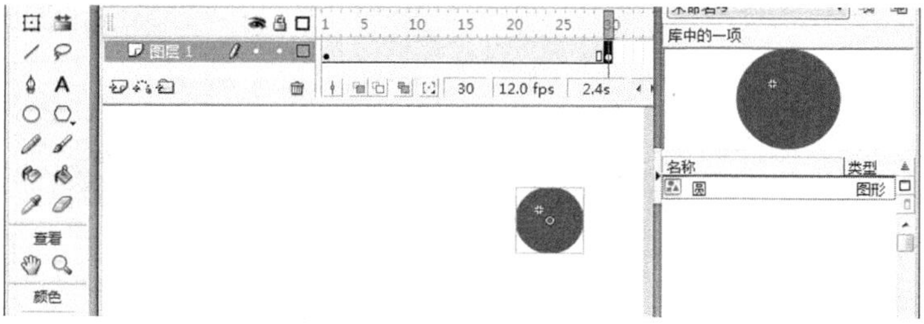

图 11-46 “圆”拖曳到舞台右边

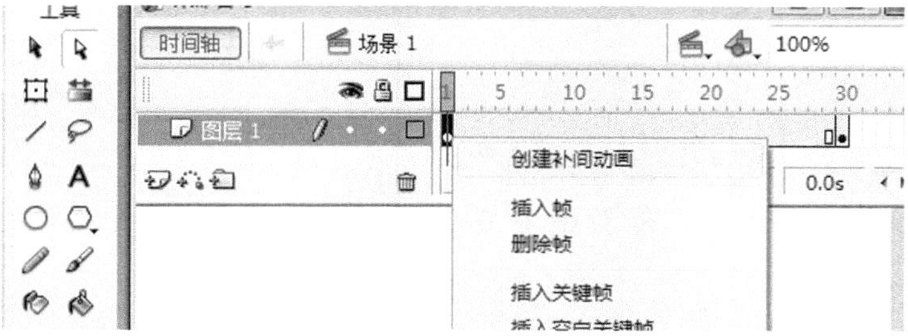

图 11-47 创建补间动画

(3) 移动+缩放动画制作

① 利用【文件】菜单中的【新建】命令，建立一个 Flash 文件。

② 单击【插入】菜单，选择【新建元件】，建立一个类型为“图形”的组件，命名为“方块”。

③ 在该组件中，利用工具箱中的矩形工具绘制一个方块图形（图形尽量靠近中心点位置），如图 11-48 所示。

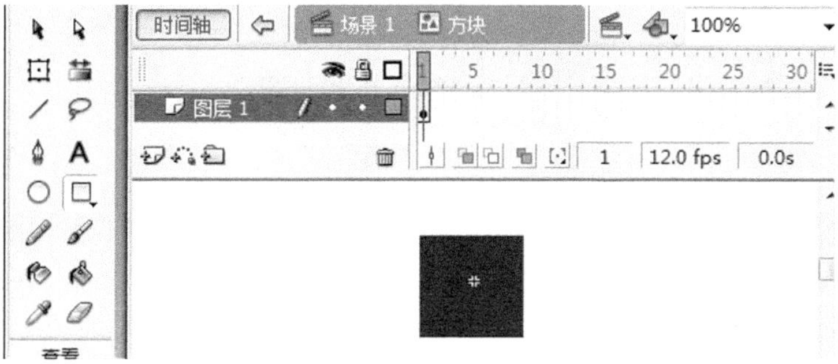

图 11-48 利用工具箱中的矩形工具绘制方块图形

④ 单击文档窗口中的【场景 1】，回到场景。

⑤ 单击展开右窗格中的【库】面板，选择库中的“方块”，将其拖曳到舞台左边，如图 11-49 所示。

⑥ 在时间轴 30 帧处单击鼠标右键，选择【插入关键帧】，如图 11-50 所示。

⑦ 使用箭头工具 ，选中 30 帧中的图形，将其移动到舞台右边，然后选择工具中

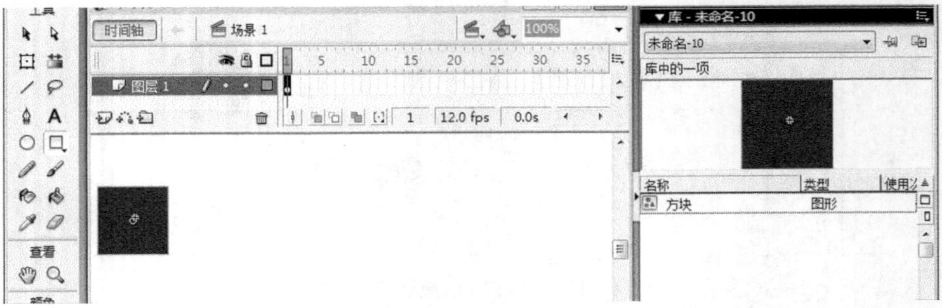

图 11-49　将方形拖曳到舞台左边

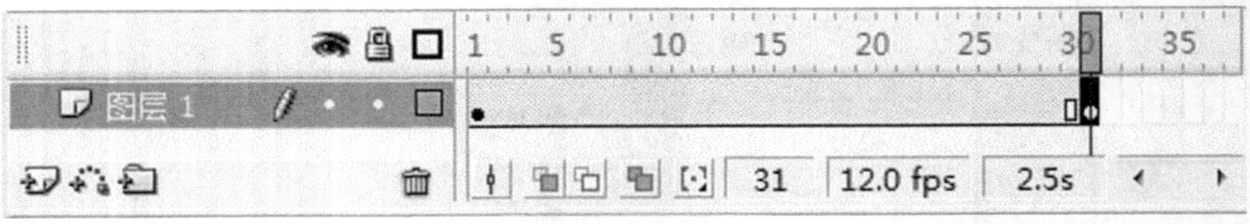

图 11-50　添加关键帧

【任意变形工具】，用鼠标拖曳图形四周的小方块，调整其大小，如图 11-51 所示。

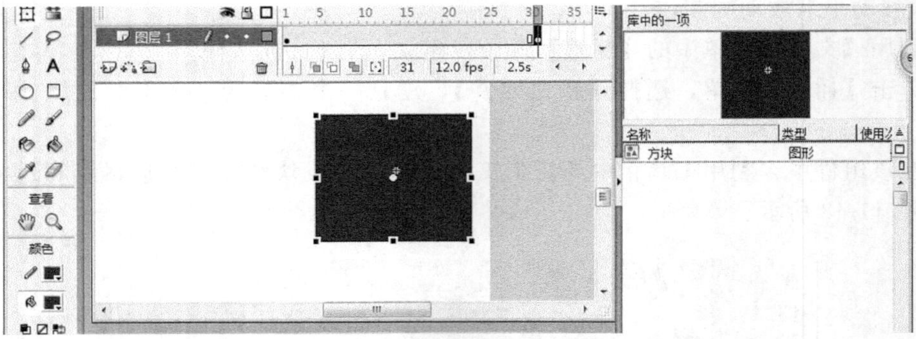

图 11-51　调整图形大小

⑧ 在时间轴 1 帧处单击鼠标右键，在弹出的快捷菜单中选择【创建补间动画】。

⑨ 按键盘 Ctrl＋Enter，查看动画效果。

（4）较复杂图形动画制作

前面 3 个例子所使用的都是基本图形元素，复杂一些的图形可以利用 Macromedia Flash 中的“元件”进行制作。

① 利用【文件】菜单中的【新建】命令，建立一个 Flash 文件。

② 单击【插入】菜单，选择【新建元件】，建立一个类型为“图形”的组件，命名为“叶片”。

③ 利用钢笔、颜料桶、任意变形等工具绘制一个风扇的叶片，并调整叶子位置，使其叶柄位置对准中心点位置。如图 11-52 所示。

④ 单击【插入】菜单，选择【新建元件】，建立一个类型为“图形”的组件，命名为

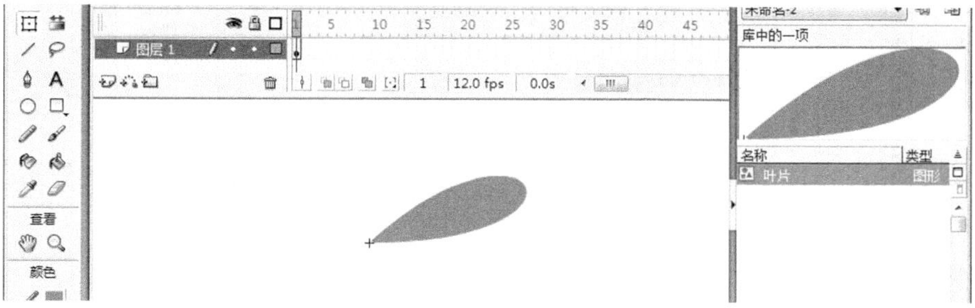

图 11-52 绘制“叶片”

“风车”。选择图库列表中的“leaf”组件，将其拖曳至当前“风车”组件中。共拖曳 3 次，拖曳出 3 个叶片。然后，使用任意变形等工具将 3 个叶片旋转调整至风车样，如图 11-53 所示。

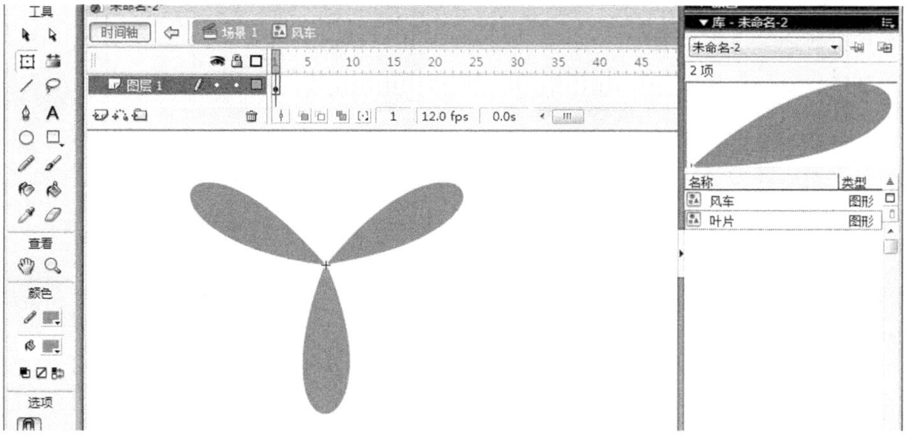

图 11-53 构造“风车”

⑤ 单击【插入】菜单，选择【新建元件】，建立一个类型为“影片剪辑”的组件，命名为“旋转风车”。然后从图库中将“风车”组件拖曳至舞台上，并将其中心点位置与当前组件的中心点“+”位置对齐。

⑥ 在时间轴 30 帧处单击鼠标右键，在弹出的快捷菜单中选择【插入关键帧】。

⑦ 使用箭头工具，选中 30 帧中的图形，选择工具栏中【任意变形工具】按钮选项。用鼠标拖曳图形四周的小圆点，调整旋转度数和方向，如图 11-54 所示。

⑧在时间轴 1 帧处单击鼠标右键，在弹出的快捷菜单中选择【创建补间动画】。

⑨单击文档窗口中的【场景 1】，回到场景 1，从图库中将“旋转风车”拖曳到场景 1 的舞台中。

⑩按键盘 Ctrl+Enter，查看动画效果。

3. 动画文件的导出

Macromedia Flash 中所制作的动画可以导出为动画影片、图像等。通过【文件】菜单中的【导出】命令即可完成。

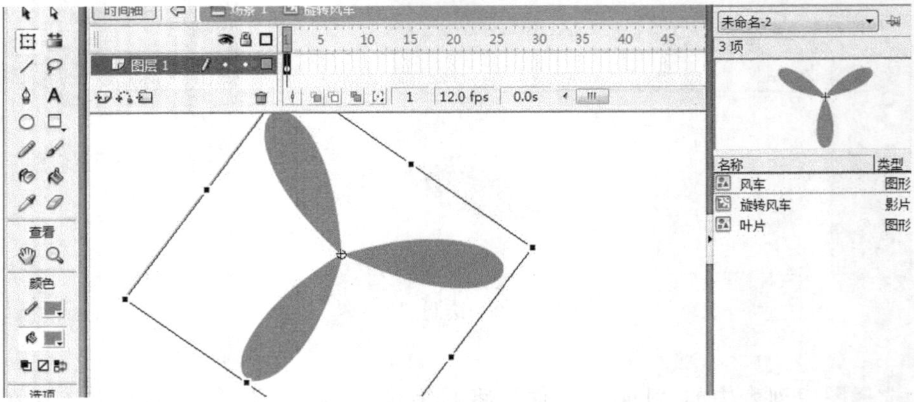

图 11-54　关键帧图形调整

11.10　视频制作软件 Corel Video Studio 简介

Corel Video Studio 也称为“会声会影”，是一款功能强大的以视频编辑和制作为主的多媒体体制作工具软件，采用逐步式工作流程，提供了数量众多的转场效果、标题制作功能和音轨制作工具。Corel Video Studio 操作简便，使用户将注意力集中在多媒体的制作技术上。

1. Corel Video Studio10 界面

Corel Video Studio 的用户界面如图 11-55 所示，主要由 7 个部分构成，包括：步骤面板、菜单栏、选项面板、预览窗口、导览面板、素材库、时间轴等。

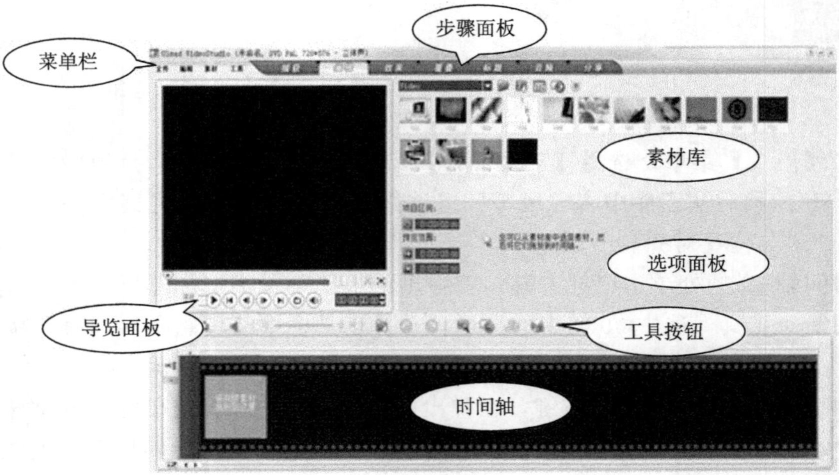

图 11-55　Corel Video Studio 用户界面

步骤面板：主要包括了视频编辑过程中不同步骤所对应的按钮，通过这些按钮进行相应的处理。

菜单栏：提供了 Corel Video Studio 的菜单命令。

选项面板：包含用于对所选择素材进行定义设置的一些控件、按钮以及相关的其他信息，面板内容会随着处理步骤的不同而有所变化。

预览窗口：主要用于显示编辑处理的素材、视频滤镜、效果、标题等。

导览面板：包括用于视频回放和对素材进行精确修改调整的按钮，也包括“捕获”阶段用于对摄像机等视频捕获设备进行设备控制的按钮。

素材库：用于保存和管理所有的媒体素材。

时间轴：可用于显示所有的素材、标题、效果，主要处理图像或视频素材的演示时间、音乐和文字与视频文件时间对应等。

2. Corel Video Studio10 视频制作过程

下面通过使用会声会影制作一部音乐电子相册的过程，简要说明该软件的基本应用。

在开始制作之前，应准备好一组照片。首先选择菜单中的【文件】|【新建项目】”命令创建一个多媒体项目，然后选择菜单中的【文件】|【项目属性】命令，在出现的【项目属性】对话框中设置相关属性，如图11-56所示：在【主题】文本框中输入“我的电子相册”，在【描述】文本框中输入其他信息，还可以单击【编辑】按钮设置项目的视频格式，最后单击【确定】按钮完成项目创建。在制作过程中，应该随时选择【菜单】中的【保存】命令将已制作项目保存。

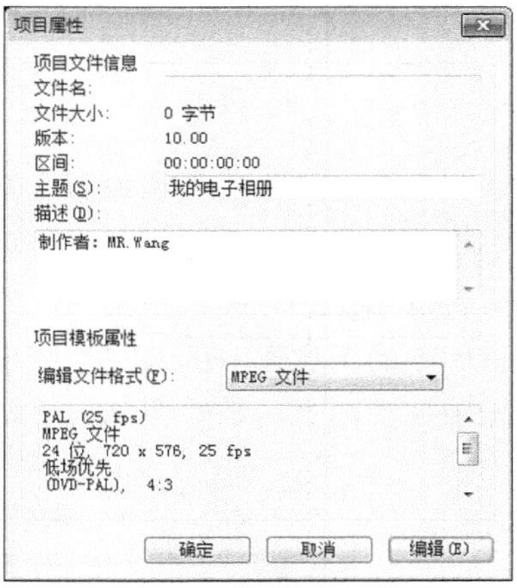

图 11-56 项目属性对话框

（1）素材的捕获与导入

当项目文件建好之后，可以从数码相机或数码摄像机捕获影像素材到电脑中，如果电脑已正确安装了视频卡，则功能列表中会显示出【捕获】菜单项，否则该项是“灰色”不可用状态。打开与计算机连接好的摄像机后，会看到预览窗口上会同步出摄像机的内容。用鼠标单击带红点的录像机图标开始捕获视频，再单击一下开始捕获图标或按ESC键就可以停止捕获。用户可以将比较长的录像分为几段进行捕获，绘声绘影会自动将它们存成不同的视频文件。如果选上了【捕获至图库】选项，就会在图库中看到多了几个文件的图标，否则就可以看到新捕获的文件出现在时间轴的视频轨中。

如果所需要的素材文件已保存在计算机中，则可以省略素材的捕获操作，直接将已有素材文件导入。

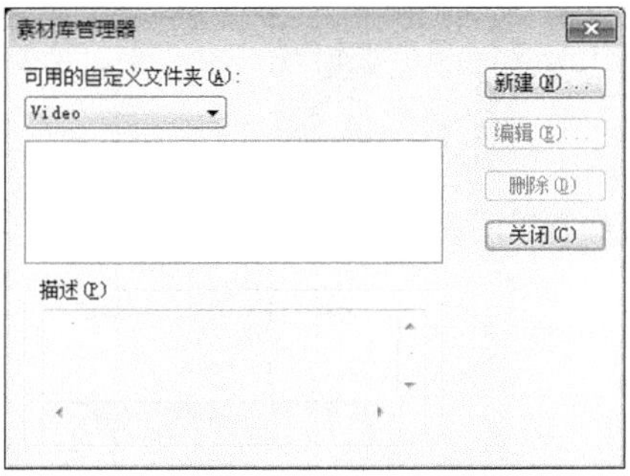

图 11-57 素材库管理器对话框

会声会影自身有一些基本素材，在导入用户自己的新素材之前，应为各种素材创建分类。单击素材库上方的【画廊】下拉按钮，在打开的下拉菜单中选择【素材库管理器】，打开【素材库管理器】对话框，如图 11-57所示。

在可用的自定义文件夹下方的下拉菜单中选择【Image】，单击【新建】按钮，在【新建自定义文件夹】对话框的【文件夹名称】中输入【我的照片】，单击【确定】按钮完成图片的素材分类添加。采用相同的方法，可以为“音频（audio）”、“视频（video）”素材进行分类添加。

接下来为刚才添加的分类导入具体素材。单击素材库上方的【画廊】下拉按钮，选择下拉菜单中的【imgae——我的照片】，然后单击素材库上方的【加截图像】按钮，在弹出的【打开图像文件】对话框中，选中所需的若干个图像素材文件，然后单击【打开】按钮，经过简短的导入过程后，就可以在素材库中看到添加进来的图像缩略图，如图 11-58 所示。采用同样的方法导入视频和音频，完成素材的导入。

图 11-58　导入图片后的素材库

（2）在电子相册中添加图片素材

接下来要把这些图片素材添加到故事情节面板上等待处理。首先单击工具栏中的【故事面板】按钮，将视频编辑区的界面切换到故事情节面板状态，然后将上一步添加到视频素材库中的图像逐一的添加到故事情节面板上，如图 11-59 所示。操作方法为：用鼠标从素材库中拖动图像的缩略图到故事情节面板上，释放鼠标完成添加操作。

图 11-59　添加图片素材到故事情节面板

（3）添加视频转场特效

将图片添加到故事情节面板上之后，选择步骤面板中的【效果】标签，故事情节面板中每个素材文件之间增加了一个新的小空白位置（图 11-60）。在这些小的空白位置可以加载转场效果，并且，程序界面右边素材区可以看到转场特效素材。通过素材库上方的【画廊】下拉按钮，可以选择不同的特效分类，如 3D、相册、时钟等效果（图 11-61）。用添加图片素材到故事情节面板上的方式来添加转场效果，并且在选择转场效果之前可以通过预览窗口进行预览。

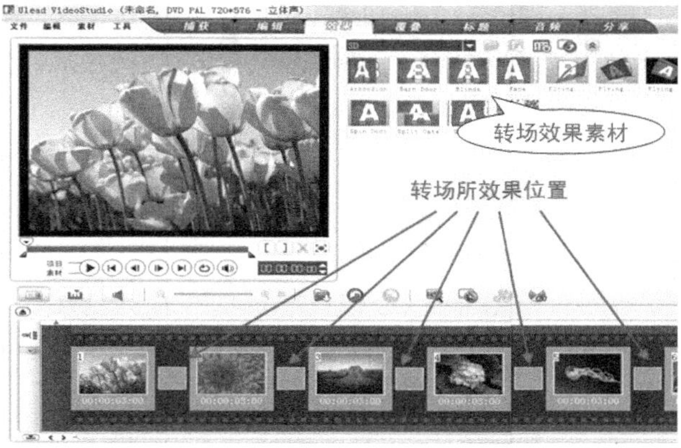

图 11-60 转场效果位置

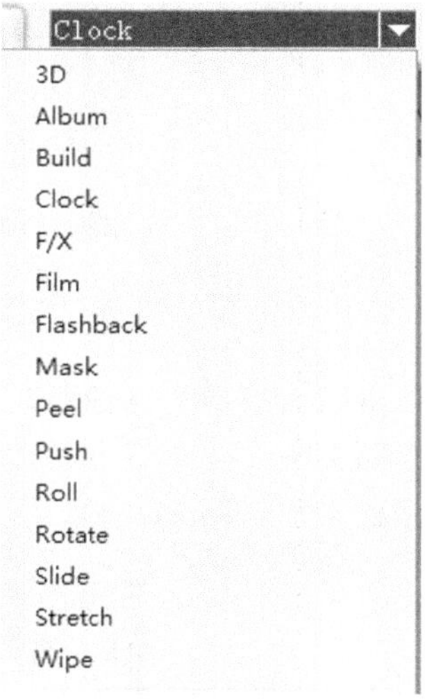

图 11-61 转场效果类别

最后依次选择符合前后两张图像之前情节的特效添加所有的转场特效（图 11-62）。

图 11-62 添加转场效果

(4) 增加片头片尾

接下来使用会声会影中的工具制作电子相册的片头和片尾画面。首先通过素材库上方的【画廊】下拉按钮，选择素材库中的颜色（Color）素材，然后把一个颜色素材拖到故事情节面板的第一个位置，如图 11-63 所示。

图 11-63 添加颜色素材到故事情节面板

选择步骤面板中的【标题】步骤，程序界面切换到文字编辑状态，然后在预览窗口中输入相册标题文字，此时下方的编辑区界面会自动切换到时间轨状态。在文字轨道上可以看到新增的标题文字（图 11-64）。

图 11-64 添加标题文字

在程序左边的文字样式编辑工具面板（图 11-65）中可以设计标题文字的字体、大小、颜色等效果。

把文字编辑面板切换到“动画”界面（图 11-66）可以添加标题文字的动画效果，要应用选定的文字动画效果，直接用鼠标双击选定的效果即可。注意，选择的动画要符合文字所在的位置，如使用了围绕圆圈旋转的动画，就应该把文字放在画面中心。文字位置与设定动画效果不匹配，会影响影片的观感。

添加电子相册的结束画面可以采用增加片头的方式，也可以选择更简单的办法：直接在会声会影的素材库中选择标题文字素材（图 11-67），其中有一些影片结束性的现成效果，在编辑区文字时间轨道上选定结束文字的位置，把文字素材添加到该处即可。

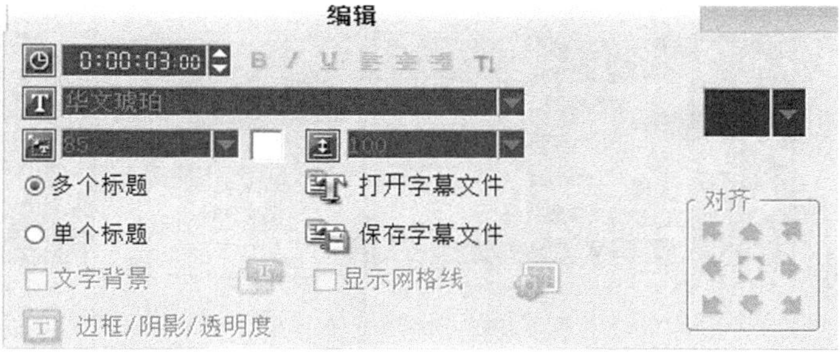

图 11-65　文字编辑工具面板

图 11-66　文字动画效果设置

图 11-67　添加片尾

（5）添加背景音乐

选择步骤面板中的【音频】步骤，程序界面切换到音频编辑状态。也可以直接在视频编辑区的音频轨道上点击右键，选择插入音乐文件（图 11-68）。

添加完背景音乐，音乐电子相册需要的大部分素材都已经加载完毕，此时可以在预览窗口中点击【项目】，然后点击【播放】按钮，试看整个电子相册的效果。

（6）调节画面播放时间

由于加载了背景音乐，音乐的节奏不同，相册给人的感觉也不同。优雅缓慢的音乐，需要相册图像切换的时间也要相应的缓慢下来，软件中默认的图像演示时间是 3 秒，用户可以

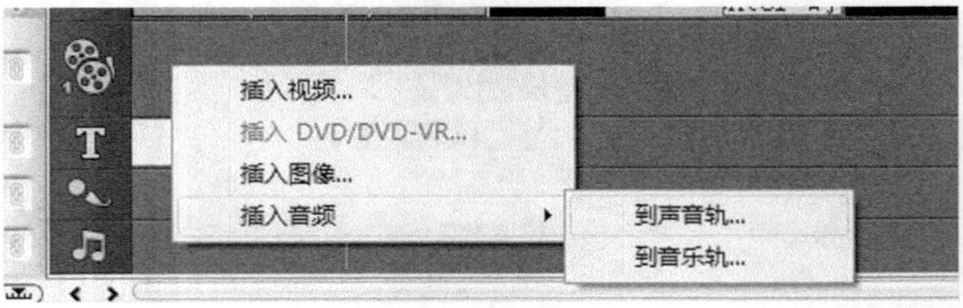

图 11-68 添加背景音乐

调节每张图像素材的演示时间。具体方法也比较简单，在时间轨道上选择要调节时间的图片，用鼠标拖动或直接在程序界面左边的工具面板上手动设定时间数值即可。具体每个画面的演示时间长短，可以根据背景音乐的节奏来设置。

注意，如果感觉转场动画的时间和背景音乐不协调，也可通过这个方法来调节。调节了整个视频文件的播放时间后，要把结束文字素材移动到对应的结束画面位置。

（7）为图像添加文字描述

可以按照设计片头文字的方法，在对应的文字轨道上为每张图片添加文字描述（图 11-69）。每组描述文字要和对应的图像时间长度一样画面才美观。

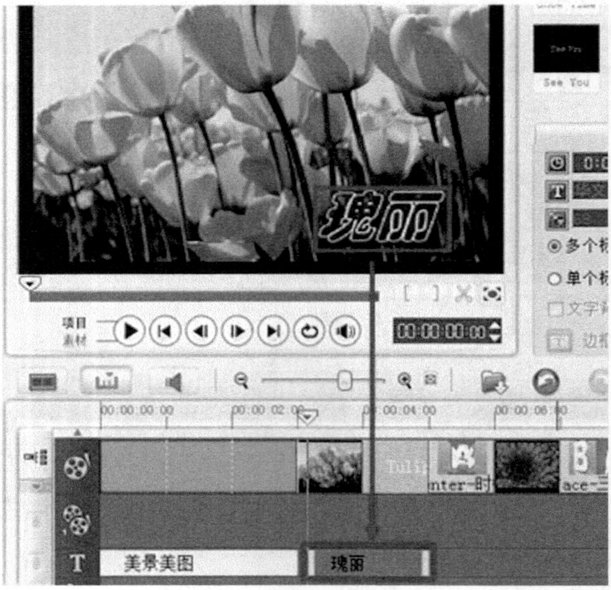

图 11-69 添加画面文字描述

（8）影片的完善与输出

最后要修改的是音乐部分，将程序界面切换到音频编辑状态，先在时间轨道上把音乐的长度调整到结束的状态，然后程序界面左边的音频面板上按下音乐淡出按钮（图 11-70），相册结束时背景音乐同时就会淡出。

选择步骤面板中的【分享】，程序界面切换到分享步骤，在这里可以选择视频文件的输出方式，如图 11-71 所示。

图 11-70 设置音乐淡出效果码

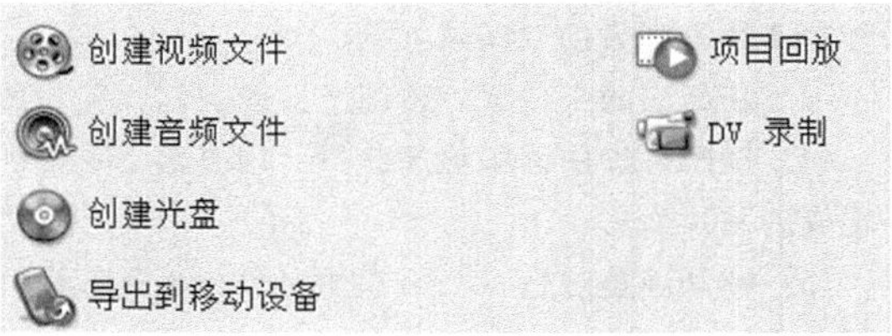

图 11-71 视频输出方式选择

其中“创建视频文件”可以直接把视频文件输出成为 MPEG 格式、DVD 或 VCD 等文件。

11.11 习题

11.11.1 理论练习

1. 填空题

(1) ________、________、________、________和________等信息的载体中的两个或多个的组合成为多媒体。

(2) 多媒体技术具有________、________、________、________等特性。

(3) 多媒体系统按照功能来分可分为________、________、________、________四种。

(4) 对于音频，常用的三种采样频率是________、________、________。

(5) 在多媒体技术中，存储声音的常用文件格式有________文件、________文件、________文件、________文件。

(6) 在多媒体技术，存储视频的常用文件格式有________文件、________文件、________文件、________文件。

2. 选择题

(1) 适合作进行平面图像处理的工具软件是（ ）。

A. Authorware　B. Photoshop　C. AutoCAD　D. 3DSMMAX

(2) 在动画制作中，一般帧速选择为（ ）。

A. 30 帧/秒　B. 60 帧/秒　C. 120 帧/秒　D. 90 帧/秒

(3) 超文本是一个（ ）结构。

A. 顺序的树形　B. 非线性的网状　C. 线性的层次　D. 随机的链式

(4) 多媒体数据具有（ ）特点。

A. 数据量大和数据类型多　B. 数据类型间区别大和数据类型少

C. 数据量大、数据类型多、数据类型间区别小、输入和输出不复杂。

D. 数据量大、数据类型多、数据类型间区别大、输入和输出复杂。

(5) 以下多媒体创作工具基于传统程序语言的有（ ）。

A. Action　B. ToolBo　C. HyperCard　D. Visual C++

3. 判断题

(1) 在音频数字处理技术中，要考虑千样、量化的编码问题。（ ）

(2) 对音频数字化来说，在相同条件下，立体声比单声道占的空间大，分辨率越高则占的空间越小，采样频率越高则占的空间越大。( )

(3) 在相同的条件下，位图所占的空间比矢量图小。( )

(4) 位图可以用画图程序获得、用屏幕上直接抓取、用扫描仪或视频图像抓取设备从照片等抓取、购买现成的图片库。( )

(5) 帧动画是对每一个活动的对象分别进行设计，并构造每一个对象的特征，然后用这些对象组成完整的画面。( )

4. 问答题

(1) 为什么要压缩多媒体信息?

(2) 什么叫位图? 什么叫矢量图?

(3) 说出五种常用的多媒体设备。

(4) 列举教材中没有介绍的几种多媒体创作工具，简要介绍其功能。

11.11.2 上机练习

1. 音效处理练习：录制一段音乐并进行播放、处理。写出具体操作步骤。

2. 图像处理练习：将一张人物照片和一张风景照片，利用 Photoshop 处理，将人物融合到风景图像中。

3. 动画制作练习：选择本教材中有关内容，制作一段 Flash 教学动画。

4. 视频制作练习：采用 Corel Video Studio 软件制作自己的电子相册。

第 12 章 Dreamweaver 网页设计

——制作个人网站

教学目标

- ◆ 了解网页的设计理念和设计风格
- ◆ 了解网页的创意设计和色彩搭配
- ◆ 了解常用的网页制作软件
- ◆ 了解 HTML 语言及网页的元素
- ◆ 熟悉 Dreamweaver8 的工作环境
- ◆ 使用 Dreamweaver 制作网页

随着互联网技术的迅猛发展，网络上出现了各种各样的网页，或朴素、或华丽、或平淡无奇、或吸引人眼球……那么，这些网页是如何制作出来的呢？一个完整的网站又是如何设计的呢？本章将带领大家一起探寻网页设计的知识。

12.1 制作个人网站案例分析

12.1.1 任务提出

小慧是一个多才多艺的女孩，爱好广泛，如写作、绘画、视频、动画制作等，而且她在这些方面都有自己的作品。为了更好地提高自己的创作能力，小慧想把自己的作品展示出来，让别人观看，并给自己提意见和建议。小慧相信，多与别人交流、沟通，能够让自己的视野更加开阔，作品也会更有见地。于是，小慧想到了制作个人网站。

这的确是一个展示作品、与人交流的好途径。下面来看看小慧是如何制作她的个人网站“小慧的家”的吧。

12.1.2 解决方案

小慧的作品很多，需要分门别类地存放。因此，在开始动手制作个人主页前，需要先总体规划网站的结构。小慧根据自己作品的分类，画出了网站的设计草图，如图 12-1 所示。

有了网站草图，就可以根据它来建网站的基本框架。在网站草图中的每一个模块下还可以再扩充内容。

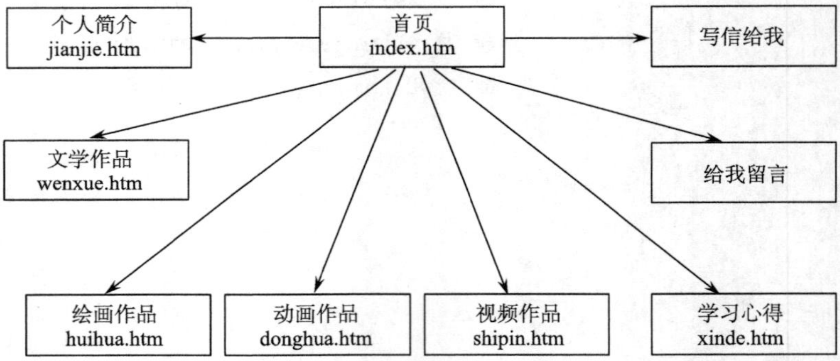

图 12-1　网站草图

12.1.3 相关知识点

网页的英文名称为 Homepage，是因特网上广泛流行的一种信息传播形式。它就像一本有目录的画册，其中的每一张画都和其他画有着直接或间接的联系，它们描绘着网页制作者的生活、理想和经验等。

1. 网页设计遵循的理念

一个网页包含的元素很多，主要包括文字、图像、表格、表单、动画和视频等。而网站是由众多网页组成，这些页面是否精彩，直接影响到这个站点能否受到用户欢迎。作为网页设计者，最重要的一点是要有创意，没有创意的网站是不成功的。

一般来说，网站设计所需遵循的理念包括以下几方面：

① 考虑访问者的带宽问题。一个站点无论设计得多精彩，内容多吸引人，如果忽视下载速度，就会造成访问者浏览站点时因为要花费大量的时间而不愿意再次访问，这样一来，就会失去大量的访问者。

② 版面布局合理。网页作为一种版面，既有文字又有图片。图片和文字需要同时展示给观众，因此必须根据内容的需要，将这些图片和文字按照一定的次序进行合理的编排和布局，使它们组成一个有机的整体展现给访问者。

③ 网站标志的设计。网站标志是一个网站的象征。一个设计成功的网站标志能够让人过目不忘，同时也能够提高网站的访问量。在设计时，需要考虑如何在标志上体现出主页的内容和意义，而且能给访问者留下深刻的印象。

④ 站点内容要精、专，及时更新。访问者选择要访问的一个站点，大多数是被网站的内容所吸引，如果这个站点内容太普遍，不专业，而且又长时间不更新，那么访问者就不会再有兴趣继续访问这个网站。

2. 网站整体风格的确定

网站的风格是指网站的整体形象给访问者的综合感受。这个整体形象包含非常多的因素：网站标志设计、色彩、版面布局、浏览方式、交互性、文字和价值等。例如，儿童教育类网站“IQ365-益智城”是生动活泼的，如图 12-2 所示；大多商业网站如 IBM，是专业严肃的，如图 12-3 所示。不同的网站给访问者留下的感受也不相同。

图 12-2　IQ365-益智城网站界面

图 12-3　IBM 网站界面

在制作网页前，确定网站的整体风格需要注意以下几个方面：

① 网站标志要放在醒目位置，如左上角，而且要保持不变。

② 最好能够有一句反映网站精髓的标语，并动态显示。

③ 导航部分应该放在每一张网页的相同位置，便于访问者浏览网站的全部内容。

④ 确定网站的主体颜色，并注意颜色搭配要让人感觉舒服，不要太刺眼，同时还要突出显示需要强调的内容。

⑤ 页面布局是风格展现的一个重要标志，需要考虑网页各个组成部分的位置，还要考

虑主页的可扩充性，以方便将来再添加栏目。一般采用左边导航、右边文字，或者上面导航、下面文字的方法，也可以两者结合使用。

⑥ 内容结构越简单越好，分类要简而精。一切都要围绕访问者能够最快地找到访问资料而考虑。

3. 网页创意

网页创意是网站的灵魂所在，关系到企业的形象、品牌、企业文化和企业竞争力等，那么到底什么才是创意呢？如何才能产生创意呢？

① 创意是传达信息的一种特殊手段。创意并不是天才的灵感，而是设计者长期思考和经验的积累。设计者首先要搜集相关资料，然后根据以往的经验，启发新思路，再将思考的结果进行消化，进而使意识自由发展，任意结合，最终产生创意。

② 创意是将现有的要素重新组合。网络上最多的创意是结合现实生活，如网上购物、电子社区、电子病历、在线拍卖等。而且资料越丰富，越容易产生创意。所以任何人，都可以有不同凡响的创意。

4. 网页色彩搭配简介

色彩搭配是体现网站风格的关键。网页色彩搭配应考虑以下因素：

① 色彩的鲜明性。网页的色彩搭配要合理，容易引人注目。

② 色彩的独特性。网页中要有与众不同的色彩，体现创意的魅力。

③ 色彩的合适性。色彩和所要表达内容的气氛要一致。

④ 色彩的代表性。网站的色彩要代表公司形象，不能滥用。

以下是网页色彩搭配的技巧：

① 用一种颜色：首先选择一种颜色，然后调节它的透明度和饱和度，以产生新的颜色，这个原理一般用于网页，这样的网页看起来色彩统一、风格一致，又能体现出很好的层次感。

② 用两种颜色：首先选择一种基色，再选择它的对比色，使整个网页的色彩丰富，但不刺眼。

③ 同一色系：近似颜色的搭配，能给人柔和的感觉。

色彩总的应用原则应该是“总体协调，局部对比”，也就是说，主页的整体色彩效果应该是和谐的，只有局部的、小范围的地方可以有一些强烈色彩的对比，以达到既不显得呆板，又不至于过于亮丽而造成过强刺激的视觉效果。

色彩的搭配是一门艺术，灵活地运用能让网页更具亲和力。

5. 常用网页制作工具简介

网页制作工具有很多种：我们可以通过使用记事本手动输入 HTML 代码制作网页，也可以使用可视化的设计软件，进行便捷设置。在功能齐全的可视化网页设计软件中，人们常用的有 Dreamweaver 和 FrontPage 等。

除了使用 Dreamweaver 等进行网页的设计外，还需要一些辅助工具进行网页元素的设计，如使用 Flash 制作网页中的动画，使用 Fireworks 制作网页中需要的图片元素等。

（1）Dreamweaver 的概述

被 Adobe 公司收购的 Dreamweaver 是目前国内公认的最佳网页制作工具之一，最新版本为 DreamweaverCS4。Dreamweaver 支持最新的 DHTML 技术和 CSS 标准，能够快速高效地创建极具表现力和动感效果的网页，同时使制作过程简单化。另外，Dreamweaver 不仅提供了强大的网页编辑功能，而且拥有完善的站点管理机制，是一个集网页制作和站点管理于一身的网页创作工具，无论对初级网民还是专业高手都适用。

本章将以 Dreamweaver8 为例进行介绍。

（2）FrontPage 的概述

FrontPage 也是一种“所见即所得”的网站管理和网页制作软件，由于 FrontPage 属于微软公司 Office 家族中的一员，它的界面和 Office 办公软件中其他组件的界面风格相似，对于熟悉 Office 办公软件的人来说，可以很轻松地使用 FrontPage 设计网页。

不过，FrontPage 兼容性较差，用它制作的网页对 IE 支持较好，而对 Netscape 等其他浏览器的支持就不是很好了，而且 FrontPage 对于复杂的动态网页设计能力也有限。所以，FrontPage 是网页设计初学者较好的选择。

12.2 使用 Dreamweaver 进行网站架构

12.2.1 任务背景

1. 提出问题

小慧是一个多才多艺的女孩，爱好广泛，如写作、绘画、视频、动画制作等，而且她在这些方面都有自己的作品。为了更好地提高自己的创作能力，小慧想把自己的作品展示出来，让别人观看，并给自己提意见和建议。小慧相信，多与别人交流、沟通，能够让自己的视野更加开阔，作品也会更有见地。于是，小慧想到了制作个人网站。

这的确是一个展示作品、与人交流的好途径。下面来看看小慧是如何制作她的个人网站“小慧的家”的吧。

2. 案例分析

小慧的作品很多，需要分门别类地存放。因此，在制作个人主页前，需要先总体规划网站的结构。小慧根据自己的作品的分类，画出了网站的设计草图，如图 12-1 所示。

有了网站草图，就可以根据它来构建网站的基本框架。在网站草图中的每一个模块下还可以再扩充内容。

12.2.2 站点的架构

1. 站点概述

（1）站点的定义

站点是存放网站上所有文档和文件的地方，是一系列文档的组合，其将各种信息制作成网页，以超级链接的形式组织起来，利用浏览器用户可以从一个文档跳转到另一个文档，并通过这样的操作实现对整个网站的浏览。

网站由网页集合而成，用户通过浏览器看到的画面就是网页。实际上，一个网页就是一个 HTML 文件，而浏览器是用于解读这份文件的。也可以说，网站由许多 HTML 文件集合而成。但组成网站的页面数量并没有限制，即使某个站点只有一个网页也可称为网站。

（2）本地站点和远端站点

对于浏览网页的用户来说，他们所使用的计算机被称为本地计算机。在因特网上浏览的各种网站，实际上是用浏览器打开存放在服务器上的相关站点和文档，把这样的站点和相关文档称为远端站点。

对于网站制作者来说，存放在本地计算机上的站点和相关文档称为本地站点。在本地站点上构建的站点，可以进行充分地设计、编辑和调试。站点设计完毕后，用网站上传工具上传到服务器上，形成远端站点。

（3）站点根目录

若站点文件较多，通常在站点根目录中创建几个子文件夹，将所有相关文件分门别类存放在子文件夹中。若站点的文件较少，只用一个站点根目录即可。网站上所有的资源都保存在站点内。

（4）Internet 服务程序

如果站点中包含 ASP 程序，则需要在本地机上安装 Internet 服务程序，否则无法在本地机上对站点进行完整测试。

在本地机上安装 Internet 服务程序，可以将本地计算机与 Internet 服务器合二为一，不需要连入 Internet 就能测试站点。对于 ASP 而言，微软公司的 IIS 服务器是必不可少的 Internet 服务程序。

2. 站点的建立

Dreamweaver 有站点管理功能，可以通过它来轻松创建页面及文件夹等，但首先我们要建立一个站点。

【任务 1】创建站点。

① 给站点起个名字，如“小慧的家”。执行【站点】|【管理站点】命令，或者在右侧【文件】功能面板下的【文件】选项卡中，单击【管理站点】按钮，如图 12-4 所示，弹出【管理站点】对话框，单击【新建】按钮，在弹出的下拉菜单中选择【站点】命令，如图 12-5 所示。

图 12-4 单击管理站点按钮

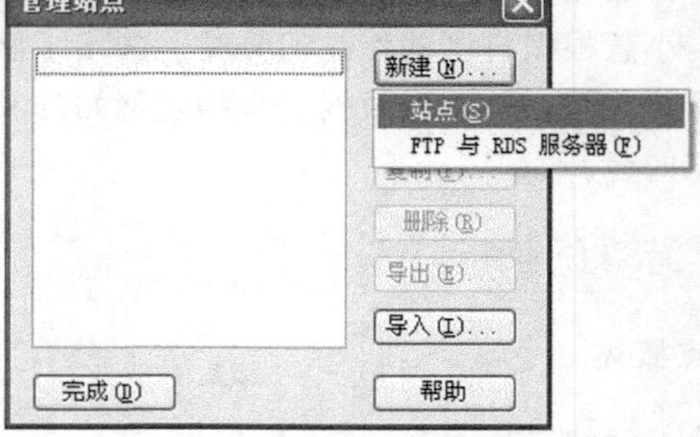

图 12-5 管理站点对话框

② 屏幕上出现了站点定义的对话框，有【基本】和【高级】两个选项卡，选择【基本】选项卡，并在【您打算为您的站点起什么名字?】下方的文本框内输入站点的名称“小慧的家”，如图 12-6 所示。

③单击【下一步】按钮，在弹出的如图 12-7 所示的窗口中选择【否，我不想使用服务器技术】单选按钮。

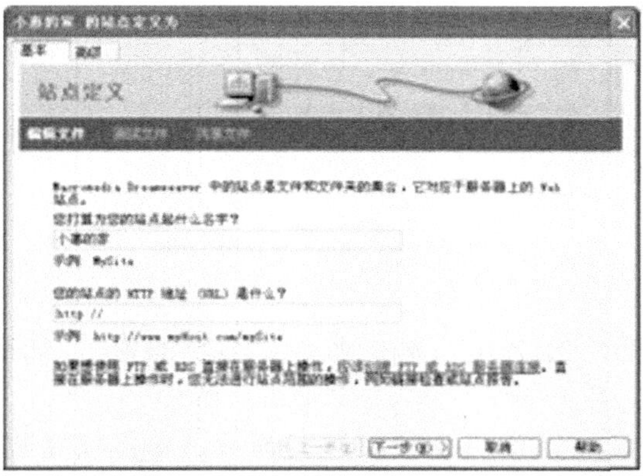

图 12-6 输入站点名称“小慧的家”

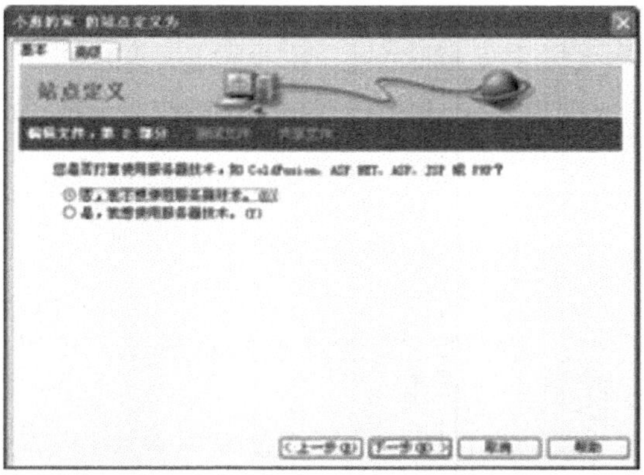

图 12-7 选择是否使用服务器技术

④ 单击【下一步】按钮，在弹出的如图 12-8 所示的窗口中选择【编辑我的计算机上的本地副本，完成后再上传到服务器（推荐）】，并单击【您将把文件存储在计算机的什么位置?】下方文本框右边的 按钮，对文件存储在计算机上的具体位置进行选择。这里设置存储文件的位置是“F：\ xiaohui \”（在 F 盘下新建一个名为“小慧的家”的文件夹，可以根据需要进行选择）。

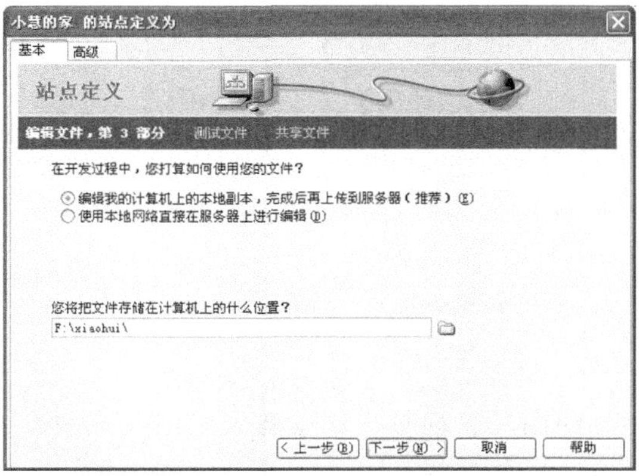

图 12-8 选择文件存储位置

⑤ 单击【下一步】按钮，在弹出的如图 12-9 所示的窗口中打开【您如何连接到远程服务器?】的下拉菜单，选择【无】选项。

⑥ 单击【下一步】按钮，弹出如图 12-10 所示的窗口，单击【完成】按钮结束站点定义。

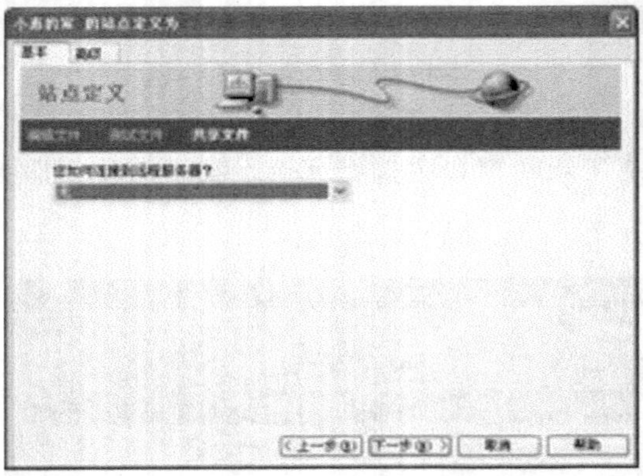

图 12-9 设置如何连接远程服务器

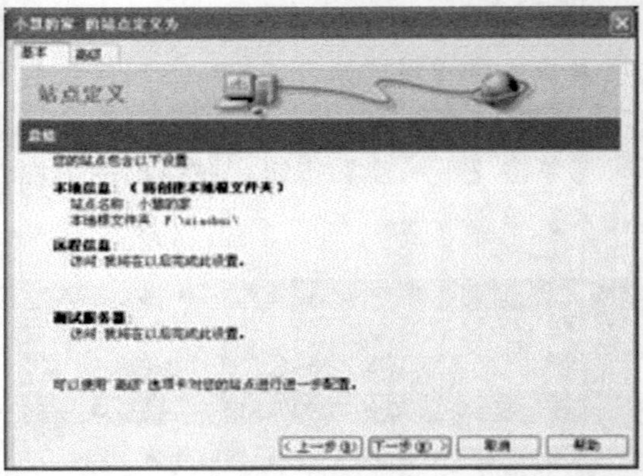

图 12-10 站点所有的设置

⑦ 返回到【管理站点】对话框，可以看到左边出现了站点名称“小慧的家”，如图12-11所示。

⑧ 如果在上述的操作过程中有失误，可以单击【编辑】按钮进行修改。单击【完成】按钮后，在【文件】功能面板下的【文件】选项卡中，也相应出现了相关信息，如图 12-12 所示。

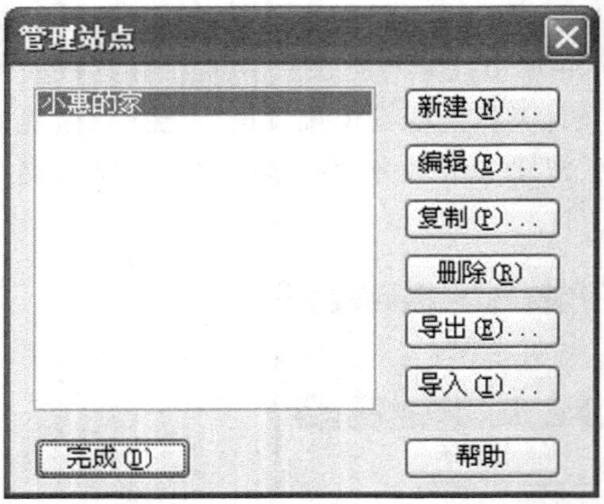

图 12-11 出现“小慧的家”站点名

图 12-12 文件功能面板

3. 文件夹的建立

为了存放网页中要用到的图片、视频、动画等，可以在该站点下建立几个专门存放素材的文件夹。

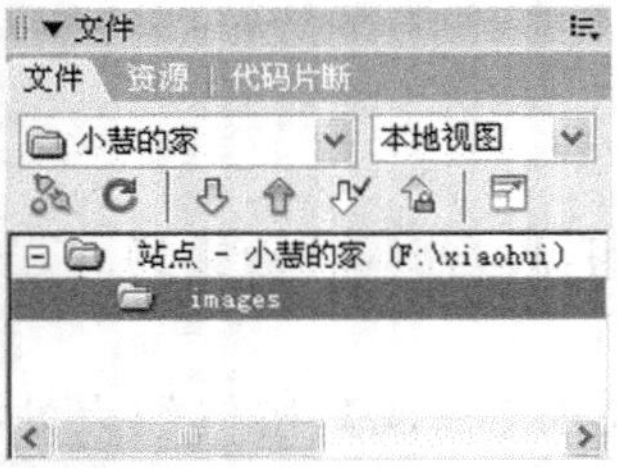

图 12-13 新建文件夹

【任务 2】建立站点中的文件夹。

① 选中“小慧的家”站点，单击鼠标右键，在弹出的快捷菜单中选择【新建文件夹】命令，输入文件夹名称为“images”，按 Enter 键确认。这样，在站点下就多了一个“images”文件夹，如图 12-13 所示。如果不想要这个文件夹，则可以选中它，按 Delete 键将其删除。

② 根据需要，使用同样的方法创建其他文件夹。

4. 网页文件的创建

与创建文件夹的方法相同，也可以创建网页文件。

【任务 3】创建网页文件。

① 选中“小慧的家”站点，单击鼠标右键，在弹出的快捷菜单中选择【新建文件】命令，输入文件名为“index. htm”（图 12-14），按 Enter 键确定，此文件就是网站的首页文件。

温馨提示

一般首页文件名为“index. htm”，或者“index. html”；如果是使用 ASP 语言编写的页面，文件名变为“index. asp”；如果是用 XML 语言编写的页面，文件名为“index. xml”。

② 另外还有一种方法，可以执行【文件】|【新建】命令，弹出【新建文档】对话框，如图 12-15 所示。直接单击【创建】按钮，会生成一个页面，将它保存到 F 盘下的“xiaohui”文件夹中，取名为“index. htm”，同样可以达到创建首页文件的目的。

③ 可以把一些制作网页时要用到的图片放到“images”文件夹下。

图 12-14 新建“index. htm”首页

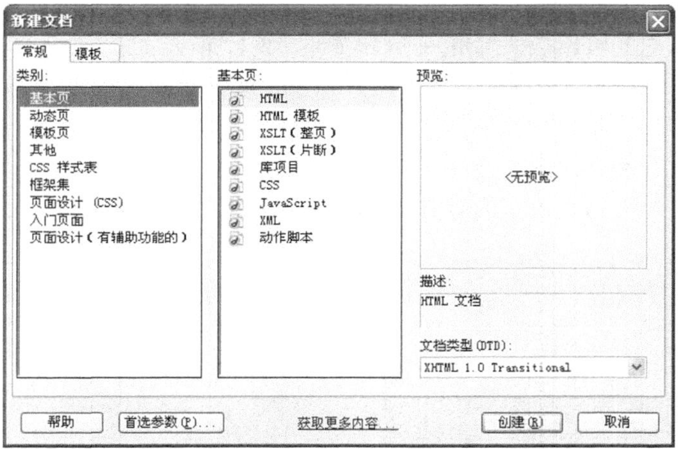

图 12-15 新建文档对话框

12. 2. 3 使用表格布局页面

在 Dreamweaver 中可以使用表格、框架及层来布局页面，限于篇幅，在此只介绍最易学的表格布局法。前面已经新建了一张空白的网页——“index. htm”文件，下面就要来对它进行布局，以便能更好地展示网站的内容。

设计一个网页，先要规划好版式，常用的版式为分栏式结构，比如二分栏、三分栏、四分栏等。如图 12-16 所示是新浪网的首页，它就是一个三分栏的结构。

图 12-16 新浪首页

把新浪网版式简化一下，如图 12-17 所示。这是一个典型的三分栏结构，第一行分两列，左边单元格放置 Logo 图片，右边单元格放入导航菜单，由于栏目比较多，所以分成四行排放。第二行为网页主体部分，分成三栏，左边一栏为特色栏目导航，右边两栏分别放置不同的网页内容。下面一行放置版权信息。

个人网页由于内容较少，也可以采用二分栏的结构，如图 12-18 所示。

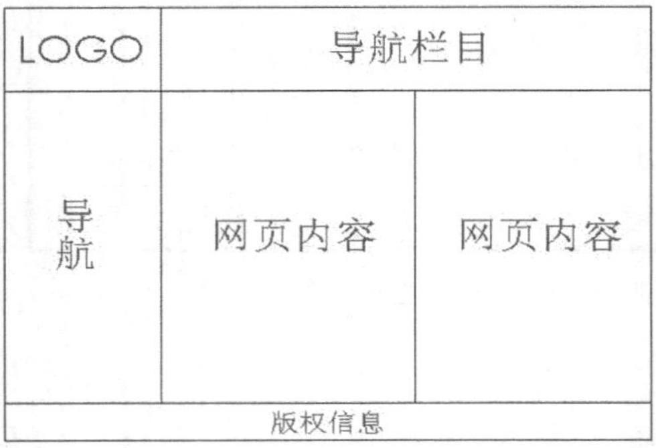

图 12-17 三分栏版式结构

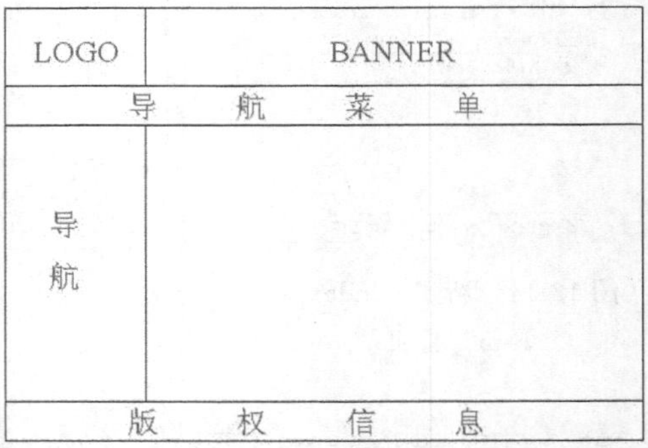

图 12-18 二分栏版式结构

“小慧的家”版式就是典型的二分栏结构。接下来，我们要在 Dreamweaver8 提供的“布局”模式中对版面进行重新布局了。

1. 表格的基本使用

【任务 4】认识 Dreamweaver 中的表格。

在 Dreamweaver 中进行页面布局的表格处理和 Word 中并不一样。首先，创建一个表格，将光标移到要插入表格的位置，在【插入】工具栏中选择【常用】项，单击【表格】按钮，或者执行【插入】|【表格】命令，打开【表格】对话框，如图 12-19 所示。

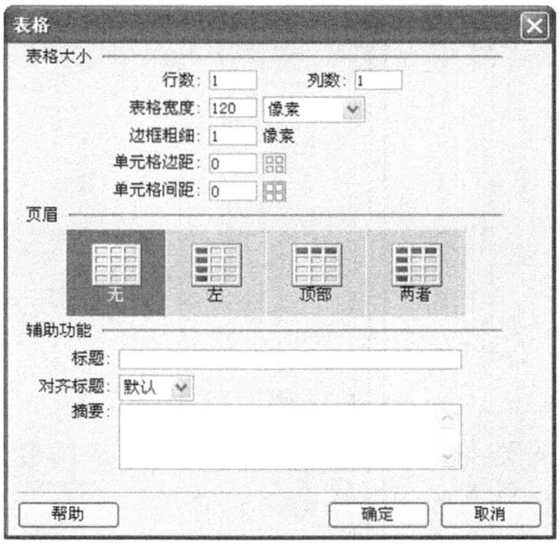

图 12-19 表格对话框

在该对话框中可以设置表格的一些基本属性，其中，各项参数功能说明如下：

① **行数**：用于确定要创建的表格有几行。

② **列数**：用于确定要创建的表格有几列。

③ **表格宽度**：用于设置表格的宽度，单位有“像素”和“百分比”两个选项，一般情况下选择“像素”。因为如果选择“百分比”，则缩放浏览器的大小后会造成表格的变形。

④ **边框粗细**：用于设置表格边框的宽度，以“像素”为单位，输入数字 0 就表示没有边框。

⑤ **单元格边距**：表示单元格内容和单元格边框之间的距离，以“像素”为单位。

⑥ **单元格间距**：单元格和单元格之间的距离，以“像素”为单位。

⑦ **页眉**：用于选择 4 种页眉模式。

⑧ **辅助功能**：用于输入表格的标题、选择标题的对齐模式、输入摘要等信息。

2. 使用表格布局主页

【任务 5】插入一个 4 行 2 列，宽为 750 像素，高为 200 像素的表格。

① 执行【插入】|【表格】命令，弹出【表格】对话框，设置【行数】为 4，【列数】为 3，【表格宽度】为 750 像素，【边框粗细】为 0 像素，【单元格边距】为 0 像素，【单元格间距】为 0 像素，设置完后单击【确定】按钮。

温馨提示

表格的宽度和高度可以通过浏览器窗口百分比或者使用像素值来定义，比如设置宽度为窗口宽度的 100%，那么当浏览器窗口大小变化时，表格的宽度也随之变化；而如果设置宽度为 750 像素，那么无论浏览器窗口大小为多少，表格的宽度都不会发生变化。

② 在【属性】面板中将表格的【高】设置为 200 像素，调整【属性】面板中的参数，使表格居中对齐，背景颜色为白色，如图 12-20 所示。表格效果如图 12-21 所示。

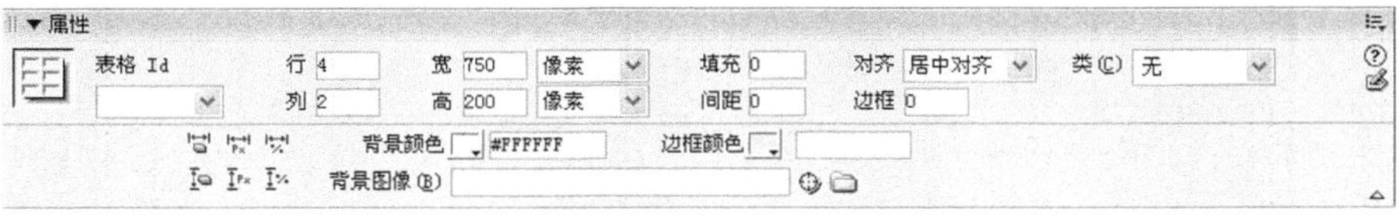

图 12-20 表格的属性设置

③ 发现选中整个表格后，表格下方有绿色的线条，还有数字和下三角按钮。它们是

图 12-21 表格创建后的效果

Dreamweaver8 提供的“可视化助理”中的表格宽度，就像标尺一样，数字“750”表示表格的宽度，而单击右边的下三角按钮可以进行一些设置。如图 12-22 所示，单击不同的下三角符号会弹出不同的下拉菜单。

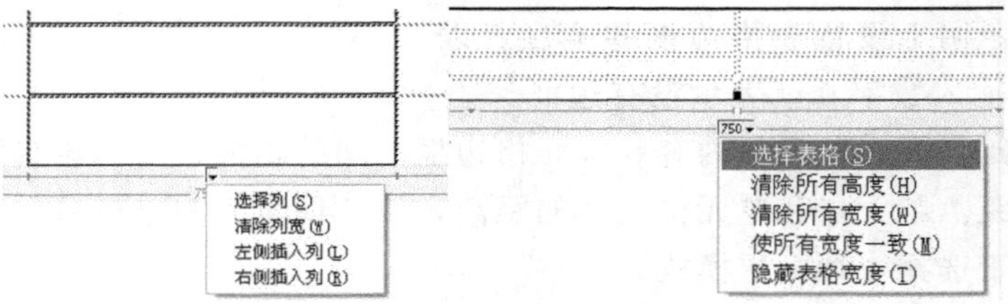

图 12-22 单击下拉按钮后弹出的下拉菜单

【任务 6】选择单元格并调整单元格的行高和列宽。

在页面中插入表格后，还需要对表格或者其中的单元格进行编辑，那么就必须掌握怎样选择它们。

① 选择单元格。在需要选择的单元格中单击鼠标左键，然后按住鼠标不放，同时向相邻的单元格方向拖动，这时单元格就出现黑色边框，表示被选中，如图 12-23 所示。按下键盘上的 Ctrl 键，在单元格上单击鼠标；或者在单元格上单击鼠标后，按快捷键 Ctrl＋A，也可以选中单元格。继续按住鼠标左键不放并向相邻的单元格拖动，直到需要选中的单元格出现黑色的边框时释放鼠标，即可选择多个单元格。

②要改变列的宽度，可以将鼠标移动到表格的列边框上，当出现“‖”形状的时候，就可以左右拖动来改变列的宽度了。另外，还可以看到如图 12-24 所示的提示信息“按 Shift 键并拖动可以保留其他列宽度……”，这样一来，整个表格的宽度就发生变化了。

③用同样的方法，可以改变行的高度。

图 12-23 选中单个单元格

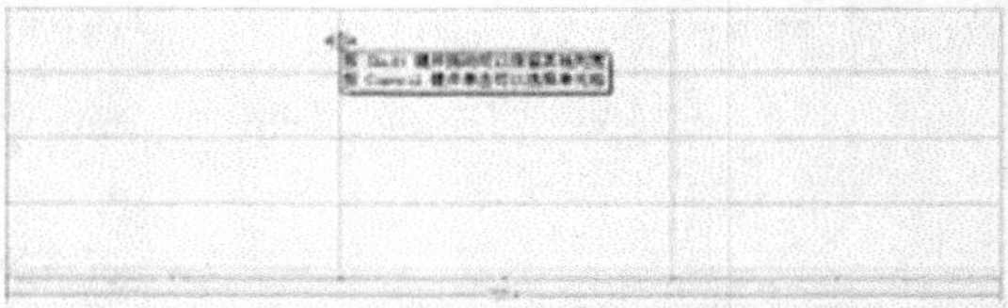

图 12-24 调整列的宽度

【任务 7】插入或删除行和列。

有时需要在已有的表格中插入行或列，只要将光标放置在需要插入的单元格内，然后执行【修改】|【表格】|【插入行或列】命令，弹出【插入行或列】对话框，在【插入】中选择【行】或者【列】，并确定要插入的行数或列数及插入的位置，如图 12-25 所示，设置完后单击【确定】按钮。

也可以直接在单元格中右击鼠标，在弹出的快捷菜单中，选择【表格】菜单中的相应命令，用来插入行或列，如图 12-26 所示。

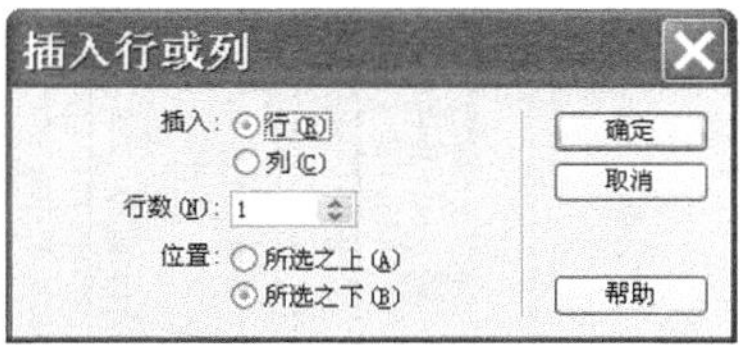

图 12-25　插入行或列对话框

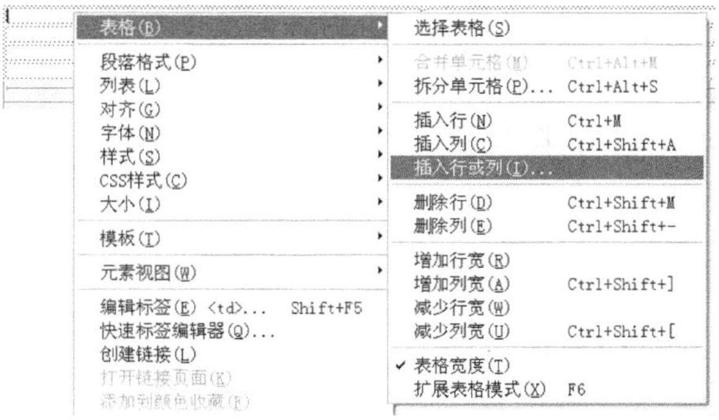

图 12-26　表格的各种编辑命令

如果要删除行或列，先将其选中，然后通过执行【修改】|【表格】|【删除行】或者【删除列】命令来实现，也可以用鼠标右键单击需要删除的行或列，在弹出的快捷菜单中选择相应命令，进行行与列的操作。

【任务 8】拆分和合并单元格。

① 要合并单元格，先将其选中，然后单击鼠标右键，在弹出的快捷菜单中选择【表格】|【合并单元格】命令，或者执行【修改】|【表格】|【合并单元格】命令即可。如图 12-27 所示，是将表格第 2 行和第 4 行合并单元格后的效果。

② 单元格的拆分和合并其实与 Word 中的操作差不多，通过拆分和合并单元格能够使制作的表格更好地布局网站。选中要拆分的单元格，然后用鼠标右键单击它，在弹出的快捷菜单中选择【表格】|【拆分单元格】命令，或者执行【修改】|【表格】|【拆分单元格】命令即可。

图 12-27　合并单元格的表格

③ 在【属性】面板中将第 1 行中的表格高度设置为“120”，第 3 行的高度为“640”。

④ 执行【修改】|【页面属性】命令，或者直接单击【属性】面板上的【页面属性】按钮，在弹出的【页面属性】对话框中，将【背景颜色】设置为“＃999999”（灰色），【左边距】、【右边距】、【上边距】和【下边距】都设置为0像素，然后单击【确定】按钮，完成表格布局的基本设置。

温馨提示

Dreamweaver8内置了格式化的表格库，选中表格，执行【命令】|【格式化表格】菜单命令，弹出【格式化表格】对话框即可格式化表格。另外，对于CSS（层叠样式表）熟悉的用户，也可以通过设置CSS样式设置网页及表格的样式。

12.3 充实网页页面

12.3.1 输入文字

1. 输入网页的标题

【任务1】输入主页的标题。

首先给这个网页加上一个标题——“小慧的家”，只要在【文档】工具栏的【标题】文本框中输入“小慧的家”即可，如图12-28所示。

图12-28 给网页加上标题

2. 插入特殊文本字符

【任务2】输入主页中的版权符号。

制作网页的时候，往往要输入一些特殊的文本符号，如版权符号。

① 在【插入】工具栏中切换到【文本】项，如图12-29所示。

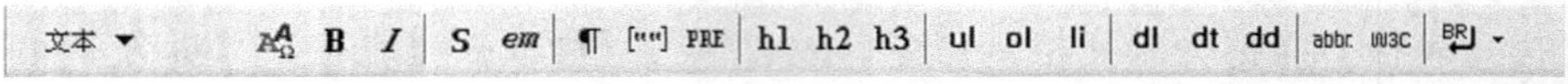

图12-29 切换到文本项

② 单击【字符】按钮右边的下拉按钮，在弹出的下拉菜单中选择【版权】项，如图12-30所示，随后在光标处即会出现一个版权符号“©”。

除此以外，还可以插入很多特殊的符号，如英镑符号、欧元符号、日元符号、注册商标等。还可以单击图12-30中“回车换行符”右侧的下拉按钮，在弹出的下拉菜单中选择【其他字符】命令，在弹出的如图12-31所示的【插入其他字符】对话框中有非常多的特殊字符，选择所需要的字符，然后单击【确定】按钮，网页中就会出现相应的特殊字符。

图 12-30 插入特殊字符

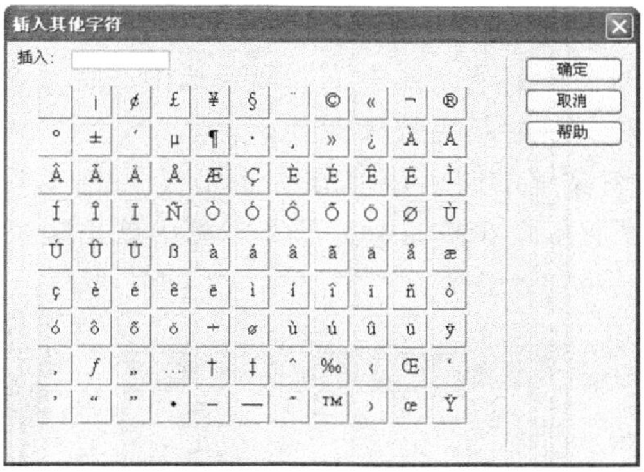

图 12-31 插入其他字符对话框

3. 文本的排版与格式设置

【任务 3】对主页中的部分文字进行排版。

① 在表格第 3 行第 1 列的位置处输入一首诗，然后进行简单的排版，如图 12-32 所示。

温馨提示

从图 12-32 中可以看出，直接按 Enter 键后每行之间的间距很大；如果要缩小间距，在输入完一句话后按 Shift+Enter 组合键换行，即可得到如图 12-33 所示的效果。

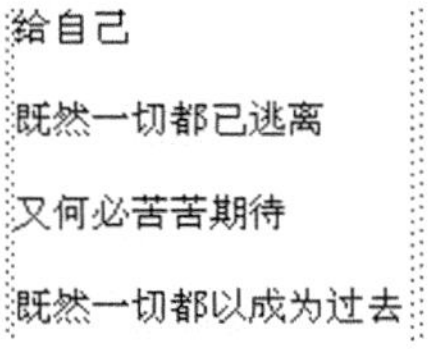

图 12-32 直接按 Enter 键分段后的效果

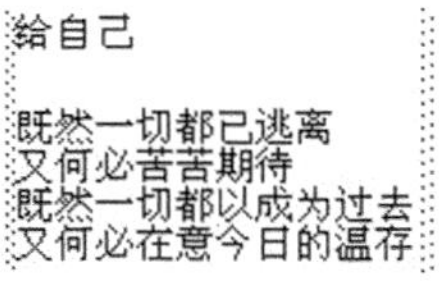

图 12-33 按 Shift+Enter 组合键后的效果

② 选中文字，通过调整【属性】面板中各个参数，可以改变文字的字体、颜色、大小和对齐方式，如图 12-34 所示。

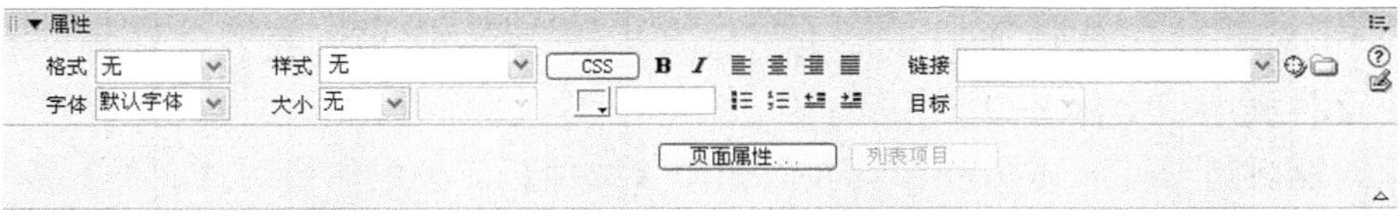

图 12-34 文字属性设置

③ 在此单击 按钮将第 1 行标题文字设置为“居中对齐”，字体为“幼圆”，文字颜色为“黄色”。选中文字“给自己”，然后在【字体】下拉列表框中选择一种字体，可以看到，要设置的字体不在列表中，需要手动添加。单击【字体】下拉列表框中的【编辑字体列表...】项，弹出【编辑字体列表】对话框，如图 12-35 所示。

④ 在【可用字体】列表框中选择需要的字体，然后单击<<按钮，其字体就出现在左侧的【选择的字体】列表框中了，只要选中文字，在【字体】下拉列表框中选择需要的字体，就可以实现文字的相应效果。

⑤ 改变文字的颜色，单击属性面板上的【文本颜色】按钮，打开调色板，选择黄色，如图 12-36 所示。在按钮旁边的文本框中就出现了“#FFFF00”的字样。

图 12-35 编辑字体列表对话框

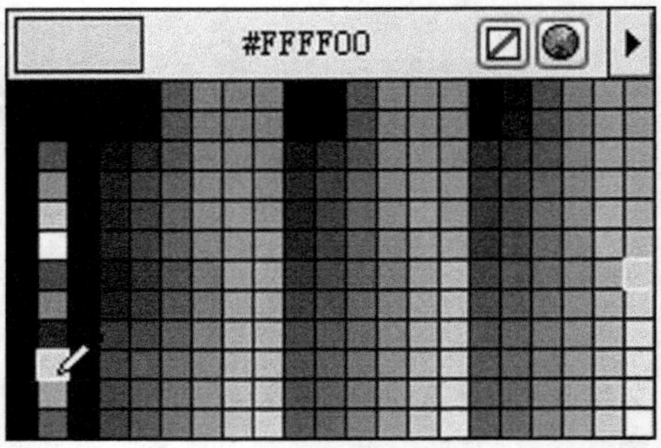

图 12-36 选择黄色

温馨提示

文章开头一般都要空两格，但是在 Dreamweaver 中按空格键却无法输出空格，但可以使用如下方法输入空格：

① 将光标移动到相应位置，然后单击【字符】按钮右边的小三角按钮，在弹出的下拉菜单中选择【不换行空格】命令即可输入空格。或者执行【插入】|【HTML】|【特殊字符】|【不换行空格】命令；也可以使用快捷键 Ctrl+Shift+Space。我们发现每执行一次该命令，只空半个汉字的位置。

② 除了上述方法外，还可以选择一种中文输入法，如全拼或标准输入法，将半角状态切换到全角状态，这时再按空格键即可输入空格。

⑥ 通过属性面板将“给自己的诗”单元格的背景颜色设置为“#0067C3”

12.3.2 插入图像

表格里不但可以输入文字，还可以插入图片。

【任务 4】插入网站的 Logo。

① 在 Photoshop 中设计网站的标志，如图 12-37 所示，把它保存在前面已经创建的“images”文件夹中，文件名为“logo.gif”。

② 重新返回到 Dreamweaver 中，在右侧的【文件】面板中切换到【文件】选项卡，在“images”文件夹下就可以看到“logo.gif”文件了，如图 12-38 所示。

③ 选择“logo.gif”文件，按住鼠标左键不放，将其拖曳到第 1 行第 1 列的单元格中，如图 12-39 所示。当拖曳到合适位置后松开鼠标，这样，网站标志就出现在【文档】窗口中了。还可以将光标移到要插入图像的位置，在【常用】工具栏中单击【图像】按钮或者执行【插入】|【图像】命令，弹出【选择图像源文件】对话框，切换到“images”文件夹，选择其中的“logo.gif”文件，如图 12-40 所示。

图 12-37 网站标志“logo.gif”文件

图 12-38 logo.gif 文件所在的位置

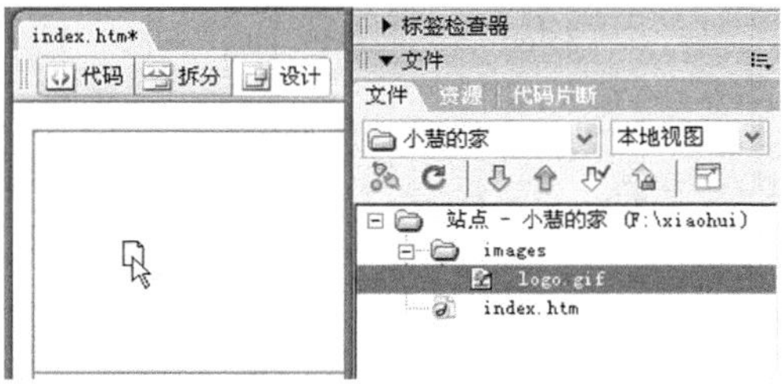

图 12-39 拖动图像文件到合适位置

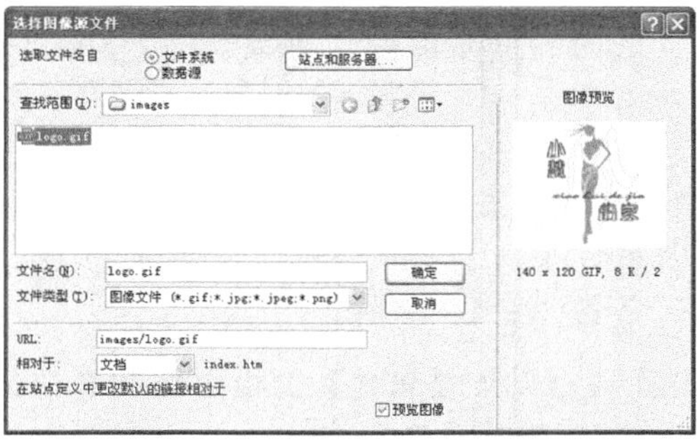

图 12-40 选择图像源文件对话框

④ 单击【确定】按钮，则在文档中插入所选的图像，效果如图 12-41 所示。

图 12-41 插入图像后的效果

⑤ 插入图像后，保证图像处于被选中状态，可以在【属性】面板中设置图像的各种属性，如图 12-42 所示。例如，在面板的【宽】和【高】文本框中，可重新设置图像的大小，也可将图像左对齐、居中对齐和右对齐。

图 12-42　图像的属性面板

12.3.3　插入 Flash 动画

接下来，为网页插入 Flash 动画。

【任务 5】插入主页中的动画。

① 将光标移动到第 1 行第 2 列单元格，执行【插入】|【媒体】|【Flash】命令，选择 “images” 文件夹下的 “banner.swf” 文件。可以看到，编辑文档中多了一个 Flash 动画的标志，如图 12-43 所示。

图 12-43　插入 Flash 动画

② 通过设置【属性】面板中宽和高的值改变动画片的尺寸大小，也可以通过在文档中拖动缩放手柄改变其大小。

③ 此时在文档页面看不到动画，只有单击如图 12-44 所示的【属性】面板中的【播放】按钮时，才会看到如图 12-45 所示的动画效果。

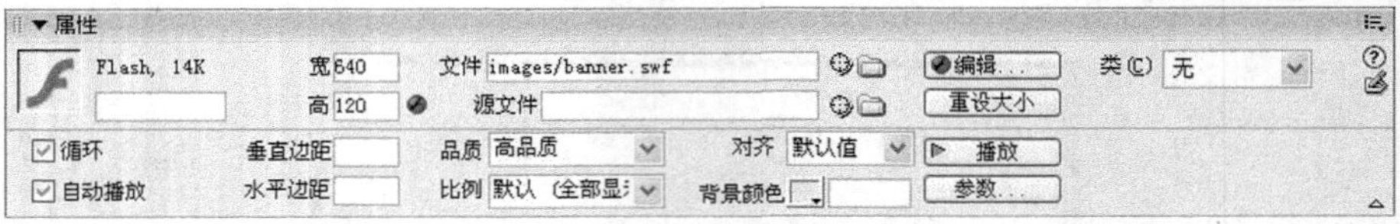

图 12-44　Flash 动画的属性面板

图 12-45　播放 Flash 动画

12.3.4 插入背景图片

网页还可以添加背景图片，以丰富网页的视觉效果。注意，插入的背景图片不要过大，以免访问者浏览网页时下载速度过慢。

【任务 6】为导航栏添加背景图片并输入单元格内容。

① 将光标定位在表格的第 2 行单元格中，单击【属性】面板中的【单元格背景】按钮，打开【选择图像源文件】对话框，选择准备好的背景文件“bg1. gif”，然后单击【确定】按钮，即可为该单元格设置背景图片。单元格背景效果和【属性】面板如图 12-46 所示。

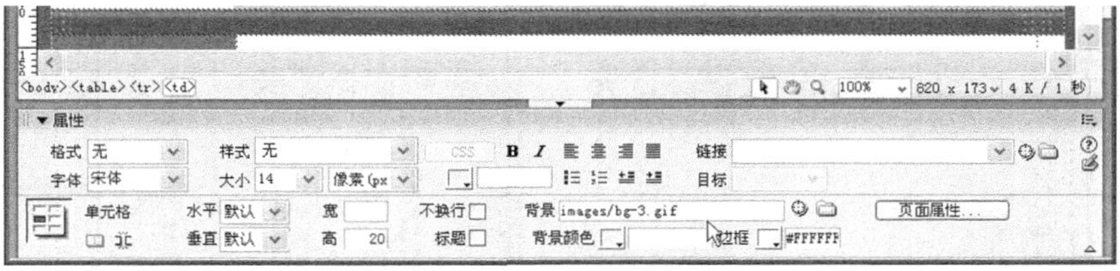

图 12-46　背景图片

② 在第 2 行的单元格内输入作为导航条的内容：“首页”“个人简介”“文学作品”“绘画作品”“动画作品”“视频作品”“学习心得”“给我留言”“写信给我”。将文字颜色设置为白色并居中对齐。

③ 将“给自己的诗”右侧单元格的背景图片设置为“images”文件夹下的“back. gif”文件，并在其中插入一个 3 行 1 列的嵌套表格，宽度为 100%，在新表格的第 2 行中插入预先制作的“main. swf”文件，在第 3 行中输入一些经典的诗句。

④ 在第 4 行的单元格中，执行【插入】|【日期】命令，打开【插入日期】对话框，从中选择一种日期格式，如图 12-47 所示，用于插入更新日期。

⑤ 最后，将背景颜色设置为“黑色”，然后日期及版权符号的字体颜色设置为“白色”。设置完成后按 F12 键，预览一下网页的效果，如图 12-48 所示。

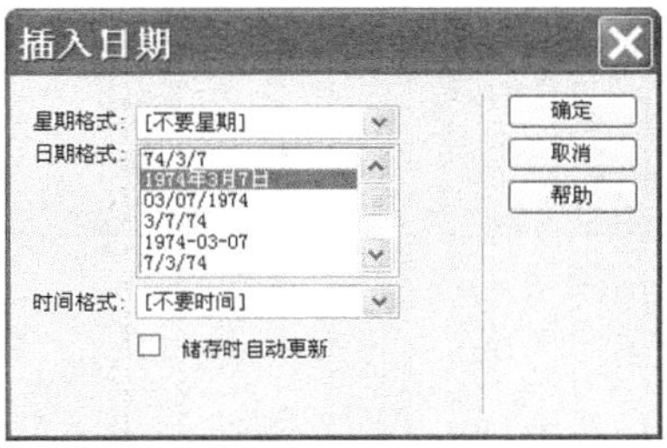

图 12-47　插入日期对话框

图 12-48　网页的预览效果

12.3.5 插入滚动字幕

在很多网站都可以看到引人注目的滚动字幕，常常用来滚动播放一些最新消息等。下面来看看在 Dreamweaver 中插入滚动字幕的方法。

【任务 7】为网站首页添加滚动字幕。

① 将光标定位在嵌套表格的第 1 行单元格中，执行【插入】|【标签】命令，打开【标签选择器】对话框，如图 12-49 所示。

② 单击【HTML 标签】图标，在右侧的列表中列出了可以在 HTML 中使用的所有标签，从中选择“marquee”标签，如图 12-50 所示。

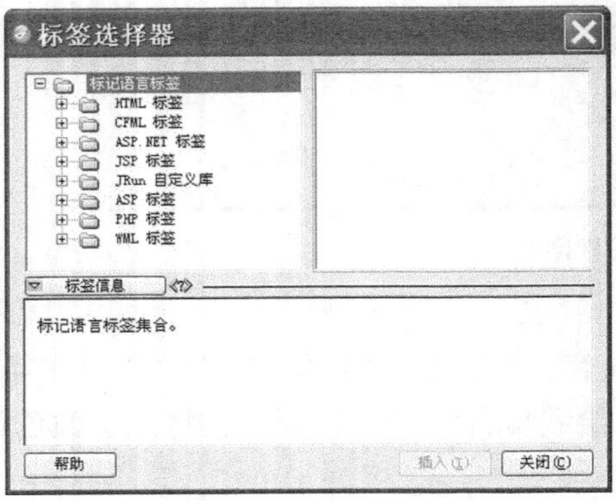

图 12-49 标签选择器对话框

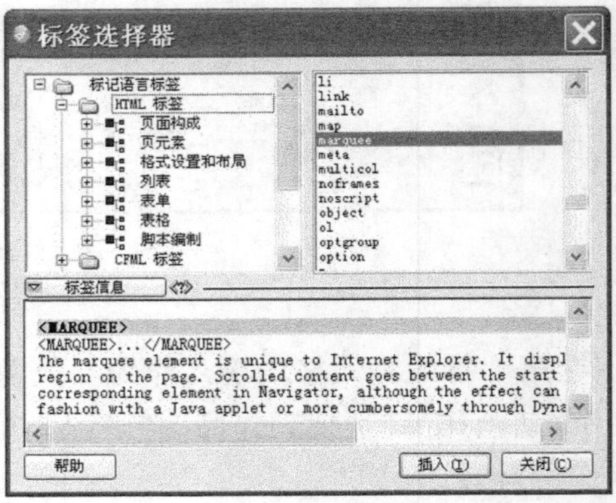

图 12-50 选择“marquee”标签

③ 此时可以看到 Dreamweaver 由原来的【设计】视图变成【拆分】视图，单击【插入】按钮，即可看到代码窗口的光标处插入了一对标签“＜marquee＞＜/marquee＞”，并且光标已经定位在标签对中间，图 12-51（左）所示。在此输入滚动字幕文字“欢迎光临小慧的家!”，输入完成后即可在设计窗口中看到文字，如图 12-51（右）所示。

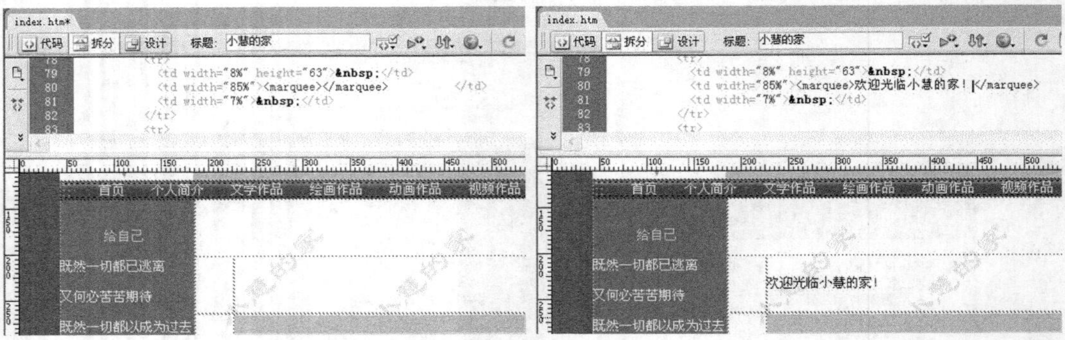

图 12-51 插入滚动字幕

④ 用户还可以使用属性面板设置文字的格式，在此保持默认。按 Ctrl＋S 快捷键保存文件，按 F12 键预览效果，如图 12-52 所示。

温馨提示

此时看到的是滚动字幕的默认格式，即：向左、无限循环、不停顿的滚动。用户可以使用单击右侧的【标签检查器】浮动面板，切换到【属性】选项卡，修改这些参数，如图 12-53 所示。其中，常用的参数含义如下：

- direction：表示滚动的方向，其值可以是 left、right、up、down，默认为 left。
- behavior：表示滚动的方式，其值可以是 scroll（连续滚动）、slide（滑动一次）、alternate（来回滚动），默认为 scroll。
- loop：表示循环的次数，其值是正整数，默认为无限循环。
- scrollamount：表示运动速度，其值是正整数，默认为 6。
- scrolldelay：表示停顿时间，其值是正整数，默认为 0，单位是 ms（毫秒）。
- align：表示元素的垂直对齐方式，其值可是 top、middle、bottom，默认为 middle。
- bgcolor：表示运动区域的背景色，其值是 16 进制的 RGB 颜色，默认为白色。
- height、width：表示运动区域的高度和宽度，其值是正整数（单位是像素）或百分数，默认 width=100%、height 为标签内元素的高度。
- hspace、vspace：表示元素到区域边界的水平距离和垂直距离，其值是正整数，单位是像素。

图 12-52　预览滚动字幕效果

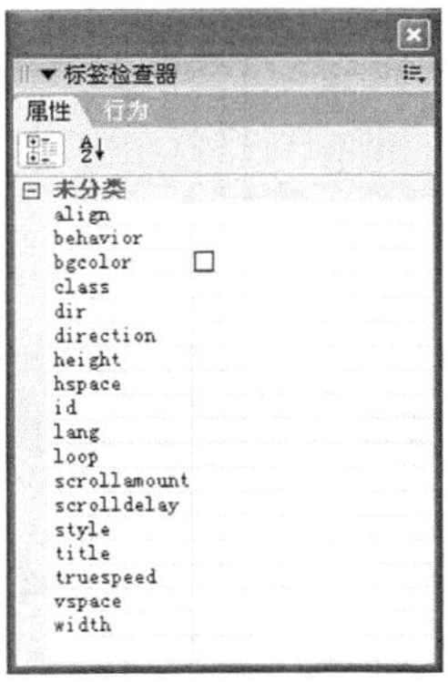

图 12-53　设置标签属性参数

12.3.6　插入其他类型的多媒体元素

在网页中还可以利用【插入】菜单添加其他类型的多媒体元素，如插入音乐、视频和影片等，如图 12-54 所示。

【任务 8】为“shipin. htm”网页添加其他类型的多媒体元素。

① 插入音乐元素。首先插入一个 MIDI 文件“sound. mid”，打开“shipin. htm”文件，然后单击【媒体】下拉菜单中的【插件】选项或者执行【插入】|【媒体】|【插件】命令，在弹出的对话框中选择“sound. mid”文件（声音文件）。

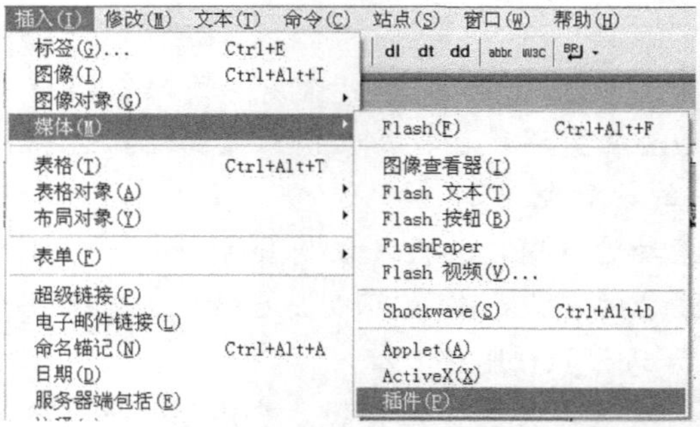

图 12-54　插入多媒体元素的菜单

② 单击【确定】按钮，选中刚刚插入的 MIDI 文件，在【属性】面板中，将它的【宽】和【高】分别由原来的“32”设置为“400”和“50”，设置完成后的页面如图 12-55 所示。

温馨提示

可以在【插件 URL】中输入播放 MIDI 文件的插件路径，当用浏览器打开该文档时，如果没有播放 MIDI 文件的插件，则会使用服务器端的插件播放该文件。

③ 按键盘上的 F12 键，预览一下效果，可以看到插件播放器的形状，如图 12-56 所示。如果不想看到播放器，只要将【属性】面板中的【宽】和【高】都设为“0”即可。

图 12-55　设置播放器的大小

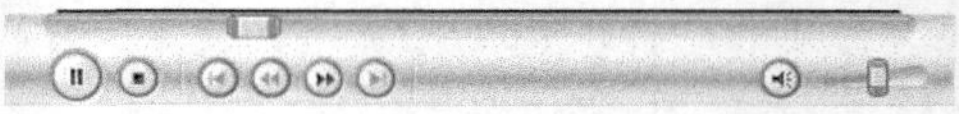

图 12-56　插件播放器

④ 如果要插入 Shockwave 影片或者视频文件，将光标定位到要出现影片的位置，然后选择【插入】菜单中的【相关】命令即可。最后再通过【属性】面板设置插入后的参数即可。

另外，ActiveX 的作用与插件是相同的，它可以在不发布浏览器新版本的情况下扩展浏览器的能力，如果载入一个网页，在网页中有浏览器不支持的 ActiveX 控件，则浏览器会自动安装所需软件，而插件则需要访问者自己安装相应的支持软件。

插入 ActiveX 和插入插件不但作用基本相同，而且使用方法也基本相同，有兴趣的读者可以自己尝试一下。

12.4 设置超级链接

如果说互联网是一张网，那么超级链接是组成这张网的线，没有超级链接，就不会存在这样的网。超级链接是“超文本链接”的缩略语，它提供了通过单击超级链接点将用户从 WWW 文档某一部分连接到不同文档或同一文档的其他部分，可以迅速从服务器的某一页转到另一页，也可以转到其他服务器页。表示超级链接点的信息可以是文字或图像，甚至是动画等。

12.4.1　超级链接的基本操作

在创建超级链接前，确保已经将导航条的内容：“首页”“个人简介”“文学作品”“绘画作品”“动画作品”“视频作品”“学习心得”“给我留言”“写信给我”每一个部分都制作了一个网页。

考虑网站的文件名，在此将每个网页文件命名为“jianjie. htm（个人简介）”“wenxue. htm（文学作品）”“huihua. htm（绘画作品）”“donghua. htm（动画作品）”“shipin. htm（视频作品）”“xinde. htm（学习心得）”。“给我留言”将来可以单独制作成留言板，而“写信给我”可以用邮件链接制作，所以先不考虑。用户可以使用前面介绍的制作方法完成各个网页的设计，具体的制作过程在此不再详述。

接下来，介绍怎样把这些网页链接起来。

12.4.2　网站内部链接的创建

什么是“文本超级链接”呢？在浏览网页时，鼠标指针经过某些文本时，形状会发生变化，同时文本也可能发生相应的变化，这就是带链接的文本，单击它可以打开所链接的网页，这就是“文本超级链接”。

【任务 1】创建文本超链接。

制作文本超级链接的方法有以下几种：

方法一：打开首页文件——“index. htm”，选中要链接的文本，如“首页”，将它链接到“index. htm”文件，其实就是链接到它本身。具体过程：选中导航条中的“首页”文字，打开【属性】面板，然后在【链接】后的文本框中输入“index. htm”，如图 12-57 所示。

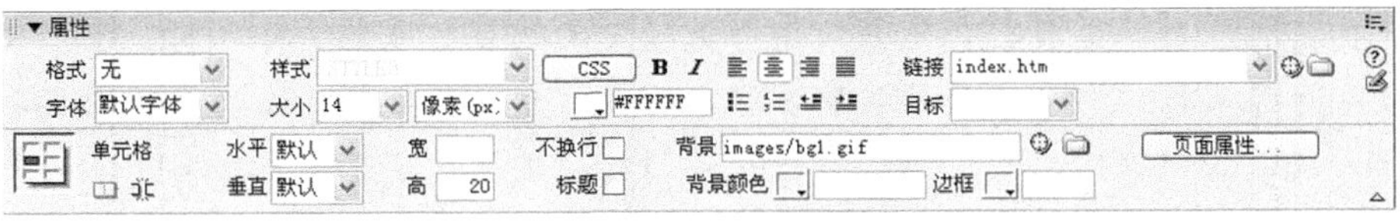

图 12-57　设置文本超级链接

这时，导航条中的“首页”文字发生了变化，如图 12-58 所示。按 F12 键浏览网页，将鼠标指针移动到“首页”文字上后，鼠标指针变成了小手形状（图 12-59），表示此处有一个超链接，单击它即可跳转到设置的页面。

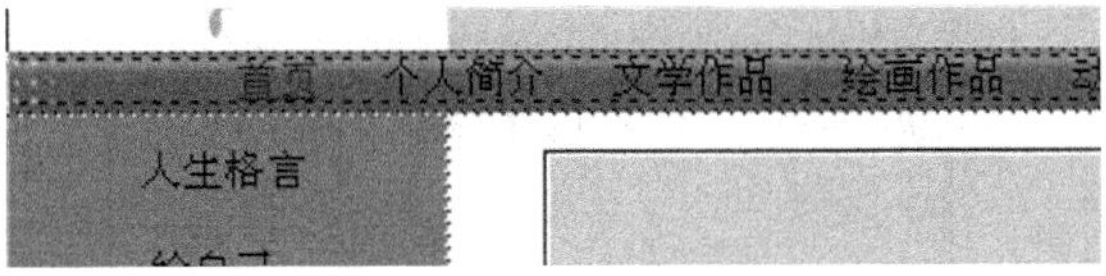

图 12-58　“首页”文字发生变化

图 12-59　链接效果

方法二：选择“个人简介”，打开【属性】面板，单击【链接】后的【浏览文件】按钮，弹出如图 12-60 所示的【选择文件】对话框，在其中选择“jianjie. htm”文件，在【URL】文本框中就出现了链接地址，它是相对于“index. htm”这个文档而言的。注意，此时使用的是文档的相对路径，省略了与当前文档链接相同的 URL 部分，只提供不同的那部分路径。

图 12-60　选择文件对话框

温馨提示

与文件夹路径的概念相同，在 Dreamweaver 中设置超链接的路径也分为绝对路径和相对路径两种。

使用绝对路径的优点是能够准确地找到相关文件，缺点是路径太多，容易出错，如果目标文档被移动，则链接无效。每变更一次就要修改一次路径，不方便修改和测试。

相对路径又分为与文档相对的路径和与根目录相对的路径两种。与文档相对的路径是指和当前文档所在的文件夹相对的路径，它是最简单的路径，可以用来链接和当前文档同一文件夹的文件。相对路径的优点是使用源地址文件和目标地址文件之间的位置来表示路径，只要整个站点的结构和文件的位置不变，改变站点的路径不会影响路径的正确性，这也是在一开始就要建立站点的原因。其缺点是当源地址文件和目标地址文件之间的位置发生改变时候，要修改相对的路径。

与根目录相对的路径是指站点上的所有可公开的文件都存放在站点的根目录下。与根目录相对的路径使用斜杠，以告诉服务器从根目录开始。例如，/images/back. gif 将链接到站点根目录“images”文件夹下的“back. gif”文件。与根目录相对的路径结合了上述两种路径的优点，既去掉了绝对地址中复杂的带有协议的地址，又具有绝对路径与源地址文件无关的特点，并便于修改和测试。

方法三：使用【属性】面板上的【指向文件】按钮，如在编辑文档中选择“文学作品”，然后单击【指向文件】按钮不放，拖动鼠标直到指向【文件】面板中的“wenxue. htm”文件为止。

应用上面的 3 种方法，可以将“绘画作品”“动画作品”“视频作品”和“学习心得”分别链接到“huihua. htm”“donghua. htm”“shipin. htm”和“xinde. htm”。这样就完成了网站内部的链接。

温馨提示

为文本添加链接后，【属性】面板中的【目标】下拉列表不再是灰色不可用状态了，而是恢复到可用状态。该下拉列表中有如下 4 个选项：

① _blank：用于在未命名的新窗口中打开链接文档。

② _parent：用于在显示当前文档窗口的父窗口中打开链接文档。

③ _self：将链接文档加载到与链接相同的框架或窗口中，该目标是默认值，所以通常不需要指定它。

④ _top：将在整个当前浏览器窗口中加载链接文件，同时移除所有框架。

12.4.3 网站外部链接的创建

前面创建了网站内部的链接，剩下的“写信给我”和“留言给我”两项内容需要创建外部链接。

1. 创建邮件链接

【任务 2】创建邮件超链接。

① 在页面中选择“写信给我”，在【属性】面板的【链接】文本框中输入如图 12-61 所示的内容“mailto：cnxiaohui 2006@yahoo. com. cn”。

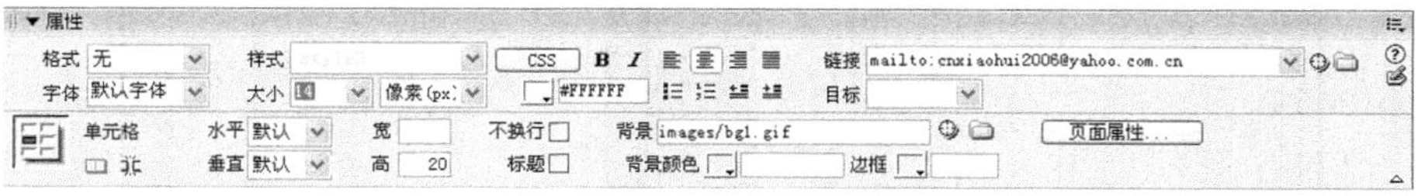

图 12-61 创建邮件链接

② 也可以单击【常用】工具栏中的【电子邮件链接】按钮，或者执行【插入】|【电子邮件链接】命令，弹出【电子邮件链接】对话框，在【文本】文本框中输入“写信给我”，再在【E-Mail】文本框中输入如图 12-62 所示的邮箱地址“cnxiaohui2006@yahoo. com. cn”。

图 12-62 电子邮件链接对话框

图 12-63 系统自动运行 Outlook 软件

③ 完成后单击【确定】按钮，在光标所在的地方就会多一个邮件链接。按键盘上的F12键后，单击“写信给我”的链接，系统会自动运行Outlook软件，如图12-63所示，此时就可以撰写电子邮件了。

2. 添加下载文件的链接

有时，要在网页中为文件提供下载链接，每一个下载的文件必须对应一个下载链接，如果有多个文件，一般利用压缩软件将这些文件或者文件夹压缩成为一个文件。即首先建立一个“rar”文件夹，然后将文件打包成“pic. rar”文件，存放到该文件夹中。

【任务3】创建下载文件超链接。

① 打开“学习心得”——“xinde. htm”文件，在中间输入“学习心得一”几个字，然后选中，与设置网站内的超级链接一样，在【属性】面板上单击【链接】后的【浏览文件】按钮，弹出【选择文件】对话框，选择“rar”文件夹下的“pic. rar”文件，如图12-64所示。单击【确定】按钮完成操作。

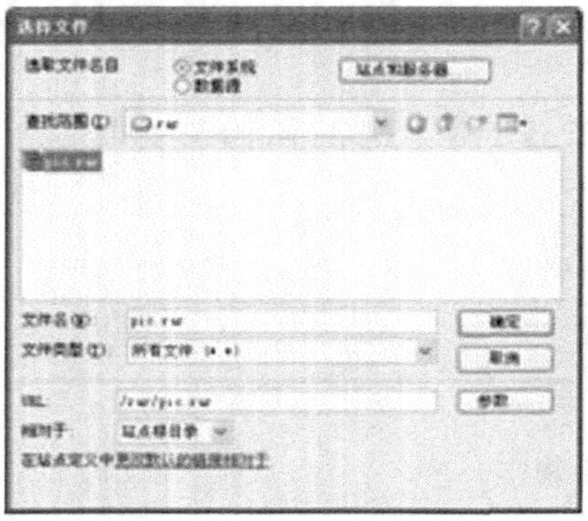

图12-64 选择文件

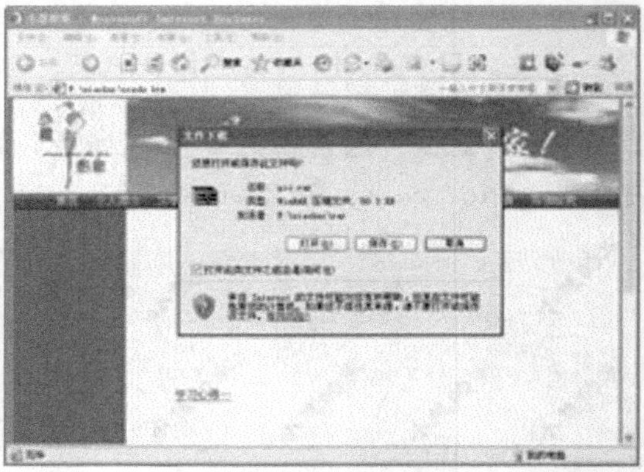

图12-65 单击文件下载超链接下载文件

② 按F12键预览网页，单击“学习心得一”超级链接，弹出如图12-65所示的对话框。单击【保存】按钮，可以将文件保存在本地的计算机中。

温馨提示

下载文件的链接其实和普通的链接是一样的，而且创建方法都是一致的，但是下载链接一般指向压缩文件、可执行文件等，这些文件因为服务器无法打开执行，所以将结果返回给浏览器；而一般的链接可以直接在浏览器中打开，所以不会出现提示下载窗口。

12.4.4 创建锚点链接

对于长文档网页来说，浏览起来非常不方便，这时就可以创建“锚点链接”。所谓“锚点链接”，就是在文档中设置位置标记，并给该位置一个名称以便引用。通过创建锚点，可以使链接指向当前文档或不同文档中的指定位置。锚点常常被用来跳转到特定的主题或文档的顶部，使访问者能够快速浏览到选定的位置，加快信息检索速度。

【任务4】为第2张网页“个人简介”创建锚点链接。

① 创建锚点链接，首先要设置一个命名锚点，然后建立到命名锚点的链接。在“jianjie. htm”文件的左边，输入一些文字，如图 12-66 所示，然后对它们进行锚点链接。

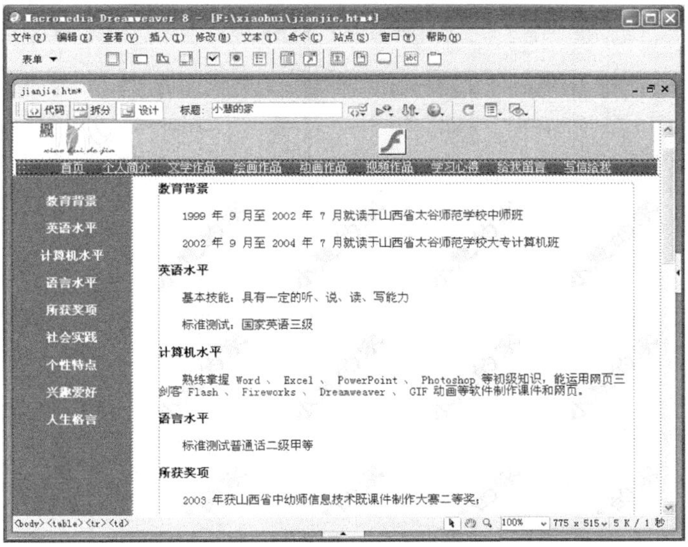

图 12-66　左边输入一些文字

② 将光标移动到右边的“教育背景”文字前面，然后执行【插入】|【命名锚记】命令，或者单击【常用】工具栏中的【命名锚记】按钮，弹出【命名锚记】对话框，在文本框内输入“1”，如图 12-67 所示。

③ 单击【确定】按钮后，在“教育背景”前面多了一个小图标，如图 12-68 所示，这就是锚点标记。

图 12-67　命名锚记对话框

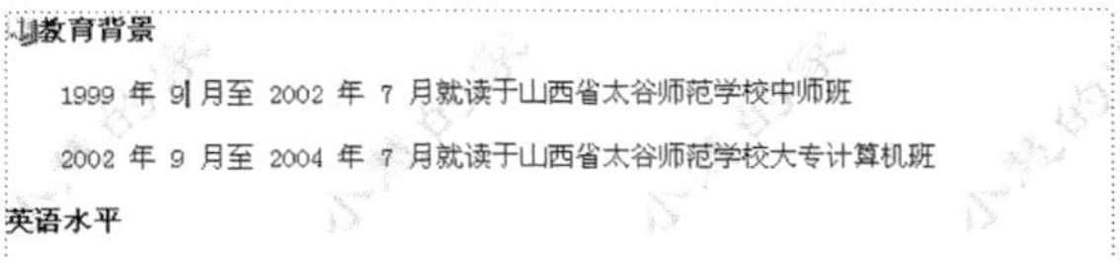

图 12-68　多了锚点标记

④ 接下来，选中左边的“教育背景”文字，创建锚点链接。打开【属性】面板，单击【链接】后的【指向文件】按钮不放，拖动鼠标直到指向刚刚建立的锚点上为止，如图 12-69 所示。可以看到【链接】后面的文本框内多了“＃1”的字样，我们也可以直接在【链接】后面的文本框中输入“＃1”，其中的“1”就是刚刚定义的锚记名称。

⑤ 按照上面的操作步骤，分别在右边的“英语水平”“计算机水平”“语言水平”“所获奖项”“社会实践”“个性特点”“兴趣爱好”“人生格言”前面命名锚记为“2”“3”“4”“5”“6”“7”“8”“9”，然后选中左边的文字，创建相应的锚点链接。

⑥ 也可以改变锚记的名称，选中要修改的锚点，在【属性】面板中修改【名称】，如图 12-70 所示。然后在创建锚点链接的时候，将【属性】面板中【链接】后面文本框内的锚记名称也进行相应的修改即可。

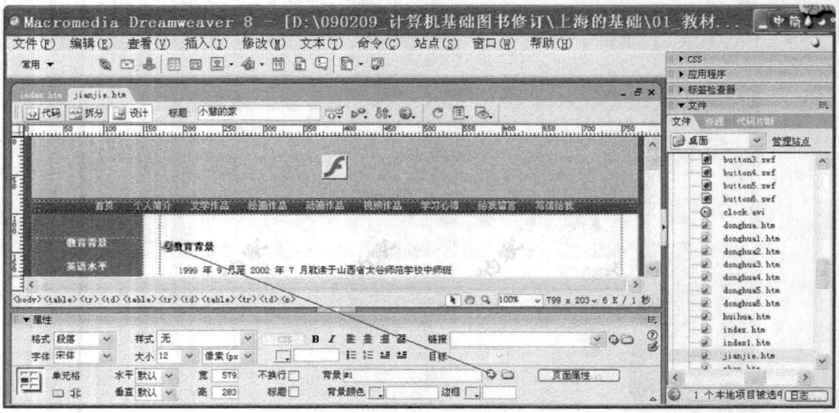

图 12-69 指向建立的锚点

图 12-70 在属性面板中修改锚记名称

⑦ 按 F12 键预览一下效果，只要单击左边带链接的文字，浏览器窗口将自动显示到该链接指向的锚点所在的行，这就是锚点的作用。

有时候锚点会影响排版的效果，这时执行【编辑】|【首选参数】命令，弹出【首选参数】对话框，如图 12-71 所示，选择【分类】中的【不可见元素】选项，将【命名锚记】前面复选框中的“√”去掉，然后单击【确定】按钮。可以发现，所有的锚点都不见了，这样便于我们对网页的排版。

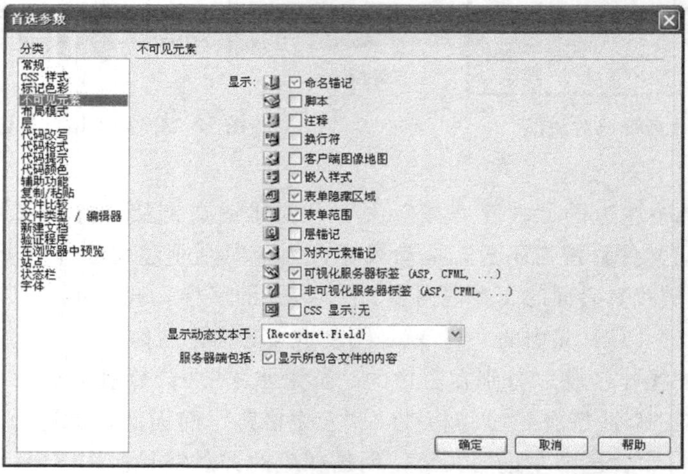

图 12-71 首选参数对话框

12.4.5 设置链接样式

打开“index. htm”文件，发现链接后导航条的文字变成蓝色，看不清楚了，怎样进行调整呢？接下来，我们介绍如何对链接样式进行设置。

【任务 5】设置链接样式。

① 执行【修改】|【页面属性】命令，弹出【页面属性】对话框。选择【链接】分类，将【链接颜色】设定为“白色”，而将【已访问链接】设置为“黄色”，【下划线样式】选择【始终有下划线】选项，如图 12-72 所示，设置完后单击【确定】按钮。

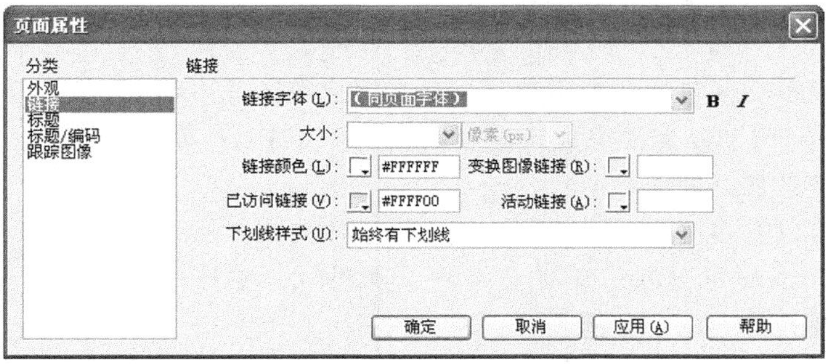

图 12-72　设置链接分类中的参数

② 这时编辑区域中所有的超级链接文字都变成白色的了，按 F12 键预览，可以看到已经访问过的链接都变成黄色了。除此以外，我们还可以在【页面属性】对话框的【链接】分类中，对链接文本的字体、大小及下划线样式进行相应的调整。

12.4.6 设置链接提示

【任务 6】设置链接提示。

默认情况下，当鼠标指针移动到超链接上时，指针会变成小手鼠标形状。除此以外，还可能会弹出文字提示，对该链接进行说明。链接说明文字的设置方法如下。

① 将插入点放在要插入链接的位置，然后单击【常用】工具栏中的【超级链接】按钮 ，弹出【超级链接】对话框，在其中输入文本，链接到首页文件，如图 12-73 所示。

② 按 F12 键看一下预览效果，当我们将光标移到“返回首页”的时候，就出现了“按此可以返回到首页”的提示，如图 12-74 所示。

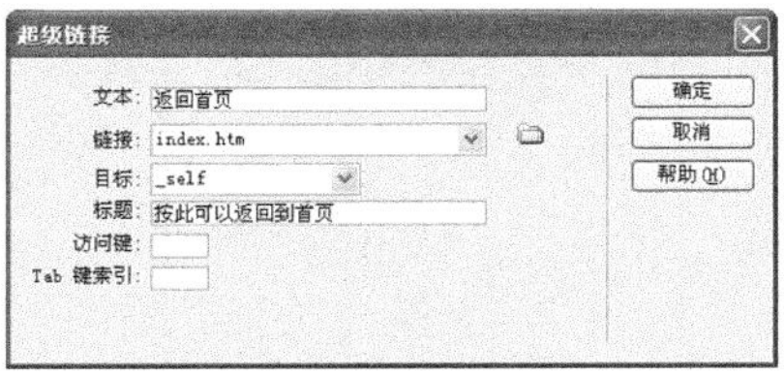

图 12-73　超级链接对话框

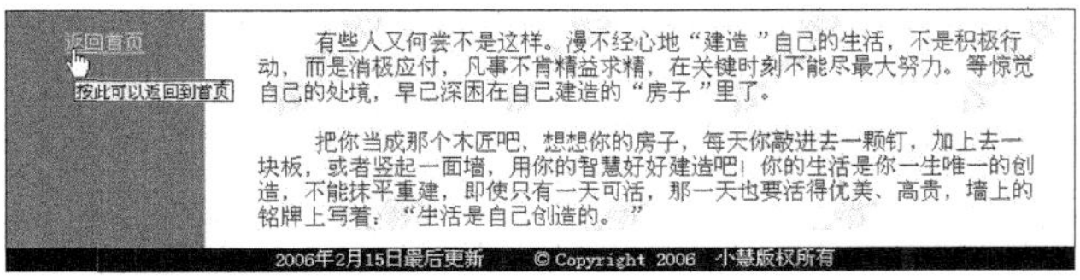

图 12-74　出现了“按此可以返回到首页”的提示

12.5 添加表单

12.5.1 表单概述

表单是用户与服务器进行信息交流的主要工具，在网页中有着广泛的应用，如留言板、搜索引擎、注册程序等。

通常一个完整的表单包含表单对象和表单处理程序两部分，表单对象用于在网页中进行描述，由文本和表单控件组成；表单处理程序负责向服务器提交表单，通常由服务器端的脚本语言编写。

一个完整的表单交互包括两个步骤：一是在客户端通过表单收集访问者信息，并提交给服务器，这一步由 HTML 文件完成，也可以由 ASP、PHP 等文件完成；二是服务器端的应用程序对这些信息加以处理。

一个网页中可以有多个表单，但一个表单中不能再嵌入其他表单。

使用 Dreamweaver 可以创建带有文本域、密码域、单选按钮、复选框、弹出式菜单、可单击按钮，以及其他表单对象的表单。

下面以制作一个网站中的留言页面为例，介绍各种表单对象的使用方法。留言表单效果如图 12-75 所示，可以看出此处是使用表格设计的表单界面，具体的设计过程在此就不再介绍，用户可以使用前面介绍的知识自行设计。

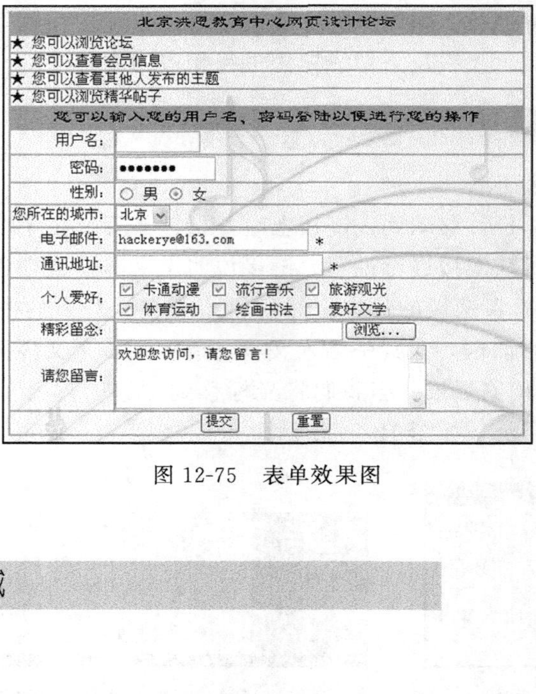

图 12-75　表单效果图

12.5.2 创建表单域

1. 插入表单

在创建表单对象前，必须先在文档中插入表单。如果没有插入表单，系统会弹出对话框提示是否添加表单。表单是表单对象的载体，网页在提交数据时就是通过检测表单内表单对象的信息来完成的。

【任务 1】插入表单。

插入表单可以采用菜单和按钮两种方法：

① 菜单方法。确定插入点后，执行【插入】|【表单】|【表单】命令，将在光标当前位置生成一个红色虚线包围起来的表单区域，如图 12-76 所示。这时，用户就可以使用【表单】工具栏向表单区域中插入各种表单控件，如图 12-77 所示。

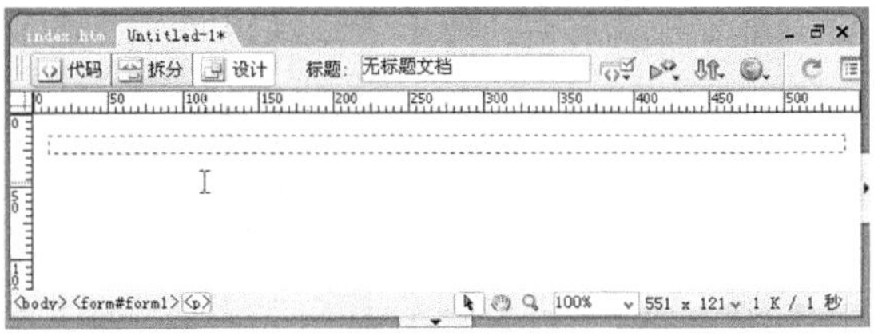

图 12-76 插入表单区域

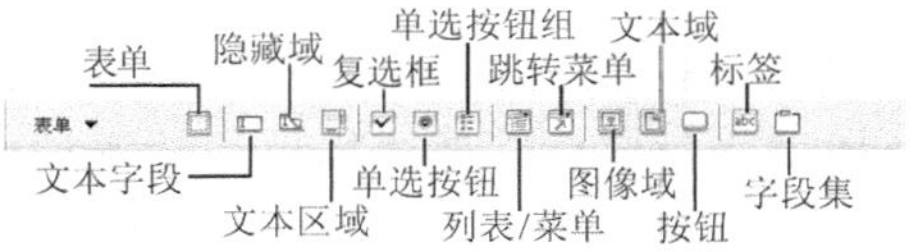

图 12-77 表单工具栏

② 按钮方法。确定插入点后，单击【插入】栏的【表单】按钮，将会在插入点处插入一个表单区域。

2. 表单的属性面板

单击表单的轮廓线可选中表单，选中表单或将插入点置于表单区域内部，将显示表单的属性面板，如图 12-78 所示。

图 12-78 表单的属性面板

属性面板中的各参数说明如下：

① 表单名称：用于为表单起一个名称，以便在脚本中引用表单。如果不命名，系统会提供一个默认的名称，如 form1。

② 动作：用于指定处理该表单的动态网页或脚本的路径，指向服务器上处理该表单数据的程序文件。可以单击旁边的文件夹图标，在弹出的对话框中选择要运行的程序或带有脚本程序的网页。如果在框中输入以“mailto:”为前缀的邮件地址，则将把表单数据发到该地址的邮箱中。

③ 目标：用于打开一个窗口，并在该窗口中显示被调用程序返回的数据，常用的目标值有：_blank、_parent、_self、_top。

④ 方法：指定将表单数据提交到服务器的方式，包含“默认”“POST”“GET”三个选项，其中：

- 默认：使用浏览器的默认设置将表单数据发送到服务器。通常为 GET 方法。
- POST：使用 POST 方法发送表单数据，并在 HTTP 请求中嵌入表单数据。
- GET：使用 GET 方法发送表单数据，并在 GET 请求中附加表单数据。

⑤ MIME 类型：指定对提交给服务器的数据使用的 MIME 编码类型。有两种设置，即“application/x-www-form-urlencode”和“multipart/form-data”。其中，第一种设置与

POST 方式一起使用；第二种设置用于创建文件的上传域。

12.5.3 创建文本字段

文本字段有 3 种类型：单行文本、多行文本和密码文本，主要应用于文本信息的输入，比如输入登录账号、密码、联系电话、邮政编码等。文本域可以接受任何类型的字母、数字项，输入的文本可以显示为单行、多行或星号（用于保护密码）。

1. 插入单行文本框

【任务 2】制作本页面中用户名、电子邮件、通讯地址等单行文本字段。

① 将光标定位在要添加单行文本框的单元格中，然后在【表单】工具栏中单击【文本字段】按钮，弹出【输入标签辅助功能属性】对话框，在此不进行任何设置，如图 12-79（左）所示；直接单击【确定】按钮，就会在该单元格内出现一个单行文本框，如图 12-79（右）所示。

温馨提示

在【输入标签辅助功能属性】对话框中可以设置插入的表单对象的说明文字及说明文字与表单对象的前后顺序等。由于本例表单中各项内容的说明文字已经提前输入，所以此处不做任何设置，以后插入的表单选项也是如此设置，后面不再说明。

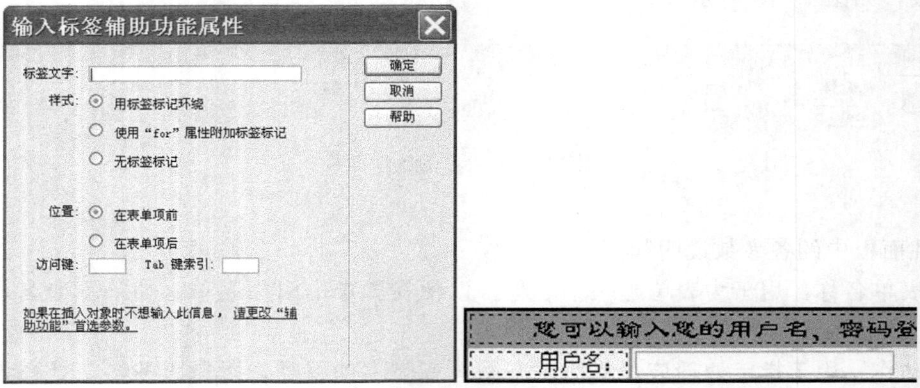

图 12-79　加入文本框

② 选中该单行文本框，就可以在【属性】面板中修改文本框的各种属性。在此设置名称为“username”，【字符宽度】为 10，【最多字符数】设置为 15，【初始值】设置为空。如图 12-80 所示。

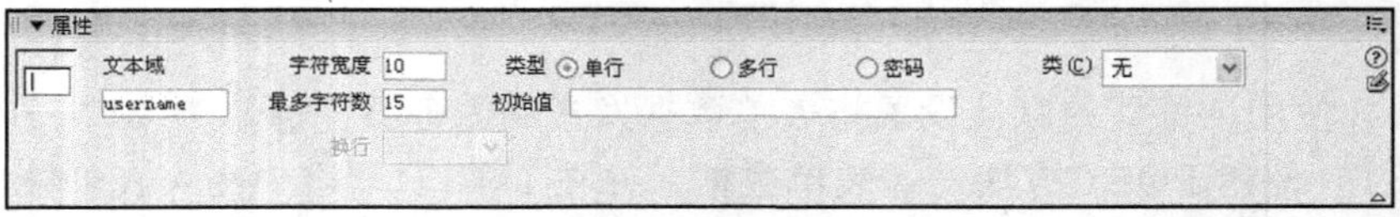

图 12-80　单行文本框的属性

温馨提示

文本字段的【属性】面板的中参数含义如下：

① 文本域：在“文本域”下面的文本框中可以给文本框命名。命名时应该注意以下几点内容：

- 命名时最好使用英文或数字，不能包含特殊字符和空格，但可以使用下划线“_”。
- 命令时一定不能和网页中其他对象重名。
- 名称最好有代表性，如【姓名】文本框可以命令为“name”，这样易于识别。

② 字符宽度：用来显示当前文本字段的长度。

③ 最多字符数：用来限定当前给文本框输入的字符数。

④ 初始值 ：即文本字段在浏览时显示的默认值。

③ 完善“电子邮件”和“通讯地址”栏的文本字段。用相同的方法，在“电子邮件”和“通讯地址”右侧的单元格内插入单行文本框，并设置它们的属性如图 12-81 所示。

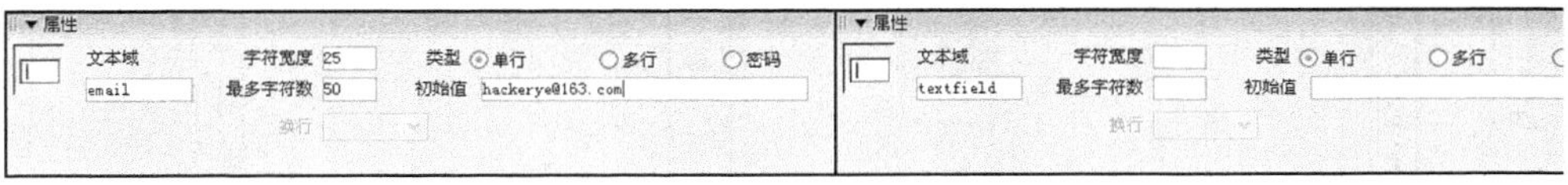

图 12-81 设置“电子邮件”和“通讯地址”文本字段的参数

2. 添加密码文本框

密码字段就是在浏览网页时，在该表单项中输入的字符显示为“*”或“●”的保密字符。密码字段和文本字段的创建方法一样，不同的只是在【属性】面板中，密码字段的【类型】选择为“密码”。

【任务 3】制作用户密码文本字段。

① 在“密码”右侧的单元格内插入一个单行文本框，选择该文本框，然后在【属性】面板中将其名称改为“password”，将【字符宽度】和【最多字符数】分别设置为 12 和 15，【初始值】设置为“welcome”，将【类型】设置为“密码”，如图 12-82 所示。

②此时密码文本框就设置完成了，效果如图 12-83 所示。

图 12-82 设置“密码”文本框的属性

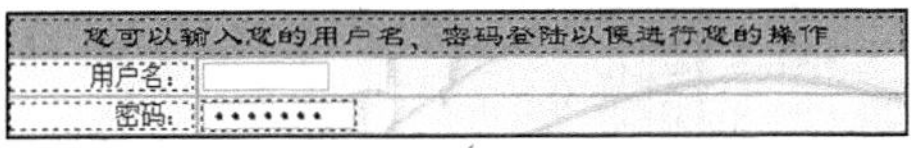

图 12-83 测试密码文本框的显示效果

3. 添加文本区域

文本区域其实就是一个放大了的文本字段，只不过支持多行输入而已。添加文本区域有以下两种方法。

一种方法是插入一个文本框，然后在【属性】面板中将其【类型】修改为“多行”，此时文本框就变为文本区域。另一种方法是单击【表单】工具栏中的【文本区域】按钮，就可以直接插入文本区域。

【任务 4】制作请您留言文本字段。

① 将光标定位在“请您留言”后面的单元格中，单击【文本区域】按钮插入一个文本区域，效果如图 12-84 所示。

图 12-84 插入文本区域后的效果

② 选中插入的文本框，设置【属性】面板中的各种属性：将名称设置为“comments”，将【字符宽度】设置为 40，将【行数】设置为 4，【初始值】设置为“欢迎您访问，请您留言!”，如图 12-85 所示。

图 12-85 文本区域的属性

温馨提示

与单行文本不同的属性有以下几项：

行数：可以形象化为文本区域的高度设定。也就是能输入多少行文本，默认高度为两行。

换行：在文本区域中输入内容如果超过右侧边界时，就会涉及换行问题，其中有以下 4 种换行方式。

◆ 默认：当输入内容超过右侧边界时，是否自动换行由浏览器决定，在 IE 浏览器中会自动换行。如果输入内容时，按 Enter 键可强行换行。

◆关：选中该选项后内容将不会自动换行，此时会出现水平滚动条。但也可以通过按 Enter 键强行换行。

◆虚拟：选择该选项后，如果内容超过右侧边界，会自动换行；如果内容超出了下方边界，会出现垂直滚动条。但提交数据时，数据中的文本不含换行信息。

◆实体：选择该选项后，如果内容超过了可边界将会自动换行，而且在提交时，不含有换行信息。

③ 制作完成后的效果如图 12-86 所示。

图 12-86 留言文本框的设置效果

12.5.4 创建复选框

复选框即提供多个选择项，浏览者可以任意选择，如图 12-87 所示。

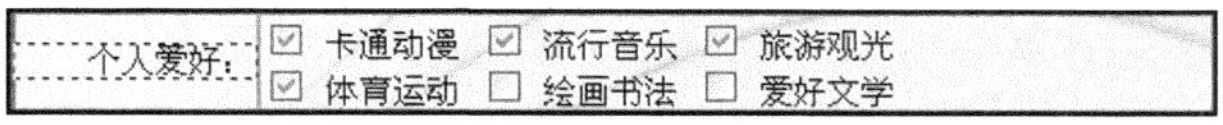

图 12-87 复选框效果

【任务 5】制作个人爱好复选框。

① 将光标放在要添加复选框的位置，然后单击【表单】工具栏中的【复选框】按钮 ，选中该复选框，在【属性】面板中将它的名称设置为“hobby”，【选定值】为“flash”，【初始值】设置为“已勾选”，如图 12-88 所示。

图 12-88 复选框的属性

温馨提示

复选框【属性】面板中各选项含义如下：

① 复选框名称：用来在处理提交数据时识别复选框。值得注意的是，同一组复选框应该使用相同的名称。

② 选定值：表示该复选框对应的内容值。一般是和复选框前的标签文字相对应的。

③ 初始状态：有两个选项：已勾选，表示默认状态下该复选框被勾选；未选中，即表示默认状态下该复选框未被勾选。

② 用相同的方法，在“流行音乐”等文字前各插入一个复选框，这里的复选框都用相同的名称“hobby”，【选定值】分别为 flash、music、travel、sport、drawing、letter，设置完成后的效果如图 12-87 所示。

12.5.5 添加单选按钮

表单中还有一种常见的对象：单选按钮，它与复选框不同之处在于只能选择一个选项，具有唯一选择性。在页面设计时插入单选按钮很简单，方法类似复选框。

【任务 6】制作性别单选按钮。

① 将光标定位在“性别”右侧单元格的“男”前，使用【表单】工具栏中的【单选按钮】 插入一个单选按钮。选择该单选按钮，然后在【属性】面板中设置名称为“sex”，【选定值】为 1，【初始状态】设置为“未选中”，如图 12-89 所示。

② 用相同的方法，在文字“女”前添加一个单选按钮，将其值设置为 2，【初始状态】设置为“已勾选”，最后的效果如图 12-90 所示。

温馨提示

除了添加单选按钮外，还可以使用【单选按钮组】按钮 ，来插入一组单选按钮组，这样容易减少单选按钮的错误。

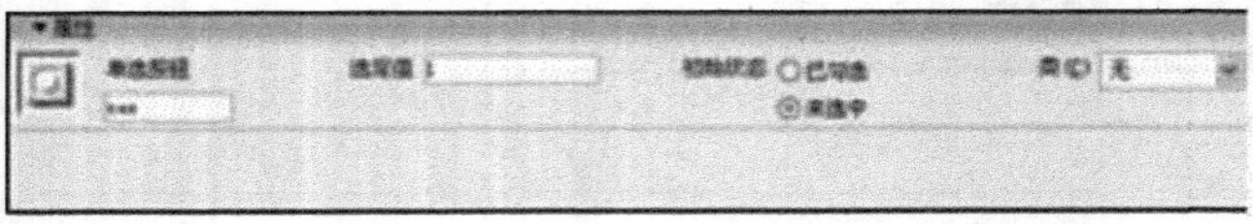

图 12-89 单选按钮的属性

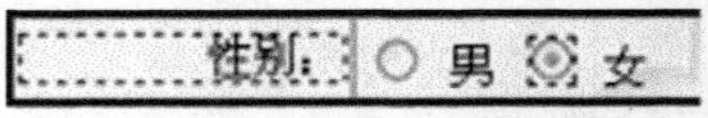

图 12-90 设置后的效果

12.5.6 创建下拉菜单和列表

制作网页时可能要显示的选项很多，如“您所在的城市”这一项，如果将所有的城市用单选按钮的形式列出来，会使网页很杂乱。为了更好地节省空间，且有序的排列，可以使用下拉菜单或列表。

1. 添加菜单

图 12-91 插入菜单后的效果

【任务 7】制作所在城市下拉菜单。

① 将光标定位在“您所在的城市”后面的单元格内，单击【表单】工具栏中的【列表/菜单】按钮，此时在编辑窗口中就出一个菜单框，如图 12-91 所示。

② 选择刚刚插入的菜单框，然后单击【属性】面板中的【列表/菜单】按钮，在弹出【列表值】对话框中添加各个城市的名称，如图 12-92 所示。

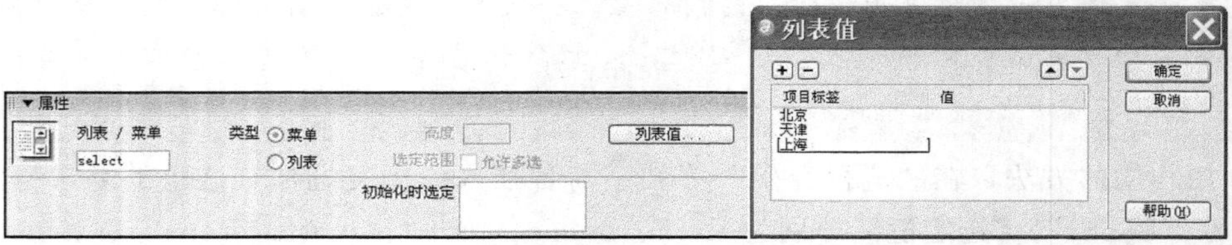

图 12-92 设置菜单的属性：添加城市名称

温馨提示

在【列表值】对话框，单击 + 按钮和 − 按钮可以添加和删除项目；单击【项目标签】列可以输入标签内容，【值】可以输入列表项对应的数值。单击 ▲ 和 ▼ 按钮可以更改项目的显示顺序。

③ 继续单击 + 按钮，添加所有城市名称，然后单击【确定】按钮完成设置。此时【属性】面板中的【初始化时选定】下拉列表中就出现了刚才设定的菜单项目。如果在该下拉列表中不进行选择，该项为空项；如果选择了某一项，该项就是初始状态下默认的选项。这里选择“北京”作为默认的城市，将菜单名称修改为“city”，如图 12-93 所示。

图 12-93 设置参数后的属性面板

至此，“您所在的城市”的下拉菜单效果就制作好了，按 F12 键预览网页效果，这时就可以在下拉菜单中选择任意一个城市了。

2. 添加列表

列表不同于菜单，列表允许同时显示多个项目标签，并且允许对项目进行多选。其插入方法和“菜单”一样。

选择刚才插入的菜单，在【属性】面板中将【类型】设置为【列表】，这时【高度】和【选定范围】就变成可用状态，如图 12-94 所示。

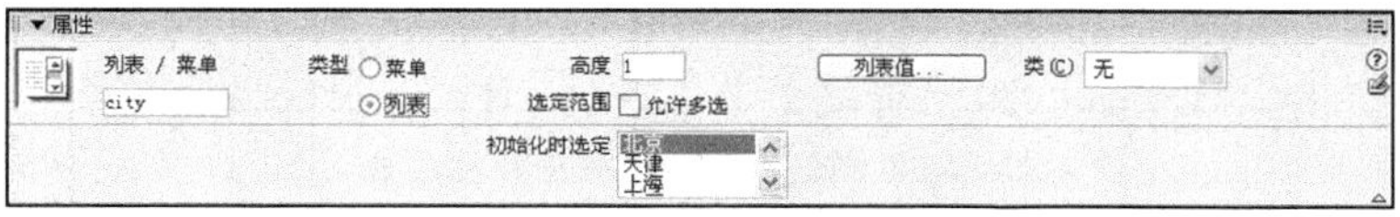

图 12-94 列表的属性面板

温馨提示

其中【高度】和【选定范围】选项的含义如下：

① 高度：是列表主要区别于菜单的属性。当【高度】为 1 时，列表的样式与菜单无异；当设置大于 1 的整数数值时，列表能够显示多行的项目标签，超过的项目标签会自动使用滚动条进行浏览。

② 选定范围：可以设定是否允许多项选择。当选中【允许多选】复选框后，通过按住 Ctrl 键可进行多个不连续的选择；通过按住 Shift 键可进行多个连续的选择。

12.5.7 插入文件域

浏览网页时经常需要用户将文件提交到网站服务器上，如当发送电子邮件需要添加附件，或发表帖子需要上传图片时，就会看到一个文本框和一个浏览按钮，以提供浏览本地文件进行上传。这就是文件域的具体表现。

【任务 8】制作“精彩留念”文件域。

① 将光标定位在“精彩留念”右侧的单元格内，单击【表单】工具栏中的【文件域】按钮，文件域就被插入到编辑窗口中，如图 12-95 所示。

图 12-95 插入文件域后的效果

② 在【属性】面板中将文件域的名称修改为“photo”，【字符宽度】设置为 30，【最多字符数】设置为 100，如图 12-96 所示。

图 12-96 设置文件域的属性

12.5.8 插入按钮

表单中的按钮可以用来提交或重置表单，也可以为按钮提供一些“行为”动作，从而使得其具有一些功能。

【任务 9】制作提交和重置按钮。

① 将光标定位在要插入按钮的位置上，单击【表单】工具栏中的【按钮】工具，此时按钮就出现在指定位置上，按钮效果及【属性】面板如图 12-97 所示，在此保持默认设置。

图 12-97 提交按钮效果及属性面板

温馨提示

其中各选项的含义如下：

① 按钮名称：用来设置按钮的名称。

② 标签：用来设定按钮上的文字内容。

③ 动作：选择“无”时是普通按钮，否则为提交表单或重设表单。

② 使用相同的方法，在该单元格内再插入一个按钮，进入【属性】面板，将按钮的名称修改为“rest”，设置【动作】为【重设表单】方式，这样【标签】文本框内的文字自动变为“重置”，如图 12-98 所示。

图 12-98 设置按钮的属性

③ 将两个按钮居中，并让它们之间空开一定距离，按 F12 键预览网页，效果如图 12-99 所示。

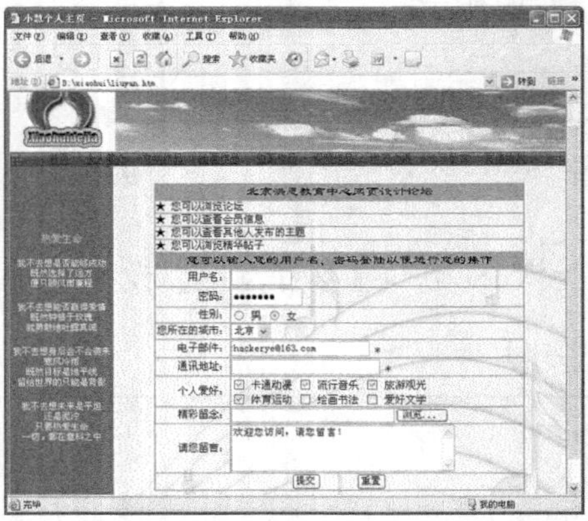

图 12-99 网页的预览效果

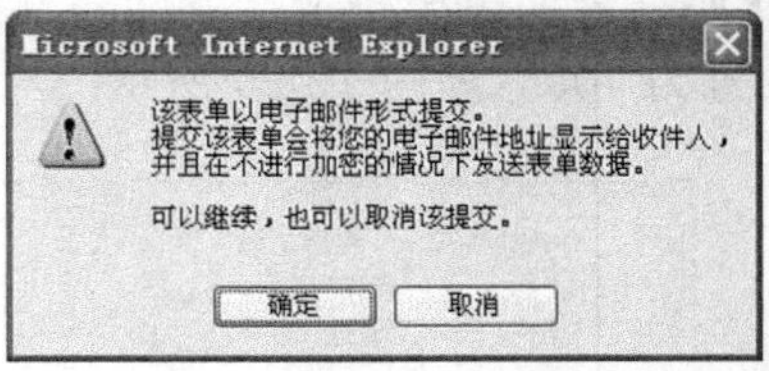

图 12-100 提示窗口

④ 在页面中输入一些信息后，单击【提交】按钮，如果前面给表单设定的“动作”是邮件地址，此时将会弹出如图 12-100 所示的对话框，询问是否以电子邮件的形式提交表单。

⑤ 单击【确定】按钮后，浏览器就将提交的内容发送到指定的邮箱里了。

12.6 添加行为

在打开一个网页的时候，经常会看到网页中弹出一个对话框，显示着一些类似于“欢迎光临本网站”的提示或警告信息，这种效果是如何实现的呢？

可以利用 Dreamweaver 中的行为功能来实现，它提供了 20 多种行为，这些行为能够实现为网页添加诸如播放音乐、显示/隐藏层、弹出消息和打开新浏览器窗口等功能。

12.6.1 行为的概念

一个行为是由一个事件（Event）所触发的动作（Action），所以把行为又称为对事件的响应，是被用来动态响应用户操作、改变当前页面效果或是执行特定任务的一种方法。事件是浏览器产生的有效信息，也就是访问者对网页所做的事情。例如，单击某个图像、鼠标经过指定的元素等，浏览器便会生成相应的 onMouserClick（鼠标单击）、onMouseronOver（鼠标经过）等事件。这些事件通过调用事先已经写好的与此事件关联的 JavaScript 语言来响应这个动作，使网页发生预先定义好的种种变化。有些事件在没有用户交互时也可以生成，如设置页面每 10 秒自动重新载入。

其实，行为就是一段预定义好的程序代码通过浏览器的解释响应用户操作的过程。如果读者擅长 JavaScript 语言，也可以自己编写行为。

事件依赖于元素（物件）的存在而存在，如果想应用某事件，必须选中页面中的元素。一个事件也可以触发许多动作，可以通过时间的设定定义动作执行的先后顺序。

温馨提示

不同的浏览器、同一个浏览器的不同版本对事件支持不尽一致，通常来说，高版本的浏览器支持的事件要比低版本支持的多，而 IE 比 Netscape 支持的事件多。

12.6.2 添加弹出警示对话框行为

行为可以被附加到整个文档，即附加到 body 标签，还可以附加到链接、图像、表单元素或多种其他 HTML 元素中的任何一种。

下面来看一种使用方法比较简单而且非常有用的“弹出信息”行为。利用这个行为，可以在网页中弹出信息框，比如弹出警告信息等。

【任务 1】在“小慧的家”站点主页中添加一个加载网页文档时显示欢迎词的效果。

① 打开“小慧的家”站点主页面文档，首先打开“小慧的家”站点的主页面文档“index. htm”。

② 选择对象。在添加行为前，先要选择要为其添加行为的对象，在此选择整个页面。在【标签选择器】中单击【body】标签，选定整个网页文档。

③ 添加“弹出信息”行为。执行【窗口】|【行为】命令，打开【行为】面板。单击【添加行为】按钮 +，在弹出的下拉菜单中选择【弹出信息】项，打开【弹出信息】对话框。

在该对话框的【消息】框中输入文字"欢迎您访问小慧的家网站!",如图 12-101 所示。

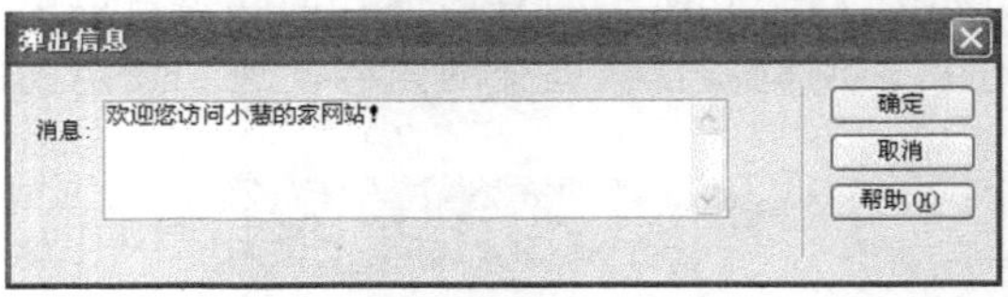

图 12-101 弹出信息对话框

④ 设置事件。单击【确定】按钮后，可以看到【行为】面板默认的事件是"onClick"，即鼠标的单击事件，如图 12-102(左)所示。为了在加载网页文档时显示弹出信息，在【行为】面板中把事件设置为"onLoad"，完成后的【行为】面板如图 12-102(右)所示。

⑤ 保存页面文档，按 F12 键在浏览器中查看效果，会发现在加载网页文档的同时弹出信息，弹出的信息框如图 12-103 所示。

图 12-102 行为面板

图 12-103 弹出信息

12.7 使用 HMTL 语言编写网页

用网页制作工具设计出的页面总是很难完美，许多问题还必须通过手动添加 HTML 代码最终解决。

12.7.1 初识 HTML

1. HTML 语言简介

HTML 是英文 Hyper Text Markup Language 的缩写，翻译成中文是"超文本标识语言"。HTML 是一种建立网页文件的语言，语法命令简洁，通过对各种标记式的指令(Tag)、元素、属性、对象等的定义，将影像、声音、图片、文字等连接显示出来。

HTML 标记是由＜和＞所括住的指令，主要分为单标记指令、双标记指令(由＜起始标记＞和＜/结束标记＞所构成)，通常有以下 3 种形式：

① ＜标记＞，这种形式是非封闭的类型。在 HTML 语言中，非封闭类型很少，最常用的如换行标记＜br＞。

② <标记>对象</标记>，这种形式是封闭类型。HTML 语言中的大多数标记都是封闭类型的。封闭类型的标记都是成对出现，在对象内容的前面以标记开始，后面以标记元素前加反斜杠线结束，表示一个完整标记，结束了对对象的控制。

③ <标记属性 1=参数 1 标记属性 2=参数 2>对象</标记>，这种形式是封闭类型的扩展形式，后面的各种属性参数可以进一步设置对象在某方面的内容。

如表 12-1 所示是 HTML 中常用的几个标签。

表 12-1 常用的 HTML 标签

标签	含义	标签	含义
<html>	定义 HTML 文档	<p>	定义段落
<body>	定义文档的主体	 	插入折行
<h1>~<h6>	定义标题 1 至标题 6	<hr>	定义水平线
<! -->	定义注释	<table>	定义一个表格
<tr>	定义表格中的一行	<td>	定义一个单元格

几乎所有的 HTML 代码都是由上面 3 种形式组合而成的，标记之间可以相互嵌套，形成更为复杂的语法。

通常情况下，一个完整的 HTML 文件由 head 和 body 两部分组成。其中 head 中包含标题、网页语言等基本信息，还可包含作者信息、网页关键字、网页说明等；body 中的内容是网页显示的主要内容，由表格、图片、表单等各种对象组成。

由于 HTML 是纯文本类型的语言，可以使用任何文本编辑器打开、浏览、编辑代码，最简单的是 Windows 自带的记事本。HTML 文件编辑完成后以“. htm”或“. html”为文件后缀保存，可由浏览器打开显示，若测试没有问题则可以放到服务器（Server）上，对外发布信息。

2. HTML 文件基本架构

HTML 文件的基本架构格式：

```
<HTML>文件开始
<HEAD>文件头开始
<TITLE>…</TITLE>标题区
</HEAD>文件头结束
<BODY>文本区开始
…文本区内容
</BODY>文本区结束
</HTML>文件结束
```

从 HTML 文件的基本结构可以看出，HTML 代码分为以下 3 个部分：

① <html>表示这个文件是 HTML 格式的文件，也就是网页文件。整个 HTML 文件的所有内容都应包含在一对<html></html>标识之间。也就是说，HTML 文件必须以<html>开始，以</html>结束。

② <head></head>标识表示一个网页的头部。在一对<head></head>代码之间，一般要有一对<title>与</title>标识，写在<title>与</title>标识中间的内容就是显示

在浏览器标题栏中的文字。

③ <body>和</body>标识表示的是网页的主体内容。一个网页的头部内容放在<head>标识中，而具体的内容就要写在<body>中了。

12.7.2 HTML 的简单应用

1. 编写第一个网页

【任务 1】使用记事本编写网页。

下面使用记事本编写第一个网页。

① 打开记事本程序，在记事本中输入以下的 HTML 代码：

```
<html>
<head>
<title>初识 HTML 语言</title>
</head>
<body>
<p>我的第一个 HTML 文件</p>
</body>
</html>
```

这就是一个 HTML 文件最基本的结构。其中的<html>、<head>、<title>、<body>是 HTML 语言的结构标识，它们通常都是“双向标识”，书写格式是<标识名>内容</标识名>。以上的 4 个标识就可以构成一个最简单的网页。

② 执行记事本程序中的【文件】|【保存】命令，在弹出的【另存为】对话框中选择存盘的文件夹，在保存类型中选择“所有文件”，在编码中选择“ANSI”，这里将文件名设置为“myfirst.htm”，然后单击【保存】按钮。

③ 关闭记事本，返回到存盘的文件夹下，双击“myfirst.htm”文件，就可以在 IE 浏览器中看到如图 12-104 所示的页面。

图 12-104 “初识 HTML 语言”页面效果图

2. 注意事项

通常在编写 HTML 文件的时候，要注意以下几点：

①“<”、“>”是任何标记的开始和结束。元素的标记要用这对尖括号括起来，并且结束的标记总是加上一个斜杠线。

② 标记与标记之间可以嵌套，如下所示：

```
<BODY><H1>我的第一个 HTML 文件</H1></BODY>
```

③ 在源代码中不区分大小写，如以下的几种写法都是正确并且相同的标记。

<title>

<TITLE>

<Title>

④ 任何换行和空格在源代码里面不起作用。为了代码清晰，建议不同的标记之间换行编写。

⑤ HTML 标记中可以放置各种属性，如下所示：

<H1ALIGN = "LEFT" >我的第一个 HTML 文件</H1>

其中 H1 为标题 1 的标记，ALIGN 为对齐属性，LEFT 为属性值，元素属性出现在元素的<>内，并且和元素名之间有一个空格分隔。属性值可以直接书写，也可以使用引号括起来，如下面的两种写法都是正确的。

<H1ALIGN = "LEFT" >我的第一个 HTML 文件</H1>

<H1ALIGN = LEFT>我的第一个 HTML 文件</H1>

温馨提示

HTML 语言中有很多标记和元素，在此不再一一介绍，用户可以在 Dreamweaver 的【折分】视图中选中相应的对象，然后即可看到相应的代码。

⑥ 为了方便其他人阅读代码，可以在源代码中添加注释，注释以“<! --”开始，以“-->”结束。例如，

<! --文件说明：我的第一个 HTML 文件-->

注释语句只出现在源代码中，而不会在浏览器中显示。

12.8 站点的发布

12.8.1 站点发布

站点编辑完成并经过了详细的检测，确定无误后就可以发布站点了。发布站点还需要先申请站点的国际域名和租用服务器空间，然后通过 FTP 工具把网站上传到服务器上，这样就可以让世界上每一个角落的访问者浏览到该站点的内容。本节默认已经申请好国际域名和租用服务器空间，并获得上传的用户名和密码。

对于服务器空间的各种参数，最重要的是明确空间的大小、价格、稳定性、安全性和是否支持动态网页程序（或者支持哪一种)。对于一般的用户或是初学者来说，更希望使用免费的域名和个人空间，一些网络服务公司提供了免费的域名服务，一般都是二级域名（即域名中包含提供服务的公司的信息)。免费空间的缺点是稳定性不高、一般不支持动态网页程序，有的还有广告和各种使用限制。

如果读者使用的是代理服务器，那么为自己的网站租用一个支持动态网页程序的服务器空间还是很必要的。选择一种空间类型后就可以进入网站服务条款页面，按网站的提示按部就班地操作，就可以完成租用过程。选一种合适的结算方式付款，供应商收到汇款后会发送用户名和密码到用户信箱，用户可以使用该用户名和密码通过相关的工具把网站上传到服务器空间。

使用 Dreamweaver 内置的远程登录程序和一些 FTP 工具，如著名的 CuteFTP 软件等都可以实现网站的上传。

12.8.2 远程站点的配置

【任务 1】配置远程站点。

配置远程站点的操作步骤如下：

① 执行【站点】|【管理站点】命令，弹出【管理站点】对话框，如图 12-105 所示。

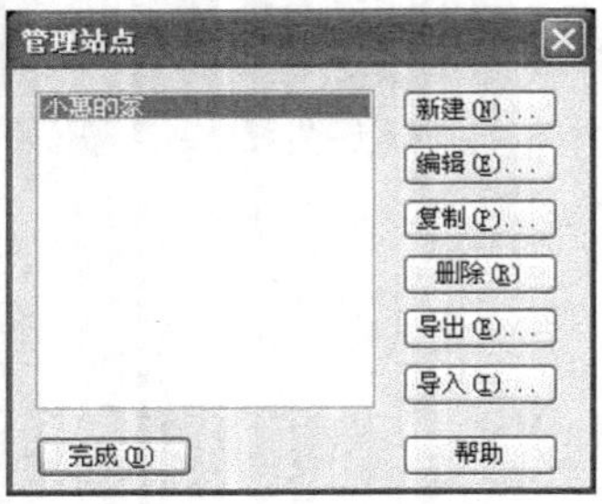

图 12-105 管理站点对话框

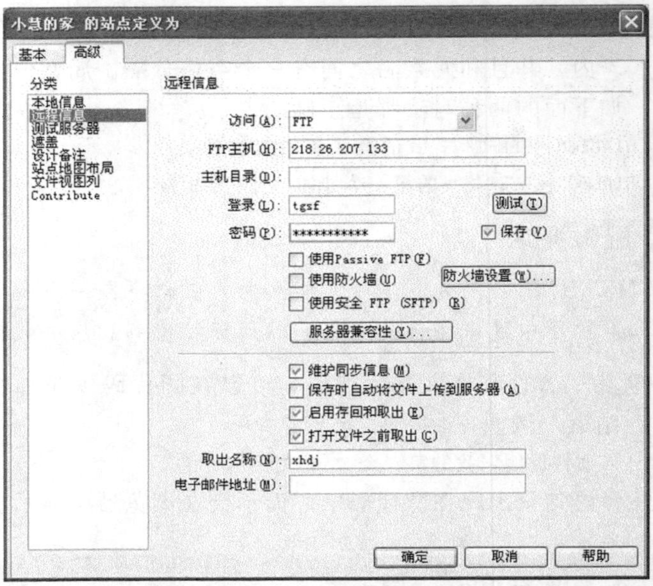

图 12-106 远程信息设置对话框

② 在站点列表中选择要上传的站点，如选择“小慧的家”，单击【编辑】按钮，弹出【小慧的家的站点定义为】对话框，选择【高级】选项卡，在左侧的【分类】列表框中选择“远程信息”项，在【访问】的下拉列表中选择“FTP”，弹出扩展设置部分，如图 12-106 所示。

设置部分的参数含义如下：

◆ **FTP 主机**：上传站点的目标 FTP 服务器地址名称。注意，名称中不能包括协议，一般格式为 ftp. domain. com 或者 IP 地址。例如，输入 218. 26. 207. 133。

◆ **主机目录**：服务器保存文件的目录，一般是主机目录的一个子目录。如果没有特别规定，则为空。

◆ **登录**：登录 FTP 的名称，即你的用户名。

◆ **密码**：登录 FTP 的密码，星号显示以保证信息的安全，根据网络服务提供商给你的密码填入。

下面的复选框分别表示是否使用被动式 FTP（通过本机的软件而不是服务器来建立连接）、是否使用防火墙（对于上传和下载文件要求特殊的安全保障时使用）、是否使用 SFTP 加密安全登录（保证登录信息的安全性），可按照需要选择。设置完全部参数后，单击【确定】按钮，返回到【管理站点】对话框，单击【完成】按钮。

技巧点滴

在定义站点时选择【启用存回和取出】项，那么在协作环境中工作时，就可以从本地和远程服务器中存回和取出文件。

③ 进入【文件】面板，单击【连接到远端主机】按钮，就可连接到远程主机，并出现【后台文件活动】对话框，如图 12-107 所示。

④连接完毕后，可在站点面板中看到远程服务器上的目录，单击【扩展/折叠】按钮，就可以同时看到远端站点和本地站点窗口，如图 12-108 所示。

图 12-107　后台文件活动对话框

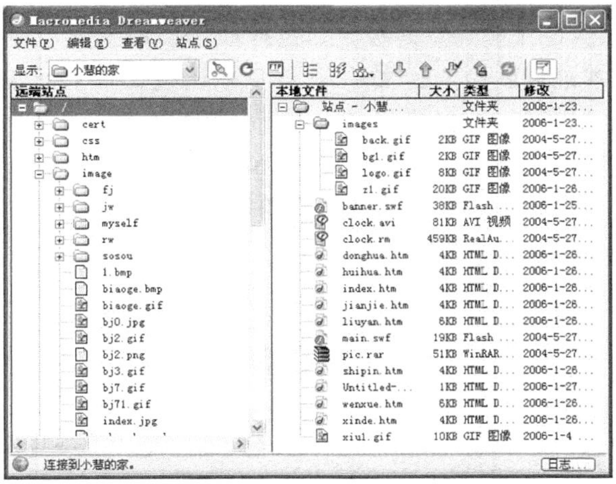

图 12-108　远端站点和本地站点窗口

12.8.3　上传和下载功能

无论是使用提供商提供的网站空间，还是在本地 Web 服务器上定义远程站点，在站点定义完成后，即可以将本地站点上传到服务器上的远端站点，从而完成站点的发布。

连接完毕后，就可以在【文件】面板中看到远程服务器上的目录；选择文件后，使用【上传文件】按钮或【获取文件】按钮，就可以上传或下载文件了。

【任务 2】上传文件。

在【文件】面板中，单击【连接到远端主机】按钮。连接成功后，选择要上传的文件，单击【上传文件】按钮，从而完成文件的上传，如图 12-109 所示。

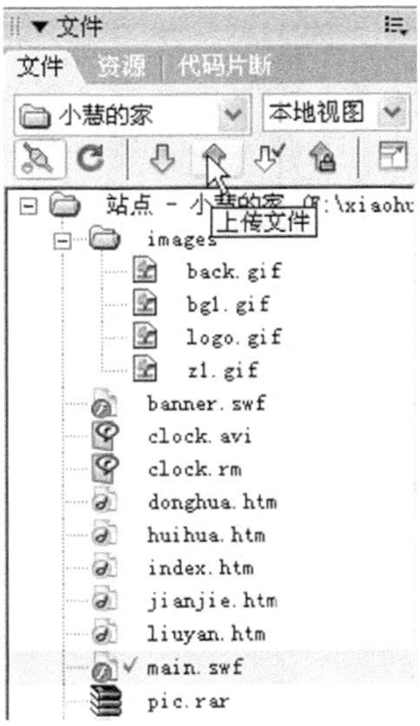

图 12-109　上传文件

温馨提示

在定义站点时，选择【保存时自动将文件上传到服务器】，以后更新网页、更新模板、更新库，都可以自动上传到服务器。使用 Dreamweaver 上传功能，可以使站点维护变得非常简单。

一个网站并不是发布到网上就算万事大吉，如果不能经常对网站进行维护和更新，必然会使网站失去魅力，从而影响网站的访问量，也达不到很好的宣传效果。

【任务 3】下载文件。

下面介绍如何将整个远端站点或远端站点上的部分文件下载到本地站点。

① 在【文件】面板中，选择要下载的文件（既可以在远程视图中选择这些文件，也可以在本地视图中选择文件），然后单击【文件】面板上的【获取文件】按钮，或者单击鼠标右键，在弹出的快捷菜单中选择【获取】命令。

② 当选择整个站点作为获取对象时，会弹出一个对话框，询问是否下载整个站点；当选择包含相关文件作为获取对象时，将弹出一个对话框，询问是否下载相关文件。

温馨提示

从服务器上的远端站点下载的文件将覆盖本地站点中文件名相同的文件。

到此，一个站点的制作就完成了。打开浏览器，在地址栏内输入读者申请的域名，如 http://www.xiaohui.cn，就可欣赏自己的杰作了。

12.9 本章小结

本章首先介绍了有关多媒体网页的一些基本概念，分析网页的设计理念和风格、网站的创意设计及网页色彩的搭配，同时介绍了网页设计常用的工具等知识。

接着通过“小慧的家”网站的设计，讲解了网页设计的整体规划、站点的建立和如何使用表格布局网页等。接下来，介绍了表格中各种元素的应用，如文字、图像、动画等，以丰富网页效果。网页中最为重要的是超链接，一个网页中如果没有超链接，那它只能是一个孤立的页面。在网页中还经常会看到各种信息填写的界面，这些通过表单即可制作出来。

网页设计完后，只有发布到网上，别人才能看见它。因此在本章的最后，又介绍了如何设置和发布网页。

12.10 习题

12.10.1 理论练习

1. 单选题

(1) 在使用 Dreamweaver8 或 FrontPage 2003 软件制作网页时，实现对某一图片设置超级链接以实现页面跳转的第 1 个操作步骤是（　　）。

A. 在编辑的网页中，选定需要设置链接的图片

B. 在【插入】菜单下选择【超链接】命令

C. 选择被链接的网页文件

D. 确定完成插入链接

(2) 对网页作品评价中，主要的评价项目是（ ）。

A. 内容呈现 B. 技术体现 C. 艺术表现 D. 以上都是

(3) 网页制作中的文本处理，不可使用的规则是（ ）。

A. 可以为深色文字选择较浅的颜色作为背景 B. 要控制文本行的长度，段落也不要太长

C. 网页中应多用斜体字 D. 大段的文字信息最好采用宋体

(4) 一般网页中的基本元素是指（ ）。

A. 文本 B. 图像 C. 超级链接 D. 以上都是

(5) 制作网页时，一般不选用的图像文件格式是（ ）。

A. JPG 格式 B. GIF 格式 C. BMP 格式 D. PNG 格式

(6) 对“超级链接”的错误解释是（ ）。

A. 可以在同一个文件内建立链接 B. 通过 E-mail 链接可以直接打开别人的邮箱

C. 外部链接是指向 WWW 服务器上的某个文件 D. 可以制作图像热点链接

(7) 在网页制作时，对于图像选用的正确叙述是（ ）。

A. 一般使用绝对路径 B. 不要使用占用空间较大的图像文件

C. 图像插入后就不可删除 D. 图像显示大小不可以改变

(8) 在表单中允许用户从一组选项中选择多个选项的表单对象是（ ）。

A. 单选按钮 B. 列表/菜单 C. 复选框 D. 单选按钮组

(9) 在网页设计中 CSS 一般是指（ ）。

A. 层 B. 行为 C. 样式表 D. 时间线

(10) 在表单中能够设置成口令域的是（ ）。

A. 只有单行文本域 B. 只有多行文本域

C. 单行、多行文本域 D. 多行文本标识

2. 多选题

(1) 通常，适合使用信息发布式网站模式的题材有（ ）。

A. 软件下载 B. 新闻发布 C. 个人简介 D. 音乐下载

(2) 网页制作工具按其制作方式划分，可以将其分为（ ）。

A. 通用型网页制作工具 B. 标记型网页制作工具

C. 专业型网页制作工具 D. 编程型网页制作工具

(3) ________不是 HTML 的特点。

A. 动态样式 B. 动态定位 C. 动态链接 D. 动态内容

(4) 以下选项中，可以作为超链接对象的是（ ）。

A. 图片 B. 文字 C. 动画 D. 按钮

(5) 通常，网站和浏览者交互采用的方法有（ ）。

A. 聊天室 B. 论坛 C. 留言板 D. 信息板

3. 填空题

(1) 超文本标记语言的简称是________。

(2) Dreamweaver8 的“文档”窗口中可切换的视图包括：显示代码视图、显示设计视图、________。

(3) 在网页制作中，如果一次打开了多个文档，可以采用________或平铺方式放置这些文档。

(4) 在“布局”模式中，可以在添加内容前使用________和表格来对页面进行布局。

(5) 在 Dreamweaver8 的________中可以同时看到插入的对象及相应的 HTML 代码。

(6) Dreamweaver8 共有________种类型的模板区域。

(7) Web 服务器是响应来自 Web 浏览器的请求以提供 Web 页的________。

(8) 导入和导出站点是通过选择________菜单项实现的。

(9)“站点定义”中，可以根据需要分别设置本地、________文件夹。

(10) 专业网页制作软件都能帮助用户组织和管理________。

12.10.2 上机操作

制作一个反映奥运会知识的网页，效果如图 12-110 所示。

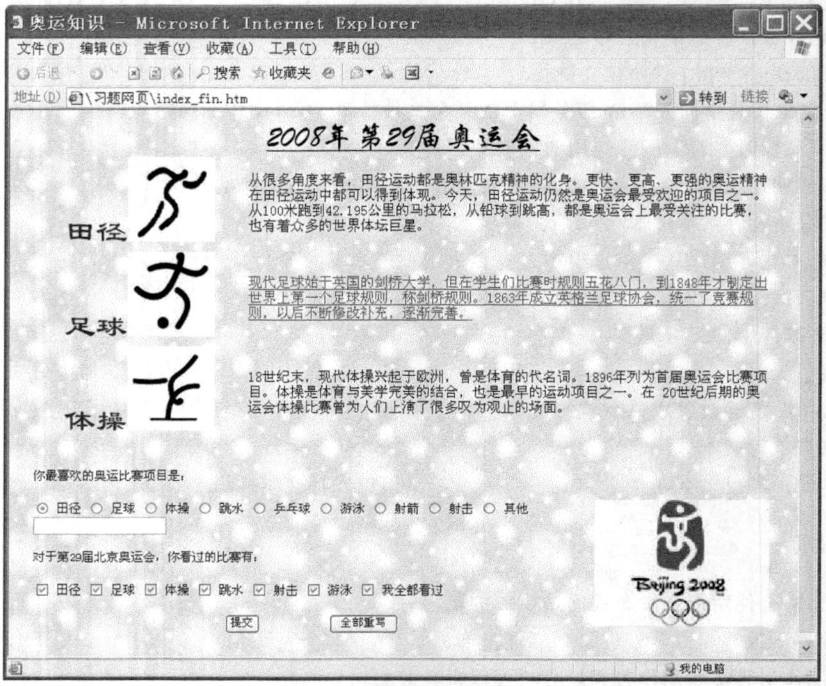

图 12-110 网页效果图

要求如下：

(1) 新建一个主页“index.htm”，将图片“bj.gif”设置为网页背景，背景不随网页滚动而滚动。插入一个 5 行 2 列表格，表格水平居中、对齐、宽度为 96%，表格边距、间距为 0，边框线不显示。

(2) 将网页标题改为“奥运知识”。

(3) 合并表格的第 1 行，插入文字“2008 年第 29 届奥运会”，居中，字体设置为华文行楷，36 像素（或磅），效果设置为“下划线”。定义一个锚（或书签），名称为 2008。

(4) 分别在第 2、第 3、第 4 行的第 1 列单元格中依次往下输入文字“田径”“足球”“体操”，文字格式为隶书，36 像素（或磅），颜色为 #0000FF（蓝色），并在文字后面分别插入图片“tj1.gif”“zu1.jpg”“t1.jpg”，将图片大小均设置为宽和高都是 100 像素。

(5) 在第 2 列相应的位置输入描述性文字，并将文字大小设置为“16px”。将有关足球的第二段文字信息链接到 http://www.worldcup.com，并设置默认的超级链接颜色为红色（#FF0000），已访问的链接颜色为蓝绿色（#008080）。

(6) 合并表格最后 1 行的所有单元格，并按效果图输入单选按钮、文本字段、复选框及按钮等表单对象，设置所有复选框都选中。

(7) 在表单最后 1 行文字右边插入图片“2008hh.jpg”，设置其宽度为 200 像素，保持比例，图片位置为右对齐，单击该图片能链接到题（3）中设置的锚。

第 13 章　Internet 基本应用

教学目标

- 掌握 Internet Explorer10 浏览器的使用与常规设置
- 掌握 Internet 信息查找方法
- 掌握网页文件的保存与复制
- 掌握期刊数据库论文的检索与阅读
- 掌握免费电子邮箱的申请方法
- 掌握电子邮件的收发
- MicrosoftOutlook 2010 邮件收发软件的设置

本章主要介绍 Internet 两个基本应用：网上冲浪和电子邮件。网上冲浪主要介绍利用 Internet Explorer10 浏览器在 Internet 上获取信息的基本操作和技巧：包括 IE 浏览器的启动与退出、浏览器工具菜单的使用、IE 浏览器的设置、网页的浏览、期刊数据库的使用、电子邮件 Email 的使用包括公网免费邮箱的申请、电子邮件的收发、利用专用邮箱工具 Microsoft Outlook 2010 设置邮件的收发等。

13.1 Internet Explorer 浏览器的使用

13.1.1 Internet Explorer 简介

Windows Internet Explorer，原称 Microsoft Internet Explorer，简称 MSIE（一般称为 Internet Explorer，简称 IE），是微软公司推出的一款网页浏览器。Internet Explorer10 的 Logo 如图 13-1 所示。

图 13-1　IE10 浏览器的 Logo

IE 是从早期一款商业性的网页浏览器 Spyglass Mosaic 派生出来的产品。1996 年，微软通过支付季度费用从 Spyglass 取得了 Spyglass 源代码，从而使 IE 逐渐成为微软专属软件。它采用的排版引擎（俗称内核）命名为 Trident，每一次新的 IE 版本发布，也标志着 Trident 内核版本号的提升。Trident 引擎被设计成一个软件组件（模块），使得其他软件开发人员很容易将网页浏览的功能加到自行开发的应用程序中。微软提出了一个称为组件对象模型（COM）的软件接口架构，供其他支持组件对象模型开发环境的应用程序存取及编辑网页。

IE 集成在 Windows 操作系统中，作为默认浏览器（IE9 除外，并未在任何 Windows 系统中集成）。同时 Windows 系统的某些功能需要 IE 的支持，如果 IE 出现故障，那么 Windows 系统也会出现莫名其妙的问题。

随着每一次新 Windows 系统的发布，必不可少的就是 IE 版本的升级，目前 IE 的主流实用版本为 IE7、IE8、IE9 和 IE10，IE11 即将发布。IE 在相应的 Windows 系统中支持升级或平级，但不可降级。IE6 是微软最后一款命名“Microsoft Internet Explorer”的 IE。从 IE7 开始，IE 全称变为“Windows Internet Explorer”，并且有了深蓝色的 e+黄色环的新 Logo，表明 IE 彻底成为 Windows 系统组件。

图 13-2　IE10 的“关于”

为了体现新版 IE 的“清新”，IE9 的 Logo 也更换为“天蓝色的 e+黄色环”，整个 Logo 的颜色平稳过渡。Windows 7 版 IE10 在 2013 年 2 月 26 日发布正式版，版本号 10.0.9200.16521。从 IE9 开始，IE 不定期进行更新，并且每次更新完毕后 IE 的“关于”

上会有更新版本的注明，这也标志着 IE 更新一次就会同时改变版本号和更新版本号，截至 2013 年 8 月 13 日，IE10 的最新版本为 10.0.9200.16660，更新版本 10.0.8（KB2862772），如图 13-2 所示。

13.1.2 IE 浏览器的启动与退出

1. IE 浏览器的启动

方法一：单击【开始】|【所有程序】|【Internet Explorer】。

方法二：单击任务栏上的“Internet Explorer”快速启动图标。

2. IE 浏览器的退出

方法一：单击 IE 浏览器窗口【文件】|【关闭】。

方法二：单击 IE 浏览器窗口右上角的关闭按钮“”。

方法三：同时按下“Alt＋F4”。

13.1.2 IE 浏览器的界面

IE 浏览器的主窗口界面如图 13-3 所示，由标题栏、地址栏、滚动条、快捷按钮、选项卡、浏览窗口等组成的。

图 13-3 IE10 浏览器界面

1. 标题栏

标题栏提供了三个按钮“”，分别为最小化按钮、还原按钮、关闭按钮，用于最小化网页、还原网页和关闭网页；当最小化网页后，标题栏的按钮变成“”，其中“”为最大化按钮，用于最大化网页。

2. 地址栏

显示当前网页的 URL 地址，在输入新的 URL 网址时即可访问相应的网页。地址栏末端有四个图标“”，分别为搜索、显示地址栏自动完成、兼容性视图和刷新；当输入新的 URL 网址时，四个图标变为“”，其中最后一个图标为“转至”。

3. 浏览窗口

显示当前打开网页的内容。

4. 滚动条

滚动条类似于 Windows 滚动条的功能，用于显示较大的网页。

5. 快捷按钮

IE10 提供了 5 个快捷按钮“”、“”，分别为后退，前进，主页，查看收藏夹、源和历史记录，工具。

后退：返回到当前网页之前浏览过的上一个网页。

前进：使用“后退”按钮后再向下翻阅浏览过的网页。

主页：打开默认的主页。

查看收藏夹、源和历史记录：查看收藏夹、源和历史记录。

工具：提供浏览器的工具设置菜单，如图 13-4 所示。

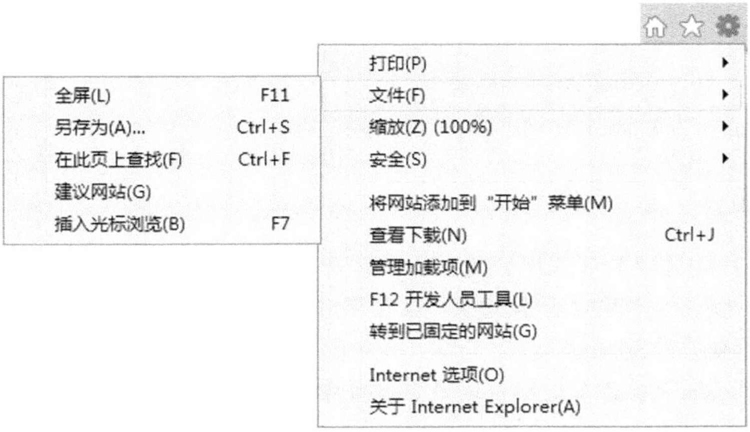

图 13-4　IE10 工具菜单

13.1.3　更改浏览器的设置

用户若要更改 IE 浏览器的设置，可通过【工具】|【Internet 选项】进行设置，如图 13-5 所示。

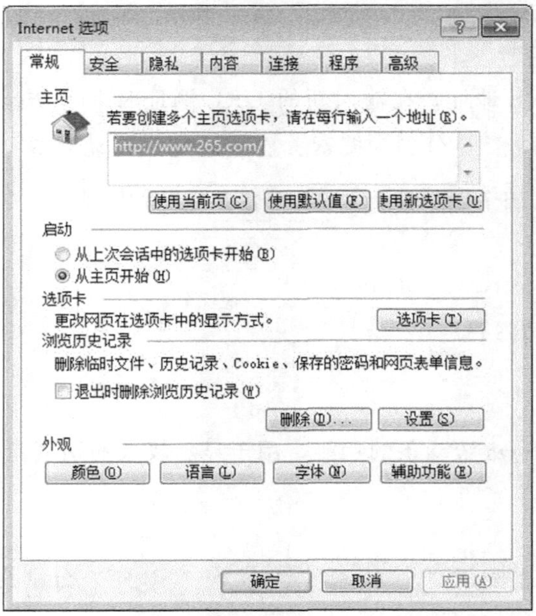

图 13-5 Internet 选项设置对话框

1. 主页设置

在【Internet 选项】|【常规】|【主页】的地址框中可设置主页的地址。单击【使用当前页】，设置当前打开的 Web 页为主页；单击【使用默认页】，设置第一次安装 IE 时的主页为当前主页；单击【使用新选项卡】，设置空的 HTML 页为当前主页。

温馨提示

若想把自己喜爱的多个网页同时打开，也可以设置多个网页为主页，在【Internet 选项】|【常规】|【主页】的地址框中输入多个地址，即可设置多个主页。

2. 选项卡设置

单击【Internet 选项】|【常规】|【选项卡】，即可弹出选项卡浏览设置，如图 13-6 所示。在该对话框中可以设置启用选项卡浏览、打开新选项卡后选项卡的内容、页面遇到弹出窗口以及页面链接的有关设置。

利用 Internet 选项设置对话框，还可以设置历史记录、网页的外观、网页安全性、局域网的设置等。

13.1.4 浏览网页

启动浏览器后，在地址栏输入相应的网址就可浏览网站上相应的网页内容，浏览网页常用的方法如下：

(1) 地址栏输入网址

在 URL 地址栏中输入 Internet 网址，按回车键就可进入该网站的主页。例如，在地址栏输入“http://www.sohu.com”，就可以进入搜狐网的主页。

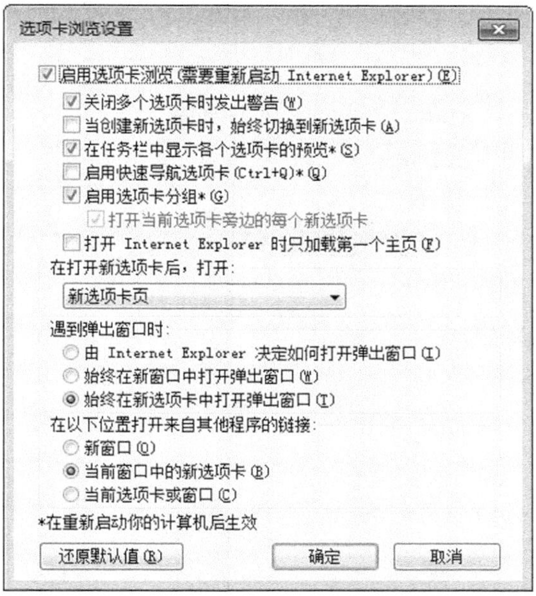

图 13-6　选项卡浏览设置对话框

IE 浏览器对于输入不完整的地址还有自动补齐的功能，如在地址栏中输入“sohu”，再按“Ctrl+Enter”，浏览器自动将地址改为搜狐的网址并打开搜狐网页。

温馨提示

“Ctrl+Enter”只能自动补齐 www. * * *.com 类型的网址。若输入不完整的网址是曾经访问过的网址，则系统会自动打开曾经访问的地址列表和历史记录列表，用户可以选择需要的网址，若是需要的网址是系统优先推荐的网址，则排在列表的第一个，可以按“Shift+Enter”，自动打开选择网页。

(2) 使用地址栏的显示地址栏自动完成按钮

在地址栏的末端有四个按钮，单击【显示地址栏自动完成】按钮，就会显示曾经输入过的网址、历史记录和收藏夹中的网址，用户选择需要的网址即可打开所需网页。

(3) 使用收藏夹和历史记录

用户喜爱的网页可以存入收藏夹中方便以后再次访问。单击【查看收藏夹、源和历史记录快捷】按钮，弹出对话框，如图 13-7 所示，可以将当前网页添加到收藏夹，也可以在收藏夹和历史记录中选择需要的网址。

13.1.5 保存网页信息

1. 保存当前网页

单击工具快捷按钮，在弹出对话框如图 13-4 所示，选择【文件】|【另存为】，在打开的【保存网页】对话框中选择保存文件的文件夹和文件类型，输入保存文件名称，选择网页编码类型，单击【保存】即可。

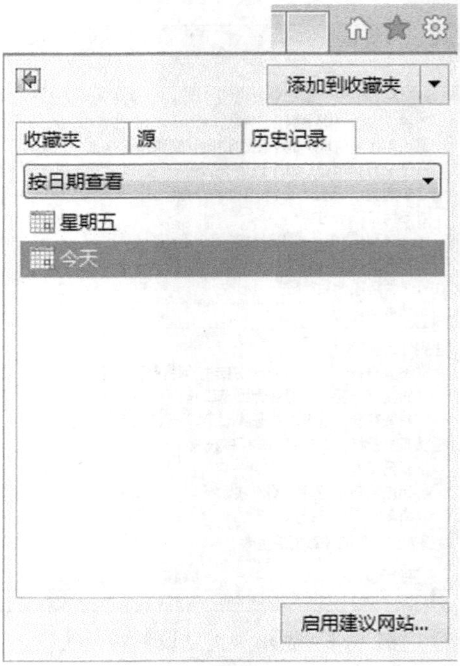

图 13-7 收藏夹、历史记录对话框

2. 保存链接网页

IE 可以在不打开网页的情况下将链接所指的网页下载到硬盘保存。在当前网页中将鼠标指向文本链接，当出现手型光标时，单击右键，在弹出的快捷菜单中单击【目标另存为】，弹出【另存为】对话框，选择保存文件的文件夹和文件类型，输入保存文件名称，单击【保存】，这时链接网页开始下载，直到下载完毕。

3. 保存网页中的图片

如果需要保存网页上的图片，IE 可以不保存网页而只保存网页中的图片。在当前网页中，将鼠标指向需保存的图片，单击右键，在弹出的快捷菜单中单击【图片另存为】，在弹出的【保存图片】对话框中，选择保存文件的文件夹和文件类型，输入保存文件名称，单击【保存】即可。

13.1.6 信息搜索

1. 利用搜索引擎查找资料

在 IE 浏览器的地址栏中输入“www.baidu.com”并回车，则浏览器打开“百度”网站的首页。在百度搜索栏中输入需要查找资料的关键词并回车，即可搜到与关键词相关内容的网页，然后单击网页上的链接，就可以打开相关资料的网页。例如，查找“中国梦”这个关键词相关内容的网页，在百度搜索栏中输入“中国梦”并回车，马上就可以搜索到与中国梦相关的网页链接，如图 13-8 所示。

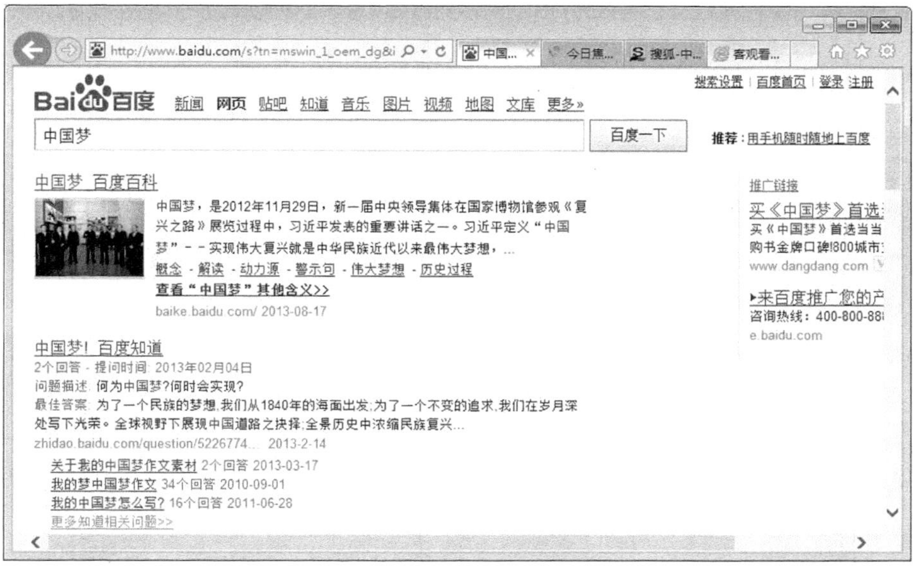

图 13-8　利用百度进行网页资料搜索

温馨提示

除了百度外，常用的搜索引擎还有 www.google.cn（谷歌）、www.yahoo.com.cn（中文雅虎），www.so.com（360 搜索）、www.sogo.com（搜狗）等。

2. 利用期刊数据库查找资料

（1）从 Internet 进行期刊论文检索

中国知网（以前被称为中国期刊网）是中国知识基础设施工程（CNKI）的一个重要组成部分，CNKI 是目前中文信息规模较大的数字图书馆之一，内容涵盖了自然科学、工程技术、人文社科期刊、博士硕士论文、报纸、图书、会议论文等公共知识信息资源。

打开浏览器在地址栏输入"www.cnki.net"，按回车即可进入中国知网，如图 13-9 所示。

由于中国知网是一个有偿服务网站，因此个人用户需要注册缴费才能使用。

（2）从校园网进行期刊论文检索

大部分高校都购买了中国知网的镜像网站或包库网站，教师和学生直接从校园网登陆，无需用户名和密码。

在图书馆网站打开"CNKI 知识网络服务平台"，就可进入中国知网的镜像网站。如图 13-10 所示。

在中国知网镜像站点【初级检索】栏目的【检索项】下拉菜单中选择按【篇名】检索，然后在【检索词】文本框内输入"物联网"，单击【检索】按钮，这时就可以检索到论文名称中带有"物联网"关键词的论文，如图 13-11 所示。

单击选择需要下载的论文，如选择"物联网技术应用"一文，如图 13-12 所示。在下面的信息栏中会出现这篇文章的两种存储格式——CAJ 下载和 PDF 下载。单击【PDF 下载】，就会在网页中打开论文，或者右键，在弹出快捷菜单中选择【目标另存为】进行保存。

图 13-9　中国知网的主页

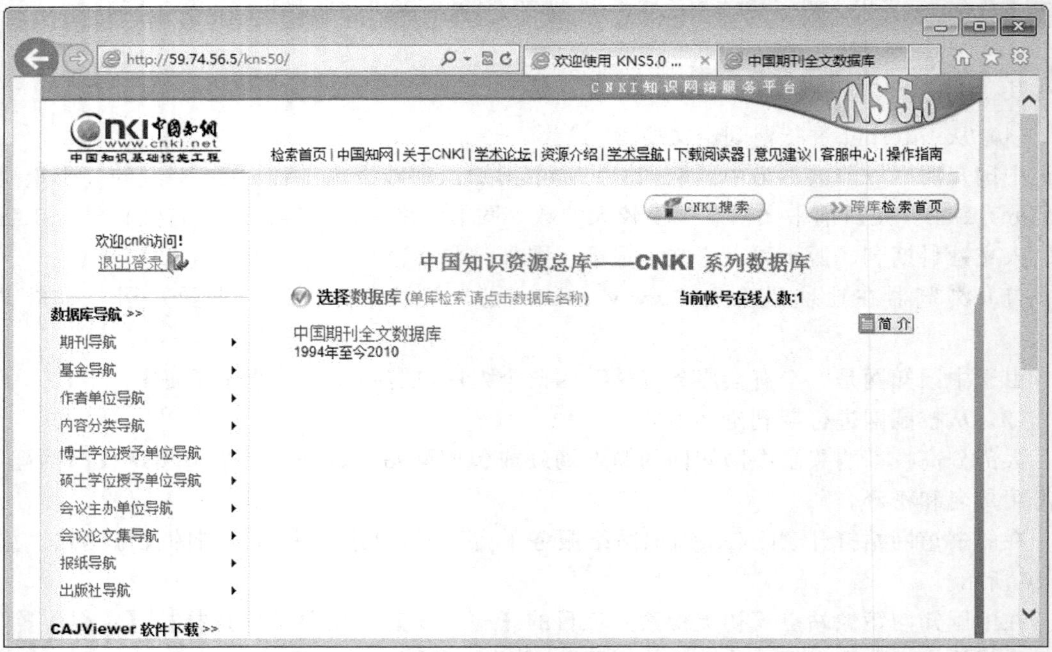

图 13-10　CNKI 中国知网镜像站点登录界面

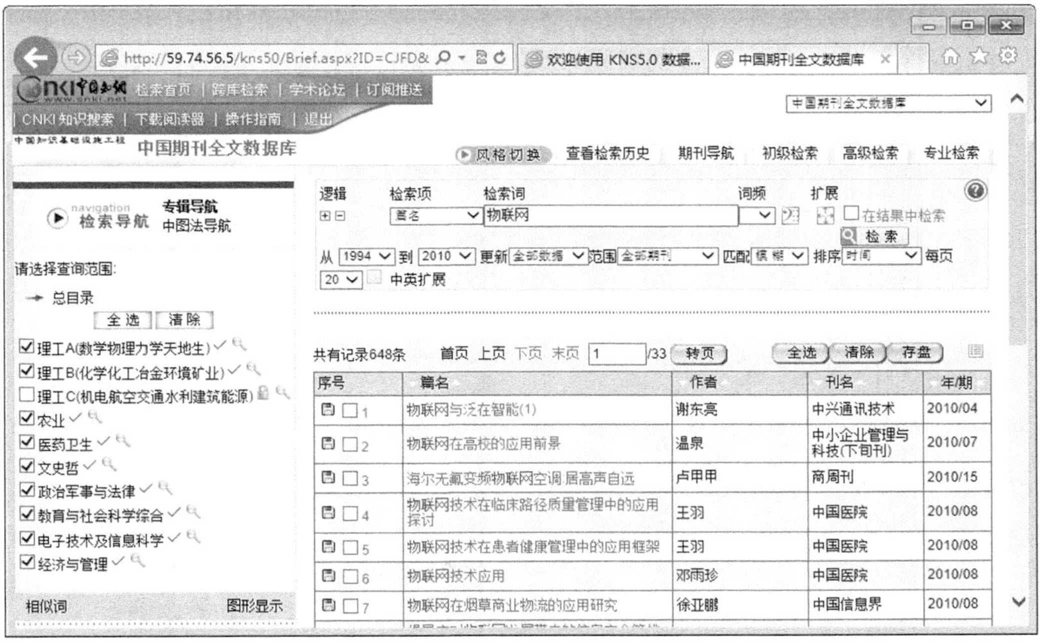

图 13-11 CNKI 中国知网镜像站点论文检索

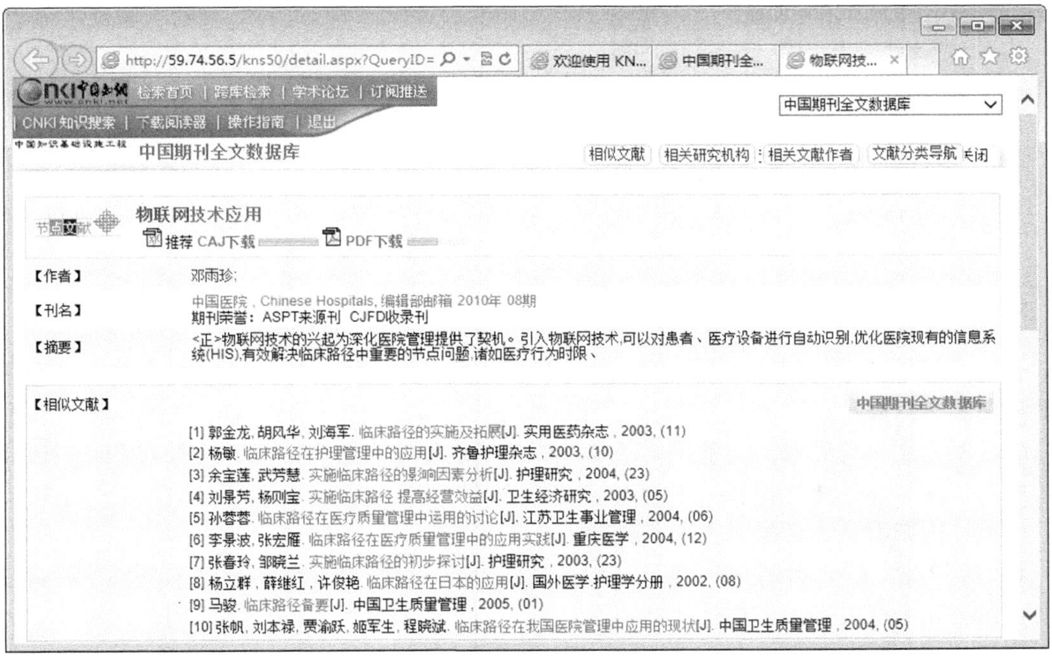

图 13-12 论文下载页面

温馨提示

中国知网的期刊论文主要以 CAJ 和 PDF 两种格式存储，因此在用户计算机中需要预先安装好 CAJViewer 或者 AdobeReader 软件。

另外，万方数据知识服务平台 http://www.wanfangdata.com.cn 是我国收录数量最多的学位论文全文库，如图 13-13 所示，利用万方数据库也可以找到需要的论文。

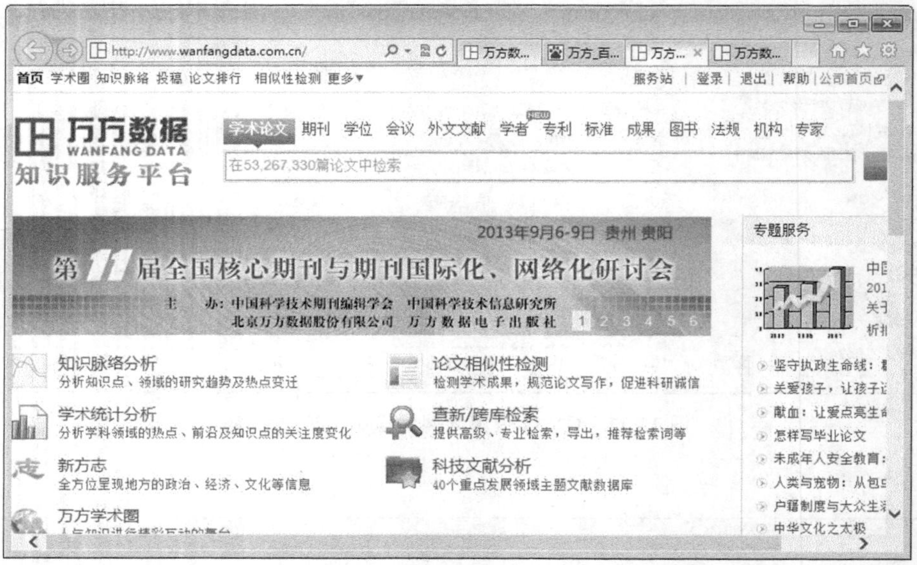

图 13-13 万方数据库镜像站点主页

13.2 电子邮件

13.2.1 任务的提出

小黄写了一篇科技论文“物联网技术在实验室管理中的应用”，想把该论文在《物联网技术》杂志上发表，就必须把论文稿送到编辑手中。利用普通信件挂号邮寄，既慢成本又高，而且不方便编辑处理。而利用电子邮件不仅可以发送文字和图片，还可以发送声音和动画。另外，电子邮件速度很快，不管收件人在世界的哪个地方，在几秒钟之内就能送达。因此，小黄想选择电子邮件的方式进行投稿。

对小黄来说，自己没有电子邮箱，又不知道如何才能申请到电子邮箱，于是他找到了公司电脑部的陈老师，提出了自己的问题。

13.2.2 解决方案

首先，要在公网上申请一个免费邮箱，然后在公网的网页上登录邮箱，通过书写邮件正文、添加附件等，发送科技论文到杂志编辑的邮箱。如果不想通过网页收发电子邮件，可以利用 Microsoft Outlook 2010 自动进行电子邮件收发。

13.2.3 相关知识点

1. 电子邮箱

电子邮箱（E-Mail Box）是通过网络电子邮局为网络客户提供的网络交流信息空间。电子邮箱具有存储和收发电子信息的功能，是因特网中重要的信息交流工具之一。在网络中，电子邮箱可以自动接收网络任何电子邮箱所发的电子邮件，并能存储规定大小的多种格式的电子文件。电子邮箱具有单独的网络域名，其电子邮局地址在@后标注，电子邮箱一般格式为：用户名@域名。电子邮箱地址的格式由三部分组成：第一部分“用户名”代表用户信箱的帐号，对于同一个邮件接收服务器来说，这个帐号必须是唯一的；第二部分“@”是分隔符；第三部分是用户信箱的邮件接收服务器域名，用以标志其所在的位置。

2. 电子邮件

电子邮件（Electronic Mail，简称 E-mail，标志为@，也被大家昵称为“伊妹儿”），是一种用电子手段提供信息交换的通信方式，是 Internet 应用最广的服务。通过网络的电子邮件系统，用户可以用非常低廉的价格（不管发送到哪里，都只需负担电话费和网费即可），以非常快速的方式（几秒钟之内可以发送到世界上任何你指定的目的地），与世界上任何一个角落的网络用户联系，这些电子邮件可以是文字、图像、声音等各种方式。同时，用户可以得到大量免费的新闻、专题邮件，并实现轻松的信息搜索。

3. 接收邮件服务器（POP3）

POP3：邮局协议（Post Office Protocol）第 3 版，其协议允许工作站动态访问服务器上的邮件。POP3 允许工作站检索邮件服务器上的邮件，其传输的是数据消息，这些消息可以是指令，也可以是应答。POP 协议支持“离线”邮件处理，其具体过程是：邮件发送到服务器上，电子邮件客户端调用邮件客户机程序以连接服务器，并下载所有未阅读的电子邮件。这种离线访问模式是一种存储转发服务，其将邮件从邮件服务器端送到个人终端机器上，一旦邮件发送到终端机器上，邮件服务器上的邮件将会被删除。

4. 简单邮件传输协议（SMTP）

简单邮件传输协议（Simple Mail Transfer Protocol，SMTP）是因特网电子邮件系统首要的应用层协议，它使用由 TCP 提供的可靠的数据传输服务把邮件消息从发信人的邮件服务器传送到收信人的邮件服务器。跟大多数应用层协议一样，SMTP 也存在两个端：在发信人的邮件服务器上执行的客户端和在收信人的邮件服务器上执行的服务器端。SMTP 的客户端和服务器端同时运行在每个邮件服务器上。当一个邮件服务器在向其他邮件服务器发送邮件消息时，它是作为 SMTP 客户在运行。当一个邮件服务器从其他邮件服务器接收邮件消息时，它是作为 SMTP 服务器在运行。

13.2.4 免费邮箱的申请与使用

在本节中，将依次按照以下步骤完成向杂志编辑投稿的过程：

① 申请免费邮箱。

② 撰写邮件。

③ 添加附件。

④ 邮件发送与保存地址。

【任务 1】申请网易的免费邮箱。

如果对电子邮箱的安全性没有太高的要求的话，可以在能提供邮件服务的网站申请免费邮箱。许多网站都能够提供免费的邮箱，如网易、新浪、搜狐、雅虎、QQ 等。

小黄要把自己的科技论文“物联网技术在实验室管理中的应用”投到《物联网技术》杂志编辑的邮箱中，陈老师在网易上帮他申请一个免费邮箱。

① 在浏览器的地址栏输入网易的 URL 地址“www.163.com”，打开网易主页，点击注册免费邮箱，弹出注册页面，如图 13-14 所示。

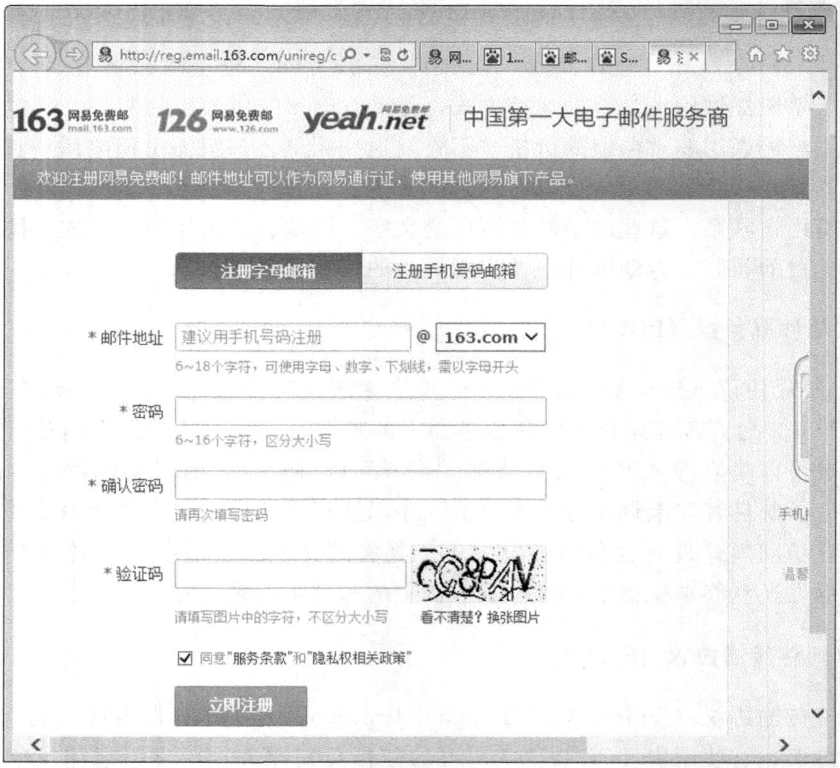

图 13-14 网易免费邮箱注册页面

② 网易免费邮箱提供了 2 种邮箱类型和 3 个邮箱服务器，选择注册邮箱类型和邮箱服务器域名，比如选择注册字母邮箱。

③ 输入用户名（或手机号码）、邮箱密码、验证码，单击【立即注册】。

④ 弹出【手机验证】对话框后，可以输入手机号，也可以跳过这一步，就可以进入邮箱了。此时就可以撰写邮件，收发邮件了。

温馨提示

注册时使用的用户名、密码必须要牢记，否则遗忘后无法登录邮箱。

【任务 2】向杂志编辑写投稿信。

① 打开浏览器，输入网易的网址，在打开的网易主页上，鼠标指向【登录】，此时出现邮箱登录界面。

② 在邮箱登录界面输入邮箱地址和密码，进入自己的邮箱。

③ 单击【写信】，弹出新的标签。在【收件人】栏中输入编辑部的邮箱地址“news@iotmag.com”；在【主题】栏中输入合适的邮件主题，比如“论文投稿”；在邮件正文编辑窗口输入邮件正文，如图 13-15 所示。

图 13-15 写信页面

【任务 3】添加附件。

一般情况下，撰写的科技论文比较长，而且论文中包含有图片、公式和特殊字符，无法在信件编辑窗口正常输入，因此必须把论文以邮件的附件形式发送。

① 在写信页面单击【添加附件】，弹出【选择需要上载的文件】对话框，如图 13-16 所示。

② 选择要上载的文件“物联网技术在实验室管理中的应用”，单击【打开】。

③ 等待文件上传完毕，单击【发送】，邮件就发送完成。

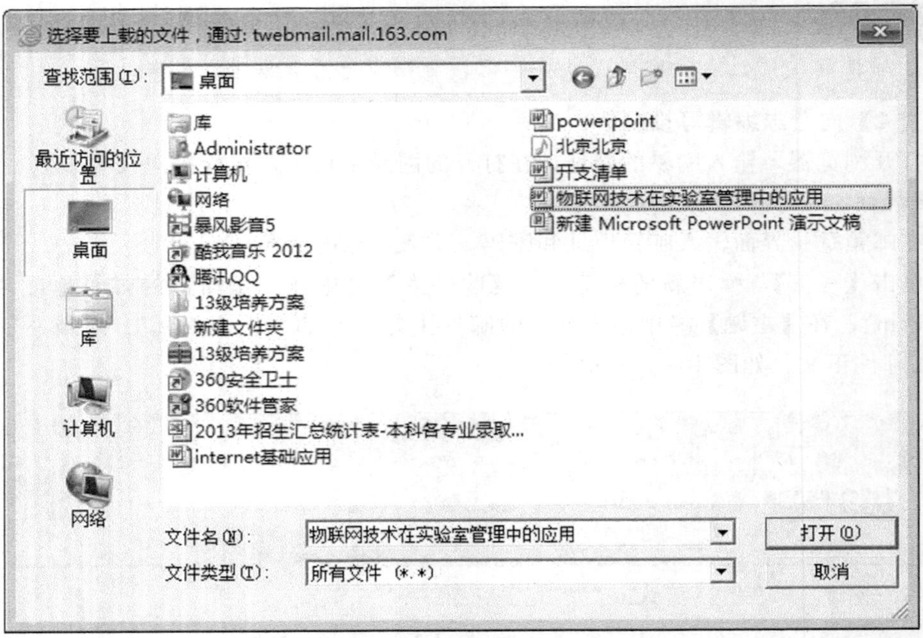

图 13-16　上载附件对话框

技巧点滴

如果邮件不能一次写完，可以把邮件保存到草稿箱中，下次继续写信。

邮件发送完成后，有的免费邮箱提示将收件人的地址存入通讯录（或地址本）中，供以后写信时选择。

写信时，在收件人地址栏中可以输入多个邮箱地址，实现邮件群发功能，多个邮件地址用半角分号隔开。

13.2.5 利用 Outlook 收发电子邮件

以网页的方式收发电子邮件时，每次都必须登录邮件首页，输入用户名、密码等，这些操作非常麻烦。其实可以利用 Office 中的 Microsoft Outlook 2010（以下简称 Outlook）进行邮件收发，这样更加方便。下面以 163 免费邮箱为例，说明 Outlook 的设置和使用方法。

① 单击【开始】|【所有程序】|【Microsoft Office】|【Microsoft Outlook 2010】启动 Outlook，两次【下一步】后，进入【添加新帐户】对话框，如图 13-17 所示。

② 输入姓名、邮箱地址、密码后，单击【下一步】，系统自动搜索网络，连接网络服务器，一旦连接成功，自动进入“收件箱”，如图 13-18 所示。

添加好邮件帐户后，以后只需要单击【开始】|【所有程序】|【Microsoft Office】|【Microsoft Outlook 2010】就可以直接进入个人收件箱了。

图 13-17 Outlook 添加新帐户

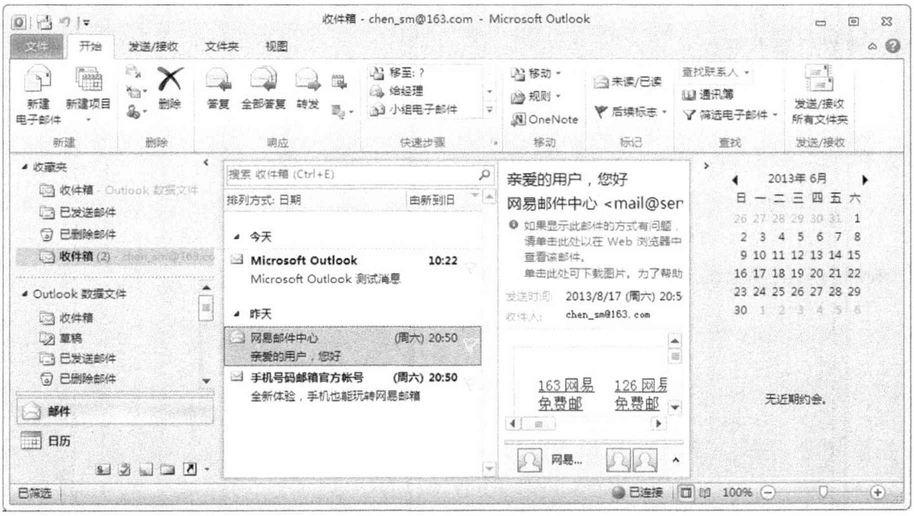

图 13-18 Outlook 收件箱

技巧点滴

进入添加新帐户界面（图 13-17），可以选择手动配置服务器设置或其他服务器类型，在接收邮件服务器文本框中输入“pop.163.com”，在发送邮件服务器文本框中输入“smtp.163.com”即可。

13.3 案例小结

本章通过使用 Internet 进行信息资料的搜索、浏览和获取以及向编辑部投稿两个案例，介绍了 Internet 的两个重要应用：网上冲浪和电子邮件。

在利用 Internet Explorer10 浏览器进行网上冲浪中，介绍了 IE 浏览器的使用，IE 浏览器中信息的浏览、复制与保存，期刊数据库信息的获取等。

在电子邮件的使用中，介绍了免费邮箱的申请、使用以及利用 Microsoft Outlook 2010 自动收发电子邮件。

13.4 习题

13.4.1 理论练习

1. IE 浏览器的启动与退出有哪些方法？
2. 如何查看 IE 浏览器的版本号？
3. 如何设置浏览器的历史记录保存时间？
4. IE 浏览器中如何设置帐户密码的自动完成输入？
5. 如何保存网页上的图片和文字？
6. 常用的搜索引擎有哪些？
7. 使用电子邮件有哪些优点？

13.4.2 上机操作

1. 将 IE 浏览器的主页设为新浪网首页。
2. 在新浪网申请一个免费邮箱。
3. 将新申请的新浪邮箱加入到 Outlook 中。

参考文献

蔡自兴，徐光佑. 2010. 人工智能及其应用. 北京：清华大学出版社

陈国良. 2012. 计算思维导论. 北京：高等教育出版社

董大均. 2010. 计算机网络基础. 大连：大连理工大学出版社

董荣胜. 2011. 计算机科学导论——思想与方法. 北京：高等教育出版社

冯天瑾. 2007. 智能学简史. 北京：科学出版社

姜永生. 2012. 大学生计算机基础. 北京：高等教育出版社

蒋朝惠，武彤，王晓鹏，邓少勋. 2009. 信息安全原理与技术. 北京：中国铁道出版社

蒋加伏，沈岳. 2013. 大学计算机. 北京：北京邮电大学出版社

教育部高等学校计算机基础课程教学指导委员会. 2009. 高等学校计算机基础教学发展战略研究报告暨计算机基础课程教学基本要求. 北京：高等教育出版社.

李吴松. 2012. 计算机应用基础. 天津：南开大学出版社

陆汝钤. 1997. 数学·计算·逻辑. 长沙：湖南教育出版社

彭立，郑海燕. 2008. 计算机应用基础. 长春：东北师范大学出版社

申时凯，李海雁. 2008. 数据库应用技术. 北京：中国铁道出版社

司丹. 2010. 计算机应用基础教程. 大连：大连理工大学出版社

谭浩强. 2009. C程序设计（第4版）. 北京：清华大学出版社

王飞跃. 2007. 计算思维与文化. 科学时报，10月12日第二版

王小燕. 2003. 科学思维与科学方法论. 广州：华南理工大学出版社

王移芝，罗四维. 2004. 大学计算机基础教程. 北京：高等教育出版社

吴功宜. 2011. 智慧的物联网：感知中国和世界的技术. 北京：机械工业出版社

夏火松. 2004. 数据仓库与数据挖掘技术. 北京：科学出版社

阎石. 2006. 数字电子技术基础（第5版）. 北京：高等教育出版社

尹雄. 2008. 计算机基础知识. 北京：中国轻工业出版社

张海潘. 2008. 软件工程导论（第5版）. 北京：清华大学出版社

张晓明. 2009. 计算机网络编程技术. 北京：中国铁道出版社

钟生海，付争方. 2010. 大学计算机应用基础. 北京：科学出版社

周以真. 2007. 计算思维. 徐韵文，王飞跃译. 中国计算机学会通讯，11：83-85

朱亚宗. 2009. 论计算思维——计算思维的科学定位、基本原理及创新路径. 计算机科学，36（4）：53-55，93

Han J W，Kamber M. 2007. 数据挖掘概念与技术（第2版）. 范明，孟小峰译. 北京：机械工业出版社

Parsons J，Oja D. 2008. Practical Computer Literacy. Singapore：Cengage Learning